粤港澳大湾区水文情势变化研究

珠江水文水资源勘测中心　编著

黄 河 水 利 出 版 社
·郑 州·

内 容 提 要

本书系统地介绍了粤港澳大湾区水文情势变化等问题，是编写组多年来从事粤港澳大湾区水问题研究的一些经验和成果。全书共分为十章，主要内容为：粤港澳大湾区的区域概况、水资源开发利用现状及问题、水文情势的要素及影响因子、区域径流变化和重要节点及口门水量分配比演变规律、河口口门潮汐动力及纳潮量变化特征、咸潮变化规律及治理措施、泥沙变化分析，最后提出了粤港澳大湾区水安全保障措施和研究结论与展望等。

本书可供广大的水利、环保、海洋和城建等专业的生产、科研、教学和管理人员学习、借鉴和参考。

图书在版编目（CIP）数据

粤港澳大湾区水文情势变化研究 / 珠江水文水资源勘测中心编著. -- 郑州 ：黄河水利出版社，2024.12.
ISBN 978-7-5509-4131-1
Ⅰ. P333
中国国家版本馆 CIP 数据核字第 2024BM4710 号

责任编辑 文云霞　　责任校对 张 轲
封面设计 张心怡　　责任监制 常红昕
出版发行 黄河水利出版社
地址：河南省郑州市顺河路49号 邮政编码：450003
网址：www.yrcp.com E-mail: hhslcbs@126.com
发行部电话：0371-66020550
承印单位 河南瑞之光印刷股份有限公司
开 本 787 mm×1 092 mm 1/16
印 张 25.5
字 数 605 千字
版次印次 2024 年 12 月第 1 版　　2024 年 12 月第 1 次印刷

定 价 129.00 元

《粤港澳大湾区水文情势变化研究》

前言

粤港澳大湾区是继美国纽约湾区、旧金山湾区、日本东京湾区之后的世界第四大湾区，是我国对外开放程度最高、经济活力最强的区域之一，在国家发展大局中具有重要地位。粤港澳大湾区包括香港特别行政区，澳门特别行政区和广东省广州市、深圳市、珠海市、佛山市、惠州市、东莞市、中山市、江门市、肇庆市，总面积 5.6 万 km^2。党中央部署建设粤港澳大湾区，既是新时代推动形成全面开放新格局的新尝试，也是推动“一国两制”事业发展的新实践。《粤港澳大湾区发展规划纲要》提出要“建设富有活力和国际竞争力的一流湾区和世界级城市群，打造高质量发展的典范”。

粤港澳大湾区 2021 年末常住人口达 8 670 万人，占全国总人口的 5%，属南亚热带季风气候区，年平均气温 22 ℃，相对湿度 80%，年降水量 1 600~2 000 mm，年蒸发量 1 142~1 738 mm，总体地势北高南低，东、北、西三面环山，南临南海，三角洲和河谷平原内残丘、台地棋盘状散布。大湾区位于中国第二大河流——珠江的出海口，区内地表河网密布，纵横交错，水域宽广，海潮频繁，海陆水体联系密切。丰沛的降水形成了大湾区密布的河网水系，汇集了西江、北江、东江和众多中小河流，各类河流 324 条，河道总长 1 600 km，河网密度高达 0.83 km/km^2，是全国平均水平的 5 倍多。此外，区域内还有众多河口海湾，包括珠江河口、大亚湾、大鹏湾、广海湾及北海湾等。水资源优化配置工程主要有 2 处，珠三角和东深（东江—深圳）供水工程。实施珠三角工程旨在解决深圳、东莞、广州南沙等地发展缺水问题，输水线路总长 113.1 km，取水规模 80 m^3/s；东深供水工程担负着香港、深圳以及东莞等 2 400 多万居民生活、生产用水重任，主线总长 68 km，取水规模 10 080 m^3/s，截至 2022 年 4 月，实现不间断对港供水达 277.5 亿 m^3，满足香港约 80% 的淡水需求。

粤港澳大湾区核心区域位于珠江三角洲河网区，该地区河道密布、水系交错，径流潮流相互作用，水、沙、盐、污染物、水生生物等要素复杂多变，叠加大湾区城市群高强度人类活动对水陆环境的影响，水情独特且十分复杂。受季风气候影响，大湾区多年平均年降水量 1 800 mm，年均水资源量 583 亿 m^3，但水资源时空分布不均，汛期来水量占全年的 3/4，年际降水差异大，供水主要依赖于河道取水，枯季河口受咸潮上溯影响大。大湾区面临洪水、内涝、风暴潮、干旱等多重灾害威胁，近年来连续遭受重大水旱灾害，包括 2020 年广州“5・22”特大暴雨、2020—2021 年东江流域发生的自 1963 年以来最严重的秋冬春夏连旱、2022 年北江流域发生的 1915 年以来最大洪水、2023 年深圳“9・7”特大暴雨等，并且随着城市建设的快速扩张，大湾区防灾减灾形势愈发严峻。水是粤港澳大湾区发展的重要支撑和联接纽带，事关区域防洪（潮）安全、供水安全、生态安全和经济安全，当前的大湾区水安全保障仍存在明显不足，与建设国际一流湾区、打造高质量发展典范的目标不相匹配。

粤港澳大湾区水安全监测感知以传统的水文站点观测为主，辅以卫星遥感、无人机、无人船等手段。在传统站点观测方面，现有马口、高要等众多水文水位站，八大出海口门测验站点和珠江口原型观测站点，对水位、流量、泥沙、水质、降水、蒸发、墒情等要素进行定点观测；在卫星遥感、无人机、无人船监测方面，针对粤港澳大湾区水资源、水生态、水环境和水灾害问题，开展了咸潮、水流、泥沙、水面、水质、藻华、干旱与洪涝灾害、河湖库“四乱”（乱占、乱采、乱堆、乱建）与碍洪、生产建设扰动、水土流失、地形等系列创新技术研发与业务应用，但业务化应用不系统、不全面、不深入。从粤港澳大湾区水安全监测感知的整体水平上看，部分水安全监测数据已经实现了数字化采集和存储，但数据的标准化水平和共享程度有待提高；水安全监测网络已经初步形成，但覆盖范围和稳定性还需要进一步加强；一些智能监测技术如遥感、物联网等在水安全监测中得到应用，但应用范围、领域和深度还需要不断拓展。粤港澳大湾区所处珠江流域下游，江海相连，水系贯通，水情十分复杂，传统观测体系所提供的水位、流速、流量、泥沙等水安全要素观测指标不够全面、空间不连续、缺乏系统性，难以满足大湾区供水安全、水环境治理、防灾减灾等各项水安全保障工作对水安全要素观测的高要求。近年来，随着卫星遥感、无人机、高精度传感器、第五代移动通信技术（5G）、移动互联网等高新技术的快速发展，智慧感知能力显著增强，水安全要素观测水平迅速提升，初步具备构建全覆盖、高精度、立体空间智慧感知的粤港澳大湾区水安全要素立体观测体系的条件。

本书共分为十章，主要围绕大湾区内水资源开发利用、径流变化、重要节点及口门水量分配、潮水位、咸潮和泥沙变化分析、区域保障措施等几个方面展开编著。重点对粤港澳大湾区的水文情势变化展开研究，揭示了区域内的洪潮、咸潮和水沙等现象的规律，提出更新更完善的法律法规，建立全面的水安全管理机制，提升区域水安全保障能力，以应对未来发展挑战，支持大湾区的可持续发展，为行政主管部门提供科学的数据支持和技术保障。本书的著作权人是珠江水文水资源勘测中心，编委会成员主要有刘斌、王永勇、张晓琳、黑亮、胡彩霞、张义敏、陈畅、杨锦程、龙群等。具体分工为：张义敏编写了第 1 章与第 2 章（共计 7 万字）；陈畅编写了第 3 章、第 9 章、第 10 章（共计 8 万字）；张晓琳编写了第 4 章与第 5 章（共计 12 万字）；王永勇编写了第 6 章（共计 11 万字）；胡彩霞编写了第 7 章与第 8 章（共计 14 万字）。全书由黑亮统稿，刘斌定稿。在编写过程中，龙群、杨锦程、张沛泽、周凡涵、詹绍君等参与了文献收集、资料整编、内容校核等工作，感谢他们的辛勤付出。在此，本书的编著成员同时向所有提供支持和帮助的领导、同事以及所有参考文献资料的作者表示由衷的感谢！

由于粤港澳大湾区的特色地域和水文情势的复杂性，加之时间仓促和受水平所限，书中难免有不妥之处，敬请广大读者批评指正。相关建议可联系编者电子邮件 hidige@sina.com。

作　者

2024 年 10 月

目　录

第 1 章　粤港澳大湾区的区域概况

1.1　自然地理

1.1.1　地理位置

粤港澳大湾区是指由香港特别行政区，澳门特别行政区和广东省广州市、深圳市、珠海市、佛山市、惠州市、东莞市、中山市、江门市、肇庆市（简称珠三角 9 市）组成的区域，地处在“广佛肇、深莞惠、珠中江”三大经济圈和香港、澳门两大对外窗口城市，其地理范围和俗称的“大珠三角”重合。

2017 年 7 月 1 日，在习近平总书记的见证下，国家发展和改革委员会与粤港澳三地政府在香港共同签署了《深化粤港澳合作，推进大湾区建设框架协议》，为大湾区建设订下合作目标和原则，确立合作的重点领域。中央相关部委和三地政府一直以创新开放的思维寻求政策突破，共同推进粤港澳大湾区发展。2019 年 2 月 18 日，中共中央 国务院正式公布印发了《粤港澳大湾区发展规划纲要》。按照规划纲要，粤港澳大湾区不仅要建成充满活力的世界级城市群、国际科技创新中心、“一带一路”建设的重要支撑、内地与港澳深度合作示范区，还要打造成宜居、宜业、宜游的优质生活圈，成为高质量发展的典范。以香港、澳门、广州、深圳四大中心城市作为区域发展的核心引擎建设粤港澳大湾区，是习近平总书记亲自谋划、亲自部署、亲自推动的国家战略，是新时代推动形成全面开放新格局的新举措，也是推动“一国两制”事业发展的新实践。

粤港澳大湾区（见图 1.1–1）所在的珠江三角洲旧称粤江平原，简称“珠三角”，位于广东省中南部，濒临南海，是由珠江三大支流西江、北江、东江等河流在溺谷湾内合力冲积而形成的复合三角洲。地处北回归线以南，是中国南亚热带最大的冲积平原。香港特别行政区位于珠江口以东，由香港岛、九龙半岛、新界内陆地区以及 262 个大小岛屿组成。澳门特别行政区位于珠江口以西，包括澳门半岛、氹仔岛、路环岛等。

粤港澳大湾区地理条件优越，“三面环山，三江汇聚”，具有漫长海岸线、良好港口群、广阔海域面。经济腹地广阔，泛珠三角区域拥有全国约 1/5 的国土面积、1/3 的人口和 1/3 的经济总量。粤港澳大湾区面向南海，是距离南海最近的经济发达地区，是中国经略南海的桥头堡；临近全球第一黄金航道，是太平洋和印度洋航运要冲，是东南亚乃至世界的重要交通枢纽，是丝绸之路经济带和 21 世纪海上丝绸之路的交汇点，是中国与海上丝绸之路沿线国家海上往来距离最近的经济发达区域。

图 1.1-1　粤港澳大湾区位置示意图

1.1.2　地形地貌

粤港澳大湾区总体为一个马蹄形港湾，东、西、北三面被山地、丘陵环绕，南临大海，河网水道分 8 个口门（虎门、蕉门、洪奇门、横门、磨刀门、鸡啼门、虎跳门和崖门）出海，是一个由西江、北江、东江、潭江等干支流冲积而成的湾内充填式三角洲，或者说是在溺谷湾内的多河道上淤积而成的复合三角洲。中心区为河网密布的三角洲平原，周边被断续的中低山、丘陵环绕，山丘之间散布较大面积的湖积、冲积平原，受人工改造地形变化强烈。珠江口地区大多为填海造地的人工海岸，珠江口以东、以西地区主体为基岩侵蚀海岸。香港、澳门位于三角洲之南缘，分别位于珠江口东西两侧，东侧香港紧贴深圳东部，西侧澳门紧贴珠海东南。其中，香港地区属中低山 - 丘陵型、以基岩海湾为主的地貌；澳门地区以低丘陵和平地地貌为主。

大湾区内最高峰位于肇庆和清远交界的罗壳山，海拔为 1 339 m；罗浮山次之，海拔为 1 281.2 m。丘陵台地区海拔在 50~300 m。平原区海拔一般低于 50 m，海拔在 5~30 m。海域陆架区平坦开阔，宽度超过 200 km，平均水深约 50 m，平均坡度约 0.05°，等深线基本平行于海岸，海陆交互作用较强烈。陆坡区位于东南部，地形变陡，水深大于 400 m 的地带，坡度大于 1°。

大湾区陆地地形复杂多变，分为中低山、丘陵、台地、平原四类。其中，中低山分布最广，包括西部的鼎湖山、北部的罗浮山脉、东部的莲花山脉、中部的象头山及白云嶂、东南沿海的海岸山脉；丘陵主要分布于西部、北部及东部，与中低山一起连成低山丘陵区，在东南与梧桐山、梅沙尖、笔架山等构成海岸山脉；台地主要分布于东江三角洲平原外围及深圳北部等丘陵与平原过渡带，与丘陵一起形成丘陵台地区；平原主要分布于入海河流下游和滨海，在河口区形成三角洲平原和冲积海积平原，向上游则多为冲积平原。

海底地貌包括海岸地貌、陆架地貌和陆坡地貌。其中，海岸地貌主要在近岸约 50 km 以内，发育有海湾堆积平原、水下坡岸和水下三角洲，海陆相互作用强烈；陆架地貌由陆架堆积平原、陆架堆积侵蚀平原组成；陆坡地貌主要有一统斜坡、珠江海谷、神狐东峡谷群和东沙台地，地形复杂，与斜坡表面较强的水动力作用密切相关。

1.1.3　水文地质

珠江三角洲河网发育，主要水道 105 条，长 1 738 km。珠江水量大、含沙量小，多年平均径流量 3 412 亿 m^3，各支流进入珠江三角洲后，62.5% 的水量和 50.9% 的沙量经东四口门（虎门、蕉门、洪奇门、横门）流入伶仃洋，37.5% 的水量和 49.1% 的沙量经西四口门（磨刀门、鸡啼门、虎跳门、崖门）流入黄茅海。珠江三角洲平均每年接纳泥沙 8 336 万 t，其中约 20% 沉积在三角洲内，80% 淤积在八大口门之外的海域中。深圳河为香港与深圳的界河，发源于梧桐山牛尾岭，自东北向西南流入深圳湾，全长 37 km，香港一侧流域面积 125 km^2。香港境内其他河流还有城门河、梧桐河、林村河、元朗河和锦田河等，均为源短流急的季节性河流。

大湾区地层隶属华南地层大区中的东南地层区，地表出露元古系、震旦系、寒武系、泥盆系、白垩系、第三系、第四系。岩浆岩主要为燕山期二长花岗岩类，以粗粒或粗粒斑状花岗岩为主，风化层发育；第四系分布最广，沉积类型有冲积、湖积、海积及海陆混合堆积，富水性主要取决于颗粒粗细、厚度大小和分布位置；第三系红色泥岩、砂砾岩为钙质泥质胶结，裂隙均被充填；碳酸盐岩地层在泥盆系、石炭系、二叠系均有发育，主要有上泥盆统天子岭组（D_{3t}）、下石炭统石磴子段（C_1ds）、中上石炭统壶天群（$C_{2+3}ht$）、中二叠统阳新群（P_{2y}），总体来看，壶天群灰岩岩溶最发育，其次为石磴子段灰岩和阳新群灰岩。

在构造单元上属华南褶皱系，经历了加里东、印支、燕山和喜马拉雅各期地壳运动，构造极为复杂。早期以褶皱为主，后期以岩浆活动和断裂作用为主，构造方向主要为北东向和北东东向。历次构造运动形成的一系列褶皱和断裂，对地下水的赋存有明显的控制作用：广大丘陵山区构造裂隙和节理发育，风化层厚度大，因此裂隙潜水广泛分布；一系列的褶皱形成了多个向斜盆地，大部分向斜构造核部由上古生界碳酸盐岩组成，隐伏岩溶发育，蕴藏着丰富集中的岩溶水；区内岩浆岩广泛分布，深大断裂发育，形成多处温泉。

大湾区处于弱震区，地震活动南强北弱，自东向西又自西向东多次往返，主要分布在三角洲边缘及沉陷区内，以三水—磨刀门一线最明显。据《中国地震动参数区划图》（GB 18306—2015），大湾区大部分区域地震动峰值加速度为 0.10g，香港地区为 0.15g，惠州及肇庆西部为 0.05g，相应地震烈度为Ⅵ ~ Ⅶ。历史上地震强度较低，但弱震频繁，场区总体上属于构造稳定较差的地区。场地存在较大范围的软弱土和液化土，属抗震不利地段。

首先，大湾区区域内地质构造复杂，尤其是在中低山丘陵区和盆地边缘，断裂构造发育，加之近万年来经历了2次大规模的海侵，沉积了深厚宽广的滨海相溺谷湾淤泥堆积，因此大湾区沿海地区场地土体与内陆正常沉积土体性质存在明显差异，而且大量场地存在下卧软弱淤泥夹层。其次，区内三角洲平原水系众多，一些地方隐伏碳酸盐岩岩溶发育。再次，湾区滨海地带存在大量人工回填工程（填海工程）。正是由于有上述这些地质构造、沉积特征以及人工作用，湾区地质条件大致有以下几个特点：

（1）沿海地区新构造运动活跃。大湾区内地震活动受地质构造控制，以弱震为主且多分布于 NEE 活动断裂与 NNW、NW 向活动断裂会而不交的构造部位。地壳稳定性大致可划分为 2 个区：以深圳北部—东莞南部—广州—三水—鹤山—江门一线为界的珠江三角洲外缘相对隆起区为相对稳定区，发震断裂、活动断裂稀疏，活动性弱；以珠江三角洲断陷区及沿海区域（含香港、澳门地区）为相对次稳定区，为粤中下陷中心地带，活动断裂密集。因此，整个大湾区新构造运动呈现由内陆向沿海活动性增强的趋势，研究表明区内广从断裂、深圳断裂、西江断裂等仍具备一定的活动性，抗震设防烈度为Ⅵ ~ Ⅶ。

（2）风化壳和残坡积层发育。大湾区基岩区约占陆地面积的 60%，其中岩浆岩约占陆地面积的 40%（香港诸岛占比约 80%），侵入岩又以花岗岩为主。据研究，大湾区花岗岩分布面积达 9 092 km^2，其中香港、深圳、广州和江门出露的面积占城市出露面积的 40% 及以上。花岗岩中不稳定矿物（石英、长石等）含量较大，加之区内气候炎热潮湿、降水量大，岩石经受强烈的风化作用而形成较厚层的砂质、粉砂质残坡积层，在地下水排出后经蒸发干燥，呈固结状堆积在山坡周围。除丘陵、中山风化残积层稍薄，低山 – 台地区一般大于 5 m，加上全强风化岩厚度多达 10~50 m，在断裂破碎带附近风化深槽可达百米。研究显示，香港地区花岗岩风化最深在海平面以下达 80 m，在陆地全风化带亦大于 30 m。

（3）平原区软弱土层广布。大湾区内软土分布面积达 11 187 km^2，厚度超过 30 m 的区域达 325.8 km^2，主要分布在珠海、中山、江门和广州的河口地区。三角洲平原及沿海地带自晚更新世以来形成了大面积的冲海积层、海积层，历经 3 个沉积旋回，分布面积近 8 000 km^2，以第四系覆盖层的形式不整合于第三系红层、震旦系变质岩或燕山期花岗岩上，其沉积相平面展布界限决定于古海岸线、受控于断层，以广从断裂及新会断裂作为界线；广从断裂以北为河流冲积平原松软土区；二者之间为河流冲积平原松软土与滨海海积软土过渡区；新会断裂以南为滨海海积软土区。自珠江上游至河口软土层厚度增大，岩性也由灰黄、灰褐色砂质黏土，淤泥质黏土过渡至深灰色、灰黑色粉砂质淤泥，软弱土层呈含水量高、压缩性高、承载力低等特点。三角洲地区沉积厚度大多为 25~40 m，最厚达 63.6 m；澳门地区层厚一般为 40~80 m，凼仔、路环间则厚达百米；香港地区一般为 20~25 m。

（4）隐伏碳酸盐岩岩溶发育。大湾区内可溶岩分布面积达 2 658 km^2，主要碳酸盐岩分布区大致有广花盆地、深圳龙岗区、肇庆市区周边、恩平—开平等，仅广州地区岩溶分布面积就达到 1 170 km^2。除志留系、中三叠统、下 – 中侏罗统地层外，自震旦系至第三系的地层中均或多或少地夹有岩溶地层，中－上泥盆统和石炭系地层中分布最广，大型溶洞主要分布于褶皱轴部、NNE 向断裂带（如广从断裂等）。广花盆地岩溶整体呈北东—南西带状分布，与构造断裂带基本一致，绝大部分为覆盖型岩溶发育，石灰岩埋藏深度一般在十几米，最大可达 40 m，岩溶形态上主要表现为溶沟溶槽、溶隙溶洞等，溶洞高度最大可达 10 m 以上。

（5）人工回填工程众多。漫长而曲折的海岸线、优良的海湾是大湾区能够快速发展的得天独厚的优势，围填海工程历史悠久。根据海洋行政主管部门的统计资料及相关科研资料，中华人民共和国成立以来，广东省累计围填海面积逾 2 400 km^2，其中大湾区占比超八成；澳门地区自有记录的 11.6 km^2 逐步扩展至 29.2 km^2，未来更是达到 32.8 km^2，填海面积逾 21.2 km^2，占土地总面积约 2/3；香港地区填海面积逾 67 km^2，占土地总面积约 7%。另外，珠三角地区星罗棋布的“桑基鱼塘”也逐渐地消失在城市化进程中。人工回填工程扩大了湾区城市容量及发展空间，为湾区建设了一批港口及滨海工业区，涵盖了目前大湾区众多经济繁荣区域（如深圳大鹏湾，珠海横琴岛沿岸，香港荃湾、九龙半岛等），但也在一定程度上改变了自然地形地貌条件，形成了大面积的性质不均匀、厚度差异大的人工回填区，同时这些回填区未来也将是大湾区经济活动最活跃的区域。

1.1.4　气候特征

粤港澳大湾区属亚热带海洋季风气候，常年气候温和，多年平均气温为 21.4~22.4 ℃。日照时间长，年日照时数为 2 000 h，年辐射总量约 108 kcal/cm^2。雨量充沛，年均降水量 1 200~2 000 mm，其中 4—9 月的降水量约占全年的 80%，降水年内分配不均。年均蒸发量 1 300~1 400 mm。

珠江三角洲属南亚热带湿润季风气候，具有终年高温、光照充足、夏季长、霜期短、降水丰沛、水热季节配合好等气候特征。年日照时数为 1 900~2 000 h，年平均气温 21~22 ℃，全年实际有霜期在 3 d 以下。年降水量 1 600~2 000 mm，降水以夏季最多，春季次之，秋冬季最少，每年 4—9 月为雨季，降水量约占全年的 80%，降水年变化呈双峰型，最高峰在 6 月，次高峰在 8 月。各大支流汛期错开，但夏秋多台风，洪涝威胁大。香港四季分明，冬季吹西北季风，夏季吹东南季风，偶有寒潮，最冷月平均气温 15~18 ℃。澳门冬暖夏热，气候湿润多雨、干湿季明显。

香港属亚热带气候区，约有半年时间近似温带气候。冬季的温度可能跌至 10 ℃，夏季则往往回升至 31 ℃以上。雨量集中在 5—9 月，约占全年雨量的 80%。1 月、2 月较多云，天气寒冷，3 月、4 月较和暖，潮湿有雾，5—8 月天气炎热潮湿，有大雨和雷暴，热带气旋通常在 6—10 月出现，会带来狂风大雨，有时更会引致风暴潮，11 月、12 月普遍天晴干燥，天气清凉舒适，但早晚有时会较冷。2022 年是香港自 1884 年有记录以来第六个温暖的年份之一，全年平均气温为 23 ℃，较正常高 0.4 ℃，7 月的平均气温高达 30.3 ℃，是香港有记录以来最热的月份。此外，9—11 月秋季的平均气温为 26.4 ℃，也是同期有记录以来最高，全年总降水量为 2 205.4 mm，较常年偏少约 9%。年内共有 6 个热带气旋影响香港，在暹芭、马鞍和尼格吹袭期间，天文台发出了八号烈风或暴风信号。

澳门特别行政区位于亚热带地区，北靠亚洲大陆，南临广阔热带海洋，冬季主要受中、高纬度冷性大陆高气压影响，多吹北风，天气较冷且干燥，雨量较少。夏季主要受来自海洋的热带天气系统影响，以吹西南风为主，气温较高，湿度大，降水量充沛。冬、夏季风向相反，加上温度日较差和年较差均少，属海洋性季风气候。根据世界气象组织以30年资料计算的气候平均值，1991—2020年间，澳门特别行政区年总降水量平均达1 966.6 mm，每年4—9月是降水量较多的月份。6月雨量最多，平均达373.7 mm，12月雨量最少，平均仅为31.3 mm。澳门特别行政区年均气温为22.6 ℃，气温最低的1月平均温度为15.1 ℃，不过大多数的年份还是会有最低温度在5 ℃以下的寒冷天气，但一般维持时间很短。月平均温度在22 ℃以上的月份多达7个月，表明澳门冬短夏长。澳门特别行政区常受台风吹袭，台风季节为每年5—10月，其中7—9月是台风吹袭最多的月份。

1.1.5 土壤植被

1.1.5.1 植被类型

珠江三角洲地带性植被为南亚热带常绿阔叶季雨林，种类组成以热带科为主，主要有桑科、大戟科、桃金娘科、樟科、金缕梅科、山茶科、壳斗科、茜草科、蝶形花科、苏木科、芸香科、梧桐科、杜英科、紫金牛科、冬青科、棕榈科和山矾科等。受人类干扰，珠江三角洲自然植被少，局部村边保留榕树、红鳞蒲桃、鸭脚木、越南山龙眼组成的半常绿季雨林，丘陵地主要分布马尾松、岗松、桃金娘和鹧鸪草组成的疏林。香港现有植物225科1 179属，其中土著植物42种，半天然林主要分布在香港的太平山、歌连臣山、金马伦山、聂高信山及新界企岭下海以南和白沙湾以西的西贡半岛等地。澳门维管束植物有206科866属1 508种，小叶榕、樟树林分布于东望洋山半阴坡，是季节雨林较有代表性的类型，群落较密闭、结构复杂。

1.1.5.2 土壤性质

珠江三角洲的土壤主要有水稻土、堆叠土、赤红壤等。在南亚热带湿润季风气候和生物因子的长期作用下，红色风化壳深厚，土壤呈酸性，缺乏盐基物质，富铝化作用明显。水稻土成土母质以三角洲沉积物为主，土层深厚肥沃。堆叠土是在三角洲沉积物上由塘泥堆叠而成的。赤红壤分布于孤山、丘陵地带，成土母岩为花岗岩、砂页岩、红色岩系等，表土层薄，磷钾缺乏，呈强酸性反应。香港的土壤主要为雏形土、富铁土、铁铝土、人为土、盐成土和新成土等，其中富铁土分布最广。澳门的土壤主要有铁铝土、初育土、水成土、盐碱土、人为土等。

1.2 社会经济概况

1.2.1 行政区划

1.2.1.1 历史沿革

明清以来，珠三角湾区广州、深圳、香港、澳门、东莞、佛山、中山、珠海、江门是同一座城市，叫广州府，自设立以来，经济发达、商贸繁荣、文教鼎盛，是广府文化的核心地带和兴盛之地。2009 年 10 月 28 日，粤港澳三地政府有关部门在澳门联合发布《大珠江三角洲城镇群协调发展规划研究》，提出构建珠江口湾区，粤港澳共建世界级城镇群。

2014 年，深圳市政府工作报告首次提出“湾区经济”概念，提出要以“湾区经济”新发展构建对外开放新格局，加快推进粤港澳大湾区合作。

2016 年 3 月，《中华人民共和国国民经济和社会发展第十三个五年规划纲要》正式发布，明确提出“支持港澳在泛珠三角区域合作中发挥重要作用，推动粤港澳大湾区和跨省区重大合作平台建设”；同月，国务院印发《关于深化泛珠三角区域合作的指导意见》，明确要求广州、深圳携手港澳，共同打造粤港澳大湾区，建设世界级城市群。

2017 年 7 月 1 日，《深化粤港澳合作，推进大湾区建设框架协议》在香港签署，习近平总书记出席签署仪式。在习近平总书记的见证下，时任香港特别行政区行政长官林郑月娥、澳门特别行政区行政长官崔世安、国家发展和改革委员会主任何立峰、广东省省长马兴瑞共同签署了《深化粤港澳合作 推进大湾区建设框架协议》。

2017 年 9 月 21 日，粤港澳大湾区研究院在深圳市罗湖区挂牌。

2017 年 10 月 18 日，习近平总书记在中国共产党第十九次全国代表大会上作报告，明确提出“要支持香港、澳门融入国家发展大局，以粤港澳大湾区建设、粤港澳合作、泛珠三角区域合作等为重点，全面推进内地同香港、澳门互利合作，制定完善便利香港、澳门居民在内地发展的政策措施”。

2017 年 12 月 18 日，习近平总书记在中央经济工作会议上指出，粤港澳大湾区建设要科学规划，加快建立协调机制。

2018 年 5 月 10 日和 5 月 31 日，习近平总书记先后主持召开中央政治局常委会会议和中央政治局会议，对《粤港澳大湾区发展规划纲要》进行审议。

2018 年 11 月，《中共中央 国务院关于建立更加有效的区域协调发展新机制的意见》明确指出，以香港、澳门、广州、深圳为中心引领粤港澳大湾区建设，带动珠江 – 西江经济带创新绿色发展。

2019 年 2 月 18 日，中共中央 国务院印发了《粤港澳大湾区发展规划纲要》，并发出通知，要求各地区各部门结合实际认真贯彻落实。

1.2.1.2　城市群概况

粤港澳大湾区包括香港特别行政区、澳门特别行政区和广东省广州市、深圳市、珠海市、佛山市、惠州市、东莞市、中山市、江门市、肇庆市，总面积 5.6 万 km^2，是我国开放程度最高、经济活力最强的区域之一，在国家发展大局中具有重要战略地位。粤港澳大湾区行政区划情况见表 1.2–1，行政区划图见图 1.2–1。

1. 香港特别行政区

香港（HK），简称“港”，全称中华人民共和国香港特别行政区，位于我国南部、珠江口以东，西与中国澳门隔海相望，北与深圳市相邻，南临珠海市万山群岛，区域范围包括香港岛、九龙、新界和周围 262 个岛屿，陆地总面积 1 106.66 km^2，海域面积 1 648.69 km^2。香港自古以来就是中国的领土，1842—1997 年间曾受英国殖民统治。二战以后，香港经济和社会迅速发展，不仅跻身“亚洲四小龙”行列，更成为全球最富裕、

表 1.2-1　粤港澳大湾区行政区划情况

地区	土地面积 / km^2	县级市 / 个	县 / 个	市辖区 / 个	市辖镇 / 个	民族乡 / 个	街道 / 个
广州	7 238.46			11	34		142
深圳	1 987.00			9			74
珠海	1 725.02			3	15		10
佛山	3 797.79			5	21		11
惠州	11 350.36		3	2	48	1	22
东莞	2 460.38				28		4
中山	1 780.99				15		8
江门	9 535.19	4		3	61		12
肇庆	14 891.43	1	4	3	87	1	17
珠三角 9 市合计	54 766.62	5	7	36	309	2	300
香港特别行政区	1 114.40						
澳门特别行政区	33.30						
粤港澳大湾区	55 914.32						

数据来源：《广东统计年鉴 2023 年》。

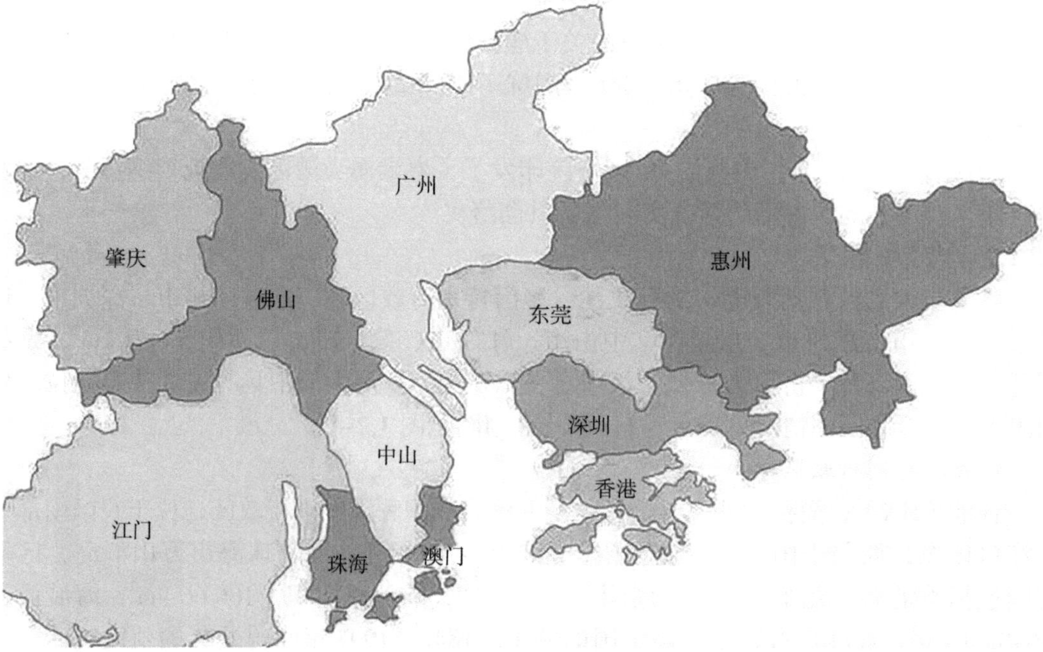

图 1.2-1 大湾区行政区划示意图

经济最发达和生活水平最高的地区之一。1997 年 7 月 1 日，中国政府对香港恢复行使主权，香港特别行政区成立。中央拥有对香港的全面管治权，香港保持原有的资本主义制度长期不变，并享受外交及国防以外所有事务的高度自治权，以“中国香港”的名义参加众多国际组织和国际会议。“一国两制”、“港人治港”、高度自治是中国政府的基本国策。

2. 澳门特别行政区

澳门，全称中华人民共和国澳门特别行政区。北邻广东省珠海市，西与珠海市的湾仔和横琴对望，东与香港隔海相望，相距 60 km，南临南中国海。1553 年，葡萄牙人取得澳门居住权，1887 年 12 月 1 日，葡萄牙与清政府签订《中葡会议草约》和《中葡和好通商条约》，正式通过外交文书的手续对澳门实行殖民统治。1999 年 12 月 20 日，中国政府恢复对澳门的行使主权。经过 400 多年，东西方文化的融合共存使澳门成为一个风貌独特的城市，留下了大量的历史文化遗迹。澳门历史城区于 2005 年 7 月 15 日正式成为联合国世界文化遗产。澳门回归中国之后，经济迅速增长，比往日更繁荣，是一国两制的成功典范。澳门是一个国际自由港，是世界人口密度最高的地区之一，也是世界四大赌城之一。其著名的轻工业、旅游业、酒店业和娱乐场使澳门长盛不衰，成为全球最发达、富裕的地区之一。

3. 广州市

广州市是广东省省会，国家历史文化名城，国家中心城市和综合性门户城市，粤港澳大湾区区域发展核心引擎，国际商贸中心、综合交通枢纽、科技教育文化中心、综合交通枢纽、科技教育文化中心，着力建设国际大都市。根据《广州市国土空间总体规划（2018—2035 年）》，规划 2035 年常住人口规模在 2 000 万人左右，其中主城区包括荔湾、越秀、天河、海珠四区全部，白云区北二环高速公路以南地区、黄埔区九龙镇以南地区及番禺区广明高速以北地区，面积约 1 110 km^2，规划常住人口约 1 000 万人，是承担广州高端服务业、行政管理、科技创新、文化交往和综合服务职能的核心区域。副中心为南沙副中心，范围为南沙区全域，面积 803 km^2，规划常住人口约 200 万人，是引领粤港澳大湾区协同发展的核心区域，是广州高水平对外开放的门户枢纽。充分发挥对香港、澳门及周边城市的联络辐射作用，承担国际航运、国际金融、国际贸易、科技创新等功能，与主城区形成合理分工。外围片区包括花都城区、空港经济区、知识城、番禺南部城区、从化城区、增城中南部城区，是承接主城区人口、功能疏解的主体区域和外围重要综合性节点片区。根据《广州市国民经济和社会发展第十四个五年规划和二〇三五年远景目标纲要》，“十四五”时期，地区生产总值年均增长 6% 左右；到 2025 年，地区生产总值约 3.5 万亿元。展望 2035 年，广州市将率先基本实现社会主义现代化，经济实力、科技实力、综合竞争力大幅增强，地区生产总值和城乡居民人均收入水平迈上新的大台阶，人均地区生产总值达到更高水平，建成具有经典魅力和时代活力的国际大都市，成为具有全球影响力的国际商贸中心、综合交通枢纽、科技教育文化医疗中心，朝着美丽宜居花城、活力全球城市阔步迈进。

4. 深圳市

深圳市城市性质为卓越的国家经济特区，中国特色社会主义先行示范区，国家对外开放门户枢纽，粤港澳大湾区核心引擎、国际科技创新中心、全球海洋中心城市。深圳市辖10个行政区（包括罗湖区、福田区、南山区、宝安区、盐田区、龙岗区、龙华区、坪山区、光明区、大鹏新区），行政管辖范围总面积为1 997.47 km^2。根据《深圳市国土空间总体规划（2020—2035）》，发展目标为建设中国特色社会主义先行示范区，创建社会主义现代化强国的城市范例，成为竞争力、创新力、影响力卓著的全球标杆城市；到2025年，建成现代化国际化创新型城市，基本实现社会主义现代化；到2035年，建成具有全球影响力的创新创业创意之都和全民共享的和美宜居幸福家园，成为我国建设社会主义现代化强国的城市范例；到2050年，将以更加昂扬的姿态屹立于世界先进城市之林，成为竞争力、创新力、影响力卓著的全球标杆城市。规划2035年常住人口规模1 900万人，建设用地规模1 105 km^2。《深圳市国民经济和社会发展第十四个五年规划和二〇三五年远景目标纲要》中明确了深圳市未来15年的发展目标：到二〇三〇年，建成引领可持续发展的全球创新城市，……成为全球重要的创新中心、金融中心、商贸中心、文化中心，跻身全球先进城市行列；建成高水平公共服务体系，人民生活更加美好；实现碳排放达峰后稳中有降，社会文明达到新高度。到二〇三五年，建成具有全球影响力的创新创业创意之都，成为我国建设社会主义现代化强国的城市范例，率先实现社会主义现代化。……成为民生幸福标杆，实现幼有善育、学有优教、劳有厚得、病有良医、老有颐养、住有宜居、弱有众扶，市民享有更加幸福安康的生活；成为可持续发展先锋，打造人与自然和谐共生的美丽中国典范。

5. 珠海市

珠海是广东省副中心城市，是国务院批复确定的中国经济特区，珠江口西岸核心城市和滨海风景旅游城市、粤港澳大湾区重要节点城市。根据《珠海市城市总体规划（2001—2020 年）》，珠海市在地域空间上分为市域、中心城区两个层次。市域范围为珠海市行政辖区范围，行政建制包括香洲区、金湾区和斗门区。总面积约 7 827 km^2，其中陆域面积约 1 724 km^2，海域面积约 6 103 km^2。中心城区范围由新老香洲、吉大、拱北、前山、南屏、湾仔、洪湾组成，面积约 190 km^2，即香洲城区和南湾城区范围。根据《珠海市国民经济和社会发展第十四个五年规划和二〇三五年远景目标纲要》，城市发展定位为打造粤港澳大湾区经济新引擎、独具特色令人向往的大湾区魅力之城和践行新发展理念的典范城市，努力建设枢纽型核心城市和新时代中国特色社会主义现代化国际化经济特区。展望 2035 年，珠海将基本实现社会主义现代化，经济实力、科技实力、综合竞争力大幅跃升，高质量发展成为全国典范，在物质文明、政治文明、精神文明、社会文明、生态文明五个方面力争成为全球样板，为努力到 21 世纪中叶建成向全世界展示中国特色社会主义制度巨大优越性的重要窗口、走在全面建设社会主义现代化国家新征程最前列的代表性城市奠定坚实基础。十四五时期，力争 GDP 达到 6 000 亿元，常住人口达到 300 万人。

6. 佛山市

佛山市是广东省辖地级市，与广州共同构成“广佛都市圈”，大力推进广佛同城化合作，打造国际大都市区，是珠江三角洲城市之一、粤港澳大湾区重要节点城市，“广佛肇经济圈”“珠江－西江经济带”的重要组成部分；是全国重要的制造业基地，国家历史文化名城和综合交通枢纽。根据《佛山市城市总体规划（2011—2020 年）》，佛山市行政辖区包括禅城区、南海区、顺德区、三水区、高明区五个区，总面积为 3 797.79 km^2。中心城区包括禅城区行政辖区、南海区桂城街道和狮山镇罗村社会管理处原罗村街道行政辖区、顺德区乐从镇行政辖区，总面积为 361.66 km^2。根据《佛山市国民经济和社会发展第十四个五年规划和二〇三五年远景目标纲要》，展望 2035 年，佛山市经济实力、科技实力、综合竞争力将大幅跃升，经济总量和城乡居民人均收入再迈上新的大台阶，城市能级显著提升，成为科技创新和成果转化区域高地，创新型城市建设走在国内城市前列……。十四五期间，佛山经济社会发展目标定位是粤港澳大湾区极点城市、全省地级市高质量发展领头羊、面向全球的国家制造业创新中心。

7. 惠州市

惠州市城市性质为国家历史文化名城，粤港澳大湾区重要节点城市，世界级绿色石化能源产业基地，珠江东岸先进制造业产业集群重要城市。惠州市下辖惠城区、惠阳区、惠东县、博罗县、龙门县，设有大亚湾经济技术开发区和仲恺高新技术产业开发区两个国家级开发区。根据《惠州市国土空间总体规划（2020—2035 年）》，惠州市目标定位为珠江东岸新增长极，粤港澳大湾区高质量发展重要地区，国内一流城市。惠州市陆域土地面积 11 349 km^2，海域面积 4 520 km^2。规划至 2035 年，常住人口 850 万人。构建五级城镇体系，主中心（惠城区、仲恺高新区）提升市级综合服务中心职能，重点布局行政管理、科技创新、总部金融、文化交往等功能。副中心（惠阳区、大亚湾开发区）围绕对接深圳都市圈建设，引领市域南部城镇化高质量发展，完善城市综合配套功能，预留市级公共服务设施建设空间。县城（惠东县、博罗县、龙门县）发挥惠东、博罗和龙门三县县城对县域的辐射带动能力，提高公共服务设施配置水平，引领就地就近城镇化。重点镇强化综合服务和特色产业功能，推动土地集约节约利用，提升对所在城镇圈的带动能力。一般镇主要满足邻近乡村地区居民的基本公共服务和就业需求。根据《惠州市国民经济和社会发展第十四个五年规划和二〇三五年远景目标纲要》，展望 2035 年，惠州将基本实现社会主义现代化，经济实力、发展质量跻身全国一流城市行列，人均地区生产总值达到中等偏上发达国家水平。石化能源新材料、电子信息产业实力国内一流，成为国际一流湾区能源科技创新中心。到 2025 年，惠州经济社会实现高质量跨越式发展，建设更加幸福的国内一流城市。十四五期间全市 GDP 年均增长 7.5% 左右，到 2025 年 GDP 超过 6 000 亿元。

8. 东莞市

东莞市是广东省辖地级市，国际先进制造基地，珠三角地区重要的中心城市和区域性枢纽城市，粤港澳大湾区重要节点城市，广东重要的交通枢纽和外贸口岸，岭南山水文化名城。全市陆域面积 2 460 km^2，海域面积 97 km^2。东莞市下辖莞城、东城、南城、万江 4 个街道和石龙、中堂、桥头、虎门等 28 个镇，以及松山湖（生态园）、滨海湾新区。根据《东莞市城市总体规划（2016—2035）》，东莞中心城区范围包括莞城、东城、南城、万江 4 个街道，总面积为 222.4 km^2。城市发展目标为国际制造名城，现代生态都市。到 2030 年，全市常住人口规模约为 950 万人，城镇化率达到 90% 以上。根据《东莞市国民经济和社会发展第十四个五年规划和二〇三五年远景目标纲要》，展望 2035 年，东莞市将基本实现社会主义现代化，经济实力、科技实力和综合竞争力大幅跃升，经济总量和城乡居民人均收入迈上新的大台阶，在2020年基础上翻一番，成为广东省高质量发展的名片。十四五期间主要目标为城市综合实力明显提升，打造富有活力和国际竞争力的高品质现代化都市。到2025年，GDP达到1.3万亿元左右，年均增长6%左右。创新驱动发展动力明显提升，打造具有全球影响力的湾区创新高地。产业链供应链现代化水平明显提升，打造以科技创新为引领的全国先进制造之都。构建新发展格局支撑作用明显提升，打造链接国内国际双循环的现代化枢纽城市。公共服务保障水平明显提升，打造民生幸福美好城市。城市治理效能明显提升，打造城市治理体系和治理能力现代化范例。

9. 中山市

中山市是粤港澳大湾区重要一极，大湾区西岸枢纽城市与创新高地，国家自主创新型制造业基地，国家历史文化名城，精品宜居典范城市。中山市包括石岐区、东区、西区、南区、五桂山、火炬开发区、小榄镇、南朗镇、三乡镇等24个街道办事处及建制镇。根据《中山市国土空间总体规划（2020—2035年）》，中山市陆域土地面积1 781 km^2，海域面积118.04 km^2。中心城区包括石岐、东区、西区、南区、五桂山5个街道办事处，港口镇及火炬高新技术开发区（广澳高速以西及岐江新城部分），面积368.61 km^2。规划至2035年，全市常住人口规模为530万人左右。发展目标为，到2035年建成珠江东西两岸融合发展的支撑点、沿海经济带的枢纽城市、粤港澳大湾区的重要一极，成为国内外具有较高美誉度的国际化现代化创新型城市。城市各项发展指标、功能与品质、文化影响力、生态环境质量、城市治理能力均位于全国同类城市前列，基本实现社会主义现代化。根据《中山市国民经济和社会发展第十四个五年规划和2035年远景目标纲要》，十四五时期主要目标是努力打造湾区经济发展新增长极，GDP年均增长6.5%左右。努力打造改革开放新高地、城市文明示范区、绿色发展标杆市、和谐善治幸福城。

10. 江门市

江门市是广东省辖地级市，是粤港澳大湾区重要节点城市，珠江三角洲西部地区的中心城市，珠三角及港澳地区与粤西连接的重要交通枢纽。江门市总面积9 507 km^2，下辖蓬江、江海、新会3个市辖区，代管台山、开平、恩平、鹤山4个县级市，共有76个街道、镇行政单位。根据《江门市城市总体规划（2017—2035年）》，城市发展定位为中国侨都、珠西先进制造业基地、岭南生态儒城。发展总目标为珠江西岸新增长极和沿海经济带的江海门户、粤港澳大湾区先进制造业强市、华侨华人交往窗口城市、国际人文生态旅游目的地、滨海生态宜居城市。以江门中心城区和鹤山中心城区一体化发展构建江门市域主中心，引导台山、开平协同发展，构建市域副中心。规划至2035年，中心城区按照270万常住人口进行用地布局。根据《江门市国民经济和社会发展第十四个五年规划和2035年远景目标纲要》，展望2035年，江门将基本实现社会主义现代化，高质量发展迈上新的大台阶，经济实力、科技实力、综合实力将大幅跃升，人均地区生产总值达到更高水平，中等收入群体显著扩大，建成先进制造业强市、珠西综合交通枢纽、沿海经济带开放高地、华侨华人文化交流合作窗口、宜居宜业宜游高品质城市……。十四五时期主要目标是经济发展取得新成效，地区生产总值年均增长6%左右，科技创新取得新进展，现代产业体系建设迈上新台阶，改革开放取得新突破，城乡区域发展格局迈出新步伐，生态文明建设实现新进步，社会文明程度得到新提高，民生福祉达到新水平，社会治理效能得到新提升。

11. 肇庆市

肇庆市是广东省辖地级市、国家历史文化名城、粤港澳大湾区重要节点城市、广州都市圈城市之一，是“广佛肇经济圈”、珠江－西江经济带的重要组成部分。下辖端州区、鼎湖区、高要区，广宁县、德庆县、封开县、怀集县，代管四会市，设肇庆新区、肇庆高新区两个经济功能区，全市土地总面积 14 891 km^2。根据《肇庆市国土空间总体规划（2020—2035 年）》，中心城区包括端州区、鼎湖区、高要区、肇庆高新区和肇庆新区管辖范围。城市定位为国家历史文化名城，粤港澳大湾区重要节点城市，广府宜居山水城市。到 2035 年，全面建成粤港澳大湾区重要节点城市，城市综合竞争力位居大湾区中上游，打造广东省绿色发展的样板城市。根据《肇庆市国民经济和社会发展第十四个五年规划和 2035 年远景目标纲要》，十四五时期主要目标是粤港澳大湾区制造新城承载力、竞争力明显提升；粤港澳大湾区康养休闲旅游度假胜地吸引力、影响力显著增强；粤港澳大湾区乡村振兴示范区成效明显；现代物流体系基本建成；区域发展更加协调；改革开放取得更多突破；更高水平文明肇庆建设迈出新步伐；更高水平美丽肇庆建设取得新成效；民生福祉进一步增强；统筹发展和安全实现新提升。

1.2.2　人口情况

粤港澳大湾区人口数量多、密度大，城镇人口比重大，外来人口多，文化教育基础较好。2022 年末，粤港澳大湾区人口有 8 631.73 万人，其中珠三角 9 市有 7 829.43 万人，香港特别行政区有 734.60 万人，澳门特别行政区有 67.70 万人。2018—2022 年末粤港澳大湾区人口情况见表 1.2–2。

表 1.2–2　2018—2022 年年末粤港澳大湾区人口

单位：万人

地区	2018 年	2019 年	2020 年	2021 年	2022 年
广州	1 490.44	1 530.59	1 874.03	1 881.06	1 873.41
深圳	1 302.66	1 343.88	1 763.38	1 768.16	1 766.18
珠海	189.11	202.37	244.96	246.67	247.72
佛山	790.57	815.86	951.88	961.26	955.23
惠州	483.00	488.00	605.72	606.60	605.02
东莞	839.22	846.45	1 048.36	1 053.68	1 043.70
中山	331.00	338.00	443.11	446.69	443.11
江门	459.82	463.03	480.41	483.51	482.22
肇庆	415.17	418.71	411.69	412.97	412.84
珠三角 9 市合计	6 300.99	6 446.89	7 823.54	7 860.60	7 829.43
香港特别行政区	748.25	752.08	742.83	740.31	734.60
澳门特别行政区	66.74	67.96	68.31	68.32	67.70
粤港澳大湾区	7 115.98	7 266.93	8 634.68	8 669.23	8 631.73

珠三角9市位于广东省珠三角地区，是粤港澳大湾区的重要组成部分。2011—2022年广东省及珠三角9市常住人口呈增长趋势（见表1.2-3），9市常住人口占全省的比重越来越大，常住人口从2011年的5 647万人增长至2022年的7 829.43万人，比重从2011年的53.75%增长至2022年的61.86%。

表1.2-3　2011—2022年广东省及珠三角9市常住人口

年份	广东省常住人口/万人	珠三角9市/万人	珠三角9市占全省比重/%
2011	10 505	5 647	53.75
2012	10 594	5 682	53.63
2013	10 644	5 715	53.69
2014	11 489	6 665	58.01
2015	11 678	6 869	58.82
2016	11 908	7 101	59.63
2017	12 141	7 338	60.44
2018	12 348	7 545	61.11
2019	12 489	7 684	61.53
2020	12 624	7 824	61.97
2021	12 684	7 861	61.97
2022	12 657	7 829	61.86

珠三角9市以汉族为主，汉族人口所占比重超过98.2%，少数民族人口所占比重不到1.8%。主要的少数民族有壮族、回族、满族、瑶族、苗族、黎族、畲族等。珠江三角洲的少数民族多分布在城市。

香港居民中，中国人占总人口的97.5%，大部分原籍为广东，其次为菲律宾人、美国人、英国人、印度人、泰国人、澳大利亚人、日本人、马来西亚人和葡萄牙人。澳门居民以中国人为主，约占总人口的97%，葡萄牙人（包括在澳门的土生葡萄牙人）及其他外国人占3%，主要为印度尼西亚人、菲律宾人和越南人。

1.2.3　经济发展

1.2.3.1　产业结构

粤港澳大湾区经济发展水平全国领先，产业体系完备，集群优势明显，经济互补性强，香港、澳门服务业高度发达，珠三角9市已初步形成以战略性新兴产业为先导、先进制造业和现代服务业为主体的产业结构。香港作为国际金融、航运、贸易中心和国际航空枢纽，拥有高度国际化、法治化的营商环境以及遍布全球的商业网络，是全球最自由经济体之一。澳门作为世界旅游休闲中心和中国与葡语国家商贸合作服务平台的作用不断强化，多元文化交流的功能日益彰显。珠三角 9 市是内地外向度最高的经济区域和对外开放的重要窗口，在全国加快构建开放型经济新体制中具有重要地位和作用。截至 2018 年末，粤港澳大湾区形成通信电子信息产业、新能源汽车产业、无人机产业、机器人产业以及石油化工、服装鞋帽、玩具加工、食品饮料等产业集群；是继美国纽约湾区、旧金山湾区，日本东京湾区之后的世界第四大湾区，是中国建设世界级城市群和参与全球竞争的重要空间载体。

1.2.3.2　经济发展

粤港澳大湾区是我国开放程度最高、经济活力最强的区域之一，在国家发展大局中具有重要战略地位。地区人口密集、城镇化率高。其经济发展具有如下特点。

1. 区位优势明显

珠江河口地处我国沿海开放前沿，海陆空交通条件便利，向内有广阔的内陆腹地，向外是“一带一路”重要的门户。拥有吞吐量位居世界前列的广州港、深圳港及东莞港、珠海港等重要港口，香港、广州、深圳等具有国际影响力的航空枢纽，以及四通八达的轨道交通和高速公路网络。随着粤港澳大湾区建设的推进，港口群国际竞争力将进一步提升，世界级机场群建设完成，辐射周边的快速轨道、高速公路交通网络逐步完善，布局合理、功能完善、衔接顺畅、运作高效的现代综合交通运输体系将加速形成。珠江河口地区作为国家建设世界级城市群和参与全球竞争的重要空间载体，必将在构建以国内大循环为主体、国内国际双循环相互促进的新发展格局进程中发挥更加重要的作用。

2. 经济社会发达

改革开放以来，珠江河口地区取得了令世人瞩目的成就，经济发展水平处于全国领先，产业体系完备，集群优势明显，经济互补性强。香港、澳门服务业高度发达，广州、深圳等城市已初步形成以战略性新兴产业为先导、先进制造业和现代服务业为主体的产业结构。

3. 发展潜力巨大

根据《粤港澳大湾区发展规划纲要》，粤港澳大湾区将构建具有国际竞争力的现代产业体系。通过增强制造业核心竞争力、优化制造业布局、加快制造业结构调整，加快发展先进制造业。依托香港、澳门、广州、深圳等中心城市的科研资源优势和高新技术产业基础，充分发挥国家级新区、国家自主创新示范区、国家高新区等高端要素集聚平台作用，培育壮大战略性新兴产业。加强粤港澳合作，拓展蓝色经济空间，大力发展海洋经济。到 2035 年，大湾区将形成以创新为主要支撑的经济体系和发展模式，经济实力、科技实力将大幅跃升，粤港澳大湾区经济社会将迎来新一轮发展，国际竞争力、影响力显著增强。

1.2.3.3　生产总值

2022 年，粤港澳大湾区地区生产总值为 130 441.52 亿元，其中珠三角 9 市 104 681.82 亿元、香港特别行政区 24 281.10 亿元、澳门特别行政区 1 478.60 亿元；地区人均生产总值为 162 924.00 元，其中珠三角 9 市 1 054 309.70 元、香港特别行政区 330 531.35 元、澳门特别行政区 218 082.95 元。2022 年粤港澳大湾区主要经济指标见表 1.2–4，2018—2022 年粤港澳大湾区地区生产总值见表 1.2–5。

表 1.2–4　2022 年粤港澳大湾区主要经济指标

地区	地区生产总值 / 亿元	人均生产总值 / 元	港口集装箱吞吐量 / 万标准集装箱	进出口总额 / 亿美元	出口总额 / 亿美元	进口总额 / 亿美元
广州	28 839.00	153 624.87	2 485.76	1 639.43	926.85	712.58
深圳	32 387.68	183 274.29	3 003.62	5 498.32	3 279.04	2 219.28
珠海	4 045.45	163 654.35	109.75	458.91	289.89	169.02
佛山	12 698.39	132 517.19	322.25	1 001.94	840.49	161.45
惠州	5 401.24	89 157.26	42.15	464.34	307.50	156.84
东莞	11 200.32	106 802.92	361.48	2 095.67	1 390.11	705.56
中山	3 631.28	81 620.09	136.24	422.22	351.37	70.85
江门	3 773.41	78 146.18	154.31	267.07	217.82	49.25
肇庆	2 705.05	65 512.55	49.20	57.91	41.02	16.89
珠三角 9 市	104 681.82	1 054 309.70	6 664.76	11 905.81	7 644.09	4 261.72
香港特别行政区	24 281.10	330 531.35	1 669.00	10 466.42	5 014.68	5 451.74
澳门特别行政区	1 478.60	218 082.95	9.37	190.09	16.76	173.33
粤港澳大湾区	130 441.52	162 924.00	8 343.13	22 562.32	12 675.53	9 886.79

表 1.2–5　2018—2022 年粤港澳大湾区地区生产总值

地区	2018 年		2019 年		2020 年		2021 年		2022 年	
	地区生产总值 / 亿元	人均生产总值 / 元	地区生产总值 / 亿元	人均生产总值 / 元	地区生产总值 / 亿元	人均生产总值 / 元	地区生产总值 / 亿元	人均生产总值 / 元	地区生产总值 / 亿元	人均生产总值 / 元
广州	22 859.35	155 491.00	23 628.60	156 427.41	25 019.11	135 047.17	28 231.97	150 366.40	28 839.00	153 624.87
深圳	24 221.98	189 568.00	26 927.09	203 489.02	27 670.24	159 309.11	30 664.85	173 662.79	32 387.68	183 274.29
珠海	2 914.74	159 428.00	3 435.89	175 533.19	3 481.94	145 645.19	3 881.75	157 913.52	4 045.45	163 654.35
佛山	9 935.88	127 691.00	10 751.02	133 849.89	10 816.47	114 156.80	12 156.54	127 084.67	12 698.39	132 517.19
惠州	4 103.05	85 418.00	4 177.41	86 043.48	4 221.79	70 190.54	4 977.36	82 112.97	5 401.24	89 157.26
东莞	8 278.59	98 939.00	9 482.50	112 507.17	9 650.19	92 176.10	10 855.35	103 283.91	11 200.32	106 802.92
中山	3 632.70	110 585.00	3 101.10	92 708.52	3 151.59	71 477.62	3 566.17	80 156.60	3 631.28	81 620.09
江门	2 900.41	63 328.00	3 146.64	68 194.04	3 200.95	66 984.47	3 601.28	74 721.56	3 773.41	78 146.18
肇庆	2 201.80	53 267.00	2 248.80	53 935.89	2 311.65	56 317.81	2 649.99	64 268.58	2 705.05	65 512.55
珠三角 9 市	81 048.50	1 043 715.00	86 899.05	1 082 688.61	89 523.93	911 304.81	100 585.26	1 013 571.00	104 681.82	1 054 309.70
香港特别行政区	24 022.87	322 412.84	25 254.50	336 391.50	24 106.26	322 202.28	23 751.28	320 398.26	24 281.10	330 531.35
澳门特别行政区	3 603.11	545 718.54	3 724.69	55 306.90	1 679.42	246 482.76	1 929.09	282 388.58	1 478.60	218 082.95
粤港澳大湾区	108 674.48	1 911 846.38	115 878.24	1 474 387.01	115 309.61	1 479 989.85	126 265.63	1 616 357.84	130 441.52	1 602 924.00

珠三角9市是广东省重要的经济中心，2011—2022年9市的地区生产总值占全省的比重越来越大，地区生产总值比重从2011年的79.69%增长至2022年的81.07%，详见表1.2-6。

表1.2-6　2011—2022年珠三角9市地区生产总值占全省比重情况

年份	广东省地区生产总值/亿元	珠三角9市地区生产总值/亿元	珠三角9市占全省比重/%
2011	55 074	43 890	79.69
2012	60 288	47 939	79.52
2013	67 203	53 473	79.57
2014	72 774	57 844	79.49
2015	78 264	62 541	79.91
2016	85 195	68 197	80.05
2017	93 265	74 953	80.37
2018	99 945	80 441	80.48
2019	107 987	87 213	80.76
2020	110 761	89 524	80.83
2021	124 720	100 585.25	80.65
2022	129 119	104 681.81	81.07

1.3　战略规划

1.3.1　粤港澳大湾区建设的重大意义

打造粤港澳大湾区，建设世界级城市群，有利于丰富“一国两制”实践内涵，进一步密切内地与港澳交流合作，为港澳经济社会发展以及港澳同胞到内地发展提供更多机会，保持港澳长期繁荣稳定；有利于贯彻落实新发展理念，深入推进供给侧结构性改革，加快培育发展新动能、实现创新驱动发展，为我国经济创新力和竞争力不断增强提供支撑；有利于进一步深化改革、扩大开放，建立与国际接轨的开放型经济新体制，建设高水平参与国际经济合作新平台；有利于推进“一带一路”建设，通过区域双向开放，构筑丝绸之路经济带和21世纪海上丝绸之路对接融汇的重要支撑区。

1.3.2　粤港澳大湾区建设的指导思想

深入贯彻习近平新时代中国特色社会主义思想和党的十九大精神，统筹推进“五位一体”总体布局和协调推进“四个全面”战略布局，全面准确贯彻“一国两制”、“港人治港”、“澳人治澳”、高度自治的方针，严格依照宪法和基本法办事，坚持新发展理念，充分认识和利用“一国两制”制度优势、港澳独特优势和广东改革开放先行先试优势，解放思想、大胆探索，不断深化粤港澳互利合作，进一步建立互利共赢的区域合作关系，推动区域经济协同发展，为港澳发展注入新动能，为全国推进供给侧结构性改革、实施创新驱动发展战略、构建开放型经济新体制提供支撑，建设富有活力和国际竞争力的一流湾区和世界级城市群，打造高质量发展的典范。

1.3.3　粤港澳大湾区建设的基本原则

1.3.3.1　创新驱动，改革引领

实施创新驱动发展战略，完善区域协同创新体系，集聚国际创新资源，建设具有国际竞争力的创新发展区域。全面深化改革，推动重点领域和关键环节改革取得新突破，释放改革红利，促进各类要素在大湾区便捷流动和优化配置。

1.3.3.2　协调发展，统筹兼顾

实施区域协调发展战略，充分发挥各地区比较优势，加强政策协调和规划衔接，优化区域功能布局，推动区域城乡协调发展，不断增强发展的整体性。

1.3.3.3　绿色发展，保护生态

大力推进生态文明建设，树立绿色发展理念，坚持节约资源和保护环境的基本国策，实行最严格的生态环境保护制度，坚持最严格的耕地保护制度和最严格的节约用地制度，推动形成绿色低碳的生产生活方式和城市建设运营模式，为居民提供良好的生态环境，促进大湾区可持续发展。

1.3.3.4　开放合作，互利共赢

以“一带一路”建设为重点，构建开放型经济新体制，打造高水平开放平台，对接高标准贸易投资规则，加快培育国际合作和竞争新优势。充分发挥港澳独特优势，创新完善各领域开放合作体制机制，深化内地与港澳互利合作。

1.3.3.5　共享发展，改善民生

坚持以人民为中心的发展思想，让改革发展成果更多、更公平地惠及全体人民。提高保障和改善民生水平，加大优质公共产品和服务供给，不断促进社会公平正义，使大湾区居民获得感、幸福感、安全感更加充实、更有保障、更可持续。

1.3.3.6　“一国两制”，依法办事

把坚持“一国”原则和尊重“两制”差异有机结合起来，坚守“一国”之本，善用“两制”之利。把维护中央的全面管治权和保障特别行政区的高度自治权有机结合起来，尊崇法治，严格依照宪法和基本法办事。把国家所需和港澳所长有机结合起来，充分发挥市场化机制的作用，促进粤港澳优势互补，实现共同发展。

1.3.4　粤港澳大湾区建设的战略定位

根据《粤港澳大湾区发展规划纲要》，粤港澳大湾区建设的战略定位如下。

1.3.4.1　充满活力的世界级城市群

依托香港、澳门作为自由开放经济体和广东作为改革开放排头兵的优势，继续深化改革、扩大开放，在构建经济高质量发展的体制机制方面走在全国前列、发挥示范引领作用，加快制度创新和先行先试，建设现代化经济体系，更好融入全球市场体系，建成

世界新兴产业、先进制造业和现代服务业基地，建设世界级城市群。

1.3.4.2 具有全球影响力的国际科技创新中心

瞄准世界科技和产业发展前沿，加强创新平台建设，大力发展新技术、新产业、新业态、新模式，加快形成以创新为主要动力和支撑的经济体系；扎实推进全面创新改革试验，充分发挥粤港澳科技研发与产业创新优势，破除影响创新要素自由流动的瓶颈和制约，进一步激发各类创新主体活力，建成全球科技创新高地和新兴产业重要策源地。

1.3.4.3 “一带一路”建设的重要支撑

更好发挥港澳在国家对外开放中的功能和作用，提高珠三角 9 市开放型经济发展水平，促进国际国内两个市场、两种资源有效对接，在更高层次参与国际经济合作和竞争，建设具有重要影响力的国际交通物流枢纽和国际文化交往中心。

1.3.4.4 内地与港澳深度合作示范区

依托粤港澳良好合作基础，充分发挥深圳前海、广州南沙、珠海横琴等重大合作平台作用，探索协调协同发展新模式，深化珠三角9市与港澳全面务实合作，促进人员、物资、资金、信息便捷有序流动，为粤港澳发展提供新动能，为内地与港澳更紧密合作提供示范。

1.3.4.5 宜居宜业宜游的优质生活圈

坚持以人民为中心的发展思想，践行生态文明理念，充分利用现代信息技术，实现城市群智能管理，优先发展民生工程，提高大湾区民众生活便利水平，提升居民生活质量，为港澳居民在内地学习、就业、创业、生活提供更加便利的条件，加强多元文化交流融合，建设生态安全、环境优美、社会安定、文化繁荣的美丽湾区。

1.3.5 粤港澳大湾区建设的发展目标

到 2035 年，大湾区形成以创新为主要支撑的经济体系和发展模式，经济实力、科技实力大幅跃升，国际竞争力、影响力进一步增强；大湾区内市场高水平互联互通基本实现，各类资源要素高效便捷流动；区域发展协调性显著增强，对周边地区的引领带动能力进一步提升；人民生活更加富裕；社会文明程度达到新高度，文化软实力显著增强，中华文化影响更加广泛深入，多元文化进一步交流融合；资源节约集约利用水平显著提高，生态环境得到有效保护，宜居宜业宜游的国际一流湾区全面建成。

1.3.6 粤港澳大湾区建设的主要内容

1.3.6.1 建设国际科技创新中心

深入实施创新驱动发展战略，深化粤港澳创新合作，构建开放型融合发展的区域协同创新共同体，集聚国际创新资源，优化创新制度和政策环境，着力提升科技成果转化能力，建设全球科技创新高地和新兴产业重要策源地。

1.3.6.2 加快基础设施互联互通

加强基础设施建设，畅通对外联系通道，提升内部联通水平，推动形成布局合理、功能完善、衔接顺畅、运作高效的基础设施网络，为粤港澳大湾区经济社会发展提供有力支撑。

1.3.6.3　构建具有国际竞争力的现代产业体系

深化供给侧结构性改革，着力培育发展新产业、新业态、新模式，支持传统产业改造升级，加快发展先进制造业和现代服务业，瞄准国际先进标准提高产业发展水平，促进产业优势互补、紧密协作、联动发展，培育若干世界级产业集群。

1.3.6.4　推进生态文明建设

牢固树立和践行绿水青山就是金山银山的理念，像对待生命一样对待生态环境，实行最严格的生态环境保护制度。坚持节约优先、保护优先、自然恢复为主的方针，以建设美丽湾区为引领，着力提升生态环境质量，形成节约资源和保护环境的空间格局、产业结构、生产方式、生活方式，实现绿色低碳循环发展，使大湾区天更蓝、山更绿、水更清、环境更优美。

1.3.6.5　建设宜居宜业宜游的优质生活圈

坚持以人民为中心的发展思想，积极拓展粤港澳大湾区在教育、文化、旅游、社会保障等领域的合作，共同打造公共服务优质、宜居宜业宜游的优质生活圈。

1.3.6.6　紧密合作共同参与“一带一路”建设

深化粤港澳合作，进一步优化珠三角 9 市投资和营商环境，提升大湾区市场一体化水平，全面对接国际高标准市场规则体系，加快构建开放型经济新体制，形成全方位开放格局，共创国际经济贸易合作新优势，为“一带一路”建设提供有力支撑。

1.3.6.7　共建粤港澳合作发展平台

加快推进深圳前海、广州南沙、珠海横琴等重大平台开发建设，充分发挥其在进一步深化改革、扩大开放、促进合作中的试验示范作用，拓展港澳发展空间，推动公共服务合作共享，引领带动粤港澳全面合作。

1.4　时代发展对大湾区的更高要求

水是生命之源，生产之要，生态之基。没有水就没有未来。水资源支撑着经济可持续发展，也是人类赖以生存发展的基础。因此，处理好社会经济与水资源间协调关系，对提高水安全保障和社会经济可持续发展有着重要意义。河流是自然界能量输送的重要载体，也是自然界内物质迁移转化的重要场所。河流水文情势作为水文循环系统生物组成、结构和功能完整的核心要素，影响并决定着河流内一系列物理化学过程。根据《水文基本术语和符号标准》（GB/T 50095—2014），水文要素是指构成某一地点或区域在某一时间的水文情势的主要因素，是描述水文情势的主要物理量，包括各种水文变量和水文现象，如降水、蒸发、水位、流速、流量、含沙量、水质、水温等。水文情势指河流、湖泊、水库等水体各水文要素随时间的变化情况，包括水位随时间的变化、一次洪水的流量过程、一年的流量过程、河川径流量的年内和年际间的变化等。因此，研究地区水资源可持续利用和水安全保障，首先要分析区域水文要素的水文情势变化的影响。

大湾区地处中国沿海开放前沿，是中国开发程度最高、经济活力最强的区域之一。2019 年，《粤港澳大湾区发展规划纲要》印发，大湾区发展战略的深入实施，社会经济发展对大湾区水安全保障提出了更高要求。《粤港澳大湾区发展规划纲要》提出将大湾区建设成为充满活力的世界级城市群、具有全球影响力的国际科技创新中心、"一带一路"建设的重要支撑、内地与港澳深度合作示范区、宜居宜业宜游的优质生活圈等战略定位和建设国际一流湾区，打造高质量发展典范的目标，这对大湾区水安全保障提出了新的更高要求。目前，大湾区水安全仍存在不少突出短板，主要存在的问题有：

（1）水沙变化频繁复杂，水情独特。粤港澳大湾区地处珠江流域下游，其中珠江三角洲河网区是其核心区域。该地区河网密布、纵横交错，径流、潮流相互作用，水沙变化频繁复杂，水情独特。一是粤港澳大湾区位于三江汇流、八口出海，水系交错复杂。西江、北江、东江三江汇流进入珠江三角洲河网区，由虎门、磨刀门等八大口门出海，其中东四口门水沙注入伶仃洋河口湾，西四口门水沙注入南海及黄茅海河口湾。珠江三角洲及河口地区河涌交错，各类河涌 1.2 万多条，总长 3 万多 km，河网密度达 0.72 km/km^2，为全国平均水平的近 5 倍，是世界上最复杂的河口之一。平原河网河道比降平缓，潮差小，水动力较弱。二是降水丰沛、时空不均，入境水量丰富。受季风气候影响，粤港澳大湾区多年平均降水量为 1 800 mm，当地年均水资源量为 583 亿 m^3（含港澳）。水资源时空分布不均，汛期来水占全年的 3/4 左右，年际间降水差异较大。西江、北江多年平均径流量为东江的 11.4 倍，西江高要站丰枯比为 3.68，北江石角站丰枯比为 3.12，东江博罗站丰枯比为 4.62。大湾区入境水资源量为 2 800 多亿 m^3。供水主要依赖从河道取水，占总供水量的 70.4%，枯季河口受咸潮上溯影响大。由于当地水资源不足，香港、澳门需要内地供水保障。三是水灾频发、洪潮叠加，防灾形势严峻。特殊的自然地理和气候条件，决定了粤港澳大湾区面临洪水、风暴潮等灾害威胁。汛期洪水峰高量大，西江、北江洪水遭遇，极易形成叠加效应，导致严重洪涝灾害。大湾区极易受热带气旋侵袭，年均遭受热带气旋 1.5 个，"天鸽""山竹"等超强台风造成重大损失。河网区域地势低平，暴雨强度大，在洪潮双重影响下易形成内涝，出现"城市看海"等问题。

（2）城乡供水抗风险保安全能力不足。城市供水水源以河道取水为主，占 70.4%，当地水库调蓄能力和城市应急备用水源不足，存在流域季节性干旱、河口咸潮、水污染等风险，保供水的能力存在短板。供水格局以保障珠江东岸城市群为重点，对珠江西岸城市考虑不足。

（3）防洪（潮）标准不高。以深港界河深圳河为例，在深圳河治理工程第四期于 2017 年完成后，其相连的深圳及香港地区洪（潮）风险已大幅改善，但相关标准仍未达到世界前列，未来仍有进一步加强空间。

（4）防洪减灾设施依然存在短板。西江、北江、东江等大江大河堤防存在险工险段，泡江蓄滞洪区分洪措施与安全设施尚不完善，三角洲河网区重要节点缺乏调控措施。珠三角 9 市堤防（海堤）达标率仅 78%，加之受气候变化影响，海平面持续上升，珠江河口最高潮位屡创新高，部分达标堤防已难以满足防御要求，沿海区域防潮形势严峻。城市地势低洼，加之排涝工程建设相对滞后，内涝问题突出。流域干支流水库群尚未完全实现统一调度，河湖行蓄空间管控有待加强，流域防洪减灾预报预警与联防联控能力不足。

1.5 小　结

粤港澳大湾区包括广东省珠三角 9 市和香港特别行政区、澳门特别行政区，是世界四大湾区之一，是我国对外开放程度最高、经济活力最强的区域之一，在国家发展大局中具有重要战略地位。水是粤港澳大湾区发展的重要支撑和连接纽带，事关区域防洪(潮)安全、供水安全、生态安全和经济安全。当前大湾区水安全保障仍存在明显不足，与建设国际一流湾区、打造高质量发展典范的目标不相匹配。粤港澳大湾区地处珠江流域下游，核心区域位于珠江三角洲河网区，该地区河道密布、水系交错，径流、潮流相互作用，水、沙、盐、污染物、水生生物等要素复杂多变，叠加大湾区城市群高强度人类活动对水陆环境的影响，水情独特且十分复杂，加上全球气候变化带来的海平面上升，短历时强降水、流域干旱、台风暴潮等极端天气的增加，以及人类活动引起的咸潮上溯、洪水归槽、污染加重、生态损害等影响，决定了大湾区水安全保障任务繁重。本书通过开展粤港澳大湾区水文情势变化研究，可了解区域洪潮、咸潮、水沙等变化规律，为粤港澳大湾区水安全保障提供参考。

第 2 章　大湾区水资源开发利用现状及问题

2.1　水资源开发利用现状

2.1.1　河流水系

粤港澳大湾区位于广东省东南部，地处珠江流域尾闾。珠江河口地区河网密布、河涌交错，各类河涌 1.2 万多条，总长 3 万多 km，河网密度 0.72 km/km^2，为全国平均水平的近 5 倍，是世界上最复杂的河口之一。流域内主要河流有西江、北江、东江及三角洲诸河流，西江、北江、东江三江汇流进入河网区，由虎门、磨刀门等八大口门出海，其中东四口门水沙注入伶仃洋河口湾，西四口门注入南海以及黄茅海河口湾，主要河流水系见图 2.1–1。

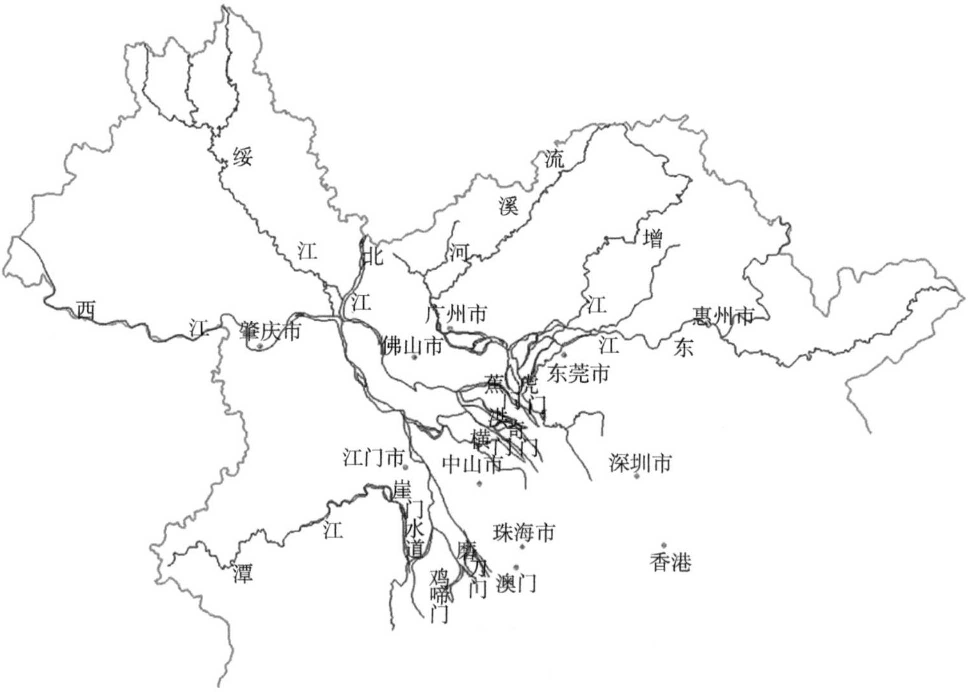

图 2.1–1　粤港澳大湾区主要河流水系示意图

2.1.1.1　西江、北江、东江

西江发源于云南省曲靖市乌蒙山余脉的马雄山东麓，自西向东流经云南、贵州、广西，到梧州汇桂江后始称西江，并流入广东，西江干流至思贤滘长 2 075 km，集水面积 35.31 万 km^2，其中大湾区面积 1.8 万 km^2。西江至思贤滘后主流折向南流，于珠海市企人石磨刀门水道注入南海，企人石到思贤滘长约 139 km，集水面积 0.78 万 km^2。西江梧州以下、思贤滘以上有集水面积 100 km^2 以上支流 51 条，其中大于 1 000 km^2 以上的一级支流有贺江、罗定江及新兴江。另有，北江支流绥江下游经青岐涌与西江相通，使西江与北江洪水相互沟通。贺江为西江左岸一级支流，发源于广西富川县，从广西贺县流入广东省封开县，于封开县江口镇汇入西江。全流域集雨面积为 11 536 km^2，河长 352 km，贺江属山区性河流，主流迂回曲折，洪水暴涨暴落，枯季水浅、滩多，沿江两岸山多，耕地零星分布。罗定江又称南江，系西江右岸一级支流，发源于茂名市信宜市的鸡笼山，从信宜市流入罗定市，经云浮，在郁南县南江口流入西江；流域集雨面积 4 493 km^2，河长 201 km；流域东、南、西三面有高山环绕，东有大钳山、云雾山，东南有八排顶，西南亚婆髻龙须顶，西有大苍顶，山峰海拔均超过 1 000 m，中部为丘陵盆地，雨量偏少，当台风在阳江或电白登陆时，上游易发生暴雨山洪。郁南县连滩以下近河口段，则直接受西江洪水影响。新兴江发源于恩平市的天露山（海拔 1 250 m），南与漠阳江流域相接。流域集雨面积 2 355 km^2，河长 145 km。新兴江由南向北流经新兴、云城和高要区，在高要新江口汇入西江。集水区西、南为山区，中部多丘陵，南部易受台风雨影响而发生山洪，下游则受西江洪水影响，两岸已有堤防捍卫。

北江为大湾区流域内第二大水系，北江发源于江西省信丰县石碣大茅坑，流入广东省境后经南雄、始兴、曲江等县在韶关市区与武江汇合后称为北江。经四会市由北向南流，至三水思贤滘与西江相通，流入珠江三角洲河网区，主流由沙湾水道注入狮子洋经虎门出南海。北江三水区河口以上干流长 468 km，流域面积 4.67 万 km^2，其中约 24 km 河段位于大湾区境内。北江集水面积超过 1 000 km^2 的一级支流有墨江、锦江、武江、南水、滃江、连江、滃江、滨江和绥江，其中湾区境内的主要支流为绥江。绥江发源于连山县擒鸦岭，经怀集、广宁至四会马房汇入北江，流域面积 7 184 km^2，河长 226 km。集水区上游多为高山峻岭，以怀集、阳山交界的大稠顶为最高，海拔 1 626 m；中游属丘陵区，下游则丘陵与平原兼备，除北部怀集梁村盆地较平整的大片耕地（约 10 万亩[❶]）和四会市区以下的平原区外，大部分为山区，占集水面积的 70%。沿河两岸土地较平坦，是人们聚居之地。

东江发源于江西省寻乌县的桠髻钵，由北向南流入广东，至东莞市石龙流入珠江三角洲。东江石龙以上干流长 520 km，集水面积 2.7 万 km^2；石龙以下分南北两水道入河网区注入狮子洋，再经虎门入海，其间有增江、绥福水等支流汇入。东江水系内集水面积超过 1 000 km^2 以上的一级支流有安远水、浰江、新丰江、秋香江、公庄河、西枝江和石马河。新丰江是东江的第一大支流，发源于新丰县的玉田点兵。流域跨韶关、河源两市，流经韶关市的新丰和河源市的连平、东源、源城等 4 个县（区），流域面积 5 813 km^2，主流全长 163 km，落差大，流域内水力资源丰富，流域内已建成的大型水

❶ 1 亩 =1/15 hm^2。

库——新丰江水库，是东江流域水资源调配的控制性工程。秋香江是东江一级支流，发源于紫金县的黎头寨。流域跨河源、惠州两市，流经惠城区、惠东、紫金三区县，流域面积 1 669 km^2，其中紫金县占 95.9%。地势东高西低，自东向西南流，至紫金县古竹镇江口注入东江。干流全长 144 km。公庄河发源于博罗县桂山糯斗柏，经博罗县的黄陂与水东陂水汇合后称公庄河。经獭子、红花截到杨村，有柏塘河汇入，到耀珠潭有麻陂水汇入，最后流经泰美入东江。流域集水面积 1 197 km^2，主河长 82 km。西枝江是东江的第二大一级支流，发源于紫金县竹坳，流经惠东、惠阳、惠城区，在惠州市区东新桥汇入东江。流域面积 4 120 km^2，河长 176 km。石马河发源于宝安区丰台山大脑壳，由南而北流经宝安的龙华、观澜，东莞的塘厦、樟木头，在陈屋边汇潼湖水，于桥头的新开河注入东江。全流域集水面积 1 249 km^2，主河长 88 km。

2.1.1.2 珠江三角洲

珠江三角洲由西江三角洲、北江三角洲、东江三角洲和注入三角洲的其他河流流域所组成，集水面积 2.68 万 km^2，其中珠江三角洲河网区面积 9 750 km^2，注入三角洲其他诸河流域面积 1.71 万 km^2。三角洲河网区为西江、北江思贤滘以下，东江石龙以下，至三角洲各入海口之间的地区。河网区河流纵横交错，河网密度为 0.83 km/km^2，在各江河水流互相连通兼受潮汐影响下，水情异常复杂。西江自思贤滘以下转向南流直至新会区天河一段称为西江干流水道，以下至新会百顷头一段称西海水道，再下至珠海市企人石入海口为磨刀门水道；北江自思贤滘北滘口向东南流至南海区紫洞一段称北江干流水道，以下至顺德区张松以上称顺德水道，再下在番禺区小虎山淹尾一段为沙湾水道；东江石龙以下分为两支，经石龙以北为东江主流河口段，称东江北干流，向西流至增城区民石滩以南有增江汇入，至禺东联围入狮子洋，全长 42 km。另有一支经石龙以南，称东江南支流，到峡口与寒溪水汇合后又分为许多河汊注入狮子洋。除西江、北江及东江外，注入珠江三角洲的流域面积超过 1 000 km^2 以上的河流有流溪河、高明河、潭江、增江和沙河。

流溪河发源于从化桂峰山，从东北向西南流，经从化、花都及广州郊区至南岗汇入白坭水，再和北江分流的芦苞涌、西南涌汇合后于白鹅潭汇入珠江，从南岗口与白坭水汇流点，干流长 156 km，集水面积 2 300 km^2。

高明河又名沧江河，是西江下游右岸的一级河流，发源于高明区西部更合镇的托盘顶，流域面积 1 033 km^2，总长 80.8 km。全河横贯高明东西，流经更合、明城、杨和和荷城等地，在荷城街道海口村附近注入三角洲的西江干流水道。

潭江发源于阳江市牛围岭山，自西向东流经恩平、开平、台山、鹤山、新会等市、县（区），在新会双水附近折向南流，汇入三角洲河网区，于新会崖门口入海，干流长 248 km。流域含新会、鹤山、开平、恩平及阳江、高明、新兴等市、县（区）的全部或部分，集水面积 6 062 km^2。

增江发源于新丰县七星岭，自北向南流，经从化、龙门、增城等县（区），于增城区观海口入珠江三角洲河网区的东江北干流，河长 206 km，集水面积 3 114 km^2。

2.1.2　水利工程

2.1.2.1　蓄水工程

珠三角 9 市已建大型水库 9 座，总库容 17.7 亿 m^3；中小型水库 2 004 座，总库容 80.9 亿 m^3，兴利库容 48.5 亿 m^3，年设计供水能力 58.6 亿 m^3。其中，库容最大的为惠州市白盆珠水库，库容为 3.85 亿 m^3；其次为广州市的流溪河水库，库容为 3.25 亿 m^3。2022 年末，珠三角 9 市大中型水库有 137 座，年末蓄水总量 29.19 亿 m^3，较年初增加 2.63 亿 m^3。2022 年珠三角 9 市大中型水库蓄水动态见表 2.1–1。

表 2.1–1　2022 年珠三角 9 市大中型水库蓄水动态

行政分区	座数 / 座	年初蓄水量 / 亿 m^3	年末蓄水量 / 亿 m^3	年蓄水变化量 / 亿 m^3
广州	17	3.09	3.45	0.36
深圳	16	2.21	3.03	0.82
珠海	4	0.53	0.50	–0.03
佛山	3	0.09	0.05	–0.04
惠州	28	7.54	9.25	1.71
东莞	8	1.12	0.80	–0.32
中山	1	0.26	0.25	–0.01
江门	34	8.81	9.19	0.38
肇庆	26	2.91	2.67	–0.24
合计	137	26.56	29.19	2.63

香港，三面环海，由于缺乏天然湖泊和河流，水资源尤其匮乏。目前，香港已建造各大小水塘水库 17 座，总库容为 5.86 亿 m^3。香港主要水塘水库库容见表 2.1–2。

表 2.1–2　香港主要水塘水库库容

序号	水塘水库名称	库容 / 万 m^3
1	香港仔下水塘	48.60
2	香港仔上水塘	77.30
3	薄扶林水塘	23.30
4	石壁水塘	2 446.10
5	大潭副水塘	8.00
6	大潭中水塘	68.60
7	大潭笃水塘	604.70
8	大潭上水塘	149.00
9	万宜水库	28 112.40

续表 2.1–2

序号	水塘水库名称	库容 / 万 m^3
10	九龙副水塘	157.80
11	九龙接收水塘	12.10
12	九龙水塘	157.80
13	下城门水塘	429.90
14	船湾淡水湖	22 972.90
15	石梨贝水塘	37.40
16	城门水塘	1 327.90
17	大榄涌水塘	2 049.00
总容量		58 605.00

目前，澳门本地蓄水设施的总有效库容为 190 万 m^3，其中大水塘 160 万 m^3、石排湾水库 30 万 m^3，容量相当于澳门约 7 d 的用水量。为增加本地水库蓄水容量，特区政府正推进“石排湾水库扩容工程”和“九澳水库扩容工程”，扩容后两水库的蓄水容量将由现在的约 30 万 m^3 增至约 152 万 m^3，澳门水库的总有效库容将提高至约 312 万 m^3，相当于澳门约 12 d 的用水量。澳门缺乏淡水资源，日常 95% 以上的原水由珠海供应，水源来自西江，而本地水库主要起应急调咸的备用作用。内地日常供澳原水的主要系统由广昌泵站、洪湾泵站、竹仙洞水库、蛇地坑水库及银坑水库等设施的南系统组成，总蓄水量约为 518 万 m^3。而在冬春季节的咸潮期间，竹银水库、竹洲头泵站和平岗泵站等则会作为主力供水设施。澳门主要水库的库容见表 2.1–3。

表 2.1–3　澳门主要水库的库容

水库名称	集水面积 /km^2	最大库容 / 万 m^3		供澳有效库容 / 万 m^3	
		现状	扩容后	现状	扩容后
大水塘	0.24	190	190	160	160
石排湾水库	0.63	40	78	30	78
九澳水库	0.21	40	74	0	74
黑沙水库	0.12	20	20	0	0
合计	1.20	290	362	190	312

2.1.2.2　引调水工程

粤港澳大湾区现有 5 座大型引调水工程，目前已建成的分别为东深供水工程、大亚湾引水工程、深圳东部供水工程，其中水源均取自东江水，设计总调水流量 42.13 m^3/s。珠江三角洲水资源配置工程已经实现通水，惠东县稔平半岛供水工程目前还在建设中。

东深供水工程是一座大型跨流域阀水工程，主要供水对象为香港、深圳及东莞石马河沿线各镇。取水口太园泵站位于东江石马河新开河口上游附近。东深供水工程先后进行了三次大规模扩建，其供水能力也从最初年供水量 0.68 亿 m^3 增至 17.43 亿 m^3。目前，东深供水改造工程已投入运行，其供水量规模增至 23.73 亿 m^3。

深圳市东部供水水源工程主要解决深圳市东部地区的用水。东部供水工程总设计输水流量为 30 m^3/s，总取水量为 7.2 亿 m^3/a。全长 105 km，为跨地区、跨流域的大工程。从惠阳市境内的东江上游廉福段取水口至深圳境内的松子坑水库，供水水源工程隧洞、箱涵、管道等全线 56.3 km。从松子坑水库起，途经深圳水库尾部，送水至西沥水库，线路全长 48.2 km，并将沿线水库联成网络，形成联通全市 6 个区的供水大动脉。

大亚湾引水工程总设计输水流量为 4.8 m^3/s，总取水量为 1.5 亿 m^3/a，输水干线全长 56 km，取自东江水，经惠城区、惠阳区，供水大亚湾区。

珠江三角洲水资源配置工程是为优化配置珠江三角洲地区东、西部水资源，从珠江三角洲网河区西部的西江水系向东引水至珠江三角洲东部，主要为广州、东莞、深圳的生活、生产供水，为香港特别行政区以及广东省番禺、顺德等地区提供应急备用供水条件。工程设计引水流量 80 m^3/s，至设计水平年 2040 年，工程多年平均引水量为 17.87 亿 m^3，分水口门断面多年平均供水量为 17.08 亿 m^3，其中广州市南沙区 5.31 亿 m^3，东莞市 3.30 亿 m^3，深圳市 8.47 亿 m^3。

惠东县稔平半岛供水工程主要任务是从西枝江取水，经输水建筑物和加压泵站，将水送至虎坑水库，为沿海工业基地、平海发电厂、巽寮旅游开发区等需水对象供水，并兼顾补充沿线稔山、铁涌、平海和港口四镇综合用水。

2.1.2.3　堤防工程

1. 东江干流及东江三角洲

东江流域现有堤防总长 1 000.2 km，其中河源 411.4 km，惠州 415.2 km，东莞 122.0 km，广州 43.8 km，韶关新丰县 7.8 km。其中，捍卫 5 万亩以上堤围共 14 条，总长 290.1 km；捍卫 1 万 ~5 万亩堤围 54 条，总长 663.8 km。主要的大堤围集中在干流的中下游和西枝江下游。一般堤围为 5~20 年一遇洪水标准，较大堤围达到 50~100 年一遇洪水标准。

广东省十大重点堤围中，涉及东江流域的有 2 个，分别为东莞大堤与惠州大堤。其中，东莞大堤全长 66.67 km，捍卫耕地面积 31.5 万亩，捍卫人口 131 万人，按 100 年一遇防洪标准建设；惠州大堤总长 42.885 km，捍卫耕地面积 13.6 万亩，捍卫人口 34.55 万人，按 30 年一遇洪水标准建设，结合“三库”联合调洪可达 100 年一遇防洪标准。东江干流现有堤防 448.94 km，其中左岸 248.2 km，右岸 200.74 km。全段达标长度 261.2 km，达标率 58.2%。其中，左岸达标长度 165.4 km，达标率 66.6%；右岸达标长度 95.8 km，达标率 47.7%。由于有三大水库联动调节，东江干流不易发生大洪水，出现险情的堤围不多。主要历史险段有 9 处，总长度约 5.25 km。

2. 西北角三角洲

珠江三角洲流域已建重点江堤（1、2 级堤防）共计 13 座，总长 905 km，保护人口 1 562 万人、耕地 292 万亩，地区生产总值 5 155 亿元；3~5 级堤防共计 57 座，总长 1 620 km，其中 3 级堤防 21 座，总长 876 km，保护人口 184 万人、耕地 117 万亩；4、5 级堤防 36 座，总长 744 km，保护人口 94 万人、耕地 74 万亩。西北江三角洲流域主要堤围有樵桑联围、中顺大围、江新联围、佛山大堤、顺德第一联围、顺德第二联围、番顺联围等，现状防洪标准为20~50年一遇。已建江堤计93座，总长2 196.57 km，保护人口约556.63万人、耕地350.56万亩。已建海堤共计34座，总长845.11 km，保护人口163.09万人、耕地122.53万亩。

3. 北江

北江干流堤防总长234 km，其中左岸堤防总长121 km，右岸堤防总长113 km。北江大堤位于北江下游的左岸，从清远市清城区石角镇骑背岭起，经佛山市三水区的大塘、芦苞、黄塘、河口、西南镇至南海区狮山，全长64.346 km，按100年一遇标准进行达标加固。北江大堤是全国七大流域重点堤围之一，是广东省最重要的堤防，是广州、珠江三角洲和粤港澳大湾区的防洪屏障，捍卫着广州、佛山、清远3市14个县（区）、2 000多万人口、100多万亩耕地的防洪安全。清远市清东围、清西围、清城联围按50年一遇标准进行堤防建设，清北围按30年一遇标准进行堤防建设；下游右岸肇庆市修筑有大旺围，其设计防御标准为防御50年一遇洪水。其余捍卫万亩以上耕地的堤围按20年一遇（个别为10~20年一遇）标准进行堤防建设。

4. 珠江广州河段

广州市珠江堤防工程现状总长192.55 km（不含部分江心岛），近年来，根据《广州市珠江堤防达标提升总体方案（2019年）》，结合广州市的城市建设，对部分堤防进行了达标加固，广州市珠江河段主要有以下堤防：

市中心围：从西航道流溪河口始至东江北干流黄埔与增城交界处。保护范围为珠江西航道以东，珠江前航道、珠江黄埔航道、东江北干流以北为广州市的市中心，主要行政区为荔湾区、越秀区、天河区、黄埔区的部分区域；涉及的堤围主要有珠江西航道左岸和珠江前航道左岸。

海珠围：南北均从洲头咀始至新洲止，环整个海珠区的环岛围，包括珠江前航道右岸及后航道左岸。

联安围、金沙围、芳村围：为珠江西航道右岸的联安围、金沙围及珠江西航道、后航道右岸的芳村围。

番禺区东北部联围：主要为三枝香水道、珠江后航道等右岸的堤防，包括大涌围、南村围和化龙围等。

经统计，粤港澳大湾区的广州、深圳、珠海、佛山、惠州、东莞、中山、江门、肇庆等广东9市范围内，2级及以上堤防总长度为2 617 km；3级及以上堤防总长度为3 852 km，珠三角9市重要堤围情况见表2.1–4。

表 2.1–4　珠三角 9 市重要堤围情况

堤防名称	所在地	长度/km	堤防标准（频率）	代表站	堤顶高程/m	设计水位/m	警戒水位/m	历史最高水位/m
北江大堤	清远市 佛山市	64.35	1%	石角	17.12	15.36	11	14.80
佛山大堤	佛山市	38.14	2%	澜石	7.4	6.23	4.1	6.11

续表 2.1-4

堤防名称	所在地	长度 / km	堤防标准（频率）	代表站	堤顶高程 / m	设计水位 / m	警戒水位 / m	历史最高水位 /m
樵桑联围	佛山市	117.5	2%	马口	11.7	10.28	7.5	10.06
中顺大围	中山市	119.05	2%	江头	6.32	4.62	3.3	4.95
	顺德区			滘闸				
江新联围	江门市	91.31	2%	天河（二）	7.97	6.17	5	6.29
景丰联围	肇庆市	59.9	2%	高要	14	13.74	10	13.62
东莞大堤	东莞市	66.69	2%	石龙	8.55	7.05	4	6.69
惠州大堤	惠州市	44.29	2%	惠阳	19.02	17.52	13	17.57

2.1.3　水资源开发

粤港澳大湾区年平均当地地表水资源量为 671.3 亿 m^3，上游入境水资源量为 2 602.9 亿 m^3。水资源年内、年际分布极不均匀，年径流主要集中在汛期 4—9 月，占全年的 71.3%~85%，而枯水季 10 月至翌年 3 月仅占全年的 15%~28.7%。径流年际变化大，其中西江马口水文站的丰枯比为 2.61，北江三水（二）水文站的丰枯比为 9.85，东江博罗水文站的丰枯比为 4.62。水资源空间分布也不均匀，东江博罗水文站年径流量仅 238 亿 m^3，而西江、北江流域年径流总量为 2 763 亿 m^3，是东江的 11.5 倍。

2.1.3.1　珠三角 9 市

2022 年粤港澳大湾区广东 9 市总供水量 217.85 亿 m^3，其中地表水源供水量 207.78 亿 m^3，占供水总量的 95.38%；地下水源供水量 0.51 亿 m^3，占供水总量的 0.23%；非常规水源供水量 9.55 亿 m^3，占供水总量的 4.39%。2022 年粤港澳大湾区广东 9 市供水量情况见表 2.1-5。

表 2.1-5　2022 年珠三角 9 市供水量情况　　单位：亿 m^3

行政分区	地表水				地下水	非常规水	供水总量	海水直接利用量
	蓄水量	引水量	提水量	调入水量				
广州	2.3	8.1	43.9	4.2	0.18	3.73	62.41	2.8
深圳	1.2	0.3	6.9	11.7	0.02	1.99	22.11	122.8
珠海	0.5	0.6	4.4			0.02	5.52	12
佛山	1.2	2.6	24.3			0.40	28.50	0
惠州	9.6	3.2	6.3	1.0	0.20	0.19	20.49	26.9
东莞	0.64	1.1	18.0			1.30	21.04	20.1
中山	0.49	4.5	9.2			0.35	14.54	2.3
江门	12.4	5.2	7.1		0.08	1.36	26.14	80.1
肇庆	7.1	4.0	5.3	0.16	0.03	0.21	16.80	0
合计	35.43	29.60	125.40	17.06	0.51	9.55	217.85	267

2022 年珠三角 9 市用水总量为 217.85 亿 m^3，其中农业用水 62.72 亿 m^3，占用水总量的 28.82%；工业用水 62.50 亿 m^3，占用水总量的 28.70%；生活用水（包括城乡公共和居民生活）29.75 亿 m^3，占用水总量的 13.66%；人工生态环境补水 11.38 亿 m^3，占用水总量的 5.23%。2022 年珠三角 9 市用水量情况见表 2.1–6。

表 2.1–6　2022 年珠三角 9 市用水量情况　　单位：亿 m^3

行政分区	农业	工业	生活		人工生态环境补水	用水总量
			城乡公共	居民生活		
广州	10.10	23.90	8.90	15.10	4.40	62.40
深圳	0.79	4.50	6.10	8.50	2.20	22.09
珠海	0.78	1.70	1.32	1.70	0.11	5.61
佛山	5.20	12.20	4.30	6.50	0.43	28.63
惠州	11.60	3.50	1.20	3.90	0.28	20.48
东莞	1.30	7.40	3.70	6.90	1.75	21.05
中山	4.50	4.60	1.50	3.50	0.42	14.52
江门	16.90	3.10	1.70	3.10	1.47	26.27
肇庆	11.55	1.60	1.03	2.30	0.32	16.90
合计	62.72	62.50	29.75	51.50	11.38	217.85

2011—2022 年间，珠三角 9 市用水总量占全省一半以上，年均达 51.98%；其中生产用水占全省生产用水总量的 49.80%，生活用水占全省生活用水总量的 60.22%，生态用水占全省生态用水总量的 76.53%。说明 9 市用水量对广东省全省的用水量存在极大的影响，对珠三角的水资源做好管控，有利于对全省水资源做好管控。2011—2022 年广东省及珠三角 9 市各类型用水量情况见表 2.1–7，2011—2022 年珠三角 9 市各类型用水量分别占全省各类型用水量的比重情况见表 2.1–8。

表 2.1–7　2011—2022 年广东省及珠三角 9 市各类型用水量情况　　单位：亿 m^3

年份	生产用水		生活用水		生态用水		用水总量	
	全省	珠三角 9 市	全省	珠三角 9 市	全省	珠三角 9 市	全省	珠三角 9 市
2011	377.82	188.77	66.54	38.24	8.92	6.40	453.28	233.41
2012	368.05	181.81	66.16	38.38	6.30	5.13	440.51	225.32
2013	362.77	179.93	65.40	38.05	4.97	3.73	433.14	221.71
2014	362.02	177.92	65.96	38.46	4.94	3.67	432.92	220.05
2015	361.14	174.32	67.16	39.28	5.07	3.75	433.37	217.35

续表 2.1-7

年份	生产用水		生活用水		生态用水		用水总量	
	全省	珠三角 9 市	全省	珠三角 9 市	全省	珠三角 9 市	全省	珠三角 9 市
2016	352.16	170.35	67.46	39.19	5.21	3.69	424.83	213.23
2017	358.40	177.97	69.83	41.86	5.28	3.80	433.51	223.63
2018	345.34	174.37	70.33	42.80	5.28	3.95	420.95	221.12
2019	335.90	171.72	70.60	43.51	5.71	4.47	412.21	219.70
2020	326.69	164.56	72.47	44.58	6.04	4.60	405.20	213.74
2021	321.20	164.29	79.10	51.50	6.70	5.47	407.00	221.26
2022	309.60	155.02	79.20	51.50	12.90	11.38	401.70	217.90

表 2.1-8　2011—2022 年珠三角 9 市各类型用水量占全省各类型用水量的比重　　%

年份	生产用水	生活用水	生态用水	用水总量
2011	49.96	57.47	71.75	51.49
2012	49.40	58.01	81.43	51.15
2013	49.6	58.18	75.05	51.19
2014	49.15	58.31	74.29	50.83
2015	48.27	58.49	73.96	50.15
2016	48.37	58.09	70.83	50.19
2017	49.66	59.95	71.97	51.59
2018	50.49	60.86	74.81	52.53
2019	51.12	61.63	78.28	53.30
2020	50.37	61.52	76.16	52.75
2021	51.15	65.11	81.64	54.36
2022	50.07	65.03	88.22	54.24

进一步分析珠三角 9 市水资源开发利用情况，2011—2022 年间，珠三角水资源量占全省水资源量的比重为 28%~34%，而用水总量占全省用水总量的比重均在 50% 以上，且呈弱增长的趋势。2011—2022 年间全省水资源开发利用率为 23.27%；而珠三角 9 市已经达到了 28.74%，说明 9 市水资源开发利用强度大，水资源承载能力面临着一定的威胁，水资源缺乏等问题突出。2011—2022 年珠三角 9 市水资源开发利用率见表 2.1-9。

表 2.1–9　2011—2022 年珠三角 9 市水资源开发利用率

年份	水资源量			水资源开发利用率（用水总量 / 水资源量）/%	
	全省 / 亿 m^3	珠三角 9 市 / 亿 m^3	珠三角占比 /%	全省	珠三角
2011	1 471.26	420.67	28.59	30.81	55.49
2012	2 026.55	612.45	30.22	21.74	36.79
2013	2 263.17	683.24	30.19	19.14	32.45
2014	1 718.45	557.25	32.43	25.19	39.49
2015	1 933.38	607.9	31.44	22.42	35.75
2016	2 459	763	31.03	17.28	27.95
2017	1 786.59	569.04	31.85	24.26	39.30
2018	1 895.09	641.7	33.86	22.21	34.46
2019	2 068.2	675.8	32.68	19.93	32.51
2020	1 626	516.5	31.77	24.92	41.38
2021	1 221.1	391.2	32.04	33.33	56.56
2022	2 223.6	665.8	29.94	18.07	32.73

2.1.3.2　香港水资源开发

香港地形主要为丘陵，平地较少，约有两成土地属于低地，主要集中在新界北部，分别为元朗平原和粉岭低地，都是由河流自然形成的冲积平原。香港平均全年降水量 2 322.1 mm，降水量最多的月份是 8 月，降水量最少的月份是 1 月。虽然境内多山，但河流短浅，集水面积只有陆域面积的 1/3，地表径流量很少，且降水分配不均，多集中于汛期，水源流失快，难以拦蓄，致使境内的溪流不能提供稳定和足够的水源。

香港供水水源主要有两个，分别是广东的东江与香港本地通过集水区收集进入水库的原水。香港绝大部分原水均由东深工程通过东江专用输水管道输入香港。除每年管道维修停水外，东江水源持续并足量提供香港本地基本用水需求。

2022 香港总供水量 10.97 亿 m^3，其中本地集水量 2.88 亿 m^3，广东东江供水量 8.10 亿 m^3，广东东江供水量占总供水量的 73.80%。2007—2022 年香港供水量情况见表 2.1–10。

表 2.1–10　2007—2022 年香港供水量情况

年份	降水量 / mm	水资源 / 亿 m^3		广东东江供水量占 / %
		本地集水量	广东东江供水量	
2007	1 706.9	1.866 5	7.153 5	79.31
2008	3 066.2	3.319 6	6.351 5	65.68
2009	2 182.3	2.204 9	7.245 9	76.67

续表 2.1-10

年份	降水量 / mm	水资源 / 亿 m^3		广东东江供水量占 / %
		本地集水量	广东东江供水量	
2010	2 371.7	2.280 2	6.807 9	74.91
2011	1 476.7	1.032 5	8.184 2	88.80
2012	1 924.7	2.172 2	7.092 0	76.55
2013	2 847.3	3.361 8	6.115 2	64.53
2014	2 638.3	2.280 1	7.244 8	76.06
2015	1 874.5	2.263 2	7.663 8	77.20
2016	3 026.8	3.854 4	6.291 4	62.01
2017	2 572.1	3.036 4	6.512 4	68.20
2018	2 162.9	2.881 0	7.360 6	71.87
2019	2 396.2	2.719 5	7.178 9	72.53
2020	2 395 0	2.152 7	8.024 3	78.85
2021	2 307.1	2.017 7	8.108 0	80.07
2022	2 205.4	2.875 2	8.096 9	73.80

2021—2023 年香港年均用水量 10.61 亿 m^3，月均用水量 0.89 亿 m^3。其中，2023 年用水量 10.66 亿 m^3，月均用水量 0.89 亿 m^3。2021—2023 年香港用水量情况见表 2.1-11。

表 2.1-11　2021—2023 年香港用水量情况　　单位：亿 m^3

月份	2021 年	2022 年	2023 年
1	0.87	0.89	0.90
2	0.78	0.77	0.81
3	0.86	0.86	0.90
4	0.84	0.86	0.84
5	0.90	0.89	0.90
6	0.88	0.88	0.88
7	0.91	0.94	0.91
8	0.91	0.93	0.92
9	0.89	0.91	0.89
10	0.91	0.93	0.91
11	0.88	0.88	0.89
12	0.91	0.91	0.91
合计	10.54	10.65	10.66

2.1.3.3 澳门水资源

20 世纪 50 年代以前，澳门居民用水主要靠数十艘水艇每天轮流到珠海的湾仔、银坑装水运回澳门，再由“担水妹”挨家挨户送水。20 世纪 50 年代末，随着澳门经济的发展和人口的增长，用水量日益增加，澳门供水自给自足的局面逐渐无法维持，水情危急。因此，马万祺、何贤等澳门知名人士向广东省政府发出请求，希望解决澳门供水问题。1959 年，广东省政府决定筹建竹仙洞水库和银坑水库，由澳门出资、珠海出力。1959 年 3 月，总库容量 240 万 m^3 的竹仙洞水库顺利竣工。1960 年 3 月 8 日，竹仙洞水库正式向澳门供水，清冽的淡水通过管道和明渠流进了澳门。在珠海全市 22 个供水水库中，竹仙洞水库离澳门最近，可利用自然落差向澳门供水，65 年来始终处于对澳供水“桥头堡”。竹仙洞水库库容不大，单库难以支撑澳门用水。为保障澳门用水，珠海陆续新建多个泵站和水库，并通过管道、隧洞、明渠实现库库相连，增强对澳供水保障能力。在此期间，珠海逐步形成了独有的“江水为主、库水为辅、多点取水、江库连通、库间调节、江水补库、库水调咸”原水供水水源系统。2011 年 5 月，珠澳供水系统中最大的蓄水水库——总库容 4 333 万 m^3 的竹银水库建成，与平岗—广昌咸期应急供水工程及同期建设的竹洲头泵站一同构成了竹银供水系统。

随着澳门社会经济发展，对澳供水工程建设的步伐并未停下。2019 年 10 月 17 日，在澳门回归祖国 20 周年之前，全长 15 km 的第四条对澳供水管道正式通水，日均设计供水能力达 20 万 m^3，加上此前竹仙洞水库至澳门半岛的 3 条供水管道，对澳供水能力达到每日 70 万 m^3，相比目前 29 万 m^3 的实际日均对澳供水量，珠海对澳供水保障能力达 240%，且供水布局更趋合理。

2022 年 3 月，广昌—洪湾系统优化工程正式通水，实现从广昌到澳门石排湾水厂的全程密闭式原水输配，有效避免了原水易受周边环境污染的风险，进一步提高了第四条对澳供水管道供水水质安全保障。

在 2018—2019 年期间，澳门的供澳原水量和总用水量都呈上升趋势。2018 年，珠海提供澳门原水量突破了 1 亿 m^3。2018—2019 年，澳门总用水量维持在平均每年约 2.5% 的升幅。在新型冠状病毒感染以来，澳门的经济民生受到很大的影响，酒店业和旅游业遭受严重冲击，2020 年工商业用水量显著下降，珠海供澳原水量和澳门总用水量分别较 2019 年下降 5.4% 和 7.9%。2021 年，供澳原水量较 2020 年下降 1.4%，用水总量较 2020 年上涨 0.9%。2022 年，受新型冠状病毒感染及通关措施收紧的影响，澳门入境旅客减少，供澳原水量和总用水量有所下降，下降幅度分别为 3.6% 和 3.3%。2018—2022 年澳门的供澳原水量和用水量情况见表 2.1–12。

澳门用水结构可以分为生活用水、商业用水、工业用水和公共用水四大类，主要为商业用水和生活用水。随着澳门城市的规划发展及人口增长，各类别的用水量一直呈稳定上升的趋势。然而，受到新型冠状病毒感染影响，政府鼓励居民在家工作，企业放无薪假的关系，2020 年的商业用水转升为跌。2021 年澳门新型冠状病毒感染缓和，入境旅客逐步上升，较 2020 年上升约 31%，故 2021 年商业用水较 2020 年上涨 7.6%，但较 2019 年下跌约 19%。而生活用水方面，澳门居民遵循政府的防疫政策留澳居家和工作，减少外出和加强清洁，2020 年生活用水较上一年上升约 9.4%。2021 年，疫情逐渐稳定，

表 2.1-12　2018—2022 年澳门的供澳原水量和用水量情况　　单位：万 m^3

年份	供澳原水量	总用水量
2018	10 121	9 094
2019	10 172	9 281
2020	9 625	8 552
2021	9 495	8 631
2022	9 152	8 346

居民外出时间增多，生活用水较 2020 年下降约 6.8%。2022 年，澳门受到新型冠状病毒感染及通关措施的影响，来澳旅客数量减少，商业用水量下跌，但澳门社会恢复至新型冠状病毒感染前的情况，多人出街活动，生活用水量也同样下跌，较上一年分别下降约 14.9% 和 10.0%。

2022 年澳门用水总量为 8 346 万 m^3，其中生活用水量 3 956 万 m^3，商业用水量 3 272 万 m^3，工业用水量 542 万 m^3，公共用水量 576 万 m^3。

2.1.4　水安全保障

大湾区地处珠江流域下游，江海相连、水系贯通、河网密布，水问题十分复杂，加上全球气候变化带来的海平面上升，短历时强降水、流域干旱、台风暴潮等极端天气的增加，以及人类活动引起的咸潮上溯、洪水归槽、污染加重、生态损害等影响，水安全保障任务繁重且艰巨。一方面，水安全保障能力与建设充满活力的世界级城市群的要求不相适应。首先，水资源节约水平和利用效率亟待提高，珠三角 9 市用水浪费现象仍较突出，农田灌溉水有效利用系数低于全国平均水平。其次，城乡供水抗风险保安全能力不足，城市供水水源以河道取水为主，当地水库调蓄能力和城市应急备用水源不足，存在季节性干旱、河口咸潮、水污染等风险。最后，防洪减灾依然存在短板，防洪（潮）标准不高，上游洪水归槽加重大湾区防洪压力，临时蓄滞洪区启用难度大，三角洲河网区重要节点缺乏调控措施，流域防洪减灾预报预警与联防联控能力不足。另一方面，水生态环境与建设宜居宜业宜游的优质生活圈的要求不相适应。一是水环境污染问题仍然突出，广东省 72% 的废污水排放量集中在珠三角 9 市，处理能力和标准不高，雨污分流不完善，黑臭水体点多量大。二是内河涌水体交换不畅，珠江三角洲河涌水体流动缓慢，水动力不足，与外江水体交换能力弱。三是水生态损害问题突出，由于受城市建设等人类活动影响，河湖空间被挤占，河口滩涂湿地减少，局部水生生境遭到侵占和破坏。四是水库蓝藻水华等富营养化现象时有发生。再一方面，水治理管理体系和能力与构建高质量发展的创新体制机制要求不相适应。例如，对大湾区水安全保障有着重要作用的珠江水量调度缺乏法制保障；水管理体制机制创新不足，粤港澳三地协同机制还需进一步深化，流域上下游、珠三角 9 市间、相关部门间协同协调有待进一步加强，水资源刚性约束机制尚未形成；水利工程运行和管理投入不足，“重建轻管”局面依然没有彻底改变；水利科技支撑能力、水利信息化水平等与水利现代化建设要求尚有差距。

《粤港澳大湾区水安全保障规划》从流域、湾区、城市群和城镇三个层面提出了大湾区水安全保障总体布局。在流域层面，加强流域中上游水土保持和水源涵养，挖掘重要工程供水潜力，加强骨干水库群防洪调控，强化干支流保护与治理，加强西江、北江和东江水资源统一调度；在城市群和城镇层面，优化提升4个中心城市（广州、深圳、香港、澳门）的水安全保障能力，夯实完善7个重要节点城市（珠海、佛山、惠州、东莞、中山、江门、肇庆）水安全保障基础，因地制宜提高特色城镇水安全保障水平。在湾区层面，形成“一屏、一核、一带、三廊”的水安全保障总体布局。一屏是西部、北部山丘区，重在涵养和保护；一核是珠江三角洲平原区，重在保障和调配；一带是南部河口水域岸线带，重在整治和恢复；三廊是西江、北江、东江干流，重在治理和修复。

同时，《粤港澳大湾区水安全保障规划》对构建大湾区水安全保障“四张网”提出了具体要求。一是打造一体化高质量的供水保障网。强化水资源刚性约束，加强农业、工业、城镇等重点领域节水，加大非常规水源利用；挖掘流域现有工程供水潜力，加快流域大型水利枢纽工程和珠江三角洲水资源配置工程建设；以珠江三角洲水资源配置工程和东深供水工程为主干，以各市供水主干网络为支线，形成“三江连通”的供水网络格局；加大对港澳供水基础设施建设及水资源保护力度，优化协作机制，加强流域水资源统一调度，进一步保障港澳供水安全；完善供水系统建设，改善供水水质，增强应急备用，提高城乡供水能力和水平。二是构筑安全可靠的防洪减灾网。加快流域骨干水库与潖江蓄滞洪区建设，积极推进大江大河治理，强化珠江河口综合治理与保护，持续推进病险水库（水闸）除险加固，加强中小河流治理与山洪灾害防治，协同推进珠三角9市界河防洪工程建设，完善防洪工程体系；加快海堤达标加固与生态海堤建设，构建防潮工程体系；全面提升城市排水防涝能力，有序开展城乡重点涝区治理，筑牢排涝工程体系；实施流域水工程统一调度，强化行蓄空间管控，加强监测预报预警和防洪风险管控，完善防洪减灾非工程措施；深化大湾区防洪减灾合作与交流。三是构建全区域绿色生态水网。科学划定河道、水库、湖泊等涉水空间，强化涉水空间的管控与保护；打造流域西江、北江与东江三江生态廊道，构建三角洲容桂水道等清水通道；加强大湾区西部、北部山丘区水源涵养，打造河口水域岸线保护带，构建大湾区绿色生态屏障；通过水污染治理、河网水动力改善、河湖水生态修护以及跨界河流水环境综合治理等措施，系统治理珠江三角洲河网；大力弘扬和发展岭南特色水文化，加强水文化的保护与传承。四是构建现代化的智慧监管服务网。推进物联网、大数据等新技术与大湾区水利业务深度融合，建设水安全保障智慧监控工程，全面提高水安全保障信息化水平；打造升级版河长制、湖长制，落实最严格水资源管理制度，健全水工程建设运行管理制度，完善水土保持监管制度，强化水安全监管制度实施；整合涉水政务服务，实现公众服务“一网通办”、水信息服务“一图全搜”，全面提升大湾区水安全公共服务水平；建设科技创新平台，加强水安全科技创新，深化粤港澳交流合作；强化风险防范意识，制订完善应急预案，着力防范化解重大水安全风险。

《粤港澳大湾区水安全保障规划》保障目标明确指出，到2025年，大湾区水安全保障能力进一步增强，珠三角9市初步建成与社会主义现代化进程相适应的水利现代化体系，水安全保障能力达到国内领先水平，率先打造成为全国“水利工程补短板、水利行业强监管”示范区。深圳水利基础设施和水生态环境质量达到国内领先水平。到 2035 年，珠三角 9 市水安全保障能力跃升，水资源节约和循环利用水平显著提升，水生态环境状况全面改善，防范化解水安全风险能力明显增强，防洪保安全、优质水资源、健康水生态和宜居水环境目标全面实现，水安全保障能力和智慧化水平达到国际先进水平，具有浓郁岭南特色的水文化得到弘扬和发展。深圳成为全国水利高质量发展和水利现代化的典范。内地对港澳水资源供给保障更加安全可靠，与港澳水资源、水文化、水科技、防灾减灾以及界河治理等全面协同协作迈上更高水平。

2.2　围绕水文情势的相关问题及研究进展

2.2.1　洪水

粤港澳大湾区地处珠江流域下游，受流域洪水威胁。珠江流域洪水由暴雨形成，前汛期暴雨多为锋面雨，洪水汇流速度快且易于同时汇集到干流，加之缺少湖泊调蓄，导致大湾区出现峰高、量大、历时长的洪水；后汛期暴雨多由台风造成，洪水相对集中，来势迅猛，峰高而量相对较小，因此流域性洪水及洪水灾害一般发生在前汛期。西江洪水多发生在 5—10 月，往往由几场连续的暴雨形成，洪水过程峰高量大，以多峰型为主，一般历时为 30~40 d。年最大场洪水的洪量平均值一般占年径流量的 27%，最高可达 48%。北江洪水常常早于西江和东江，主要发生在 5—7 月，北江流域洪水主要由锋面雨造成，峰高而量较小，峰形尖瘦，一般历时为 7~20 d，暴涨暴落，水位变幅较大，具有山区性河流的特点。洪水过程多为单峰和双峰，多峰型过程较少出现。东江洪水兼受锋面雨和台风雨影响，一般出现在 5—10 月，以 6—8 月最为集中，洪水涨落较快，峰形略似北江，一次洪水过程历时为 10~20 d，多为单峰型，亦有双峰型，越往上游复峰越多。粤港澳大湾区洪水受西江、北江影响较大，受东江洪水影响相对较小，特别是东江新丰江、枫树坝、白盘珠三座大型水库建成后，珠江三角洲受东江洪水的威胁大大减弱。西江、北江洪水经思贤滘调节后，进入西北江三角洲网河区，东江洪水经石龙进入东江三角洲网河区，三江洪水在珠江三角洲网河区调节后经八大口门注入我国南海。

粤港澳大湾区发生主要特大洪水的年份有 1915 年、1994 年、1998 年、2005 年和 2008 年等，影响范围广、损失严重。

2.2.1.1　“15·7”洪水

1915 年 7 月洪水为珠江全流域性的大洪水，西江、北江、东江三江均同时发生大洪水或特大洪水。三江洪水基本上同时遭遇，其时又适逢六月初一（7 月 12 日）大潮，珠江中下游及三角洲地区遭到前所未有的洪灾。7 月 10 日前后，西江梧州、北江横石和东江博罗等站出现最大洪峰流量：西江干流梧州站洪峰流量达 54 500 m^3/s，为 1784 年以来 200 余年中最大洪峰；横石站洪峰流量 21 000 m^3/s，为 1764 年以来最大洪峰；东江博罗水文站水位为 13.19 m，在 1726—1953 年的 228 年中，1915 年洪水位居第 14 位，属于一般大洪水。1915 年洪水，珠江下游及三角洲地区约 18 个县市淹没农田 648 万亩，受灾人口 378 万余人。西江洪水于肇庆左岸冲破景福围注入北江，北江石角围、永丰围相续溃决。三角洲除少数堤围外，几乎所有的堤围悉数崩溃。西江、北江两江洪水直泄广州，广州市随即被淹，适逢7月12日大潮，水势因而增高，13日水涨更甚，广州市自7月11日受淹至18日水犹未退尽，被淹7日之久。

2.2.1.2　“94·6”洪水

1994年6月，西江流域红水河、柳江、黔江、浔江、蒙江、桂江等地相继出现了大洪水或特大洪水，西江干流梧州站洪峰流量为49 200 m^3/s，近50年一遇，7天洪量为248亿m^3，大于10年一遇。北江石角站洪峰流量18 200 m^3/s，相当于50年一遇。西江、北江两江洪水的洪峰几乎同时在思贤滘相遭遇，珠江三角洲河网区内大多测站出现历史实测最高洪潮水位。马口站洪峰流量为47 000 m^3/s，达到50年一遇标准。三水（二）站洪峰流量为16 200 m^3/s，相当于100年一遇。西江、北江三角洲的容桂、沙湾等水道部分河段水位却出现超100年、200年一遇的记录。这次洪水灾害主要集中在广西和广东两省区，造成珠江流域109个县（市）1 389个乡（镇）近1 800万人受灾，276.30万人被洪水围困，紧急转移181.17万人，有139个城镇受淹，死亡455人，损坏房屋114.4万间，其中倒塌68万间；工矿企业停产15 920家；农作物受灾面积1 716.6万亩，其中成灾1 006.9万亩，绝收518.6万亩，直接经济损失282.44亿元。水利设施遭受严重破坏，其中损坏大中型水库33座，小型水库406座，损坏堤防4 087处1 625.73 km，冲毁塘坝5 578处，水利直接经济损失16.29亿元。

2.2.1.3　“98·6”洪水

“98·6”洪水以西江洪水为主，西江水系柳江、红水河、郁江、桂江先后出现涨水过程，西江梧州站洪峰流量52 900 m^3/s，超100年一遇；北江中上游及支流连江洪水位均不到5年一遇，北江石角站洪峰流量为12 600 m^3/s，为5年一遇。1998年大洪水，珠江流域片共有114个县（市、区）1 556万人受灾，倒塌房屋10.949万间，因灾死亡175人，损坏水库139座，2座小型水库跨坝，直接经济总损失160.60亿元，其中水利设施直接经济损失11.16亿元。

2.2.1.4　“05·6”洪水

大范围、高强度的降水致使珠江流域各大江河于2005年6月中下旬先后出现不同量级的洪水。西江中下游出现了特大洪水，其下游控制站梧州水文站出现了自1915年以来的第二大洪水，洪峰水位26.75 m，洪峰流量53 700 m^3/s；高要水文站的洪峰水位12.68 m，实测洪峰流量55 000 m^3/s，洪峰水位、流量分别为有实测资料以来的第三位、第一位。北江石角水文站24日13时达到最高洪峰水位12.22 m，超警戒水位（11.0 m）1.22 m，最大洪峰流量12 600 m^3/s，属一般洪水。西江、北江洪水经思贤滘调节后，从马口站和三水（二）站分别汇入珠江三角洲，根据思贤滘岗根站的实测流量分析，6月10日至7月2日岗根站平均流量2 800 m^3/s以上，最大过滘流量6 440 m^3/s，出现时间为23日12时，而北江石角水文站在1 d后才出现洪峰，因此西江、北江洪水在珠江三角洲没有形成峰峰相碰的恶劣遭遇。但西江洪水通过思贤滘流入北江，加大了三水（二）水文站洪峰流量，珠江三角洲马口水文站于24日17时出现洪峰水位8.97 m，洪峰流量53 200 m^3/s；三水（二）水文站于24日17时出现洪峰水位9.20 m，洪峰流量为16 300 m^3/s。西江、北江洪水进入珠江三角洲后，又适逢农历十八（6月24日）的天文大潮，洪潮相遇，互相顶托，致使珠江三角洲各水道都出现高水位，有 16 个水文站最高水位高于“94・6”洪水的最高水位，有 17 个水文站最高水位高于“98・6”洪水的最高水位。东江流域出现了 1979 年以来的最大洪水，上游支流浰江、新丰江部分站点出现历史最高水位。北江流域洪水为一般洪水，但是是飞来峡水利枢纽建成以来的最大洪水。西江洪水于思贤滘汇合北江洪水后进入珠江三角洲，适逢天文大潮，洪潮相遇，各水道都出现了高水位，部分站点出现历史最高水位。西江马口水文站出现 8.97 m 的洪峰水位、洪峰流量 53 200 m^3/s，北江三水（二）水文站出现 9.20 m 洪峰水位、洪峰流量为 16 300 m^3/s。本次降水过程造成局部地区山洪暴发，河水迅速暴涨，西江、北江、东江流域遭受严重的洪涝灾害，农作物受淹，房屋倒塌，交通、水利设施遭到严重破坏。截至 6 月 28 日，本次洪水共造成两广 163 个县（市、区）1 513 个乡（镇）1 262.782 万人受灾，受淹城市 18 个，倒塌房屋 24.843 8 万间，因灾死亡 131 人，农作物受灾面积 65.581 9 万 hm^2，成灾面积 40.861 9 万 hm^2，造成直接经济损失 135.95 亿元，其中水利设施直接经济损失 21.577 8 亿元。

本次洪水，珠江三角洲主要受灾严重。肇庆的封开、德庆、怀集、广宁、高要、鼎湖、端州、高新区等 8 个县（市）区的 69 个镇 20.01 万人受灾害影响，共有 91 条堤围溃决、漫顶或弃守。珠海鹅大赤坎海堤上一建筑物倒塌，影响堤身稳定，堤围决口约 5 m；莲洲二龙祥丰堤段漫顶 400 m；白蕉东南闸鲤鱼围海堤约 1 km 海堤出现渗漏；横山安丰围两处漏梗，后塌方 6 m；粉洲新围东漫顶 30 m，塌方 10 m；谦益水闸上游堤围出现两处严重管涌；竹洲堤围出现 7~8 m 塌方。佛山部分堤段出现深槽迫岸引发坍塌，顺德均安镇太平段外坦发生崩塌，长 100 多 m，宽达 10 m，部分厂房崩塌，装有 5 t 柴油的油罐滑落江中；南海区九江镇沙口社区外坦发生塌坡，造成 13 间房屋倒塌。中山全市紧急转移大堤外人员 8 000 人，水稻、蔬菜等农作物渍水 7.8 万亩，民房受浸 300 间，农业经济损失 4 859 万元；因暴雨影响部分厂企损失近 2 000 万元，合计经济损失 6 859 万元。

2.2.1.5　“08・6”洪水

2008 年 6 月，受冷暖空气共同影响，6 月 7—17 日，珠江流域自西向东连续发生了 3 次强降水过程。3 次降水过程分别发生于 7—10 日、11—13 日及 15—17 日。其中，以第二次降水过程为最强，西江支流柳江、桂江、贺江及北江等最大日雨量均发生在 12 日，东江、韩江则发生在 13 日。3 次降水过程 11 d 累积面平均雨量为 252.5 mm。本次降水过程具有笼罩面积大、范围广、暴雨集中、强度大，以及降水过程频繁、移动快等特点。

受连续强降水影响，珠江流域发生了流域性较大洪水，其中珠江三角洲发生了特大洪水，重现期为 50 年；西江发生了较大洪水，红水河上游支流曲江、柳江支流洛清江、桂江中游、贺江上游发生了超历史洪水；柳江、蒙江、北流河等发生超警洪水；北江干流发生较大洪水，上游支流武水发生特大洪水。

受上游干支流来水及区间降雨共同影响，西江干流相继发生超警洪水，超警幅度 1.39~6.84 m。大湟江口水文站（广西桂平）15 日 20 时洪峰水位 35.81 m，超过警戒水位（31.70 m）4.11 m，相应流量 36 000 m^3/s；干流控制站梧州水文站（广西梧州）15 日 14 时洪峰水位 24.84 m，超过警戒水位（18.00 m）6.84 m，最大流量 46 000 m^3/s；其下游高要水文站 16 日 8 时洪峰水位 11.39 m，超过警戒水位（10.00 m）1.39 m，相应流量

47 200 m^3/s。北江干流韶关至石角全线超警，超警幅度为 0.94 ~ 5.31 m。干流石角水文站（广东清远）15 日 23 时洪峰水位 11.94 m，超过警戒水位（11.00 m）0.94 m，最大流量 14 600 m^3/s。由于西江、北江洪水遭遇，珠江三角洲发生特大洪水。珠江三角洲马口水文站（广东三水）16 日 9 时洪峰水位 8.26 m，超过警戒水位（7.50 m）0.76 m，相应流量 46 800 m^3/s；三水（二）水文站（广东三水）16 日 10 时洪峰水位 8.47 m，超过警戒水位（7.50 m）0.97 m，相应流量 15 200 m^3/s。

2.2.2 风暴潮

风暴潮或称暴潮，是由热带气旋、温带气旋、冷锋的强风作用和气压骤变等强烈的天气系统引起的海面异常升降现象，又称“风暴增水”“风暴海啸”“气象海啸”或“风潮”。风暴潮会使受到影响的海区的潮位大大地超过正常潮位。如果风暴潮恰好与影响海区涨潮相重叠，就会使水位暴涨，海水涌进内陆，造成巨大破坏。粤港澳大湾区位于我国大陆南端，濒临南海，地处珠江流域下游，河网水系发达，呈“三江汇流，八口入海”之势。由于特殊的地理位置和气候，大湾区台风风暴潮灾害易发频发，平均每年有 1.08 个热带气旋直接在大湾区登陆，由此造成的人员伤亡、经济损失相当巨大，已经成为影响人民生活质量、制约国民经济高质量发展的重要因素。

据统计，1970—2018 年登陆粤港澳大湾区的热带气旋共有 40 个，年均 0.8 个。按登陆时间统计，登陆热带气旋主要发生在 5—8 月，其中 8 月最多，共登陆 13 次，其次为 7 月 9 次，9 月 8 次。7—9 月登陆的热带气旋占总数的 61.2%。9 月登陆强度达到台风及以上等级的热带气旋次数最多，为 6 次，占 35.3%；其次为 8 月 5 次，7 月 3 次，分别占 29.4% 和 17.6%。将热带气旋登陆点分为大湾区西岸和东岸，在大湾区西岸登陆的有 24 次，占 60%，其中热带风暴、强热带风暴、台风和强台风分别为 3 次、9 次、9 次、3 次；在大湾区东岸登陆的有 16 次，占 40%，其中热带风暴、强热带风暴、台风和强台风分别为 7 次、4 次、3 次、2 次。按登陆地市统计，在江门市登陆最多，为 14 次，占 35%；其次是珠海市和深圳市，均为 10 次，占 25%。按登陆强度统计，台风以上级别的有 17 次，其中台风级别的有 12 次，强台风级别的有 5 次。

受气候变化的影响，近年来台风暴潮呈多发、频发态势，风暴潮位屡创新高，已成为影响大湾区最为严重的水安全问题。21 世纪以来，2008 年“黑格比”、2017 年“天鸽”、2018 年“山竹”风暴潮接连刷新八大口门控制站最高潮位历史纪录。

2.2.2.1 “黑格比”台风暴潮

2008 年第 14 号强台风“黑格比”于 9 月 24 日 6 时 15 分在广东省茂名市电白县陈村镇沿海地区登陆，登陆时中心气压 950 hPa，中心附近最大风速 48 m/s（15 级）。广东珠江河口部分潮位站超过或接近历时最高潮位，其中，灯笼山、横门、北津、官冲、赤湾、黄埔（三）和南沙站等潮位站超过历史最高潮，达到或超过 100 年一遇。其中，南沙潮位站超过警戒潮位 0.82 m，中大潮位站超过警戒潮位 1.25 m，广州市荔湾区沙面等地出现不同程度浸水。全省水文站点时段降水量超过 100 mm 的有 99 个，超过 50 mm 的有 258 个，其中粤西地区普降大到暴雨、局部大暴雨；江门市普降大暴雨，珠江三角洲其余地区降大到暴雨、局部大暴雨；西江流域局部降暴雨到大暴雨；粤东沿海降暴雨到大暴雨；东江流域中到大雨，局部暴雨。茂名、阳江、珠海、江门共 4 个市 20 个县（市、区）165 个乡（镇）494.05 万人受灾，倒塌房屋 7 915 间，因灾死亡 6 人、失踪 6 人。此外，造成农作物受灾面积 18.03 万 hm^2，成灾面积 9.59 万 hm^2，绝收面积 3.9 万 hm^2，减产粮食 7.02 万 t，水产养殖损失 0.586 万 t；因灾停产工矿企业 870 个，公路中断 34 条次，毁坏公路路基 389.4 km，损坏输电线路 1 897 km，损坏大中型水库 3 座、小型水库 29 座，损坏堤防 866 处 287.8 km，堤防决口 61 处 5.2 km，损坏水电站 6 个。造成直接经济损失近 60 亿元。

2.2.2.2　“天鸽”台风暴潮

2017 年第 13 号台风“天鸽”于 8 月 23 日在我国广东珠海南部沿海登陆，登陆时中心附近最大风力 14 级，风速 45 m/s，中心气压 950 hPa。受其影响，22 日 12 时至 24 日 6 时，广东西南部和沿海地区、广西东南部、福建东南部等地累计雨量超过 100 mm，广东江门和茂名、广西玉林局部地区达 250~361 mm；珠江口沿海地区出现 50~310 cm 的风暴增水；造成福建、广东、广西、贵州、云南等省受灾。据广东省民政厅报告，中山、珠海、江门等 11 市 32 个县（市、区）46.8 万人受灾 9 人死亡（中山市 4 人、珠海市 4 人、江门市 1 人）；倒塌房屋 6 400 余间；农作物受灾面积 5.2 万 hm^2；直接经济损失 119.2 亿元。

2.2.2.3　“山竹”台风暴潮

2018 年第 22 号台风“山竹”于 9 月 16 日 17 时在广东台山海宴镇登陆，登陆时中心附近最大风力 14 级，中心气压 955 hPa。受其影响，广东遭受台风灾害，部分市、县损失较大。据各地民政部门汇报统计，截至 9 月 17 日 12 时，广州、深圳、汕头、佛山、梅州、惠州、汕尾、东莞、江门、阳江、茂名、清远、潮州、云浮 14 个市 66 个县（市、区）共 458 个乡（镇）受灾，农作物受灾面积 79.8 万亩，倒塌房屋 121 间，死亡 4 人，直接经济损失 42.49 亿元。

2.2.3　咸潮

咸潮是沿海河口附近的一种水文现象，它是由太阳和月球（主要是月球）对地表海水的吸引力引起的。在涨潮时，海水会沿河道自河口向上游上溯，致使海水倒灌入河，江河水变咸，这就是咸潮。海水倒灌会直接影响地下淡水资源水质情况。海水入侵后，沿海地区居民生活用水将受到影响。同时，海水上溯还会导致土壤盐渍化，使得灌溉面积和耕地面积减少，影响农业生产。珠江由西江、北江、东江和珠江三角洲诸河 4 个水系组成，具有“三江并流、八口出海”的复杂河口形态，受径流和海潮共同影响，常年被咸潮侵扰。随着珠江三角洲地区经济高速发展，区域内用水量急剧上升，咸潮破坏力也被凸显，使得珠江三角洲的供水安全问题成为“焦点”。

咸潮入侵是河口最主要动力过程之一，是河口区特有的自然现象。珠江三角洲河道纵横交错，受径流和潮流共同影响，水流此消彼长。当高盐水团随涨潮流沿着河口的潮汐通道向上推进，盐水扩散、咸淡水混合造成上游河道水体变咸，即形成咸潮（或称咸潮上溯，盐水入侵）。一般咸潮的参数为氯化物（以 ClΤ 计，或简称含氯度、咸度）。《生活饮用水水源水质标准》（CJ / T 3020—1993）规定，氯化物均应不大于 250 mg/L。《地表水环境质量标准》（GB 3838—2002）中关于集中式生活饮用水地表水源地补充项目中，氯化物的限值也为 250 mg/L，因此当河道水体氯化物超过 250 mg/L 时，就属于水质超标，咸界通常指河道水体含氯度为 250 mg/L 的位置。珠江三角洲咸潮一般出现在 10 月至翌年 4 月。

粤港澳大湾区水资源时空分布不均，供水水源单一，本地水库调蓄能力不足，供水以感潮河道型水源为主，河道供水占总供水量的 70.4%，供水安全受咸潮威胁。随着城市化进程的加速发展，珠江河口咸潮影响范围越来越广，涉及广州、珠海、中山、佛山、东莞、江门等市以及澳门特别行政区。1998 年，广东出现 50 年一遇的大旱，珠三角部分地区海水倒灌，造成中山市大面积停水。1999 年，罕见咸潮袭击广州，4 家自来水厂被迫间歇性停产。2000 年，广东出现新中国成立以来最早的咸潮，中山市最大自来水厂关闭。2003 年，咸潮提前袭击珠海市，持续 7 个多月，影响多个城市供水。2004 年，咸潮持续超过 5 个月，影响珠三角 1 000 多万人的饮水。为了应对步步紧逼的咸潮攻势，在水利部部署下，珠江水利委员会先后于 2005 年、2006 年年初连续两次成功实施珠江压咸补淡应急调水试验；后又成功组织实施 2006—2007 年枯水期珠江骨干水库调度、2007—2008 年枯季珠江水量统一调度，确保了澳门、珠海等三角洲地区的饮水安全。通过压咸补淡应急调水和流域水资源统一调度等多次成功尝试，珠江三角洲主要水道咸界显著下移，极大增强了河流枯水期径流动力，改善了珠江三角洲网河区的水生态环境。

2.2.4 河道采砂

2.2.4.1 河道采砂概况

从 20 世纪 80 年代中期开始，随着社会经济的发展，河砂的需求量不断增加，并由珠江三角洲开始向东江、北江、西江、韩江辐射，广东省主要河道先后出现大量开采河砂的现象。据估算和调查分析，1984—1999 年珠江三角洲采砂总量约 11.5 亿 m^3；1999—2020 年，广东省主要河道河槽容积增加约 18.6 亿 m^3，以西江及其三角洲为主。在相关采砂管理的政策和措施尚未出台之前，采砂的行为是无组织、无计划、无监控、无秩序的，这种无序挖砂表现在采砂的地点及规模主要由市场、砂质量而决定，采砂主要集中在距离市场近、砂质量好的河流。大规模、集中无序超量的采砂，违反了河道演变自然规律，破坏了河道原已形成的动态平衡及人与自然和谐相处的环境，使河床形态发生急剧的变化，河床严重下切，改变流势和河势，滩地消失，深槽迫岸；汊道、网河区水道的不均衡采砂，导致分流比发生改变，特别是三角洲网河河道分流比逆转，水量分配失调，破坏已有的防洪供水格局，近河口三角洲地区枯水期咸潮上溯，还导致污水回荡，地表水环境污染加重。

2.2.4.2 采砂规划情况

2004 年 1 月，广东省水利厅组织编制了《广东省主要河道采砂控制规划》，用于指导“十一五”期间广东省主要河道采砂工作；2008 年起，珠江三角洲河道年度禁采区公告均划定为禁采区。2011 年，广东水利厅又组织编制完成了《广东省主要河道“十二五”采砂控制规划》，将三角洲网河河道全面划为禁采河道。2021 年广东省水利厅组织编制了《广东省主要河道采砂规划（2021—2025 年）》，该规划作为广东省主要河道“十四五”时期采砂管理的重要依据。

2.2.4.3　采砂实施情况

1. 东江干流

2012 年以来，东江干流采砂主要集中在河源及惠州两市，东江干流在东莞市、广州市境内均禁采。

2012 年以来，东江干流惠州河段已批复的采区共 29 个，其中已实施完成的采区 22 个，到目前为止，正在作业的采区共 3 个，其余 4 个采区尚未开采，合计批复采砂量共 1 969 万 m^3。2019 年、2020 年共 7 个采区已获批，采砂量共计 453 万 m^3。

2. 西江干流

西江干流 2011 年以来累计 11 个可采区公开招标投标，招标投标总砂量 631 万 m^3，主要集中在云浮（10 个采区），肇庆仅 1 个。由于各种原因仅 4 个采区完成实施，其余采区仅开采部分河砂或取消开采，累计开采河砂 273.8 万 m^3。

3. 北江干流

2011—2020 年间，北江采砂主要集中在清远市，韶关市历年采砂较少，肇庆、佛山、广州境内均禁采，未许可过采砂活动。

韶关市境内北江干流自 2011 年以来已实施的采区仅有 1 个，即乌石采区，采砂量 40 万 m^3；2015 年后未批复过采区。清远市境内北江干流自 2011 年以来已实施或正在实施的采区共 18 个，合计采砂量共 973.4 万 m^3。

4. 珠江三角洲

珠江三角洲自 2008 年起全面禁采，至今未许可过采砂活动。

2.2.4.4　采砂管理

1. 采砂管理法规建设

2005 年，《广东省河道采砂管理条例》实施，广东省采砂管理正式步入规范化和法治化的轨道，广东省水利厅先后组织编制了“十一五”“十二五”《广东省主要河道采砂控制规划》及各江年度采砂计划，在规划和计划综合考虑河道防洪、供水、航运、涉河建筑物、水生态要求的基础上，确定了可采区、禁采区等，初步搭建了广东省采砂控制与管理的基本框架，为全省采砂管理提供了科学依据。

2008年，广东省水利厅下发了《关于进一步贯彻落实〈广东省河道采砂管理条例〉的意见》，文件中明确提出了采砂管理的“六项制度”：实行河砂开采权统一公开招标制度；建立河道采砂收费分级统管制度；建立河道采砂计划开采、总量控制制度；加强河道采砂现场管理，实行水利部门监督与采砂监理的双重监管制度；建立全省河砂堆放场统一规划、建设和管理制度；建立采砂责任追究制度等。自此，广东省采砂进入一个制度不断完善、规划更加科学、管理进一步深化的有利阶段。

2012 年以后采砂管理文件密集出台，2012 年 7 月 26 日广东省人大对《广东省河道采砂管理条例》进行修订，2012 年 10 月 19 日印发《广东省水利厅关于实施〈广东省河道采砂管理条例〉若干问题的意见》（粤水建管〔2012〕172 号），修正了《广东省河道采砂管理条例》中存在的问题，规范了省内河道采砂收费管理，强化河道采砂现场管理、执法管理和责任追究等。

2012 年 11 月 22 日，广东省水利厅下发《关于印发〈河道采砂许可证〉式样的通知》

（粤水建管〔2012〕185 号），制定了广东省统一《河道采砂许可证》式样。

2012 年 11 月 29 日，广东省水利厅印发《广东省水利厅关于河砂合法来源证明管理的暂行办法的通知》（粤水水政〔2012〕12 号），规范河砂合法来源证明管理。

2012 年 12 月 20 日，广东省水利厅印发《广东省水利厅关于加强河道采砂监理工作的指导意见的通知》（粤水建管〔2012〕192 号），意见提出建立河道采砂监理制度，规范河道采砂监理招标投标活动，明确采砂监理工作职责，建立健全采砂监理内部工作机制，加强对河道采砂监理的监督管理。

2013 年 2 月 6 日，广东省水利厅印发《广东省水利厅关于河道河砂开采权招标投标工作的指导意见的通知》（粤水建管〔2013〕41 号），规范河道河砂开采权招标投标活动。

2013 年 2 月 7 日，广东省水利厅、省公安厅联合印发《广东省水行政主管部门与公安机关执法协作规定的通知》（粤水水政〔2013〕7 号），实现全省水行政主管部门与公安机关执法工作的有效衔接。

2013 年 8 月 29 日，广东省水利厅印发《广东省主要河道年度河砂开采计划批准工作细则的通知》（粤水建管〔2013〕138 号），规范广东省主要河道年度河砂开采计划批准工作；2014 年 5 月 7 日印发《广东省水利厅关于划定河砂可采区和编报开采计划有关事项的通知》（粤水建管函〔2014〕652 号），进一步规范广东省主要河道年度河砂可采区划定、年度河砂开采计划的编制和报批。

2013 年 8 月 29 日，广东省水利厅印发《广东省河道采砂管理职责分工暂行规定的通知》（粤水建管〔2013〕141 号），进一步加强河道采砂管理，明确县级以上人民政府水行政主管部门的管理责任；2014 年 7 月 17 日，广东省水利厅印发《广东省水利厅关于主要河道采砂现场的监督管理办法的通知》（粤水建管〔2014〕51 号），加强省主要河道采砂现场监督管理，规范主要河道采砂现场管理行为，明确职责。

2013 年 12 月 17 日，印发《广东省水利厅 广东省国土资源厅 广东省交通运输厅 广东省航道局 广东海事局 广东省海洋与渔业局关于划定河砂禁采区和可采区的暂行规定》（粤水建管〔2013〕184 号），规范河砂禁采区和可采区的划定，维持水生态健康发展。

2016年9月29日，广东省水利厅发布《关于主要河道堆砂场规划设置和管理的办法》，对省内主要河道管理范围内堆砂场（含可采区配套堆砂场和一般堆砂场）的规划、设置和管理活动等进行专项规定。

2019 年 3 月 28 日，《广东省河道采砂管理条例》再次修订，进一步加大河道采砂执法监管力度和非法采砂惩处力度，为全面、有力打击非法采砂提供保障。

2. 采砂监管能力建设

广东省河道采砂管理工作实行地方政府行政首长负责制，建立相应的采砂管理执法领导小组，各级水行政主管部门负责河道采砂的统一管理和监督工作。目前，广东省主要河道采砂执法监管已基本实现全覆盖，主要河道沿岸各市、县（区）均建立有监管机构和执法队伍。强化河道采砂监管，实行24小时现场采砂计量管理和“四联单”登记制度。健全河道采砂许可制度，由县以上水行政主管部门分级许可并负责收取河道采砂管理费和河砂开采权出让费。

2.2.5　管理情况

2.2.5.1　《珠江河口管理办法》

《珠江河口管理办法》于 1999 年 9 月 24 日以水利部令第 10 号发布，2017 年 12 月 22 日《水利部关于废止和修改部分规章的决定》修正。

1. 适用范围

本办法适用于珠江河口的八大口门区及河口延伸区。八大口门区：自虎门黄埔（东江北干流大盛、南支流泗盛、北江干流沙湾水道三沙口水位站）、蕉门南沙、洪奇门万顷沙西（二）、横门横门水位站、磨刀门灯笼山、鸡啼门黄金、虎跳门西炮台、崖门黄冲水位站以下至伶仃洋赤湾半岛、内伶仃、横琴、三灶、高栏、荷苞、大襟岛、赤溪半岛间的连线之间的河道、水域及岸线。河口延伸区：自上述赤湾、赤溪半岛连线以下，与从深圳河口起沿广东省与香港特别行政区水域分界线至南面海域段 18 号点（北纬 22° 08′ 54.5″，东经 114° 14′ 09.6″）和由 18 号点与外伶仃岛、横岗岛、万山岛、小襟岛南面外沿、赤溪半岛鹅头颈的连线之间的水域及岸线。香港特别行政区管辖的珠江河口水域以及珠江河口澳门附近水域不属本办法管理范围。

2. 管理内容

珠江河口整治规划由水利部会同国务院有关部门和广东省人民政府制定。河口整治规划如需变动，需经原批准机关核准。珠江河口整治规划治导线是珠江河口整治与开发工程建设的外缘控制线，未经充分科学论证并取得规划治导线原批准机关的同意，任何工程建设都不得外伸。珠江河口管理范围内的水利规划和岸线利用、航道整治、供水、水产养殖等专业规划，应与珠江河口整治规划相衔接。上述规划在报批前，应征求广东省人民政府水行政主管部门的意见，报珠江水利委员会审查并出具书面意见。在珠江河口管理范围内开发利用滩涂，必须符合流域防洪要求，按照开发服从整治、整治与开发相结合的原则，进行科学论证、统一规划，明确开发程序。滩涂开发利用规划在报请广东省人民政府批准前，应经广东省人民政府水行政主管部门初审后，由珠江水利委员会审查并出具书面意见。在珠江河口管理范围内规划滩涂开发利用、河道整治、航道整治、桥梁、港口、码头等建设项目时，工程规划方案应经广东省人民政府水行政主管部门初审后报珠江水利委员会就其是否符合河口整治规划的总体安排、是否超出规划治导线、是否符合防洪和河口水质要求等进行审查，并取得珠江水利委员会出具的规划意见。

3. 审批流程

在珠江河口管理范围内建设防洪工程和其他水工程、滩涂开发利用工程以及跨河、穿河、穿堤、临河的桥梁、码头、道路、渡口、管道、缆线、取水、排水等工程设施，必须依照《中华人民共和国防洪法》《中华人民共和国河道管理条例》以及国家计委、水利部联合颁布的《河道管理范围内建设项目管理的有关规定》，将其工程建设方案报水行政主管部门审查同意，并取得《防洪规划同意书》或《河道管理范围内建设项目审查同意书》。前款大中型建设项目，经广东省人民政府水行政主管部门初审后，由珠江水利委员会审查同意。其他建设项目，由广东省人民政府水行政主管部门审查同意。

2.2.5.2 管理权限

2008 年 9 月 11 日，水利部发布《关于明确由珠江水利委员会负责审查并签署水工程建设规划同意书的河流（河段）湖泊名录和范围（试行）的通知》（水规计〔2008〕358 号），明确了珠江流域由珠江水利委员会负责审查并签署水工程建设规划同意书的河流（河段）名录和范围（试行），其中涉及粤港澳大湾区的名录如下。

珠江干流：

（1）西江干流：源头经磨刀门水道—灯笼山水文（水位）站。

（2）北江干流：源头经顺德水道、沙湾水道—三沙口水文（水位）站。

（3）东江干流：源头经东江北干流—大盛水文（水位）站。

（4）珠江河口八大口门区及河口延伸区。

2.2.5.3 《广东省水利厅水工程建设规划同意书制度实施细则》

《广东省水利厅水工程建设规划同意书制度实施细则》于 2023 年 11 月 28 日由广东省水利厅颁布实施。其审查权限和管理范围是：鉴江干流及河口，从信宜文昌水陂起，经高州、化州、吴川，至鉴江供水枢纽闸坝的干流河道；鉴江供水枢纽闸坝下至出海口河道。西北江三角洲河道，潭洲水道、平洲水道、佛山水道、陈村水道、陈村涌、大石水道、吉利涌、南沙涌、骝岗水道、榄核河、蕉门水道（南沙水位站以上）、西樵水道、李家沙水道、洪奇门水道［万顷沙西（二）水位站以上］、上横沥、下横沥、顺德支流、甘竹溪、东海水道、容桂水道、桂洲水道、大魁沥、黄圃水道、平洲沥、黄沙沥、鸡鸦水道、小榄水道、横门水道（横门水位站以上）、荷麻溪、劳劳溪、横坑水道、螺洲溪、鸡啼门水道（黄金水位站以上）、虎跳门水道（西炮台水位站以上）、崖门水道（黄冲水文站以上）、珠江西航道、前航道、后航道、三枝香水道、官洲水道、沥滘水道、西南涌、芦苞涌、白坭河。东江三角洲河道，东江南支流（泗盛水位站以上）、东莞水道、中堂水道、倒运海水道、洪屋涡水道、赤滘口河、潢涌河、谷涌。韩江三角洲河道，梅溪河、新津河、南溪、北溪、义丰溪。省管湖泊。跨市河道边界上下游 3 km 范围内。

2.2.5.4 《广东省“十四五”用水总量和强度管控方案》

2022 年 6 月 29 日，广东省人民政府官方网站公布《广东省“十四五”用水总量和强度管控方案》（简称为《方案》），明确节水优先、刚性约束、科学管控、安全保障四条原则，围绕控制总量、提升效率的总体要求，全面落实国家节水行动，明确广东各地级以上市“十四五”用水总量和强度双控目标及管控措施，以水资源可持续利用保障经济社会高质量发展。珠三角 9 市“十四五”和 2030 年用水总量控制目标见表 2.2–1，“十四五”用水效率控制目标见表 2.2–2。

2.2.5.5 《广东省节水型社会建设“十四五”规划》

《广东省节水型社会建设“十四五”规划》的规划目标提出，到 2025 年，建成保障高质量发展的水资源节约集约高效利用体系，全省节水政策法规、标准体系、市场机制基本完善，节水基础设施基本补齐，节水监管能力明显增强，用水效率和效益显著提高，全社会节水意识明显提升，节水型生产和生活方式初步建立。节水型社会建设取得新成效，打造粤港澳大湾区节水型城市群，将深圳建成中国特色社会主义先行示范区节水典范城市，全省 60% 以上县级行政区建成节水型社会、粤港澳大湾区内地 9 市 90% 以上

表 2.2-1　珠三角 9 市“十四五”和 2030 年用水总量控制目标　　单位：亿 m³

行政区	2025 年用水总量	其中地下水取用水量	其中非常规水源利用量				2030 年用水总量
			2022 年	2023 年	2024 年	2025 年	
广州市	45.42	0.344	0.36	0.60	0.80	1.00	49.52
深圳市	23.93	0.080	1.55	1.80	2.05	2.30	26.75
珠海市	6.25	0.014	0.02	0.05	0.10	0.18	7.36
佛山市	23.44	0.021	0.02	0.04	0.06	0.06	27.45
惠州市	21.80	0.384	0.10	0.20	0.30	0.55	21.94
东莞市	21.34	0.011	0.69	0.69	0.69	0.69	22.48
中山市	13.83	0.010	0.23	0.23	0.23	0.23	13.81
江门市	26.74	0.357	0.26	0.33	0.40	0.40	27.32
肇庆市	19.48	0.175	0.19	0.20	0.21	0.22	21.00
全省	435.00	13.030	4.98	6.04	7.02	8.11	450.18

县级行政区建成节水型社会，走出一条南方丰水地区的节水特色之路。珠三角核心区的总体布局是高效集约、高质发展。对标全国高标准节水水平，重点强化工业节水和城镇节水，深入推进污水资源化利用，加快智慧节水建设，90% 以上县级行政区建成节水型社会，打造粤港澳大湾区节水型城市群，将深圳建成中国特色社会主义先行示范区节水典范城市。不断深化和丰富节水内涵，增强供水保障率、提高生产用水效率、提升水质优良率，走出一条岭南水乡的节水特色之路，形成与现代化经济体系相匹配的节水型生产生活方式。

2.2.6　国内外相关研究进展

河流在维系区域经济和社会发展中发挥了重要作用，其中河川径流作为水文循环和水资源系统的重要组成部分，是地表水资源量的重要表现形式，也是水资源优化配置、合理开发利用和保护的重要依据。近几十年来研究表明，受全球气候变化和人类活动的影响，河流水文情势发生显著变化，直接影响了水文水资源的合理配置、开发和利用，进而诱发了一系列资源、生态和环境问题。粤港澳大湾区主要位于珠江河口区，近几十年来，在气候变化和人类活动的共同影响下，河流水文情势均发生不同程度的变化，区域水资源时空分布不均等问题愈发突出，水资源短缺已经成为粤港澳大湾区生态保护和高质量发展面临的瓶颈问题。河流水文情势是河流生态系统变化的内生动力，其变化影响着河流健康及区域社会经济的发展。目前，国内外关于水文情势研究进展如下。

2.2.6.1　国外水文情势研究进展

20 世纪 90 年代，国外有关学者 Richter 等（1996）首次提出了水文情势扰动指标法 (Indicators of Hydrologic Alteration, IHA)，该方法包括月均流量，年极值流量，年极值流量出现的时间，高、低流量频率及历时，流量变化率及频率等 5 组共 33 个水文指标参数，将长时间序列的日水文数据汇总成一系列相对易于处理的与生物生态相关的水文参

表 2.2-2　珠三角 9 市“十四五”用水效率控制目标

行政区	万元地区生产总值用水量较 2020 年降幅 /%				万元工业增加值用水量较 2020 年降幅 /%				农田灌溉水有效利用系数			
	2022 年	2023 年	2024 年	2025 年	2022 年	2023 年	2024 年	2025 年	2022 年	2023 年	2024 年	2025 年
广州市	6	12	18	18	6	12	18	18	0.531	0.540	0.550	0.559
深圳市	6	9	12	17	3	6	8	10	0.600	0.613	0.632	0.652
珠海市	6	8	10	17	2	4	7	12	0.608	0.612	0.616	0.620
佛山市	8	11	14	17	8	11	14	17	0.539	0.543	0.546	0.550
惠州市	8	12	16	23	8	12	16	19	0.525	0.529	0.532	0.535
东莞市	5	9	13	17	5	9	13	17	0.580	0.592	0.603	0.615
中山市	5	8	12	19	4	6	9	16	0.538	0.546	0.553	0.560
江门市	10	14	18	20	8	12	16	17	0.530	0.535	0.542	0.550
肇庆市	8	12	16	20	8	12	15	18	0.538	0.542	0.546	0.550

数，通过某一时间节点前后 33 个水文指标来表征水文情势的变化。自 Richter 等（1996）提出 IHA 法以来，该方法在世界各地河流水文情势分析中得到了广泛应用（Sanderson et al.，2012)。随后，为定量化标度水文情势变化等级，Richter 等(1997）基于 IHA 法提出了变异范围法（Range of Variability Approach, RVA) 计算单一变量改变度及整体水文改变度，并且定义了 RVA 阈值，RVA 法通过计算不同时期水文指标的可被改变程度来反映河川径流受不同驱动因素的影响程度。Shiau 等（2008）认为，RVA 法仅着眼于水文指标在目标范围之内的改变情况，忽略了其余两个区间的改变信息。因此，该研究应用直方图匹配方法 (Histogram Matching Approach, HMA)，统筹考虑了水文指标的整体数据，提升了水文情势评估的准确性。

2.2.6.2　国内水文情势研究进展

近年来，国内学者对河道水文情势开展了广泛的研究。吕永军（2024）选取倭肯水文站 1956—2016 年的逐日流量数据为研究资料，应用生态水文指标变化范围法 (IHA-RVA) 综合评价了倭肯河流域的水文情势改变程度，结果表明：流域整体的水文改变度为 37%，达到了中度改变；33 个水文指标中，3 个属于高度改变，7 个属于中度改变，23 个属于低度改变。韩忠青等（2024）采用第六次国际耦合模式比较计划（CMIP6）中 CMCC-ESM2 气候模式下的 3 种情景（SSP1-2.6、SSP3-7.0、SSP5-8.5）数据，驱动引汉济渭工程水源区 SWAT 模型，分析未来气候情景下引汉济渭工程水源区水文情势演变趋势。肖洋等（2024）通过设置三种不同预测情景，采用一维水动力学模型分析引调水工程对汉江中下游水文情势的累积影响，结果表明：南水北调中线一期、引汉济渭、鄂北地区水资源配置、引江济汉等工程调水后，对汉江中下游径流过程减水和坦化明显，典型枯水年黄家港、皇庄、仙桃断面丰水期流量最大降幅分别为 71%、56%、49%，枯水期流量最大增幅分别为 139%、97%、160%，年均流量降幅分别为 27%、22%、1%；叠加引江补汉工程影响后，引调水工程的不利累积影响微弱，典型枯水年黄家港、皇庄年均流量降幅变为 16%、12%，仙桃断面年均流量增加 4%，枯水期流量最大增幅分别增加至 201%、146%、173%，改善了枯水时段水动力条件，使黄家港断面最小下泄流量旬均保证率由情景一的 75% 逐步提升至情景二的 94% 和情景三的 98%。米国新等（2024）通过 Mann-Kendall 法、滑动 t 检验法、累计距平统计量法对长江上游朱沱站 1956—2022 年日均流量序列进行趋势及突变检验，采用水文变化指标法和改进水文变化幅度法定量评估朱沱站径流序列的变化程度。

叶周兵等（2024）运用趋势及突变检验的方法分析鄱阳湖湖区 1989—2020 年 5 个水文站（星子站、棠荫站、康山站、都昌站和湖口站）年均水位的变化趋势；耦合可细化人类活动影响的 PCR-GLOBWB（PCRaster Global Water Balance）模型与可预测时间序列的 LSTM 长短时记忆神经网络模型，结合 IHA/RVA 法，量化气候变化与人类活动对鄱阳湖的影响。结果表明：受人类活动影响，鄱阳湖水位呈现下降趋势，在 2003 年鄱阳湖水位发生显著变异，同时，鄱阳湖水位整体改变度由低度改变上升到中度改变。以星子站为例，人类活动是鄱阳湖水文情势变化的主要驱动因素，贡献率达 110.62%，气候变化对其贡献率仅为 -10.62%。朱迪等（2024）选择宜昌水文站 1950—2022 年逐日径流和水位资料，采用 MASH 滑动平均法、Sen 斜率估计法和 IHA/RVA 法量化评估三峡水库投运以来宜昌水文站水文情势改变程度。研究结果表明：宜昌水文站1—5月滑动平均流量序列呈现显著上升趋势，9—11月滑动平均流量序列呈现显著下降趋势，而6—12月滑动平均水位呈现显著下降趋势；宜昌水文站合计有14个水文改变指标（IHA）发生了高度水文情势改变，整体综合改变度为63.52%，属于中度改变；三峡水库通过径流调蓄，显著增加了年最小流量组分的中值和流量折转次数，且减少了年最大1 d流量的中值，进一步反映了三峡水库防洪兴利的综合效益。

2.2.6.3 粤港澳大湾区水文情势研究进展

在粤港澳大湾区水文情势研究方面，罗志发等（2022）基于1970—2018年珠江口潮位站历史潮位资料，结合风暴潮数值模拟结果，统计分析了粤港澳大湾区风暴潮的时空分布特征并探讨了风暴潮增水影响机制。结果表明：在空间分布上，伶仃洋、狮子洋、前航道等区域出现较大增水的频率较高，与该区域特殊的地理位置及伶仃洋河口湾涌斗状形态产生的能量辐聚有关，增水极值与台风登陆地点和台风强度均有关系；风暴潮发生的时间主要集中在7—9月，占全年总次数的74.4%；影响粤港澳大湾区的强台风以上级别的台风频次增加趋势明显，各站点历年最高潮位呈增加趋势，平均速率为0.02~0.03 m/a；台风路径对风暴潮增水的空间分布有较大影响，当台风在大湾区西岸登陆，距离台风登陆点约2.5倍最大风速半径的位置可产生较大的增水值；最大增水值随着台风中心压强的降低而升高，中心压强每下降10 hPa，最大增水值上升0.4~1.1 m；当台风移动速度接近8.3 m/s时，珠江口形成较为稳定的风暴潮水位梯度，产生较大的风暴潮增水。

王垚等（2024）基于1979—2018年中国区域地面气象要素驱动数据集和多种大气环流模式指数，采用改进的Mann-Kendall方法、皮尔逊相关分析、小波分析等方法，全面探究了粤港澳大湾区极端降水的时空分布特征及其与大气环流模式的关系。结果显示：大湾区极端降水总体呈现上升趋势，空间分布以中北部地区上升趋势较为显著，且极端降水以6月最为集中；与大湾区极端降水相关性最强的大气环流模式是东亚季风，其次是太平洋年代际振荡和厄尔尼诺－南方涛动；东亚季风对大湾区不同极端降水指数有稳定的8~16个月周期影响；厄尔尼诺－南方涛动和太平洋年代际振荡的影响则较为复杂，它们与东亚季风存在一定的耦合作用。温志谦等（2023）对近60年的水文实测资料进行分析，利用数值模型进行模拟计算，研究不同年代下思贤滘下游西北江三角洲的水动力、水环境变化情况。结果表明：思贤滘的分流情况与20世纪80年代相比已发生变化，河道内主流向也由“北过西”转变成“西过北”。同时，思贤滘下游的西北江三角洲的水文情势和水环境质量也发生了不同程度的改变。

范英琦（2023）以广东省东江流域为研究对象，基于ArcGIS软件和SWAT模型，利用数字高程数据、土地利用数据、气象水文数据、土壤数据等，研究在相同气候和土地利用背景条件下东江流域水文情势对水库调度的响应机制。研究结果表明：经水库调蓄，博罗站控制断面流量发生显著变化。在月均流量中值方面，汛期的月均流量相对水库未运行前呈现减小趋势，非汛期的月均流量呈现增大趋势。不同数量的水库调节情景下博罗站水文情势产生一定的变化。在单库运行情景下，三个水库单库运行对博罗站影响基本一致；在双库运行情景下，枫树坝和白盆珠双库组合运行时对博罗站影响最小；而枫树坝和新丰江双库组合运行对博罗站水文情势影响最为显著。不同数量水库运行下博罗站的整体水文改变均为高度改变，且博罗站整体水文改变度随水库数量的增加而增大。黄婷（2018）通过分析两次厄尔尼诺事件的异同，以及由此造成珠江三角洲流域水文情势的差异，试图分析总结厄尔尼诺事件与珠江三角洲水文情势的对应关系，为防洪减灾提供技术思路及建议。

刘斌等（2018）采用珠江三角洲及上下游水文站（潮位站）20 世纪 70 年代以来径流、潮汐资料，分析发现珠江三角洲主要水文站设计洪水位发生了结构性变化，具体表现在马口、三水（二）等三角洲上中部水文站（潮位站）设计洪水位降低，下部大部分口门控制站设计潮水位升高；建立了珠江三角洲河网、河口、近海非结构网格高精度二维水动力模型，模拟了上游洪水、河口潮汐、地形变化 3 种影响因素单独作用于珠江三角洲水动力系统时导致的珠江三角洲主要水文站设计洪潮水位变化情况，从而明晰了近几十年来珠江三角洲主要水文站设计洪潮水位变化的主要原因：地形变化是马口站、三水（二）站等三角洲上中部水文站（潮位站）设计洪水位降低的主要原因，地形变化、洪量增加、强风暴潮、海平面上升均为三角洲中下部水文站（潮位站）设计洪水位变化的主要因子，各水文站（潮位站）主要影响因素差别较大。王鑫等（2015）根据近期实测水文资料对马口站和三水（二）站河床演变、水位流量关系、分流比和过滘流量进行了分析。结果表明：1989—2007 年思贤滘水文情势变化明显，2 m 以下河道过水面积，三水（二）站 2007 年是 1993 年的 2.1 倍，马口站为 1.5 倍，三水（二）站比马口站下切严重。河床下切导致年平均水位不断下降，在相同年平均流量下三水（二）站 1993 年与 2006 年年平均水位相差近 1 m。三水（二）站和马口站河床下切的不平衡导致汛期思贤滘过滘流量转变为西江流向北江，枯水期北江流向西江的流量减小，三水（二）站分流比从而逐渐增大。2005 年之后，随着采砂活动的有效控制，三水（二）站和马口站河床较为稳定，2007—2014 年思贤滘水文情势变化较小，无明显趋势性变化规律。

2.3　小　结

粤港澳大湾区水资源总量充足，但时空分布不均。广东省是全国水资源最丰沛的地区之一，多年平均年降水量为 1 777 mm。但由于粤港澳大湾区水资源量在丰水期与枯水期有较大的差距，且珠三角 9 市内的水资源分布与经济要素不匹配，因此实际可利用的水资源并不充足。全省多年人均水资源量不足 1 700 m^3，低于全国人均水平（约 2 100 m^3）。受广东地区季节性降水的气象条件，以及大部分河道靠近海域，河道流程短、流域面积小等地理因素的综合性影响，每年的 4—9 月有 70%~80% 的降水在短时间内集中涌入地表水系统，在来不及留蓄的情况下流入大海，导致水资源大量流失，枯水期可利用水资源严重不足。同时，雨季大量降水导致的洪水灾害危及地表水资源，导致水质受到影响；洪水强大的冲击力对沿岸修筑的水利工事具有很强的破坏性，容易对两岸居民的生产生活造成重大影响。粤港澳大湾区水资源总量充足，但时空分布不均；全年降水量较高，但季节性特征明显，雨季降水还会形成洪水和内涝；大湾区东部面积较小，且河网与入海口之间距离短，汛期水资源难留存，枯水期面临咸潮上溯的危害。大湾区水资源供给受到区域内水利工程对水资源调配能力的影响，水资源受到自然因素和经济要素的影响。

第 3 章　水文情势的要素及影响因子

3.1　概念及要素

3.1.1　水文情势的概念

水文情势是指河流、湖泊、水库等自然水体各水文要素随时间、空间的变化情况。其中水文要素包括降水、径流、蒸发、输沙、水位、水质等要素。水文情势的实例有降水量随年份的变化、水位随时间的变化、一次洪水的流量过程、一年的流量过程、河川径流量的年内和年际间的变化，以及空间上各个水文站、各县市等区域的水量水质情况的变化等。

水文情势一直是水文学领域的重要研究课题之一。水文情势研究旨在探讨水文过程中涉及的各种水文要素以及它们之间的相互关系，找出变化规律和影响因素，揭示水文系统的内在机制，从而为有效的水资源管理、水环境保护以及水灾防治等方面提供科学依据。通过对各类水文要素进行调查、监测、分析和评价等，掌握水文情势变化规律。对水文情势变化规律的研究在现代社会中具有重要的意义，对于保障人类饮水安全、水资源开发利用、防洪排涝、生态环境保护等方面起着至关重要的作用。

3.1.2　水文情势的要素

水文要素是构成某一地点或区域在某一时间的水文情势的主要因素，是描述水文情势的主要物理量，包括各种水文变量的水文现象。降水、蒸发和径流是水文循环的基本要素。同时，水位、流速、流量、水温、含沙量、冰凌和水质等也被列为水文要素。水文要素通常由水文站网通过水文测验加以测定。

3.1.2.1　降水

地面从大气中获得的水汽凝结物，总称为降水。它包括两部分：一部分是大气中水汽直接在地面或地物表面及低空的凝结物，如霜、露、雾和雾凇，又称为水平降水；另一部分是由空中降落到地面上的水汽凝结物，如雨、雪、霰雹和雨凇等，又称为垂直降水。我国国家气象局地面观测相关规范规定，降水量指的是垂直降水量。

降水是水文循环的基本要素之一，也是区域自然地理特征的重要表征要素，是雨情的表征。它是地表水和地下水的来源，与人类的生活、生产方式关系密切，又与区域自然生态紧密关联。降水是造成区域洪涝灾害的直接因素，是水文预报的重要依据。在人类活动的许多方面需要掌握降水资料，研究降水空间与时间变化规律。如农业生产、防汛抗旱等都要及时了解降水情况，并通过降水资料分析旱涝规律情势；在水文预报方案编制和水文分析研究中也需要降水资料。

3.1.2.2　水位

水位是指水体的自由水面高出基面以上的高程。表达水位所用基面通常有两种：一种是绝对基面，另一种是测站基面（假设基面）。我国目前采用的绝对基面大都为黄海基面，即以黄海口某一海滨地点的特征海平面为零点；为保持资料的连续性，设站时间较久远的站点，仍沿用吴淞基面。为使各站的水位便于比较，在“水文年鉴”中均注明了黄海与吴淞基面的换算关系。如长沙水位站，所使用的基面为吴淞基面，将其换算为黄海基面起算水位，则黄海基面以上水位 = 现观测水位（吴淞基面）– 2.280 m。测站基面是水文测站专用的一种固定基面，一般以略低于历年最低水位或河床最低点作为零点来计算水位高程。为便于比较各站水位，在刊布水文资料时，均注明了该基面与绝对基面的关系。

水位可直接用于水文情报预报，为防汛抗旱、灌溉、排涝、航运及水利工程的建设、运用和管理等所必需。长期积累的水位资料是水利水电、桥梁、航道、港口、城市给水排水等工程建设规划设计的基本依据。在水文测验中，常用连续观测的水位记录，通过水位流量关系推求流量及变化过程。利用水位还可推求水面比降和江河湖库的蓄水量等。在进行流量、泥沙、水温、冰情观测的同时需要观测水位。

3.1.2.3　流量

流量是单位时间内通过河、渠或管道等某一断面的水流体积，单位为 m^3/s。流量是天然河流、人工河渠、水库、湖泊等径流过程的瞬时特征，是推算河段上下游、湖库水体入出水量及水情变化趋势的依据。流量过程是区域（流域）下垫面对降水调节或河段对上游径流过程调节后的综合响应结果。天然河流的流量可直接反映汛情，受工程影响水域的入出流量是推算水体汛情的基础。简单地说，流量是特定断面径流计算的依据，而区域径流是水文循环的又一核心要素，也是区域自然地理特征的重要表征要素。在进行流域水资源评价、防洪规划、水能资源等规划，以及航运、桥梁等涉水项目建设时，都要应用流量资料作为依据。防汛抗旱和水利工程的管理运用，要积累江河、湖库流量资料，分析径流与降水等相关水文要素的相关关系和径流要素时空变化规律，来进行水文预报和水量计算，有效增强防汛抗旱的预见性和水利工程调度的科学性。

3.1.2.4　水面蒸发及陆面蒸发

水面蒸发量（近似用 E601 型蒸发器观测值代替），是表征一个地区蒸发能力的参数。陆面蒸发量是指当地降水量中通过陆面表面土壤蒸发和植物散发，以及水体蒸发而消耗的总水量，这部分水量也是当地降水形成的土壤水补给通量。

水面蒸发是水循环过程中的一个重要环节，是水文学研究中的一个重要课题。它是水库、湖泊等水体水量损失的主要部分，也是研究陆面蒸发的基本参证资料。在水资源评价、水文模型确定、水利水电工程和用水量较大的工矿企业规划设计和管理中都需要水面蒸发资料。随着国民经济的不断发展，水资源的开发、利用急剧增长，供需矛盾日益尖锐，这就要求我们更精确地进行水资源的评价。水面蒸发观测工作，就是为了探索水体的水面蒸发及蒸发能力在不同地区和时间上的变化规律，以满足国民经济的需要，为水资源评价和科学研究提供可靠的依据。

3.1.2.5 土壤墒情

土壤墒情（用土壤含水量表示）与植物生长状态关系密切，是农业、牧业、茶业、林业干旱程度的衡量指标，是旱情监测与发布的依据。同时，土壤墒情与降水、蒸发、地表径流和地下水位关系密切，是推算前期影响土壤蓄水进而建立旱情预报模型的基础。

开展土壤墒情监测工作，就是为了探索土壤含水量在不同地区、不同土壤质地和时间上的变化规律。配合墒情监测辅助观测植物生长状态，是掌握特定土体不同植物不同生长时期维系植物正常生长适宜含水量的依据。为各级政府和防汛抗旱部门指导农业抗旱及调整农业种植结构提供依据。

3.1.2.6 沙情

表征河流沙情的指标是含沙量。一方面，江河水流挟带的泥沙会造成河床游移变迁和水库、湖泊、渠道的淤积，给防洪、灌溉、航运等带来影响。另一方面，用挟沙的水流淤灌农田能改良土壤。因此，进行流域规划、水库闸坝设计、防洪、河道治理、灌溉放淤、城市供水和水利工程管理运用等工作，都需要掌握泥沙资料。另外，泥沙资料也是计算水土保持效益及有关科学研究的重要依据。施测悬移质（包括输沙率和单位含沙量）的目的是要取得各个时期的输沙量和含沙量及其特征值，为各应用部门提供基本资料。

3.1.2.7 河流冰情

河流冰情指河水因热量收支变化而形成的结冰、封冻、解冻的现象。河道上定量观测的冰情要素有河段冰厚、冰流量、水内冰、冰坝、冰塞等。

3.1.2.8 水质

水质的监测是环境监测的重要内容之一。其目的是提供水环境质量现状数据，判断水环境质量；确定水污染物时空分布，污染物的来源和污染途径；提供水环境污染及危害的信息，确定污染影响范围，评价污染治理效果，为水质管理提供科学依据。

3.1.2.9 水资源

水资源数量评价主要包括降水、蒸发、径流等水文循环基本要素，地表水资源量、地下水资源量、水资源总量、水资源可利用量等评价成果及其动态演变规律与区域分布规律。

3.1.3 水文要素之间的关系

3.1.3.1 降水、蒸发、径流间的关系

水以各种形式存在于地球上，形成了一个巨大的水圈，水资源在这个水圈中不断地循环转化，形成水文循环。降水、蒸发和径流是水文循环的基本要素。

1. 水文循环基本概念

水文循环是指地球上的水在太阳辐射和重力作用下，通过蒸发、水汽输送、凝结降水、下渗及径流等环节，不断地发生相态转换周而复始运动的过程。它是地球上最重要的物质循环之一，是联系地球水圈、大气圈、岩石圈及生物圈的纽带。水文循环联系海洋与陆地两大系统，塑造着地貌形态，控制着地球生态系统的平衡和协调。水文循环的运动，

实现了全球水量、能量和地球化学物质的迁移与转换，使水资源不断更新，支撑着全球的生命。水文循环对于地球表层结构的演化和人类可持续发展具有重要的意义。

水文循环过程是物质与能量的传输、储存和转化的过程。大气环流、海陆分布、地势高低、地表状态等制约着水文循环的路径、规模与强度等。依据不同的途径和规模，水文循环分为大循环和小循环。大循环是指发生在海陆之间的循环，又称外循环，指海洋（或陆地）表面蒸发的水汽，随着气流运动被输送到陆地（或海洋）上空，成云致雨，降落到陆地（或海洋）表面的过程。小循环又称内循环，指发生在海洋与大气或陆地与大气之间的水分交换过程。如海洋表面蒸发的水汽，在海洋上空形成降水，又直接降落到海洋中，即为海洋水文小循环；陆地表面蒸发的水汽全部返回陆地，则为陆地水文小循环（见图 3.1–1）。

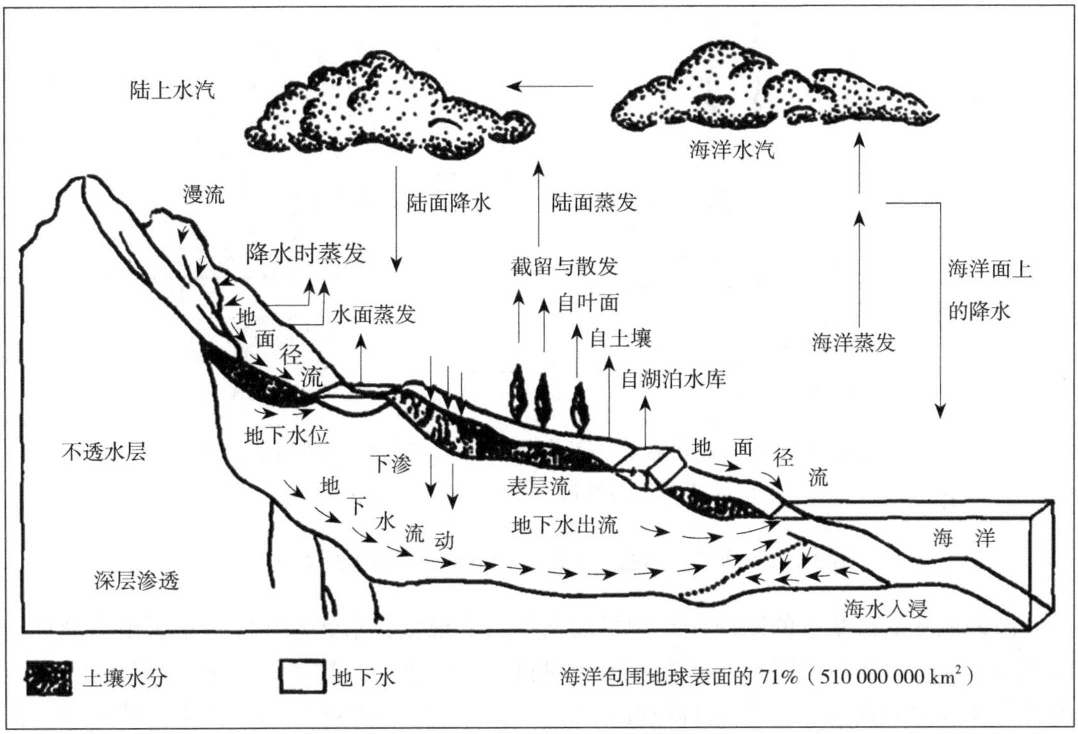

图 3.1–1　陆地水文循环示意图

2. 水文循环过程

水文循环过程十分繁杂，主要包含了蒸发、水汽输送、降水、下渗和径流等环节。蒸发和降水发生在水循环的垂直方向上，它以相态的转化实现了水分和热量的转移。蒸发使地表液态水变成水汽（气态水），并随气流运动被输送到大陆上空，同时消耗大气的热量；降水使地表从大气获取水分，同时向大气释放热量。水汽输送、降水及蒸发的过程可归结为水文循环的大气过程，通过它调整大气水分并重新塑造地球表面的水分格局。在降水过程中，除蒸散作用外，一部分渗入岩土层中形成各种类型的地下水，参与地下径流过程，另一部分来不及渗入，形成地表径流，这便是水文循环的陆面过程。它与自然界复杂的地貌、地质、生物及人类活动交织在一起，形成不断细分的次级水文循环系统，如大气 – 土壤 – 植被子系统、地表水 – 土壤水 – 地下水子系统等。图 3.1–2 描述的是一个大气 – 植被 – 土壤 – 地下水的次级水文循环系统。

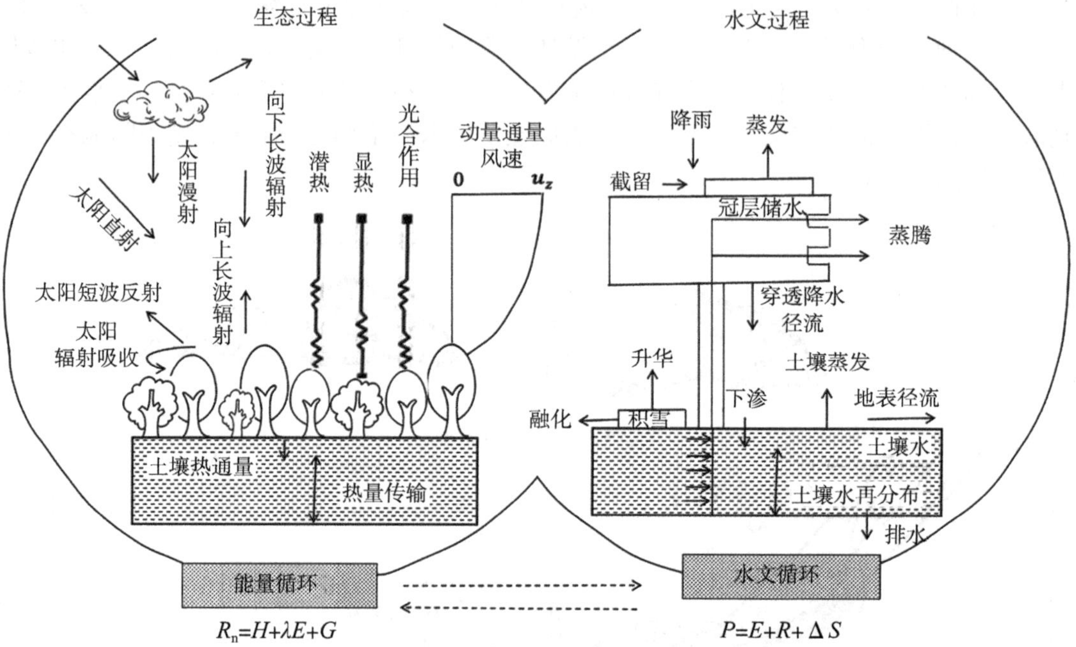

R_n 为太阳辐射；H 为感热通量；λE 为潜热通量；G 为土壤热通量；P 为降水量；E 为蒸散发量；ΔS 为蓄水变化量。

图 3.1–2　大气 – 植被 – 土壤 – 地下水的次级水文循环过程

作为地球上最基本的物质循环和最活跃的自然现象，水文循环深刻地影响着全球地理环境、生态平衡及水资源的开发利用。对自然界的水文过程来说，水文循环是千变万化的水文现象的根源。在水文循环过程中，全球总水量 13.86 亿 km^3 基本保持不变，但是各种水体之间相对数量却是不断变化的。尤其是在全球变暖背景下，冰川消融致使海平面上升，较大程度地改变了地球表面水体形态的分布，进而对整个水文循环过程产生影响。

水汽输送是指大气中的水汽由气流携带从一个地区上空输送到另一个地区的过程。海洋和陆地上的水分通过蒸发升入空中，在大气环流背景下形成地球上空的水汽输送。据计算，大气中总水量约 1.29 万 km^3，而全球平均年降水量为 57.7 万 km^3。这表明，大气中的水汽平均每年转化成降水 45 次，也即大气中的水汽循环更新一次只需 8 d。如此频繁的更新过程，使得水汽输送成为区域水文循环强弱的制约因素。

水汽输送与大气环流密切相关。大气环流是地球上一切大规模大气运动的综合现象，它在行星尺度系统（水平尺度数千千米、垂直尺度十多千米、时间尺度 3 d 以上）的运动方向基本稳定，这决定了水汽输送方向的稳定性。在北半球，副热带高压脊线以北盛行西风，水汽总是从大陆西部向东部输送；副热带高压脊线以南盛行热带东风，水汽总是从大陆东部向西部输送。在南半球，则有与之对称的输送方向。不同尺度的大气运动往往决定了相应区域上空的水汽输送和水分平衡，地理纬度、海陆分布、地貌及人类活动，也各自影响着不同范围内的水汽输送特征。

地表蒸发的水汽，在大气垂直方向的对流和湍流作用下，不断向空中扩散。空气的垂直运动使水汽向上输送，随着高度的增加，水汽输送扩散能力逐渐减弱。因此，大气中的水汽含量一般随高度的增加而明显减少。据观测资料，在距离地面 1.5~2.0 km 的高度上，水汽含量已减少为地面的一半，至 5.0 km 高度处，只有地面的 1/10，再向上水汽含量就更少了。在大气环流的控制下，水汽进行着高低纬间及海陆间的水平输送。

由于海陆间的巨大差异，海洋上空的水汽含量较多，在适当的平流条件下，水汽被输送到陆地上空，成为陆地降水的重要来源。根据 1 月全球上空水汽输送情况（刘国纬，1997），北半球 20° N~60° N 带（副热带高压脊线北侧），盛行西风环流，水汽输送表现为自西向东、自南向北的输送路径。赤道至 20° N 带（热带辐合带两侧），盛行信风环流，表现为自西向东、自北向南的水汽输送。其中，20° N~40° N 带是南北水汽交换最活跃的区域。南半球，1 月水汽输送场的总体形势不如北半球清晰，在南美洲、非洲南部、大洋洲及临近海域，存在着近似闭合的气旋性水汽输送。根据 7 月全球上空水汽输送情况（刘国纬，1997），北半球，由于副热带高压脊的北移，水汽纬向输送的界限随之移至 30° N 附近，以北盛行自西向东的水汽输送，以南则为与热带东风相联系的自东向西的水汽输送。这时，北半球的水汽输送通量大为增强，强大的水汽输送提供了大陆降水所需的水汽。南半球，赤道至 20° S 范围内盛行东风水汽输送，20° S 以南的范围盛行西风水汽输送。

大气中的水汽虽然只占全球水文循环总水量的 1.53%，但却是全球水文循环过程中最活跃的部分，在天气变化和地球系统的水文循环中扮演着重要的角色。正是由于大气中的水汽连续不断的更新和输移，才实现了全球各水体间水量的连续转换和更新。

3.1.3.2　其他水文要素间的关系

除水文循环涉及降水、蒸发、径流三要素外，其他水文要素之间同样存在相互联系，由此衍生出来很多水文相关关系，如水位流量关系、代表流速关系、单断沙关系、测站上下游水文要素相关关系等。

1. 水位流量关系

水位流量关系是江河渠道中某断面的流量与同时水位之间的对应关系。这种关系是根据该断面的多次实测流量和相应水位的资料来确定的，通常用水位为纵坐标、流量为横坐标的水位流量关系曲线来表示。它是由各种水力因素（如水面宽、断面面积、水力比降、糙率等）决定的。在水文预报、水文计算、水利管理工作中，也常用它作水位、流量间的换算。如果在同一水位下，断面形状、水面比降、河床糙率保持恒定不变，或虽有少量变动但能互相补偿，那么这个水位就只有一个对应的流量数字，这样的水位流量关系就是稳定的。

水位流量关系的主要用途包括：在资料整编时，将连续的水位资料通过它转换为连续的流量资料；在水文预报、水文计算、水利管理工作中，也常用它作水位、流量之间的换算。

2. 代表流速关系

代表流速关系是代表线流速 V_m 与断面平均流速 V_{cp} 的相关关系。代表流速关系通常用于流量的推求，代表流速法测流，即通过建立代表流速关系式（V_m~V_{cp}），用代表流速推求断面平均流速，进而推求断面流量的一种测流方法。

在通过定线精度检验的基础上，来确定施测断面平均流速的代表流速垂线，以简化施测断面平均流速的技术手段。采用代表垂线法施测断面平均流速，可将多条测速垂线简化至 1 条，因此实测断面平均流速的总历时可成倍缩短，这无疑保证了抢测洪水流量过程（尤其是峰谷转折点）的测验时机，即采用代表垂线法施测断面平均流速可达到即时控制洪水流量的剧烈变化过程，确保一次测流允许的水位涨落差不大于平均水深的 10% 和减轻测验劳动强度的目的。

3. 单断沙关系

单断沙关系指断面平均含沙量与相应单样含沙量所建立的相关关系。单断关系法是推求断面平均含沙量的主要方法，此法适用于单断沙关系比较稳定的测站，单断沙关系有单一线型和多线型。因此，在确定曲线时要根据测站的实际情况确定出符合测站特性的单断关系曲线。首先要通过单沙过程线对单沙成果进行分析，确定合理的单沙成果，然后再用单断关系法推求断面含沙量。

其他水文要素相关关系还包括单断颗关系、径流输沙关系等，也包括测站上下游之间的水位、流量、泥沙等相关关系。通常可应用于简化测验程序、节省时间、劳力或应用于应急测验及难以获得资料的地区。

3.2 传统水文的发展历程

水文情势研究一直是水文学领域的重要研究课题之一。水文情势研究旨在探讨水文过程中涉及的各种水文要素以及它们之间的相互关系，从而为有效的水资源管理和水灾防治提供科学依据。水文情势的研究离不开水文工作，通过对各类水文要素进行调查、监测、分析和评价等，才能掌握水文情势变化规律。

水文工作在现代社会中具有重要的意义，在保障人类饮水安全、水资源开发利用、防洪排涝、生态环境保护等方面起着至关重要的作用，那么水文是怎样的一门学科，它的由来和发展历程是怎样的，中国的水文又经历了哪些阶段，本节将对水文学的发展简史和中国水文简史进行介绍。

3.2.1 水文学发展历程

水文学是研究地球水圈的存在与运动的科学。它主要研究地球上水的形成、循环、时空分布、化学和物理性质以及水与环境的相互关系，为人类战胜洪水与干旱、充分合理开发和利用水资源，不断改善人类生存和发展的环境条件，提供科学依据。

水文学既是地球科学中一门独立的基础科学，与气象学、地质学、地理学、植物生态学等有着密切的联系；又是一门应用科学，广泛地为水利、农业、林业、城市、交通等部门服务。广义的水文学包括海洋水文学、水文气象学、陆地水文学和应用水文学。海洋水文学着重研究海水的化学成分和物理特性，海洋中的波浪、潮汐和海流，海岸横向泥沙运动等，习惯上把海洋水文学列为海洋学的内容之一。水文气象学研究水圈和气圈的相互关系，包括大气中的水文循环和水量平衡，以蒸发、凝结、降水为主要方式的大气与下垫面的水分交换，暴雨和干旱的发生和发展规律，它是水文学和气象学的边缘学科。陆地水文学研究陆地水体的各个方面。直接为生产服务的应用水文学，是现代水文学中最富有生气的分支学科，水文学通常主要指陆地水文学和应用水文学。

以下分几个时段介绍水文学的发展历程。

3.2.1.1　**萌芽时期（从远古到 15 世纪）**

这一时期的基本特点是：

（1）开始了原始的水文观测。公元前 2300 年中国开始观测河水涨落，此后，秦代李冰设都江堰的“石人”，隋代设石刻“水则”，宋代设“水则碑”（见图 3.2-1）等，表明水位观测不断进步。雨量观测于公元前 400 年前首先在印度出现。我国在秦代（公元前 221—前 207 年）已经开始有测报雨量的制度，到了公元 1247 年，已有较科学的雨量筒和雨深计算方法，并开始用“竹器验雪”计算平地降雪深度。5 世纪，我国开始用“流浮竹”测量河道流速。明代刘天和治理黄河，采用“手制乘沙采样等器”测定河水中泥沙的数量。

图 3.2-1　水则碑

（2）开始积累原始水文知识。成书于公元前 239 年的《吕氏春秋》中写道：“云气西行云云然，冬夏不辍。水泉东流，日夜不休。上不竭，下不满，小为大，重为轻，圜道也。”提出了朴素的水文循环思想。成书于6世纪初的《水经注》（见图3.2-2）中，论述了当时我国版图内1 252条河流的概况，是水文地理考察的先驱。

图 3.2-2　郦道元与《水经注》

3.2.1.2　奠基时期（15—19 世纪）

这一时期的基本特点是：

（1）近代水文仪器开始出现，使水文观测进入科学定量阶段。1663 年，C. 雷恩和 R. 胡克创制了翻斗式自记雨量计；1687 年，E. 哈雷创制了测量水面蒸发量的蒸发器；1870 年，T. G. 埃利斯创制了旋杯式流速仪；1885 年，W. G. 普赖斯的旋桨式流速仪问世。随之，各种水文站开始出现。

（2）近代水文科学理论逐步形成。1674 年，P. 佩罗对塞纳河径流量估算及降水量、径流量的对比分析，提出水量平衡概念，后来发展成水文科学最基本的原理之一。1738 年，D. I. 伯努利发表水流能量方程。1775 年，A. de 谢才发表明槽均匀流公式。1802 年，J. 道尔顿建立计算水面蒸发的道尔顿公式。1851 年，T. J. 摩尔凡尼提出汇流和汇流系数概念，并提出计算最大流量的著名推理公式。1856 年，H. -P. -G 达西发表了描述均匀介质中地下水运动的达西定律，达西渗透试验装置见图 3.2-3。随之，水文学专门著作开始出现，为水文学作为一门近代科学奠定了基础。

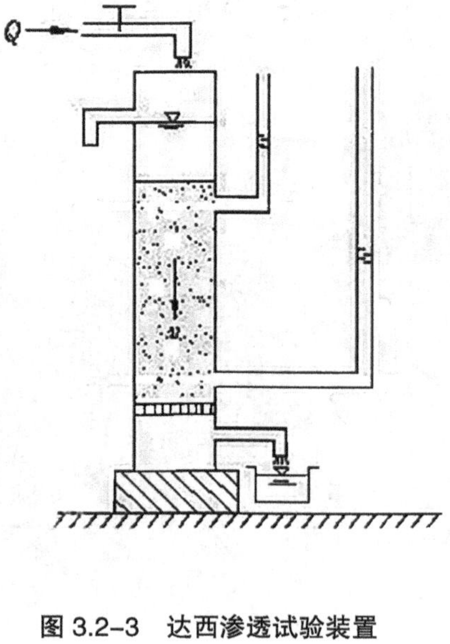

图 3.2-3　达西渗透试验装置

3.2.1.3　应用水文学兴起时期（20 世纪初—20 世纪 50 年代）

进入 20 世纪，大量兴起的防洪、灌溉、水力发电、交通工程和农业、林业、城市建设向水文学提出越来越多的新课题，解决这些课题的方法由经验的、零碎的逐渐理论化和系统化。首先是 1914—1924 年，A. 黑曾，H. A. 福斯特等把概率论、数理统计理论和方法系统地引入水文学。1932—1938 年，L. R. K. 谢尔曼、R. E. 霍顿、G. T. 麦卡锡、F. F. 斯奈德以及随后 C. O. 克拉克、R. K. Jr. 林斯雷等在单位线、河道洪水演进、多个水文变量联合分析和径流调节计算等方面取得了开拓性进展。在此期间，水文站在世界范围内发展成国家规模的水文站网。这些成就为应用水文学的兴起在资料条件、理论基础和方法论等方面奠定了基础，并率先形成了它最重要的分支学科——工程水文学。接着，应用水文学其他分支学科，如农业水文学、森林水文学、城市水文学等也相继兴起。1949 年，R. K. Jr. 林斯雷、M. A. 科勒和 J. L. H. 保罗赫斯合著的《应用水文学》，D. 姜斯敦和 W. P. 克罗斯合著的《应用水文学原理》，美国土木工程师学会编著的《水文学手册》等应用水文学专著问世，标志着应用水文学的诞生。

3.2.1.4　现代水文学时期（20 世纪 50 年代以来）

20 世纪 50 年代以来，科学技术进入了新的发展时期，人类改造自然的能力迅速增强，人与水的关系正由古代的趋利避害、近代较低水平的兴利除害，发展到现代较高水平的兴利除害新阶段。这个新阶段赋予水文学新的特色：

（1）人类对水资源的需求愈来愈迫切，水文学的研究领域正在向着为水资源开发利用提供地表水、地下水、水文时序系列等基本资料，为水文模拟技术及其优化等方向发展。

（2）大规模人类活动正在对水文循环产生影响，进而对地球环境产生多方面的影响。研究和评价这种影响，就是环境地学的范畴，它指导人们在水资源开发时注意到对水文循环的影响，尽可能使之有利于或至少保持人类生存空间的环境质量，也是水文科学发展中的新课题。水文学和环境科学的交叉学科——环境水文学正在孕育形成中。

（3）现代科学技术，如核技术、遥感技术、计算技术，随机过程的理论与方法、系统分析的理论与方法等，正在渗入水文学的各个领域，使传统的水文学方法出现突破性的进展。

（4）水文学的研究领域不断扩大，水文学和其他地球科学中各学科间的空隙逐渐得到填补，交叉学科正在蓬勃兴起。由于水逐步商品化，在缺水地区已成为社会发展的制约因素，同时人类活动对水文循环及水环境的干预可能引起的各种影响愈来愈大，因而对此进行分析估算，也是今后水文学发展的一个重要方面。

3.2.2　中国水文发展简史

我国水文萌芽和发展较早，但后期受到封建制度制约，发展不快；从鸦片战争到新中国成立以前这个时期的中国水文，开始进行水文观测、水情传递、水文资料整编和水文分析计算，但发展非常有限，并且极不稳定；从新中国成立至今的中国水文，水文科学发展出现新形势，计算机等新技术助推水文领域应用，各分支学科随工农业和城市建设得到蓬勃发展，中国水文事业取得了巨大的成就。

3.2.2.1　从有史以来到鸦片战争时期的中国水文

据史料记载，距今 4 000 多年前的大禹治水（见图 3.2-4）时，经过调查研究，认识了水势，采取疏导措施，取得了成功。说明当时已经懂得了治水必须先知水，并且已经有了初步的水文调查意识。

图 3.2–4　大禹治水

公元前 251 年，秦国李冰在四川岷江都江堰工程上设立“石人”观测水位；到隋代，改用木桩、石碑或在岸边石崖刻划成“水则”观测江河水位；宋代熙宁八年（1075 年）重要的河流上已有记录每天水位的“水历”，宋代“吴江水则碑”把水位与附近农田受淹情况相联系；明、清时期，水位观测已较普遍，并乘快马驰报水情。另外，江河沿岸还有许多重要的枯水石刻和石刻水则及古水尺，例如四川涪陵河道中的白鹤梁石鱼（见图 3.2–5），记录了自 764 年以来 1 200 多年间川江 72 个枯水年的特枯水位；1110 年，引泾丰利渠渠首渠壁的石刻水则，用来观测水位（水深），以便推算引水水量（流量）；1837 年，在长江荆江河段郝穴设立古水尺，用以观测水位。

图 3.2–5　白鹤梁石鱼

公元前 11 世纪的商代，甲骨文字中有对降雨的定性描述。从秦代开始，历代都有要求全国各地报送雨量的制度。宋淳祐七年（1247 年），秦九韶的《数书九章》一书中记有“天池盆”测雨的具体计算方法。明洪煦元年（1425 年），制成统一尺寸的雨量器，在全国各地观测雨量。清雍正二年（1724 年）开始逐日记录北京的天气情况和降雨、降雪的起止时间及雨雪大小的定性描述，即称《晴明风雨录》，直至光绪二十九年（1903 年）停记，但可惜的是没有定量记录。战国时期的慎到（公元前 395 年—前 315 年）曾在黄河龙口用“流浮竹”测量河水流速；汉代张戎在元始四年（公元 4 年）提出“河水重浊，号为一石水而六斗泥”，说明当时曾对黄河含沙量做过测量。宋元丰元年（1078 年），开始出现以河流断面面积和水流速度来估算河流流量的概念。

春秋战国至西汉时期，开始有《山海经》《尚书・禹贡》《周礼・职方式》等水文地理书籍。北魏郦道元的《水经注》则是其后的一部水文地理著作。明末徐弘祖的《徐霞客游记》中载有岩溶考察初析内容，并正确指出金沙江为长江正源的论断。

成书于大约公元前 5 世纪的《黄帝内经・素问》和公元前 239 年吕不韦主编的《吕氏春秋・圜道》篇书籍，都提出了水循环的概念。西汉张戎最先认识黄河下游易决溢的主要原因是泥沙淤积，并主张靠河水冲刷力来排沙。东汉王充所著《论衡》一书中第一次指出海洋潮汐大小与月亮圆缺有关。

在古代成功地修建了一些水利工程，如春秋战国时期的芍陂（见图 3.2–6）、刊沟运河、都江堰，秦代的灵渠，隋代至元代修建成的南北大运河等，都比较符合所在地区的水文情势而长期发挥作用，并说明修建时已有初步的工程水文知识。

图 3.2–6　芍陂

总之，我国水文萌芽和发展较早，但后期受到封建制度制约，发展则不快。随着水利建设的发展，在工程水文、水循环的定性描述及水文地理研究诸方面都有较好的业绩；水文测报开始较早，并逐步发展到一定规模。但大多数水文观测时断时续，观测记录和工程水文资料档案均未能系统地保存下来，技术经验也未能很好地总结流传。明、清以来，由于西方诸国科技迅速发展，我国水文从早期的先进转变为相对落后的状况。

3.2.2.2 鸦片战争到新中国成立以前的中国水文

清道光二十年（1840年）鸦片战争后，帝国主义势力入侵，中国沦为半封建、半殖民地国家。从清咸丰十年（1860年）起，帝国主义者控制的海关，陆续在上海、汉口、天津、广州和福州等港口（码头）设立水尺观测水位，为其侵华舰船航行服务。还在各地教堂设立测候所（如图3.2–7所示），收集降水量等气象资料，分别有北京（1841年）、香港（1853年）、上海徐家汇（1873年）等。

图3.2–7 测候所

清宣统三年（1911年），成立江淮水利测量局，中国开始掌握近代水文测验工作。民国三年（1914年）成立全国水利局。其后，陆续成立广东治河处、顺直水利委员会、扬子江水道讨论委员会、太湖水利工程处、导淮委员会和黄河水利委员会等流域机构，主持开展各流域的水文工作。民国十九年（1930年），全国建设委员会设立湘鄂湖江水文总站和岳阳水文分站，负责洞庭湖地区水文测验工作。民国二十三年（1934年），成立全国经济委员会，内设水利处，负责管理水利（含水文）业务，另设中央水工试验所。至民国二十六年（1937年）抗日战争前夕，全国有水文站409处、水位站636处、雨量站1 592处。

抗日战争爆发后，国民政府迁往重庆，全国经济委员会撤销，成立经济部。中央水工试验所于民国二十七年（1938年）10月设立水文研究站，统筹西南各省水文测验工作。民国三十年（1941年），成立水利委员会，下设工务处第四科主管水文与勘测。民国三十一年（1942年）中央水工试验所改为中央水利实验处，主持全国水文测验业务。抗日战争胜利后，水利委员会于民国三十五年（1946年）迁回南京，水文研究站改名为水文研究所。1947年6月，水利委员会改组为水利部，内设水文司，管理全国水文事业。经过长期战争，全国水文工作大多停顿。至新中国成立时，仅接收水文站148处，连同其他测站，总计353处。

在此期间，引进了一些西方水文技术。先后根据一些潮位资料，确定了吴淞、大沽等水准基面，开始用近代水文仪器作水准和地形测量。水位、雨量观测开始用自记仪器。

流量测验采用流速仪法和浮标法。泥沙测验采用取样过滤法。水文测验组织形式有驻站与巡测两种并存方式。从民国十七年（1928 年）起，一些流域机构制定水文测验规范文件。民国三十年（1941 年）中央水工试验所成功研制了旋杯式流速仪并建立了水工仪器制造实验工厂，开始生产现代水文仪器。从清光绪八年（1882 年）起，在每十年一期的《最近十年各埠海关报告》上刊布雨量、水位月、年特征值统计表。民国二十一年（1932 年），内政部出版了《全国雨量及水文报告》；民国二十四年（1935 年），全国经济委员会水利处出版了民国二十二年（1933 年）的《全国水文报告》和《全国雨量报告》。

清光绪十三年（1887 年），在山东济宁和河南开封之间，首次用电报拍报水情。之后，各河陆续使用。民国十九年（1930 年），国民政府中央研究院布置长江干流各测站每日向该院气象研究所电报拍报水位，民国时期的长江见图 3.2–8；民国二十五年（1936 年），全国经济委员会制定了报汛办法。抗日战争前，在编制《永定河治本计划》《整治运河计划》和《导淮工程计划》时，都用欧美方法做过水文分析计算。民国三十七年（1948 年），在编制《赣江流域规划》时，曾用单位线法按设计暴雨推算设计洪水。一些学者在流域水文和泥沙研究方面做过一些开创性的工作，还发表过有关水文的专著、论文。

图 3.2–8　民国时期的长江

民国四年（1915 年），河海工程专门学校开始招生，随后有清华、北洋、中央、武汉等大学，培养水利人才，并均先后开设有关水文学课程；还有从国外留学归国的水利科技人员，他们组成了旧中国水文工作的骨干。

总之，从鸦片战争到新中国成立以前这个时期的中国水文，开始进行水文观测、水情传递、水文资料整编和水文分析计算，但发展非常有限，并且极不稳定；随着帝国主义者以侵略为目的在中国进行水位、雨量观测之后，中国政府引进了一些西方水文技术，开始进行了一些近代水文工作，但因西方国家工业革命，科学技术突飞猛进，而我国外受列强欺凌，内被旧的社会制度束缚，国力日衰、战争频仍，经济建设发展非常缓慢，水文工作大多停顿，并处于薄弱、动荡的状态之中。

3.2.2.3 新中国成立以后至今的中国水文

进入20世纪下半叶，水文科学的发展出现新的形势。首先，由于一些新技术特别是计算机技术的应用，更为简便、迅速，准确地收集、传递和处理了大量水文信息实时资料，节省了大量人力和时间。其次，由于工农业和城市建设的大规模发展需要，应用水文学、城市水文学和其他分支学科得到蓬勃发展。

20世纪80年代，我国境内的水文站网发展迅速。1956年到2019年底，全国水文基本站网发展到12.1万处，可以基本掌握全国各主要河流的水文情势。同时，编制和完善了《水位观测标准》（GB / T 50138—2010）、《河流流量测验规范》（GB 50179—2015）等水文测验规范和《水文资料整编规范》（SL / T 247—2020），统一了全国水文测验技术标准。20世纪50年代中已全部完成1949年以前积存的历年实测资料整编和刊印工作；1950年起每年刊印水文年鉴，全国分为10卷、每年74册，至今共约30多亿组数据。相继制成了同位素测沙仪、放射性同位素示踪法测流仪和超声波测流仪等。

20世纪70年代末至80年代初，在黄河、长江等流域和地区开始应用卫星图片和遥感技术研究水文、水资源问题，取得了高水平成果。20世纪70年代中期，长江水利委员会水文局韩福道等在我国第一代电子计算机DJS–6（电子管计算机）上，使用ALGOL60语言编写整编水文资料程序，对水文资料进行整编和刊印，并在全国水文系统推广，成为全国水文资料电算整编的开拓者。后来跟随计算机更新换代的脚步，先后在286、386、486及其他微机上，采用Basic、Fortran等高级语言整编水文资料。

在水文预报方面，20世纪50年代初开始，进展很快。1955年，由华士乾编写的《洪水预报方法》一书，总结了长江、淮河特大洪水实际预报中的经验，吸收了国际上多种方法，系统地用中国的实际资料做了大量的分析应用算例，提出了具有中国特色的一整套洪水预报方法，推动了中国的洪水预报工作，并在实际防汛中起到了重要作用。赵人俊等于20世纪60年代至70年代，提出了蓄满产流理论和适合于中国湿润地区应用的流域水文模型。韩承荣和罗伯昆编著的《水文预报方法》一书中，总结了20世纪50年代以来世界各国水文预报理论和经验，其中我国成果达到世界先进水平。

在水文计算方面，流域汇流计算具有非常重要的意义。我国在学习外国经验方面，使用过等流时线、经验单位线、瞬时单位线、滞后汇流和马斯京根等方法。

在水文自动测报方面，我国于20世纪80年代开始建设水文自动测报系统。1981年，美国天气局通过联合国VCP（自愿合作计划），向长江陆水流域及黄河陆浑小区各提供10万美元，用于建立水文自动测报系统，以此作为试点，向全国推广。

我国的历史洪水调查测量与估算，始于1915年广东西江流域。中华人民共和国成立后，在黄河、长江、辽河、海河、淮河、珠江和全国各中小河流共11 000个河段上作了历史洪水调查；在一些重要工程所在的河段，进行反复多次调查。1979年起开展了全国性洪水调查资料整编工作，约有6 000多个河段的洪水调查资料，已汇编成《中华人民共和国洪水调查资料》。

在河流泥沙方面，钱宁于1958年提出泥沙沉降速度公式，我国的张瑞瑾于20世纪50—60年代提出泥沙沉速、起动公式和推移质输沙率、含沙量垂线分布计算、水流挟沙力公式、蜿蜒型河段演变规律等。

在地下水方面，20 世纪 50 年代以来，许多国家都建立了地下水动态观测站网，其中我国、美国和苏联等国的地下水观测井均在万眼以上。

在水面蒸发和水质方面，我国的施成熙从 20 世纪 60 年代起分析并依据中国水面蒸发实测资料，提出中国分区的水面蒸发非线性模型，提高了计算水面蒸发的精度。

在水文试验方面，为研究水文循环中各种水文现象的运动规律，20 世纪 50 年代开始，开展了一系列的水文试验研究。在室内水文试验方面，1958 年北京水利科学研究院水文所建成核桃树沟室内流域模型，检验水文单位线取得成功。1965 年中国科学院地理所建立室内流域物理模型，研究径流形成过程。1975 年，铁道科学研究院在峨嵋建立大型室内水文试验系统，利用人工降雨和可变坡度进行暴雨径流试验，为铁道防洪作出重大贡献。

总之，我国从 20 世纪 50 年代至今，水文水资源的专题研究和实施逐步与国际接轨，其中某些方面领先于世界。尤其是 21 世纪我国水文发展迅速，2020 年，观测的水文测站，国家基本水文站数量 3 265 处，专用水文站数量 4 492 处。

当前，水文管理技术水平飞速发展，水文技术的扩展已深入城乡建设、社会发展、土壤改良、植物病虫害防治等领域，不仅为中国农业水文管理提供了可靠的技术支撑，而且为全国水文管理提供更加丰富的技术支持体系。

此外，中国水文事业的发展也取得了巨大的成就，如开展全面的水量调查，进一步完善水文测报、水文预报技术，完成了重大水文工程的建设，建立了完善的水资源保护、水文管理机构等，为农业、工业的发展提供了有力的支撑。

21 世纪以来，我国水文水资源科技水平急剧提高，加大了对水文水资源的研究，大量的新技术、新装备被利用，使得我国在水文水资源的研究上取得了巨大的成功。

3.3　现代水文的信息采集

水文要素信息的获取是水文情势研究的基础，本节将对现代水文信息采集的主要方式和方法进行简单介绍。

水文信息的采集有两种情况：一种是对水文事件当时发生情况下实际观测的信息；另一种是对水文事件发生后进行调查所得的信息。获取水文信息的方法多种多样。现代科学技术的不断发展，新技术、新仪器的不断出现，更促进了获取水文信息手段不断更新。

3.3.1　测站与站网

3.3.1.1　测站

在流域内一定地点（或断面）按统一标准对所需要的水文要素作系统观测以获取信息并进行处理为即时观测信息。这些指定的地点称为测站。

水文测站所观测的项目有水位、流量、泥沙、降水、蒸发、水温、冰凌、水质、地下水位等。只观测上述项目中的一项或少数几项的测站，则按其主要观测项目而分别称为水位站、流量站（也称水文站）、雨量站、蒸发站等。

根据测站的性质，河流水文测站又可分为基本站、专用站两大类。基本站是水文主管部门为全国各地的水文情况而设立的，是为国民经济各方面的需要服务的。专用站是为某种专门目的或用途由各部门自行设立的。这两类测站是相辅相成的，专用站在面上辅助基本站，而基本站在时间系列上辅助了专用站。

3.3.1.2 水文站网

因为单个测站观测到的水文要素信息只代表站址处的水文情况，而流域上的水文情况则须在流域内的一些适当地点布站观测，这些测站在地理上的分布网称为站网。广义的站网是指测站及其管理机构所组成的信息采集与处理体系。布站的原则是通过所设站网采集到的水文信息经过整理分析后，达到可以内插流域内任何地点水文要素的特征值，这也就是水文站网的作用。因此，研究测站在地区上分布的科学性、合理性、最优化等问题，就是水文站网规划的任务。

按站网规划的原则布设测站，例如河道流量站的布设，当流域面积超过 3 000~5 000 km^2 时，应考虑能够利用设站地点的资料，把干流上没有测站地点的径流特性插补出来。预计将修建水利工程的地段，一般应布站观测。对于较小流域，虽然不可能全部设站观测，但应在水文特征分区的基础上，选择有代表性的河流进行观测。在中、小河流上布站时还应当考虑暴雨洪水分析的需要，如对小河应按地质、土壤、植被、河网密集程度等下垫面因素分类布站。布站时还应注意雨量站与流量站的配合。对于平原水网区和建有水利工程的地区，应注意按水量平衡的原则布站。也可以根据实际需要，安排部分测站每年只在部分时期（如汛期或枯水期）进行观测。又如水质监测站的布设，应以监测目标、人类活动对水环境的影响程度和经济条件这 3 个因素作为考虑的基础。

我国水文站网于 1956 年开始统一规划布设，经过多次调整，布局已比较合理，对国民经济发展起积极作用。但随着我国水利水电发展的情况，大规模人类活动的影响，不断改变着天然河流产汇流、蓄水及来水量等条件，因此要对水文站网进行适当调整、补充。

3.3.1.3 水文测站的设立

建站包括选择测验河段和布设观测断面。

在站网规划规定的范围内，具体选择测验河段时，主要考虑在满足设站目的要求的前提下，保证工作安全和测验精度，并有利于简化水文要素的观测和信息的整理分析工作。具体地说，就是测站的水位与流量之间呈良好的稳定关系（单一关系）。该关系往往受一断面或一个河段的水力因素控制，前者称为断面控制，后者称为河槽控制。断面控制的原理是在天然河道中，由于地质或人工的原因，造成河段中局部地形突起，如石梁、卡口等，使得水面曲线发生明显转折，形成临界流，出现临界水深 h_k，从而构成断面控制。当水位流量关系要靠一段河槽所发生的阻力作用来控制时，如该河段的底坡、断面形状、糙率等因素比较稳定，则水位流量关系也比较稳定。这就属于河槽控制。在河流上设立水文测站，平原地区应尽量选择河道顺直、稳定、水流集中，便于布设测验的河段，且尽量避开变动回水、急剧冲淤变化、分流、斜流、严重漫滩等，以及妨碍测验工作的地貌、地物。结冰河流，还应避开容易发生冰塞、冰坝的地方。山区河流应在有石梁、急滩、卡口、弯道上游附近规整的河段上选站。

水文测站一般应布设基线、水准点和各种断面，即基本水尺断面、流速仪测流断面、浮标测流断面及比降断面。基本水尺断面上设立基本水尺，用来进行经常的水位观测。

测流断面应与基本水尺断面重合，且与断面平均流向垂直。若不能重合，亦不能相距过远。浮标测流断面有上、中、下 3 个断面，一般中断面应与流速仪测流断面重合。上、下断面之间的间距不宜太短，其距离应为断面最大流速的 50~80 倍。比降断面设立比降水尺，用来观测河流的水面比降和分析河床的糙率。上、下比降断面之间的河底和水面比降不应有明显的转折，其间距应使得所测比降的误差在 ±15% 以内。水准点分为基本水准点和校核水准点，均应设在基岩或稳定的永久性建筑物上，也可埋设于土中的石柱或混凝土桩上。前者是测定测站上各种高程的基本依据，后者是经常用来校核水尺零点的高程。基线通常与测流断面垂直，起点在测流断面线上。其用途是用经纬仪或六分仪测角交会法推求垂线在断面上的位置。基线的长度视河宽 B 而定，一般应为 $0.6B$。当受地形限制的情况下，基线长度最短也应为 $0.3B$。基线长度的丈量误差不得大于 1/1 000，如图 3.3-1 所示。

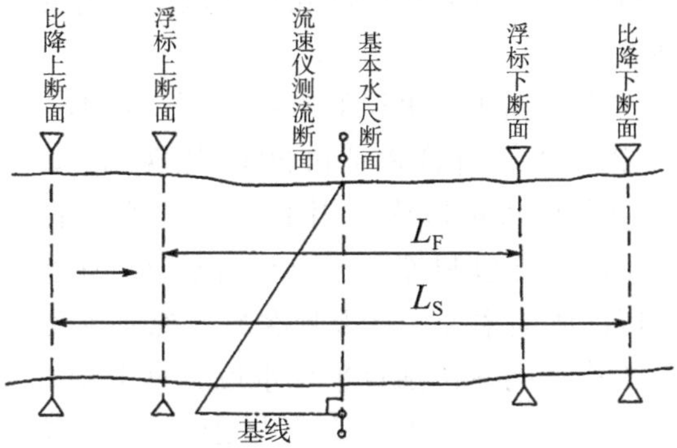

图 3.3-1　水文测站基线与断面布设示意图

3.3.1.4　收集水文信息的基本途径

上述在河流或流域内的固定点上对水文要素所进行的观测称为驻测。这是我国收集水文信息的最基本方式，但存在着用人多、站点不足、效益低等缺点。为了更好地提高水文信息采集的社会效益和经济效益，经过近几十年的实践，采取驻测、巡测、间测及水文调查相结合的方式收集水文信息，可更好地满足生产的要求。

巡测是观测人员以巡回流动的方式定期或不定期地对一地区或流域内各观测点进行流量等水文要素的观测。间测是中小河流水文站有 10 年以上资料分析证明其历年水位流量关系稳定，或其变化在允许误差范围内，对其中一要素（如流量）停测一时期再施测的测停相间的测验方式。停测期间，其值由另一要素（水位）的实测值来推算。水文调查是弥补水文基本站网定位观测的不足或其他特定目的，采用勘测、调查、考证等手段进行收集水文信息的工作。

3.3.2　水位观测

水位是指河流、湖泊、水库及海洋等水体的自由水面离开固定基面的高程，以 m 计。水位与高程数值一样，要指明其所用基面才有意义。目前全国统一采用黄海基面，但各流域由于历史原因，多沿用以往使用的大沽基面、吴淞基面、珠江基面，也有使用假定基面、测站基面或冻结基面的。使用水位资料时一定要查清其基面。

水位观测的作用：一是直接为水利、水运、防洪、防涝提供具有单独使用价值的资料，如堤防、坝高、桥梁及涵洞、公路路面标高的确定；二是为推求其他水文数据而提供间接运用资料，如 $Q=f(Z)$，$S=(Z_2-Z_1)/L$，水资源计算，水文预报中的上、下游水位相关法等。其中，Q 为流量，以 m^3/s 计；S 为比降，以千分率或万分率表示；Z_2、Z_1 分别为上、下比降断面的水位，L 为上、下比降断面的间距，单位均以 m 计。

水位观测的常用设备有水尺和自记水位计两类。

按水尺的构造形式不同，可分为直立式、倾斜式、矮桩式与悬锤式等。观测时，水面在水尺上的读数加上水尺零点的高程即为当时的水位值。可见，水尺零点高程是一个重要的数据，要定期根据测站的校核水准点对各水尺的零点高程进行校核。

自记水位计能将水位变化的连续过程自动记录下来，有的还能将所观测的数据以数字或图像的形式远传室内，使水位观测工作趋于自动化和远传化。在水文信息服务中心，从计算机屏幕上可直接调看或用电话直接询问全国范围内各测站当时的水位，而这些又几乎都是无人驻守的测站。

水位的观测包括基本水尺和比降水尺的水位观测。基本水尺的观测，当水位变化缓慢时（日变幅在 0.12 m 以内），每日 8 时和 20 时各观测一次（称 2 段制观测，8 时是基本时）；枯水期日变幅在 0.06 m 以内，用 1 段制观测；日变幅在 0.12~0.24 m 时，用 4 段制观测；依次为 8 段制、12 段制等。有峰谷出现时，还要加测。比降水尺观测的目的是计算水面比降，分析河床糙率等。其观测次数，视需要而定。

水位观测数据整理工作的内容包括日平均水位、月平均水位、年平均水位的计算。日平均水位的计算方法有二：若一日内水位变化缓慢，或水位变化较大，但是等时距人工观测或从自记水位计上摘录，采用算术平均法计算；若一日内水位变化较大且是不等时距观测或摘录，则采用面积包围法，即将当日 0~24 时内水位过程线所包围的面积除以一日时间求得（见图 3.3-2），其计算公式为：

$$\bar{Z}=\frac{1}{48}\left[Z_0\Delta t_1+Z_1(\Delta t_1+\Delta t_2)+Z_2(\Delta t_2+\Delta t_3)+\cdots+Z_{n-1}(\Delta t_{n-1}+\Delta t_n)+Z_n(\Delta t_n)\right] \tag{3.3-1}$$

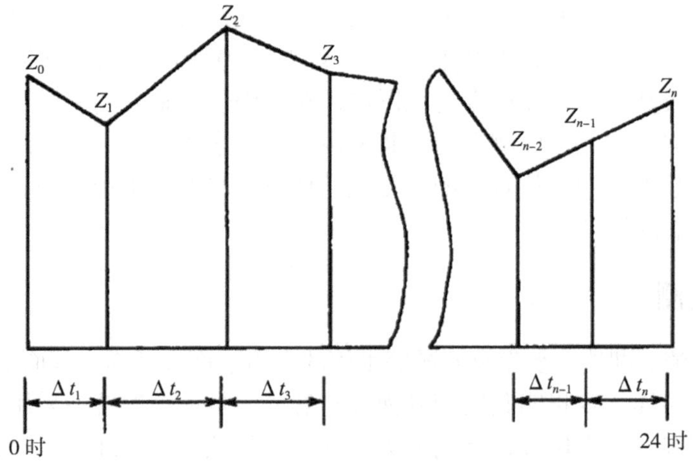

图 3.3-2　面积包围法示意图

如 0 时或 24 时无实测数据，则根据前后相邻水位直线内插求得。

根据逐日平均水位可算出月平均水位和年平均水位及保证率水位。这些经过整理分析处理后的水位资料即可提供各生产单位应用。如刊布的水文年鉴中，均载有各站的日平均水位表，表中附有月、年平均水位，年及各月的最高、最低水位。汛期内水位详细变化过程则载于水文年鉴中的汛期水文要素摘录表内。

3.3.3 流量观测

3.3.3.1 概述

流量是单位时间内流过江河某一横断面的水量，以 m^3/s 计。它是反映水资源和江河、湖泊、水库等水体水量变化的基本数据，也是河流最重要的水文特征值。

流量是根据河流水情变化的特点，在水文站上用各种测流方法进行流量测验取得的实测数据，经过分析、计算和整理而得的资料，可用于研究江河流量变化的规律，为国民经济各部门服务。

测流方法很多，按其工作原理，可分为下列几种类型：

（1）流速面积法。有流速仪法、航空法、比降面积法、积宽法（动车法、动船法和缆道积宽法）、浮标法（按浮标的形式可分为水面浮标法、小浮标法、深水浮标法等）。

（2）水力学法。包括量水建筑物和水工建筑物测流。

（3）化学法。又称溶液法、稀释法、混合法。

（4）物理法。有超声波法、电磁法和光学法。

（5）直接法。有容积法和重量法，适用于流量极小的沟涧。

本节主要介绍流速仪法测流。

3.3.3.2 流速仪法测流

1. 测流原理

由于河流过水断面的形态、河床表面特性、河底纵坡、河道弯曲情况及冰情等，都对断面内各点流速产生影响，因此在过水断面上，流速随水平及垂直方向的位置不同而变化，即 $v=f(b,h)$。其中，v 为断面上某一点的流速，b 为该点至水边的水平距离，h 为该点至水面的垂直距离。因此，通过全断面的流量 Q 为

$$Q=\int_0^A v\cdot \mathrm{d}A=\int_0^B\cdot\int_0^H f(b,h)\,\mathrm{d}h\cdot\mathrm{d}b \tag{3.3-2}$$

式中：A 为水道断面面积，$\mathrm{d}A$ 则为 A 内的单元面积（其宽为 $\mathrm{d}b$，高为 $\mathrm{d}h$），m^2；v 为垂直于 $\mathrm{d}A$ 的流速，m/s；B 为水面宽度，m；H 为水深，m。

因为 $f(b,h)$ 的关系复杂，目前尚不能用数学公式表达，实际工作中把上述积分式变成有限差分的形式来推求流量。流速仪法测流，就是将水道断面划分为若干部分，用普通测量方法测算出各部分断面的面积，用流速仪施测流速并计算出各部分面积上的平均流速，两者的乘积，称为部分流量，各部分流量的和为全断面的流量，即

$$Q=\sum_{i=1}^{6} q_i \tag{3.3-3}$$

式中：q_i 为第 i 个部分的部分流量，m^3/s；n 为部分的个数。

需要注意的是，实际测流时不可能将部分面积分成无限多个部分，而是分成有限个

部分，所以实测值只是逼近真值；河道测流需时间较长，不能在瞬时完成，因此实测流量是时段的平均值。

由此可见，测流工作实质上是测量横断面及流速两部分工作。

2. 断面测量

河道水道断面的测量是在断面上布设一定数量的测深垂线，施测各条测深垂线的起点距和水深并观测水位，用施测时的水位减去水深，即得各测深垂线处的河底高程。

测深垂线的位置应根据断面情况布设于河床变化的转折处，并且主槽较密，滩地较稀。测深垂线的起点距是指该测深垂线至基线上的起点桩之间的水平距离。测定起点距的方法有多种。中小河流可在断面上架设过河索道，并直接读出起点距，此法称为断面索法；大河上常用仪器测角交会法。常用仪器为经纬仪、平板仪、六分仪等，如用经纬仪测量，在基线的另一端（起点距是一端）架设经纬仪，观测测深垂线与基线之间的夹角；因基线长度已知，即可算出起点距。目前最先进的是用全球定位系统（GPS）定位的方法，它是利用全球定位仪接收天空中的 3 颗人造定点卫星的特定信号来确定其在地球上所处位置的坐标，优点是不受任何天气气候的干扰，24 h 均可连续施测，且快速、方便、准确。水深一般用测深杆、测深锤或测深铅鱼等直接测量。超声波回声测声仪也可施测水深，它是利用超声波具有定向反射的特性，根据声波在水中的传播速度和超声波从发射到回收往返所经过的时间计算出水深，具有精度好、工效高、适应性强、劳动强度小，且不易受天气、潮汐和流速大小限制等优点。

河道水道断面扩展至历年最高洪水位以上 0.5~1.0 m 的断面称为大断面。它用于研究测站断面变化的情况，以及在测流时不施测断面可供借用。大断面的面积分为水上面积、水下面积两部分。水上部分面积采用水准仪测量的方法进行；水下部分面积测量称水道断面测量。由于测水深工作困难，水上地形测量较容易，所以大断面测量多在枯水季节施测，汛前或汛后复测一次。但对断面变化显著的测站，大断面测量一般每年除汛前或汛后施测一次外，在每次大洪水之后应及时施测过水断面的面积。

3. 流速测量

天然河道中一般采用流速仪法测定水流的流速。它是国内外广泛使用的测流速方法，是评定各种测流新方法精度的衡量标准。图 3.3–3 为旋杯式流速仪，图 3.3–4 为旋桨式流速仪。

根据测速方法的不同，流速仪法测流可分为积点法、积深法和积宽法。最常用的积点法测速是指在断面的各条垂线上将流速仪放至不同的水深点测速。测速垂线的数目及每条测速垂线上测点的多少根据流速精度的要求、水深、悬吊流速仪的方式、节省人力和时间等情况而定。国外多采用多线少点测速。国际标准建议测速垂线不少于 20 条，任一部分流量不得超过总流量的 10%。表 3.3–1 是美国在 127 条不同河流上的测站，每站断面上布设 100 条以上的测速垂线，对不同测速垂线数目所推求的流量，进行流量误差的统计分析。表 3.3–1 说明：测速垂线数越多，流量的误差越小。

畅流期用精测法测流时，如采用悬杆悬吊，当水深大于 1.0 m 可用五点法测流，即在相对水深（测点水深与所在垂线水深之比值）分别为 0.0、0.2、0.6、0.8 和 1.0 处施测。

为了消除流速的脉动影响，各测点的测速历时，可在 60~100 s 之间选用。但当受测

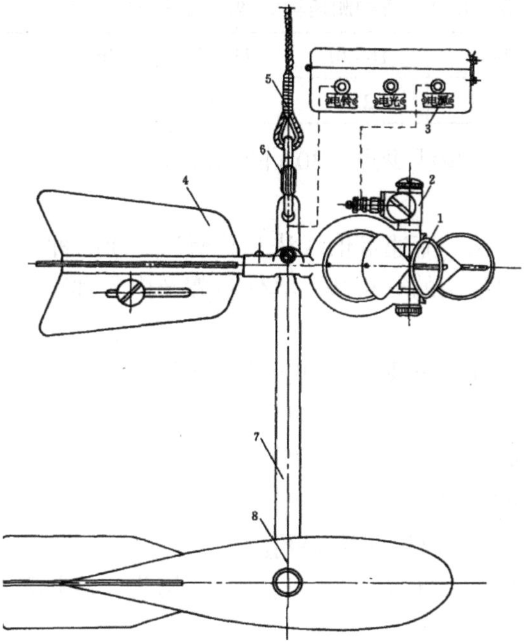

（水深大于 2.8 m 的一般河流用本法安装测量）

1—旋杯；2—传讯盒；3—电铃计数器；4—尾翼；5—钢丝绳；6—绳钩；7—悬杆；8—铅鱼。

图 3.3–3　旋杯式流速仪

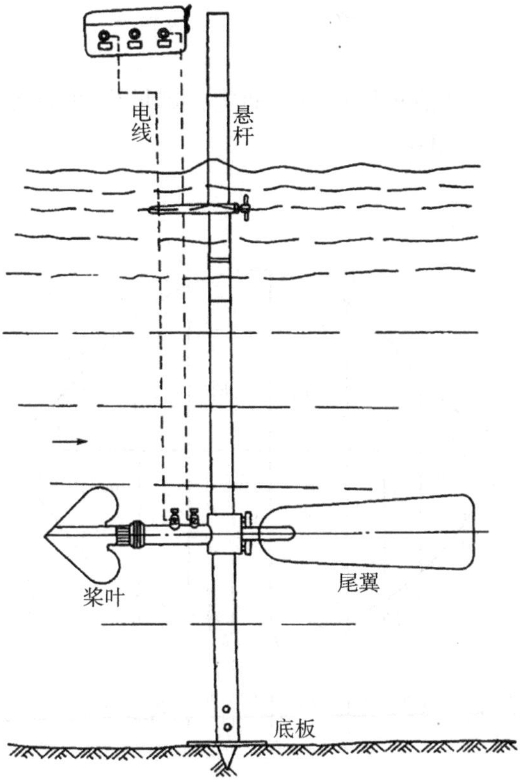

图 3.3–4　旋桨式流速仪

表 3.3–1　各种测速垂线数对流量的标准差

测速垂线数	8~12	12~15	16~20	21~25	26~30	31~35	104
标准差	4.2	4.1	2.1	2.0	1.6	1.6	0

流所需总时间限制时，可选用少线少点、30 s 的测流方案。

4. 流量计算

流量的计算方法有图解法、流速等值线法和分析法。前两种方法在理论上比较严格，但比较烦琐，这里主要介绍常用的分析法。具体步骤及内容如下（见图 3.3–5）。

垂线平均流速的计算：

视垂线上布置的测点情况，分别按下列公式进行计算：

一点法　$V_m=V_{0.6}$　（3.3–4）

二点法　$V_m=1/2(V_{0.2}+V_{0.8})$　（3.3–5）

三点法　$V_m=1/3(V_{0.2}+V_{0.6}+V_{0.8})$　（3.3–6）

五点法　$V_m=1/10(V_0+3V_{0.2}+3V_{0.6}+2V_{0.8}+V_{1.0})$　（3.3–7）

式中：V_m 为垂线平均流速；V_0、$V_{0.2}$、$V_{0.6}$、$V_{0.8}$、$V_{1.0}$ 均为与脚标数值相应的相对水深处的测点流速。

部分平均流速的计算：

岸边部分：由距岸第一条测速垂线所构成的岸边部分（两个，左岸和右岸，多为三角形），按下列公式计算：

$$V_1=\alpha V_{m1} \quad (3.3\text{–}8)$$

$$V_{n+1}=\alpha V_{mn} \quad (3.3\text{–}9)$$

式中：α 为岸边流速系数，其值视岸边情况而定，斜坡岸边 α=0.67~0.75，一般取 0.70，陡岸 α=0.80~0.90，死水边 α=0.60。

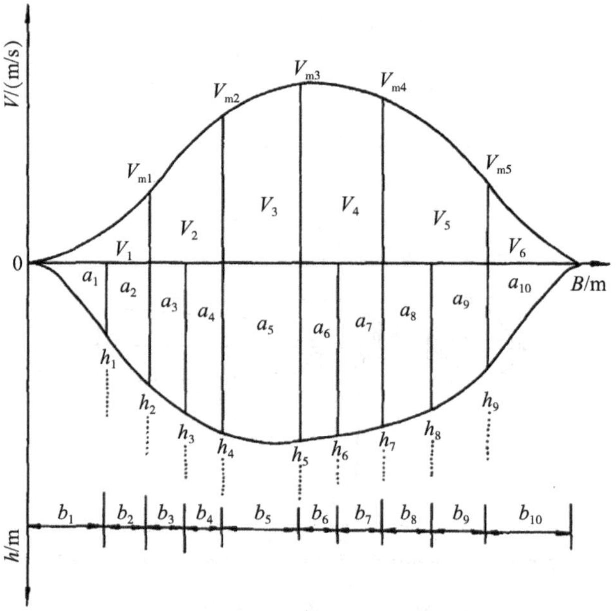

图 3.3–5　部分面积 A_i、部分流速 V_i 及部分流量 q_i 计算示意图

$a_1 = 1/2h_1b_1$，$a_{10} = 1/2h_9b_{10}$，$a_i = 1/2\,(h_{i-1}+h_i)\,b_i$，$i = 2，3，\cdots，9$；

$A_1=a_1+a_2$，$A_2=a_3+a_4$，$A_3=a_5$，$A_4=a_6+a_7$，$A_5=a_8+a_9$，

$A_6=a_{10}$，$V_1=\alpha V_{m1}$，$V_6=\alpha V_{m5}$，$V_i=1/2\,(V_{mi-1}+V_{mi})$，

$i=2，3，\cdots，5$，$q_i=V_iq_i$，$i=1，2，\cdots，6$，$Q=\sum_{i=1}^{6}q_i$。

中间部分：由相邻两条测速垂线与河底及水面所组成的部分，部分平均流速为相邻两垂线平均流速的平均值，按下式计算：

$$V_i=\frac{1}{2}\,(V_{mi-1}+V_{mi}) \tag{3.3-10}$$

部分面积的计算：

因为断面上布设的测深垂线数目比测速垂线的数目多，故首先计算测深垂线间的断面面积。计算方法是距岸边第一条测深垂线与岸边构成三角形，按三角形面积公式计算（左、右岸各一个）；其余相邻两条测深垂线间的断面面积按梯形面积公式计算。其次以测速垂线划分部分，将各个部分内的测深垂线间的断面面积相加得出各个部分的部分面积。若两条测速垂线（同时也是测深垂线）间无另外的测深垂线，则该部分面积就是这两条测深（同时是测速垂线）间的面积。

部分流量的计算：

由各部分的部分平均流速与部分面积之积得到部分流量，即

$$q_i=V_iA_i \tag{3.3-11}$$

式中：q_i、V_i、A_i分别为第 i 个部分的流量、平均流速和断面面积。

断面流量及其他水力要素的计算：

断面流量　$$Q=\sum_{i=1}^{6}q_i \tag{3.3-12}$$

断面平均流速　$$\bar{v}=Q/A \tag{3.3-13}$$

断面平均水深　$$\bar{h}=A/B \tag{3.3-14}$$

在一次测流过程中，与该次实测流量值相等的、某一瞬时流量所对应的水位称相应水位。根据测流时水位涨落不同情况可分别采用平均或加权平均计算。

5. 冰期测流

冰期施测流量时，测流断面情况如图 3.3-6 所示，其计算方法和畅流期的计算方法基本相同，其有关特点如下。

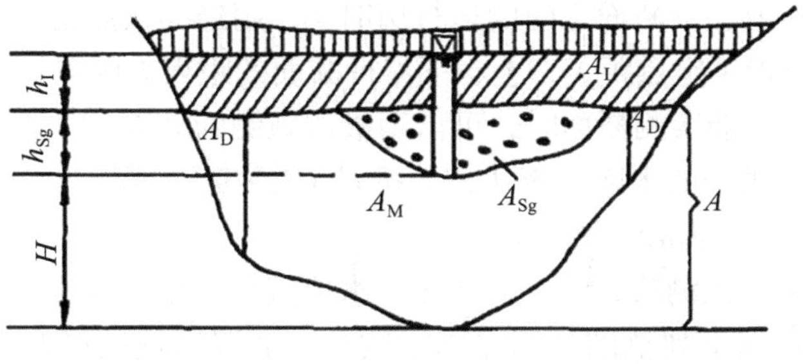

A—水道断面面积；A_M—流水断面面积；A_D—死水面积；A_I—水浸冰面积；A_{Sg}—冰花面积；h_I—水浸冰厚；h_{Sg}—冰花厚；H—有效水深。

图 3.3-6　封冰期测流断面示意图

垂线平均流速的计算：

六点法 $V=1/10(V_0+2V_{0.2}+2V_{0.4}+2V_{0.6}+2V_{0.8}+V_{1.0})$ （3.3–15）

三点法 $V_m=1/3(V_{0.15}+V_{0.5}+V_{0.85})$ （3.3–16）

二点法 $V_m=1/2(V_{0.2}+V_{0.8})$ （3.3–17）

一点法 $V_m=KV_{0.5}$ （3.3–18）

式中：测点流速的脚标，分别为各测点对所在测线有效水深（自冰底或冰花底至河底的垂直距离）的相对深度；K为冰期半深流速系数，根据六点法或三点法测速资料分析确定，一般为0.88~0.90。

部分面积的计算：

与畅流期相同，但冰期的水深h应为在有水浸冰的垂线上的有效水深。在有岸冰或清沟存在时，盖面冰与畅流期交界处同一垂线上的水深可采用两种数值：当计算盖面冰以下的那一部分面积时，采用有效水深；当计算畅流部分的面积时，采用实际水深（水面算起的水深）。

流量的计算：

亦是先求各部分流量后再求和。但此时应将断面总面积、水浸冰面积、冰花面积与水道断面面积一并算出。在有岸冰或清沟时，可区分计算。这些面积，一般均先分区按梯形公式计算出部分面积，再求总和即可。

3.3.3.3 浮标法测流

当使用流速仪测流有困难时，使用浮标测流是切实可行的办法。浮标随水流漂移，其速度与水流速度之间有较密切的关系，故可利用浮标漂移速度（称浮标虚流速）与水道断面面积来推算断面流量。用水面浮标法测流时，应先测绘出测流断面上水面浮标速度分布图。将其与水道断面相配合，便可计算出断面虚流量。断面虚流量乘以浮标系数，即得断面流量。

水面浮标常用木板、稻草等材料做成十字形、井字形，下坠石块，上插小旗以便观测。在夜间或雾天测流时，可用油浸棉花团点火代替小旗以便识别。为减少受风面积，保证精度，在满足观测的条件下浮标尺寸应尽可能做得小些。在上游浮标投放断面（参见图3.3–1），沿断面均匀投放浮标，投放的浮标数目大致与流速仪测流时的测速垂线数目相当。如遇特大洪水，可只在中泓投放浮标，直接选用天然漂浮物作浮标。用秒表观测各浮标流经浮标上、下断面之间的运行历时T_i，用经纬仪测定各浮标流经浮标中断面（测流断面）的位置（定点距），上、下浮标断面的距离L除以T_i即得水面浮标流速沿河宽的分布图。当不能实测断面时，可借用最近施测的断面。从水面虚流速分布图上内插出相应各测深垂线处的水面虚流速；再按式（3.3–9）~式（3.3–13）求得断面虚流量Q_f乘以浮标系数K_f，即得断面流量Q。

K_f值的确定有试验比测法、经验公式法和水位流量关系曲线法。在未取得浮标系数试验数据之前，可根据下列范围选用浮标系数：一般湿润地区可取0.85~0.90，小河取0.75~0.85；干旱地区大、中河流可取0.80~0.85，小河流取0.70~0.80。

3.3.4　泥沙测验

河流泥沙对河流的水情及河流的变迁有重大的影响。泥沙资料也是一项重要的水文资料。河流中的泥沙，按其运动形式可分为悬移质、推移质和河床质三类。悬移质泥沙悬浮于水中并随之运动；推移质泥沙受水流冲击沿河底移动或滚动；河床质泥沙则相对静止而停留在河床上。三者随水流条件的变化而相互转化。三者特性不同，测验及计算方法也各异，但全国现有推移质取样测站仅 20 多个，河床质只根据需要才取，故仅介绍悬移质测验。

描述河流中悬移质的情况，常用的两个定量指标是含沙量和输沙率。单位体积内所含干沙的质量，称为含沙量，用 C_s 表示，单位为 kg/m^3。单位时间流过河流某断面的干沙质量，称为输沙率，以 Q_s 表示，单位为 kg/s。断面输沙率是通过断面上含沙量测验配合断面流量测量来推求的。

3.3.4.1　含沙量测验

含沙量测验，一般需用采样器从水流中采取水样。常用的有横式采样器（见图 3.3–7）与瓶式采样器（见图 3.3–8）。如果水样取自固定测点，称为积点式取样；如取样时，取样瓶在测线上由上到下（或上、下往返）匀速移动，称为积深式取样，该水样代表测线的平均情况。

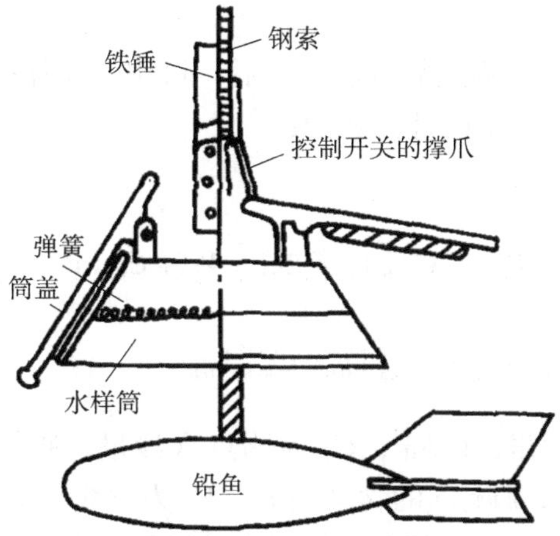

图 3.3–7　横式采样器

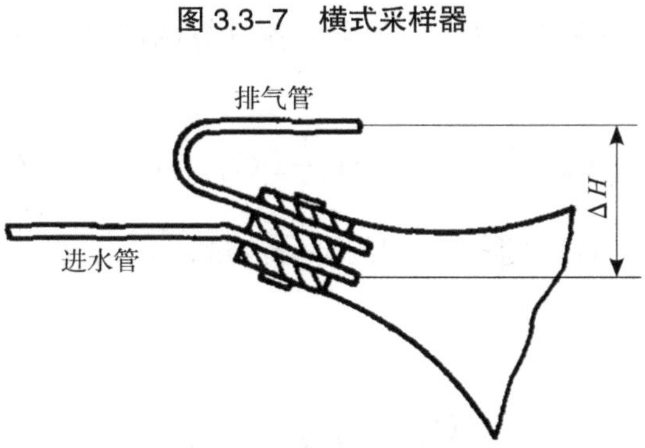

图 3.3–8　瓶式采样器

无论用何种方式取得的水样，都要经过量积、沉淀、过滤、烘干、称重等手续，才能得出一定体积浑水中的干沙质量。水样的含沙量可按式（3.3–19）计算：

$$C_s=\frac{W_s}{V} \tag{3.3–19}$$

式中：C_s 为水样含沙量，g/L 或 kg/m^3；W_s 为水样中的干沙质量，g 或 kg；V 为水样体积，L 或 m^3。

当含沙量较大时，也可使用同位素测沙仪测量含沙量。该仪器主要由铅鱼、探头和晶体管计数器等部分组成。应用时，只要将仪器的探头放至测点，即可根据计数器显示的数字由工作曲线上查出测点的含沙量。它具有准确、及时、不取水样等突出优点，但应经常对工作曲线进行校正。

3.3.4.2 输沙率测验

输沙率测验是由含沙量测定与流量测验两部分工作组成的，测流方法前已介绍。为了测出含沙量在断面上的变化情况，需在断面上布置适当数量的取样垂线。一般取样垂线数目不少于规范规定流速仪精测法测速垂线数的一半。当水位、含沙量变化急剧时，或积累相当资料经过精简分析后，垂线数目可适当减少。但是，无论何种情况，当水面宽大于 50 m 时，取样垂线不少于 5 条；水面宽小于 50 m 时，取样垂线不应少于 3 条。垂线上测点的分布，视水深大小及要求的精度而不同，可有一点法、二点法、三点法、五点法等。

根据测点的水样，得出各测点的含沙量之后，可用流速加权计算垂线平均含沙量。例如，畅流期的垂线平均含沙量的计算式为：

五点法

$$C_{sm}=\frac{1}{10V_m}\left(C_{s0}V_0+3C_{s0.2}V_{0.2}+3C_{s0.6}V_{0.6}+2C_{s0.8}V_{0.8}+C_{s1.0}V_{1.0}\right) \tag{3.3–20}$$

三点法 $$C_{sm}=\frac{1}{3V_m}\left(C_{s0.2}V_{0.2}+C_{s0.6}V_{0.6}+C_{s0.8}V_{0.8}\right) \tag{3.3–21}$$

式中：C_{sm} 为垂线平均含沙量，kg/m^3；C_{sj} 为测点含沙量，脚标 j 为该点的相对水深，kg/m^3；V_j 为测点流速，m/s，脚标 j 的含义同上；V_m 为垂线平均流速，m/s。

如果是用积深法取得的水样，其含沙量即为垂线平均含沙量。

根据各条垂线的平均含沙量 C_{smj}，配合测流计算的部分流量，即可算得断面输沙率 Q_s（t/s）为：

$$Q_s=\frac{1}{1\,000}\left[C_{sm1}q_1+\frac{1}{2}\left(C_{sm1}+C_{sm2}\right)q_2+\cdots+\frac{1}{2}\left(C_{smn-1}+C_{smn}\right)q_n+C_{smn}q_n\right] \tag{3.3–22}$$

式中：q_i为第i根垂线与第i–1根垂线之间的部分流量，m^3/s；C_{smi}为第i根垂线的平均含沙量，kg/m^3。

断面平均含沙量

$$\overline{C}_s=\frac{Q_s}{Q}\times 1\,000 \tag{3.3–23}$$

3.3.4.3　单位水样含沙量与单沙断沙关系

上面求得的悬移质输沙率，是测验当时的输沙情况。而工程上往往需要一定时段内的输沙总量及输沙过程。如果用上述测验方法来求出输沙的过程是很困难的。人们从不断的实践中发现，当断面比较稳定，主流摆动不大时，断面平均含沙量与断面上某一垂线平均含沙量之间有稳定关系。通过多次实测资料的分析，建立其相关关系。这种与断面平均含沙量有稳定关系的断面上有代表性的垂线和测点含沙量，称单样含沙量，简称单沙；相应地把断面平均含沙量简称为断沙。经常性的泥沙取样工作可只在此选定的垂线（或其上的一个测点）上进行。这样便大大地简化了测验工作。

根据多次实测的断面平均含沙量和单样含沙量的成果，可以单沙为纵坐标，以相应断沙为横坐标，点绘单沙与断沙的关系点，并通过点群中心绘出单沙与断沙的关系线（见图 3.3–9）。

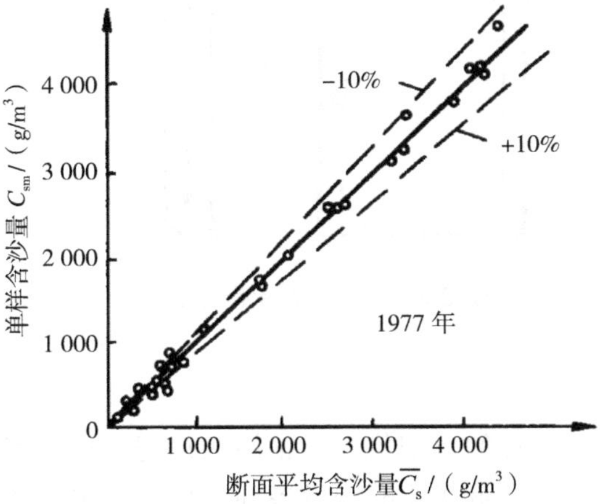

图 3.3–9　沱江李家湾水文站 1977 年单沙与断沙关系

单沙的测次，平水期一般每日定时取样 1 次；含沙量变化小时，可 5~10 d 取样 1 次；含沙量有明显变化时，每日应取 2 次以上。洪水时期，每次较大洪峰过程，取样次数不应少于 7~10 次。

3.3.5　降水量观测

降水量可采用器测法、雷达探测或气象卫星云图估算。器测法用来测量降水量，雷达探测和卫星云图一般用来预报降水量。

3.3.5.1　器测法

器测法是观测降水量最常用的方法，观测仪器有雨量器和自记雨量计。

1. 雨量器

雨量器是直接观测降水量的器具，它由承雨器、漏斗、储水瓶和雨量杯组成，如图 3.3–10 所示。承雨器口径为 200 mm，安装时器口一般距地面 700 mm，筒口保持水平，分辨率为 0.1 mm。一般采用 2 段制进行观测，即每日 8 时及 20 时各观测一次。雨季增加观测段次，如 4 段制或 8 段制，雨大时还需加测。观测时用空的储水瓶将雨量器内储水瓶换出，用雨量杯量出降水量。降雪时，仅用外筒作为承雪器具，待雪融化后计算降水量。每日 8 时至次日 8 时降水量为当日降水量。

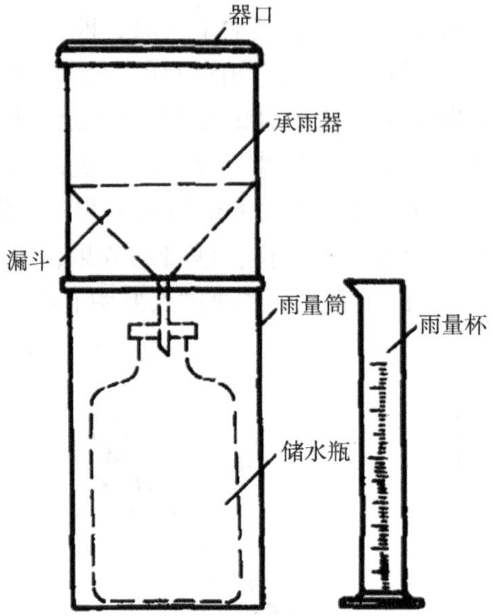

图 3.3–10　雨量器示意图

2. 自记雨量计

自记雨量计是观测降水过程的自记仪器。常用的自记雨量计有 3 种类型：称重式、虹吸式（浮子式）和翻斗式。称重式能够测量各种类型的降水，其余两种基本上只限于观测降雨。按记录周期分，有日记、周记、月记和年记。在传递方式上，已研制出有线远传和无线远传（遥测）的雨量计。

称重式：这种仪器可以连续记录接雨杯上的及储积在其内的降水的质量。记录方式可以用机械发条装置或平衡锤系统，将降水时全部降水量的质量如实记录下来。这种仪器的优点在于能够记录雪、冰雹及雨雪混合降水。

虹吸式：日记型虹吸式自记雨量计如图 3.3–11 所示。承雨器将承接的雨量导入浮子室，浮子随着注入雨水的增加而上升，并带动自记笔在附有时钟的转筒上的记录纸上画出曲线。记录纸上纵坐标记录雨量，横坐标由自记钟驱动，表示时间。当雨量达到 10 mm 时，浮子室内水面上升到与浮子室连通的虹吸管顶端即自行虹吸，将浮子室内的雨水排入储水瓶，同时自记笔在记录纸上垂直下跌至零线位置，以后随雨水的增加而上升，如此往返持续记录降雨过程。记录纸上记录下来的曲线是累积曲线，既表示雨量的大小，又表示降雨过程的变化情况，曲线的坡度表示降雨强度。虹吸式雨量计分辨率为 0.1 mm，降雨强度适应范围为 0.01~4.0 mm/min。

翻斗式：这类雨量计由感应器及信号记录器组成，如图 3.3–12 所示。其工作原理为：雨水经承雨器进入对称的翻斗的一侧，当接满 0.1 mm 雨量时，翻斗倾于一侧，另一侧翻斗则处于进水状态。每一次翻斗倾倒，都能使开关接通电路，向记录器输送一个脉冲信号，记录器控制自记笔将雨量记录下来，如此往复即可将降雨过程测量下来。自记笔记录 100 次后，将自动从上到下落到自记纸的零线位置，再重新开始记录。翻斗式雨量计分辨率为 0.1 mm，降雨强度适用范围在 4.0 mm/min 以内。

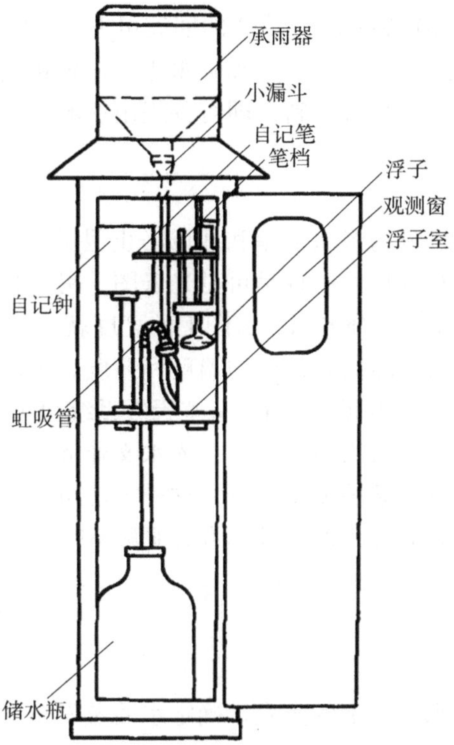

图 3.3–11　日记型虹吸式自记雨量计示意图

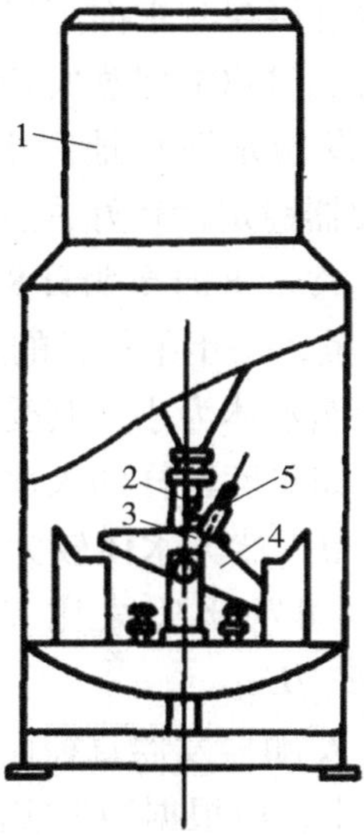

1—承雨器；2—浮球；3—小钩；4—翻斗；5—舌簧管。

图 3.3–12　翻斗式自记雨量计示意图

称重式、虹吸式和翻斗式雨量计的记录系统可以将机械记录装置的运动变换成电信号，用导线或无线电将信号传到控制中心的接收器，实现有线远传或无线遥测。

3.3.5.2 雷达探测

气象雷达是利用云、雨、雪等对无线电波的反射现象来发现目标的。用于水文方面的雷达，有效范围一般是 40~200 km。雷达的回波可在雷达显示器上显示出来，不同形状的回波反映着不同性质的天气系统、云和降水等。根据雷达探测到的降水回波位置、移动方向、移动速度和变化趋势等资料，即可预报出探测范围内的降水、强度，以及开始和终止时刻。

3.3.5.3 气象卫星云图

气象卫星按其运行轨道分为极轨卫星和地球静止卫星两类。目前，地球静止卫星发回的高分辨数字云图资料有两种：一种是可见光云图，另一种是红外云图。可见光云图的亮度反映云的反照率。反照率强的云，云图上的亮度就大，颜色较白；反照率弱的云，亮度弱，色调灰暗。红外云图能反映云层的温度和高度，云层的温度越高，云层的高度越低，发出的红外辐射越强。在卫星云图上，一些天气系统也可以根据特征云型分辨出来。

用卫星资料估计降水的方法很多，目前投入水文业务应用的是利用地球静止卫星短时间间隔云图图像资料，再用某种模型估算。这种方法可引入人—机交互系统，自动进行数据采集、云图识别、降水量计算、雨区移动预测等项工作。

3.3.6 蒸发观测

3.3.6.1 水面蒸发观测

水面蒸发是在充分供水条件下的蒸发。确定水面蒸发量的大小，通常有两种途径：器测法和间接计算法。

1. 器测法

器测法是应用蒸发器或蒸发池直接观测水面蒸发量。我国水文和气象部门采用的水面蒸发器有：ϕ–20 型、ϕ–80 套盆式、E601 型蒸发器，以及水面面积为 20 m^2 和 100 m^2 的大型蒸发池。其中，E601 型蒸发器是埋在地表下带套盆的蒸发器，其内盆面积为 300 cm^2，如图 3.3–13 所示。这种蒸发器稳定性较好，是目前水文部门普遍采用的观测仪器。每日 8 时观测一次，得蒸发器一日（今日 8 时至明日 8 时）的蒸发水深，即日水面蒸发量。一月中每日的蒸发量之和为月蒸发量，一年中每日的蒸发量总和为年蒸发量。

由于蒸发器的蒸发面积远较天然水体为小，其受热条件与大水体有显著的差异，所以蒸发器观测的数值不能直接作为如水库这样的大水体的水面蒸发值。据研究，当蒸发池的直径大于 3.5 m 时，其蒸发量与天然大水体较为接近，因此可用 20 m^2 或 100 m^2 的大型蒸发池的蒸发量 $E_{池}$与蒸发器的蒸发量 $E_{器}$之比 K 作为折算系数，即

$$K=E_{池}/E_{器} \tag{3.3–24}$$

实际资料分析表明，折算系数 K 随蒸发器直径而变，也与蒸发器类型、自然环境、季节变化等因素有关。在实际工作中，应根据当地实测资料分析。

2. 间接计算法

间接计算法是利用气象或水文观测资料间接推算蒸发量，方法有水汽输送法、热量

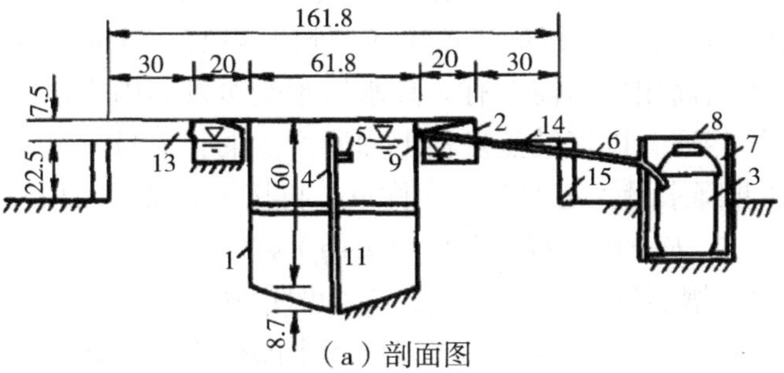

（a）剖面图

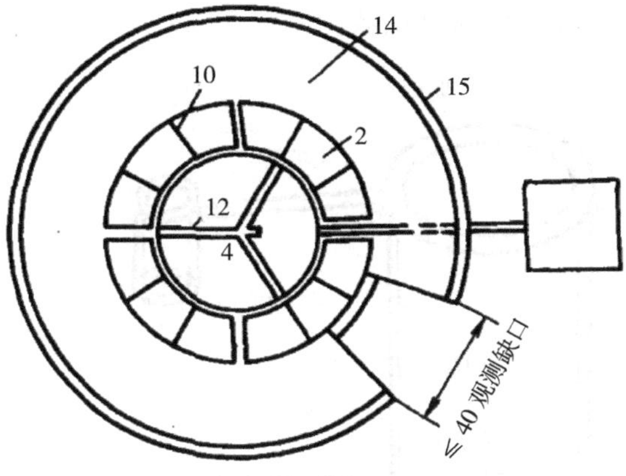

（b）平面图

1—蒸发器；2—水圈；3—溢流桶；4—测针桩；5—器内水面指示针；6—溢流用胶管；
7—放溢流桶的箱；8—箱盖；9—溢流嘴；10—水圈外缘的撑挡；11—直管；12—直管支撑；
13—排水孔；14—土圈；15—土圈外围的防坍设施。

图 3.3-13　E601 型蒸发器　（单位：cm）

平衡法、彭曼法、水量平衡法、经验公式法等。如彭曼（H. L. Penman）的水面蒸发公式为

$$E=\frac{1}{\Delta+r}\left(Q_n\Delta+rE_a\right) \tag{3.3-25}$$

式中：Q_n 为净辐射量；E_a 为水面温度等于气温时的水面蒸发；Δ 为气温与饱和水汽压关系曲线的坡度；r 为湿度计常数。

这种方法需要专门的气象或水文观测资料，在实际工作中往往难以获得，因而除专门研究外，较少采用。

3.3.6.2　土壤蒸发观测

土壤蒸发量的确定一般有两种途径：器测法和间接计算法。

1. 器测法

土壤蒸发器种类很多，如图 3.3-14 所示为目前常用的 ГГИ–500 型土壤蒸发器。蒸

发器有内、外两个铁筒。内筒用来切割土样和装填土样，内径 25.2 cm，面积 500 cm^2，高 50 cm，筒下有一个多孔活动底，以便装填土样。外筒内径 26.7 cm，高 60 cm，筒底封闭，埋入地面以下，供置入内筒用。内筒下有一集水器承受蒸发器内土样渗漏的水量。内筒上接一排水管与径流筒相通，以接纳蒸发器上面所产生的径流量。另设地面雨盘器，器口面积 500 cm^2，以观测降水量。定期对土样称重，再按下式推算时段蒸发量：

$$E=0.02(G_1-G_2)-(R+q)+P \tag{3.3-26}$$

式中：E 为观测时段内土壤蒸发量，mm；G_1、G_2 为时段初和时段末筒内土样的质量，g；P 为观测时段内的降水量，mm；R 为观测时段内产生的径流量，mm；q 为观测时段内渗漏的水量，mm；0.02 为蒸发器单位换算系数。

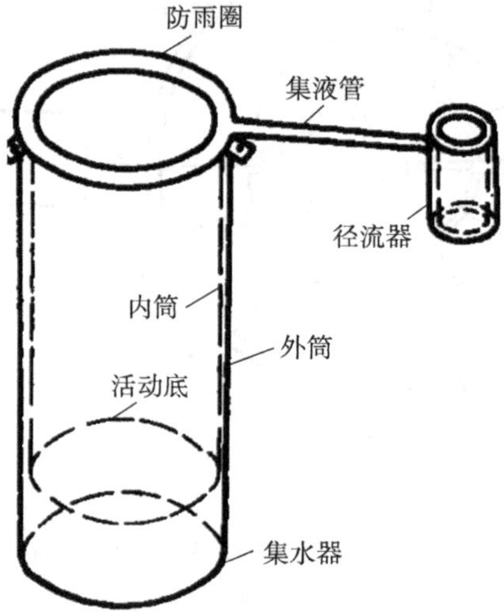

图 3.3-14 ГГИ-500 型土壤蒸发器

由于器测时土壤本身的热力条件与天然情况不同，其水分交换与实际情况差别较大，并且器测法只适用于单点，所以，观测结果只能在某些条件下应用或参考。对于较大面积的情况，因流域下垫面条件复杂，难以分清土壤蒸发和植物散发，所以器测法很少在生产上具体应用，多用于蒸发规律的研究。

2. 间接计算法

间接计算法是从土壤蒸发的物理概念出发，以水量平衡、热量平衡、乱流扩散等理论为基础，建立包括影响蒸发的一些主要因素在内的理论、半理论半经验或经验公式来估算土壤的蒸发量。

3.3.6.3 植物散发的测定和估算

1. 器测法

在天然条件下，由于无法对大面积的植物散发进行观测，只能在试验条件下对小样本进行测定分析，过程如下：用一个不漏水圆筒，里面装满足够植物生长的土块，种上植物，土壤表面密封以防土壤水分蒸发，水分只能通过植物叶面逸出。视植物生长需水情况，随时灌水。试验期内，测定时段始末植物及容器质量和注水质量，按式（3.3-27）

求散发量：

$$E=G+(G_1-G_2) \tag{3.3-27}$$

式中：E 为时段散发量，m^3；G 为时段注水量，m^3；G_1、G_2 为时段初和时段末圆筒内土壤的含水量，m^3。

器测法不可能模拟天然条件下的植物散发，所以上述方法只能在理论研究时应用，实际工作中难以直接引用。

2. 水量平衡法

根据水量平衡原理，测定出一块样地或流域的整片植物群落生长期始末的土壤含水量、土壤蒸发量、降水量、径流量和渗漏量，再用水量平衡方程即可推算出植物生长期的散发量。

此外，还可以用热量平衡法或数学模型进行估算。

3.3.7　水文调查与水文遥感

目前收集水文资料的主要途径是定位观测，由于定位观测受到时间、空间的限制，收集的资料往往不能满足生产需要，因此必须通过水文调查来补充定位观测的不足，使水文资料更加系统完整，更好地满足水资源开发利用、水利水电工程建设及其他国民经济建设的需要。

水文调查的内容可分为流域调查、水量调查、洪水与暴雨调查、其他专项调查四大类。本节主要介绍洪水调查与暴雨调查。

3.3.7.1　洪水调查

在洪水调查中，对历史上大洪水的调查，有计划组织调查；当年特大洪水，应及时组织调查；对河道决口、水库溃坝等灾害性洪水，力争在情况发生时或情况发生后较短时间内进行有关调查。

洪水调查工作，包括调查洪水痕迹、洪水发生的时间、灾情测量、洪水痕迹的高程；了解调查河段的河槽情况；了解流域自然地理情况；测量调查河段的纵横断面；必要时应在调查河段进行简易地形测量；对调查成果进行分析，推算洪水总量、洪峰流量、洪水过程及重现期，最后写出调查报告。

计算洪峰流量时，若调查的洪痕靠近某一水文站，可先求水文站基本水尺断面处的洪水位高程，通过延长该站的水位流量关系曲线，推求洪峰流量。

在新调查的河段无水文站情况下，洪水调查的洪峰流量可采用下列公式估算。

1. 用比降法计算洪峰流量

匀直河段洪峰流量计算：

$$\begin{cases} Q=KS^{\frac{1}{2}} \\ K=\dfrac{1}{n}AR^{\frac{2}{3}} \end{cases} \tag{3.3-28}$$

式中：Q 为洪峰流量，m^3/s；S 为水面比降，‰；K 为河段平均输水率；n 为糙率；A 为河段平均断面面积，m^2；R 为河段平均水力半径，m。

非匀直河段洪峰流量计算：

$$Q=KS_{\mathrm{e}}^{\frac{1}{2}} \tag{3.3-29}$$

$$S_{\mathrm{e}}=\frac{h_{\mathrm{f}}}{L}=\frac{h+\left(\dfrac{\bar{v}_{上}^{2}}{2g}-\dfrac{\bar{v}_{下}^{2}}{2g}\right)}{L} \tag{3.3-30}$$

式中：S_{e}为能面比降；h_{f}为两断面间的摩阻损失，h为上、下两断面的水面落差，m；$\bar{v}_{上}$、$\bar{v}_{下}$分别为上、下两断面的平均流速，m/s；L为两断面间距，m。

若考虑扩散及弯曲损失时洪峰流量推算：

$$Q=K\sqrt{\frac{h+(1-\alpha)\left(\dfrac{\bar{v}_{上}^{2}}{2g}-\dfrac{\bar{v}_{下}^{2}}{2g}\right)}{L}} \tag{3.3-31}$$

式中：α为扩散、弯道损失系数，一般取0.5。

视不同情况，选用以上公式估算洪峰流量。

糙率n的确定，可根据实测成果绘制水位糙率曲线备查，或查糙率表，或参考附近水文站的糙率资料；对复式断面，可分别计算主槽和滩地的流量再取其和。

2. 用水面曲线推算洪峰流量

当所调查的河段较长且洪痕较少，各河段河底坡降及断面变化、洪水水面曲线比较曲折时，不宜用比降法计算，可用水面曲线法推求洪峰流量。

水面曲线法的工作原理是：假定一流量Q，由所估定的各段河道糙率n，自下游一已知的洪水水面点起，向上游逐段推算水面线，然后检查该水面线与各洪痕的符合程度。如大部分符合，表明所假定流量正确；否则，重新修订Q值，再推算水面线直至大部分洪痕符合。

3.3.7.2 暴雨调查

以降水为洪水成因的地区，洪水的大小与暴雨大小密切相关，暴雨调查资料对洪水调查成果起旁证作用。洪水过程线的绘制、洪水的地区组成，也需要组合面上暴雨资料进行分析。

暴雨调查的主要内容有暴雨成因、暴雨量、暴雨起讫时间、暴雨变化过程及前期雨量情况、暴雨走向及当时主要风向、风力变化等。

对历史暴雨的调查，一般通过群众对当时雨势的回忆或与近期发生的某次大暴雨对比，得出定性概念；也可通过群众对当时地面坑塘积水、露天水缸或其他器皿承接雨量作定量估计，并对一些雨量记录进行复核，对降水的时空分布作出估计。

3.3.7.3 水文遥感

遥感技术，特别是航天遥感的发展，使人们能从宇宙空间的高度上，大范围、快速、周期性地探测地球上各种现象及其变化。遥感技术在水文科学领域的应用称为水文遥感。水文遥感具有以下特点：如动态遥感，从定性描述发展到定量分析，遥感遥测遥控的综合应用，遥感与地理信息系统相结合。

近年来，遥感技术在水文水资源领域得到广泛应用并已成为收集水文信息的一种重要手段，尤其是在水资源水文调查的应用更为显著。概括起来，列举如下几方面：

（1）流域调查：根据卫星相片可以准确查清流域范围、流域面积、流域覆盖类型、河长、河网密度、河流弯曲度等。

（2）水资源调查：使用不同波段、不同类型的遥感资料，容易判读各类地表水，如河流、湖泊、水库、沼泽、冰川、冻土和积雪的分布，还可分析饱和土壤面积、含水层分布以估算地下水储量。

（3）水质监测：遥感资料进行水质监测可包括分析识别热水污染、油污染、工业废水及生活污水污染、农药化肥污染以及悬移质泥沙、藻类繁殖等情况。

（4）洪涝灾害的监测：包括洪水淹没范围的确定，决口、滞洪、积涝的情况，泥石流及滑坡的情况。

（5）河口、湖泊、水库的泥沙淤积及河床演变，古河道的变迁等。

（6）降水量的测定及水情预报：通过气象卫星传播器获取的高温和湿度间接推求降水量或根据卫星相片的灰度定量估算降水量；根据卫星云图与天气图配合预报洪水及旱情监测。

此外，还可利用遥感资料分析处理测定某些水文要素，如水深、悬移质含沙量等。利用卫星传输地面自动遥测水文站资料，具有投资低、维护量少、使用方便的优点，且在恶劣天气下安全可靠，不易中断。对大面积人烟稀少的地区更加适合。

3.4　水文情势变化影响因子

由于自然或人为因素，地理环境发生改变，从而引起水循环要素、过程、水文情势发生变化，称为水文效应。当代人类活动范围和规模空前增长，对水文过程的影响或干扰越来越大。对水文效应的研究大多着重于各种人类活动对水循环、水量平衡要素及水文情势的影响或改变，又称为人类活动对水文情势的影响。这种影响或改变，多遵循着水与环境关系的一般规律，但人为的水文变化比自然的水文变化快。

水文效应 / 水文情势变化可划分为多种类型。按时间的不同尺度可分为短暂快速的变化和长期缓慢的变化；按不同规模可分大、小水文效应；从性质上则可分为可逆和不可逆效应等。从人类活动的影响来看，水文效应 / 水文情势变化可分为以下 5 类：

（1）从河流和地下含水层以及湖泊中直接提取用水，减少了河、湖、地下水的天然数量，改变了水文情势。

（2）工农业、城市生活废水及各种有害物质（包括各种重金属无机物和农药化肥等有机物）的排放，污染、恶化了水质。

（3）土地利用的变化，如森林的砍伐和营造、垦殖，草场放牧，沼泽疏干，农田灌溉等，活动的范围或尺度很大，对河流和各种水体数量及时空分布的影响相当广泛。

（4）水利工程措施，如兴建蓄水库、蓄洪区、防洪堤坝、建水闸和大型水电站、航道整治、修建排灌站、河网化及跨流域引水等，均可直接改变河湖水流、地下水水文情势及水量与时空分布特征。

（5）城市化和工业开发，包括城市的兴建、采矿、开辟工业区等，都可使不透水的地面扩大，加大地表径流，加剧洪水威胁。地表下渗量减少，再大量开采地下水，造成地下水位大幅度下降，改变了地下水的天然排泄通道和补给条件。城市附近天然河道的整治、渠化或裁弯取直，可加速洪水的排泄，改变水流性质和水质，并影响河流的生态条件。

在经济迅速发展、人口日益增长以及人类活动规模不断扩大的今天，水文效应/水文情势变化的研究具有特别重要的意义。任何地区水资源系统的合理开发、利用规划和管理，水文效应/水文情势变化均是很重要的问题。在我国水利工程的可行性评估中，环境影响评价是当前最关心的问题之一，并已列为可行性研究和初步设计报告中的重要部分。在水资源系统研究中，已经综合考虑自然系统和人造系统两者的影响。可以预计，随着社会的发展和科学的进步，人造系统的影响将越来越大。因此，今后水文效应/水文情势变化将主要来自流域内人造系统的影响，也必然会成为修正水资源系统规划和管理运行的重要依据。

粤港澳大湾区处于中国经济发展的前沿地带，区域水系发达，水资源开发利用程度高，人类活动强度大、频次高，很大程度改变着自然水循环过程，如河道采砂、航道整治、码头港口运行、水电开发、大规模城市化建设等，直接或间接地对湾区内的水文情势产生了影响，水位、流量、咸潮、泥沙等重要水文要素自然演变规律均发生了不同程度的改变。水文情势的变化又反过来制约大湾区的发展，如水质恶化带来的用水安全问题、河道采砂带来的咸潮上溯加剧问题、涉河违建工程造成的防洪排涝问题等。在自然环境和人类活动双重影响下的水文情势表现出来的新的变化规律和特点亟待人类去研究，掌握水文情势的变化规律以及与影响因素之间的相互关系，为大湾区的可持续发展提供基础支撑，也为制定出科学合理的水资源政策提供科学参考。

3.5 小 结

本章介绍了水文情势的定义、水文情势包含的要素、传统水文的发展历程、现代水文信息采集，以及水文情势变化影响因子等内容。

水文情势研究是水文学的核心内容之一，涉及水文过程的各个方面，如降水量、蒸发、蒸腾、径流等水文要素以及它们之间的关系。水文情势的研究对水资源管理、防洪减灾、生态保护等方面具有重要的意义。

粤港澳大湾区在全国新发展格局中具有重要战略地位，水文情势研究对大湾区水资源的合理开发利用是至关重要的。通过对水文情势的研究，可以深入了解粤港澳大湾区区域内水文过程的特点和规律，为科学合理地规划和利用水资源提供依据。

第 4 章　大湾区区域径流变化

西江、北江于思贤滘相汇后注入西北江三角洲，东江于石龙汇入东江三角洲，经由虎门、磨刀门等八大口门出海，其中东四口门（虎门、蕉门、洪奇门、横门）水沙注入伶仃洋河口湾，西四口门中磨刀门和鸡啼门直接注入南海，虎跳门和崖门注入黄茅海河口湾。珠江三角洲水系发达、水网密布、纵横交错，各类干支流河道 1.2 万多条，总长 3 万多 km，西北江三角洲和东江三角洲河网密度分别高达 0.81 km/km^2、0.88 km/km^2。区域径流主要来源于西江、北江、东江，因此珠江三角洲具有“三江汇流，八口出海”的特点。

4.1　大湾区水资源量

根据世界气象组织（WMO）和联合国教科文组织（UNESCO）的《International Glossary of Hydrology》（国际水文学名词术语，第三版，2012 年）中有关水资源的定义，水资源是指可被利用或有可能被利用的水源，这个水源应具有足够的数量和合适的质量，并满足某一地方在一段时间内具体利用的需求。水资源量包括地表水资源量和地下水资源量。

水资源是基础性自然资源、战略性经济资源，是生态与环境的重要控制性要素，也是一个国家综合国力的重要组成部分。水资源调查评价是对某一流域或区域水资源数量、质量及其时空分布特征，开发利用状况、生态环境状况作出调查和分析评价，是开展水资源规划和水资源调配的基础和前提，是指导水资源开发、利用、节约、保护、管理工作的重要基础，是制定流域和区域经济社会发展规划的重要依据。20 世纪 80 年代初和 21 世纪初，在水利部等国家部委的领导下以及相关省（自治区）的配合下，水利部珠江水利委员会（简称珠江委）相继开展了两次珠江区范围内水资源调查评价工作，分别以 1956—1979 年系列和 1956—2000 年系列为基础，基本摸清了珠江区水资源的“家底”，对水资源总体状况、存在问题与演变规律进行了系统调查评价，调查评价成果在科学制定水资源规划、实施重大水利工程建设、加强水资源调度与管理、优化经济结构和产业布局等方面发挥了重要作用。

随着全球气候变化影响加剧及人类改造自然能力的不断增强，河川径流水文过程发生了显著的变化，水资源形势和水安全状况出现了新的问题，水资源短缺、水环境污染、水生态损害等问题愈加凸显。为及时准确掌握 2000 年以来水资源情势出现的新变化，系统评价水资源及其开发利用状况，摸清水资源消耗、水环境损害、水生态退化情况，按照水利部及国家发展和改革委员会统一部署，珠江委会同流域内各省（自治区）开展了珠江区新一轮水资源调查评价工作。

新一轮的水资源调查评价范围为珠江流域、韩江及粤东诸河、粤西桂南沿海诸河、海南岛及南海各岛诸河等在内的区域；评价内容包括水资源数量评价、水资源质量评价、水资源开发利用状况评价、水污染状况评价、水生态状况评价和水资源综合评价。本次调查评价系统收集了气象、水文、水工程、社会经济、供用水量、生态环境等10多个领域的专业数据，整理了多个类型的长系列监测数据，并对有关部门的专项监测、试验研究以及调查统计等资料进行了系统的分析、复核与整合，同时根据调查评价需要在珠江区范围内进行了大量的补充监测与试验、采用分析、实地调查等工作；在单站分析计算、河流水系综合平衡分析的基础上对各类计算评价单元进行分区计算评价，总结提出评价结论；通过多次流域汇总和全国汇总，在对各流域和区域成果进行综合分析和协调的基础上，形成了可靠、客观、系统、协调的珠江区水资源调查评价成果。

与以往工作相比，本次调查评价的资料更全、范围更广、内容更多、工作更深入，突破了传统的评价方法与内容，大大提高了成果的系统性、全面性和科学性，为建立科学、权威和可靠的水资源基础平台，加强水资源管理奠定了坚实的基础。通过本次调查评价，全面掌握了珠江区水资源数量、水资源质量、水资源开发利用状况、水污染状况、水生态状况及其时空演变规律，为强化水资源刚性约束、加快构建国家水网、推进各类规划编制、实施重大水利工程建设、促进经济社会高质量发展提供可靠的基础支撑。本章用于计算分析的水资源量数据来源即为新一轮的水资源调查评价成果。

4.1.1 地表水资源量

地表水资源量是指河流、湖泊、冰川等地表水体中由当地降水形成的、可以逐年更新的动态水量，用天然河川径流量表示。

天然河川径流是指河道由当地降水形成的、可以逐年更新的动态水量。由于社会经济耗水和水利工程拦蓄、分洪、滞蓄洪等因素，许多水文站断面实测径流量，已不能真实反映水文断面的天然来水量，需要将测站以上地表水受开发利用影响而增减的水量进行还原计算。

当经济社会用水年耗损量小于该年实测河川径流量的5%时，该年可不作相应水量的还原计算，但引水量、分洪水量、水库蓄变量等仍应按实际情况进行还原计算。

分项调查还原法是基于水量平衡原理，在一个闭合流域，控制断面天然年径流量等于控制断面实测径流量加上控制断面以上各项还原水量，还原水量主要包括农业灌溉耗损量、工业耗损量、城镇生活耗损量、水库闸坝库区水面蒸发增损量、水库闸坝渗漏量、水库闸坝蓄变量、跨流域引入引出量、河道分洪决口水量等8项。

除香港、澳门特别行政区外，其余珠三角9市具有丰富翔实的径流资料，因此本章仅对香港、澳门特别行政区水资源量进行估算。

4.1.1.1 香港、澳门特别行政区地表水资源量估算

香港、澳门无水文站，径流监测资料十分缺乏，对特区地表水资源量借用自然地理特性相似的深圳、珠海的降水－径流关系，由降水推求径流量。

香港降水资料由香港天文台提供，收集到的资料为雨量站香港天文台站 1884—1939 年、1947—2016 年的逐月实测雨量，通过选取香港天文台站邻近的雨量站点，进行相关性分析并选择相关性较好的站点数据进行香港天文台站 1940—1946 年缺测数据的插补，插补后香港天文台站 1956—2016 年多年平均降水量为 2 319.8 mm，再根据深圳地区点面降水换算关系，计算香港面降水量为 2 143.6 mm，计算面积为 1 106.66 km^2。

澳门降水资料由澳门地球物理暨气象局提供，收集到的资料为雨量站獴秖站 1952—2016 年的逐月实测雨量，经计算獴秖站 1956—2016 年多年平均降水量为 1 980.6 mm，由于澳门计算面积较小，仅 32.9 km^2，故以獴秖站降水量为澳门特别行政区的面降水量，为 1 980.6 mm。

地表水资源量计算香港采用深圳地区降水 – 径流关系计算，澳门采用珠海降水 – 径流关系计算，计算结果如表 4.1–1 所示。

表 4.1–1　香港、澳门地表水资源量计算结果

行政区	计算面积 / km^2	年降水量		天然年径流量		径流系数
		mm	万 m^3	mm	万 m^3	
深圳市	1 864	1 925.4	358 892	1 115.2	207 866	0.58
香港	1 106.66	2 143.6	237 225	1 215.1	134 467	0.57
珠海市	1 365	2 020.0	275 725	1 272.9	173 755	0.63
澳门	32.9	1 980.6	6 516	1 252.9	4 122	0.63

因此，估算的香港多年平均地表水资源量为 13.4 亿 m^3，澳门为 0.4 亿 m^3。《珠江片水中长期供求计划》计算香港地表水资源量为 13.6 亿 m^3，资料统计年限是 1961—1990 年，与本次计算地表水资源为 13.4 亿 m^3 较为接近，是比较合理的。

4.1.1.2　大湾区地表水资源量

粤港澳大湾区包括广东省 9 市和香港、澳门特别行政区，通过径流量还原后，计算的大湾区多年平均地表水资源量为 587.5 亿 m^3（1956—2016 年系列）。

从表 4.1–2 中可以看出，地表水资源量最多的为肇庆市，占比为 25.24%；最少的为澳门特别行政区，占比仅为 0.07%。

表 4.1–2　大湾区各行政区地表水资源量统计

行政区	径流量 / 亿 m^3	占比 /%
广州市	75.0	12.77
深圳市	20.8	3.54
珠海市	17.4	2.96
佛山市	28.6	4.87

续表 4.1-2

行政区	径流量 / 亿 m^3	占比 /%
惠州市	123.6	21.04
东莞市	22.8	3.88
中山市	17.2	2.93
江门市	120.0	20.43
肇庆市	148.3	25.24
香港特别行政区	13.4	2.28
澳门特别行政区	0.4	0.07
合计	587.5	100

4.1.2　地下水资源量

地下水是指赋存于地面以下饱水带岩土空隙中的重力水。本次评价的地下水资源量是指与当地降水和地表水体有直接水力联系、参与水循环且可以逐年更新的动态水量，即浅层地下水资源量。

香港、澳门都属于山丘区，且本地无水文站，径流监测资料十分缺乏，对地下水资源量进行估算。估算方法采用本次地表水资源量 2001—2016 年的多年平均径流量计算成果和第二次水资源调查评价的基径比进行计算。地下水资源量计算成果见表 4.1-3。

表 4.1-3　香港、澳门地下水资源量计算成果

行政分区	计算面积 / km^2	2001—2016 年多年平均径流量 / 万 m^3	基径比	地下水资源量 / 万 m^3
香港	1 106.66	129 206.0	0.233	30 078.9
澳门	32.9	3 975.0	0.163	648.6

粤港澳大湾区多年平均地下水资源量为 136.46 亿 m^3（2001—2016 年系列），见表 4.1-4。

表 4.1-4　大湾区各行政区地下水资源量统计

行政区	地下水资源量 / 亿 m^3	占比 /%
广州市	14.2	10.41
深圳市	4.1	3.00
珠海市	2.2	1.61

续表 4.1–4

行政区	地下水资源量 / 亿 m^3	占比 /%
佛山市	6.8	4.98
惠州市	30.5	22.35
东莞市	5.4	3.96
中山市	2.8	2.05
江门市	22.2	16.27
肇庆市	45.2	33.12
香港特别行政区	3	2.20
澳门特别行政区	0.06	0.04
合计	136.46	100

从表 4.1–4 中看出，地表水资源量最多的为肇庆市，占比为 33.12%；最少的为澳门特别行政区，占比仅为 0.04%。

4.1.3　水资源总量

水资源是一种随时间、空间变化的动态资源，水资源总量是降水直接补给所产生的地表水资源量与地下水资源量之和。因地表水资源与地下水资源是分别进行评价的，把河川径流量包括河川基流量作为地表水资源量，把降水入渗补给量作为地下水资源量，但河川径流中的基流部分是由地下水补给的，地下水补给量中有一部分来源于地表水入渗，两者相互联系且部分水量相互转化而产生重复计算量，因此水资源总量不能简单地将两者相加，必须扣除两者的重复计算量。

水资源总量的计算公式为

$$W = R_s + P_r = R + P_r + R_g \tag{4.1-1}$$

式中：W 为多年平均水资源总量；R_s 为地表径流量，即河川径流量与河川基流量之差；P_r 为降水入渗补给量，山丘区用地下水总排泄量代替；R 为河川径流量，即地表水资源量；R_g 为河川基流量，平原区为降水入渗补给量形成的河道排泄量。

（1）山丘区。

当计算单元区全为山丘区没有平原区时，地表水资源量为该计算单元区的河川径流量 R，地下水资源量为河川基流量，而河川基流量已全部归于河川径流量内，不重复计算量（P_r–R_b）为 0，此时的 W=R，即计算单元区为山丘区时，水资源总量为河川径流量。

（2）平原区。

南方平原区水资源总量采用河川径流量加不重复量的方法，按下式计算水资源总量。

$$W_{总} = R + Q_{不重复} \tag{4.1-2}$$

$$Q_{不重复} \approx (E_{旱} + Q_{采耗}) \times (P_{r旱} / Q_{旱总补}) \tag{4.1-3}$$

式中：$Q_{不重复}$为地下水资源与地表水资源的不重复量；$E_{旱}$为旱地和水田旱作期的潜水蒸发量；$Q_{采耗}$为浅层地下水开采净消耗量；$P_{r旱}$为旱地和水田旱作期的降水入渗补给量；$Q_{旱总补}$为旱地和水田旱作期的总补给量，即降水量与灌溉入渗补给量之和。

经计算，大湾区水资源总量为 587.5 亿 m^3，主要是由地表水资源量构成，地表水资源量占水资源总量的 99 % 以上。

大湾区内产水模数差别较大，从表 4.1–5 可以看出，最大为珠海市 130.4 万 m^3/km^2，其次是江门市 128.4 万 m^3/km^2，最小为佛山市 77.9 万 m^3/km^2。

表 4.1–5　大湾区各行政区水资源总量统计（1956—2016 年）

行政区	计算面积 / km^2	水资源总量 / 亿 m^3	占比 /%	产水模数 /（万 m^3/km^2）
广州市	7 222	75.9	12.92	105.1
深圳市	1 864	21.3	3.63	114.3
珠海市	1 365	17.8	3.03	130.4
佛山市	3 813	29.7	5.06	77.9
惠州市	11 173	123.7	21.06	110.7
东莞市	2 465	23.2	3.95	94.1
中山市	1 680	17.8	3.03	106.0
江门市	9 372	120.3	20.48	128.4
肇庆市	14 857	144	24.51	96.9
香港特别行政区	1 106.66	13.4	2.28	121.1
澳门特别行政区	32.9	0.4	0.07	121.6
合计	54 950.56	587.5	100	106.9

大湾区水资源总量年际变化并无明显规律，从图 4.1–1 和表 4.1–6 可以看出，水资源总量最大年份为 1973 年，为 829.1 亿 m^3，比多年平均值增加 41.1%。水资源总量最小年份为 1963 年，为 322.7 亿 m^3，比多年平均值减少 45.1%。表 4.1–6 为大湾区最大 3 年及最小 3 年的水资源总量与多年平均值增减比较表。

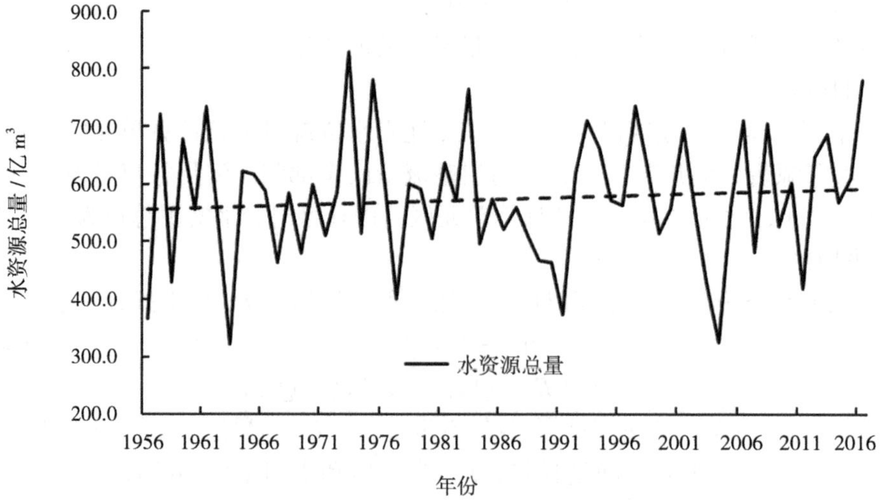

图 4.1–1　大湾区水资源总量过程线

表 4.1-6　水资源总量与多年平均值增减比较

区域	大湾区		
	年份	总量 / 亿 m^3	增减 / %
最大年份	1973	829.1	41.1
	1975	780.2	32.8
	2016	779.8	32.7
最小年份	1963	322.7	–45.1
	2004	325.3	–44.6
	1956	366.7	–37.6
多年均值	1956—2016 年	587.5	

大湾区在 61 年的时间里，水资源总量呈丰、枯交替变化，如图 4.1–2 所示。20 世纪 70 年代、90 年代末以及 21 世纪 10 年代为丰水段，其他年代平均值低于多年平均值，为枯水段。从系列值的变化趋势看，近期大湾区处于丰水段。

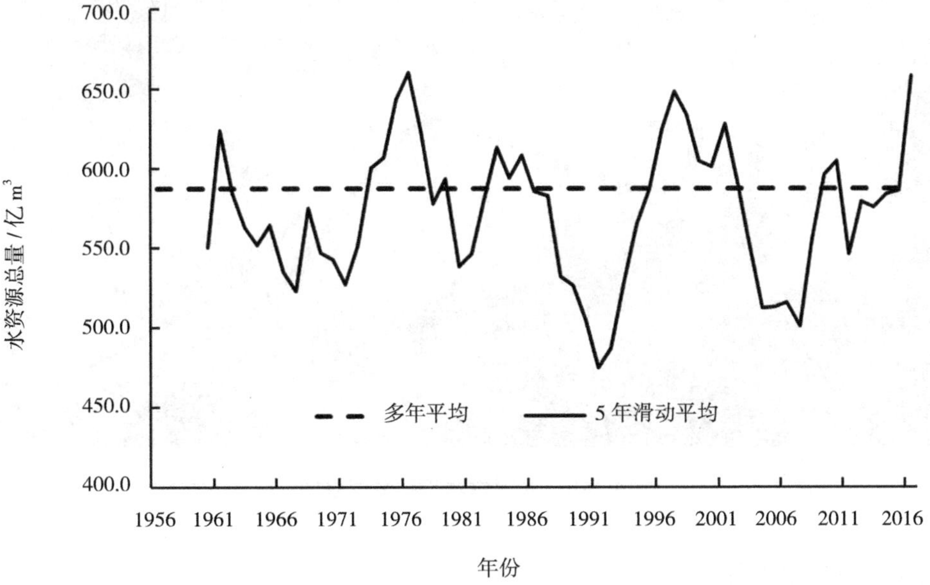

图 4.1–2　大湾区水资源总量 5 年滑动平均曲线

从前面分析看，香港、澳门特别行政区属亚热带海洋性气候，降水量比较丰沛，因缺少水利工程及湖泊调蓄地表径流，大部分地表径流直接入海，淡水资源短缺，需要由大陆供给，目前已经实施的代表性工程是东深供水工程和对澳供水工程。

（1）东深供水工程。

在香港，曾有这样一首歌谣："月光光，照香港，山塘无水地无粮。阿姐担水去，阿妈上佛堂，唔知几时没水荒……"这是50多年前香港缺水的真实写照。三面环海的香港，淡水奇缺，水荒频现。历史上，香港淡水来源主要靠本地雨水，基本无法满足用水需求，旱灾、水荒几乎年年出现。特别是 1963 年，香港发生历史罕见水荒，最严重时每 4 天供水 1 次，找水、挑水成为香港市民迫切需要解决的问题。1963 年 12 月，周恩来总理来到广州，听取广东省领导汇报的从东江引流入港的方案和面临的诸多困难后，当即作出指示："要不惜一切代价保证香港同胞渡过难关！"同时，嘱咐要落实好工程立项、审批、投资拨款及物资设备支援等问题。1964 年 2 月 20 日，致力于解决香港同胞饮水困难而兴建的东深供水工程正式动工。来自珠三角地区的上万名建设者，带着"要高山低头，令河水倒流"的豪情壮志，遇山建隧、平地搭渠，克服机械设备落后和 5 次强台风自然灾害等重重困难，仅用 1 年时间，完成 83 km 宏大工程，将东江水从海拔 2 m 提升至 46 m，完成了难以想象的艰巨任务。1965 年 3 月 1 日，来自祖国清甜甘冽的东江水，翻山越岭、一路高歌一路欢，流进香港千家万户，解决了香港民众的饮用水困境，托起了香港生命之源。图 4.1–3 为东深供水工程配套泵站之一金湖泵站。

图 4.1–3　东深供水工程金湖泵站

（2）对澳供水工程。

1960 年 3 月，位于珠海湾仔的竹仙洞水库建成投入使用，同年 7 月，湾仔银坑水库竣工，随着放水闸门启动，清冽冽的淡水输送到了澳门的千家万户，珠海对澳门供水的历史由此拉开序幕。图 4.1–4 为保障澳门供水的水库工程竹银水库，图 4.1–5 为保障澳门供水磨刀门水道上的取水泵站工程。

图 4.1-4　竹银水库

图 4.1-5　珠海广昌泵站

1980 年，珠海经济特区成立。1984 年，珠海经济特区对澳门供水公司成立。翌年，该公司与澳门自来水股份有限公司签订《珠海对澳门供水工程协议书》，开启了珠澳两地水利工程设施合作共建的历史。为了保证澳门用水，珠海陆续扩建了南屏水库、大镜山水库，完成了珠海南北库群的联通，初步形成了“江库联通、库库联通”的大格局。

每年冬春季节珠江三角洲地区咸潮频发，特别是 2004 年冬天发生的咸潮是历年来最严重的一次，应对“咸潮危机”超出了珠海能力范畴。为保障珠海、澳门供水安全，珠江委在正式接受调水任务后，经过半年的研究和协调准备，决定从西江上游的天生桥一级水库调水压退咸潮。自 2005 年初千里应急调水压咸首次实施以来，珠江委已连续 19 年成功实施了枯水期水量调度，压制咸潮，保障了澳门供水安全。

枯水期水量调度成功实施离不开上游水库群，其中重要的一处即为大藤峡水利枢纽，图 4.1-6 为大藤峡水利枢纽俯瞰图。大藤峡水利枢纽工程是国务院批准的《珠江流域综合利用规划》《珠江流域防洪规划》确定的流域防洪控制性工程，是《保障澳门珠海供水安全专项规划》确定的流域水资源配置骨干工程，是广西建设西江亿吨黄金水道的关键节点，也是国务院批复的《红水河综合利用规划》确定的十个水电梯级开发的最后一级。工程坝址位于珠江流域西江水系黔江河段的大藤峡出口处，控制流域面积 19.86 万 km^2，占西江流域面积的 56.2%，控制水资源量 1 309 亿 m^3，占西江水资源量的 56%，控制洪水量占梧州站洪量的 65%。作为国家 172 项重大水利工程的标志性项目，工程建成后，将成为流域防洪安全的重要保障、实施国家水网重大工程的重要结点、粤港澳大湾区水安全的重要屏障、珠江黄金水道的重要中枢、区域电力安全的重要支撑、地方乡村振兴的重要水源。工程于 2014 年 11 月正式开工建设，2023 年 9 月，大藤峡工程主体较国家批复的建设工期提前 4 个月完工，使粤港澳大湾区约 7 000 万人的用水安全更有保障。2005 年至今，我国持续实施珠江压咸补淡应急调水，使澳门不再受到咸潮的困扰。大藤峡工程投入运行后，应急调水到澳门的时间由原来的 10 d 缩短至 3 d。

图 4.1-6　大藤峡水利枢纽

4.1.4　粤港澳大湾区水资源形势

4.1.4.1　粤港澳大湾区本地自产水量少、东部城市水资源承载能力有待提高

粤港澳大湾区本地多年平均水资源总量 587.5 亿 m^3，西江、北江和东江入境水量约 2 821 亿 m^3（详见 4.2 节）。人均当地水资源量仅 681 m^3（2022 年末人口数 8 631.73 万人），约为全国平均水平的 1/4。

从空间分布看，大湾区东部、西部水资源禀赋条件与经济社会发展布局不相匹配。东部的香港、广州、深圳、东莞、惠州等城市的人口占大湾区总人口的 61%，供水水源主要为东江，东江流域担负着香港、广州、深圳、东莞、河源等多地供水任务，供水人口近 4 000 万人，人均水资源占有量仅为西江的 8.5%，相应单位 GDP（水资源占有量与 GDP 的比值）不足西江的 2%。大湾区这种区域经济、人口重心在东部，而水资源重心主要分布在西部的结构，导致区域开发利用不均衡，水资源配置格局不合理，广州、深圳、香港等城市水资源供需矛盾突出。从时间分配看，大湾区汛期来水量占全年的 3/4，本地调蓄能力不足，引提水工程供水量占 79%，汛期洪水难以利用。

4.1.4.2　大湾区水资源质量总体趋势向好，但仍有较大风险

2000 年以来，随着水环境治理的大力推进，大湾区河流水质呈改善趋势，劣 V 类水质河长比例下降了 22 个百分点，但大湾区平原河网感潮段水动力条件较弱，与外江水体交换能力不强，易造成污染物回荡，水体自净能力较差。广东省 72% 的废污水排放集中在珠三角 9 市，其污径比高达 66.4%，导致东莞、深圳、广州等城市劣于Ⅳ类水质河长比例仍较高，大湾区水质污染仍面临较大风险。另外，受沿海地区铁的天然高背景值等影响，大湾区集中式饮用水水源地水质合格率不高，其中 2019 年国家重要水源地合格率仅为 67%。

4.1.4.3　用水结构发生变化，城镇生活用水量持续攀升，亟待提高区域供水安全保障和抗风险能力

2010—2019 年大湾区涉及广东省 9 个市级行政区的用水总量变化不大，特别是近 5 年用水总量稳定控制在 220 亿 m^3 上下，但用水结构有所变化，农业用水量占比变化不大，工业用水量占比降低 10%，城镇生活用水量持续攀升，由 51 亿 m^3 增加至 64 亿 m^3，对供水安全、供水水质提出更高要求。相对于珠三角 9 市，香港和澳门产业结构和万元 GDP 用水量变幅较小，但产业结构、用水效率整体上仍优于珠三角 9 市。大湾区现状供水以河道取水为主，占供水总量的 70%，供水安全受河口咸潮上溯、水污染等风险影响大。

在上游来沙量锐减和人类活动持续影响的情况下，大湾区河网主干河道河床延续下切的态势难以短时扭转，咸潮上溯仍面临进一步加剧的风险。加之全球气候变化影响，珠江河口潮动力整体呈增大趋势，咸潮影响范围将进一步扩大，咸潮上溯距离与各主要取水口的超标历时均呈增加态势，河口区重要取水口取淡概率较 2010 年以前平均下降 10%。

4.1.4.4　人类活动加剧，局部水生态损害问题突出

大湾区人口密度大，人类活动挤占河湖水域岸线空间，局部水生生境遭受侵占和破坏，部分河道生态基流得不到保障；大湾区大规模建设堤围、水闸，致使水生生物的正常能量交换和流动遭到了阻断，生态系统中的物质循环和能量流动受到了影响；水库富营养化时有发生，2018 年，广州、珠海、佛山、江门等地的 12 座水库发生了蓝藻水华。大湾区营养盐污染严重，2017 年发生赤潮 5 次，累计面积达 91.2 km^2，其中深圳和惠州是赤潮多发区。

4.2　上游来水情况变化分析

上游来水情况以西江、北江、东江控制断面进行分析，其中，西江控制断面为高要站，北江控制断面为石角站，东江控制断面为博罗站。

4.2.1　上游来水量

4.2.1.1　河流简介

1. 西江

西江为珠江的主干流，发源于云南省曲靖市沾益县境内的马雄山，从上游往下游分为南盘江、红水河、黔江、浔江及西江等段，主要支流有北盘江、柳江、郁江、桂江及贺江等。自西向东流经云南、贵州、广西、广东四省（自治区），支流涉及湖南省，干流全长 2 075 km，流域总面积 35.31 万 km^2，境内 34.05 万 km^2，其中云南、贵州、广西、广东及湖南分别占 17.2%、17.7%、59.4%、5.3%、0.4%。流域水系见图 4.2–1。

西江上游南盘江位于云贵高原和高原斜坡区，主要地层为古生界和中生界三叠系，碳酸盐岩占本区面积的 57.5%，岩溶发育，形成古溶原—峰丘和溶洼—丘峰。红水河和黔江位于高原斜坡和中低山丘陵盆地区，地层以石炭系、二叠系和三叠系出露最广，碳酸盐岩占该区面积的 61.1%。浔江、西江位于低山丘陵盆地区，广泛出露下古界碎屑岩，

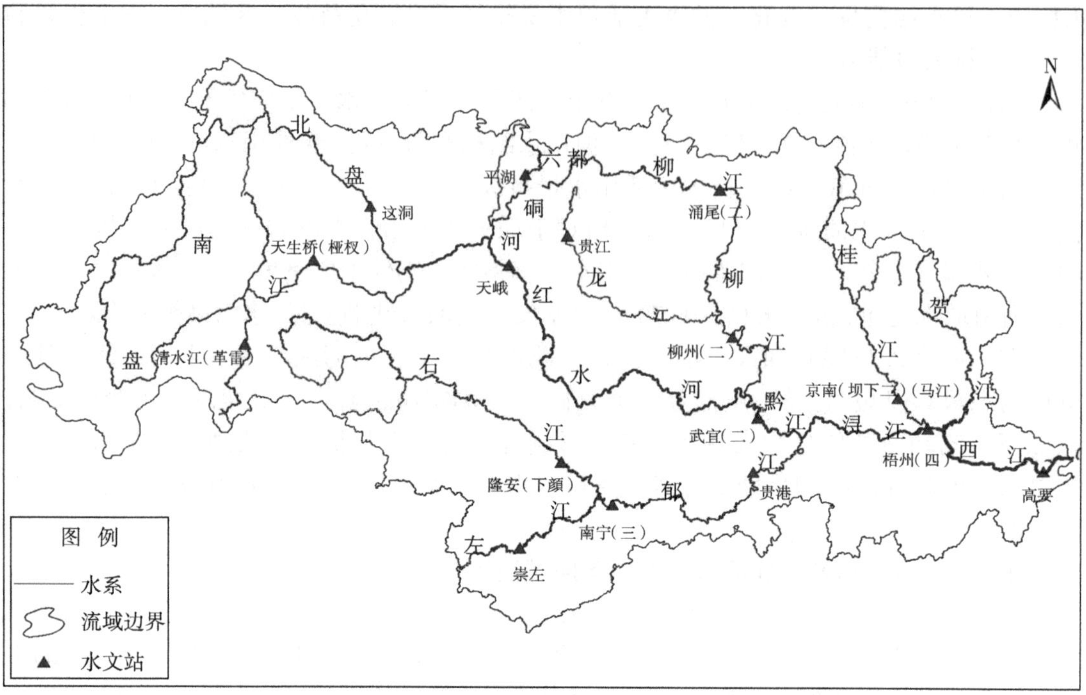

图 4.2-1 西江流域水系

碳酸盐岩仅占 15.1%。中生界、新生界红层分布于山间盆地，燕山期花岗岩以岩基状产出。西江下游河床冲积层较厚，达 30 ~ 40 m。西江流域上游云南通海、玉溪、石屏、宜良地区，中游广西横县及灵山以南一带地震活动剧烈，地震动峰值加速度为 0.10*g* ~ 0.40*g*，相应地震基本烈度为Ⅶ ~ Ⅹ度；其余地区地震动峰值加速度为 0.05*g* 或 $<$ 0.05*g*，相应地震基本烈度为Ⅵ度或低于Ⅵ度。

西江流域地处热带、亚热带季风气候区，气候温和，雨量丰沛。影响本地降水的天气系统主要有锋面、热带辐合带、低涡切变、热带气旋等。气候总特点是年内春雨连绵，雨日较多；夏季温高湿热，暴雨集中；秋季台风入侵频繁；冬季雨量稀少，严寒天气不多；四季气候变化明显。西北部珠江源地处云贵高原，气候复杂而多变，“一山分四季，十里不同天”的气候现象极为突出。

西江流域地处我国南部，北回归线横贯流域中部偏南地区，受东南季风和西南季风影响，总体上属亚热带气候。总的气候特点可概括为：冬无严寒，夏少酷暑，春夏多雨，秋冬干旱。由于降水主要集中于汛期，形成流域汛期洪水峰高、量大，枯期流量相对较小的特点。

西江流域的水汽来自南海、西太平洋及孟加拉湾，降水以锋面雨和台风雨为主，年平均降水量约 1 382 mm。降水量的地区分布呈自东向西递减的趋势，山地多于平原，迎风面多于背风坡及河谷、盆地。流域内各地降水量随季节而变化，年内分配极不均匀，年降水量的 75% ~ 85% 集中于湿季，集中程度自上游向下游递减，出现时间上游迟于下游。流域降水量的年际变化不大，单站年降水量的变差系数 C_v 值多在 0.15~0.20，少数站达到 0.22。C_v 值的分布东部大于西部。

西江流域多年平均水面蒸发量为 900~1 400 mm（E601 蒸发器），蒸发量在地区分布上总体趋势是：东南部近海纬度稍低的地区，蒸发量高于西北部的山区；横向上则西部高，中部低，东部又高。蒸发量的年内变化，夏季蒸发量大，冬季蒸发量小。在干湿季节分明的西部云贵高原地区，最大月蒸发量出现在春末夏初，4 月或 5 月蒸发量最大，一般为 150~300 mm，11 月或 12 月最小，一般为 50~100 mm。两广丘陵地区 7 月的平均月蒸发量最大，为 150~200 mm，2 月的平均月蒸发量最小，为 60~90 mm。

西江流域径流年内年际变化很大，汛期 4—9 月径流量约占年径流量的 80%，6—8 月 3 个月径流量则占年径流量的 50% 以上；年径流变差系数为 0.22~0.42。径流的地区分布与降水的空间分布基本一致。流域洪水灾害范围广、灾害损失严重，珠江区近 80% 的洪水灾害是由西江洪水造成的。

2. 北江

北江是珠江流域第二大水系，流域总面积 4.7 万 km^2，其中广东省 4.32 万 km^2，占总面积的 92%；湖南省 3 685 km^2，占总面积的 7.84%；江西省 38 km^2，占总面积的 0.08%；广西区 37 km^2，占 0.08%。北江发源于江西省信丰县油山小茅山，上游称浈江，流经广东省南雄、始兴、曲江等县（市），至广东省韶关市与武水汇合后始称北江，向下纳左岸支流滃江、潖江，右岸支流南水、连江，出飞来峡后再纳滨江、绥江，在三水思贤滘与西江沟通。思贤滘以上河道全长 475 km，流域面积 4.7 万 km^2，总落差 305 m，河道平均比降为 0.26‰。源头至韶关市为流域上游，河长 212 km，集水面积 7 554 km^2，占流域面积的 14.5%，河道平均坡降 0.59‰，上游于高山峻岭之间，集流快，降水损失少，有“滴水归谷”之称。南流至清远市飞来峡白庙，为北江中游，河长 173 km，河道平均比降 0.25‰，此段坡降平缓，河床沿程一般随水量的加入而增宽，但局部河段受峡谷影响变小。白庙以下为北江下游，南流至思贤滘，与西江相通，河道平均坡降 0.26‰。流域内集雨面积超过 1 000 km^2 的河流有墨江、锦江、武水、南水、滃江、连江、潖江、滨江、绥江共 9 条一级支流，其中锦江、武水、绥江为跨省河流。流域水系见图 4.2–2。

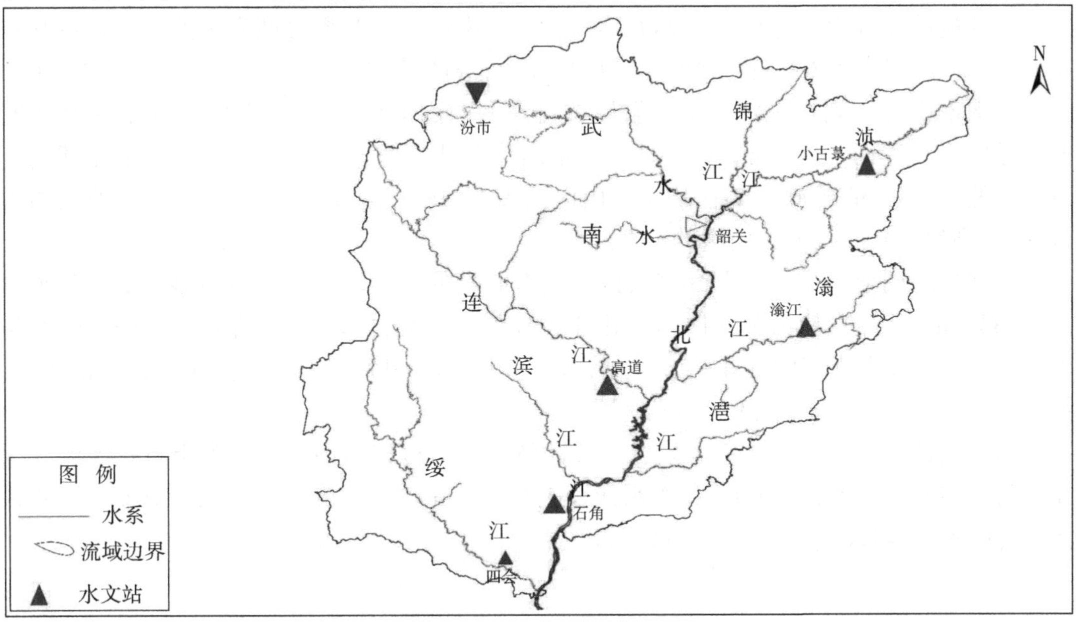

图 4.2–2　北江流域水系

北江流域整体呈扇形，周围大山环亘，北有南岭与长江分界，东有九连山、滑石山、瑶岭与东江分界，西有与湘桂交界的萌渚岭与西江分界，并连二托山、大罗山接向东翼山脉。分水岭最高点是南岭的画眉山，海拔 1 673 m，流域内最高点为中西部大东山，主峰海拔 1 929 m。北江流域地形总体北高南低，全流域山地丘陵多，平原较少，中游河段比较顺直，其间有香炉峡、大庙峡、盲仔峡和飞来峡 4 个峡谷，出飞来峡后逐渐平坦，最后与珠江三角洲相接。地面高程在 500 m 以上的山区占 20%，50~500 m 的丘陵占 70%，50 m 以下的平川约占 10%。

北江流域属亚热带季风型气候，季风影响显著。阳光充足，热量丰富，多年平均日照时数约 1 700 h，北部连山日照时数最少，全年不足 1 500 h。流域多年平均气温 19~21 ℃，最高 38~42 ℃，最低 −7 ~ −3 ℃。大气环流随季节变化，夏半年盛吹东南风和偏南风，冬半年常为北风和偏北风，多年平均风速 1~2 m/s。四季的主要特点是：春季阴雨，雨日较多；夏季高温湿热，水汽含量大，暴雨集中；秋季常有热雷雨和台风雨；冬季低温，雨量稀少，北部有短期冰雪，高山地带有积雪和冰凌出现，南部则极罕见。北部霜期 2 个月左右，以连山最长，达 75 d，其他区域 30 d 左右。平均霜日北部约 15 d，其他区域 10 d 左右。北江流域多年平均降水量为 1 785.8 mm，年均蒸发量为 916 mm。

3. 东江

东江流域位于珠江三角洲的东北端，南临南海并毗邻香港，西南部紧靠华南最大的经济中心广州市，西北部与粤北山区韶关和清远两市相接，东部与粤东梅汕地区为邻，北部与赣南地区的安远市相接，地理坐标为东经 113° 52′，北纬 25° 14′。东江流域（石龙以上）广东省境内涉及河源市、惠州市、东莞市、深圳市、韶关市和梅州市，江西省境内涉及赣州市。东江流域（石龙以上）流域面积 27 239 km^2，其中，江西省面积 3 524 km^2，占全流域面积的 12.9%；广东省面积 23 715 km^2，占东江总面积的 87.1%。流域水系见图 4.2–3。

东江流域北部山区最广，统称九连山脉，其南端一段为粤赣两省天然边界，主峰在连平县东，高程约 1 300 m，此外连平县东南尚有科罗笔山与复船山，高程均在 1 000 m 以上。南部山脉分列在东江两岸，右岸有自河源西南的桂山（高程约 1 256 m）至博罗的罗浮山（高程约 1 280 m）成一长列，走向为西北至东南。东江流域地势东北部高，西南部低。高程 50~500 m 的丘陵及低山区约占 78.1%，高程 50 m 以下的平原地区约占 14.4%。高程 500 m 以上的山区约占 7.5%。

东江流域属亚热带季风湿润气候区，具有明显的干湿季节，流域内多年平均降水量为 1 734.7 mm，蒸发量为 999.1 mm。由于季风气候影响，东江流域存在明显的多雨期与少雨期，多雨期大都集中在 4—9 月（汛期）、少雨期一般为 10 月至翌年 3 月（枯期），汛期降水量一般占全年的 71% ~ 84%。

东江是珠江的第三大水系，发源于江西省寻乌县桠髻钵山，至东莞市石龙镇汇入珠江三角洲网河区，全长 520 km，集水面积 2.70 万 km^2。主要支流有俐江、新丰江、秋香江、公庄水、西枝江、石马河、沙河等。

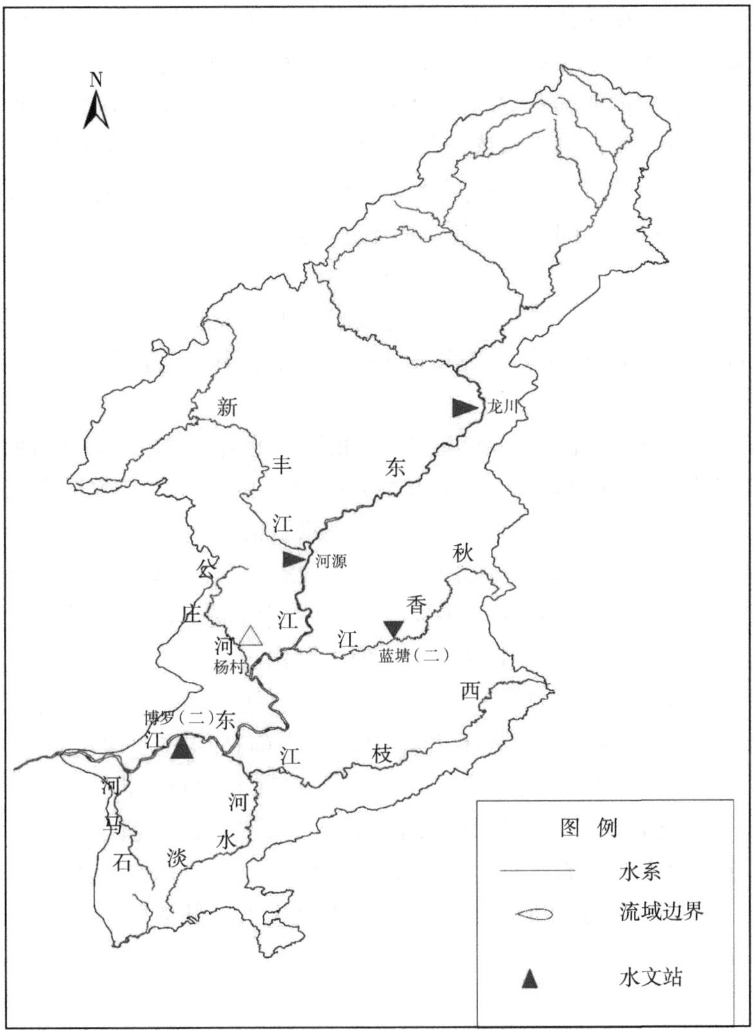

图 4.2–3　东江流域水系

4.2.1.2　径流量

1. 西江

西江 1956—2016 年多年平均年地表水资源量 2 298.4 亿 m^3，折合径流深 675.1 mm，最大年地表水资源量 3 336.1 亿 m^3（出现年份 1994 年），最小年地表水资源量 1 250.3 亿 m^3（出现年份 1963 年）。

通过 1956—2016 年径流量的频率计算，西江丰水年（P=20%）的地表水资源量为 2 637.4 亿 m^3，较平均水平多 14.7%；偏枯年（P=75%）的地表水资源量为 2 007.5 亿 m^3，较平均水平减少 12.7%；枯水年（P=90%）的地表水资源量为 1 786.7 亿 m^3，较平均水平减少 22.3%；极旱年（P=95%）的地表水资源量为 1 662.8 亿 m^3，较平均水平减少 27.7%。

从径流深空间变化看，径流深总体上呈现东西差异大、自东向西逐渐递减的特点。西江流域小于多年平均年径流深的有南北盘江区、红水河区、郁江区、黔浔江及西江（梧州以下）区，主要分布在珠江区西部，位于上游的南盘江流域年径流深为 405.6 mm，而桂江、贺江流域分别为 1 072.8 mm、1 017.9 mm，径流深相差超过 2 倍。受区内局部山脉阻隔，区内形成了特征明显的径流深高低值区，其中，桂北高区位于桂林、融水、三江之间，其中一个中心在青狮潭水库上游，多年平均年径流深最大为 1 800 mm，另一个中心在贝江中游，多年平均年径流深最大为 1 800 mm；西江中下游河谷低区位于贵港、桂平、梧州、云安、罗定之间，多年平均径流深为 600 mm。

2. 北江

北江 1956—2016 年多年平均年地表水资源量 515.7 亿 m^3，折合径流深 1 097.3 mm，最大年地表水资源量 874.2 亿 m^3（出现年份 1973 年），最小年地表水资源量 225.8 亿 m^3（出现年份 1963 年）。

通过 1956—2016 年径流量的频率计算，北江丰水年（P=20%）的地表水资源量为 619.9 亿 m^3，较平均水平多 20.2%；偏枯年（P=75%）的地表水资源量为 423.9 亿 m^3，较平均水平减少 17.8%；枯水年（P=90%）的地表水资源量为 358.9 亿 m^3，较平均水平减少 30.4%；极旱年（P=95%）的地表水资源量为 323.5 亿 m^3，较平均水平减少 37.3%。

流域内地形复杂，山区、丘陵、平原交错，水资源受地形、季风等影响较大，空间分布不均，地区之间差异较大。在清远、连山、阳山、乳源、滃源、佛岗、河源一带，由于西南暖湿气流通过开阔的珠江三角洲平原推进，进入带状地形，受到清远清新一带大罗山、笔架山、九连山的阻挡和抬升作用，在山前逆风坡形成清远、珠坑、横石一带径流深的高区，多年平均径流深约 1 600 mm；水汽继续向北推进，再受海拔 1 902 m 的石坑崆等山地阻挡形成连山、阳山、乳源的二级迎风坡次高区，多年平均径流深约 1 500 mm。而在粤北南雄坪石地区，范围包括南雄、始兴、乐昌、连县一带，由于该盆地南有石坑崆，北有五界山等屏障阻挡，水汽难以进入，低值区中心乐昌赤溪站多年平均径流深 787 mm。

3. 东江

东江 1956—2016 年多年平均年地表水资源量 272.7 亿 m^3，折合径流深 1 001.0 mm，最大年地表水资源量 465.0 亿 m^3（出现年份 1983 年），最小年地表水资源量 73.0 亿 m^3（出现年份 1963 年）。

通过 1956—2016 年径流量的频率计算，重点流域东江丰水年（P=20%）的地表水资源量为 338.1 亿 m^3，较平均水平多 24.0%；偏枯年（P=75%）的地表水资源量为 214.0 亿 m^3，较平均水平减少 21.5%；枯水年（P=90%）的地表水资源量为 174.5 亿 m^3，较平均水平减少 36.0%；极旱年（P=95%）的地表水资源量为 153.4 亿 m^3，较平均水平减少 43.7%。

东江流域多年平均年径流深等值线大部分在 800~1 800 mm。从多年平均年径流深等值线图上可以看出，流域内多年平均年径流深在 1 000 mm 以上的高值区为增江上游（多年平均年径流深为 1 000~1 800 mm）：龙门、新丰、博罗一带，最大年平均径流深为 1 600 mm。流域多年平均年径流深 800 mm 以下低值区位于东江流域上游寻乌水和定南水汇入口，和平县和龙川县北部一带。

地表水资源量计算成果详见表 4.2–1 和表 4.2–2。

表 4.2-1　流域地表水资源量统计

流域	平均年径流量 / 亿 m³	平均年径流深 / mm	最大年径流量 / 亿 m³	出现年份	最小年径流量 / 亿 m³	出现年份
西江	2 298.4	675.1	3 336.1	1994	1 250.3	1963
北江	515.7	1 097.3	874.2	1973	225.8	1963
东江	272.7	1 001.0	465.0	1983	73.0	1963

表 4.2-2　流域年径流量特征值

流域	统计年限	年均值 / 亿 m³	不同频率年地表水资源量 / 亿 m³				
			20%	50%	75%	90%	95%
西江	1956—2016 年	2 298.4	2 637.4	2 273.6	2 007.5	1 786.7	1 662.8
	1956—2000 年	2 306.7	2 665.2	2 279.0	1 998.0	1 765.9	1 636.2
	1980—2016 年	2 305.6	2 663.9	2 277.9	1 997.0	1 765.0	1 635.4
北江	1956—2016 年	515.7	619.9	505.0	423.9	358.9	323.5
	1956—2000 年	510.2	621.0	497.8	411.8	343.5	306.6
	1980—2016 年	524.7	614.5	517.0	446.8	389.4	357.5
东江	1956—2016 年	272.7	338.1	264.5	214.0	174.5	153.4
	1956—2000 年	273.8	339.4	265.6	214.8	175.2	154.1
	1980—2016 年	275.6	337.6	268.4	220.4	182.5	162.1

从上述三大流域径流量分析看，西江流域水资源量最丰沛，是北江与东江水资源量之和的近 3 倍，因此西江流域是下游珠江三角洲水量的主要来源。

以西江高要站、北江石角站、东江博罗（二）站长系列径流资料（1956—2016 年系列）统计，进入珠江三角洲的多年平均年径流量为 2 821 亿 m³，高要、石角、博罗（二）各站分别占 77.0%、14.8%、8.2%，表明珠江三角洲来水量主要来源于西江；高要、石角、博罗（二）各站径流深分别为 618 mm、1 086 mm、913 mm，则表明单位面积产水量以北江最高，东江其次，西江最少。

高要、石角、博罗（二）各站多年平均年径流量见表 4.2-3、图 4.2-4。

表 4.2-3　进入珠江三角洲多年平均水量情况

河流	水文站	面积 / 万 km²	年径流量		径流深 / mm
			多年平均 / m³	比重 /%	
西江	高要	35.15	2 173	77.0	618
北江	石角	3.84	417.1	14.8	1 086
东江	博罗（二）	2.53	231	8.2	913
小计		41.52	2 821.1	100	679

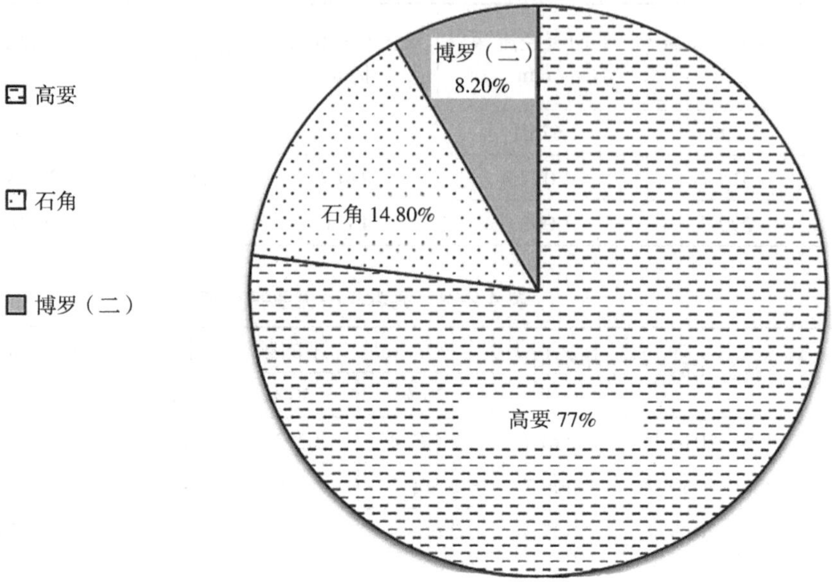

图 4.2-4　水量占比

4.2.2　上游来水时间变化

径流量时间变化分析方法主要包括水文时间序列分析，这是一种结合水文现象的性质与特点，对水文时间序列进行统计分析和推断的技术。其目的是识别控制该序列随时间变化的机制。水文时间序列是指某种水文特征值随时间而变的一系列观测值，可以是在离散点上的观测值，也可以是时段上的平均值，或是在时间上连续观测的记录经离散化而得的数值。这些序列常具有自相关性，因为水文气象现象以年为周期，故将月径流时间序列移动 12 个月（称时移 12 个月）与本序列相关，会得到自相关系数较大的结果，即相关程度较为密切。对于两个不同的水文时间序列，可以分析它们在不同时移时的互相关性，例如年降水量与年径流时间序列之间的关系可用互相关的方法进行研究。

一般水文系列在应用时常将其时序打乱，如按水文值的大小顺序排列。水文系列常用于频率计算，系列间认为是独立的。影响因素包括天文、气象、地理和人类活动，使得水文现象的变化十分复杂。即使这样，一般的水文时间序列均包含确定性和随机性两种成分。确定性成分包括周期成分、趋势成分和突变成分，可以用水文学、水力学和数学等方法进行分析。随机性成分包括平稳成分和非平稳成分，可以用概率统计方法进行处理。

通常分析水资源量的时间变化，主要从年际尺度和年内尺度两方面进行。

4.2.2.1　年际变化

分析水资源量年际变化的方法主要包括年内径流不均匀系数、滑动平均法、Mann-Kendall 突变检验法、小波分析方法、双累积径流曲线法等。

年内径流不均匀系数：用于分析径流在一年内的分配特征，帮助理解径流变化的季节性差异。

滑动平均法：通过计算一段时间内的平均值，可以观察到径流变化的长期趋势，有助于识别年际变化中的周期性或趋势性变化。

Mann-Kendall 突变检验法：用于检测径流时间序列中是否存在突变的年份，这对于理解人类活动或气候变化对水资源量的影响非常有用。

小波分析方法：能够揭示径流变化的多时间尺度特征，帮助分析不同频率的年径流量和年际变化周期趋势。

双累积径流曲线法：通过绘制累积径流量与时间的曲线，可以分析径流变化的累积效应，对于理解长期水资源管理策略的影响非常有帮助。

这些方法各有特点，可以单独使用也可以结合使用，以全面分析水资源量的年际变化特征及其影响因素。本书以计算离差系数、每 10 年的均值、差积曲线等来分析径流量的年际变化。

1. 离差系数的变化

河流径流量的年际变化，主要是指年径流量序列的变化幅度。反映的是序列跳跃或变化的大小，通常用变差系数 C_v 值来表示。变差系数是一个表示标准差相对于平均数大小的相对量，计算公式如下：

$$\text{变差系数}（C_v）=\text{标准差}（\sigma）/\text{平均值}（x） \tag{4.2-1}$$

标准差，是离均差平方的算术平均数的平方根，用 σ 表示。在概率统计中最常使用作为统计分布程度上的测量。标准差是方差的算术平方根。标准差能反映一个数据集的离散程度。标准差计算公式如下：

$$\sigma=\sqrt{\frac{1}{N}\sum_{i=1}^{N}\left(x_i-\mu\right)^2} \tag{4.2-2}$$

C_v 值越大，说明各年间量值变化大，反之则小。将珠江三角洲上游控制站高要、石角、博罗（二）等 3 处水文控制站历年径流量均值各组成年序列，用数理统计方法计算变差系数 C_v，列于表 4.2-4，从表中可以看出，径流量的 C_v 较小，说明径流量的年际变化小。

通过变差系数的计算，各主要水文控制站中，径流量的 C_v 值变化在 0.19~0.28，博罗（二）站最大，石角站其次，高要站最小。

表 4.2-4　水文站控制历年径流量均值和 C_v 一览

站名	径流量	
	均值 / 亿 m^3	C_v
高要	2 173	0.19
石角	417.1	0.26
博罗（二）	231.0	0.28

2. 10 年平均值比较

每 10 年进行均值计算，可以更好地分析径流量在不同年代的变化。根据上述水文控制站的长系列年径流资料，分为 1954—1959 年、1960—1969 年、1970—1979 年、1980—1989 年、1990—1999 年、2000—2009 年、2010—2019 年的 7 个时段，进行 10 年平均计算，见表 4.2-5，并作相应径流量过程线图，见图 4.2-5~ 图 4.2-7。

各控制站各时段 10 年平均年径流量虽有波动，但总体上较平稳，其中东江博罗（二）站在 1990 年之后的 3 个时段略有减小趋势。

表 4.2-5　水文站控制各年段平均径流量特征均值

河流	水文站	时段	平均年径流量 / 亿 m^3
西江	高要	1956—1959 年	2 126
		1960—1969 年	2 125
		1970—1979 年	2 354
		1980—1989 年	2 033
		1990—1999 年	2 399
		2000—2009 年	2 052
		2010—2019 年	2 188
北江	石角	1954—1959 年	403
		1960—1969 年	379.7
		1970—1979 年	455.8
		1980—1989 年	408.1
		1990—1999 年	451.8
		2000—2009 年	394.8
		2010—2019 年	432.4
东江	博罗（二）	1954—1959 年	228
		1960—1969 年	216.8
		1970—1979 年	245
		1980—1989 年	247.9
		1990—1999 年	235.6
		2000—2009 年	229.3
		2010—2019 年	229.8

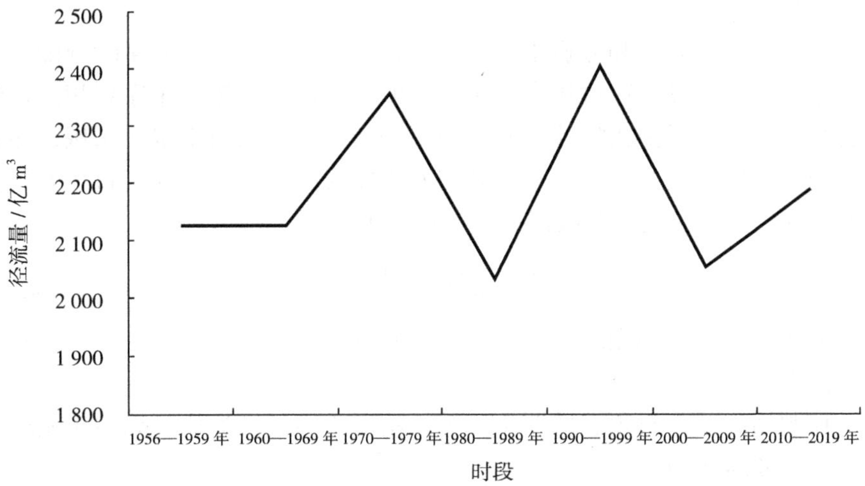

图 4.2-5　西江高要站 10 年平均径流量比较

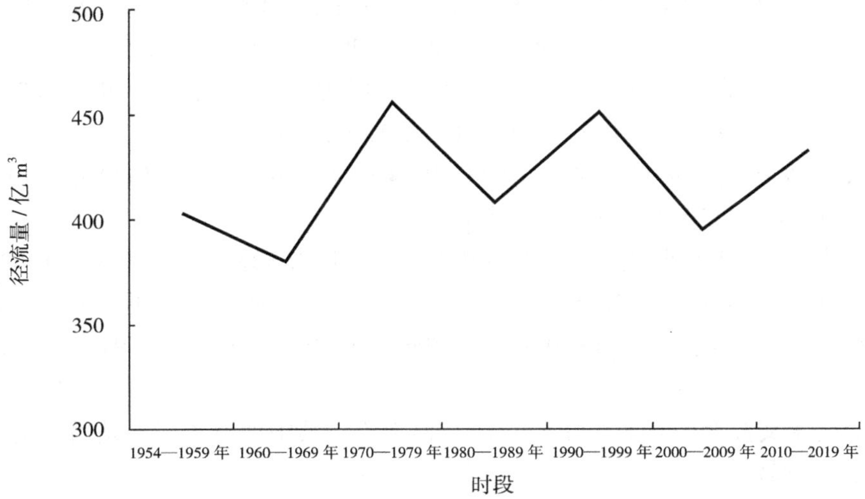

图 4.2-6　北江石角站 10 年平均径流量比较

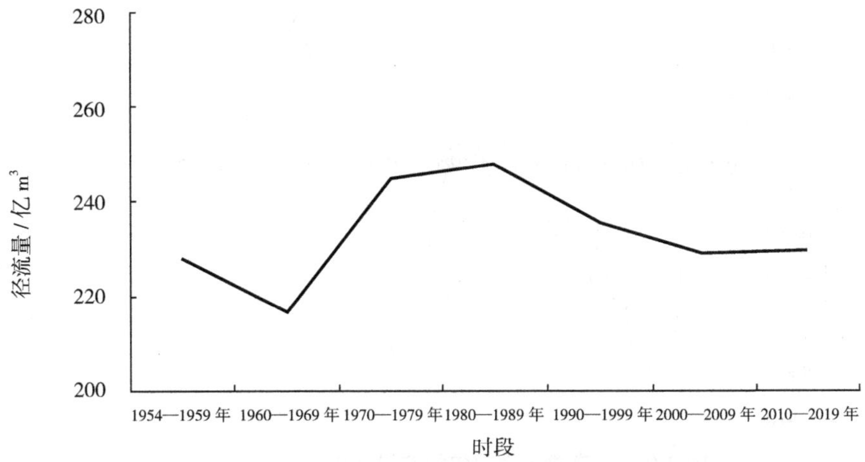

图 4.2-7　东江博罗（二）站 10 年平均径流量比较

3. 差积曲线分析

差积曲线法是一种用于研究和分析水文数据的方法，特别是在径流年际分配和变化特征的研究中。这种方法通过计算每年变量距离均值的值，然后按照年序列相加得到距平累积序列，从而反映出年际变化特征。差积曲线法的应用不仅限于水文领域，还在水库兴利库容的确定中发挥了重要作用。本次利用差积曲线能较好地反映资料系列代表性以及水文要素丰枯变化情况，差积曲线以公式表达如下：

$$A_i = \sum\left(a_i - \overline{a}\right) \qquad (4.2\text{-}3)$$

式中：A_i 为一个系列中第 i 年差积值；a_i 为一个系列中第 i 年的年径流量；$\overline{a}$ 为一个系列中的多年平均年径流量。

以上游水文控制站高要、石角、博罗（二）各站历年实测径流量计算逐年差积值，并作图，见图 4.2–8~ 图 4.2–10。

由图所见，高要站径流量差积曲线上升，表明基于实测资料为丰水年的有 1968—1983 年、1993—2002 年、2014—2019 年 3 个时段，径流量差积曲线下降，表明基于实测资料为枯水年的有 1957—1967 年、1984—1992 年、2003—2013 年 3 个时段。

石角站径流量差积曲线上升，表明基于实测资料为丰水年的有 1959—1962 年、1973—1976 年、1980—1983 年、1992—2002 年、2012—2016 年 5 个时段，径流量差积曲线下降，表明基于实测资料为枯水年的有 1954—1958 年、1963—1972 年、1977—1979 年、1984—1991 年、2003—2011 年 5 个时段。

博罗（二）站径流量差积曲线上升，表明基于实测资料为丰水年的有 1957—1962 年、1973—1985 年、1992—2001 年、2005—2008 年 4 个时段，径流量差积曲线下降，表明基于实测资料为枯水年的有 1954—1956 年、1963—1972 年、1986—1991 年、2002—2004 年、2009—2015 年 5 个时段。

总体上，3 处水文控制站均有多个丰水段与枯水段，其中博罗（二）站后期受水利工程调节影响，波动较大。

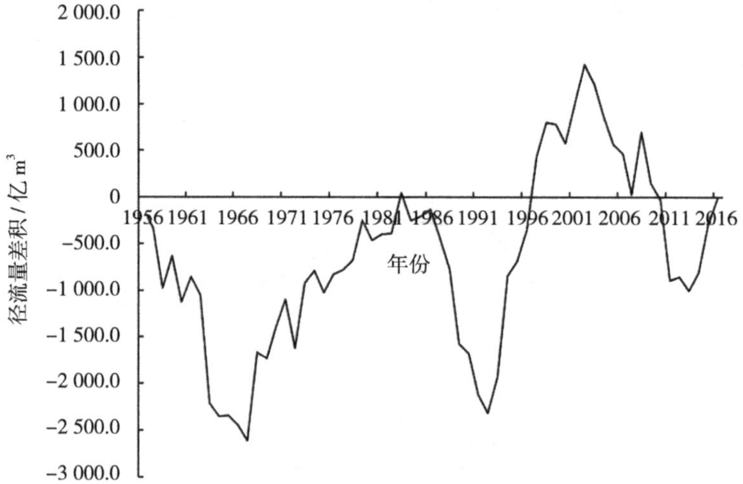

图 4.2–8　高要水文站年径流量差积曲线

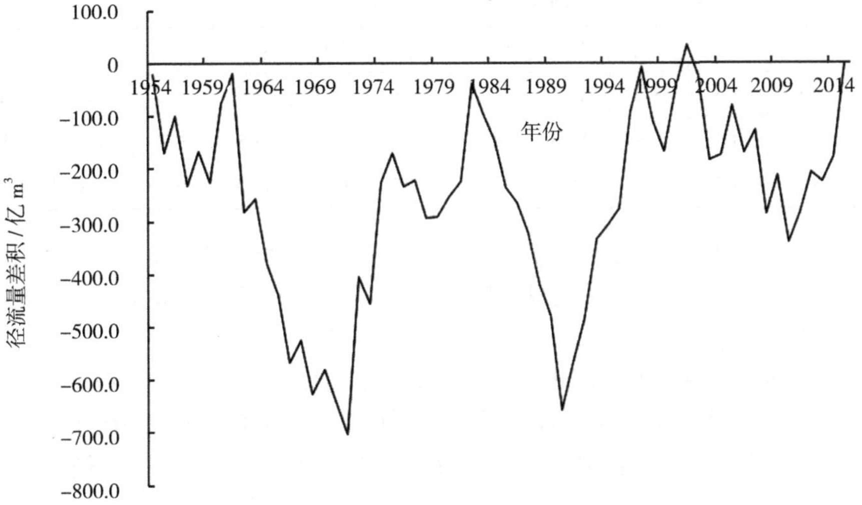

图 4.2–9　石角水文站年径流量差积曲线

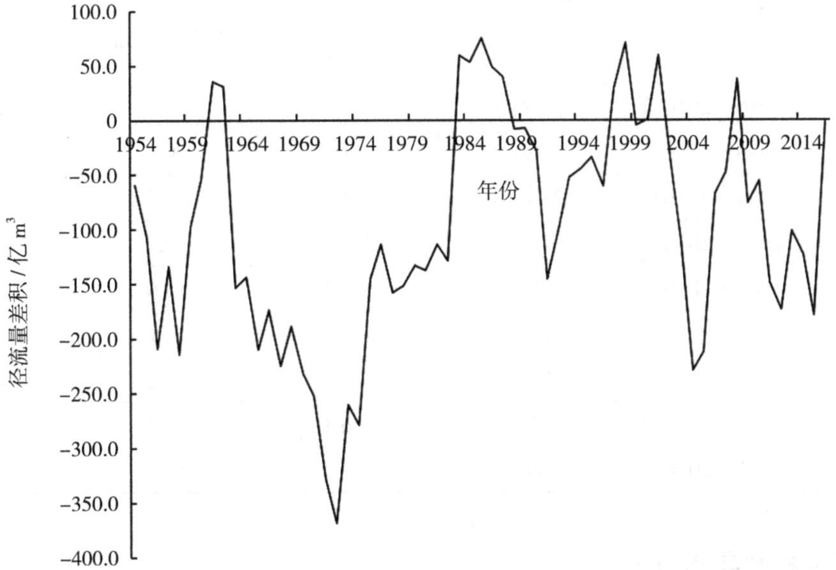

图 4.2–10　博罗（二）水文站年径流量差积曲线

4.2.2.2　年内分配

径流的主要来源为降水，由于季风气候影响，西江、北江、东江流域存在明显的多雨期与少雨期，多雨期大都集中在 4—9 月（汛期），少雨期一般为 10 月至翌年 3 月（枯期）。

汛期降水量一般占全年的 70%~80%，连续最大 4 个月降水量占年降水量的 60%~70%，降水量年内分配极不均匀。

三大流域年内分配比例见表 4.2–6。

表 4.2-6　控制站年径流量年内分配　%

水文站	1月	2月	3月	4月	5月	6月	7月	8月	9月	10月	11月	12月
高要	2.6	2.5	3.5	6.2	11.2	16.8	17.8	15.3	10.2	6.4	4.6	3.1
石角	3.0	3.6	6.8	11.8	17.5	18.6	11.5	9.5	6.7	4.7	3.5	2.9
博罗（二）	3.8	3.9	5.5	8.6	12.6	17.5	12.1	11.8	9.9	6.4	4.3	3.9

受人类活动对水资源情势的影响，一是随着经济和社会的发展，河道外引用消耗的水量不断增加，直接造成河川径流量的减少；二是水利工程的调蓄作用，改变了河川天然状态下的径流分配。

根据三大流域主要控制站实测径流及天然径流的比较发现，控制站实测径流与天然径流的差异在不断扩大，相对差均接近或超过 5.0%，说明随着河道外用水消耗增加，河道内实测径流有逐渐减少的趋势。主要水文控制站 1956—2016 年实测径流与天然径流比较详见表 4.2-7。

表 4.2-7　主要水文控制站 1956—2016 年实测径流与天然径流比较

站点名称	系列	天然径流量 / 亿 m^3	实测径流量 / 亿 m^3	差值 / 亿 m^3	占比 / %
高要	1956—2016 年	2 284.3	2 179.8	104.4	4.57
	1980—2016 年	2 291.0	2 156.7	134.4	5.86
	2001—2016 年	2 248.0	2 094.3	153.7	6.84
石角	1956—2016 年	431.7	419.6	12.1	2.80
	1980—2016 年	439.3	423.7	15.6	3.55
	2001—2016 年	441.8	419.7	22.1	5.00
博罗（二）	1956—2016 年	246.0	234.8	11.2	4.56
	1980—2016 年	247.8	236.1	11.7	4.73
	2001—2016 年	244.0	229.2	14.8	6.05

4.2.3　上游来水空间分布

4.2.3.1　西江

1. 地表水资源量空间分布规律和特征

地表水资源地区分布可以用多年平均年径流深地区变化来反映。西江多年平均年径流深 675.1 mm，西江流域小于多年平均年径流深的有南北盘江区、红水河区、郁江区，主要分布在珠江区西部，其他分区都大于珠江区多年平均年径流深。分区多年平均年径流深大致呈现东部分区大于西部分区的特点。

多年平均年径流深在 1 000 mm 以上的分区有桂贺江；多年平均年径流深 800~1 000 mm的分区有柳江；多年平均年径流深400~800 mm的分区有南北盘江、红水河、郁江、黔浔江及西江（梧州以下）。

1）径流深等值线走向

根据径流深量级大小，可分为丰水带、多水带、过渡带，各径流带地区分布如下：

（1）丰水带（多年平均年径流深大于 1 000 mm 的地区）：柳江、桂江中上游、西江蒙江上游，多年平均年径流深多为 1 000~1 600 mm，局部地区 1 600~2 000 mm。

（2）多水带（多年平均年径流深 300~1 000 mm 的地区）：流域大部分地区多属于该径流带。

（3）过渡带（多年平均年径流深 50~300 mm 的地区）：此带主要分布在 300 mm 等值线内侧南盘江，多年平均年径流深基本为 50~300 mm，右江上游百色以上部分地区也属于此带。

2）径流深高值区

桂北高区（多年平均年径流深为 1 000~1 800 mm）：位于桂林、融水、三江之间，其中一个中心在青狮潭水库上游，多年平均年径流深最大为 1 800 mm，另一个中心在贝江中游，多年平均年径流深最大为 1 800 mm。

3）径流深低值区

西江中下游河谷低区（多年平均年径流深为 600~700 mm）：位于贵港、桂平、梧州、云安、罗定之间。

2. 径流系数空间分布规律和特征

径流系数是年径流深与年降水量的比值，反映降水与径流的相互关系，径流系数大小变化不仅与降水强度有关，还受下垫面条件的影响。珠江区大部分面积为山丘区，下垫面条件大体相似，所以降水量大小成为了影响径流系数的主要原因。

西江流域平均径流系数为 0.49（1956—2016 年），从水资源分区分布看，各三级区平均年径流系数在 0.36~0.61，最大的是桂贺江 0.61，最小的是右江 0.36，平均年径流系数在 0.50 以下的主要在南盘江、北盘江、左江及郁江干流、右江及黔浔江和西江（梧州以下），这些分区都在珠江区西部。

西江流域水资源分区平均径流系数详见表 4.2–8。

表 4.2–8　西江流域水资源分区平均径流系数（1956—2016 年）

水资源三级区	降水量 / mm	径流深 / mm	径流系数
南盘江	1 081.3	405.6	0.38
北盘江	1 180.0	534.4	0.45
红水河	1 373.2	689.0	0.50
柳江	1 547.3	907.3	0.59
右江	1 248.2	454.2	0.36
左江及郁江干流	1 403.9	638.3	0.45
桂贺江	1 719.5	1 052.4	0.61
黔浔江及西江（梧州以下）	1 589.0	769.3	0.48

4.2.3.2 北江

1. 地表水资源量空间分布规律和特征

地表水资源地区分布可以用多年平均年径流深地区变化来反映。北江流域多年平均年径流深 1 097.3 mm，大于珠江区多年平均年径流深 818.6 mm。北江流域多年平均年径流深等值线大部分在 800 ~1 600 mm。

1）径流深等值线走向

根据径流深量级大小，可分为丰水带、多水带、过渡带，各径流带地区分布如下：

（1）丰水带（多年平均年径流深大于 1 000 mm 的地区）：北江流域大部分地区属于该径流带。

（2）多水带（多年平均年径流深 300~1 000 mm 的地区）：北江流域的浈江上游、北江西南侧局部地区属于该径流带。

（3）过渡带（多年平均年径流深 50~300 mm 的地区）：北江流域无此径流带。

2）径流深高低值区

流域内多年平均年径流深在 1 000 mm 以上的高值区为北江中下游高区（多年平均年径流深为 1 000~1 800 mm）：位于贺州八步区、连南、怀集之间，韶关乳源以及在清远以北笔架山清新区三处，最大平均年径流深为 1 600 mm。流域西南侧怀集、广宁很少一部分地区属于多年平均年径流深 800 mm 以下低值区。

2. 径流系数空间分布规律和特征

径流系数是年径流深与年降水量的比值，反映降水与径流的相互关系，径流系数的大小变化不仅与降水强度有关，还受下垫面条件的影响。珠江区大部分面积为山丘区，下垫面条件大体相似，所以降水量的大小成为影响径流系数的主要原因。珠江区平均径流系数为 0.53（1956—2016 年），大致呈现东部地区大于西部地区的特点。北江位于珠江区东部，平均径流系数为 0.61（1956—2016 年）。北江平均径流系数详见表 4.2-9。

表 4.2-9 北江平均径流系数统计

流域	系列	降水量 / mm	径流深 / mm	径流系数
北江	1956—2016 年	1 785.8	1 097.3	0.61
	1980—2016 年	1 798.9	1 116.4	0.62

4.2.3.3 东江

1. 地表水资源量空间分布规律和特征

地表水资源地区分布可以用多年平均年径流深地区变化来反映。东江流域多年平均年径流深 1 001.1 mm，大于珠江区多年平均年径流深 818.6 mm。东江流域多年平均年径流深等值线大部分在 800~1 800 mm。

1）径流深等值线走向

根据径流深量级大小，可分为丰水带、多水带、过渡带，各径流带地区分布如下：

（1）丰水带（多年平均年径流深大于 1 000 mm 的地区）：东江流域大部分地区属于该径流带。

（2）多水带（多年平均年径流深 300~1 000 mm 的地区）：东江流域上游寻乌水和定南水汇入口，和平县和龙川县北部一带。

（3）过渡带（多年平均年径流深 50~300 mm 的地区）：东江流域无此径流带。

2）径流深高低值区

流域内多年平均年径流深在 1 000 mm 以上的高值区为增江上游（多年平均年径流深为 1 000~1 800 mm）：龙门、新丰、博罗一带，最大平均年径流深为 1 600 mm。

流域多年平均年径流深 800 mm 以下低值区位于东江流域上游寻乌水和定南水汇入口，和平县和龙川县北部一带。

2. 径流系数空间分布规律和特征

径流系数是年径流深与年降水量的比值，反映降水与径流的相互关系，径流系数的大小变化不仅与降水强度有关，还受下垫面条件的影响。珠江区大部分面积为山丘区，下垫面条件大体相似，所以降水量的大小成为影响径流系数的主要原因。

珠江区平均径流系数为 0.53（1956—2016 年），大致呈现具有东部地区大于西部地区的特点。东江位于珠江区东部，平均径流系数为 0.58（1956—2016 年）。

东江平均径流系数详见表 4.2-10。

表 4.2-10　东江平均径流系数统计

流域	系列	降水量 / mm	径流深 / mm	径流系数
东江	1956—2016 年	1 734.7	1 001.0	0.58
	1980—2016 年	1 734.1	1 011.8	0.58

4.3　网河区流量特征及时空分布规律分析

4.3.1　流量特征

由于珠江三角洲仅有三水（二）、马口、天河（二）、竹洲、冯马庙（二）、上横、横门东、万顷沙东 8 个水文站，其中万顷沙东站、横门东站于 2010 年建站，流量观测时间较短。其余站未收集到长序列资料，因此流量特征值仅作统计分析。

4.3.1.1　流量特征值

三角洲网河区流量站的实测流量特征值如表 4.3-1 和表 4.3-2 所示。

根据表 4.3-2，上述八站中月均流量最大值多出现在 6—7 月，最小值多出现在 1—2 月。从量值上来看，上述八站中，年平均流量和月平均流量的趋势是一致的。八站的径流量排序分别是马口、天河（二）、三水（二）、横门东、冯马庙（二）、上横、万顷沙东、竹洲。根据三水（二）站、马口站的年平均流量多年平均值来看，三水（二）站

表 4.3-1 各站年平均流量统计 单位：m^3/s

站点	年平均流量				
	最大	出现年份	最小	出现年份	多年平均
三水（二）	2 440	2001	1 150	2011	1 850
马口	8 490	2015	4 430	2011	6 760
天河（二）	4 810	2015	2 530	2009	3 770
竹洲	374	2019	273	2018	339
冯马庙（二）	1 340	2015	858	2018	1 110
上横	597	2016	327	2011	477
横门东	2 500	2015	1 330	2018	2 000
万顷沙东	895	2019	313	2018	647

表 4.3-2 各站月平均流量统计 单位：m^3/s

站点	月平均流量			
	最大	发生年月	最小	发生年月
三水（二）	7 580	2005 年 6 月	270	2006 年 1 月
马口	24 700	2005 年 6 月	1 480	2006 年 2 月
天河（二）	11 000	2008 年 6 月	866	2006 年 2 月
竹洲	858	2017 年 7 月	128	2017 年 1 月
冯马庙（二）	2 540	2017 年 7 月	311	2013 年 2 月
上横	1 660	2017 年 7 月	88.3	2019 年 11 月
横门东	5 700	2017 年 7 月	−1 470	2019 年 1 月
万顷沙东	1 490	2020 年 7 月	64.2	2018 年 4 月

占 21.4%，马口站占 78.6%，与分流比结果接近。

4.3.1.2 多年变化趋势

根据八站的年平均流量数据，绘制出各站的年平均流量图，如图 4.3-1、图 4.3-2 所示。

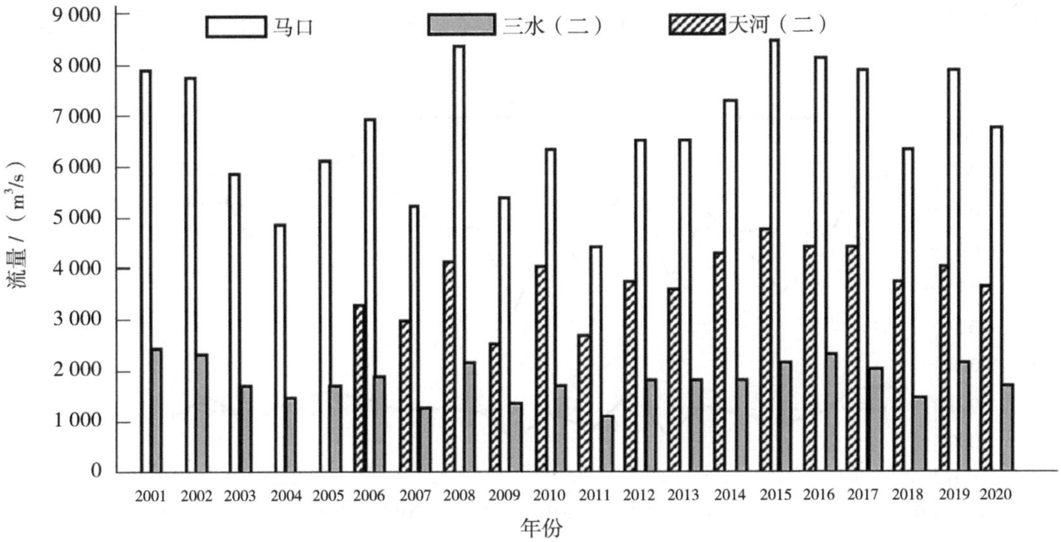

图 4.3-1 三水（二）、马口、天河（二）逐年年平均流量

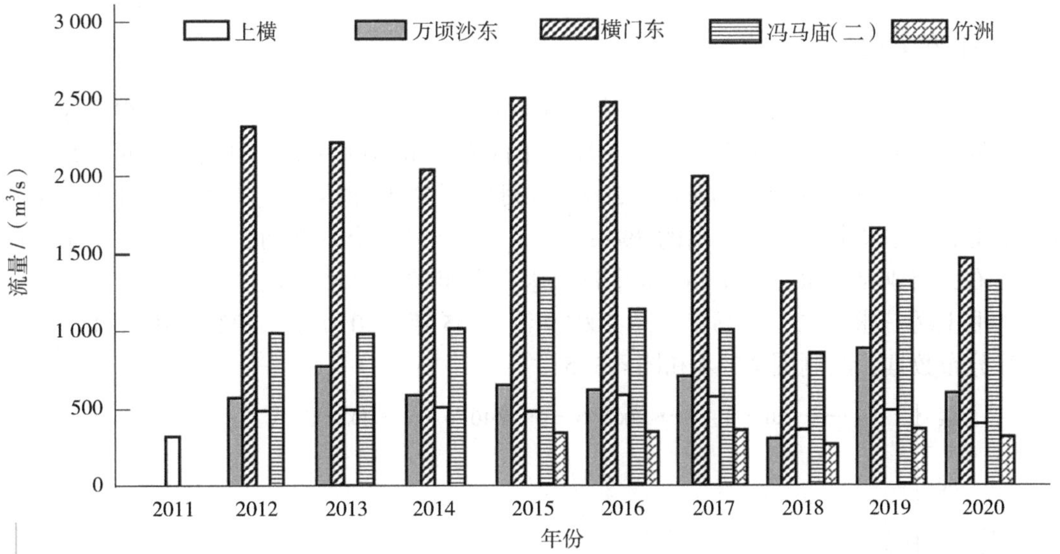

图 4.3-2 竹洲、冯马庙（二）、上横、横门东、万顷沙东逐年年平均流量

根据图 4.3-1 和图 4.3-2，上述八站中，上游三站 [三水（二）、马口、天河（二）] 来水变化趋势一致，丰枯交替变化。且在上游来水中，马口多年平均流量占三水（二）、马口总流量的 79% 左右，其中由天河（二）站作为控制站的西海水道多年平均来水占整个西江来水的 55% 左右。下游五站 [竹洲、冯马庙（二）、上横、横门东、万顷沙东] 中，趋势与上游三站变化趋势保持一致。

马口站、三水（二）站作为上游流量的控制站，其年平均流量的变化趋势，在一定程度上能代表珠三角来水量的变化情况。对近 20 年的年平均流量分析表明，马口站年平均流量有递增趋势，而三水（二）站年平均流量多年来基本持平，见图 4.3-3。因马口站年平均流量占比远大于三水（二）站，因此就珠三角年平均来水量来说，有递增趋势。

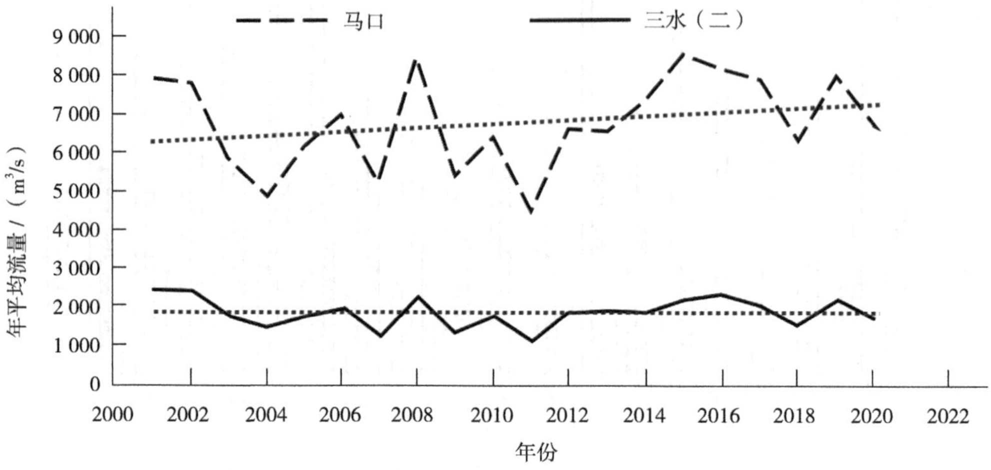

图 4.3-3　三水（二）站、马口站年平均流量变化趋势

4.3.2　年内分配

根据现有的流量资料，计算出八站每月净流量占全年径流量的比值，求得多年平均分配数据，八站年内分配趋势一致，6 月是年内来水最多的月份，因此 6 月通常是珠江主汛期，来水占全年来水的 15% ~ 20%，6 月之后来水开始减小。直到 2 月末，全年占比最低，2 月来水占全年来水的 3%~5%。在 5—8 月 4 个月期间，来水占全年来水的 55% 左右，特别是三水（二）站，4 个月来水占全年来水的 62.9%。

选取上游三水（二）、马口两站 2001 年、2005 年、2010 年、2020 年共 4 年的年内来水月分布数据，绘制图 4.3-4 和图 4.3-5。

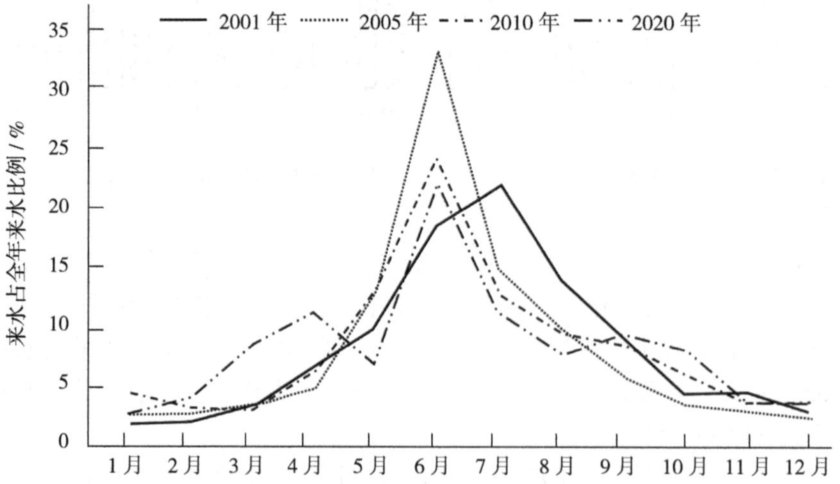

图 4.3-4　马口站来水变化

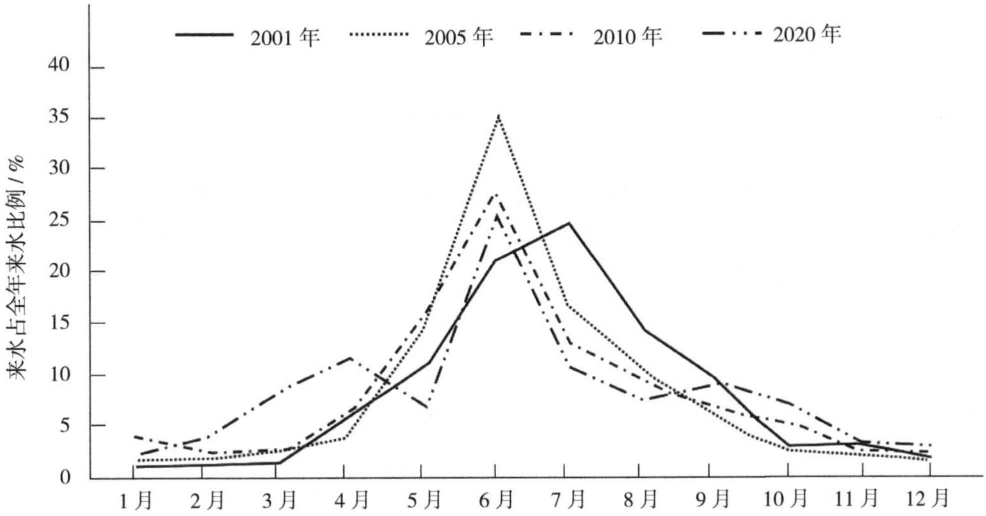

图 4.3–5　三水（二）站来水变化

根据图 4.3–4 和图 4.3–5，马口站和三水（二）站的变化趋势基本一致。其中，2001 年、2005 年、2010 年、2015 年来水集中在 6 月、7 月两月，两站 2005 年 6 月来水均超过 30%。

4.3.3　空间分布

因三水（二）、马口、天河（二）、竹洲、冯马庙（二）、上横、横门东、万顷沙东八站未能全面覆盖珠三角，无法利用现有实测流量资料对珠三角进行全面的空间分布分析。以下采用分流比的方法，分析珠三角八大口门的流量空间分布情况。

根据历年实测同步资料，剔除掉麒麟咀、博罗（二）来水量后，计算珠江八大口门净泄量在三水（二）、马口来水量的比例。再根据三水（二）、马口的月平均流量以及当年八大口门的占比，计算八大口门的月平均流量。因本方法是采用分配比计算的流量，因而各口门流量空间分布情况结论与 5.2.2.2 部分“八口门分配比变化”结论相一致。因此本节仅分析流量分布情况，不做分配比分析。以每年 4—10 月作为洪水期，11 月至翌年 3 月作为枯水期，采用每年洪、枯季同步测验测得八大口门分流比进行月平均流量计算，本方法精度与当年测验的分流比代表性有关。

4.3.3.1　东四、西四口门分布情况

以横门、冯马庙（二）、南沙、大虎（二）为东四口门控制站点，黄冲、西炮台、黄金、挂定角为西四口门控制站点。近 10 年，西四口门年平均流量的多年平均值为 3 917 m^3/s，东四口门年平均流量的多年平均值为 4 945 m^3/s；西四口门占比 44.2%，东四口门占比 55.8%，其分配结果与 5.2.2.2 部分的结论基本一致。

由图 4.3–6 可以看出，东四口门、西四口门年平均流量均有逐年上升趋势，单从东四、西四口门来看，东四口门斜率较大，增幅较西四口门要快。

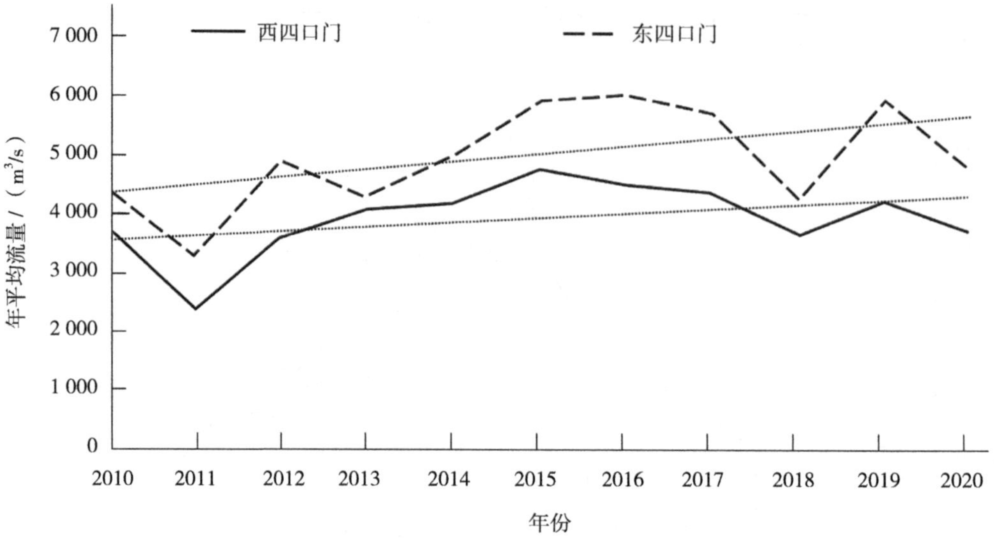

图 4.3-6　东四、西四口门年平均流量变化

从图 4.3-7 可以看出，东四、西四口门占比相对比较稳定，西四口门基本保持在 41.3% ~ 48.6%，未出现西四口门年平均流量超过东四口门的情况。而图 4.3-8 显示，在不同来水情况下，八大口门总的年平均流量存在较大差异。因此，在上游不同来水条件下，年平均流量始终呈东四口门偏大、西四口门偏小的情况。

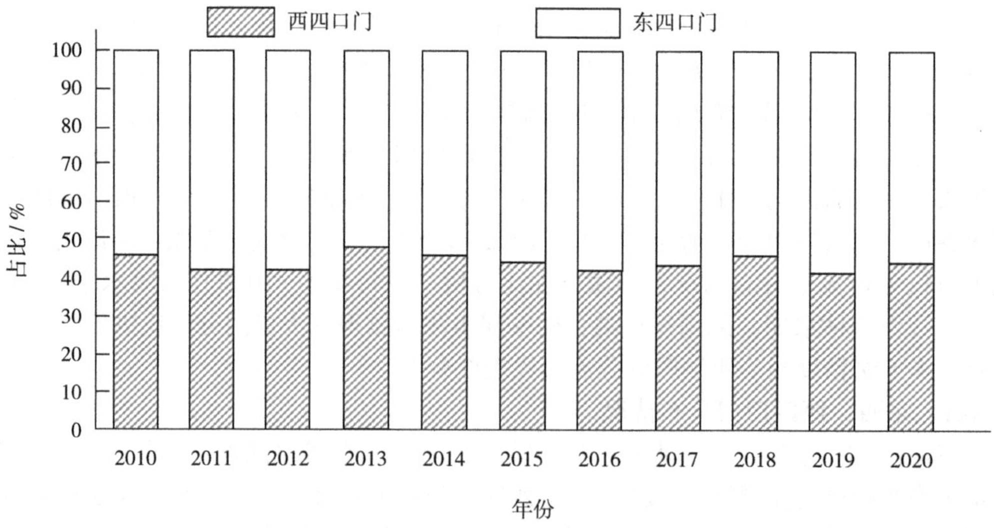

图 4.3-7　东四、西四口门逐年年平均流量占比

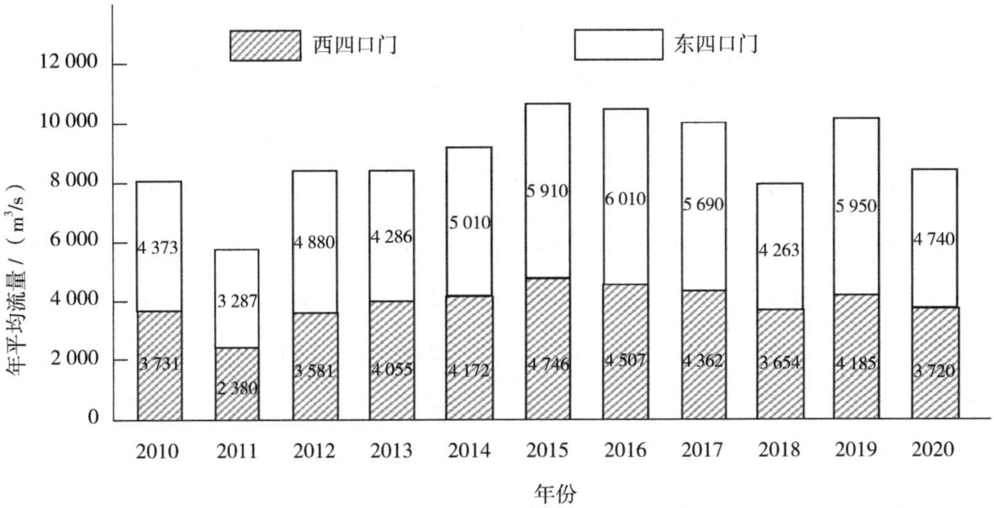

图 4.3-8　东四、西四口门逐年年均流量堆叠

根据前文所述，东四口门的年平均流量增幅较西四口门要快，因此四西口门在未来年流量占比中呈下降趋势。该结论在图 4.3-9 中也有印证。

图 4.3-9　西四口门年平均流量占比趋势分析

4.3.3.2　各口门分布情况

各口门的流量分布与八大口门分配比情况一致，具体见第 5 章“重要节点及口门水量分配比演变规律”。本节分析由分配比计算得出的各口门流量值，如表 4.3-3 所示，各口门占比情况见图 4.3–10。

表 4.3–3 八大口门年平均流量统计 单位：m^3/s

年份	黄冲	西炮台	黄金	挂定角	横门	冯马庙（二）	南沙	大虎（二）
2010	229	451	291	2 760	1 220	1 120	1 300	733
2011	254	294	252	1 580	776	767	1 080	664
2012	443	416	362	2 360	1 120	1 000	1 610	1 150
2013	473	443	459	2 680	1 160	990	1 440	696
2014	351	525	426	2 870	1 260	1 040	1 650	1 060
2015	595	532	489	3 130	1 480	1 340	2 030	1 060
2016	430	565	422	3 090	1 390	1 150	2 210	1 260
2017	292	526	394	3 150	1 500	1 020	2 000	1 170
2018	246	508	330	2 570	1 110	857	1 360	936
2019	385	478	382	2 940	1 270	1 320	1 930	1 430
2020	378	434	348	2 560	1 180	996	1 580	984

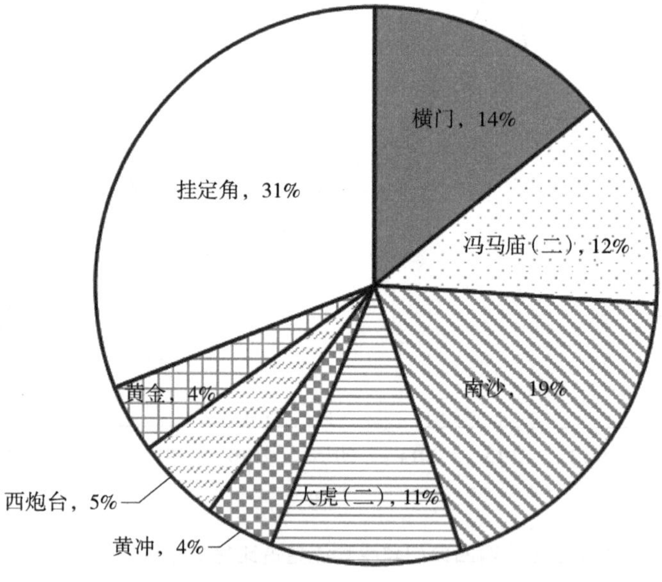

图 4.3–10 八大口门 2010—2020 年年平均流量占比

4.4　小　结

4.4.1　大湾区水资源总量

大湾区本地多年平均水资源总量 587.5 亿 m^3，地表水占 99% 以上。大湾区内产水模数差别较大，最大为珠海市 130.4 万 m^3/km^2，其次是江门市 128.4 万 m^3/km^2，最小为佛山市 77.9 万 m^3/km^2。

4.4.2　大湾区水量主要来源是西江

根据长系列径流资料统计，上游多年平均年来水量为 2 821 亿 m^3，高要站占比为 77.0%，表明珠江三角洲来水量主要来源于西江。而北江和东江流域因面积小，总体流入大湾区的水量较少，合计占比为 23%。

4.4.3　水量分配时空分布不均

从三大流域控制断面及长系列径流资料看，受降水时空分布不均和水利工程运行调节影响，上游来水量年内分配极不均匀，年际变化较小，具有明显的汛期和枯水期，汛期径流量一般占全年的 70%~80%，连续最大 4 个月径流量占全年的 60%~70%。

4.4.4　网河区径流量变化规律与上游来水一致

在分析的站点中，径流量受降水及上游来水的影响年内分配不均，其中月均流量最大值多出现在 6—7 月，最小值多出现在 1—2 月。从年际变化看，径流呈现明显的丰枯交替现象。

从空间分布看，东四、西四口门占比相对比较稳定，西四口门基本保持在 41.3% ~48.6%，未出现西四口门年平均流量超过东四口门的情况。在不同来水情况下，八大口门总的年平均流量存在较大差异。因此，在上游不同来水条件下，年平均流量始终呈东四口门偏大、西四口门偏小的情况。

第 5 章　重要节点及口门水量分配比演变规律

20 世纪 90 年代以来，随着珠江三角洲地区经济的高速发展，大规模河道采砂、航道整治以及接连发生的数次大洪水对河床的冲刷，引起珠江三角洲部分河道严重下切，使河道的水流边界条件发生了较大的变化，破坏了水、沙的平衡关系，使西江、北江三角洲不同片区之间的水量分配比发生了明显的变化。河床下切严重地影响防洪安全，同时加剧了枯水期的咸潮上溯，威胁区域供水安全。因此，分析研究粤港澳大湾区特别是核心区域的珠江三角洲河道演变以及重要分流节点和虎门、蕉门、横门、洪奇门、鸡啼门、虎跳门、磨刀门、崖门等八大出海口门的洪水期、枯水期水量分配比变化具有重要的意义。另外，通过水量分配比的分析研究，可更好地指导今后粤港澳大湾区内的水文测验和地形测量工作。

过去有关部门对珠江三角洲主要河道和口门的水量分配比进行过一些分析研究工作，但由于采用的方法不同，得出的结论差异较大，引起了争议。珠江委对珠江三角洲主要河汊水量分配比的变化情况非常关注，并在以往同步水文测验成果的基础上开展了这方面的分析研究工作。由于珠江三角洲网河区河道纵横交错，主、支汊发育各异又相互影响，八大出海口门形态各异，泄流能力各不相同，同时，珠江三角洲水域受到径流和潮汐的共同作用，洪潮的各种遭遇使网河区及口门的水流条件复杂多变，因此珠江三角洲水量分配比的分析研究是一项复杂而艰难的工作，水量分配比实际上是一个动态的变化过程，不同的年代和水情是不同的，但也有一定的规律可循。

水量分配比计算基于珠江三角洲网河区历年来开展的水文测验工作，以大同步水文测验资料为主，局部测验资料为辅，并结合控制断面大断面的变化来分析主要河汊水量分配比。自成立以来，珠江委水文局在珠江三角洲的各区域以不同的方式、为不同的项目开展了多次的水文测验，掌握了大量的实测水文资料。历史上同步测验时段都较短，一般只测到32个或16个完整潮期，历时为16 d或8 d，个别为航道整治等服务的专项测验，仅测到 2 个完整潮期，历时仅 1~2 d。本章中用以分析水量分配比的历次同步水文测验时间及断面情况统计见表 5.0–1。

表 5.0–1　分配比依据同步测验资料统计

序号	组合号	日期(年-月)	断面
1	130	1999-07	三水（二）、马口、天河（二）、南华、百顷、大敖、上横沥、下横沥、冯马庙（二）、紫洞、石仔沙、小榄（二）、海尾、容奇（二）、南头、大虎（二）、南沙、横门、黄金、黄冲、挂定角、西炮台、老鸦岗（二）、石咀、大盛、泗盛围
2	133	2001-02	大虎（二）、冯马庙（二）、凫洲、海尾、横门、马口、南华、容奇（二）、三水（二）、上横、石仔沙、下横、小榄（二）
3	136	2004-01	马口、南华、天河（二）、大虎（二）、南沙、冯马庙（二）、横门、挂定角、黄金、西炮台、黄冲、老鸦岗（二）、石咀
4	138	2005-06	南华、天河（二）、大虎（二）、南沙、冯马庙（二）、横门、挂定角、黄金、西炮台、黄冲、老鸦岗（二）、石咀
5	143	2006-12	三水（二）、马口、岗根、南华、天河（二）、百顷、挂定角、黄金、西炮台、黄冲、石咀
6	144	2007-08	三水（二）、马口、南华、天河（二）、百顷、大敖、上横、下横、紫洞、石仔沙、凫洲、万顷沙东、小榄（二）、南头、海尾、容奇（二）、大虎（二）、南沙、冯马庙（二）、横门、挂定角、黄金、西炮台、黄冲、老鸦岗（二）、石咀、大盛、泗盛围
7	149	2008-08	三水（二）、马口、大虎（二）、冯马庙（二）、横门、挂定角、黄金、西炮台、黄冲、老鸦岗（二）
8	150	2008-11	三水（二）、马口、挂定角、黄金、西炮台、黄冲、老鸦岗（二）、石咀、大虎（二）、南沙、冯马庙（二）、横门
9	151	2009-07	三水（二）、马口、岗根、南华、天河（二）、大虎（二）、南沙、冯马庙（二）、横门、挂定角、黄金、西炮台、黄冲、老鸦岗（二）、石咀
10	153	2009-11	三水（二）、马口、岗根
11	155	2010-09	三水（二）、马口、南华、天河（二）、大虎（二）、南沙、冯马庙（二）、横门、挂定角、黄金、西炮台、黄冲、老鸦岗（二）、石咀
12	157	2011-01	三水（二）、马口、岗根、紫洞、石仔沙

续表 5.0-1

序号	组合号	日期(年-月)	断面
13	158	2011-08	三水（二）、马口、岗根、南华、天河（二）、大虎（二）、南沙、冯马庙（二）、横门、挂定角、黄金、西炮台、黄冲、老鸦岗（二）、石咀
14	161	2012-02	
15	163	2012-07	
16	165	2013-01	
17	166	2013-06	
18	168	2014-01	三水（二）、马口、岗根、大虎（二）、南沙、冯马庙（二）、横门、挂定角、黄金、西炮台、黄冲、老鸦岗（二）、石咀
19	169	2014-08	
20	171	2015-01	
21	172	2015-08	
22	174	2016-02	
23	175	2016-08	
24	177	2017-01	
25	178	2017-07	
26	180	2018-01	
27	181	2018-08	
28	183	2019-01	大虎（二）、南沙、冯马庙（二）、横门、挂定角、黄金、西炮台、黄冲
29	184	2019-06	三水（二）、马口、岗根、大虎（二）、南沙、冯马庙（二）、横门、挂定角、黄金、西炮台、黄冲、老鸦岗（二）、石咀
30	188	2020-11	
31	185	2019-12	三水（二）、马口、岗根、南华、天河（二）、百顷、大敖、上横、下横、紫洞、石仔沙、凫洲、万顷沙东、小榄（二）、南头、容奇（二）、海尾、大虎（二）、南沙、冯马庙（二）、横门、挂定角、黄金、西炮台、黄冲、老鸦岗（二）、石咀、大盛、泗盛围
32	187	2020-06	
33	188	2020-11	三水（二）、马口、岗根、大虎（二）、南沙、冯马庙（二）、横门、挂定角、黄金、西炮台、黄冲、老鸦岗（二）、石咀

5.1 水量平衡分析

水量平衡分析是检验历次同步水文测验工作成果的重要手段，也是进行水量分配比计算的基础。水量平衡分析即将同步测验范围划分为若干个水量平衡闭合区，计算不同闭合区间的水量不平衡差的过程。

5.1.1 断面布设

以 2019 年枯水期和 2020 年洪水期开展的近年来最大规模大同步水文测验为例，此次大同步水文测验所布设的断面绝大多数是历史上曾经进行过水文测验的断面。断面布设分为两种情况，一是在已有水文站的河段，同步水文测验断面沿用现有水文站的测流断面；二是在未有水文站的河段，断面布设在以往的巡测断面处，且位于河道顺直、稳定、水流集中的河段。基于上述原则，此次大同步水文测验断面共计 68 处，具体布设如下：

（1）属国家基本水文站的高要、石角、博罗、麒麟咀、三水（二）、马口、冯马庙（二）、天河（二）等 8 处测验断面，沿用水文站现有的测流断面。

（2）对于断面比较稳定且近年来进行过水文测验的，采用近期测验布设的测验断面，如大虎（二）站、南沙站、横门站等 13 个测验断面。

（3）对于河道变化较大需要重新布设测验断面的，经现场查勘后，尽量在历史断面位置附近布设，布设在河道顺直、稳定、水流集中的河段，如亭角断面、大陇滘断面、麻涌断面等 10 个断面。

（4）其余断面都设在以往的巡测断面处，如黄沙沥断面、容奇（二）断面等 37 个测验断面。

测验布设的各断面位置及其基本情况列于表 5.1–1，断面布设见图 5.1–1。

表 5.1–1　测验断面基本情况

断面名称	断面位置	断面宽 / m
三水（二）	佛山市三水区西南街道河口村	1 243
马口	佛山市三水区西南街道岗本村	1 002
岗根	佛山市三水区西南街道岗本村	353
老鸦岗（二）	广州市白云区石井镇鸦岗村	413
石咀	江门市新会区罗坑镇石咀村	707
大虎（二）	广州市南沙区沙螺湾村	3 018
大石	广州市番禺区大石街沿江中路 21 号	145
南沙	广州市南沙区水牛头村	1 379
冯马庙（二）	广州市南沙区横沥镇冯马村	535
横门	中山市张家边镇东利村	687
大林	珠海市斗门区井岸镇黄金乡	614
挂定角	珠海市香洲区南屏镇广昌村	2 262
黄冲	江门市新会区崖门镇黄冲村	1 433
西炮台（二）	江门市新会区沙堆镇梅阁乡	511
万顷沙东	广州市南沙区万顷沙镇平安社区	908
横门东	广州市南沙区万顷沙镇新垦社区	1 576
横门南	中山市南朗镇横门社区	395
凫洲	广州市南沙区南沙街南横村	2 366
蚬沙（南华）	佛山市顺德区均安镇蚬沙村	556
南头	中山市南头镇南头村	445

续表 5.1-1

断面名称	断面位置	断面宽 / m
小榄(二)	中山市东凤镇西提路 15 号	174
虎坑	江门市新会区三江镇虎坑渡口	326
天河（二）	江门市蓬江区棠下镇古今村	1 418
北街闸	江门市蓬江区江北路健身广场	111
大敖	江门市新会区大敖镇东风村	682
竹银	珠海市斗门区白蕉镇布洲村	638
竹洲	珠海市斗门区白蕉镇竹洲村	246
马骝洲（三）	珠海市横琴经济开发区 琴海北路	509
百顷	江门市新会区睦洲镇新沙村	575
睦州口	江门市新会区睦洲镇联围村	590
莲腰	江门市新会区睦洲镇黄布村	168
紫洞	佛山市禅城区南庄镇三华村	265
石仔沙	佛山市南海区南庄镇良保村	663
澜石	佛山市南海区石湾街澜石社区	301
霞石	佛山市顺德区霞石村	322
三围	广州市南沙区榄核镇张松村	204
飞鹅	佛山市顺德区勒流镇	267
大陇滘	广州市番禺区潭洲镇大陇滘村	1 059
广州浮标厂（二）	广州市荔湾区鹤洞村	424
沙洛围（二）	广州市番禺区洛浦街道西一村	299
黄埔（三）	广州市黄埔区黄埔港外贸码头侧	722
黄埔右	广州市黄埔区黄埔港务局造船厂	674
容奇（二）	佛山市顺德区容桂街道	276
三善右	广州市番禺区沙湾镇紫泥糖厂	462
三善左	广州市番禺区沙湾镇三善村	190
三沙口	广州市番禺区石楼镇清流村	559
亭角	广州市南沙区文字号新围村	350
乌珠	中山市黄圃镇乌珠村	158
黄沙沥	中山市黄沙沥横档村	160
上横	广州市南沙区大岗镇十一顷	350
下横	广州市南沙区横沥镇新兴村	346
海尾	佛山市顺德区容桂街道海尾村	232
东村	佛山市顺德区杏坛镇东村	264

续表 5.1-1

断面名称	断面位置	断面宽 / m
西湾大桥	澳门特别行政区澳门海洋花园	1 819
横琴	珠海市横琴新区 福祥湾社区深井村	2 343
红旗村	珠海市横琴新区红旗村	216
漳澎	东莞市麻涌镇漳澎村	401
麻涌	东莞市麻涌镇北塘村	203
石龙北	东莞市石龙镇沿江西路	199
石龙南	东莞市石龙镇滨江东路	282
大盛	东莞市麻涌镇大盛村	804
泗盛围	东莞市沙田镇泗盛围	704
深圳河河口	深圳市南山区深圳河右岸防洪墙桩号 0+200 处	209
深圳湾下	深圳市南山区赤湾港码头	5 296

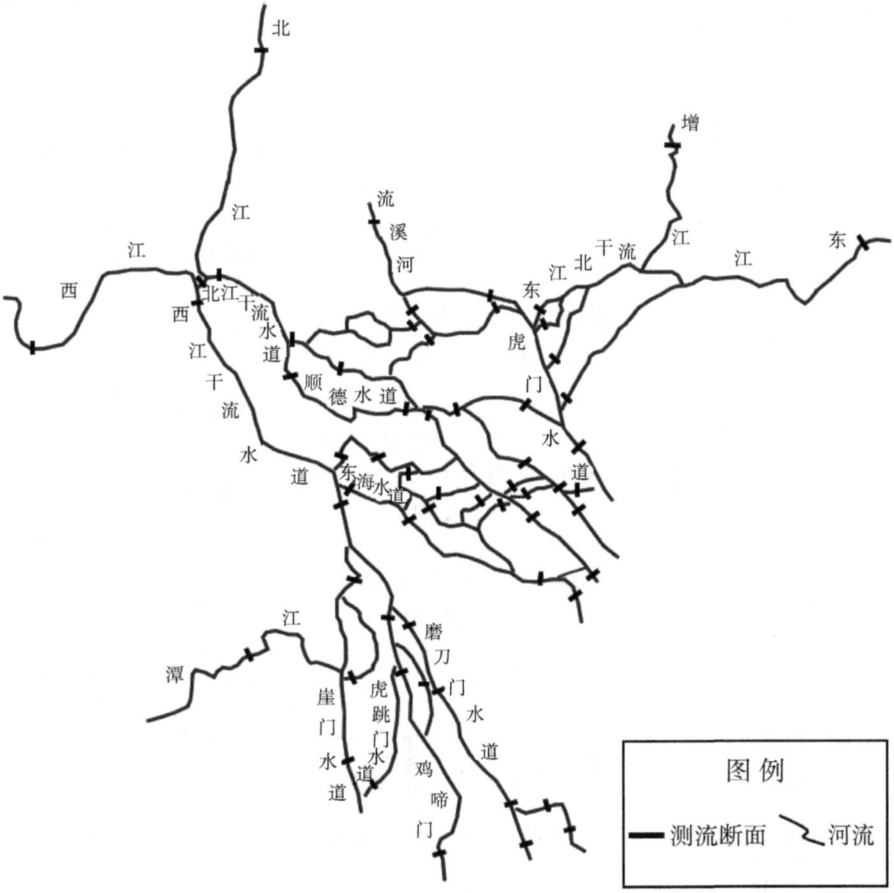

图 5.1-1　主要测验断面布设

5.1.2 水量平衡分析

将此次大同步水文测验范围划分为30个水量平衡闭合区，按测验期间的16个潮流期作为计算时段，枯水期忽略闭合区间河槽蓄水增量的影响，洪水期只在八大口门闭合区计算闭合区间河槽蓄水增量。枯水期测验主要闭合区的水量不平衡相对差δ见表5.1–2，洪水期测验主要闭合区的水量不平衡相对差δ见表5.1–3。

从表中可以看出，洪、枯两期大同步水文测验各闭合区水量不平衡相对差δ值都小于±10%，在规范允许的精度范围内。因此，此次大同步水文测验基础原始数据质量较好，流量成果合理可靠。

表5.1–2 枯水期测验主要闭合区水量平衡分析成果

序号	上边界断面	下边界断面	进水总量/万m^3	出水总量/万m^3	δ/%
1	马口、三水(二)、老鸦岗(二)、石咀、博罗、麒麟咀	黄冲、西炮台（二）、大林、挂定角、横门、冯马庙（二）、南沙、大虎（二）	1 220 032	1 231 000	−0.90
2	马口、三水(二)、老鸦岗(二)、石咀、大盛、泗盛围、漳澎、麻涌	黄冲、西炮台（二）、大林、挂定角、横门、冯马庙（二）、南沙、大虎（二）	1 353 528	1 363 590	−0.74
3	博罗、麒麟咀	大盛、泗盛围、漳澎、麻涌	165 032	165 938	−0.55
4	马口、石咀	南华、黄冲、西炮台（二）、大林、挂定角、东村	525 144	543 510	−3.50
5	马口	天河（二）、南华、东村	309 494	334 910	−8.21
6	天河（二）、石咀	黄冲、西炮台（二）、大林、挂定角	418 750	411 700	1.68
7	天河（二）	睦洲口、竹洲、挂定角、北街闸	271 969	266 862	1.88
8	天河（二）	睦洲口、竹洲、竹银、北街闸	221 489	209 562	5.38
9	天河（二）	百顷、大敖、北街闸	218 248	199 962	8.38
10	百顷、大敖	睦洲口、竹洲、竹银	212 171	218 530	−3.00
11	百顷、大敖	睦洲口、竹洲、挂定角	262 651	275 830	−5.02
12	竹银	挂定角	217 580	224 400	−3.13
13	石咀、睦洲口、竹洲、北街闸	黄冲、西炮台（二）、大林	207 632	205 689	0.94

续表 5.1-2

序号	上边界断面	下边界断面	进水总量 / 万 m^3	出水总量 / 万 m^3	δ / %
14	挂定角	横琴、马骝洲（三）	275 110	294 190	–6.94
15	三水（二）、南华、东村、老鸦岗（二）、大盛、麻涌、漳澎、泗盛围	大虎(二)、南沙、冯马庙(二)、横门	984 618	976 314	0.84
16	三水（二）、南华、东村	沙洛围（二）、大石、三沙口、南沙、冯马庙（二）、横门	379 100	363 059	4.23
17	三水（二）、东村	沙洛围（二）、大石、三善左、三善窖、飞鹅	133 980	130 429	2.65
18	南华	小榄、南头、海尾、容奇（二）	168 125	168 340	–0.13
19	老鸦岗（二）、沙洛围（二）、大石、大盛、麻涌、漳澎、泗盛围、三沙口	大虎（二）	726 733	734 470	–1.06
20	黄埔（三）、黄埔右、大盛、麻涌、漳澎、泗盛围、三沙口	大虎（二）	803 128	796 760	0.79
21	石仔沙、澜石、南华、东村	沙洛围（二）、大石、三沙口、南沙、冯马庙（二）、横门	384 910	374 599	2.68
22	石仔沙、澜石、东村	沙洛围（二）、大石、三善左、三善窖、飞鹅	139 790	141 969	–1.56
23	上横、下横、亭角	南沙	203 220	197 310	2.91
24	冯马庙（二）、横门	横门南、横门东	245 350	260 990	–6.37
25	南沙	凫洲、万顷沙东	212 060	232 290	–9.54
26	小榄、南头	乌珠、黄沙沥、横门	110 076	101 987	7.35
27	南华、飞鹅、三围	上横、下横、冯马庙（二）、横门	256 360	247 970	3.27
28	飞鹅、容奇（二）、海尾、乌珠、黄沙沥、三围	冯马庙（二）、上横、下横	186 340	185 824	0.28
29	石仔沙、东村	飞鹅、霞石	87 850	84 644	3.65
30	大陇滘、黄沙沥	冯马庙（二）、上横、下横	192 900	186 926	3.10

表 5.1–3　洪水期测验主要闭合区水量平衡分析成果

序号	上边界断面	下边界断面	进水总量 / 万 m^3	出水总量 / 万 m^3	区间蓄水量 / 万 m^3	δ / %
1	马口、三水（二）、老鸦岗（二）、石咀、博罗、麒麟咀	黄冲、西炮台（二）、大林、挂定角、横门、冯马庙（二）、南沙、大虎（二）	1 738 554	1 811 023	–27 368	–5.74
2	马口、三水（二）、老鸦岗（二）、石咀、大盛、泗盛围、潼澎、麻涌	黄冲、西炮台（二）、大林、挂定角、横门、冯马庙（二）、南沙、大虎（二）	1 896 300	1 951 917	–25 133	–4.26
3	博罗、麒麟咀	大盛、泗盛围、漳澎、麻涌	203 424	220 276		–8.28
4	马口、石咀	南华、黄冲、西炮台（二）、大林、挂定角、东村	1 001 881	1 032 438		–3.05
5	马口	天河（二）、南华、东村	804 568	803 968		0.07
6	天河（二）、石咀	黄冲、西炮台（二）、大林、挂定角	646 000	677 157		–4.82
7	天河（二）	睦洲口、竹洲、挂定角、北街水闸	478 559	482 967		–0.92
8	天河（二）	睦洲口、竹洲、竹银、北街闸	463 029	488 567		–5.52
9	天河（二）	百顷、大敖、北街水闸	457 229	452 497		1.03
10	百顷、大敖	睦洲口、竹洲、竹银	451 228	481 499		–6.71
11	百顷、大敖	睦洲口、竹洲、挂定角	466 758	475 899		–1.96
12	竹银	挂定角	385 060	363 930		5.49
13	石咀、睦洲口、竹洲、北街闸	黄冲、西炮台（二）、大林	300 820	327 569		–8.89
14	挂定角	横琴、马骝洲（三）	388 492	390 020		–0.39
15	三水（二）、南华、东村、老鸦岗（二）、大盛、麻涌、漳澎、泗盛围	大虎（二）、南沙、冯马庙（二）、横门	1 250 348	1 275 408		–2.00

续表 5.1-3

序号	上边界断面	下边界断面	进水总量 / 万 m^3	出水总量 / 万 m^3	区间蓄水量 / 万 m^3	δ / %
16	三水（二）、南华、东村	沙洛围（二）、大石、三沙口、南沙、冯马庙（二）、横门	618 730	632 737		–2.26
17	三水（二）、东村	沙洛围（二）、大石、三善左、三善窖、飞鹅	207 359	221 348		–6.75
18	南华	小榄、南头、海尾、容奇（二）	349 571	348 549		0.29
19	老鸦岗（二）、沙洛围（二）、大石、大盛、麻涌、漳澎、泗盛围、三沙口	大虎（二）	801 372	812 425		–1.38
20	黄埔(三)、黄埔右、大盛、麻涌、漳澎、泗盛围、三沙口	大虎（二）	911 306	896 464		1.63
21	石仔沙、澜石、南华、东村	沙洛围（二）、大石、三沙口、南沙、冯马庙（二）、横门	625 490	633 519		–1.28
22	石仔沙、澜石、东村	沙洛围（二）、大石、三善左、三善窖、飞鹅	214 119	222 130		–3.74
23	上横、下横、亭角	南沙	243 980	267 164		–9.50
24	冯马庙（二）、横门	横门南、横门东	301 501	331 364		–9.90
25	南沙	凫洲、万顷沙东	294 350	278 650		5.33
26	小榄、南头	乌珠、黄沙沥、横门	172 858	173 477		–0.36
27	南华、飞鹅、三围	上横、下横、冯马庙(二)、横门	444 688	424 182		4.61
28	飞鹅、容奇（二）、海尾、乌珠、黄沙沥、三围	冯马庙（二）、上横、下横	319 404	299 301		6.29
29	石仔沙、东村	飞鹅、霞石	160 573	175 692		–9.42
30	大陇滘、黄沙沥	冯马庙（二）、上横、下横	315 544	304 975		3.35

5.2　水量分配比

为分析西北江三角洲主要水道的水量分配状况，以“水量分配比”的概念描述。水量分配比是以珠江西北江三角洲上游顶点三水（二）、马口、思贤滘作为总控制点，采用树状结构向下游逐步展开的方式，推算出各个控制节点及各入海口的水量分配比。计算方法为首先采取“马口 + 三水（二）”下泄径流量作为水量分配计算的总量，初始计算值为 100%，计算每次测验的马口、三水（二）水量分配比，对马口、三水（二）以下各断面，则每当河汊分流一次，以各河汊的净泄量除以本级河汊的总净泄量，为各河汊百分占比，再乘以上一级河流对入流总量的分配比，即为该级河汊对总入流量的分配比，如此逐级往下计算，求出所有河汊口的分配比。

八大口门水量分配比是在不考虑从马口、三水（二）向下逐级分配的情况下，由各八大口门净泄量直接计算各口门水量占马口、三水（二）总净泄量的百分比，其中虎门水道大虎（二）站的净泄量为减去老鸦岗（二）和博罗以及麒麟咀来水量，崖门水道黄冲站的净泄量则为减去潭州水道石咀的来水量。

水量分配比计算节点概化图见图 5.2-1。

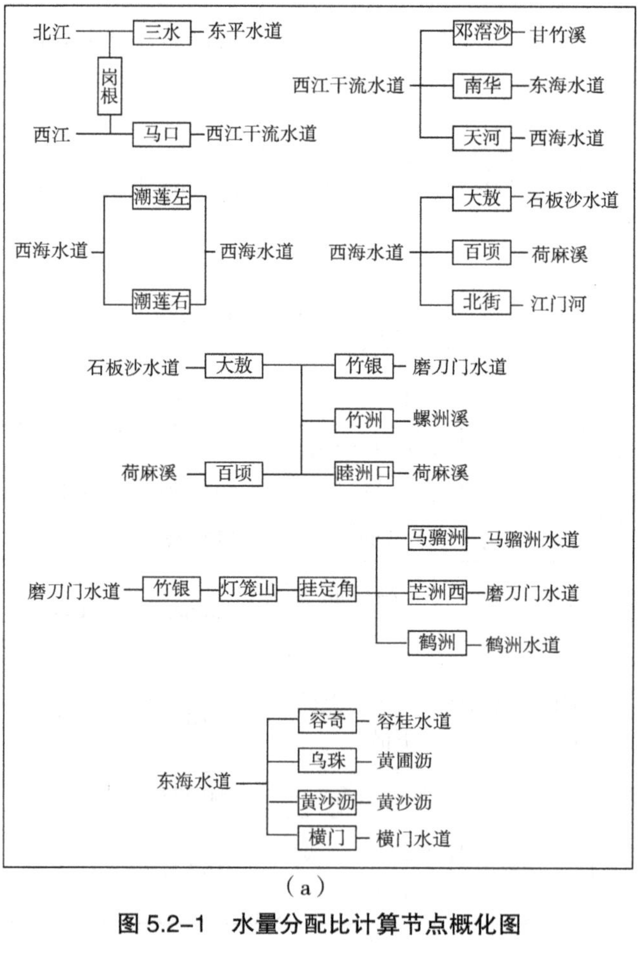

（a）

图 5.2-1　水量分配比计算节点概化图

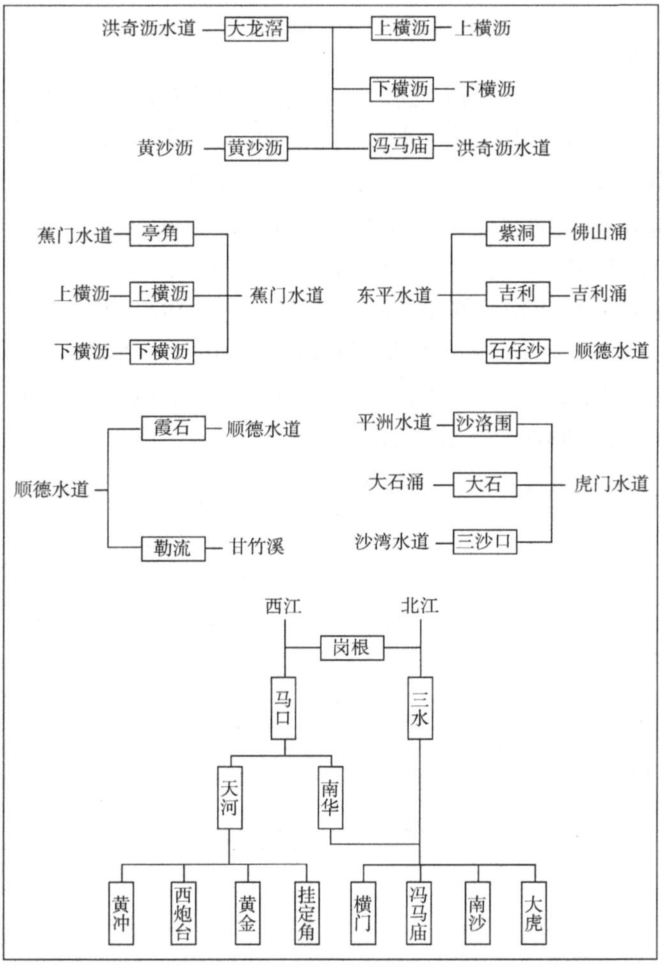

（b）

续图 5.2-1

5.2.1　近期水量分配比

5.2.1.1　近期大同步测验概况

2019 年 12 月 27 日至 2020 年 1 月 4 日枯水期和 2020 年 6 月 16 日至 6 月 24 日洪水期，珠江委开展了近 15 年以来规模最大的同步测验，是迄今为止在粤港澳大湾区进行的范围最广、规模最大、测点最多、任务最重的一次同步测验。本次测验是在 2005 年西江、北江下游及其三角洲网河河道同步水文测验的基础上再次组织进行的一次大规模同步水文测验，测验由珠江委水文局牵头，多单位参与共同完成。测验包括网河区 68 处断面（见 5.1.1 部分）和河口区 17 处测点，河口区 17 处测点水文测验由珠江水利科学研究院组织实施，珠江委水文局负责组织协调网河区 68 处断面的水文测验工作。网河区 68 处断面的水文测验工作由珠江水文水资源勘测中心、珠江水资源保护科技发展有限公司、长江水利委员会水文局长江口水文水资源勘测局和广东省水文局 4 个单位分工组织实施。

5.2.1.2 水量分配比

1. 重要节点水量分配比

重要节点水量分配比的计算是以三水（二）、马口的总净泄量之和为入流总量，计算出三水（二）、马口的分配比，对三水（二）、马口以下各断面，每当河汊分流一次，以各河汊的净泄量除以上一级河流的净泄量，为各河汊对上一级河流的分配比，再乘以上一级河流对入流总量的分配比，即为该级河汊对总入流量的分配比，如此逐级往下计算，求出所有断面的分配比。大虎（二）断面的分配比计算为扣除老鸦岗（二）、博罗（二）和麒麟咀（二）的净泄量来计算，黄冲断面的分配比则用扣除潭江石咀的净泄量来计算。

近期大同步水文测验中，洪、枯两期测验以及2005年、2007年两次大同步测验的各主要河道水量分配比见表5.2-1，由于2007年洪水期测验的测验断面略有不同，表中北街水闸、乌珠、黄沙沥2007年不作统计。

表5.2-1 重要节点水量分配比统计 %

河名	断面名称	分配比			
		2005枯水期	2007洪水期	2019枯水期	2020洪水期
西江	马口	83.8	82.6	81.1	82.0
甘竹溪	东村	0	0.4	0.8	0.9
容桂水道	蚬沙（南华）	31.4	38.8	33.3	36.0
西海水道	天河（二）	52.4	43.4	47.8	45.9
荷麻溪	百顷	24.7	19.9	23.7	21.7
磨刀门水道	大敖	26.3	23.5	24.1	24.2
江门河	北街水闸	1.4		1.2	1.6
荷麻溪	睦洲口	11.4	6.6	12.5	9.5
螺洲溪	竹洲	4.2	3.0	5.7	4.2
磨刀门水道	挂定角	35.4	31.7	32.7	30.4
崖门水道	黄冲	6.3	4.3	2.7	6.9
虎跳门水道	西炮台	6.3	4.3	6.9	3.9
鸡蹄门水道	黄金（大林）	4.4	4.2	3.3	3.9
容桂水道	容奇（二）	7.6	11.5	9.3	12.2
桂洲水道	海尾	4.7	6.8	4.3	7.0
鸡鸦水道	南头	13.5	12.5	13.0	11.3
小榄水道	小榄（二）	5.6	8.0	6.7	5.6
黄圃沥	乌珠	0.8		0.8	1.7
黄沙沥	黄沙沥	2.1		3.4	3.8
上横沥	上横	2.9	6.4	2.9	5.3
下横沥	下横	4.3	9.1	6.3	9.5

续表 5.2-1

河名	断面名称	分配比			
		2005 枯水期	2007 洪水期	2019 枯水期	2020 洪水期
洪奇沥水道	冯马庙(二)	5.8	14.8	11.7	11.0
横门水道	横门	16.2	13.0	14.5	12.0
北江	三水（二）	16.2	17.4	18.9	18.0
平洲水道	沙洛围（二）	2.5	4.7	3.9	3.9
东平水道	澜石(新市)	2.0	4.6	3.0	4.9
大石涌	大石	0.2	0.5	0.2	0.7
顺德水道	石仔沙	11.7	12.9	15.9	13.1
顺德水道	霞石	7.2	11.2	14.7	11.9
沙湾水道	三沙口	3.9	3.9	5.6	6.1
紫泥河	三善左	0.8	2.0	1.7	1.9
顺德水道	三善滘	6.1	9.0	13.0	10.3
李家沙水道	三围	2.5	2.8	3.0	2.6
蕉门水道	南沙	19.0	19.0	12.7	18.9
虎门水道	大虎（二）	6.6	8.7	15.5	13.0

1）本次测验洪水期、枯水期两期对比分析

根据分配比计算，本次洪水期、枯水期两期同步测验，大部分的河汊水量分配比相近，相差较大的只有挂定角站（枯 32.7%、洪 30.4%）、睦洲口站（枯 12.5%、洪 9.5%）、容奇（二）站（枯 9.3%、洪 12.2%）、霞石断面（枯 14.7%、洪 11.9%）和南沙站（枯 12.7%、洪 18.9%）。

2）2019 年枯水期和 2005 年枯水期对比分析

本次枯水期同步测验和 2005 年西北江下游及其三角洲网河河道同步水文测验（枯水期）对比，绝大部分河汊水量分配比相近，只有少一部分相差较大，如冯马庙（二）站（5.8%、11.7%）、霞石断面（7.2%、14.7%）、三善滘站（6.1%、13.0%）、南沙站（19.0%、12.7%）、大虎（二）站（6.6%、15.5%），差值超过 ±5%。上述断面 2005 年测验的水量分配比除南沙站外都较 2019 年小，但 2019 年和 2007 年、2020 年三次测验的水量分配比又基本相近。2019 年枯水期同步水文测验主要断面水量分配比见图 5.2-2。

3）2020 年洪水期和 2007 年洪水期对比分析

本次洪水期同步测验和 2007 年珠江流域综合规划修编珠江三角洲同步水文测验（洪水期）比较，只有睦洲口站（6.6%、9.5%）、冯马庙（二）站（14.8%、11.0%）、大虎（二）站（8.7%、13.0%）相差较大，其他都相近。但百顷站、大虎（二）站 2019 年和 2020 年两次测得的分配比又相差不大。大虎（二）站近几年同步测验测得的分配比都在 10% 左右。2020 年洪水期同步水文测验主要断面水量分配比见图 5.2-3。

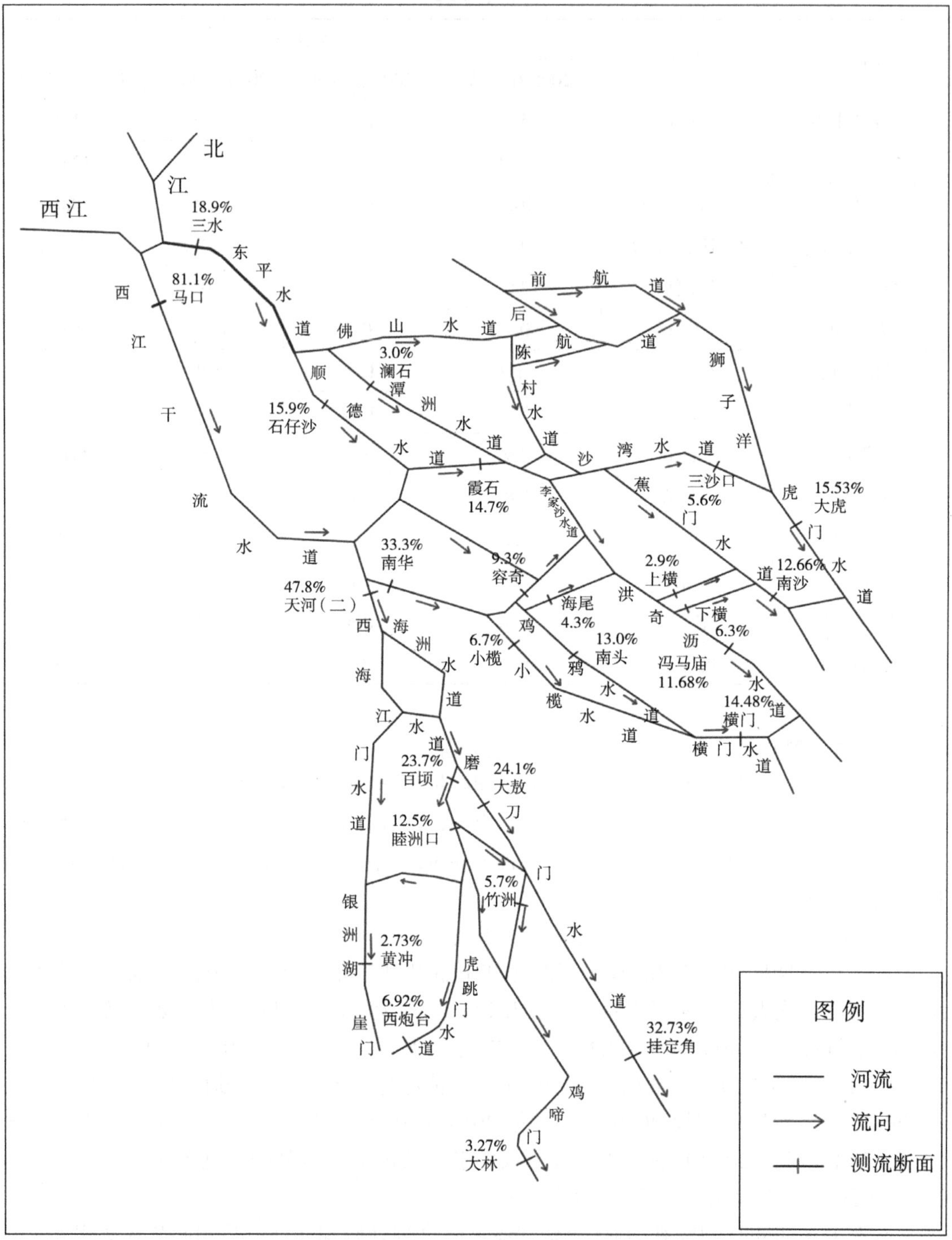

图 5.2-2　2019 年枯水期同步水文测验主要断面水量分配比

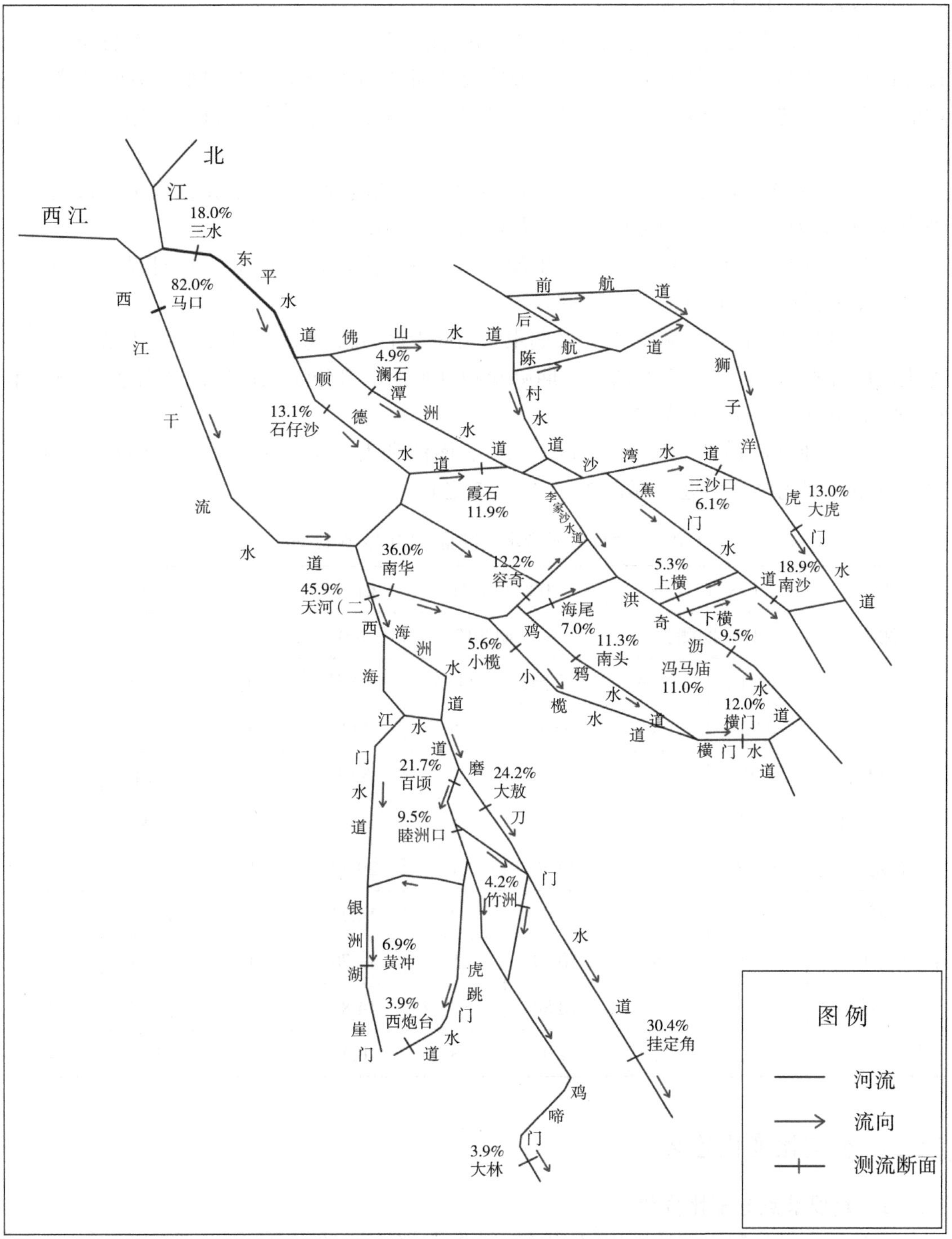

图 5.2-3　2020 年洪水期同步水文测验主要断面水量分配比

2. 八大入海口门水量分配比

经计算，近期大同步水文测验中八口门断面净泄量占马口、三水（二）总净泄量的百分比见表 5.2–2，表中多年平均水量分配比为各年份各测次算得的水量分配比算术平均值，多年平均水量分配比排序是以算出的水量分配比算术平均值进行排序，综合分析如下：

（1）从表 5.2–2 可见，本次枯水期、洪水期两期测验都是挂定角站分配比最大，分别为 32.73% 和 30.40%，分配比排序都是位列八口门第一位。

（2）西四口门的黄冲、西炮台和黄金（大林）洪水期、枯水期两期测得的各站分配比排序也相近，都在 6、7、8 之间。

（3）横门站枯水期测验和洪水期水量分配比百分数分别是 14.48% 和 12.02%，分配比排序分别为 2 和 4；南沙站枯水期测验和洪水期水量分配比百分数分别是 12.66% 和 18.88%，分配比排序分别为 4 和 2。

（4）东四口门的横门、冯马庙（二）、南沙和大虎（二）洪水期、枯水期两期测得的各站分配比排序相近，都在 2、3、4、5 之间。

表 5.2–2　八大口门同步水文测验八口门分配比对照　　%

年份	2019 年 12 月		2020 年 6 月		枯水期多年平均		洪水期多年平均	
测次	枯水期测验		洪水期测验		2001—2020 年		1999—2020 年	
断面	分配比	排序	分配比	排序	分配比	排序	分配比	排序
黄冲	2.73	8	6.93	6	7.68	6	3.89	8
西炮台	6.92	6	3.92	7	5.83	7	4.74	6
黄金（大林）	3.27	7	3.87	8	9.91	8	4.04	7
挂定角	32.73	1	30.40	1	29.39	1	30.06	1
横门	14.48	3	12.02	4	14.24	3	13.28	3
冯马庙（二）	11.68	5	10.99	5	13.70	4	11.27	5
南沙	12.66	4	18.88	2	14.83	2	19.08	2
大虎（二）	15.53	2	12.99	3	10.43	5	13.64	4

5.2.2　分流比变化趋势

5.2.2.1　重要节点分配比变化

为分析水量分配比的演变规律，挑选测验资料较齐全的三水（二）—马口、天河（二）—南华、百顷—大敖、小榄（二）—南头—海尾—容奇（二）等重要河汊进行变化分析。

1. 三水（二）、马口分配比

主要河汊水量分配比见表 5.2–3。

表 5.2-3　三水（二）、马口水量分配比统计　　%

时期	组合号	测验时间（年-月-日）	三水（二）	马口
洪水期	187	2020-06-16—06-24	18.04	81.96
	184	2019-06-19—06-27	15.38	84.62
	181	2018-08-20—08-28	17.05	82.95
	178	2017-07-23—07-31	25.06	74.94
	175	2016-08-12—08-20	22.70	77.30
	172	2015-08-29—09-06	22.24	77.76
	169	2014-08-11—08-19	19.54	80.46
	166	2013-06-23—07-01	19.76	80.24
	163	2012-07-19—07-22	18.44	81.56
	158	2011-08-09—08-17	17.02	82.98
	155	2010-09-09—09-17	16.22	83.78
	151	2009-07-08—07-16	21.52	78.48
	149	2008-08-31—09-08	18.92	81.08
	144	2007-08-30—09-02	17.42	82.58
	130	1999-07-16—07-23	25.10	74.90
	多年平均		19.63	80.37
枯水期	188	2020-11-10—11-18	16.63	83.37
	185	2019-12-27—2020-01-04	18.85	81.15
	183	2019-01-07—01-15	20.80	79.20
	180	2018-01-11—01-19	25.78	74.22
	177	2017-01-07—01-14	14.72	85.28
	174	2016-02-24—03-03	22.97	77.03
	171	2015-01-14—01-21	20.98	79.02
	168	2014-01-09—01-17	17.34	82.66
	165	2013-01-21—01-28	17.15	82.85
	161	2012-02-15—02-23	19.35	80.65
	157	2011-01-12—01-20	15.38	84.62
	153	2009-11-17—11-25	17.79	82.21
	150	2008-11-29—12-07	15.78	84.22
	143	2006-12-30—2007-01-07	12.22	87.78
	133	2001-02-07—02-15	23.95	76.05
	多年平均		18.65	81.35

从表 5.2–3 中可以看出，近 20 年三水（二）、马口断面处的水量分配以马口断面为主，多年平均洪水期马口断面分配比为 80.37%、三水（二）断面为 19.63%；多年平均枯水期马口断面分配比为 81.35%、三水（二）断面为 18.65%。洪水期、枯水期两处断面分配比变化不大。

三水（二）、马口断面近 20 年分配比见图 5.2–4 和图 5.2–5。

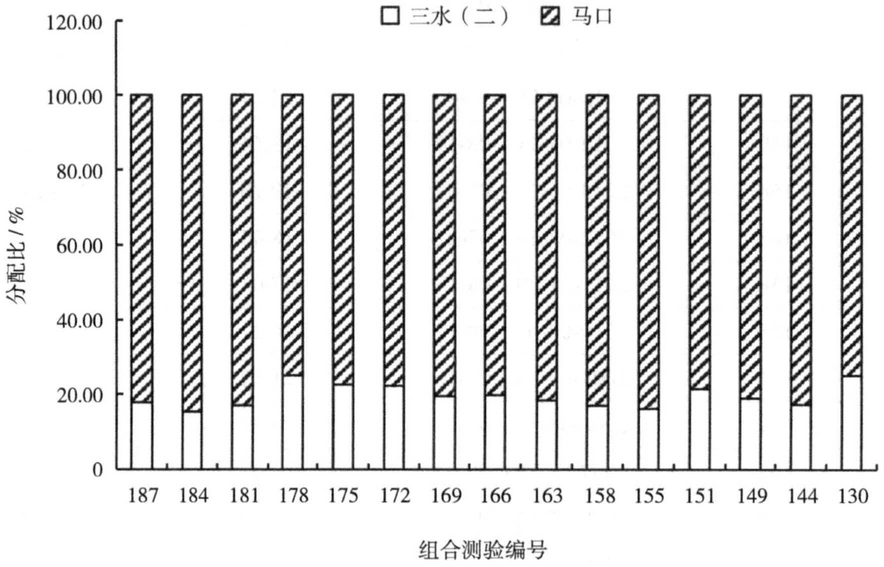

图 5.2–4　不同组合测验三水（二）、马口断面分配比（洪水期）

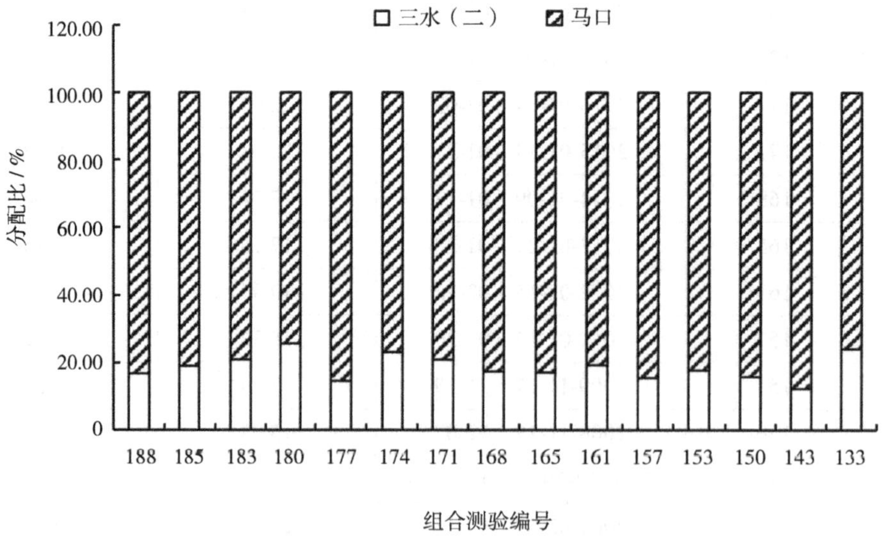

图 5.2–5　不同组合测验三水（二）、马口断面分配比（枯水期）

从图 5.2-4 可以看出，洪水期，两处断面分配比在 1999—2009 年（组合号 130~151）不稳定，三水（二）断面在该时间段内分配比最大为 25.10%，最小为 17.42%。在 2010—2014 年（组合号 155~169），分配比较稳定，三水（二）断面分配比平均为 18.20%，马口断面分配比平均为 81.80%。在 2015—2017 年（组合号 172~178），分配比发生较大变化，三水（二）断面分配比有增大趋势，最小为 22.24%，最大为 25.06%；马口断面分配比有减小趋势。2018 年之后，三水（二）断面分配比开始减小，马口断面分配比开始增大。

从图 5.2-5 可以看出，枯水期与洪水期两处断面分配比变化相似，在 2001—2006 年（组合号 133~143），三水（二）断面在该时间段内分配比有明显的减小过程，最大为 23.95%，最小为 12.22%。在 2006—2015 年（组合号 143~174），分配比较稳定，三水（二）断面分配比平均为 17.00%，马口断面分配比平均为 83.00%。在 2016—2019 年（组合号 177~185），分配比发生较大变化，三水（二）断面分配比有增大趋势，最小为 14.72%，最大为 25.78%；马口断面分配比有减小趋势。

从长系列的分流比统计数据（见图 5.2-6）看，在 20 世纪 90 年代三水（二）与马口断面的分流比有比较大的变化，90 年代之前，马口断面多年平均分流比为 85.8%，三水（二）断面为 14.2%；90 年代之后，特别是 1993 年之后，马口断面多年平均分流比减小为 78.0%，三水（二）断面增加为 22.0%。分析原因为受 90 年代采砂影响，三水（二）断面河床下切比马口断面要大。

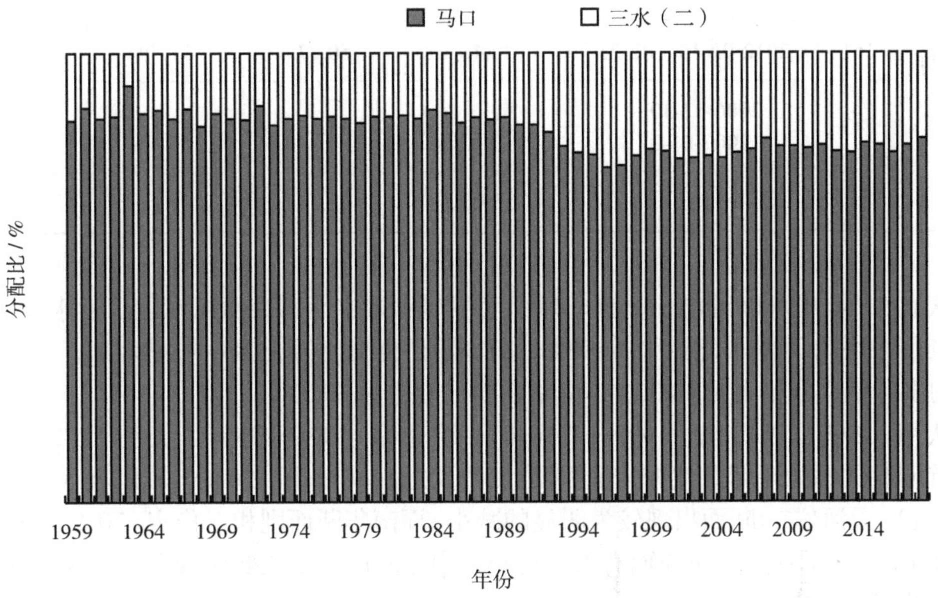

图 5.2-6　三水（二）与马口断面分流比长系列过程

2. 南华、天河（二）分配比

南华、天河（二）断面分配比统计见表 5.2-4。

表 5.2-4　南华、天河（二）断面分配比统计 %

时期	组合号	测验时间（年-月-日）	占三水（二）+ 马口总净泄量的比重		占天河（二）+ 南华的比重	
			南 华	天河（二）	南 华	天河（二）
洪水期	187	2020-06-16—06-24	36.04	45.92	43.98	56.02
	166	2013-06-23—07-01	32.50	47.74	40.50	59.50
	163	2012-07-19—07-22	37.17	44.39	45.58	54.42
	158	2011-08-09—08-17	33.70	49.29	40.61	59.39
	155	2010-09-09—09-17	34.04	49.74	40.63	59.37
	151	2009-07-08—07-16	38.27	40.20	48.77	51.23
	144	2007-08-30—09-02	39.01	43.58	47.23	52.77
	130	1999-07-16—07-23	35.90	39.01	47.92	52.08
	多年平均		35.83	44.98	44.40	55.60
枯水期	185	2019-12-27—01-04	33.32	47.83	41.06	58.94
	165	2013-01-21—01-28	34.10	48.75	41.16	58.84
	161	2012-02-15—02-23	30.48	50.17	37.79	62.21
	143	2006-12-30—2007-01-07	42.22	45.56	47.23	52.77
	多年平均		35.03	48.07	41.81	58.19

从表 5.2-4 中可以看出，上游马口断面下泄水量主通道为西海水道。洪水期，天河（二）断面的多年平均分配比为 44.98%，南华断面分配比为 35.83%。枯水期，天河（二）断面的多年平均分配比为 48.07%，南华断面分配比为 35.03%。

从图 5.2-7 可以看出，1999—2010 年（组合编号 130~155），天河（二）断面分配比有明显的增大趋势，南华断面则是在增大之后又减小。2010—2012 年（组合编号 155~163），天河（二）断面出现较为明显的减小，而南华断面则相对稳定。2012 年之后（组合编号 163），天河（二）断面有增大趋势，南华断面分配比变化较大，出现了近 20 年以来最低值 30.48%。

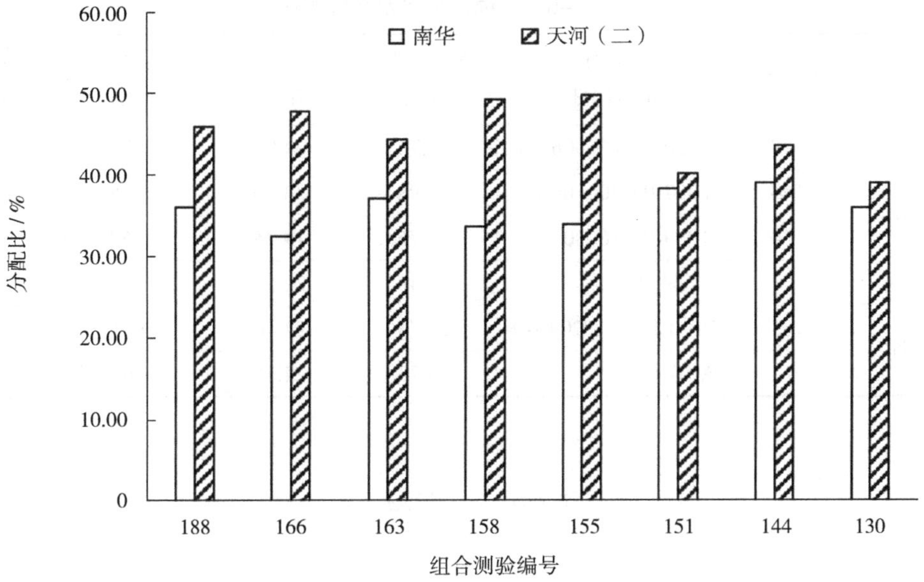

图 5.2-7　不同组合测验南华、天河（二）断面分配比（洪水期）

从图 5.2-8 看出，枯水期，两处断面分配比变化趋势一致，均为先减小后增大，其中，南华断面的变幅较大。

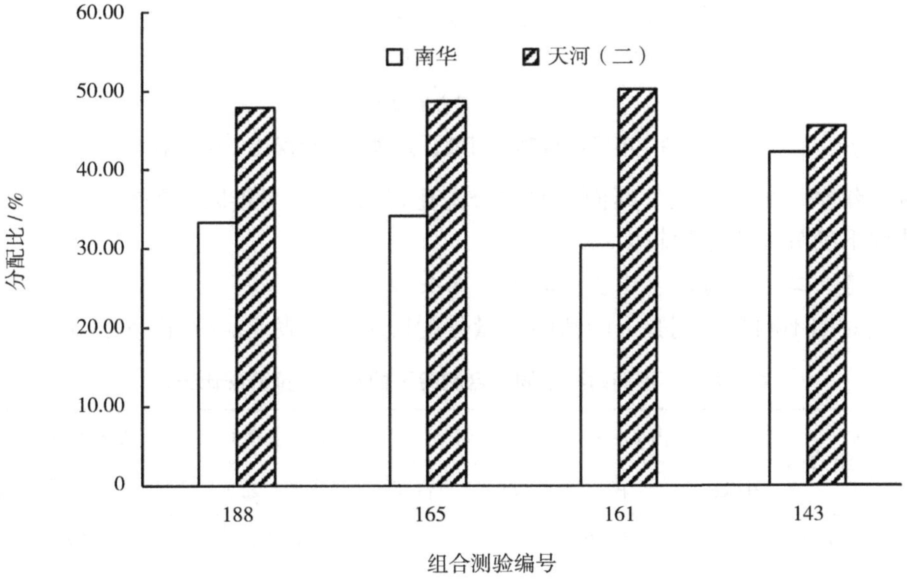

图 5.2-8　不同组合测验南华、天河（二）断面分配比（枯水期）

3. 百顷、大敖分配比

百顷、大敖水量分配比见表 5.2-5、图 5.2-9。

表 5.2-5　百顷、大敖水量分配比　　%

时期	组合号	测验时间（年-月-日）	占[三水（二）+马口]		占（百顷+大敖）	
			百顷	大敖	百顷	大敖
洪水期	187	2020-06-16—06-24	21.70	24.22	47.26	52.74
	144	2007-08-30—09-02	19.98	23.60	45.85	54.15
	130	1999-07-16—07-23	19.76	19.24	50.67	49.33
	多年平均		20.48	22.35	47.93	52.07
枯水期	185	2019-12-27—2020-01-04	23.73	24.10	49.61	50.39
	多年平均		23.73	24.10	49.61	50.39

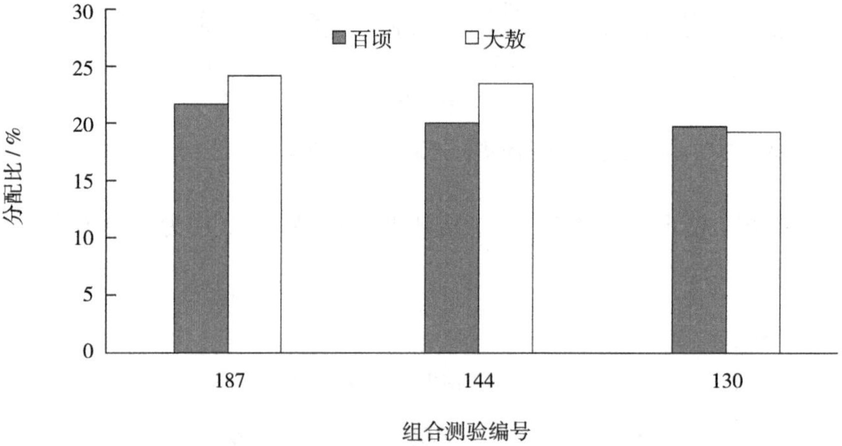

图 5.2-9　不同组合测验百顷、大敖水量分配比（洪水期）

从多年平均值看，两处断面的水量分配比接近，由于同步测验资料较少，不同组合测验情况下的分配比变化较大。

4. 容奇（二）、海尾、小榄（二）、南头分配比

不同时期不同组合测验下的断面水量分配比统计见表 5.2-6、图 5.2-10。

表 5.2-6　不同时期不同组合测验下的断面水量分配比统计　　%

时期	组合号	占[三水（二）+马口]				占[小榄（二）+南头+海尾+容奇（二）]			
		小榄（二）	南头	海尾	容奇（二）	小榄（二）	南头	海尾	容奇（二）
洪水期	187	5.59	11.28	7.02	12.16	15.50	31.30	19.47	33.73
	144	8.06	12.52	6.83	11.59	20.65	32.11	17.52	29.72
	130	5.86	13.26	7.35	9.43	16.32	36.94	20.46	26.27
	多年平均	6.50	12.35	7.07	11.06	17.49	33.45	19.15	29.91
枯水期	185	6.70	13.03	4.32	9.28	20.09	39.10	12.97	27.84
	多年平均	6.70	13.03	4.32	9.28	20.09	39.10	12.97	27.84

从表 5.2–6 中可以看出，四处断面水量分配比较大的是鸡鸦水道南头断面，从变化趋势看，小榄（二）、南头、海尾断面水量分配比有增大趋势，容奇（二）断面则在减小，但减小和增大的幅度不大。

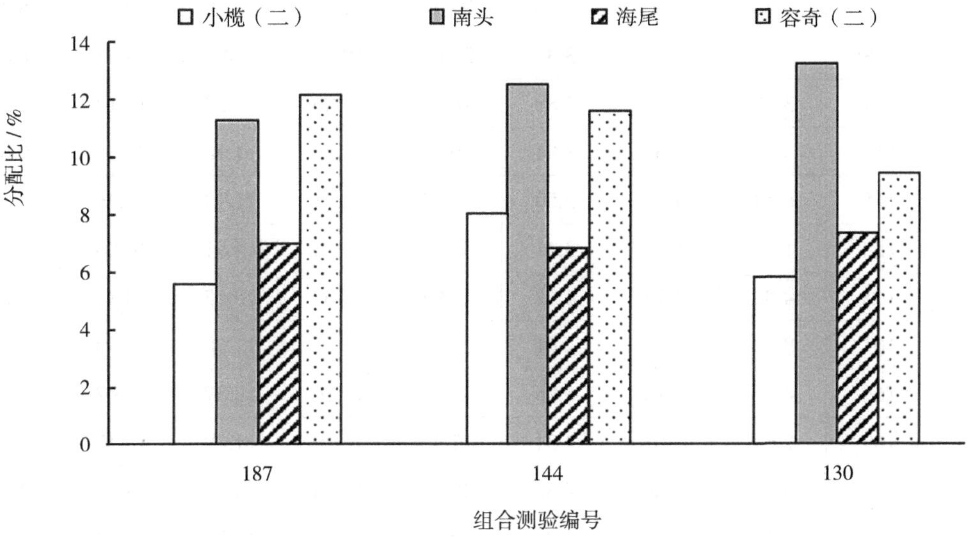

图 5.2–10　不同时期不同组合测验下小榄（二）、南头、海尾、容奇（二）断面水量分配比（洪水期）

5.2.2.2　八口门分配比变化

历次组合测验八口门分配比统计见表 5.2–7。

从表 5.2–7 可以看出：

（1）挂定角站的洪水期、枯水期测验的水量分配比排序都是 1，和历史成果一样，本次洪水期测验挂定角站分配比和洪水期多年（1999—2020 年）平均值相近，分别为 30.40% 和 30.06%；本次枯水期测验比枯水期多年（2001—2020 年）平均值偏大，分别为 32.73% 和 29.39%，但从点绘的历年测验实测八大口门水量分配比变化过程线图（见图 5.2–11、图 5.2–12）可以看出，近几年挂定角站枯水期的水量分配比有变大的趋势，本次枯水期测验挂定角站的水量分配比和最近几年（2015—2020 年）挂定角的枯水期分配比相近，说明成果合理。

（2）西炮台站本次枯水期测验水量分配比排序为 6，历史多年（2001—2020 年）水量平均值分配比排序为 7，水量分配比分别为 6.92% 和 5.83%；本次洪水期测验的水量分配比排序为 7，多年（1999—2020 年）洪水期测验水量平均值分配比排序为 7，水量分配比分别为 3.92% 和 4.74%。

（3）冯马庙（二）站本次枯水期测验水量分配比排序为4，和历史多年（2001—2020年）平均接近，水量分配比分别为11.68%和13.70%；洪水期的水量分配比排序为5，也和多年（1999—2020年）洪水期测验相同，水量分配比分别为10.99%和11.27%。

（4）南沙站本次枯水期测验水量分配比排序为 4，历史多年平均为 2，水量分配比分别为 12.66% 和 14.83%；洪水期水量分配比排序为 2，和洪水期测验多年平均相同，水量分配比分别为 18.88% 和 19.08%。

表 5.2-7　历次组合测验八口门水量分配比统计　　%

时期	组合号	黄冲	西炮台	黄金	挂定角	横门	冯马庙（二）	南沙	大虎
洪水期	130	4.40	3.60	4.10	27.70	14.40	10.20	20.20	15.40
	138	3.03	3.45	3.33	23.89	10.79	9.41	19.28	26.83
	144	3.68	4.22	3.89	28.60	11.86	14.23	18.18	15.33
	151	4.23	4.67	3.91	30.76	13.87	11.16	20.75	10.65
	155	6.14	4.02	3.59	29.63	12.83	11.99	16.26	15.53
	158	1.79	5.46	3.41	35.39	15.10	14.01	16.00	8.85
	162	4.92	4.74	4.32	27.93	13.03	10.55	19.88	14.64
	163	3.66	5.03	4.61	28.28	13.51	11.58	20.49	12.84
	166	4.36	5.10	5.06	33.75	13.36	12.57	17.97	7.83
	169	2.64	5.05	4.31	32.40	13.20	11.79	18.47	12.14
	172	4.30	4.86	4.30	29.31	13.55	12.68	18.66	12.33
	175	3.17	5.28	4.02	29.30	12.88	10.22	22.13	13.01
	178	2.01	5.16	3.90	32.36	15.21	7.83	21.05	12.47
	181	3.36	6.82	4.11	31.94	14.12	9.24	18.00	12.42
	184	3.55	4.53	3.87	29.33	12.76	11.85	19.10	15.01
	187	6.93	3.92	3.87	30.40	12.02	10.99	18.88	12.99
	多年平均	3.89	4.74	4.04	30.06	13.28	11.27	19.08	13.64
枯水期	133	11.40	8.50	2.10	21.70	14.60	20.90	9.50	11.40
	136	10.53	3.55	2.50	32.78	13.83	11.08	8.09	17.64
	150	5.70	4.67	3.39	30.46	16.66	10.11	15.30	13.72
	165	10.77	5.71	6.79	24.22	15.14	14.62	13.90	8.87
	168	8.69	8.45	6.06	26.73	13.96	13.40	14.42	8.29
	171	8.28	5.20	5.08	29.30	14.52	12.83	19.65	5.14
	174	7.54	5.72	4.04	29.95	14.34	11.45	17.93	9.02
	180	2.11	5.57	4.46	34.62	14.34	12.84	15.53	10.53
	183	5.30	5.94	3.30	28.04	11.91	16.62	19.36	9.52
	185	2.73	6.92	3.27	32.73	14.48	11.68	12.66	15.53
	188	11.42	3.92	2.04	32.72	12.91	15.16	16.80	5.04
	多年平均	7.68	5.83	3.91	29.39	14.24	13.70	14.83	10.43

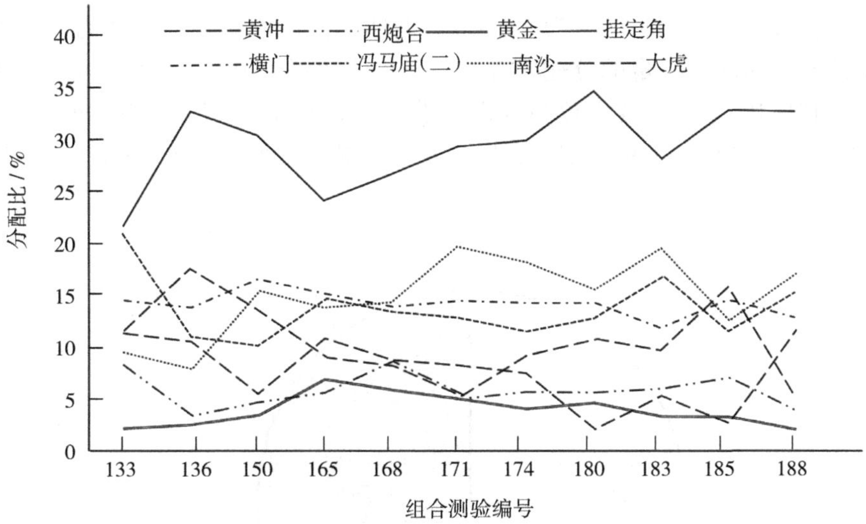

图 5.2-11　枯水期测验八大口门水量分配比变化过程

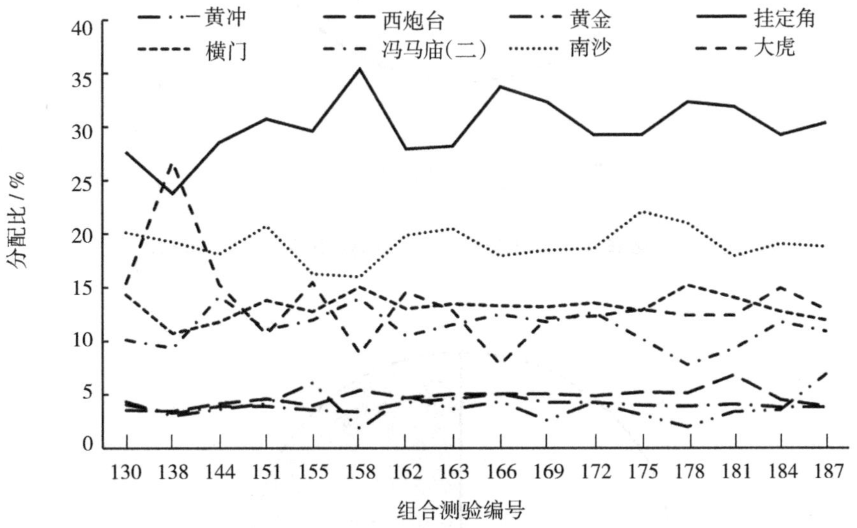

图 5.2-12　洪水期测验八大口门水量分配比变化过程

综上分析及历次同步测验统计数据，得出如下结论：

（1）各口门的水量分配比和排序随各测次水情不同测得的值略有差异，但总体上相差不大。

（2）点绘历年洪水期、枯水期测验八大口门水量分配比变化过程线图（见图 5.2-13、图 5.2-14），从图中可以看出，枯水期测验测得的八大口门水量分配比百分数值变化相对较大，但最近几年来有渐趋稳定的趋势；洪水期测验测得的八大口门水量分配比百分数值相对稳定。

（3）西北江水量主要的出海口为西四口门和东四口门，洪水期，西四口门的总水量分配比百分数平均为42.73%，东四口门为57.27%；枯水期，西四口门的总水量分配比百分数平均为46.81%，东四口门为53.19%。西四口门的水量主要由磨刀门的挂定角站出海，挂定角站占西北江水量的分配比百分数平均值达到30.06%（洪水期）、29.39%（枯水期）。而东四口门的水量主要由蕉门水道和横门水道出海，蕉门水道的南沙站平均为19.08%（洪水期）、14.83%（枯水期），横门水道的横门站平均为13.28%（洪水期）、14.24%（枯水期）。

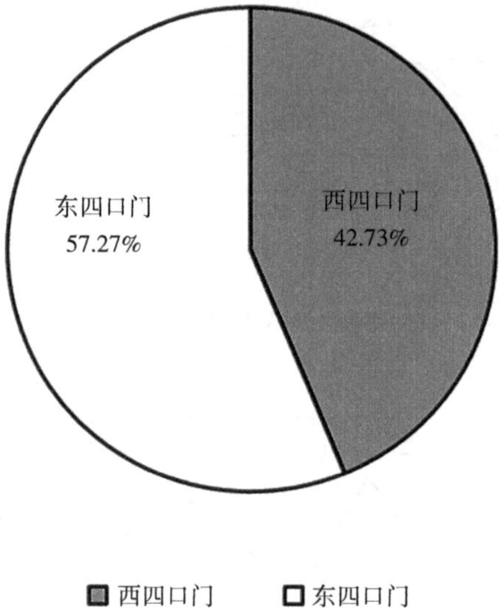

图5.2-13　多年平均洪水期东四口门和西四口门水量分配比

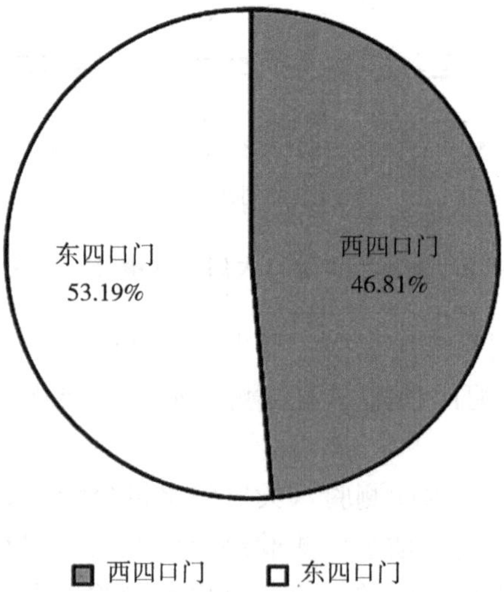

图5.2-14　多年平均枯水期东四口门和西四口门水量分配比

5.3　分配比影响因素及演变规律

5.3.1　地形因素

随着经济高速发展，社会生产活动对河砂需求大幅增加，以往资料表明，人类采砂活动对河床河底高程影响较大，河床下切速度加快，造成水文测站大断面冲淤变化情况显著。同时，河底高程的下切使得部分重要水文站汛期出现流量大、水位低的现象，如“2005 · 6”洪水期间，高要、马口、三水（二）水文站的洪峰流量均为历史最大，但洪峰水位低于“1994 · 6”“1998 · 6”洪水水位，石角水文站洪峰流量与“1998 · 6”洪水相当，但洪峰水位低于 0.93 m。超量采砂导致河道断面过流能力增大，在上游来水量不变的情况下，各河道的水位普遍偏低。

为分析重要节点水量分配比变化原因，对大断面进行分析，本次分析选取上游、网河区、河口区代表断面大断面数据，分析不同年代大断面河底高程变化、断面形状变化、断面冲淤变化及河道深槽等情况。选取三角洲重要河段，以及河口区域分析河道演变规律。

5.3.1.1　三水（二）、马口断面分析

1. 三水（二）断面

三水(二)断面位于北江干流水道，测验河段基本顺直，断面上游约 2 km 为北江干流与思贤滘汇合处，下游约 3 km 有一江心洲。

图 5.3–1 显示，三水(二)断面从 20 世纪 60 年代中期至 21 世纪 00 年代初期河床主槽加深，断面面积增加了 38.53%，河床近左岸处也受到了轻微冲刷。21 世纪 00 年代初期至 10 年代初期间最低河底高程由 –8.82 m 下降至 –11.60 m（见表 5.3–1），主要变动范围为起点距 600 m 至 1 000 m 处，两岸基本保持稳定；21 世纪 10 年代初以后，河道基本保持冲淤平衡状态，主槽靠左岸部位受到轻微冲刷，岸边部位有扩张趋势，而右岸基本无冲淤现象。

2. 马口断面

马口断面位于西江干流水道，河段基本顺直，断面上游约 4 km 为西江干流与思贤滘汇合处。马口断面于 1999 年进行迁移（基下 1 082 m），因此马口断面从 21 世纪 00 年代初开始分析。实测期间，马口断面面积增大了 16.13%，冲淤变化主要发生在主槽，左右岸变化较小。21 世纪 00 年代初至 10 年代初期间马口断面面积增大，河流主槽平均河底高程下降约 4.56 m，河床总体呈现冲刷态势；21 世纪 10 年代初至 10 年代末为断面冲淤变化保持相对稳定的时间段，断面变化不大，见图 5.3–2。

3. 河道地形

根据已有分析成果，梧州—西滘口段河道整体呈现出下切趋势，河道容积逐渐增加。1999—2007 年河道平均下切1.42 m，年平均下切0.14 m；2007—2012 年河道平均下切0.76 m，年平均下切0.15 m。1999 —2012 年河道平均下切2.18 m。平均过流面积变化表现为2008年比1999 年增加6.55%，2012 年比2008 年增加3.28%，过水断面面积呈现增

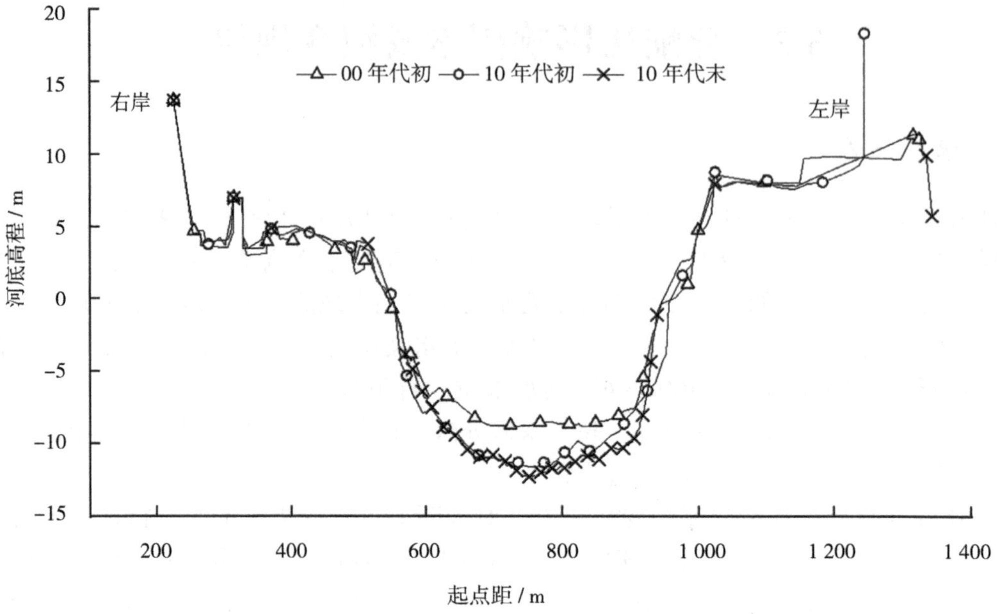

图 5.3–1　三水（二）实测大断面

表 5.3–1　三水（二）断面历年河槽河底高程极值统计

测量日期		中泓河底高程 / m	测量日期		中泓河底高程 / m
年份	月份		年份	月份	
1975	3	−3.53	1988	3	−4.15
1976	3	−3.97	1993	12	−6.18
1977	3	−3.74	1999	2	−8.36
1978	4	−3.79	2000	12	−8.82
1979	2	−3.90	2001	10	−9.62
1980	4	−3.45	2002	10	−10.61
1981	3	−3.49	2003	3	−10.60
1982	3	−3.80	2005	1	−11.34
1983	4	−4.09	2010	3	−11.60
1984	2	−3.62	2015	12	−12.54
1985	2	−3.62	2018	3	−12.49
1986	3	−3.65	2020	3	−12.49
1987	2	−4.04	2022	4	−12.41

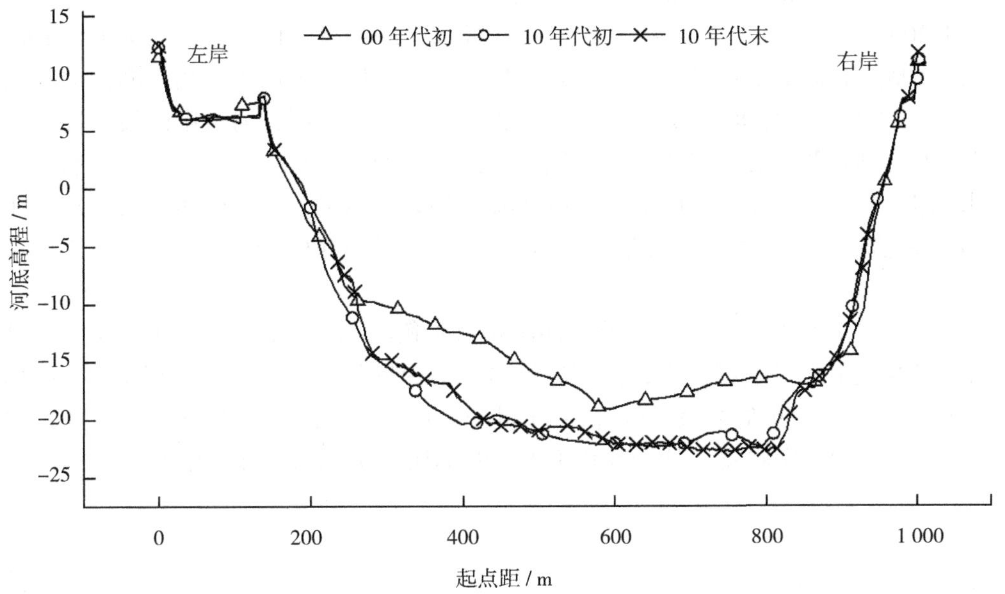

图 5.3–2　马口实测大断面

加的态势。

北江下游河段 1999 年以来河道呈现持续下切趋势，2014 年相比 1999 年，全年河道平均下切 3.76 m，年平均下切 0.25 m，过流面积呈现增加态势，下游区域增加幅度大于上游区域，河段平均增加 67.90%，以清远城区以下正江口—芦苞段变化最为剧烈。

4. 结论

从两断面的河底高程看，马口断面平均河底高程为 −21.0 m 左右，三水（二）站河底高程为 −12.0 m，马口断面明显比三水（二）断面河底高程要低；从两断面形状看，马口断面主河道宽约 850 m，三水（二）断面宽 500 m。马口断面主河道过流断面比三水（二）断面要大，有利于水量宣泄。

从断面形状变化看，21 世纪 00 年代初到 10 年代初的 10 年间，两段面均发生了不同深度的下切，且马口断面形状变化大于三水（二）断面。此期间内洪水期马口分配比由 74.90% 增大到 82.58%，三水（二）断面分配比由 25.10% 减小为 17.42%；枯水期马口分配比由 76.05% 增大到 87.58%，三水（二）断面分配比由 23.95% 减小为 12.22%。

21 世纪 10 年代之后，由于两断面处于相对稳定的状态，两断面水量分配比变化不大。

5.3.1.2　天河（二）、南华断面分析

1. 天河（二）断面

天河（二）断面是西海水道的控制断面，上接西江干流水道，下接磨刀门水道，20 世纪 80 年代所测的两次实测大断面成果相比较，1985 年断面过水面积比 1982 年断面过水面积增大了 60 m^2，平均水深增加了 0.05 m，河槽基本没有变化。进入 90 年代末，河槽发生严重下切，河槽加宽加深，断面中间的浅滩不断消减，直到消失。1999 年 7 月实测大断面与 1982 年 7 月大断面成果比较，1999 年 6 月实测大断面过水面积显

著增大，近 2 560 m² 的浅滩消失，断面面积急剧增大，平均水深增加了 1.96 m，主槽加宽。到 2000 年，天河（二）断面扩展达到极致，2000 年 11 月实测大断面与 1982 年 7 月大断面成果比较，2000 年 11 月实测大断面过水面积几乎增大一倍，断面面积增加了 5 500 m²，平均水深增加了 4.16 m，也几乎达到一倍的增幅，河道中的浅滩完全消失，主槽更宽，断面形状由原来复合型河槽变为 U 形河槽。2000 年以后，在天然水沙平衡机制的作用下，天河（二）断面又有所回淤。2006 年 8 月实测大断面与 2000 年 11 月大断面成果比较，河道过水面积减少了 1 000 m²，右岸的深槽淤积比较明显。断面变化见图 5.3–3。

天河（二）断面在实测期间处于冲淤相对平衡状态，断面面积变化 1.15%。其中，河床冲淤变化主要发生在两岸，河床靠近右岸的深槽位置呈现逐年淤积态势，断面中间部位较为稳定，靠近左岸深泓位置在 21 世纪 00 年代初至 10 年代初出现下切现象，之后逐渐趋于冲淤平衡状态，冲淤变化不大。断面历年中泓河底高程见表 5.3–2。

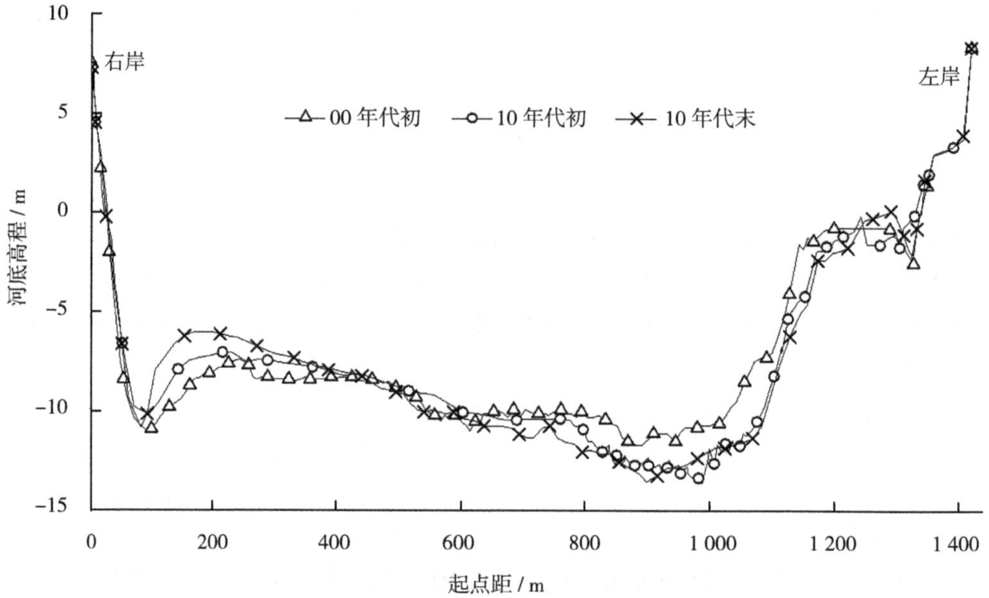

图 5.3–3　天河（二）实测大断面图

表 5.3–2　天河（二）断面历年中泓河底高程极值统计

测量日期		中泓河底高程 / m	测量日期		中泓河底高程 / m
年份	月份		年份	月份	
1982	7	−13.22	2001	8	−11.49
1983	6	−14.59	2002	8	−11.52
1984	4	−13.44	2003	5	−11.47
1985	7	−13.61	2004	11	−11.67

续表 5.3-2

测量日期		中泓河底高程 / m	测量日期		中泓河底高程 / m
年份	月份		年份	月份	
1987	3	-14.58	2005	6	-11.61
1996	12	-14.16	2006	7	-11.95
1997	12	-14.76	2010	12	-13.28
1998	7	-14.80	2015	2	-13.19
1999	6	-14.22	2018	3	-13.55
2000	1	-13.40	2020	3	-13.22
2000	11	-12.62	2022	3	-13.09

2. 南华断面

南华断面位于东海水道上，上游约 2 km 处与西海水道汇合于西江干流，下接容桂水道及小榄水道。

根据 2001—2019 年南华断面实测大断面资料分析，如图 5.3-4 所示，河流主槽有向左岸偏移的趋势；实测期间，河床深泓点下降 3.46 m，断面面积增大 8.84%。南华断面在 21 世纪 00 年代初至 10 年代初变化相对 10 年代初至 10 年代末较大，在 00 年代初至 10 年代初期间，南华断面右岸出现淤积现象，左岸呈现较大程度冲刷下切，至 10 年代末左右岸大致冲淤平衡。断面历年中泓河底高程见表 5.3-3。

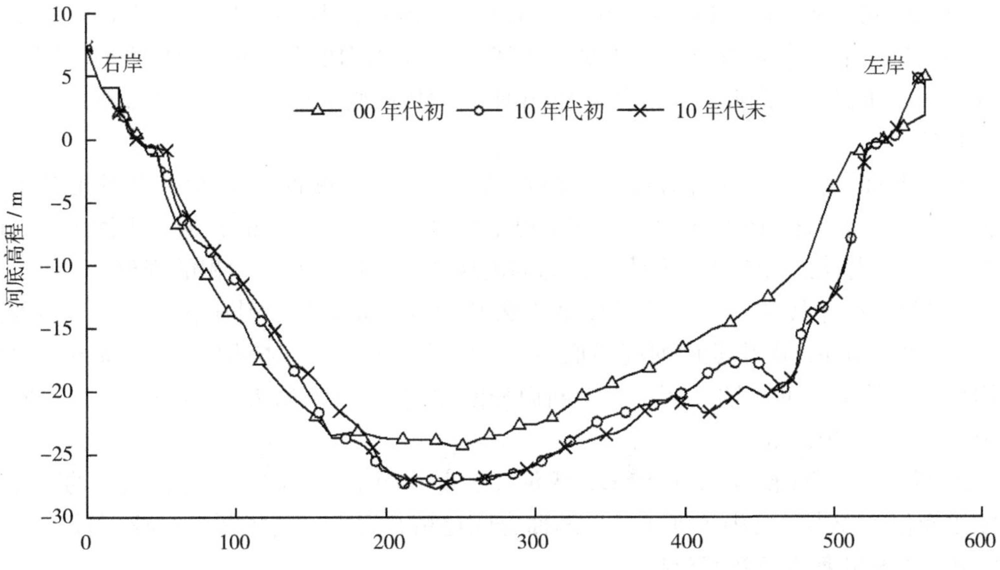

图 5.3-4　南华实测大断面

表 5.3-3　南华断面历年中泓河底高程极值统计

测量日期		中泓河底高程 / m
年份	月份	
1982	7	−15.14
1984	7	−14.72
1985	7	−14.29
2000	12	−24.24
2004	11	−24.75
2005	12	−26.22
2006	9	−25.88
2010	9	−27.25
2015	12	−27.58
2018	11	−27.70
2020	6	−27.60

3. 河道地形

通过西北江网河区河段 2014 年过流面积与 1999 年过流面积比较，西江片区整体呈现增加态势，平均过流面积增加 30%；北江片区不同河段过流面积变化方向不同，整体过流面积增加 20%。因此，西北江三角洲河道整体呈现过流面积增加的态势。

4. 结论

马口断面下泄水量大部分通过西海水道天河（二）断面，由 2014 年地形分析，西海水道平均过水面积 15 015 m^2，荷塘水道平均过水面积 5 812 m^2；通过天河（二）断面近 20 年的变化看，总体呈稳定状态，局部出现左岸冲刷、右岸淤积的现象。

21 世纪 00 年代初到 10 年代初，两处断面呈现下切态势，其中天河（二）断面河底高程下降约 3.0 m，南华断面河底最低高程下降约 5.0 m。该时期内，两断面的水量分配比均呈增大趋势。洪水期天河（二）断面分配比由 35.71% 增大到 51.70%，南华断面由 32.86% 增大到 39.37%。

21 世纪 10 年代初到 10 年代末，天河（二）、南华断面趋于稳定，此时的断面水量分配比变化也较小，其中天河（二）断面分配比稍有增大，南华断面在减小后又增大。

5.3.1.3　八大出海口门断面分析

1. 挂定角

根据历年实测断面数据资料，20 世纪 60 年代中期至 21 世纪 00 年代初河槽左右侧发生较为剧烈的冲刷变化，河床下切，最低河底高程大幅下降，而河床中部逐年淤积。21 世纪 00 年代初以后，挂定角断面基本上呈现自然状态下的冲淤平衡状态，总体趋势较为稳定，其中左岸呈微冲趋势状态，中泓部位呈微淤趋势。断面变化见图 5.3–5，历年中泓河底高程见表 5.3–4。

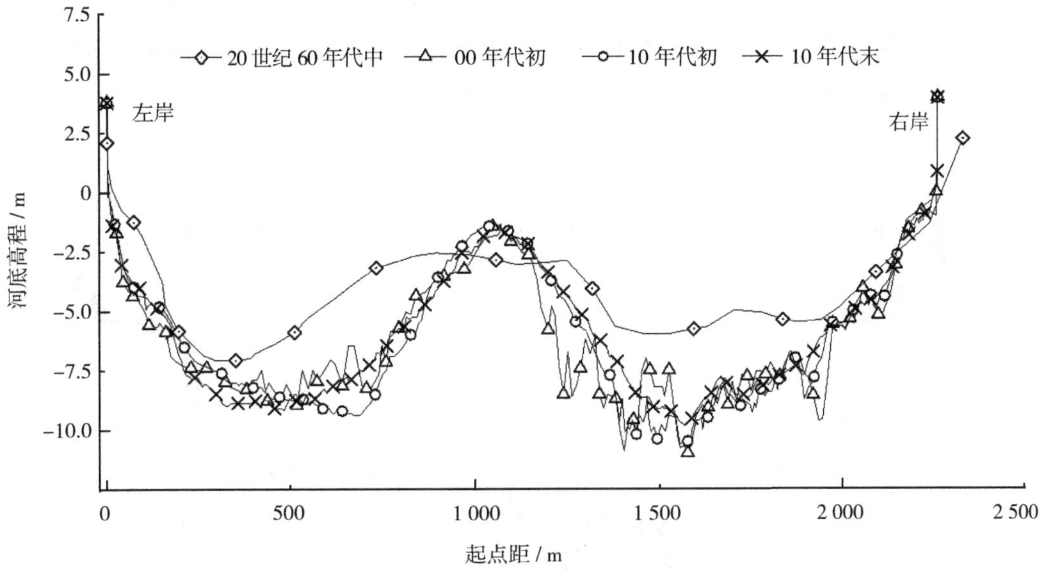

图 5.3–5　挂定角实测大断面

表 5.3–4　挂定角断面历年河槽河底高程极值统计

测量日期		中泓河底高程 / m
年份	月份	
1986	4	−6.80
1990	6	−7.22
1991	10	−7.64
2005	1	−10.96
2006	1	−11.33
2006	9	−10.71
2010	8	−9.89
2015	8	−10.02
2018	1	−9.98
2020	7	−9.21

根据已有地形分析数据，对比分析 2008 年和 2000 年各断面。磨刀门水道河道过流面积呈增大趋势，河段平均过水断面面积增加 456.62 m^2，变化率为 3.53%。河道平均过

流面积有所增加，断面形态整体呈现深槽下切趋势。

2. 黄冲断面

黄冲为崖门水道控制断面。由图 5.3–6 可知，20 世纪 90 年代初至 21 世纪 00 年代初黄冲断面发生了较大变化：河床主槽右侧被大幅掏挖，主槽左侧、左右岸均呈淤积态势，这一期间断面面积增大了 2.54%。进入 21 世纪，河床断面变化情况较为稳定，变幅不大，河槽形状也基本没有变化，河床中间部位略微冲刷，河槽左侧呈微淤现象，河槽右侧基本无冲淤，此时期断面面积增大了 1.68%。断面历年中泓河底高程见表 5.3–5。

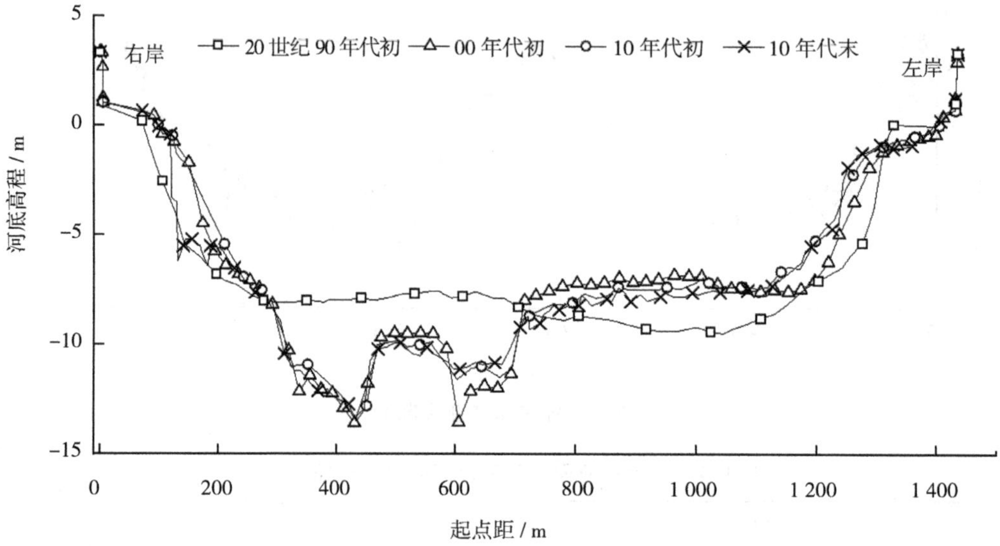

图 5.3–6　黄冲实测大断面

表 5.3–5　黄冲断面历年中泓河底高程极值统计

测量日期		中泓河底高程 / m
年份	月份	
1989	1	–10.10
1990	5	–10.03
1992	1	–9.47
2006	9	–13.57
2010	9	–13.63
2015	1	–14.24
2018	1	–13.50
2020	7	–12.83

3. 西炮台断面

西炮台断面位于虎跳门水道，为虎跳门水道控制断面，河段基本顺直，下游约 3 km 为出海口门，与崖门水道汇合后汇入黄茅海，上游约 3 km 河中有一小岛，对水流无大影响。

由于西炮台在 21 世纪 00 年代末迁移过，迁移后的断面仅包含 00 年代末至 10 年代末共 10 年的数据，因此本次西炮台断面仅分析 00 年代末至 10 年代末的变化情况。根据 10 年间的数据资料情况，可以看出西炮台断面在实测期间基本趋于稳定，变动范围并不大，断面面积增大了 4.56%，最低河底高程降低了 0.8 m，主要是主槽靠近右岸处发生了冲刷变化，左岸基本冲淤平衡。断面变化见图 5.3–7，历年中泓河底高程见表 5.3–6。

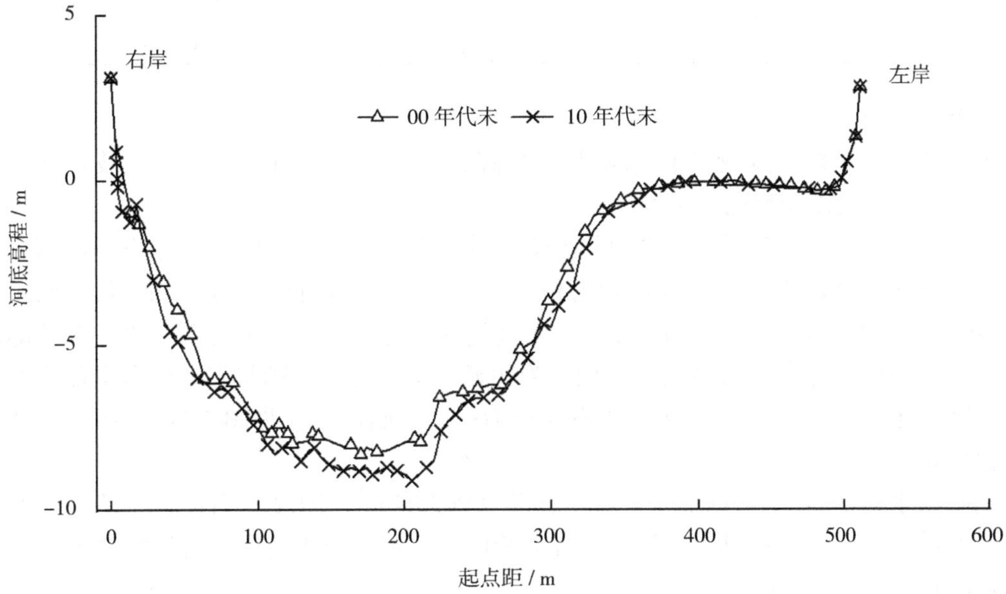

图 5.3–7　西炮台实测大断面

表 5.3–6　西炮台断面历年中泓河底高程极值统计

测量日期		中泓河底高程 / m
年份	月份	
1975	7	−10.46
1983	12	−9.50
1985	7	−9.61
1989	1	−9.23
1990	5	−9.23
1991	9	−9.28
1992	1	−9.26
2000	12	−10.87
2004	11	−10.20

续表 5.3-6

测量日期		中泓河底高程 / m
年份	月份	
2005	12	−10.34
2006	9	−10.04
2010	8	−8.28
2015	1	−9.16
2018	1	−8.72
2020	4	−8.30

4. 黄金断面

黄金断面位于珠江流域三角洲河口区鸡啼门水道，河段基本顺直，无大支流汇入，河道无分汊。左右岸为浆彻防洪堤，无漫滩。

根据已有资料统计显示，从 20 世纪 60 年代中期开始，黄金断面左岸发生冲刷，而右岸逐年淤积，河床中部河底高程较为稳定，使得断面主流向左岸逐年靠近，至 21 世纪 00 年代初左右岸趋于冲淤平衡状态；21 世纪 00 年代初至 10 年代末变化较大的部位发生在河床中部，特别是河槽左侧变化较为明显，呈现逐年冲刷状态，而右岸保持冲淤平衡，断面主流靠近左岸，基本保持不变较为稳定。断面变化见图 5.3-8，历年中泓河底高程见表 5.3-7。

鸡啼门水道 2000 年各断面平均过流面积 3 005.87 m^2，2012 年各断面平均过流面积 3 016.70 m^2，平均过流面积基本不变。黄金断面以下鸡啼门水道断面特征整体上保持基本稳定的状态，局部有所变化。

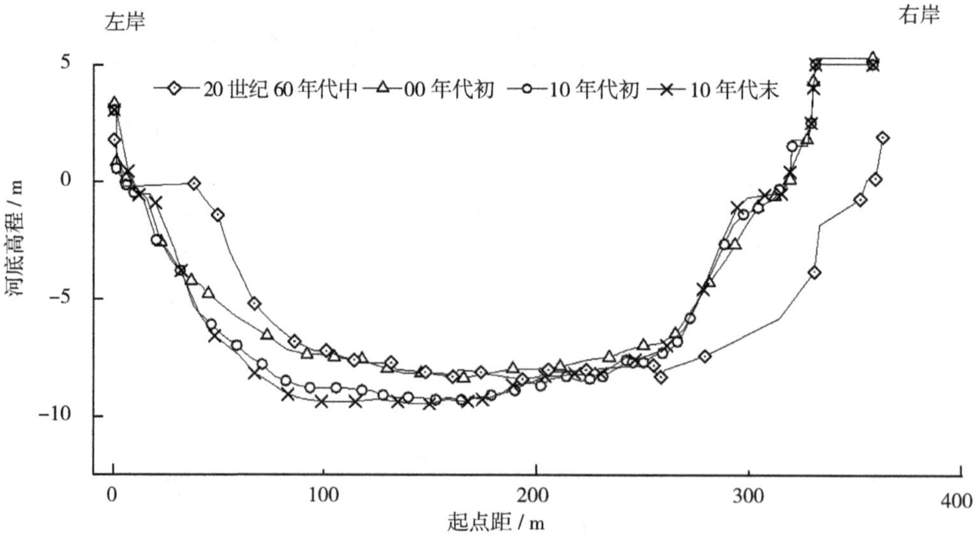

图 5.3-8　黄金实测大断面

表 5.3–7　黄金断面历年河槽河底高程极值统计

测量日期		中泓河底高程 / m
年份	月份	
1975	7	–8.67
1983	5	–8.55
1985	7	–7.72
1991	5	–7.82
1992	8	–7.83
2000	9	–7.99
2004	11	–8.34
2005	12	–8.55
2006	9	–8.46
2010	9	–9.16
2015	1	–9.40
2018	1	–9.39

5. 大虎（二）断面

大虎（二）断面是东江三角洲及北江三角洲的主要出口控制断面，虎门水道又是广州市珠江三角洲的主要出海要道，影响本河道河床变化的不但有洪水、潮汐等自然因素的影响，还有河道治理、航道疏浚等人类活动的影响。

进入21世纪，大虎（二）断面基本稳定，总体呈微冲趋势，部分点位掏挖明显，断面面积增大了2.74%，河底高程变化不均，但变化幅度较小。虎门水道的海鸥岛河段过流面积有增有减，以减小为主，平均减小幅度–4.49%；海鸥岛以下河段过流面积均增加，平均增加幅度28.89%。广州水道河床处于下切趋势，过流面积增加，河道向窄深方向发展。断面变化见图5.3–9，历年中泓河底高程见表5.3–8。

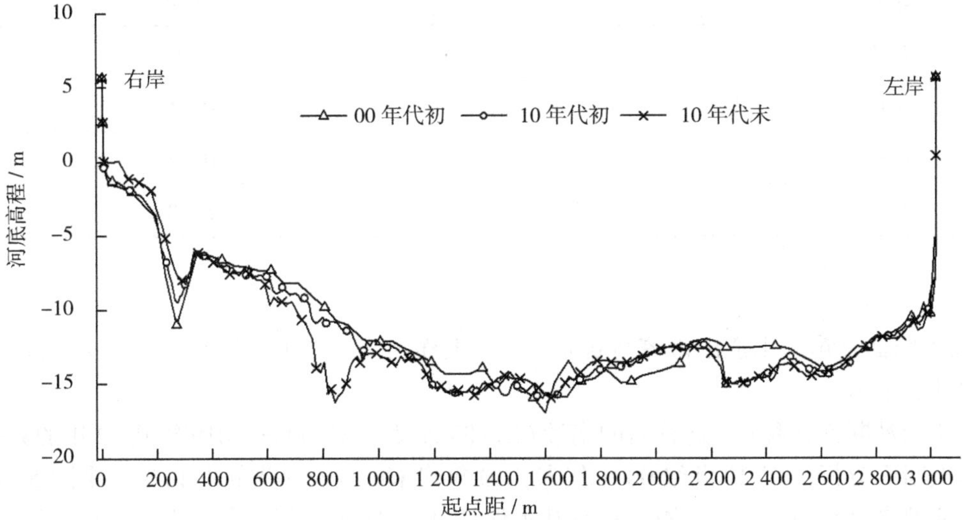

图 5.3–9　大虎（二）实测断面

表 5.3–8　大虎（二）断面历年中泓河底高程极值统计

测量日期		中泓河底高程 / m
年份	月份	
1977	6	–16.70
1978	11	–17.85
1979	4	–18.09
1983	4	–16.15
1984	10	–15.58
1985	6	–15.90
1986	11	–16.00
1987	3	–16.29
1988	7	–15.21
1989	4	–15.43
1991	1	–17.08
1992	10	–16.37
1997	8	–16.13
2000	7	–16.53
2001	8	–16.15
2004	11	–16.69
2005	12	–16.00
2006	8	–16.60
2010	9	–15.95
2015	1	–16.35
2018	1	–16.83
2020	6	–21.83

6. 南沙断面

南沙断面是蕉门水道出口控制断面，上接上横沥水道、下横沥水道，下接凫洲水道及鸡抱沙右水道。

由于南沙断面迁移过，迁移后的南沙（二）断面仅包含 2008—2019 年共 12 年的数据，因此本次断面分析仅就 21 世纪 00 年代末、10 年代末的变化情况进行讨论。由图 5.3–10 可见，实测期间南沙（二）主槽、右岸基本保持冲淤平衡，槽形状也基本没有变化，只是近年河槽左岸略有淤积现象，面积减小了 1.53%。断面历年中泓河底高程见表 5.3-9。

蕉门水道断面平均过流面积均有所增加，凫洲水道过流面积增加大于蕉门南支。1999—2017 年间凫洲水道和蕉门南支断面平均过流面积分别增加 2 506 m^2、1 421 m^2，增幅均为 34%，2011 年前南支断面增幅大于凫洲水道，2011 年后凫洲水道断面面积进一步增加 974 m^2，而南支断面面积则有所减小。

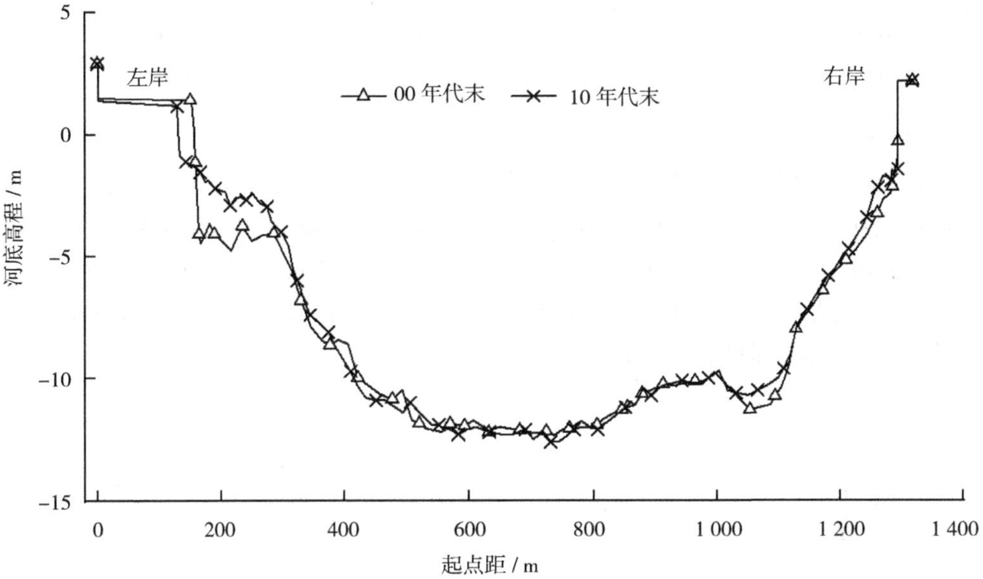

图 5.3-10　南沙实测断面

表 5.3-9　南沙断面历年中泓河底高程极值统计

测量日期		中泓河底高程 /m
年份	月份	
1976	8	−12.16
1978	6	−11.98
1984	11	−12.24
1987	3	−12.47
1988	6	−11.99
1989	12	−12.43
1991	12	−12.32
1998	8	−13.64
2000	7	−13.37
2001	8	−13.53
2004	11	−12.99
2005	12	−12.42
2006	9	−12.40

续表 5.3-9

测量日期		中泓河底高程 /m
年份	月份	
2010	9	-12.53
2015	1	-12.83
2018	1	-12.76
2020	7	-11.25

7. 冯马庙（二）断面

冯马庙（二）断面是洪奇门水道出口控制断面。断面图形（见图 5.3-11）显示，20 世纪 90 年代初至 21 世纪 10 年代初期间该断面冲淤变化较大，河床主槽发生了显著的冲刷，实测期间河底最低高程由 -6.26 m 下降到了 -13.25 m，下降了 111.66%。此外，河道主流逐渐向左岸靠近，主槽靠近两岸位置发生逐年淤积现象，使得河道宽度收缩。断面历年中泓河底高程见表 5.3-10。

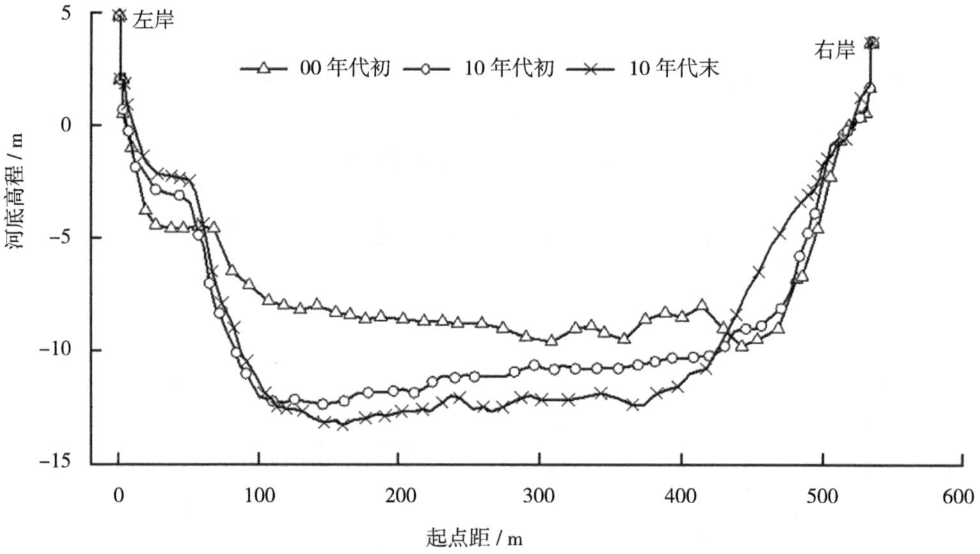

图 5.3-11　冯马庙（二）实测断面

表 5.3-10　冯马庙断面历年中泓河底高程极值统计

测量日期		中泓河底高程 / m
年份	月份	
1978	6	-6.97
1984	11	-6.40
1987	3	-6.32

续表 5.3–10

测量日期		中泓河底高程 / m
年份	月份	
1988	3	–6.30
1989	9	–5.90
1991	1	–6.31
1992	10	–7.41
1994	12	–10.18
1997	7	–8.72
1998	7	–9.15
2000	11	–9.76
2001	8	–10.92
2004	11	–12.88
2005	12	–12.15
2006	8	–11.97
2010	9	–12.34
2015	2	–12.63
2018	5	–12.67
2020	3	–12.22

8. 横门断面

横门断面是横门水道出口控制断面，上接小榄水道和鸡鸦水道，下接横门南、北汊支流。横门断面呈 U 形河槽，底部较为平坦，没有明显的中泓与浅滩。

图 5.3–12 显示，实测期间（20 世纪 90 年代初至 21 世纪 10 年代末）横门断面基本保持稳定，总体呈微冲趋势，面积增大了 8.75%。断面变化较大时期出现在 20 世纪 90 年代初至 21 世纪 00 年代初期间，河床中部出现冲刷，左岸在 21 世纪 00 年代初至 10 年代初期间发生少量淤积，后逐渐达到冲淤平衡状态。

横门东水道整体拓宽加深，上段宽度明显大于下段，中上段主槽深泓摆动明显，下段基本保持稳定。自 1977 年横门东水道 –3 m 及 –5 m 全线贯通，1977—1984 年保持稳定，1984—2000 年深槽中段东侧浅滩淤积发育，–3 m 深槽向西偏移约 550 m，–5 m 深槽也有所偏移，2000 年后深槽中上段拓宽显著，上段平均拓宽约 600 m，下段拓宽约 150 m；中上段主槽深泓左右摆动，下段基本保持稳定。断面历年中泓河底高程见表 5.3–11。

9. 结论

从八口门断面水量分配比变化看，分配比较稳定的是西炮台、黄金、黄冲、横门、南沙，

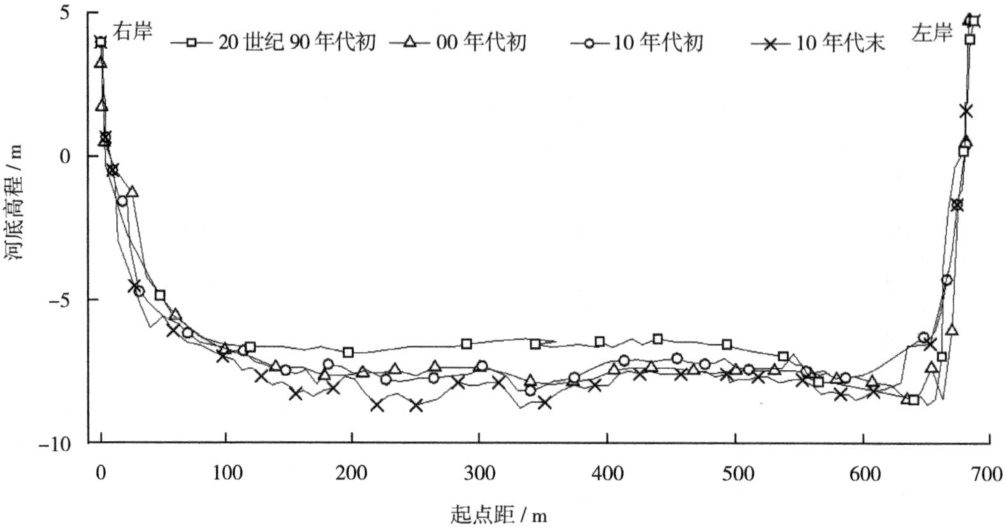

图 5.3-12　横门实测断面

表 5.3-11　横门断面历年河底高程极值统计

测量日期		中泓河底高程 / m
年份	月份	
1976	10	-8.55
1977	4	-8.89
1978	6	-8.04
1984	11	-9.53
1985	7	-8.44
1987	3	-9.13
1989	4	-9.56
1991	1	-8.70
1992	10	-8.52
1994	1	-8.80
1998	7	-8.49
2000	5	-7.96
2001	8	-8.75
2004	11	-8.49

续表 5.3-11

测量日期		中泓河底高程 / m
年份	月份	
2005	12	–8.38
2006	9	–8.25
2010	6	–8.46
2015	1	–8.58
2018	1	–8.85
2020	4	–7.86

根据 2000 年之后大断面分析，5 处断面的变化幅度较小，基本处于稳定状态。所在河道虎跳门、崖门、鸡啼门、横门、蕉门河道主槽稳定，冲淤速率小。

磨刀门在 2011 年前东、西汊不断向海延伸、拓宽，这段时间内的挂定角断面的分配比在不断增加，由 2005 年的 23.89% 增加到 2011 年的 35.39%。2011 年后中心拦门沙挖沙导致中心拦门沙下切达 3 m，东、西汊不再由拦门沙顶分隔，汊道深槽有所淤积，此时挂定角断面的分配比略有减小，维持在 31% 左右。

大虎（二）断面在 1999—2005 年分配比有了较大增加，从 15.4% 增加到 26.83%，通过地形分析，此时大虎（二）断面面积增加 2.74%，虎门水道海鸥岛以下河段过流面积均增加，平均增加幅度 28.89%。广州水道河床处于下切趋势，过流面积增加，河道向窄深方向发展。2007 年之后，分配比又减小为 15.33%，并维持在平均值 12.5% 左右，此时断面形状基本不变。

冯马庙（二）断面分配比在 1999—2007 年有增大，此时断面形状有较大变化，呈明显的下切态势。

5.3.1.4　三角洲重要河道演变规律分析

在珠江三角洲的形成过程中，西江、北江、东江三江逐级分汊，形成西江、北江网河和东江网河。西、北江三角洲主干河道是西北江三角洲网河的主干部分，宏观上属于分汊型河道，具有逐级分汊；沙洲简并，河汊由繁到简；左汊萎缩，右汊发展的基本特征。经多年演变、河道简并以及河道整治等影响，西、北江三角洲主干河段岸线基本固定，河势基本稳定。根据河道走势、断面形态及水流条件，单就主干河段而言，河道特性以顺直型为主，局部为分汊型（江心洲分隔）和弯曲型。东江北干流河段地处三角洲平原，分汊相对较少，大都为顺直型河段；两岸设有堤防，江心洲（滩）较多，河势比较稳定。

1. 河道平面形态

1）西江干流水道（西滘口—天河）

河段上起西滘口、下至天河分流口，左岸为樵桑联围西堤，右岸为金安围和沙坪大堤。自 1980 年以来，西江干流水道两岸的堤岸线总体变化较小，局部河段岸线存在淤进和退蚀情况。受航道整治等影响，总体上深泓更趋近于河道中线，如马口以上 1999 年以前深泓位置在左岸附近，1999 年以后更接近河道中线，深泓平面摆动超过 400 m，又如马口以下 1999 年以前深泓位置在右岸（凹岸）一侧，1999 年以后更接近河道中线，平面摆幅也超过 400 m。

2）西海水道（天河—百顷头）

河段上起天河分流口，下至百顷头，海州水道和北街水道为其支流，左岸为中顺大围，右岸为江新联围，江中有荷塘围和潮莲围，其中海州水道两岸的堤岸线外移较多。本段深泓平面变化总体较小。

3）磨刀门水道（百顷头下—灯笼山）

磨刀门水道上起百顷头，下至灯笼山，石板沙水道、神湾水道为其支流。左岸为中顺大围、中珠联围，右岸为江新联围、黄布围和白蕉联围，江中有大鳌围，还有大屿岛、石板沙、磨刀岛和竹排沙等沙洲。自 1980 年以来，两岸的堤岸线总体变化不多，主要涉及堤岸线的外移、平顺。本段深泓平面变化相对较小。

4）北江干流水道（北滘口—紫洞）

河段上起北滘口、下至南海紫洞，左岸为北江大堤和佛山大堤，右岸为樵桑联围东堤，自 1980 年以来，北江干流水道两岸的岸线总体变化较小，局部沙洲岸线有所淤涨或蚀退，在金沙大桥下游北社村附近有较多的滩地利用。受航道整治等影响，深泓总体更趋近于河道中线。

5）顺德水道（紫洞—张松上河）

河段上起南海紫洞，下至顺德张松上河，左岸为罗格围和南顺第二联围、群力围，右岸为樵桑联围东堤和顺德第一联围。自 1980 年以来，顺德水道段的两岸堤岸线总体变化很小，但江中沙洲岸线消退明显。由于分汊河道众多，加上干流河道本身曲率较大，河道深泓平面变化情况较为复杂，深泓趋岸河段较多，另受部分江心洲开挖影响，深泓也由原来的偏向左岸移至江心，摆幅 362 m。

6）沙湾水道（张松上河—三沙口）

河段上起顺德区张松上河，下至三沙口，左岸为陇枕围、大刀沙堤防、观龙岛堤防和市石联围，右岸为番顺联围、鱼窝头围和蕉东联围。河段堤岸线变化和滩地利用均较少，深泓平面变化相对较小。

2. 河道冲淤特征

西、北江三角洲主干河段因航道整治和采砂等人为活动影响，1978 —2008 年以来河道呈现不断下切趋势，2008 年以后随着采砂活动减弱，下切趋势得到有效控制。从冲淤时间分布来看，1978—1999 年北江主干河段冲刷速度大于西江主干河段；1999—2008 年则反之。从冲淤空间分布来看，西、北江三角洲上中部冲刷速度大于腹尾部。2008—2014 年西北江三角洲主干河段容积基本稳定，表现为容积略有减少，河槽略有回淤。

总体上，西北江三角洲主干河段各河段河道容积 2014 年较 1978 年均大幅增加，其中西江主干河段全河道容积增加达 5.8 亿 m^3，增幅达 61%，北江主干河段全河道容积增加达 2.2 亿 m^3，增幅达 121%；西江主干河段全河道平均下切 4.1 m、年均下切 0.11 m，其中西滘口—天河段平均下切 4.60 m，天河—百顷头段平均下切 3.7 m，百顷头—灯笼山段平均下切 3.5 m；北江干流河道平均下切 4.85 m，年均下切 0.13 m，其中北滘口—紫洞平均下切 7.33 m，紫洞—张松上河平均下切 4.76 m，张松上河—三沙口平均下切 2.31 m。

3. 演变趋势分析

近代以来，西北江三角洲主干河段河势未发生重大变化，河道岸线逐渐固化，受自然节点和堤防控制，河道岸线及平面形态将基本保持稳定，平面形态的演变主要表现为边滩及江心洲岸线的局部冲淤交替。

1980 年以后，由于航道整治、大规模采砂等影响，西北江三角洲主干河段容积增加显著，河道均出现大幅度下切。但由近年的资料（2008 —2014 年）来看，随着人类活动减弱，河道容积变化较小，呈现轻微淤积的趋势。

从长期来看，河道冲淤主要取决于上游来水来沙，由于西江、北江上中游一批水利枢纽工程的建设和水土保持的加强，珠江三角洲的含沙量、输沙量有所下降，2000 年后进入珠江三角洲的输沙量［马口 + 三水（二）+ 博罗］只有 20 世纪 80 年代以前的 35%，2010 年以后上游控制站含沙量趋于稳定。考虑河道采砂活动日趋减少，如未进行大规模航道整治，河道将保持自然冲淤平衡的状态。

5.3.1.5　重点河口区地形演变规律分析

1. 广州出海水道

对比广州出海水道 1995 年和 2011 年 –3 m、–5 m、–7 m 和 –10 m 等高线平面变化，沙鱼洲到莲花山水道上游汊口河段，–3 m 等高线只在右岸贯通，2011 年 –3 m、–5 m、–7 m 和 –10 m 等高线相对 1995 年均向深槽方向摆动约 50 m，沙鱼洲和大蚝沙周围各级等高线也有向深槽方向延伸的趋势。莲花山水道上游汊口处 –5 m 等高线拓宽约 330 m，–3 m 和 –7 m 等高线也有拓宽。莲花山水道右岸 2011 年各级等高线不连续，部分区域河床下切；左岸等高线位置基本保持稳定，局部区域向深槽方向略有摆动。狮子洋河段麻涌到漳澎段心滩萎缩，心滩左侧等高线向浅滩方向移动，深槽变宽约 125 m。漳澎到泗盛围河段右岸各级等高线均向深槽方向摆动，左岸等高线不连续，部分位置河床下切。沙仔、小虎和大虎河段，各级等高线均向岛屿萎缩约 100 m，岛屿之间深槽变宽，河床下切。大虎到虎门口河段，大虎岛段左岸各级等高线向岸边萎缩约 300 m，深槽变宽。大虎岛以下到虎门口河段两侧河岸附近等高线基本保持稳定。上横档和下横档下游区域 –5 m、–7 m 和 –10 m 等高线蚀退，河床下切。

2. 伶仃洋

伶仃洋各级等高线的平面位置变化具有如下特征：中滩上部出现分化，形成一条新的宽约 1 170 m 的 –7 m 深槽，深槽左侧滩地 –7 m 等高线也出现萎缩，萎缩面积约 6 km^2。中滩下部内伶仃岛以南也出现一条新“东北—西南”走向，宽约 550 m 的 –7 m 深槽。西航道上段 –7 m 深槽槽宽出现束窄，且有越向下游束窄程度越大的趋势，最大束窄约 650 m。西航道下游段 –7 m 深槽范围略有向西南摆动的趋势，但摆动幅度不大，最大摆幅约为 800 m。深泓位置几乎没有变化。矾石水道大铲岛附近，–7 m 等高线束窄到大铲岛和孖洲岛之间。川鼻水道 –7 m 等高线在虎门口外受疏浚影响向岸边推进约 1 500 m，其他位置基本保持稳定。

3. 澳门附近水域

防波堤以北至拱北湾水域淤积明显，淤积强度较大。1970—2019 年间，本水域 4 m

等深线最大向外推移约 2.0 km，5 m 等深线向外最大推移约 1.7 km。

澳门机场沿线水域保持基本稳定。在澳门机场修建前的 1970—1985 年间，本水域 4 m、5 m 等深线以向外海推移为主，呈淤积状态；机场修建后的 1999—2019 年间，4 m、5 m 等深线保持基本稳定。

澳门水道总体呈滩淤槽冲的特征。1999 年 –5 m 以深槽贯通，近期深槽宽度有所增加。

十字门出口浅滩区以淤积为主。1985 年以来，3 m、5 m 等深线不断向海推进，推进距离均在 700 m 以上。

4. 黄茅海

崖门深槽向南发展，深槽宽度有所增加；下游与东槽和西槽 –5 m 以深深槽贯通。2003—2019 年间，崖门深槽 –7 m 以深深槽与外海贯通；东槽东侧出现新的 –7 m 深槽。崖门深槽同时与西槽 –5 m 以深深槽贯通。

东槽 –7 m 深槽崖门深槽上下贯通，东侧出现新的深槽。

1989—2003 年间，东槽 –5 m 以深槽道与崖门 –5 m 以深槽道上下基本贯通，至 2019 年 –7 m 深槽与崖门深槽连接，深槽向纵深发展，槽道总体呈现上宽下窄的特征；2003—2019 年间东槽上段东侧出现新的 –7 m 深槽（东东槽）。

2003 年之前拦门沙浅滩向南淤积扩展，近期拦门沙浅滩与大杧岛北侧浅滩分离。1989—2003 年间拦门沙浅滩 5 m 等深线最远向海推进 2.7 km，整体以淤积为主；2003—2019 年间西槽向陆延伸，–5 m 深槽穿过拦门沙与上游崖门深槽相接，拦门沙区域整体出现冲刷。

西滩向东南向趋势变缓，北部滩面 3 m 等深线向岸退缩，以冲刷为主。1989—2003 年，西滩趋向稳定，3 m 等深线略向东南向扩展；2003—2019 年间西滩北部 3 m 等深线向岸退缩约 600 m，表现为冲刷。

大杧—荷包岛岛间水域 –5 m 以浅浅滩向东西两侧延伸，范围有所扩大。

5.3.2 过滘流量变化

5.3.2.1 思贤滘过滘流量分析

1. 过滘流量计算分析

采用水量平衡法原理分析推求思贤滘过滘流量。

2. 闭合区组成

上边界由西江高要、新兴江腰古、绥江石狗（1997 年迁至四会）、北江石角站组成入流控制站，下边界由西江干流水道马口站、北江干流水道三水（二）站组成出流控制站，区间面积 1 794 km^2。水量平衡区域范围见图 5.3–13。

3. 闭合区水量平衡计算分析

根据水量平衡原理对某一闭合区水量不平衡误差 δ 可用下式计算：

$$\delta=\left(W_0+E-W_1-W_{区}\pm\Delta W\right)/\left(W_0+E\right)\times100\% \tag{5.3–1}$$

式中：W_1 为给定时段内上游水文站入流水量；$W_{区}$ 为给定时段内区间来水量；W_0 为给定时段内出流总水量；E 为给定时段内区间蒸发量；ΔW 为给定时段内区域蓄水量的变化量（槽蓄变化量）。

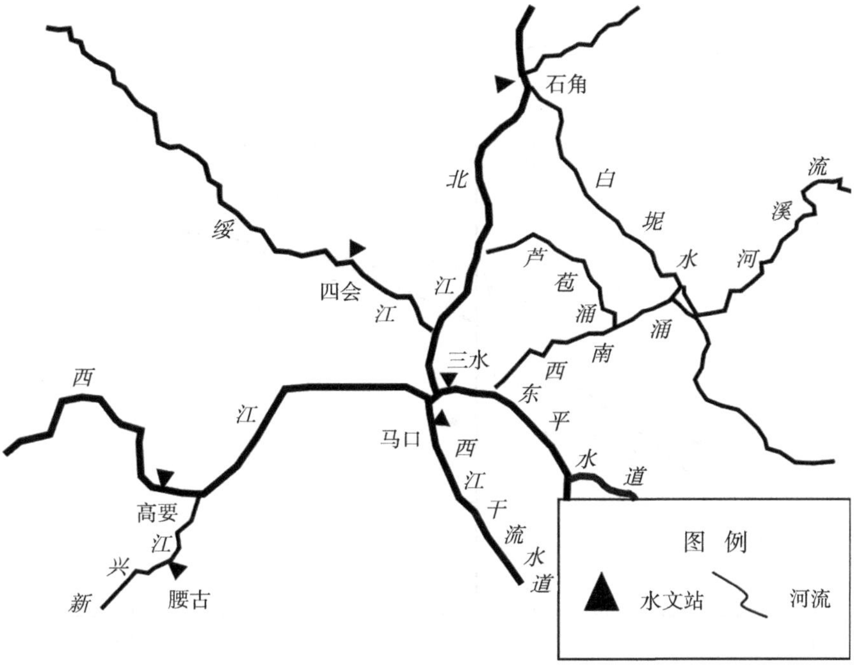

图 5.3-13　水量平衡区域范围

在本闭合区水量平衡计算中，区间槽蓄变化量和区间蒸发量相对进、出水量来说太小，忽略不计。

经统计计算，闭合区月均流量水量不平衡误差 $\delta \leqslant 5\%$ 的月份占比为 64.5%，水量不平衡误差 $\delta \leqslant 10\%$ 的月份占比为 85.0%，说明闭合区内水文站相关资料是可靠的。

4. 思贤滘过滘流量计算

要分析推求思贤滘过滘流量，先要使其上下游各条河流的出入水量平衡，因此要对区间来水量和水量不平衡差值进行分配。区间来水量的分配：按思贤滘西、北滘口所占区间面积的大小比例，分配西江和北江来水量。水量平衡差值的分配：按西江、北江来水和马口、三水（二）出口流量的大小比例，将水量平衡差值分配到各进、出水量控制站上。上述分配处理，使得进出闭合区的水量平衡，则过滘流量等于北江来水量减去三水（二）出水量，或等于马口出水量减去西江来水量。计算过滘流量若为“+”，则表示北江水流向西江，反之为西江水流向北江。

5.3.2.2　思贤滘过滘流量与分配比关系

将通过水量平衡计算出的思贤滘过滘流量与马口水文站的水量分配比点绘散点图，见图 5.3-14。

从图 5.3-14 中可以看出，思贤滘过滘流量越大，马口水文站的水量分配比越大，两者呈正相关关系。

从过滘流量的时间变化看，1992 年之前，北江过西江出现的概率占绝大多数，比重为 83.3%。从马口及三水（二）断面的变化看，1992 年之前，北江河床底高程高于西江，两断面河底高程差约 10 m，说明 20 世纪 90 年代之前受地形影响思贤滘过滘流量主要是北江过西江，此时的马口水文站水量分配比平均值为 85.78%；1992 年之后，思贤滘过

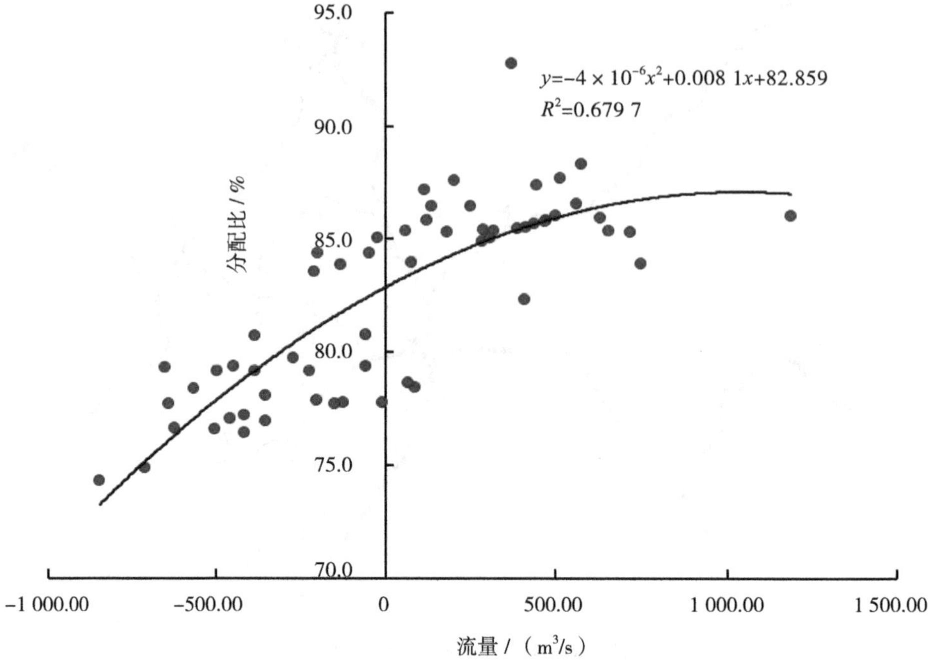

图 5.3–14 思贤滘过滘流量与马口水文站分配比关系

滘流量出现负值的概率增大，比重为 88.9%。从马口及三水（二）断面的变化看，20 世纪 90 年代之后，由于受人为采砂的影响，北江出现程度较大的下切，导致三水（二）断面河底高程下降近 10 m，两断面河底高程相差缩减为 2 m 左右。此时说明 90 年代之后思贤滘过滘流量主要是西江过北江，此时的马口水文站水量分配比平均值为 78.40%。不同时期过滘流量与分配比统计见表 5.3–12。

表 5.3–12 不同时期过滘流量与分配比统计

时期	过滘流量正负值出现概率	马口水量分配比均值	三水（二）水量分配比均值
20 世纪 90 年代之前	83.3%（+）；16.7%（−）	85.75%	14.26%
20 世纪 90 年代之后	11.1%（+）；88.9%（−）	78.40%	21.60%

5.4 小　结

5.4.1 与历史资料分析成果接近

近期枯水期及洪水期同步测验所计算的水量分配比与历史资料相比，除少数断面有较大差异外，其余断面分配比与历史成果接近。

各口门的水量分配比和排序随各测次水情不同测得的值略有差异，但总体上相差不大。枯水期测验测得的八大口门水量分配比百分数值变化相对较大，但最近几年来有渐趋稳定的趋势；洪水期测验测得的八大口门水量分配比百分数值相对稳定。

5.4.2　东四口门分配比占比大

西北江水量主要的出海口为西四口门和东四口门，洪水期，西四口门的总水量分配比百分数平均为 42.73%，东四口门为 57.27%；枯水期，西四口门的总水量分配比百分数平均为46.81%，东四口门为53.19%。西四口门的水量又主要由磨刀门的挂定角站出海，挂定角站占西北江水量的分配比百分数平均值达到30.06%（洪水期）、29.39%（枯水期）。而东四口门的水量主要由蕉门水道和横门水道出海，蕉门水道的南沙站平均为19.08%（洪水期）、14.83%（枯水期），横门水道的横门站平均为 13.28%（洪水期）、14.24%（枯水期）。

5.4.3　受地形及思贤滘过滘流量的影响，三水（二）、马口断面的分配比变化明显

地形变化及上游来水影响水量分配比变化，1993 年之前，北江干流河底高程普遍高于西江干流，过滘流量以北过西为主；1993 年之后，北江干流河床下切严重，过滘流量变为西过北，分配比中马口断面减小、三水（二）断面增加。

第 6 章 河口口门潮汐动力及纳潮量变化特征

6.1 潮水位变化分析

6.1.1 测站及潮位资料基本情况

6.1.1.1 潮位资料的基本情况

本次研究中所涉及的水文站主要分布在网河区及口门区干、支流上，受上游洪水和海洋潮汐的共同影响。研究中共涉及 41 处站点，大部分站点资料序列超过 30 年，各测站位置示意图见图 6.1–1，基本情况及所采用的水文序列见表 6.1–1。

6.1.1.2 资料的可靠性、一致性和代表性

1. 资料的可靠性

本次采用 41 个水文测站，除江门（潮连）、大敖、官冲、西炮台、小榄（二）、勒竹等少数站的部分年份因为搬迁、停测、缺测，遵照以往成果处理规则进行插补延长，其余采用年最高潮位资料均为年鉴或已整编的资料，这些资料及计算成果历经多次规划审查，资料可靠。

2. 资料的一致性

对有迁移、变动的测站，均将迁移、变动前的水位换算到现址处的水位。经对各站资料系列分析，除个别站的特殊年份外，均无异常现象。

1）冻结基面与珠江基面的换算关系

在水文年鉴中，各站的水位及高程资料是以各站的冻结基面刊布的，并列出“冻结基面”与珠江基面的关系式。由于测站的冻结基面虽然保持统一系列，但流域水准点的珠江基面以上高程则因水准网的复测平差等原因往往有所调整，一般是成果越新，精度越高。根据粤港澳大湾区各站点历年资料，粤港澳大湾区潮位站主要在 2005 年采用水准网的复测平差后新的基面关系式至今。粤港澳大湾区主要测站冻结基面与珠江基面的换算关系见表 6.1–2。

2）人类活动和自然因素的影响

粤港澳大湾区受人类活动和自然因素作用对资料系列的一致性会造成一定影响。新中国成立以来，粤港澳大湾区联围筑闸和跨河建筑物修建，河口滩涂利用、河口整治、河口延伸和河口自然演变。20 世纪 90 年代，由于挖砂引起的三角洲中上部河床的大幅下切，河口地区海平面持续上升等，均不同程度、不同时段使水位发生了一定的变化，

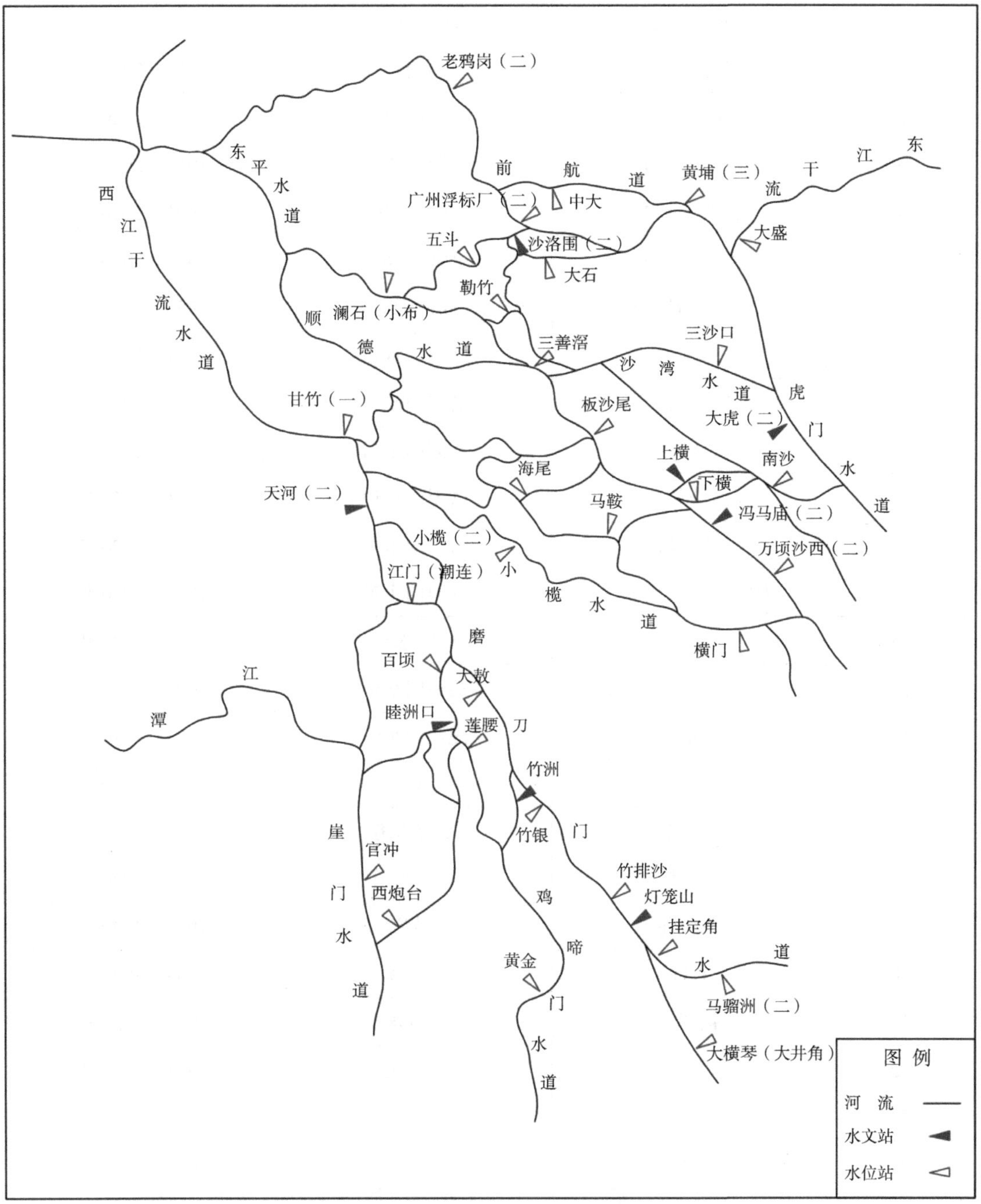

图 6.1–1　各水文测站位置示意图

表 6.1-1　测站基本情况及所采用的水文序列

序号	站点名称	所在河道	资料序列
1	老鸦岗（二）	西南涌	1956—2020 年
2	广州浮标厂（二）	后航道	1952—2020 年
3	黄埔（三）	前航线	1955—2020 年
4	甘竹（一）	西江干流	1991—2020 年
5	天河（二）	西江干流	1955—2020 年
6	江门（潮连）	西江干流	1953—2020 年
7	大敖	磨刀门水道	1991—2020 年
8	竹银	磨刀门水道	1991—2020 年
9	竹排沙	磨刀门水道	1990—2020 年
10	灯笼山	磨刀门水道	1991—2020 年
11	挂定角	磨刀门水道	1988—2020 年
12	大横琴（大井角）	磨刀门水道	1991—2020 年
13	官冲	崖门水道	1959—2020 年
14	黄金	鸡啼门水道	2001—2020 年
15	西炮台	虎跳门水道	2001—2020 年
16	马骝洲（三）	洪湾水道	1988—2020 年
17	小榄（二）	小榄水道	1955—2020 年
18	马鞍	鸡鸦水道	1956—2020 年
19	荷包岛	黄茅海	1991—2020 年
20	百顷	荷麻溪	1988—2020 年
21	睦洲口	荷麻溪	1991—2020 年
22	莲腰	荷麻溪	1988—2020 年
23	竹洲	螺洲溪	1988—2020 年
24	海尾	桂洲水道	1988—2020 年
25	三善滘	顺德水道	1955—2020 年
26	板沙尾	洪奇门水道	1953—2020 年
27	冯马庙（二）	洪奇门水道	1988—2020 年
28	万顷沙西（二）	洪奇门水道	1955—2020 年

续表 6.1-1

序号	站点名称	所在河道	资料序列
29	澜石（小布）	潭洲水道	1953—2020 年
30	大盛	东江北干流	1956—2020 年
31	五斗	东平水道	1967—2020 年
32	沙洛围（二）	平洲水道	1988—2020 年
33	南沙	蕉门水道	1962—2020 年
34	上横	上横沥	1988—2020 年
35	下横	下横沥	1988—2020 年
36	三沙口	沙湾水道	1955—2020 年
37	中大	前航道	1975—2020 年
38	大虎（二）	虎门水道	1988—2020 年
39	大石	大石涌	1988—2020 年
40	勒竹	陈村涌	1951—2020 年
41	横门	横门水道	2001—2020 年

表 6.1-2　粤港澳大湾区主要测站冻结基面与珠江基面的换算关系　　单位：m

序号	站点名称	冻结基面与珠江基面的换算关系		
		2005 年以前	2005 年以后	2005 年以后－2005 年以前
1	老鸦岗（二）	−0.02	−0.01	0.01
2	广州浮标厂（二）	−1.31	−1.33	−0.02
3	黄埔（三）	0	0.03	0.03
4	甘竹（一）	−0.01	0.04	0.05
5	天河（二）	0	0.06	0.06
6	江门（潮连）	0	0.07	0.07
7	大敖	0	0.04	0.04
8	竹银	−0.06	0	0.06
9	竹排沙	0	−0.03	−0.03
10	灯笼山	−0.04	0.02	0.06
11	挂定角	0	−0.03	−0.03
12	大横琴（大井角）	−0.07	−0.01	0.06

续表 6.1-2

序号	站点名称	冻结基面与珠江基面的换算关系		
		2005 年以前	2005 年以后	2005 年以后 – 2005 年以前
13	官冲	0	0.07	0.07
14	黄金	0.20	0.27	0.07
15	西炮台	–0.01	0.08	0.09
16	马骝洲（三）	0	–0.08	–0.08
17	小榄（二）	–0.04	–0.02	0.02
18	马鞍	–0.26	–0.26	0
19	荷包岛	0	–0.02	–0.02
20	百顷	0	–0.04	–0.04
21	睦洲口	0	0	0
22	莲腰	0	–0.03	–0.03
23	竹洲	0	0	0
24	海尾	0	–0.05	–0.05
25	三善滘	–0.03	–0.01	0.02
26	板沙尾	–0.05	–0.03	0.02
27	冯马庙（二）	0	–0.06	–0.06
28	万顷沙西（二）	–0.04	–0.09	–0.05
29	澜石（小布）	–0.01	–0.09	–0.08
30	大盛	0	0.02	0.02
31	五斗	0	–0.02	–0.02
32	沙洛围（二）	0	–0.02	–0.02
33	南沙	–0.02	0.01	0.03
34	上横	0	–0.10	–0.10
35	下横	0	–0.06	–0.06
36	三沙口	–0.01	0.03	0.04
37	中大	–0.03	–0.05	–0.02
38	大虎（二）	0	0.02	0.02
39	大石	0	0	0
40	勒竹	–0.03	–0.01	0.02
41	横门	–0.04	–0.07	–0.03

一致性受到一定的影响。郁江下游及浔江沿江各地自 1956 年开始逐年修筑堤防，并逐年加高加固，在防御洪水威胁的同时，河道对洪水的槽蓄能力逐年减弱，上游洪水归槽对粤港澳大湾区水位的变化也有一定的影响。

粤港澳大湾区是世界上最复杂的河口三角洲之一，也是人类活动对河口三角洲改变最剧烈的河口三角洲之一，目前尚无法精确、合理、大范围、大时间尺度地对水位系列的一致性进行处理，沿用实测资料进行计算。

3. 资料的代表性

本次计算资料统计年份多为 20 世纪 90 年代至 2020 年，实测系列为 20~69 年，平均年限超过规范要求系列 30 年的长度，其中主要受洪水影响的站点，一般都包括了丰水年、平水年、枯水年等典型年；主要受潮汐影响的站点，一般也都包括了各种潮期、潮型及发生风暴潮的典型年。

6.1.2　设计潮位变化分析

6.1.2.1　历次设计潮位成果

1. 历次设计潮位成果介绍

自 20 世纪 90 年代以来，为应对珠江三角洲台风频发且年最高潮位不断升高的趋势，陆续完成了 7 次较大规模的设计潮位复核，历次成果基本情况见表 6.1–3。

表 6.1–3　珠江三角洲历次设计潮位复核成果情况

成果	简称	出版年份	系列截至年份	复核珠江三角洲站点 / 个
《广东省年最高潮位频率计算成果》	95 年省成果	1995	1992	18
《珠江流域主要水文站设计洪水、设计潮位及水位 – 流量关系复核报告》	99 年复核	1999	1998	34
《广东省海堤工程设计导则（试行）》	04 年海堤导则	2004	2003	17
《珠江流域防洪规划水文分析报告》	05 年防洪规划	2005	1998	36
《珠江流域综合规划修编水文成果复核报告》	11 年珠流规	2011	2008	33
《珠江流域主要水文设计成果珠江三角洲主要测站设计潮位复核报告》	18 年复核	2018	2010	37
《珠江河口综合治理规划（2021—2035 年）主要测站设计潮位复核报告》	22 年复核	2022	2018	41

1）1995 年《广东省年最高潮位频率计算成果》

1995 年 5 月，《广东省年最高潮位频率计算成果》（简称 95 年省成果），资料系列到 1992 年，位于珠江三角洲共有 18 个站 [黄埔（三）、竹银、灯笼山、黄冲、横山、西炮台、白蕉、黄金、三灶、南华、横门、万顷沙西（二）、南沙、大盛、泗盛围、赤湾、石咀、三江口]。

2）1999年《珠江流域主要水文站设计洪水、设计潮位及水位－流量关系复核报告》

1999年5月，《珠江流域主要水文站设计洪水、设计潮位及水位－流量关系复核报告》（简称99年复核）将西北江三角洲34个主要潮位站的资料系列延长至1998年，进行复核计算，经与95年省成果中站点重叠的13个站[黄埔（三）、竹银、灯笼山、黄冲、横山、西炮台、白蕉、黄金、三灶、南华、横门、万顷沙西（二）、南沙]的设计潮位比较，除南华站采用99年复核成果外，其他12个站采用95年省成果；另外21个站［老鸦岗（二）、广州浮标厂（二）、甘竹、天河（二）、江门、大敖、小榄、马鞍、勒流、容奇（二）、三多、三善滘、板沙尾、紫洞、澜石、五斗、大石、勒竹、三沙口、灵山、舢舨洲］采用99年复核成果。

3）2004年《广东省海堤工程设计导则（试行）》（DB / T 182—2004）成果

2004年1月，将广东沿海28个潮位站的潮位系列延长至2003年，对各站年最高潮位成果重新进行复核计算，复核计算的高潮位设计值与95年省成果总体相差不大，为保持设计成果使用的连续性，珠江三角洲18个站点除南华站外，设计潮位成果仍然沿用95年省成果，并纳入《广东省海堤工程设计导则（试行）》（DB/T 182—2004），用于海堤规划设计。

4）2005年《珠江流域防洪规划水文分析报告》

2005年3月，《珠江流域防洪规划水文分析报告》在99年复核成果的基础上，增加了大盛、泗盛围两站，两站的设计潮位采用95年省成果，即与95年省成果站点重叠的15站有14站采用95年省成果。

5）2011年《珠江流域综合规划修编水文成果复核报告》

2011年6月，完成《珠江流域综合规划修编珠江三角洲主要测站设计潮位复核报告》（简称11年珠流规）。在99年复核的基础上，考虑到“0814”号台风“黑格比”导致珠江三角洲多站出现超历史纪录的最高潮位，将各站实测系列长度由1998年延长至2008年，对珠江三角洲的33个潮位站（较99年复核增加了大盛、泗盛围两站，减少了已停测的勒流、灵山和舢舨洲三站）的设计潮位进行了复核计算。

6）2018年《珠江流域主要水文设计成果珠江三角洲主要测站设计潮位复核报告》

在11年珠流规33个潮位站的基础上，增加了赤湾、中大、大虎（二）、大横琴4个潮位站，共37个潮位站，并将各站实测系列长度由2008年延长至2010年，对各站的设计潮位进行了复核计算（简称18年复核）。随后经2015年11月技术讨论会、2016年12月总院审查会、2018年4月总院复审会进一步完善后，通过水规总院的审查（水总规〔2018〕1142）。新增的赤湾站经复核仍采用95年省成果，新增的中大、大虎（二）、大横琴3站采用该次复核成果；与11年珠流规成果重叠的33个潮位站除三沙口站采用该次复核成果外，其余有32站仍采用11年珠流规成果。

7）2022年《珠江河口综合治理规划（2021—2035年）主要测站设计潮位复核报告》

考虑到珠江三角洲整体受潮影响加大，22年复核在18年复核成果37个潮位站的基础上增加珠江三角洲西侧的石咀、三江口、澳门内港站和东侧的香港尖鼻咀站，对珠江三角洲 41 个潮位站的年最高洪潮水位变化趋势进行分析。

根据珠江河口综合规划修编要求，近年珠江三角洲台风暴潮频发，对 39 个潮位站（除内港站和尖鼻咀外）实测系列长度由 2010 年延至 2018 年复核计算。频率曲线见图 6.1–2~图 6.1–14。

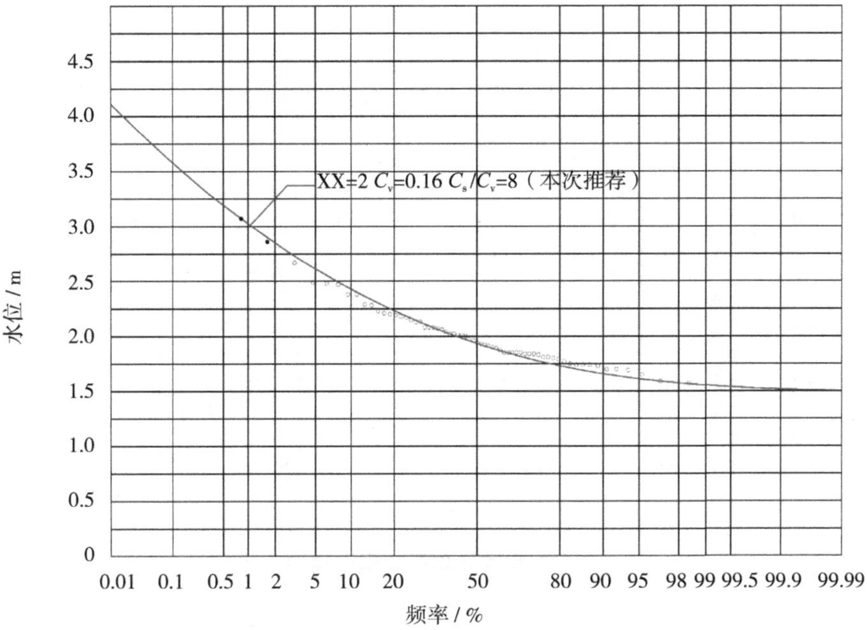

图 6.1–2　黄埔（三）站年最高水位频率曲线

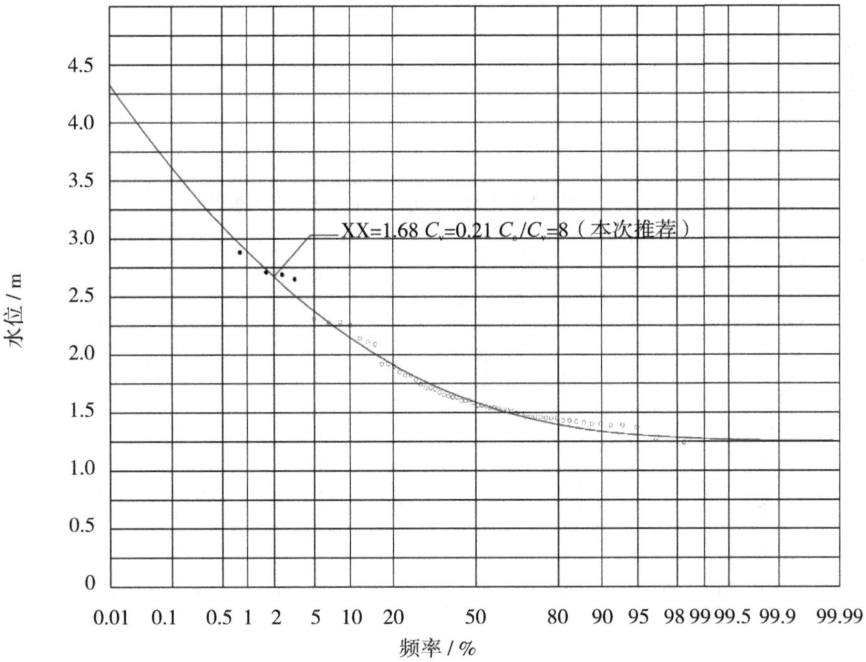

图 6.1–3　灯笼山站年最高水位频率曲线

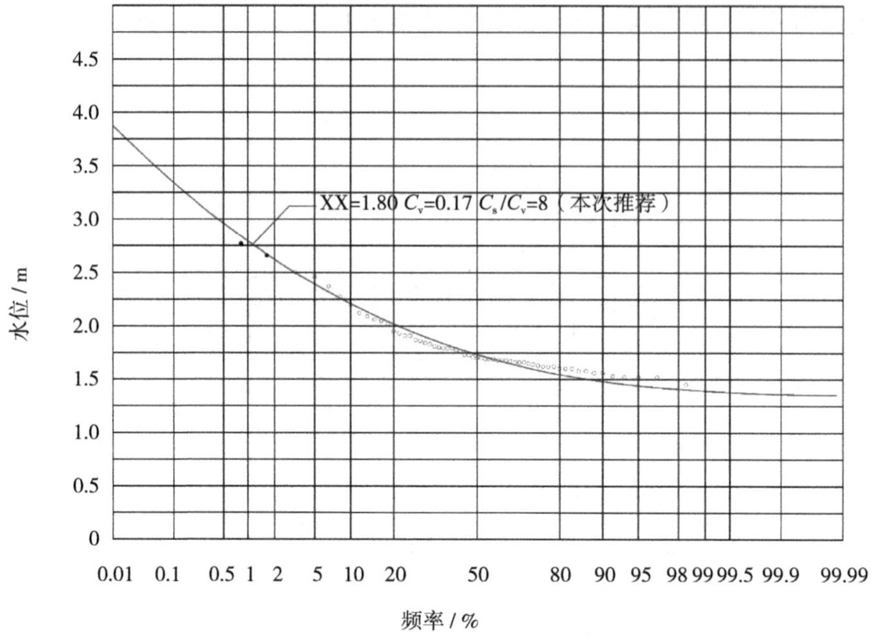

图 6.1–4　官冲站年最高水位频率曲线

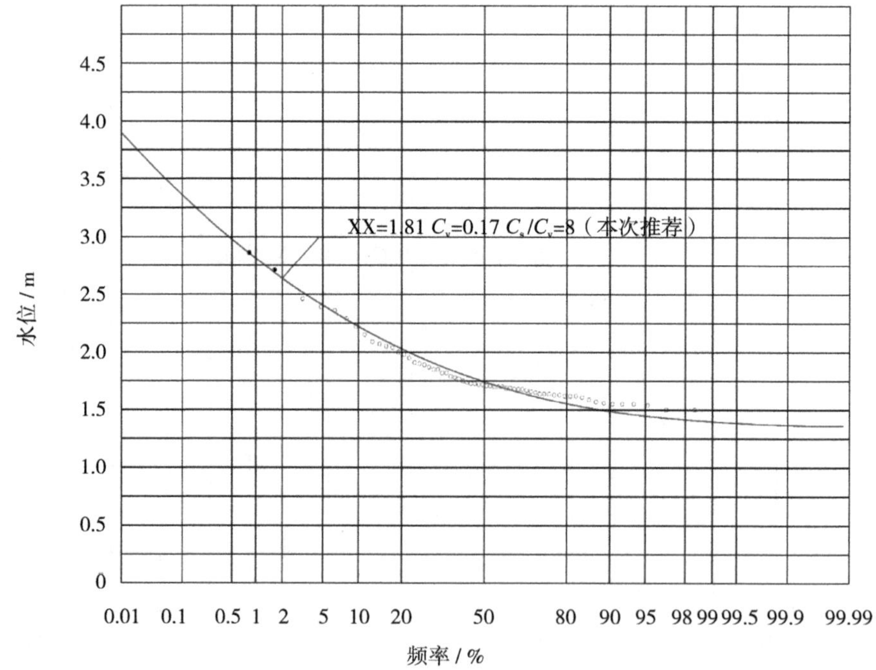

图 6.1–5　西炮台站年最高水位频率曲线

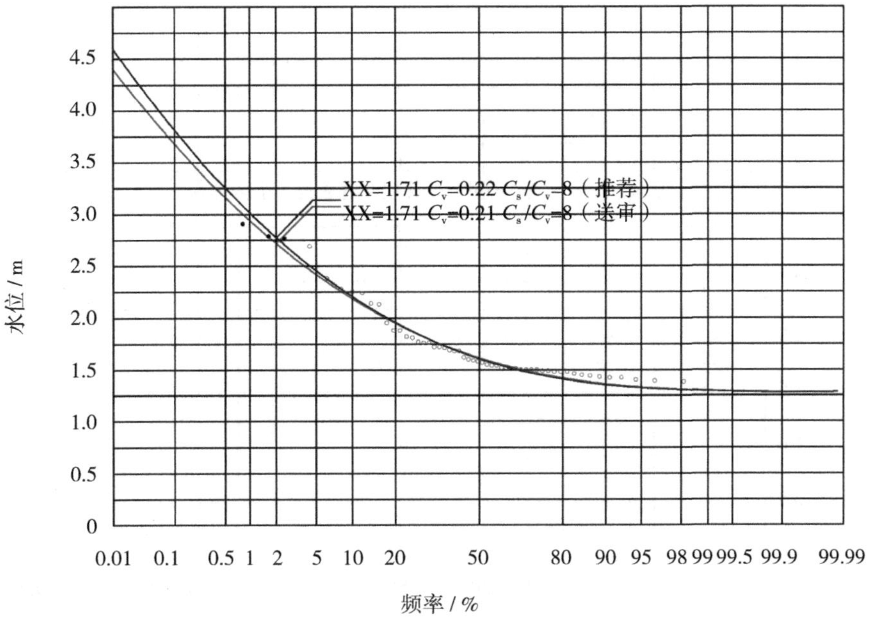

图 6.1-6　黄金站年最高水位频率曲线

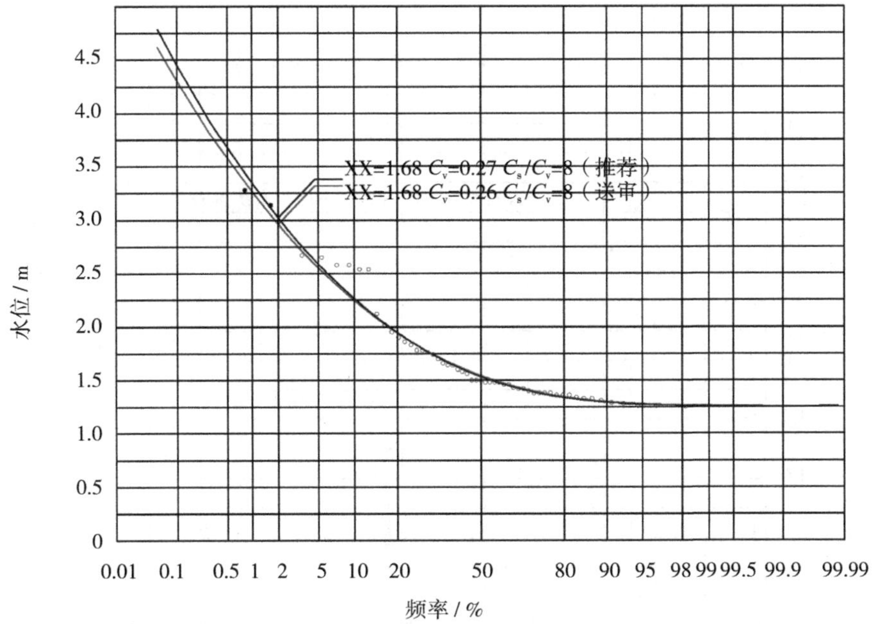

图 6.1-7　三灶站年最高水位频率曲线

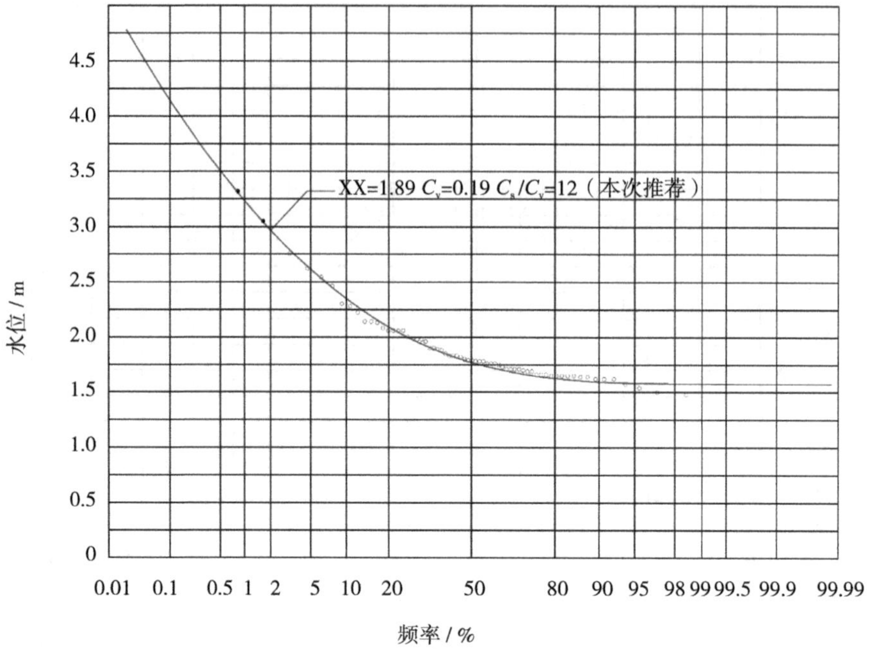

图 6.1-8　横门站年最高水位频率曲线

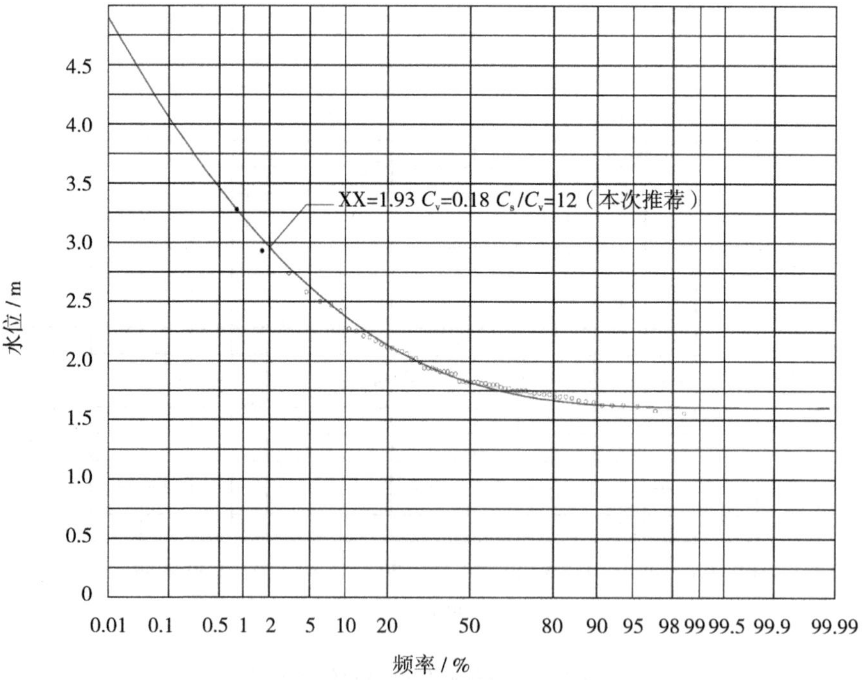

图 6.1-9　万顷沙西（二）站年最高水位频率曲线

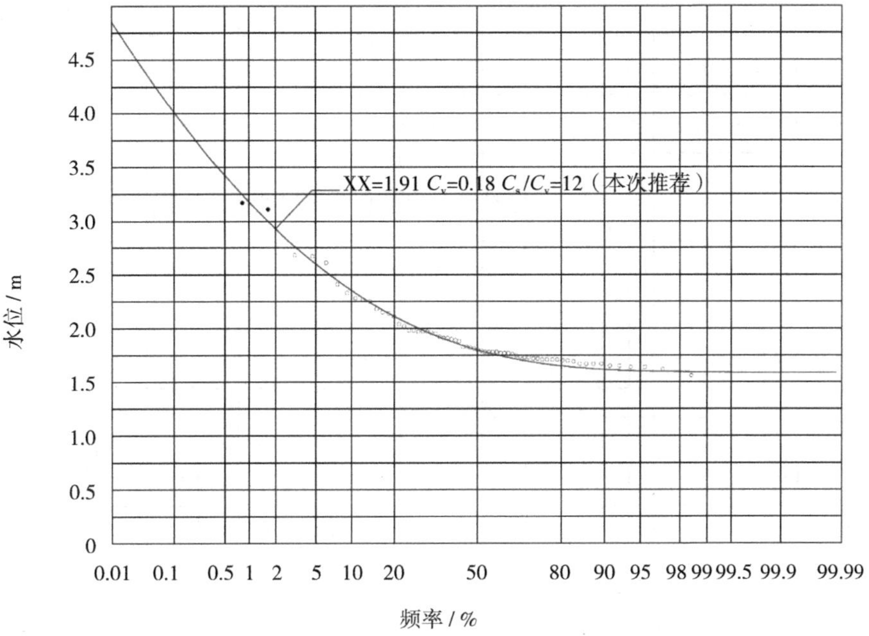

图 6.1-10　南沙站年最高水位频率曲线

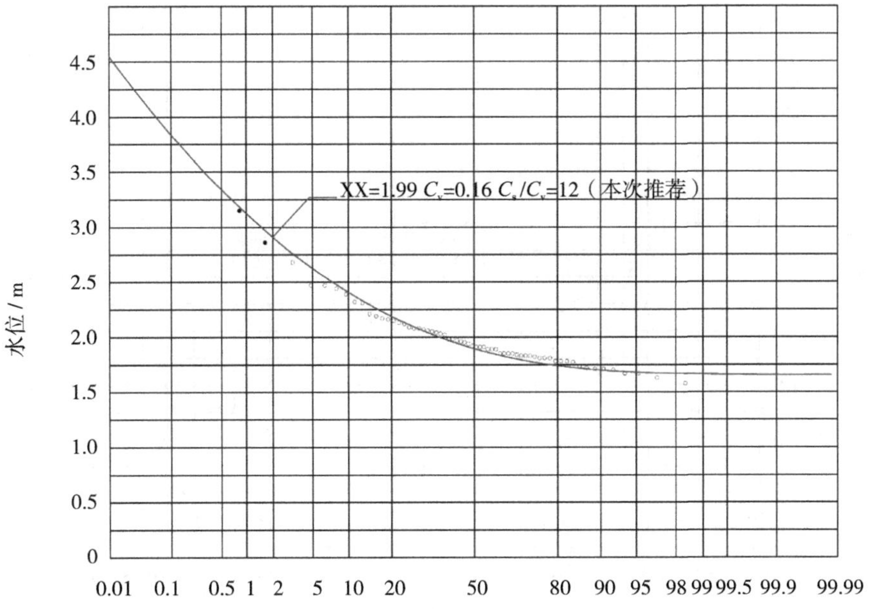

图 6.1-11　大盛站年最高水位频率曲线

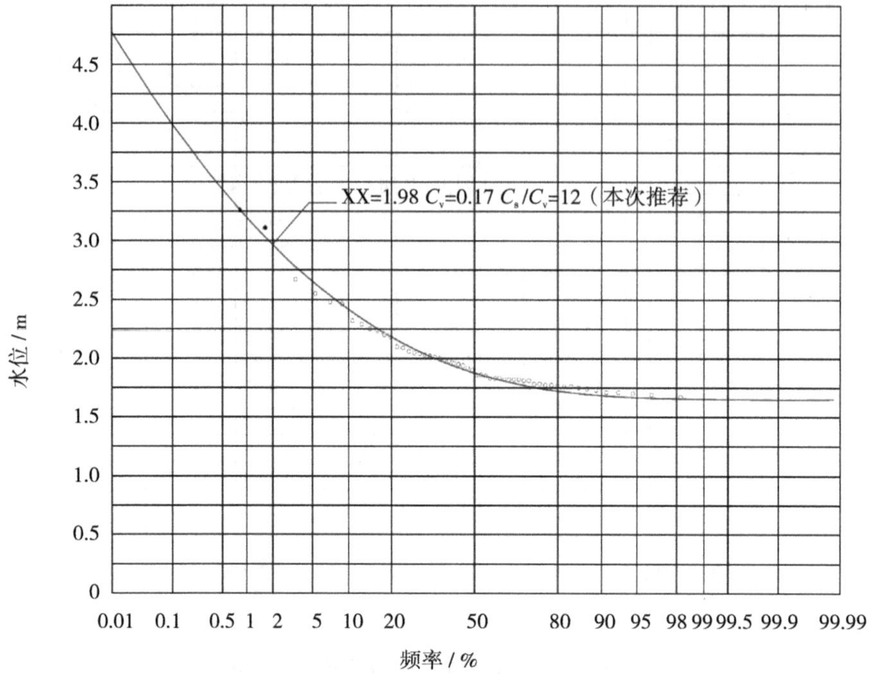

图 6.1-12　泗盛围站年最高水位频率曲线

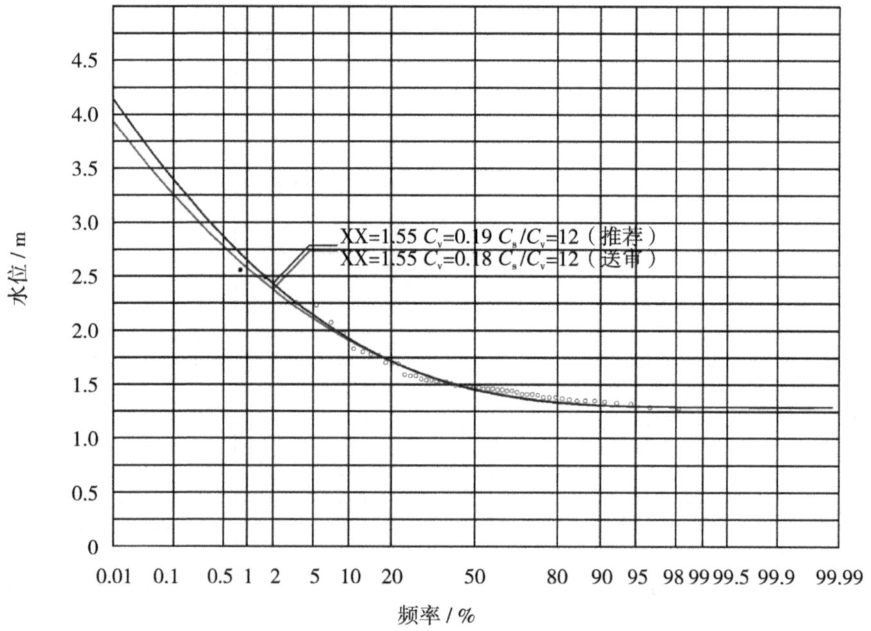

图 6.1-13　赤湾站年最高水位频率曲线

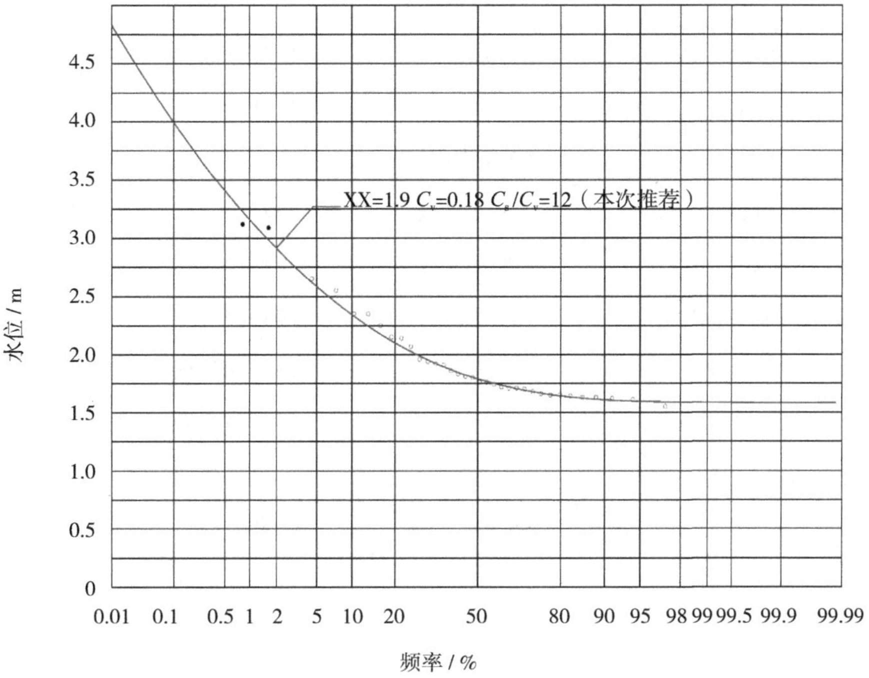

图 6.1–14　大虎（二）站年最高水位频率曲线

2. 2022 年复核成果情况

在全球气候变暖与海平面上升大背景下，20 世纪 90 年代以来珠江河口相继发生了 3 次较大洪水和 7 次较强台风，造成大部分站点潮位不断突破实测系列最高值。据统计，珠江河口主要受潮汐影响和同时受洪潮影响的站点的最高潮位，近 30 年（1990—2020 年）比 1990 年之前的 30 年最高潮位平均升高 0.62 m。珠江三角洲大部分站点的潮位不断突破实测历史最高潮位，站点最高潮水位设计值有增大的趋势。2017 年“天鸽”、2018 年“山竹”两场强台风就使广州至虎门出海水道、内伶仃洋东岸最高潮位增大 0.40~0.59 m，大约相当于增加了两级频率的水位差（东四口门各站从 50~100 年跳频，100~200 年跳频的水位平均值 0.24 m）。测站近 3 年复核后采用情况见表 6.1–4，2022 年设计成果见表 6.1–5，采用了 2005 年以后的冻结基面与珠江基面的换算关系。

根据中国海平面公报、广东省海洋灾害公报分析成果，1980—2020 年广东省沿海平均海平面上升速率为 3.5 mm/a，与同期全国沿海平均水平基本持平。预测未来 30 年广东省沿海海平面上升在 70~180 mm 的下限是 2.3 mm/a，均值是 4.2 mm/a，上限是 6.0 mm/a。考虑推荐设计潮位是为指导堤防、水闸建设，对于堤防要按 50 年使用年限考虑、对于大型挡潮闸要按 100 年使用年限考虑。因此，建议在堤防及水闸设计使用年限内增加对气候的适应性考虑，预估到 2073 年使用期末，堤防设计潮位将因海平面升高 21~30 cm（按未来预测均值至上限考虑）；预估到 2123 年使用期末，挡潮闸设计潮位因海平面升高 42~60 cm。

表 6.1–4　测站近 3 次复核后采用情况对比

序号	站点名称	11 年珠流规	2018 年复核	2022 年复核
1	老鸦岗（二）	该次	11 年珠流规	本次
2	广州浮标厂（二）	该次	11 年珠流规	本次
3	黄埔（三）	95 年省成果	95 年省成果	本次
4	甘竹(一)	99 年复核	99 年复核	99 年复核
5	天河(二)	99 年复核	99 年复核	99 年复核
6	江门（潮连）	99 年复核	99 年复核	99 年复核
7	大敖	该次	11 年珠流规	11 年珠流规
8	竹银	95 年省成果	95 年省成果	本次
9	灯笼山	该次	11 年珠流规	本次
10	官冲	95 年省成果	95 年省成果	本次
11	横山	该次	11 年珠流规	本次
12	西炮台	该次	11 年珠流规	本次
13	白蕉	该次	11 年珠流规	本次
14	黄金	该次	11 年珠流规	本次
15	三灶	该次	11 年珠流规	本次
16	蚬沙(南华)	99 年复核	99 年复核	99 年复核
17	小榄(二)	99 年复核	99 年复核	99 年复核
18	横门	95 年省成果	95 年省成果	本次
19	马鞍	该次	11 年珠流规	11 年珠流规
20	容奇(二)	99 年复核	99 年复核	99 年复核
21	三多	99 年复核	99 年复核	99 年复核
22	三善滘	99 年复核	99 年复核	本次
23	板沙尾	99 年复核	99 年复核	99 年复核
24	万顷沙西(二)	95 年省成果	95 年省成果	本次
25	紫洞	99 年复核	99 年复核	99 年复核
26	澜石(小布)	该次	11 年珠流规	11 年珠流规
27	五斗	99 年复核	99 年复核	本次
28	大石	该次	11 年珠流规	本次

续表 6.1-4

序号	站点名称	11 年珠流规	2018 年复核	2022 年复核
29	勒竹	99 年复核	99 年复核	99 年复核
30	三沙口	99 年复核	该次	本次
31	南沙	95 年省成果	95 年省成果	本次
32	大盛	该次	11 年珠流规	本次
33	泗盛围	该次	11 年珠流规	本次
34	赤湾		95 年省成果	本次
35	中大		该次	本次
36	大虎（二）		该次	本次
37	大横琴（大井角）		该次	本次
38	石咀			本次
39	三江口			本次

表 6.1-5　珠江河口口门站潮位采用设计值　　单位：m，珠基

站名	各级频率（%）设计值								
	0.1	0.2	0.33	0.5	1	2	5	10	20
老鸦岗（二）	3.57	3.44	3.34	3.26	3.11	2.97	2.76	2.59	2.41
广州浮标厂（二）	3.34	3.23	3.14	3.06	2.94	2.81	2.62	2.47	2.31
黄埔（三）	3.61	3.44	3.32	3.22	3.05	2.88	2.65	2.46	2.26
甘竹(一)	8.42	8.11	7.87	7.68	7.35	6.99	6.48	6.06	5.58
天河(二)	7.82	7.52	7.29	7.10	6.78	6.43	5.94	5.54	5.08
江门（潮连）	6.47	6.21	6.02	5.86	5.58	5.28	4.87	4.52	4.13
大敖	4.79	4.56	4.39	4.26	4.02	3.77	3.44	3.18	2.89
竹银	3.34	3.21	3.11	3.03	2.89	2.74	2.54	2.38	2.20
灯笼山	3.67	3.46	3.30	3.17	2.95	2.73	2.44	2.21	1.97
官冲	3.41	3.25	3.13	3.03	2.86	2.69	2.46	2.28	2.09
横山	3.16	3.05	2.97	2.91	2.79	2.67	2.50	2.36	2.21
西炮台	3.45	3.29	3.17	3.07	2.90	2.73	2.50	2.31	2.12
白蕉	3.26	3.11	2.99	2.90	2.73	2.57	2.35	2.17	1.99

续表 6.1–5

站名	各级频率（%）设计值								
	0.1	0.2	0.33	0.5	1	2	5	10	20
黄金	3.75	3.53	3.37	3.24	3.01	2.79	2.49	2.26	2.02
三灶	4.40	4.09	3.85	3.67	3.36	3.05	2.64	2.34	2.03
蚬沙 (南华)	7.65	7.36	7.13	6.95	6.63	6.29	5.81	5.41	4.96
小榄 (二)	6.34	6.07	5.86	5.69	5.39	5.08	4.64	4.28	3.87
横门	4.11	3.84	3.64	3.48	3.20	2.93	2.58	2.32	2.06
马鞍	4.75	4.51	4.33	4.19	3.94	3.69	3.34	3.07	2.78
容奇 (二)	4.76	4.58	4.44	4.32	4.12	3.92	3.62	3.37	3.09
三多	9.24	8.85	8.56	8.32	7.90	7.46	6.84	6.33	5.75
三善滘	5.22	4.93	4.72	4.55	4.26	3.96	3.55	3.23	2.89
板沙尾	3.85	3.70	3.60	3.51	3.36	3.20	2.97	2.79	2.60
万顷沙西 (二)	4.00	3.75	3.56	3.41	3.16	2.91	2.58	2.33	2.08
紫洞	9.81	9.40	9.08	8.83	8.39	7.92	7.26	6.72	6.11
澜石 (小布)	8.31	7.91	7.61	7.36	6.93	6.48	5.86	5.34	4.77
五斗	4.08	3.92	3.80	3.71	3.55	3.38	3.14	2.95	2.73
大石	3.84	3.68	3.55	3.45	3.28	3.11	2.87	2.68	2.48
勒竹	4.91	4.66	4.48	4.33	4.08	3.82	3.46	3.18	2.88
三沙口	3.88	3.66	3.49	3.36	3.13	2.90	2.60	2.37	2.14
南沙	4.04	3.79	3.61	3.46	3.21	2.96	2.63	2.38	2.14
大盛	3.86	3.64	3.48	3.36	3.14	2.93	2.64	2.43	2.21
泗盛围	3.96	3.72	3.55	3.41	3.17	2.93	2.62	2.39	2.15
赤湾	3.33	3.12	2.97	2.85	2.65	2.45	2.18	1.98	1.78
中大	3.73	3.57	3.45	3.36	3.19	3.02	2.78	2.60	2.40
大虎（二）	4.01	3.76	3.58	3.43	3.18	2.93	2.61	2.36	2.12
大横琴（大井角）	3.51	3.30	3.14	3.01	2.80	2.58	2.28	2.06	1.83
石咀	3.05	2.93	2.84	2.77	2.64	2.51	2.33	2.19	2.03
三江口	3.25	3.11	3.01	2.93	2.79	2.64	2.45	2.29	2.12

6.1.2.2　成果对比分析

1. 主要受洪水影响的站点

甘竹（一）、天河（二）、江门（潮连）、大敖、蚬沙（南华）、小榄（二）、马鞍、容奇（二）、三多、三善滘、板沙尾、紫洞、澜石（小布）和勒竹 14 个站点实测系列延长至 2018 年后，与以往采用成果相比，除三善滘均值增加 0.02 m 外，其他站点均值减少 0.03~0.26 m，平均减少 0.12 m。1999—2008 年间，珠江三角洲河道持续下切，特别是西江主干水道下切幅度剧烈，其中西江干流、东海水道平均下切 3 m 以上，西海水道平均下切 2~3 m，而这些站点正位于河床下切剧烈河段处，因此河床下切造成了这些站延长系列后均值和设计值下降。本次与 18 年复核相比，仅三善滘 P=1% 设计潮位增加 0.23 m，主要原因是近年受洪潮影响造成较高的潮位，延长系列后均值和 C_v 增大。

2. 同时受洪潮影响和主要受潮汐影响的站点

同时受洪潮影响和主要受潮汐影响的 25 个站点实测系列延长至 2018 年后，与以往采用成果相比，均值增加 0~0.10 m，均值平均增加 0.04 m。由于“1713”号“天鸽”和“1822”号“山竹”台风影响，各站突破历史的最高潮位，本次计算成果在设计参数采用上，对珠江河口东侧广州浮标厂 – 伶仃洋赤湾的 C_s 与 C_v 的倍比关系适当增大，对珠江河口西侧的三江口、石咀站 C_s 与 C_v 的倍比关系也适当增大，以反映目前珠江河口区面临风暴潮影响增大的趋势。

与 2018 年复核相比，本次 P=1% 设计潮位增加幅度超过 0.50 m 以上的有横门、万顷沙西（二）、泗盛围和大虎（二）共 4 站；P=1% 设计潮位增加幅度在 0.30~0.50 m 的有黄埔（三）、大石、三沙口、南沙、大盛、赤湾和中大 7 站；P=1% 设计潮位增加幅度在 0.20~0.30 m 的有三灶、三江口 2 站；P=1% 设计潮位增加幅度在 0.10~0.20 m 的有老鸦岗（二）、广州浮标厂（二）、竹银、灯笼山、白蕉、黄金和五斗 7 站；P=1% 设计潮位增加幅度小于 0.10 m 的有官冲、横山、西炮台、大横琴和石咀 5 站。

总体上，延长系列后，25 站设计潮位较 18 年复核均有不同程度的抬高，体现了近年珠江三角洲风暴潮位逐步升高的趋势。

3. 设计频率下新旧成果对比表

本次复核系列进一步延长到 2018 年，特别是受“1713”号“天鸽”、2018 年台风“山竹”的影响，珠江三角洲多个站点潮位超历史极值。其中，2017 年台风有 14 站点突破历史实测最高潮位，2018 年台风有 16 个站点突破历史实测最高潮位；2017—2018 年年最高潮位比以往实测系列最高潮位平均升高 0.38 m，万顷沙西（二）升高 0.54 m、泗盛围升高 0.59 m。加入 2017 年台风“天鸽”、2018 年台风“山竹”后，对设计潮位的复核计算造成较大的影响。从 C_v 和 C_s 的倍比关系看，广州水道—赤湾一带、三江口—石咀一带较以往提高，反映了系列延长后，珠江河口受风暴潮的影响增大。

本次计算 39 站系列延长到 2018 年以后，主要受洪水控制的 13 站复核均值下降、设计值下降。其余同时受洪潮影响和主要受潮汐影响的 26 个站点设计潮位整体均有明显的增高。政府间气候变化专门委员会（IPCC，联合国环境规划署和世界气象组织于 1988 年建立）和世界各先进经济体，已陆续开展海平面上升预测、影响分析和应对措施。面对大自然的威力和气候变化的挑战，考虑到珠江河口面临海平面持续上升、风暴潮位不断突破历史的严峻形势，因此 26 站均推荐采用本次成果，设计潮位采用成果见表 6.1–6。

表 6.1–6　工程设计频率下新旧成果对比　　单位：m，珠基

站名	设计方案	各级频率设计值			调频情况
		0.50%	1%	2%	
三善滘	原成果	4.26	4.01	3.75	未调频
	本次计算	4.53	4.24	3.94	
	差值	0.27	0.23	0.19	
	变幅	6.34%	5.74%	5.07%	
老鸦岗（二）	原成果 *	3.1	2.98	2.86	未调频
	本次计算	3.25	3.1	2.96	
	差值	0.15	0.12	0.1	
	变幅	4.84%	4.03%	3.50%	
广州浮标厂（二）	原成果 *	2.91	2.81	2.71	调频
	本次计算	3.08	2.96	2.83	
	差值	0.17	0.15	0.12	
	变幅	5.84%	5.34%	4.43%	
黄埔（三）	原成果	2.67	2.57	2.48	调频
	本次计算	3.19	3.02	2.85	
	差值	0.52	0.45	0.37	
	变幅	19.48%	17.51%	14.92%	
竹银	原成果	2.82	2.7	2.57	调频
	本次计算	2.97	2.83	2.68	
	差值	0.15	0.13	0.11	
	变幅	5.32%	4.81%	4.28%	
灯笼山	原成果 *	2.88	2.7	2.51	调频
	本次计算	3.11	2.89	2.67	
	差值	0.23	0.19	0.16	
	变幅	7.99%	7.04%	6.37%	
官冲	原成果	2.91	2.75	2.58	未调频
	本次计算	2.96	2.79	2.62	
	差值	0.05	0.04	0.04	
	变幅	1.72%	1.45%	1.55%	

续表 6.1–6

站名	设计方案	各级频率设计值			调频情况
		0.50%	1%	2%	
横山	原成果 *	2.76	2.65	2.54	未调频
	本次计算	2.84	2.72	2.6	
	差值	0.08	0.07	0.06	
	变幅	2.90%	2.64%	2.36%	
西炮台	原成果	2.94	2.78	2.61	未调频
	本次计算	2.98	2.81	2.64	
	差值	0.04	0.03	0.03	
	变幅	1.36%	1.08%	1.15%	
白蕉	原成果 *	2.7	2.56	2.41	未调频
	本次计算	2.85	2.68	2.52	
	差值	0.15	0.12	0.11	
	变幅	5.56%	4.69%	4.56%	
黄金	原成果 *	2.98	2.79	2.58	未调频
	本次计算	3.17	2.94	2.72	
	差值	0.19	0.15	0.14	
	变幅	6.38%	5.38%	5.43%	
三灶	原成果 *	3.34	3.06	2.78	未调频
	本次计算	3.58	3.27	2.96	
	差值	0.24	0.21	0.18	
	变幅	7.19%	6.86%	6.47%	
横门	原成果	2.77	2.63	2.5	调频
	本次计算	3.52	3.23	2.96	
	差值	0.75	0.6	0.46	
	变幅	27.08%	22.81%	18.40%	
万顷沙西（二）	原成果	2.78	2.65	2.52	调频
	本次计算	3.46	3.21	2.96	
	差值	0.68	0.56	0.44	
	变幅	24.46%	21.13%	17.46%	
五斗	原成果	3.58	3.45	3.32	未调频
	本次计算	3.73	3.57	3.4	
	差值	0.15	0.12	0.08	
	变幅	4.19%	3.48%	2.41%	

续表 6.1–6

站名	设计方案	各级频率设计值			调频情况
		0.50%	1%	2%	
大石	原成果 *	3.03	2.93	2.83	调频
	本次计算	3.45	3.28	3.11	
	差值	0.42	0.35	0.28	
	变幅	13.86%	11.95%	9.89%	
三沙口	原成果 *	2.74	2.62	2.51	调频
	本次计算	3.32	3.09	2.86	
	差值	0.58	0.47	0.35	
	变幅	21.17%	17.94%	13.94%	
南沙	原成果	2.83	2.7	2.56	调频
	本次计算	3.43	3.18	2.93	
	差值	0.6	0.48	0.37	
	变幅	21.20%	17.78%	14.45%	
大盛	原成果 *	2.77	2.67	2.56	调频
	本次计算	3.34	3.12	2.91	
	差值	0.57	0.45	0.35	
	变幅	20.58%	16.85%	13.67%	
泗盛围	原成果 *	2.81	2.69	2.57	调频
	本次计算	3.44	3.2	2.96	
	差值	0.63	0.51	0.39	
	变幅	22.42%	18.96%	15.18%	
赤湾	原成果	2.32	2.21	2.09	调频
	本次计算	2.78	2.58	2.38	
	差值	0.46	0.37	0.29	
	变幅	19.83%	16.74%	13.88%	
中大	原成果 *	3	2.91	2.8	调频
	本次计算	3.38	3.21	3.04	
	差值	0.38	0.3	0.24	
	变幅	12.67%	10.31%	8.57%	
大虎（二）	原成果 *	2.75	2.62	2.49	调频
	本次计算	3.41	3.16	2.91	
	差值	0.66	0.54	0.42	
	变幅	24.00%	20.61%	16.87%	

续表 6.1–6

站名	设计方案	各级频率设计值			调频情况
		0.50%	1%	2%	
大横琴	原成果 *	2.88	2.67	2.45	未调频
	本次计算	2.95	2.74	2.52	
	差值	0.07	0.07	0.07	
	变幅	2.43%	2.62%	2.86%	
石咀	原成果	2.75	2.63	2.5	未调频
	本次计算	2.77	2.64	2.51	
	差值	0.02	0.01	0.01	
	变幅	0.73%	0.38%	0.40%	
三江口	原成果	2.57	2.47	2.37	调频
	本次计算	2.85	2.71	2.56	
	差值	0.28	0.24	0.19	
	变幅	10.89%	9.72%	8.02%	

注：本表格采用 2005 年以前冻结基面与珠江基面的换算关系。原成果未加 * 表示虽经历次复核，在 18 年复核中仍采用 99 年复核成果。

6.1.2.3　设计潮位升高合理性初步分析

20 世纪 90 年代以来，珠江三角洲相继发生了 3 次较大洪水和 7 次较大台风，包括“9316”号台风、“94・6”洪水、“98・6”洪水、“0104”号台风、“0307”号台风、“05・6”洪水、“0814”号台风、“0915”号台风、“1713”号台风和“1822”号台风，在珠江三角洲造成大部分站点的洪潮水位不断突破实测历史最高潮位。本次设计潮位较 18 年复核成果（系列到 2010 年）大幅升高，其原因是 2017 年和 2018 年风暴潮不断突破潮位极值。

根据实测资料，2009—2018 年粤港澳大湾区河口区上游洪水无明显突变，而粤港澳大湾区及河口地区滩涂利用、岸线形状和近岸地形变化相对以往已趋于缓和，初步分析，径流和地形变化不应是 2017 年、2018 年潮位大幅增加的原因，潮位升高的主要原因可能是全球气候变暖引起的极端海平面上升。IPCC 是牵头评估气候变化的国际组织，旨在提供有关气候变化的科学技术和社会经济认知状况、气候变化原因、潜在影响和应对策略的综合评估。IPCC 于 2023 年完成的第六个评估周期（AR6）（2016—2022 年）提出，2011—2020 年全球地表温度比 1850—1900 年升高了 1.1 ℃，人类活动影响使大气、海洋、冰冻圈和生物圈发生了广泛和快速的变化，人为导致的气候变化已经影响到全球每个地区的许多极端天气和气候事件。

6.1.3 特征潮位时空变化分析

6.1.3.1 特征潮位时间变化分析

1. 高高潮位年际变化趋势

根据各站点年际高高潮位绘制折线图，这里选取潮位序列较长的天河（二）、三善滘、万顷沙西（二）、五斗、南沙及三沙口 6 站为例，其高高潮位年际变化如图 6.1–15~ 图 6.1–20 所示。

从图 6.1–15~ 图 6.1–20 中可以看出，上述站点高高潮位年际变化较大，呈现明显的波动，受到风暴潮的影响时，台风涨水与天文高潮相遇，会造成十分明显的涨水，即图中所出现明显的峰值，其年际变化虽然没有表现出明显的规律性，但是从图中可以看出：除天河（二）站、五斗站外，上述站点高高潮位在近 60 多年内呈现缓慢上升的趋势，

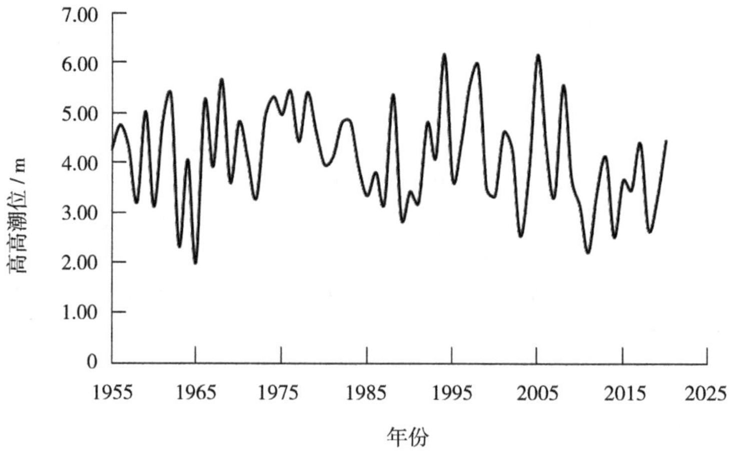

图 6.1–15　天河（二）站高高潮位年际变化

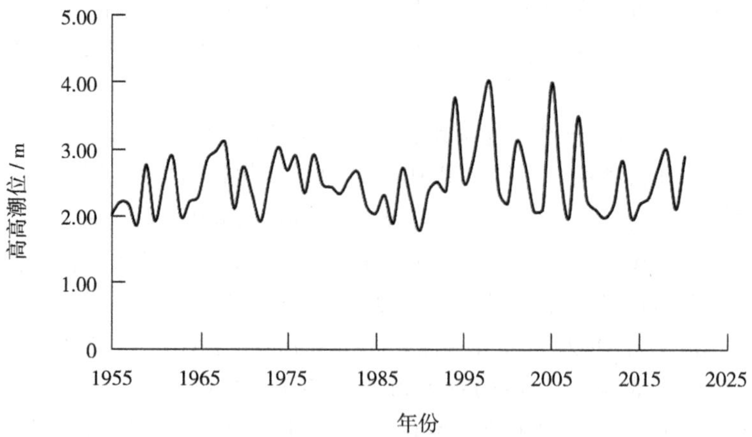

图 6.1–16　三善滘站高高潮位年际变化

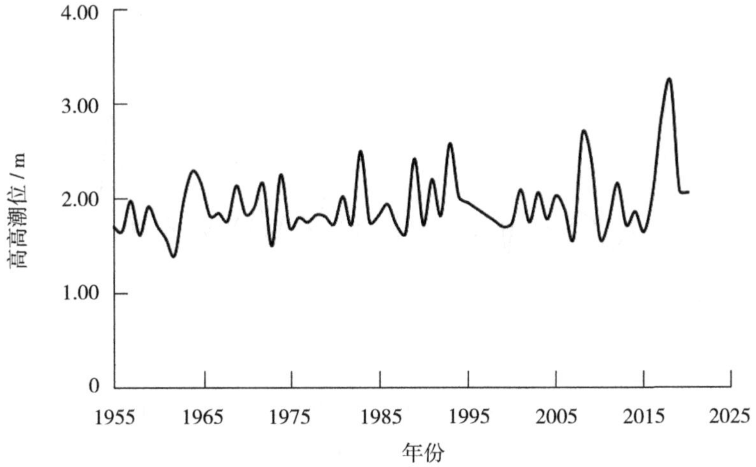

图 6.1-17　万顷沙西（二）站高高潮位年际变化

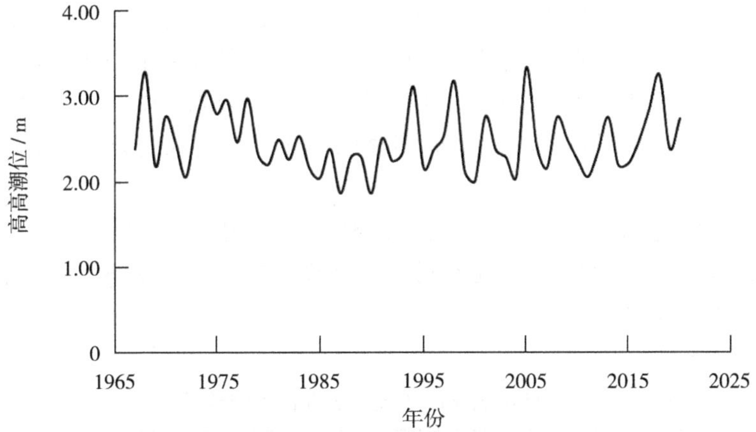

图 6.1-18　五斗站高高潮位年际变化

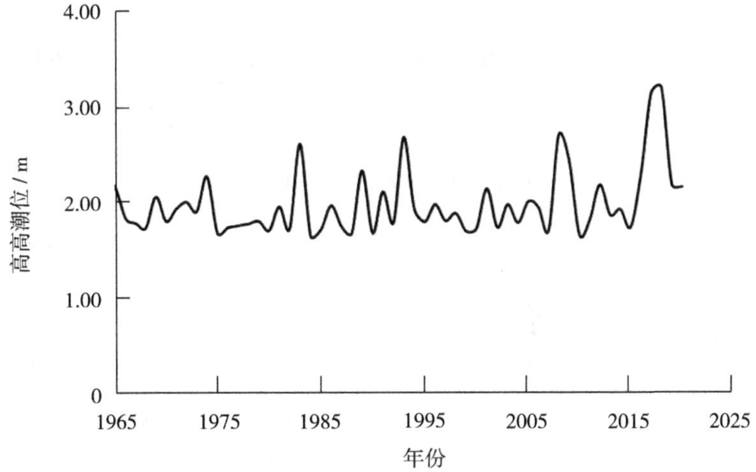

图 6.1-19　南沙站高高潮位年际变化

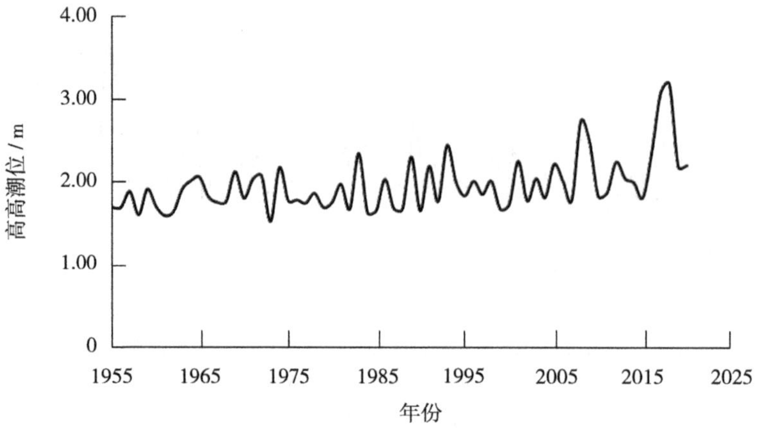

图 6.1–20　三沙口站高高潮位年际变化

由于天河（二）站与五斗站处于相对上游的位置，其受上游径流影响较大，其高高潮位几乎稳定波动，甚至有所下降。南沙、万顷沙西（二）等站点在 2000 年以后其高高潮位出现了几次明显的跃升，这与近期的“1713”号台风“天鸽”和“1822”号台风“山竹”等台风风暴潮有关，风暴增水同天文高潮相叠加，导致了增水的异常，所以在图上表现为明显的跃升。

为分析八大口门处站点（鸡啼门黄金站除外）高高潮位变化情况并探究东、西四口门间是否存在差异，统计口门各站点不同年代高高潮位均值见表 6.1–7，并绘制相应的变化折线图，见图 6.1–21。

表 6.1–7　口门处站点不同年代高高潮位均值统计　　单位：m

站点	年代高高潮位均值						均值
	20 世纪				21 世纪		
	60 年代	70 年代	80 年代	90 年代	00 年代	10 年代	
官冲				1.71	2.01	1.89	1.87
西炮台		1.71	1.80	1.78	2.07	1.95	1.86
挂定角				1.79	1.86	1.95	1.86
横门		1.81	1.86	1.93	2.00	2.20	1.96
万顷沙西（二）	1.88	1.85	1.93	1.95	1.99	2.15	1.96
南沙	1.88	1.85	1.90	1.93	2.00	2.24	1.97
大虎（二）				1.85	1.95	2.19	2.00

从表 6.1–7、图 6.1–21 可以看出，八大口门处站点高高潮位从 20 世纪 60 年代开始均呈现上升趋势，自 90 年代开始有了明显跃升，并且东四口门处站点高高潮位略高于西四口门站点，其中东四口门处站点高高潮位均值在 1.96~2.00 m，而西四口门处站点高高潮位均值在 1.86~1.87 m，由于东四口门外伶仃洋区域为典型的漏斗型海湾，外口宽、里湾窄，每当遭遇风暴潮灾害时，潮水大量汇入，能量不断在湾内积聚，导致水位的进一步抬升，因此往往会形成更高的高潮位。

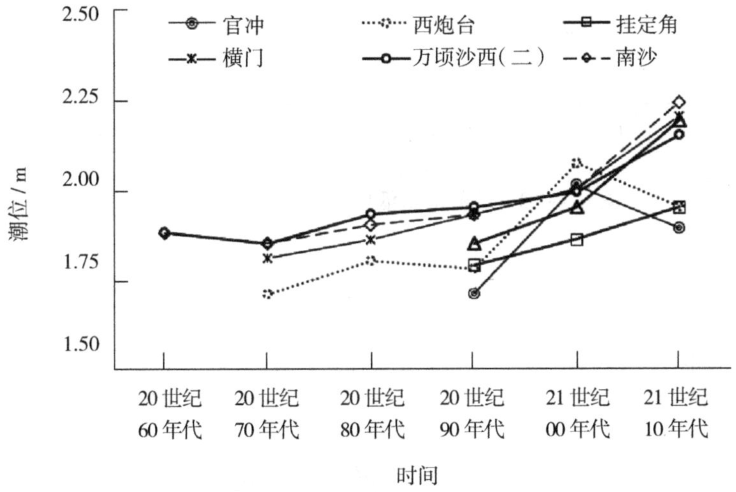

图 6.1–21　口门处站点高高潮位变化

2. 低低潮位年际变化趋势

相应地绘制上述站点低低潮位年际变化图，如图 6.1–22~ 图 6.1–27 所示。

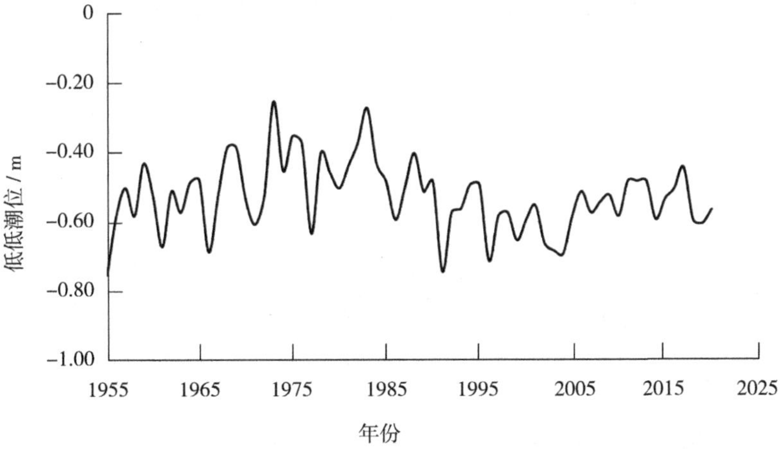

图 6.1–22　天河（二）站低低潮位年际变化

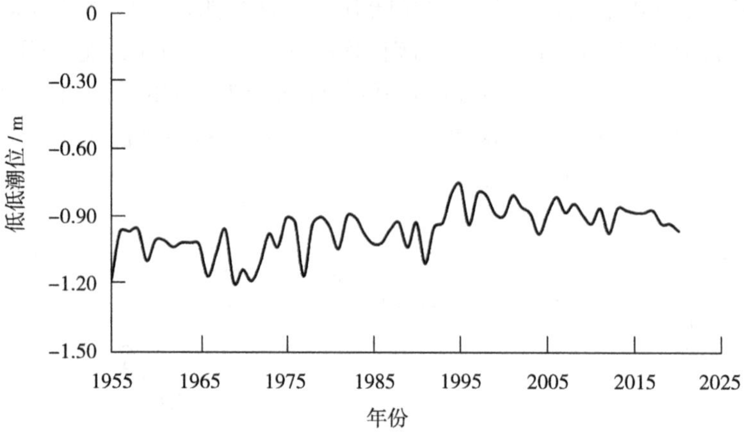

图 6.1-23　三善滘站低低潮位年际变化

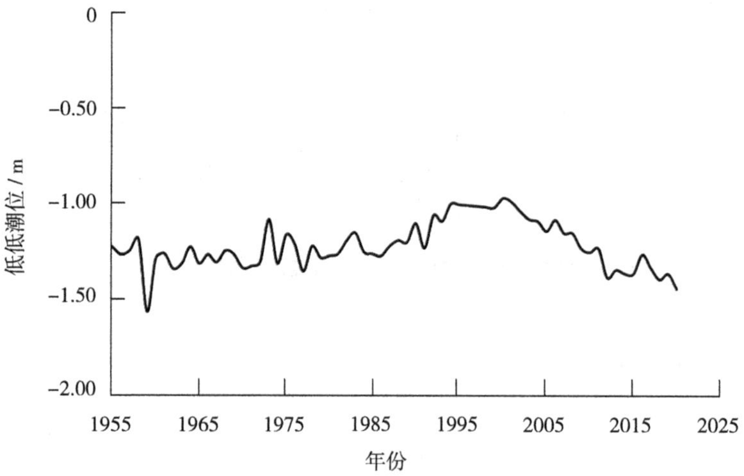

图 6.1-24　万顷沙西（二）站低低潮位年际变化

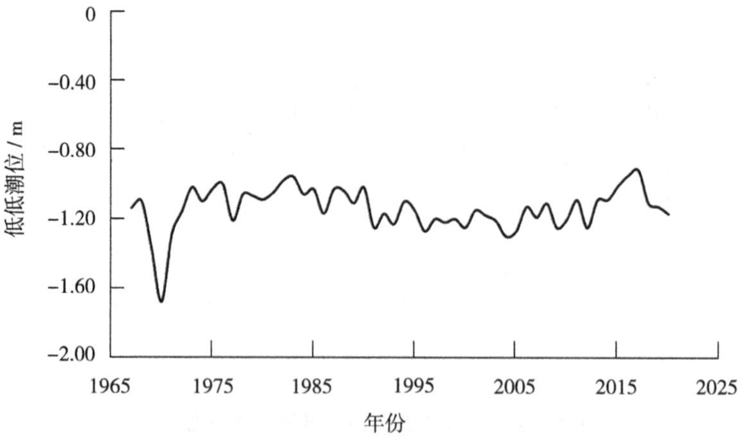

图 6.1-25　五斗站低低潮位年际变化

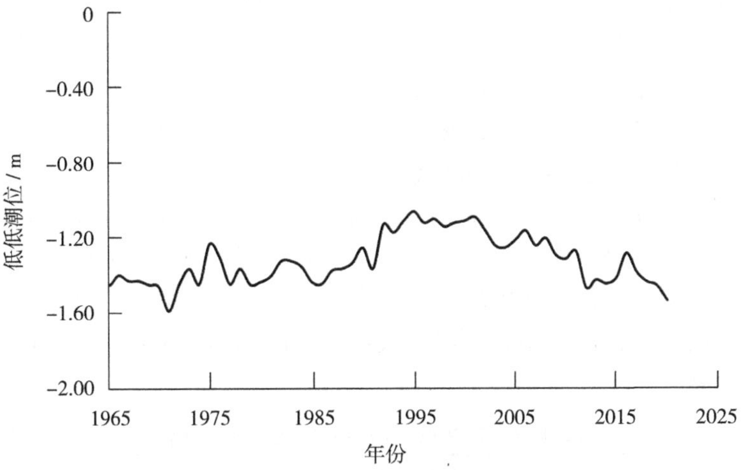

图 6.1–26　南沙站低低潮位年际变化

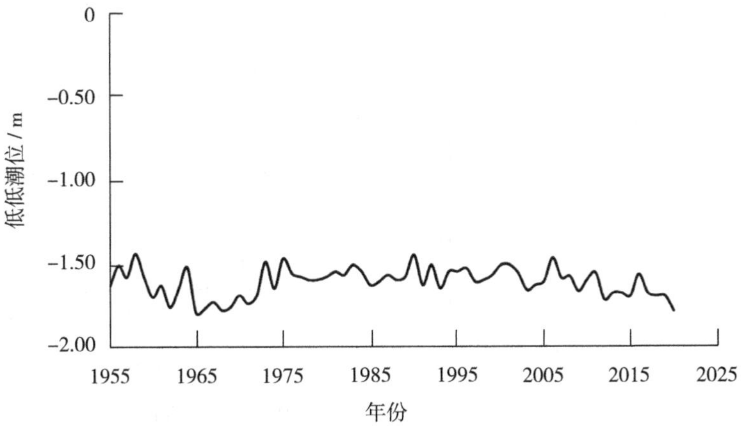

图 6.1–27　三沙口站低低潮位年际变化

与高高潮位年际变化关系类似，除天河（二）站与五斗站外，其他站点年低低潮位同样呈现一个微弱的上升趋势。另外，从图中可以看出，除少数风暴增水异常外，低低潮位波动幅度较高高潮位更小，并且处于河口位置的站点如三沙口站、南沙站等，由于受上游径流影响较小，其潮位波动远小于上游受径流影响较大的天河（二）站与五斗站，基本保持平稳而缓慢的上升趋势。

3. 平均高潮位年际变化趋势

根据各站点平均高潮位，以 10 年为一周期计算各站点各年代间平均高潮位的变化速率，其统计结果见表 6.1–8。选取洪奇门及磨刀门为东西口门的代表，分析上述两口门及其上游各站点平均高潮位变化速率所含规律，其结果见图 6.1–28、图 6.1–29。

从表 6.1–8 中可以看出，除甘竹（一）站、天河（二）站等较为上游的站点外，粤港澳大湾区网河区各站点平均高潮位基本呈现上升趋势，总变化速率在 5 mm/a 上下波动。从序列较长的天河（二）站、三善滘站等 6 个站点可以发现：平均高潮位在 20 世纪 60—70 年代呈现波动变化，但在 80 年代各站点平均高潮位均呈现下降趋势，并且从

90 年代开始逐渐反弹上升，其余站点平均高潮位从 90 年代开始也基本呈现上升趋势，这与 90 年代粤港澳大湾区地区剧烈的采砂活动有关，剧烈的采砂活动导致河床下切严重，导致潮水上溯，进而使得潮水位明显抬升，并且受到风暴潮灾害影响潮水位上涨幅度更加明显，而随着采砂活动的规范化，各站点潮水位上涨速率变缓，甚至个别站点在 21 世纪 10 年代出现平均高潮位降低的现象。

从图 6.1–28、图 6.1–29 中可以看出，洪奇门及磨刀门自上游至下游口门处沿程各站点平均高潮位变化速率呈现明显的增高趋势。以磨刀门为例，上游的甘竹（一）站及天河（二）站由于受到上游径流作用的影响较大，近年来平均高潮位甚至呈现降低趋势，而相应下游各站点受到径流作用影响逐渐减弱，潮汐作用逐渐加强，进而其平均高潮位表现出上升的趋势。

表 6.1–8　各站点平均高潮位变化速率统计

站点名称	平均高潮位变化速率 /（mm/a）						总计
	20 世纪				21 世纪		
	60 年代	70 年代	80 年代	90 年代	00 年代	10 年代	
甘竹（一）				–16.60	–1.90	11.20	–12.10
天河（二）	18.10	30.90	–46.20	–8.20	–0.40	0.10	–4.30
大敖				1.10	2.30	0.50	1.30
竹银				0.40	11.10	6.10	5.50
竹排沙				–4.20	18.10	–7.60	2.70
灯笼山				5.00	9.70	10.50	6.50
挂定角				7.30	8.90	–5.10	2.40
大横琴（大井角）				9.50	11.60	2.10	6.70
马骝洲（三）				17.00	10.60	–12.70	4.80
荷包岛				10.20	14.80	–15.90	6.30
百顷				–6.30	2.90	3.70	0.50
睦洲口				–11.30	4.90	–2.10	–0.60
莲腰				–5.30	4.10	5.80	–1.30
竹洲				3.30	11.50	–5.80	3.20
海尾				0	–3.00	0.30	–1.30
三善滘	5.40	–0.60	–9.60	7.90	–5.00	11.90	0.80
冯马庙（二）				8.10	–1.40	–0.90	1.70
万顷沙西（二）	3.90	3.70	–0.70	10.50	–5.90	–9.00	1.40
五斗		0.40	–11.90	10.90	–5.40	14.70	3.80
沙洛围（二）				9.50	4.30	4.70	4.10

续表 6.1–8

站点名称	平均高潮位变化速率 / (mm/a)						总计
	20 世纪				21 世纪		
	60 年代	70 年代	80 年代	90 年代	00 年代	10 年代	
南沙	–0.60	–0.50	–5.20	8.70	7.60	5.20	2.90
上横				11.50	–1.30	–0.10	4.30
下横				10.00	2.40	–5.00	4.00
三沙口	–1.30	0.10	–3.10	9.20	7.80	–2.40	3.50
大虎（二）				5.30	5.50	3.30	5.50
大石				7.90	2.00	11.30	7.20

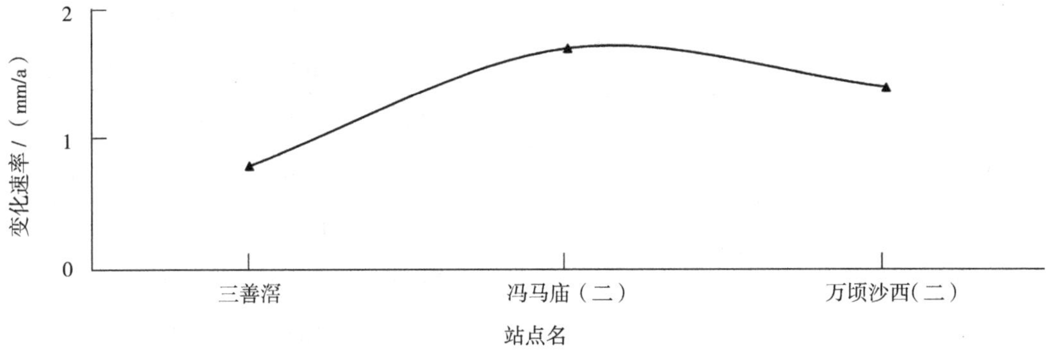

图 6.1–28　洪奇门沿程各站点平均高潮位变化速率

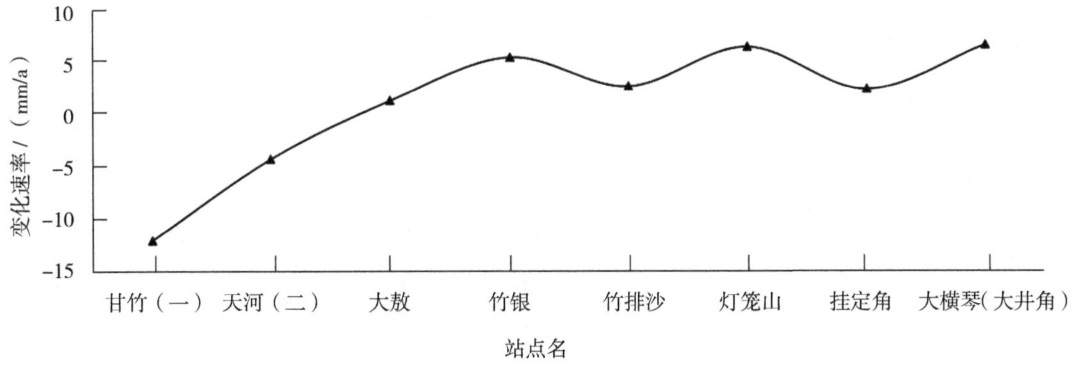

图 6.1–29　磨刀门沿程各站点平均高潮位变化速率

4. 平均低潮位年际变化趋势

根据各站点平均低潮位，以 10 年为一周期计算各站点各年代间平均低潮位的变化速率，其统计结果见表 6.1–9。同样，选取洪奇门及磨刀门为东西口门的代表，分析上述两口门及其上游各站点平均低潮位变化速率所含规律，其结果见图 6.1–30、图 6.1–31。

从表 6.1–9 中可以看出，较平均高潮位而言，平均低潮位变化速率所表现出的规律相对较弱，26 个站点中平均低潮位升高的有 10 站次，降低的有 16 站次，其中升高的站

表 6.1-9　各站点平均低潮位变化速率统计

站点名称	平均低潮位变化速率 /（mm/a）						总计
	20 世纪				21 世纪		
	60 年代	70 年代	80 年代	90 年代	00 年代	10 年代	
甘竹（一）				−36.30	−9.10	12.30	−9.90
天河（二）	15.30	1.40	−38.20	−20.90	−8.20	0.90	−8.50
大敖				−9.10	−17.90	6.00	−8.40
竹银				−15.40	−9.50	8.70	−3.20
竹排沙				−18.50	8.10	−2.90	−3.50
灯笼山				−6.30	−4.20	12.40	1.20
挂定角				−3.20	−0.20	−5.60	−3.20
大横琴（大井角）				7.70	1.20	0.70	2.80
马骝洲 (三）				10.00	2.60	−14.60	0.90
荷包岛				8.10	10.00	−13.40	7.10
百顷				−20.30	−14.80	3.40	−9.20
睦洲口				−25.40	−16.80	−3.10	−11.00
莲腰				−19.50	−21.10	6.40	−14.00
竹洲				−23.00	−5.90	−3.60	−3.20
海尾				0.10	−14.80	2.20	−9.50
三善滘	14.80	7.90	−16.00	13.70	−23.20	3.90	−0.30
冯马庙（二）				11.50	−21.30	−3.60	−10.10
万顷沙西（二）	13.20	−6.50	2.20	11.10	−23.30	−1.80	0.50
五斗		−8.10	−17.40	−10.80	−10.80	13.30	−4.90
沙洛围（二）				−1.70	1.20	2.90	0
南沙	11.50	−8.50	6.20	9.60	−11.30	−3.20	2.40
上横				17.00	−24.10	1.00	−9.20
下横				15.10	−17.60	−7.50	−9.10
三沙口	5.30	−5.10	2.10	7.00	−3.20	−7.40	1.10
大虎（二）				12.80	−1.30	−1.80	1.80
大石				2.10	2.60	5.10	1.70

点多位于沿海口门处，其受上游来水影响较小，主要受下游潮汐影响。

从图 6.1–30、图 6.1–31 可以看出，洪奇门与磨刀门沿程各站点平均低潮位变化速率分布规律与平均高潮位相似，基本呈现出从上游至口门处沿程升高的趋势，这也说明从上游至下游口门处各站点受到上游来水作用沿程减小，而潮汐影响沿程增大，也符合粤港澳大湾区地区潮位呈现的上升趋势。

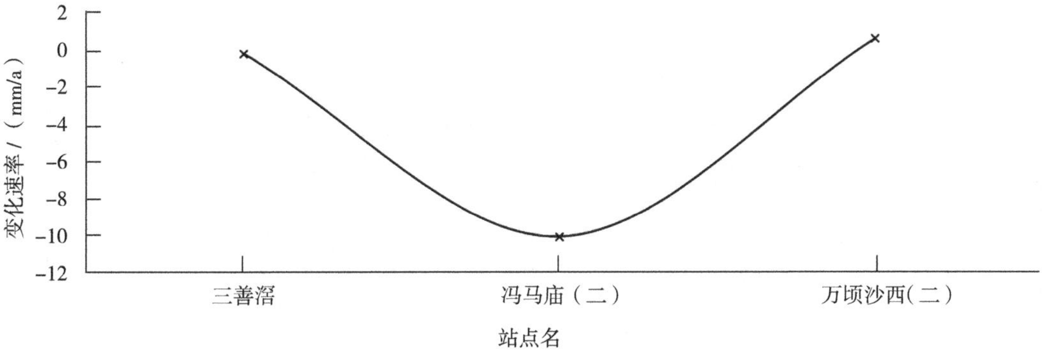

图 6.1–30　洪奇门沿程各站点平均低潮位变化速率

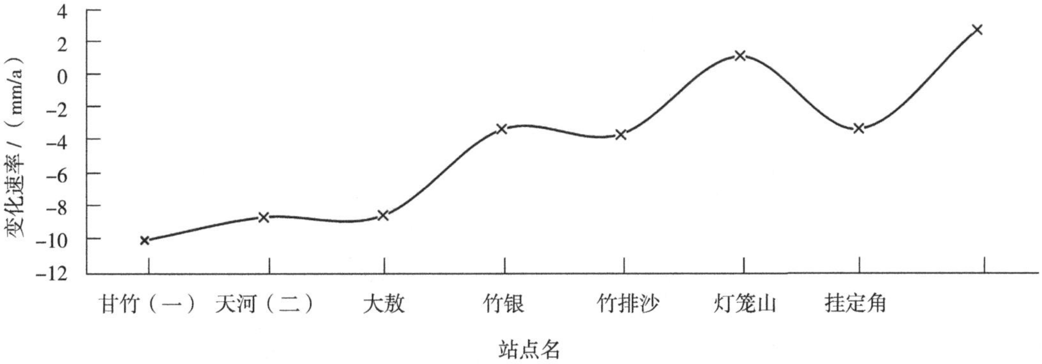

图 6.1–31　磨刀门沿程各站点平均低潮位变化速率

6.1.3.2　特征潮位空间分布分析

1. 洪水期高高潮位的空间分布

为分析研究洪水期潮位特征值的空间分布情况，结合 2007 年洪水期大同步测验资料，分别绘制 2007 年与 2020 年洪水期高高潮位分布图，如图 6.1–32、图 6.1–33 所示。

从图 6.1–32 及图 6.1–33 可以看出，研究范围内各站点 2020 年洪水期高高潮位较 2007 年洪水期有显著提升，并且两个不同年份里高高潮位的分布特征基本一致，东四口门及其上游区域内站点高高潮位高于磨刀门及其上游范围内站点，并且高高潮位表现出从口门处向上游递增的趋势，磨刀门处大横琴（大井角）站及挂定角站 2007 年与 2020 年高高潮位均不超过 2 m，而西江干流上的甘竹（一）及天河（二）站两年内高高潮位均在 4 m 上下。洪奇门从口门处的万顷沙西（二）至上游的上横站也表现出类似的分布特征，可见在径流作用较强的上游区域，当高潮位同上游来水相遇时，潮水受到上游来水的顶托作用，进而会导致潮水位的进一步上升。

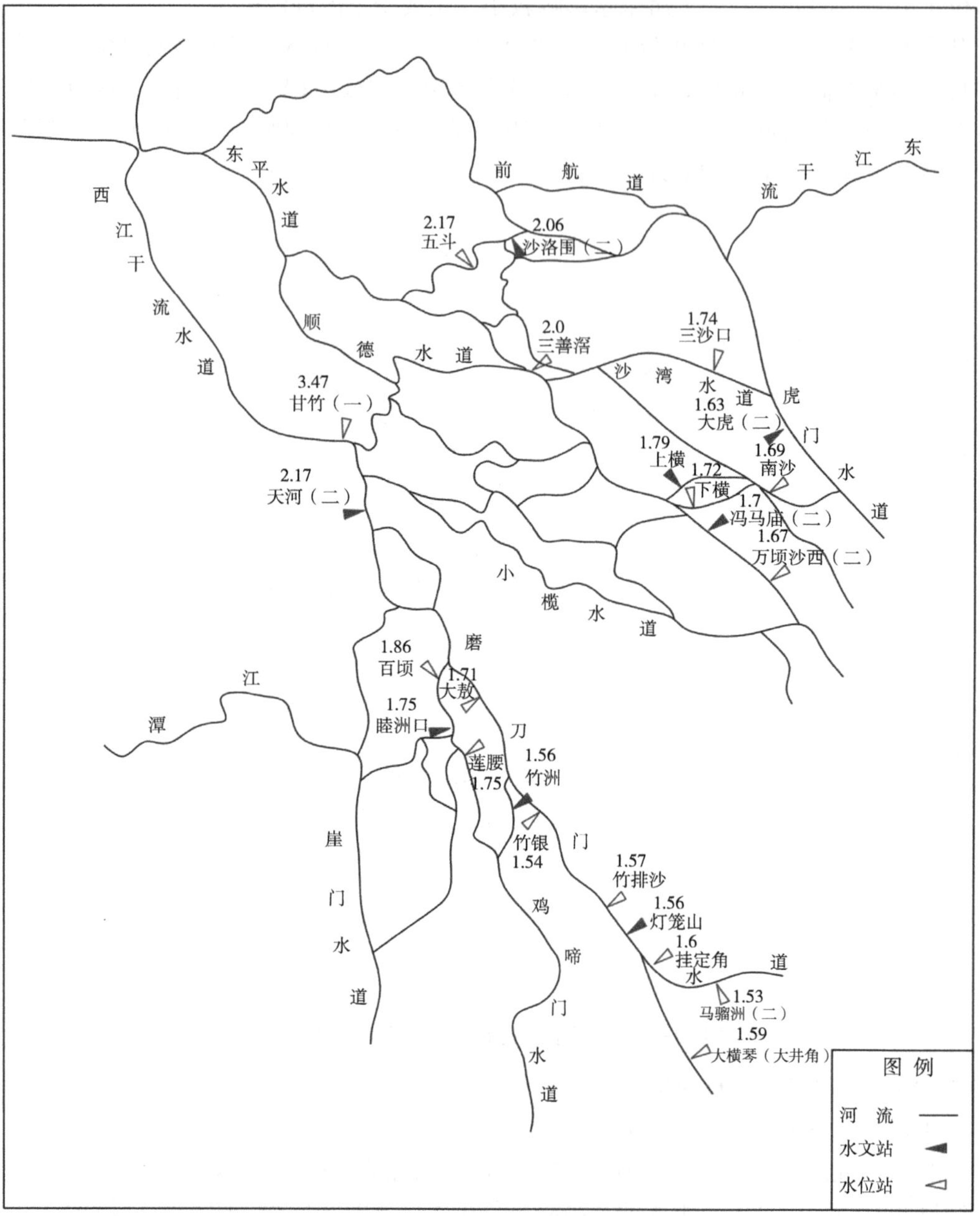

图 6.1-32　2007 年洪水期高高潮位分布　（单位：m）

2. 枯水期低低潮位的空间分布

为分析研究枯水期潮位特征值的空间分布情况，结合 2005 年枯水期大同步测验资料，分别绘制 2005 年与 2020 年枯水期低低潮位分布图，如图 6.1-34、图 6.1-35 所示。

从图 6.1-34 及图 6.1-35 可以看出，枯水期低低潮位分布特征与洪水期内高高潮位分布特征相似，也表现出自口门处向上游递增的趋势。相对于 2005 年来说，2019 年枯水期内低低潮位整体水平无太大变化。枯水期内出现风暴潮灾害的概率也相对较少，因此东四口门处及其上游站点，以及磨刀门及其上游站点低低潮位基本相近。

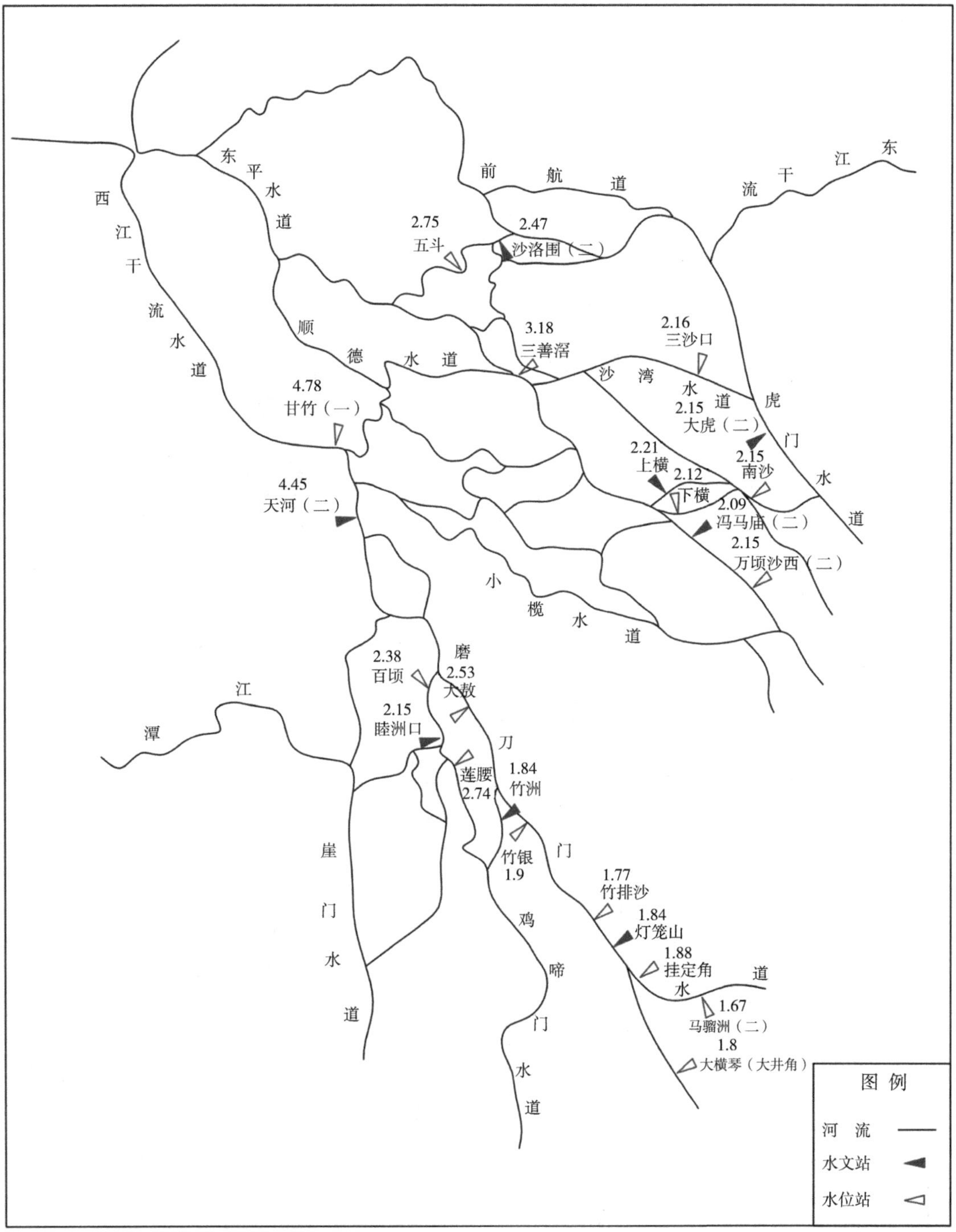

图 6.1–33　2020 年洪水期高高潮位分布　（单位：m）

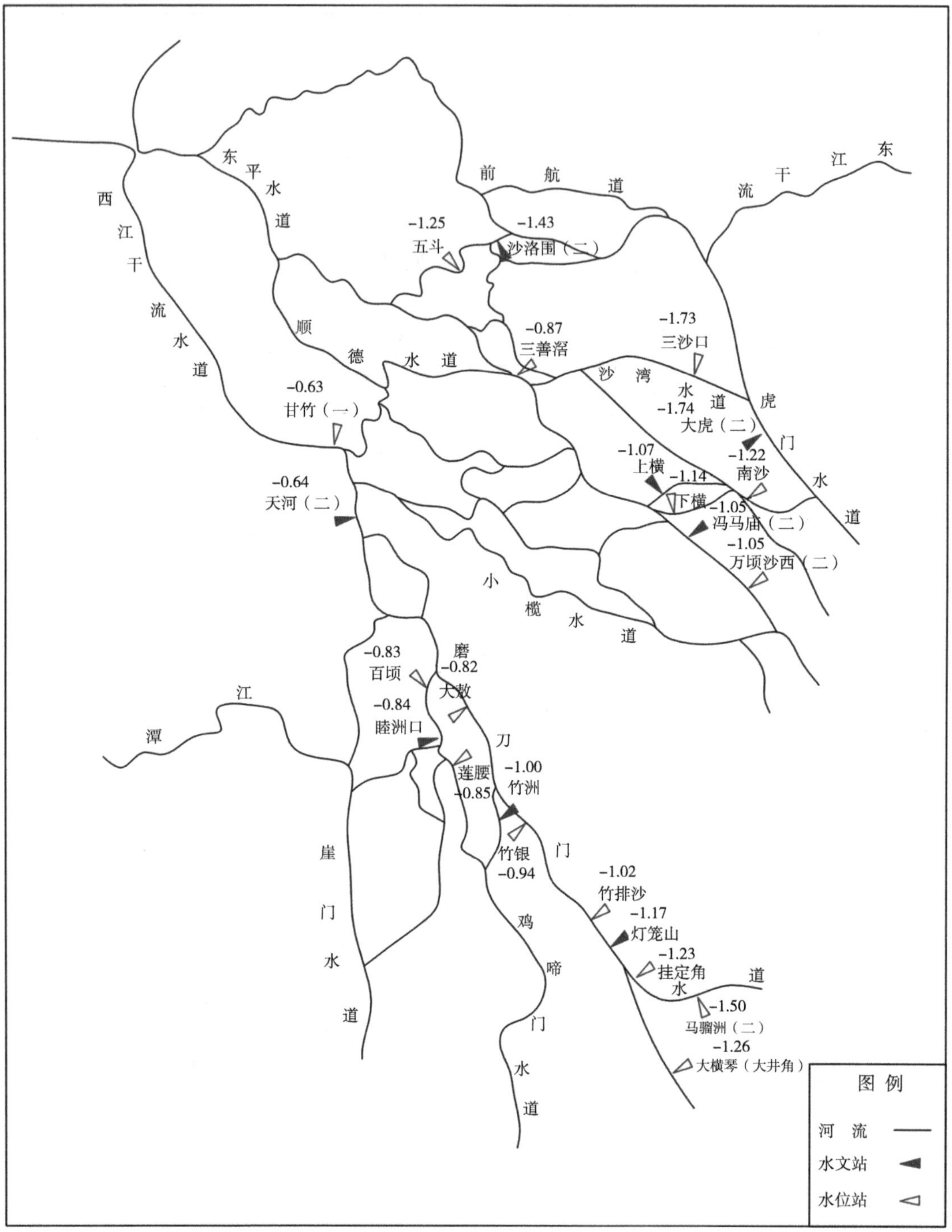

图 6.1-34　2005 年枯水期低低潮位分布　（单位：m）

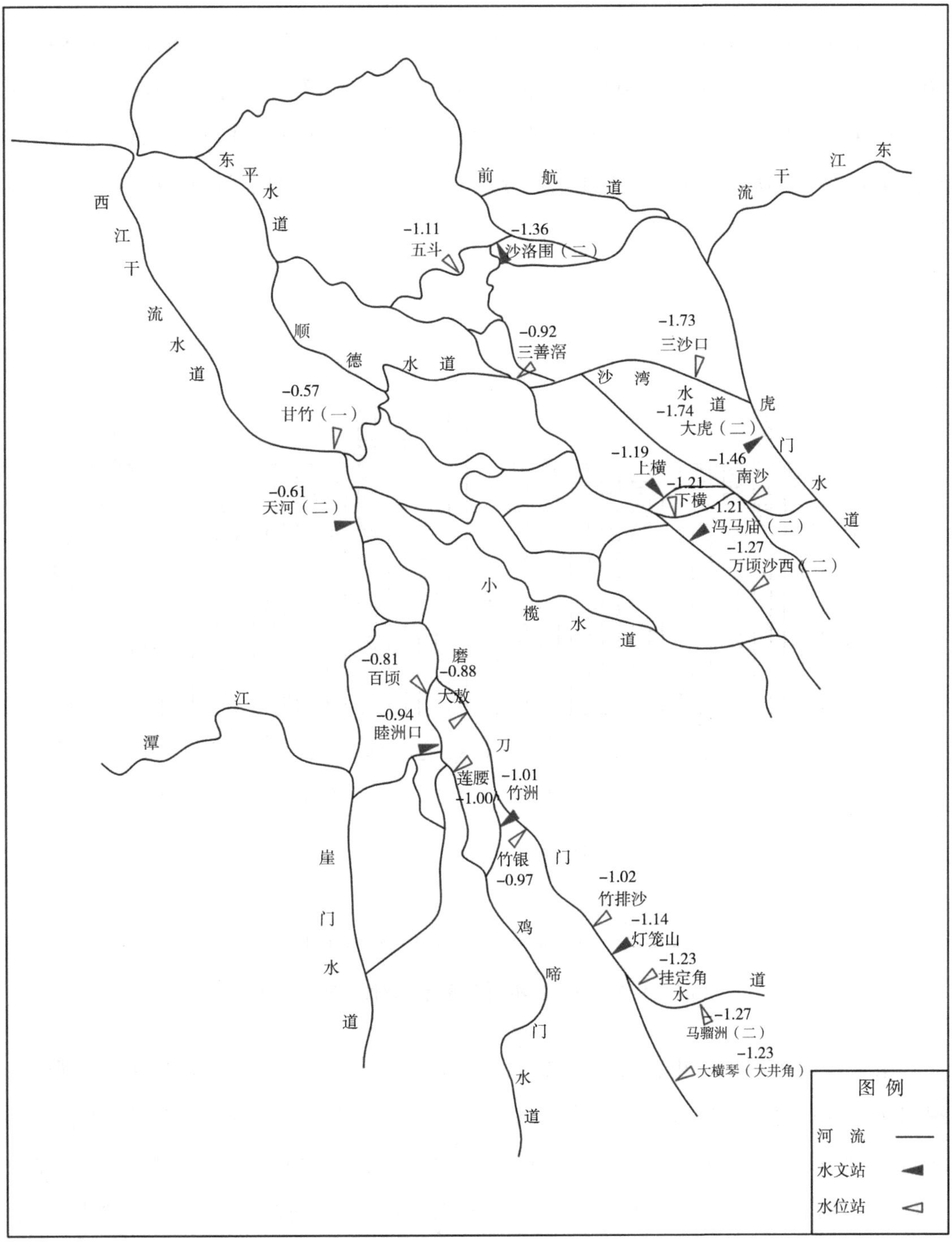

图 6.1-35　2019 年枯水期低低潮位分布　（单位：m）

3. 高潮位出现频次的空间分布

根据前述章节中所得到的各站点不同设计频率下的高高潮位设计值，选取 1991—2020 年共计 30 年各站点高高潮位实测值，统计各站点不同重现期高潮位出现的次数（见图 6.1–36、表 6.1–10），从图 6.1–36 中可以看出，万顷沙西（二）站与三沙口站高潮位达到 100 年一遇次数各 1 次，上述站点分别位于黄茅海、洪奇门、狮子洋，说明这些区域出现历史高潮位的概率较大。

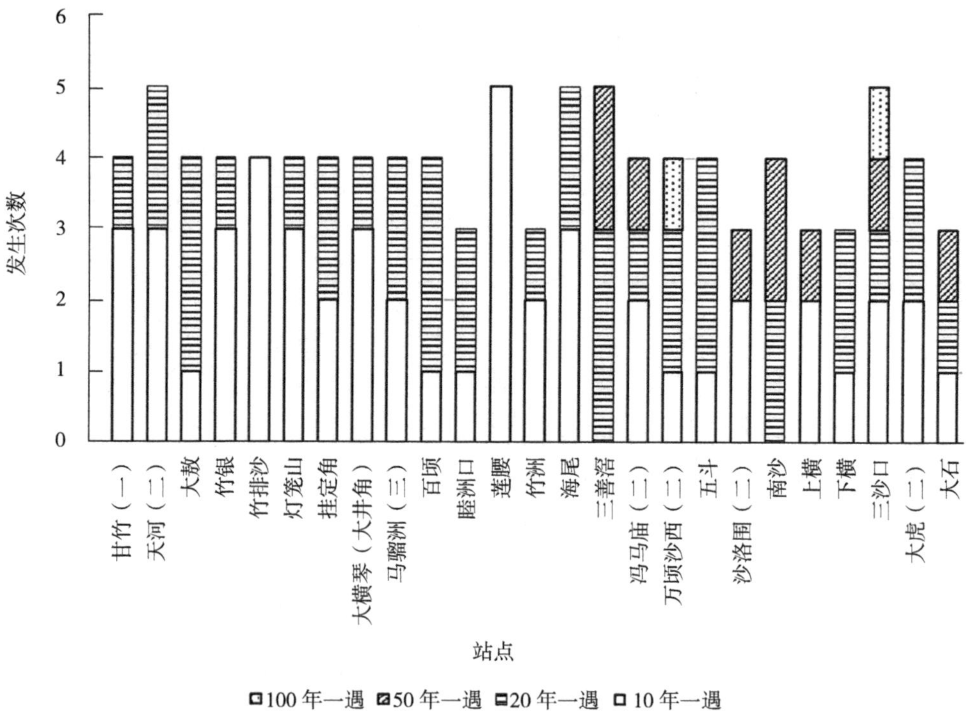

图 6.1–36 各站点不同重现期高潮位出现的次数

由表 6.1–10 可以看出，磨刀门口门处及其上游处各站点高潮位达到 10 年一遇的情况居多，少数出现达到 20 年一遇的情况，而东四口门及其上游各站点出现高潮位达到 50 年一遇及以上的情况居多，其中 50 年一遇出现 7 次，100 年一遇出现 2 次，这是由于珠三角河口区伶仃洋属于外口宽、里湾窄喇叭形的海湾，而这种地形一旦遭遇风暴潮，会导致潮水大量汇入，能量不断在湾内积聚，水位不断抬升，使得风暴潮强度增大，进而产生异常壅高的潮水位。

表 6.1–10　各站点不同重现期高潮位出现的次数

序号	站点名称	10 年一遇	20 年一遇	50 年一遇	100 年一遇
1	甘竹（一）	3	1		
2	天河（二）	3	2		
3	大敖	1	3		
4	竹银	3	1		
5	竹排沙	4			
6	灯笼山	3	1		
7	挂定角	2	2		
8	大横琴（大井角）	3	1		
9	马骝洲（三）	2	2		
10	百顷	1	3		
11	睦洲口	1	2		
12	莲腰	5			
13	竹洲	2	1		
14	海尾	3	2		
15	三善滘		3	2	
16	冯马庙（二）	2	1	1	
17	万顷沙西（二）	1	2		1
18	五斗	1	3		
19	沙洛围（二）	2		1	
20	南沙		2	2	
21	上横	2		1	
22	下横	1	2		
23	三沙口	2	1	1	1
24	大虎（二）	2	2		
25	大石	1	1	1	

6.1.3.3 突破实测系列水位分析

20世纪90年代以来，相继发生了3次较大洪水和7次较大台风，包括“9316”号台风、“94·6”洪水、“98·6”洪水、“0104”号台风、“0307”号台风、“05·6”洪水、“0814”号台风、“0915”号台风、“1713”号台风和“1822”号台风，造成粤港澳大湾区大部分站点的洪潮水位不断突破实测最高洪潮水位。

1.“94·6”“98·6”和“05·6”洪水突破实测历史最高洪潮水位情况分析

“94·6”洪水突破实测历史最高洪潮位分布在大敖、小榄、马鞍、板沙尾、三善滘、勒竹和澜石一线以西，主要受洪水影响的三角洲上中部。“98·6”洪水突破实测历史最高洪潮水位包括主要受洪水影响的板沙尾、三善滘、勒竹3个站和同时受洪潮影响的大石、广州浮标厂（二）、老鸦岗（二）3个站。“05·6”洪水突破实测历史最高洪潮水位除主要受洪水影响的区域外，还包括同时受洪潮影响的老鸦岗（二）、广州浮标厂（二）、五斗、大石和竹银站5个站，主要受潮水影响的中大、黄埔（三）、大盛3个站。

可见，在粤港澳大湾区的腹部，包括磨刀门水道大敖—竹银、小榄水道小榄附近、鸡鸦水道马鞍附近、容桂水道容奇附近、李家沙水道板沙尾附近、顺德水道三善滘附近、陈村水道勒竹附近和平洲水道末端五斗，依然存在腹部水位壅高的问题。此外，广州老鸦岗—大盛等以往受潮影响明显的区域也受到了“05·6”洪水影响，突破实测历史最高洪潮水位。

2. 20世纪90年代以来突破以往实测系列次数分析

1990年后，粤港澳大湾区同受洪潮影响的站点和主要受潮汐控制的站点，均出现1 ~ 6次突破实测系列最高洪潮水位的情况，见表6.1–11。其中突破5~6次的站点集中在前后航道—泗盛围附近，黄埔（三）站6次，见图6.1–37；突破3~4次集中在泗盛围—赤湾一带、三灶—鸡啼门和磨刀门口门一带，灯笼山站3次，见图6.1–38；虎跳门水道横山—西炮台、崖门水道官冲站突破2次；五斗站1次。

表6.1–11 20世纪90年代以来突破实测最高潮位次数统计

序号	站点名称	20世纪90年代以来突破次数
1	老鸦岗（二）	4
2	广州浮标厂（二）	5
3	黄埔（三）	6
4	竹银	3
5	灯笼山	3
6	大横琴（大井角）	2
7	官冲	2

续表 6.1–11

序号	站点名称	20 世纪 90 年代以来突破次数
8	黄金	3
9	西炮台	2
10	大盛	5
11	五斗	1
12	南沙	3
13	三沙口	4
14	中大	6
15	大虎（二）	4
16	大石	5
17	横门	4

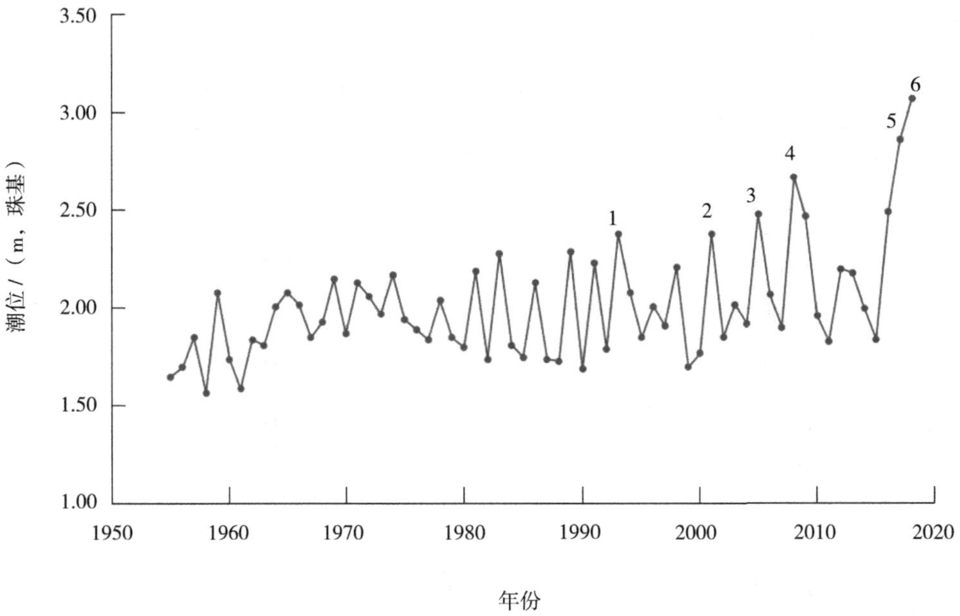

图 6.1–37　黄埔（三）站年最高潮位变化和突破实测系列最高洪潮位次数

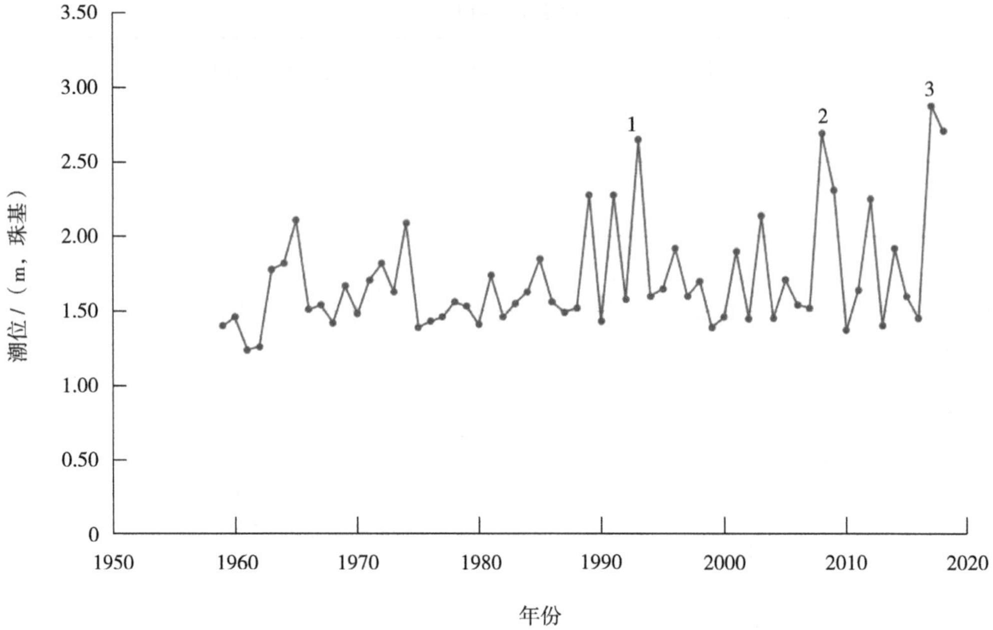

图 6.1-38　灯笼山站年最高潮位变化和突破实测系列最高洪潮位次数

3. 20 世纪 90 年代以来突破实测系列最高洪潮水位差值分析

以 1990 年为界，粤港澳大湾区同受洪潮影响的站点和主要受潮汐控制的站点，近 30 年（1990—2018 年）出现的最高潮位比 1990 年前 30 年、40 年（建站至 1989 年）的最高潮位平均升高 0.62 m，见表 6.1-12。

表 6.1-12　20 世纪 90 年代以来突破实测最高潮位统计

序号	站点名称	20 世纪 90 年代突破实测潮位平均差值 / m
1	老鸦岗（二）	0.44
2	广州浮标厂（二）	0.49
3	黄埔（三）	0.78
4	竹银	0.2
5	灯笼山	0.6
6	大横琴 (大井角)	0.47
7	官冲	0.31
8	黄金	0.67
9	西炮台	0.47
10	大盛	0.84
11	南沙	0.56

续表 6.1–12

序号	站点名称	20 世纪 90 年代突破实测潮位平均差值 / m
12	三沙口	0.80
13	中大	0.76
14	大虎（二）	0.77
15	大石	0.74
16	横门	0.78

4. 2017—2020 年突破以往实测系列最高洪潮水位差值分析

2017 年以来最高潮位比以往实测系列最高潮位平均升高 0.38 m，2017—2020 年期间有 12 个站突破了实测系列最高潮位，见表 6.1–13。

表 6.1–13　2017—2020 年突破实测最高潮位统计

序号	站点名称	2017—2020 年突破实测潮位平均差值 / m
1	老鸦岗（二）	0.21
2	广州浮标厂（二）	0.23
3	黄埔（三）	0.4
4	竹银	0.08
5	灯笼山	0.19
6	大盛	0.47
7	南沙	0.49
8	三沙口	0.45
9	中大	0.5
10	大虎（二）	0.47
11	大石	0.4
12	横门	0.57

5. 粤港澳大湾区各站实测系列前三位的站点

通过分析各站实测系列中前三位年最高洪潮水位，见表 6.1–14，可分为以下三类。

1）主要受洪水影响的站点

前三位年最高洪潮水位由“68 · 6”“94 · 6”“98 · 6”和“05 · 6”洪水引起的站点，位于三角洲中上部，包括甘竹（一）、天河（二）、江门（潮连）、大敖、蚬沙（南华）、小榄（二）、马鞍、容奇（二）、三多、三善滘、板沙尾、紫洞、澜石（小布）和勒竹共 14 个站。

经分析，这 14 个站实测系列长度延长至 2018 年后，除三善滘均值增加 0.02 m 外，其他站点均值均减少。1999—2008 年间，粤港澳大湾区河道持续下切，特别是西江主干水道下切幅度剧烈，其中西江干流、东海水道平均下切 3 m 以上，西海水道平均下切 2~3 m，而这些站点正位于河床下切剧烈河段处，因此河床下切造成了这些站延长系列后均值下降。

2）同时受洪潮影响的站点

前三位年最高洪潮水位既有由“05・6”洪水引起，也有由 2017 年、2018 年风暴潮引起的站点，包括老鸦岗（二）、广州浮标厂（二）、竹银、五斗和大石共 5 个站。

3）主要受潮汐影响的站点

其余站点，前三位年最高洪潮水位均由风暴潮引起，且主要由 2018 年、2017 年和 2008 年风暴潮引起的站点，包括黄埔（三）、灯笼山、官冲、横山、西炮台、白蕉、黄金、三灶、横门、万顷沙西（二）、三沙口、南沙、大盛、泗盛围、赤湾、中大、大虎（二）、大横琴、石咀、三江口共 20 个站。

表 6.1–14　粤港澳大湾区各站实测系列前三位的年最高洪潮水位比较　　单位：m，珠基

序号	站点名称	1968 年	1993 年	1994 年	1998 年	2001 年	2003 年	2005 年	2008 年	2009 年	2017 年	2018 年
1	老鸦岗（二）	2.62	2.08	2.5	2.62	2.77（3）	2.05	2.85（2）	2.56	2.34	2.42	3.06（1）
2	广州浮标厂（二）	2.3	2.44	2.36	2.53	2.6	2	2.68（2）	2.59	2.37	2.61（3）	2.91（1）
3	黄埔(三)	1.93	2.38	2.08	2.21	2.38	2.02	2.48	2.67（3）	2.47	2.86（2）	3.07（1）
4	甘竹	6.31	4.54	6.79（1）	6.32（3）	4.86	2.69	6.44（2）	5.82	3.85	4.76	2.74
5	天河(二)	5.68	4.11	6.19（1）	5.95（3）	4.62	2.54	6.12（2）	5.51	3.64	4.4	2.66
6	江门（潮连）	4.53	3.39	5.09（1）	4.87（3）	3.8	2.1	5.05（2）	4.45	2.92	2.65	2.66
7	大敖	2.98	2.58	3.59（2）	3.49（3）	2.76	2.18	3.72（1）	3.16	2.34	2.47	2.65
8	竹银	1.99	2.26	2.23	2.26	2.03	2.12	2.5（3）	2.56（2）	2.36	2.43	2.64（1）
9	灯笼山	1.42	2.65	1.6	1.7	1.9	2.14	1.71	2.69（3）	2.31	2.88（1）	2.71（2）
10	官冲	1.63	2.06	1.84	1.81	2.05	2.5（3）	1.62	2.77（1）	2.66（2）	1.95	2.37
11	横山	1.87	2.34	2.11	2.14	2.1	2.29	2.3	2.71（1）	2.59（3）	2.62（2）	2.5

续表 6.1–14

序号	站点名称	1968年	1993年	1994年	1998年	2001年	2003年	2005年	2008年	2009年	2017年	2018年
12	西炮台	1.63	2.15	1.85	1.69	2.04	2.46（3）	1.79	2.86（1）	2.71（2）	1.98	2.29
13	白蕉	1.57	2.18	1.69	1.64	2.01	2.21	1.79	2.65（2）	2.58（3）	2.38	2.75（1）
14	黄金	1.42	2.28	1.51	1.45	1.88	2.38	1.48	2.91（1）	2.77（3）	2.25	2.79（2）
15	三灶	1.34	2.54	1.26	1.31	1.76	2.58	1.5	3.14（2）	2.67（3）	2.65	3.28（1）
16	蚬沙（南华）	5.56	4.08	6.05（1）	5.76（3）	4.48	2.52	5.89（2）	5.29	3.55	4.26	2.7
17	小榄	4.26	3.16	4.89（2）	4.85（3）	3.77	2.22	5.05（1）	4.47	3.03	3.61	2.74
18	横门	1.65	2.62	1.98	2.06	2.06	2.06	2.14	2.75（3）	2.46	3.05（2）	3.32（1）
19	马鞍	2.92	2.42	3.54（2）	3.49（3）	2.73	1.98	3.7（1）	3.2	2.27	2.53	2.92
20	容奇(二)	3.4	2.55	3.96（2）	3.92（3）	2.98	2.05	3.99（1）	3.44	2.33	2.6	2.94
21	三多	6.78	4.34	7.1（1）	6.9	5.38	2.76	6.81（3）	6.15	3.68	4.76	2.96
22	三善滘	3.08	2.39	3.78（3）	3.99（1）	3.13	2.08	3.98（2）	3.48	2.23	2.69	2.97
23	板沙尾	2.75	2.48	3.16（1）	3.16（1）	2.43	1.9	3.12（3）	2.57	2.3	2.8	3.04
24	万顷沙西（二）	1.75	2.58	2.02	1.89	2.09	2.06	2.08	2.74（3）	2.47	2.93（2）	3.28（1）
25	紫洞	7.26（3）	4.69	7.62（1）	7.3（2）	5.67	2.98	7.2	6.5	3.87	5.01	2.93
26	澜石（小布）	5.71	3.6	6.01（1）	5.84（2）	4.44	2.44	5.81（3）	5.09	2.97	3.88	3.02
27	五斗	3.28（2）	2.34	3.11	3.17	2.76	2.28	3.35（1）	2.77	2.51	2.86	3.26（3）
28	大石	2.31	2.42	2.38	2.52	2.59	2.16	2.79（3）	2.75	2.53	2.96（2）	3.19（1）
29	勒竹	3.24	2.43	3.57（3）	3.77（2）	2.9	2.11	3.78（1）	3.19	2.31	2.71	3.07
30	三沙口	1.75	2.43	1.99	2	2.24	2.03	2.16	2.68（3）	2.44	3.02（2）	3.13（1）
31	南沙	1.71	2.68（3）	1.92	1.88	2.14	1.97	1.97	2.67	2.41	3.11（2）	3.17（1）

续表 6.1-14

序号	站点名称	1968年	1993年	1994年	1998年	2001年	2003年	2005年	2008年	2009年	2017年	2018年
32	大盛	1.91	2.39	2.09	2.17	2.32	2.08	2.44	2.68（3）	2.47	2.86（2）	3.15（1）
33	泗盛围	1.73	2.55	2	2.06	2.25	2.05	2.24	2.67（3）	2.46	3.11（2）	3.26（1）
34	赤湾	1.37	2.23	1.47	1.45	1.97	1.52	1.49	2.25（3）	1.52	2.56（1）	2.49
35	中大		2.54	2.33	2.43	2.57	2.09	2.74	2.75（3）	2.57	2.78（2）	3.25（1）
36	大虎(二)		2.55	1.76	1.86	2.14	1.91	1.96	2.65（3）	2.35	3.09（2）	3.12（1）
37	大横琴(大井角)		2.55（2）	1.38	1.3	1.76	2.09	1.41	2.68（1）	2.23	2.32（3）	2.55
38	石咀	1.69	2.12	1.86	2.16	2.03	2.48（3）	1.87	2.53（2）	2.47	2	2.7（1）
39	三江口	1.71	2.2	1.98	2.02	2.14	2.52	1.92	2.59（2）	2.71（1）	1.96	2.53（3）

6.1.3.4 年际变化原因分析

从前述分析中可以看出，从 20 世纪 50 年代至今，粤港澳大湾区地区潮位呈现缓慢的上升趋势，并且未来可能还会逐步升高，主要受气候、地形、风暴潮、水文等方面的影响。

1. 气温升高与海平面上升

根据 IPCC 于 2013 年编制的《气候变化 2013 自然科学基础》中全球平均陆地和海洋表面温度的线性趋势计算结果（见图 6.1-39、图 6.1-40）表明，在 1880—2012 年期间温度升高了 0.65~1.06 ℃。基于现有的一个单一最长数据集，1850—1900 年时期和 2003—2012 年时期的平均温度之间的总升温幅度为 0.72~0.85 ℃。

根据 2020 年中国海平面公报，1980—2020 年中国沿海海平面上升速率为 3.3 mm/a，高于同时段全球平均水平；根据 2020 年广东省海洋灾害公报，1980—2020 年，广东沿海海平面平均上升速率为 3.6 mm/a，高于同期全国沿海海平面上升平均水平。

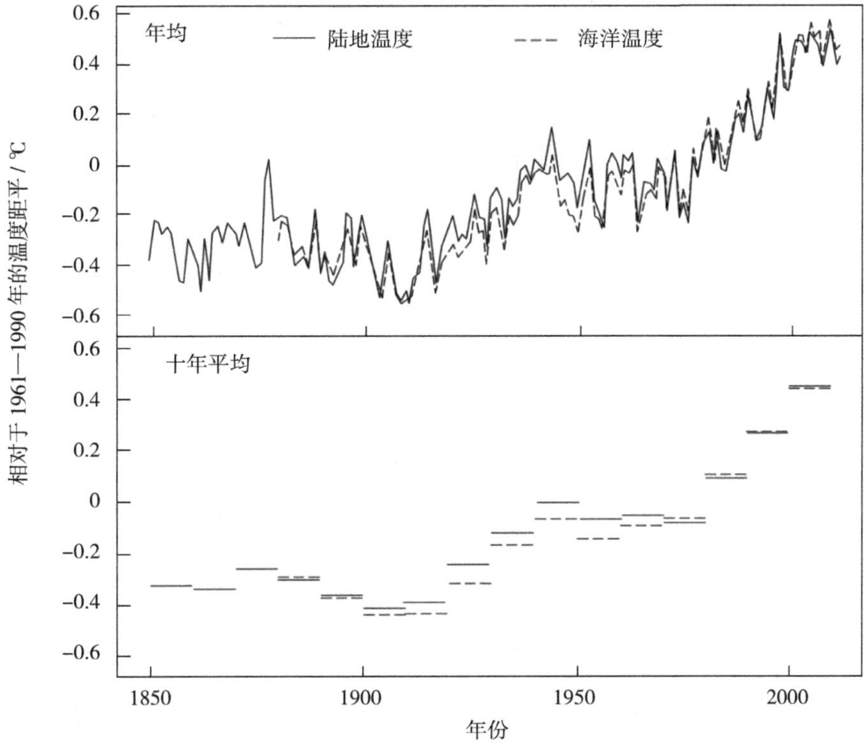

图 6.1–39　全球平均陆地和海洋温度距平变化

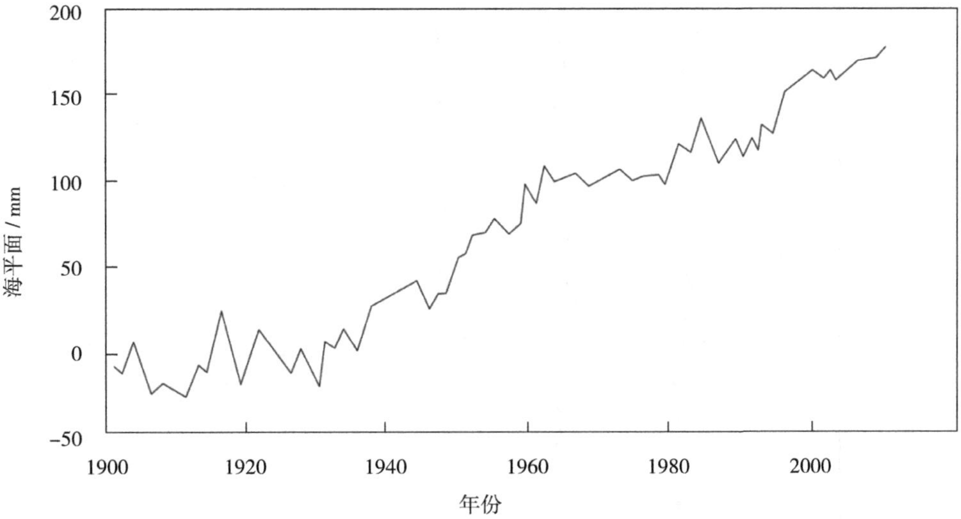

图 6.1–40　全球平均海平面变化

在这里为进一步研究粤港澳大湾区沿海海平面上升的具体情况，选取担杆头站 1988—2020 年 32 年潮位序列进行分析。担杆头站设立在伶仃洋口东海区担杆镇担杆岛东北面的一个海湾内，湾口向西北，受风浪影响相对较小，属于纯潮潮位站，其平均潮位的变化可以直观反映粤港澳大湾区沿海海平面变化情况。统计担杆头站 1988—2020 年平均潮位变化情况见图 6.1–41。

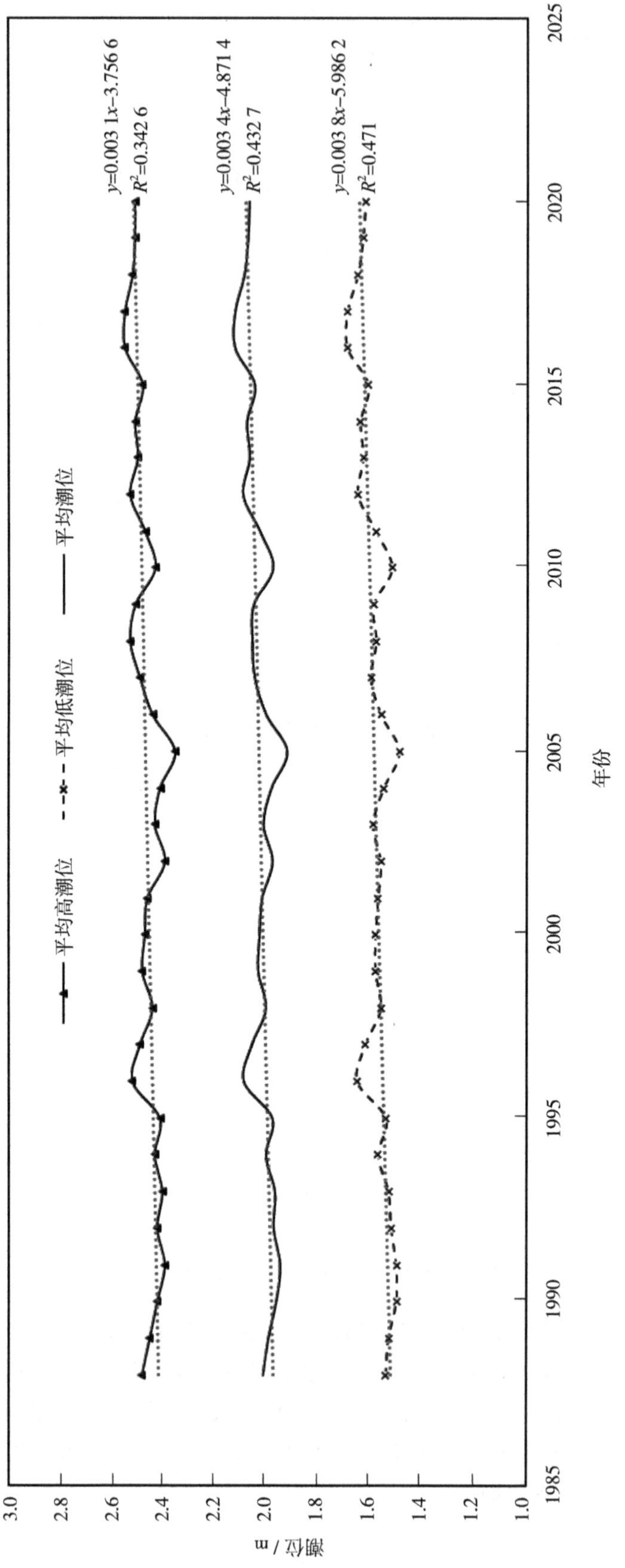

图 6.1–41　担杆头站平均潮位变化

从图 6.1–41 中可以看出，担杆头站平均高潮位、平均低潮位以及平均潮位从 1988 年开始均呈现出缓慢的上升趋势，其中平均高潮位每年上涨 3.1 mm，平均低潮位每年上涨 3.8 mm，平均潮位每年上涨 3.4 mm，上述结果可以说明粤港澳大湾区沿海海平面近 30 年来呈现缓慢但稳定的上升趋势，而随着海平面的整体抬升，也会使得粤港澳大湾区地区潮水位相应上涨。

2. 粤港澳大湾区地形的变化

20 世纪 50 年代前，粤港澳大湾区基本处于自然演变状态。此后，粤港澳大湾区经历高强度的联围筑闸、采砂挖砂、航道整治等人类活动，使粤港澳大湾区网河区的水流及河床演变过程发生了重大的变化，形成一种半天然半人工的河网结构。

20 世纪 50 年代初期至 70 年代，粤港澳大湾区网河区河道开始进行大量联围筑闸，通过联围筑闸，简化了珠三角的水系，起到了束水归槽的作用，但由于河道缩窄，水位上升，造成河道淤积加重。20 世纪 80 年代至 2003 年整个粤港澳大湾区采砂总量高达 13.36 亿 m^3，而粤港澳大湾区的年淤积量为 800 万 ~1 000 万 m^3。1984—2003 年的采砂量相当于粤港澳大湾区河道 100 余年的自然淤积量，河床发生由缓慢淤积转为快速冲刷的“异变”。粤港澳大湾区进行了较大规模的航道整治工程，其中治理较为系统的有东平水道、陈村水道、沙湾水道及广州航道，50 年代至 90 年代初，仅东平水道疏浚泥沙总量就高达 932 万 m^3，航道整治工程使航道水深条件得以改善，但对粤港澳大湾区的河床演变产生了很大影响。由图 5.3–5~ 图 5.3–12 口门区河道断面图可以看出，采砂挖砂、航道整治等活动引起河床逐年严重的下切，导致潮汐上溯能力增强，致使遭遇风暴潮时，较大的风暴增水会在湾内积聚，水位不断抬升。

3. 风暴潮的剧烈影响

粤港澳大湾区本身属于不规则半日潮，潮差相对较小，但当风暴潮增水叠加天文大潮时比较容易出现突破历史纪录的高潮位，如“天鸽”台风，当台风风力较大时，即使在小潮阶段也可引起较高的水位，如“山竹”台风，影响粤港澳大湾区风暴潮的台风主要为西岸登陆的台风，受北半球热带气旋风场逆时针旋转及珠江口岸线影响，往往出现较高的潮位值，各站点历史最高潮位均由大湾区西岸登陆的台风引起。近年来，影响粤港澳大湾区的强台风以上级别的台风次数增加趋势明显。

根据《粤港澳大湾区风暴潮时空分布特征及影响因素》，从最大增水的空间分布特征来看，位于伶仃洋、狮子洋、前航道等区域的潮位站出现较大增水的频率较高，增水大于 1 m 的占比可达到 40%~72%。在大湾区西岸或东岸登陆的台风均可在该区域引起一定程度的增水。伶仃洋河口湾由外向里逐渐收窄，水深逐渐变小，呈漏斗状形态，当台风暴潮波向里传入时，波能逐渐集中，波高相对增大，并通过虎门沿河道上溯。风暴潮发生时间很大程度上是由登陆热带气旋的时间分布特征决定的，风暴潮主要集中在 7—9 月，占全年总次数的 74.4%；2 m 以上最大增水则主要集中在 6—10 月，其中 3 m 以上最大增水出现在 8—9 月，比例超过 5%。

6.1.4　潮差时空变化分析

潮汐作为河口海岸地区水动力环境的重要构成成分，主要受控于天文因素，当潮汐传播至河口地区时，又受到海岸地貌、浅水地形以及径流等因素的影响发生形变，因而变化更为复杂。潮波变形之后导致的潮汐涨落潮时间的差异，或者是高低水位到平均海平面的不同，这些都称为潮汐不对称现象。潮汐不对称会导致潮汐河口的泥沙输运等问题。潮差作为潮汐的一个基本特征，是相邻高低潮位的差值，反映了潮汐作用的强弱。潮差同海岸演变、近岸水动力变化、沉积物输运、盐水入侵等自然环境变化密切相关，并且对航运交通、海岸防护、海洋工程、水产养殖等人类活动也有着显著的影响。

潮汐受太阳和月球引力影响，尤其是月球引潮力作用，具有周期明显的时间变化特征。例如，潮汐每日的涨落，主要就是受地球自转与月球引潮力共同作用导致的结果。由于日、月、地三个天体之间相对位置的变化，引起的引力改变，导致了潮汐周期为半月左右的大小潮变化。月球轨道与地球轨道之间，太阳轨道与地球轨道之间相对角度的变化又会引起更长时间尺度的潮汐周期变化。

6.1.4.1 潮差时间变化分析

我国沿岸潮差分布的总趋势是东海区最大，黄海、渤海次之，南海最小，以平均潮差的量值 H 来区分潮汐强弱程度：

$H < 2.0$ m，弱潮区；

4.0 m $> H \geqslant 2.0$ m，中潮区；

$H \geqslant 4.0$ m，强潮区。

南海区大部分水域为弱潮区。粤港澳大湾区河口地貌特征复杂，海陆相互作用显著。受海洋气候及热带气旋影响较大，该海域潮汐主要为来自太平洋的潮波经吕宋海峡进入南海传入珠江口后受到珠江口地形、径流以及气象条件的影响而形成，其潮汐潮型数为 0.94 ~ 1.77，属于不正规半日潮类型，具有周期明显的时间变化特征，它的变化特征是：在一个太阴日中有两次高、低潮，但两相邻的高潮或低潮的高度不相等，即两相邻的潮差不等及涨潮落潮时间不相等，呈现日潮不等现象。珠江河口落潮受径流下泄的影响加剧落潮趋势，而涨潮受径流下泄抑制作用，往往落潮历时大于涨潮历时，落潮流速大于涨潮流速。

1. 年均潮差的变化趋势

1）河网区年均潮差变化

选取潮位系列较长的河网区代表站天河（二）、三善滘、五斗、三沙口分析年平均潮差的变化，结果如表 6.1–15 所示。

表 6.1–15　网河区代表站点年均潮差统计　　单位：m

区域	站点	年份							
		1955—1960	1961—1970	1971—1980	1981—1990	1991—2000	2001—2010	2011—2020	平均值
网河区	天河（二）	0.41	0.41	0.42	0.44	0.49	0.57	0.60	0.49
	三善滘	0.99	0.92	0.90	0.93	0.81	0.90	1.02	0.92
	五斗			1.05	1.10	1.24	1.35	1.36	1.22
	三沙口	1.54	1.52	1.50	1.45	1.48	1.51	1.66	1.52

从表 6.1–15、图 6.1–42 可以看出，天河（二）站多年潮差均值为 0.49 m，年均潮差较小，1980 年出现明显突变，1985 年后呈上升趋势；三善滘站多年潮差均值为 0.92 m，年均潮差波动较为明显，1993—1995 年明显下降，1995 年后呈上升趋势；五斗站多年潮差均值为 1.22 m，自 1971 年以来，整体呈上升趋势，1995 年出现较为明显的变幅；三沙口站多年潮差均值为 1.52 m，年均潮差较大，整体变化较为平稳，2000 年后出现明显上升趋势。1995—2020 年以来，4 个代表站增幅相似，均为 0.2 m 左右。

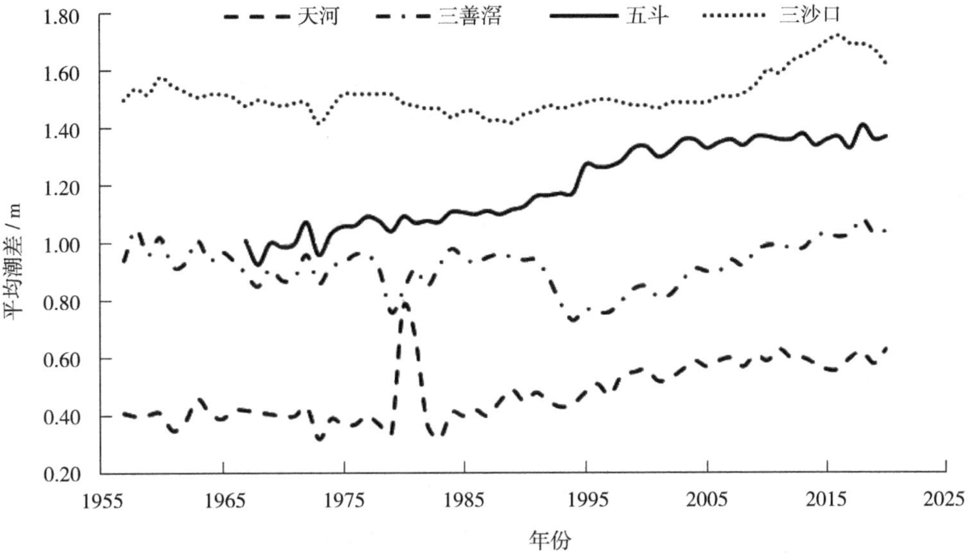

图 6.1–42　网河区代表站年均潮差变化

2）口门年均潮差变化

选取八大口门官冲、西炮台、黄金、挂定角、横门、万顷沙西（二）、南沙、大虎（二），分析口门区年平均潮差的变化，结果如表 6.1–16 所示。

表 6.1–16　口门区代表站点年均潮差统计　　单位：m

区域	站点	年份							
		1955—1960	1961—1970	1971—1980	1981—1990	1991—2000	2001—2010	2011—2020	平均值
西四口门	官冲						1.24	1.23	1.24
	西炮台						1.24	1.24	1.24
	挂定角					0.87	0.98	0.98	0.94
	黄金						1.00	0.96	0.98
东四口门	横门						1.12	1.27	1.19
	万顷沙西（二）	1.27	1.19	1.23	1.20	1.09	1.17	1.34	1.20
	南沙	0.27	1.35	1.37	1.36	1.19	1.27	1.47	1.33
	大虎（二）					1.56	1.54	1.64	1.58

从表 6.1–16 及图 6.1–43 可以看出，官冲站与西炮台站年均潮差最大，年均潮差在 1.24 m 上下波动，且由于站点相近，年均潮差基本相似，变化图几乎重合，年均潮差变化整体较为稳定；黄金站与挂定角站潮差略小，潮差在 1.0 m 左右上下波动，挂定角站自 1995 年以来呈上升趋势，黄金站潮差变化整体较为稳定。

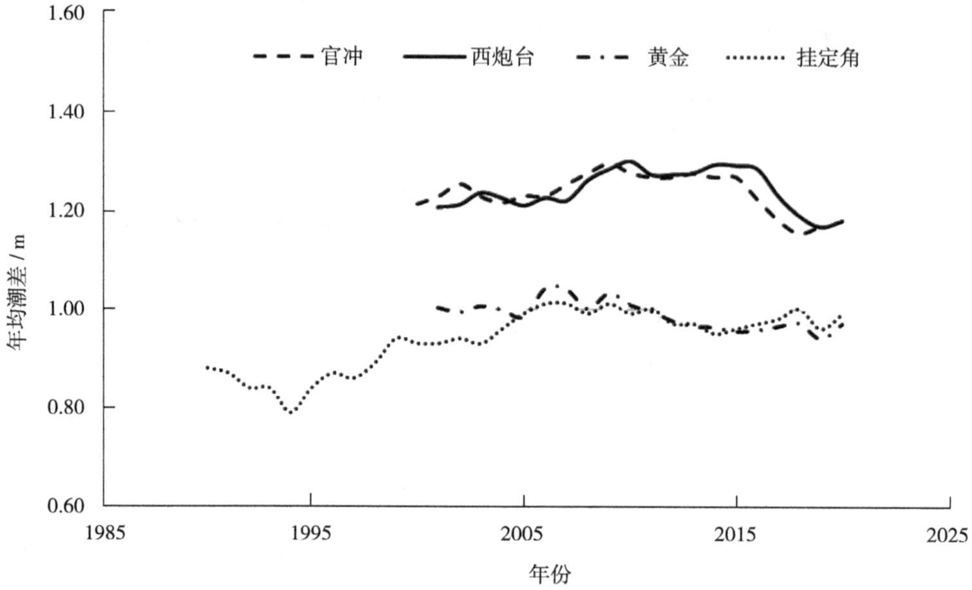

图 6.1–43　东四口门年均潮差变化

从表6.1–16及图6.1–44中可以看出，大虎（二）站年均潮差最大，多年潮差均值为 1.58 m；横门站年均潮差最小，多年潮差均值为 1.19 m，潮差呈上升趋势。万顷沙西（二）、南沙多年潮差均值分别为 1.20 m、1.33 m，两站变化趋势基本一致。

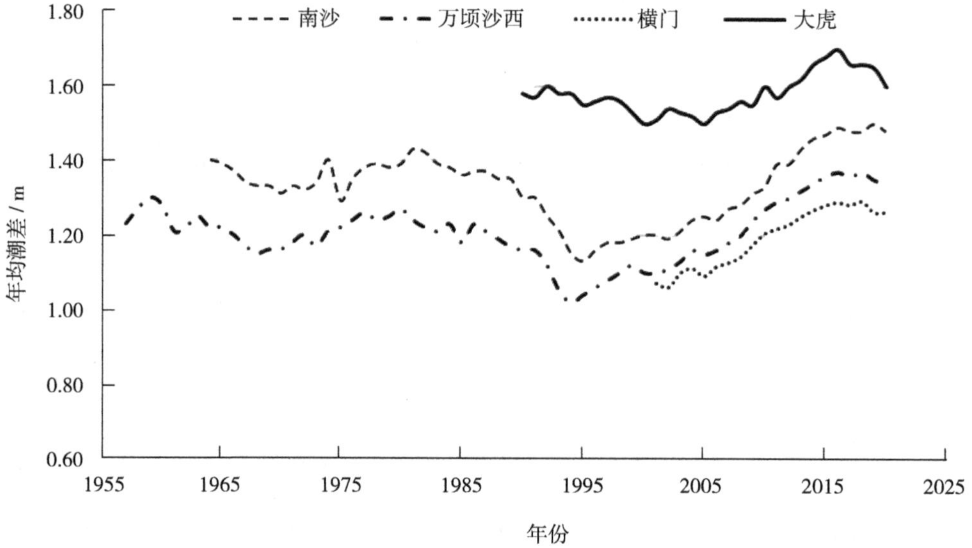

图 6.1–44　西四口门年均潮差变化

2. 月均潮差的变化趋势

对 2001—2020 年间潮位站月均潮差数据平均，分析网河区天河（二）、三善滘、五斗、三沙口以及八大口门官冲、西炮台、黄金、挂定角、横门、万顷沙西（二）、南沙、大虎（二）月均潮差变化趋势。网河区月均潮差变化见表 6.1–17，八大口门月均潮差变化见表 6.1–18。

表 6.1–17　网河区月均潮差变化　　单位：m

时间		网河区			
		天河（二）	三善滘	五斗	三沙口
月份	1	0.64	0.98	1.31	1.48
	2	0.67	1	1.34	1.54
	3	0.67	1.02	1.38	1.63
	4	0.61	0.98	1.39	1.64
	5	0.5	0.92	1.37	1.62
	6	0.41	0.79	1.26	1.57
	7	0.44	0.82	1.29	1.56
	8	0.5	0.92	1.36	1.62
	9	0.6	1.02	1.43	1.67
	10	0.65	1.05	1.42	1.65
	11	0.66	1.02	1.37	1.58
	12	0.63	0.99	1.32	1.48

表 6.1–18　口门区月均潮差变化　　单位：m

时间		西四口门				东四口门			
		官冲	西炮台	挂定角	黄金	横门	万顷沙西（二）	南沙	大虎（二）
月份	1	1.16	1.16	0.98	0.97	1.15	1.2	1.3	1.47
	2	1.23	1.22	1.01	1.03	1.2	1.25	1.35	1.53
	3	1.28	1.27	1.05	1.07	1.25	1.32	1.41	1.63
	4	1.29	1.3	1.02	1.03	1.24	1.29	1.4	1.65
	5	1.25	1.25	0.96	0.94	1.18	1.24	1.37	1.63
	6	1.2	1.21	0.88	0.85	1.08	1.16	1.3	1.58
	7	1.21	1.22	0.91	0.88	1.1	1.17	1.31	1.57
	8	1.26	1.28	0.97	0.97	1.18	1.25	1.38	1.63
	9	1.3	1.31	1.03	1.04	1.27	1.34	1.45	1.69
	10	1.28	1.28	1.06	1.08	1.28	1.34	1.46	1.65
	11	1.24	1.23	1.02	1.02	1.22	1.28	1.38	1.58
	12	1.16	1.15	0.97	0.96	1.16	1.22	1.31	1.47

从表 6.1–17、图 6.1–45 可以看出，网河区代表站点月均潮差在年内存在着明显的季节性变化，最大月均潮差出现在 3 月和 9 月，最小月均潮差出现在 6 月，4 个代表站 3 月及 10 月与年均潮差相比分别高出 6.8%、7.6%，6 月低 14%。天河（二）站月均潮差最小，仅为 0.58 m，但季节性变化最为突出，3 月、10 月与年均值相比分别高出 16.1%、11.9%，6 月低 27.5%。三沙口站月均潮差最大，达到 1.59 m，但季节性变化不大，最大月及最小月与年均潮差相比变化不超过 5%。

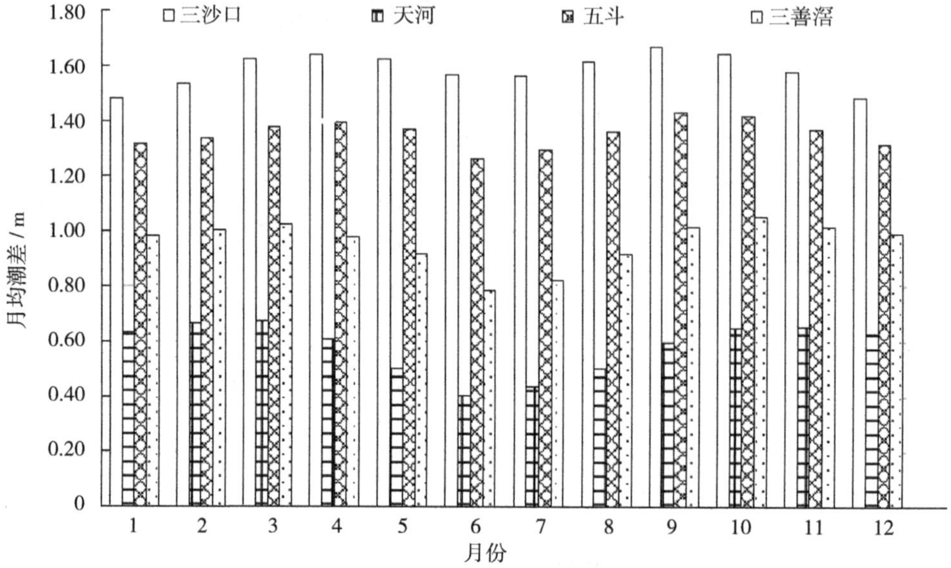

图 6.1–45　网河区月均潮差统计

从表 6.1–18、图 6.1–46 可以看出，东四口门代表站点月均潮差在年内存在一定的季节性变化，最大月均潮差多出现在 3 月和 9 月，最小月均潮差出现在 6 月，4 个代表站 3 月及 9 月与年均潮差相比分别高出 4.0%、6.4%，6 月低 5.7%。横门站月均潮差最小，为 1.19 m，大虎（二）站月均潮差最大，达到 1.59 m。

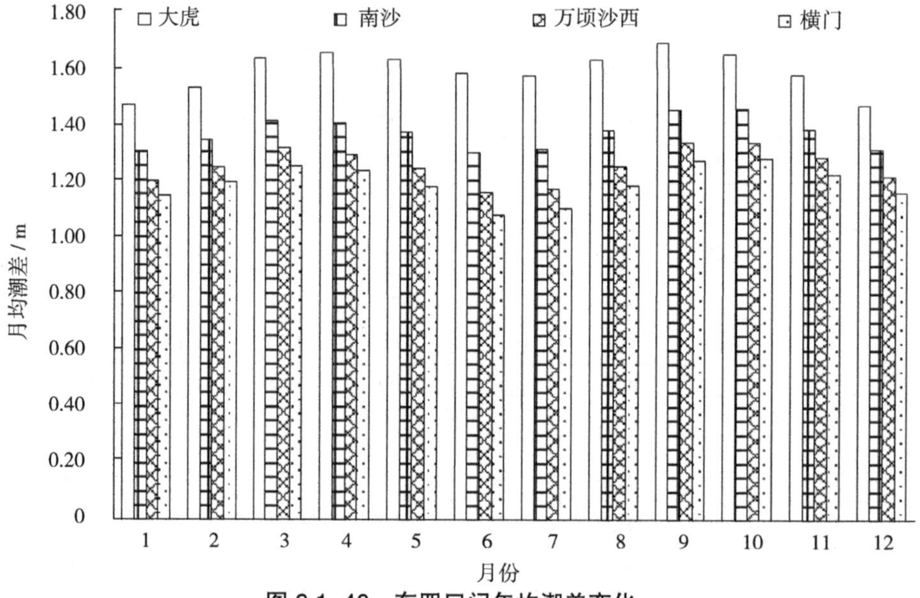

图 6.1–46　东四口门年均潮差变化

从表 6.1–18 与图 6.1–47 中可以看出，西四口门代表站点与东四口门相似，月均潮差在年内存在一定的季节性变化，最大月均潮差出现在 3 月和 10 月，最小月均潮差出现在 6 月，4 个代表站 3 月及 10 月与年均潮差相比分别高出 5.1%、5.7%，6 月低 7.9%。挂定角及黄金站月均潮差较小，为 0.99 m，官冲站及西炮台站月均潮差较大，达到 1.24 m。

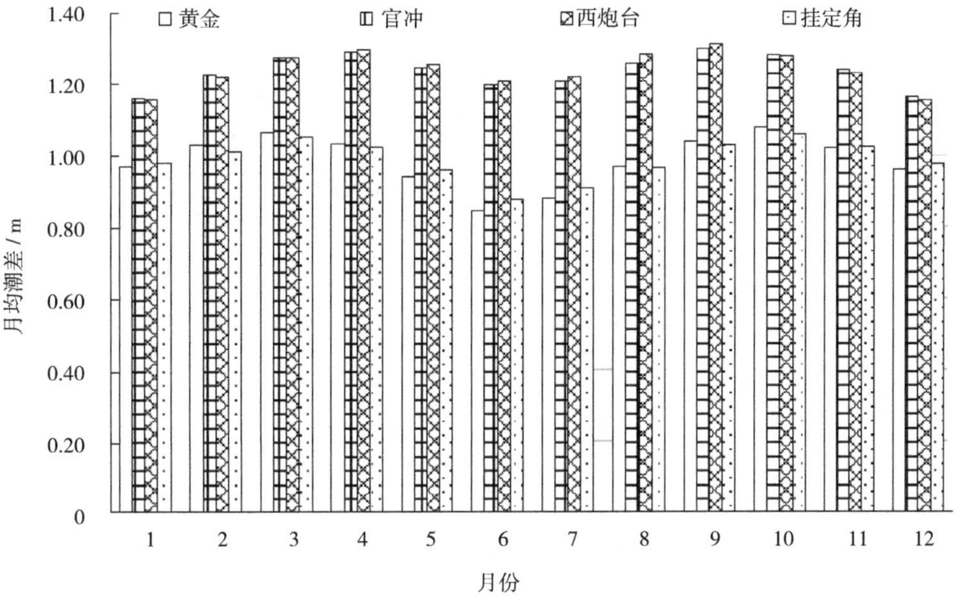

图 6.1–47　西四口门年均潮差变化

6.1.4.2　潮差空间分布分析

1. 年均潮差的空间变化

由图 6.1–48 可知，西四口门年均潮差小于东四口门，2011—2020 年与 2001—2010 年相比差距加大，这主要与地形有关，由于东四口门外伶仃洋区域为典型的漏斗型海湾，外口宽、里湾窄，水深较深，是潮波主要的传播通道，每当遭遇风暴潮灾害时，潮水大量汇入，能量不断在湾内积聚，会导致水位的进一步抬升，振幅较大；西侧水深较浅，能量被消耗，使得振幅减小。

2. 月均潮差的空间变化

网河区及八大口门代表站点月均潮差在年内存在一定的季节性变化，其中 3 月、9 月和 10 月潮差较大，6 月潮差较小，网河区代表站点月均潮差季节性变化较为明显，东四口门与西四口门月均潮差变化相似，季节性变化弱于网河区。

6.1.4.3　潮差变化的原因

1. 天文因素

最大月均潮差多出现在 3 月和 9 月，最小月均潮差多出现在 6 月，这种现象的产生主要与太阳赤纬的年变化直接相关。在半日潮区，春分和秋分前后（3 月和 9 月），太阳赤纬达到最小，产生所谓的“二分潮”，即此期间潮汐日不等现象最为明显。

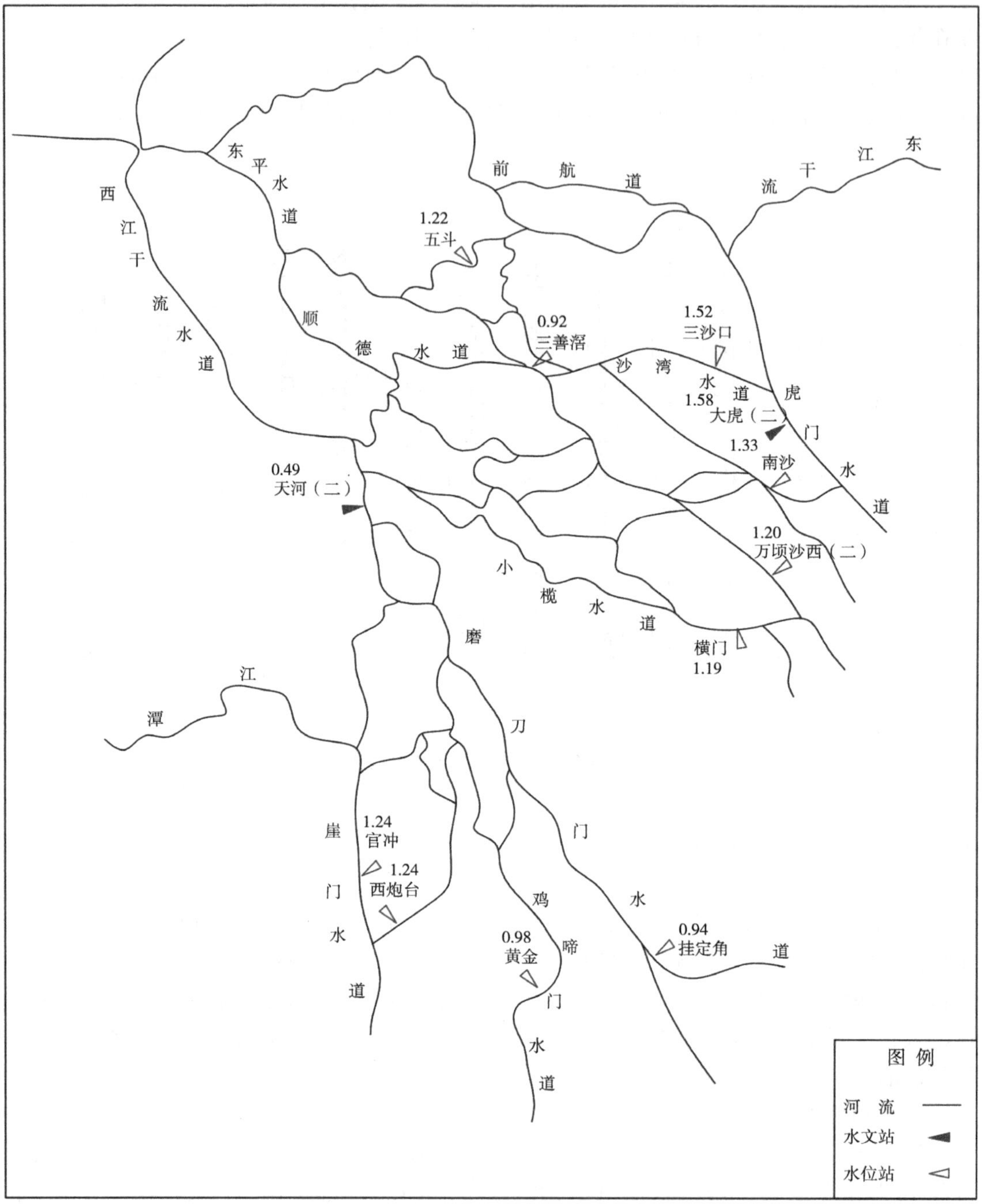

图 6.1-48　年均潮差空间分布　（单位：m）

2. 地形条件及径流变化

潮差的季节性变化受径流变化影响，径流量变大时，平均水位提高，涨潮时潮波传播所受到的阻力变大，导致河口潮波在传播过程中的变形加剧，由前进波进一步向驻波转化，由于河口的河道长度一般小于近海潮波的 1/4 波长，因而导致潮差变大。

径潮流相互作用在河口区产生的一个明显效应是潮汐的不对称性。潮汐不对称性是指涨潮时水深增加潮流速度变大，落潮时水深减小潮流速度降低，导致涨潮时长比落潮时长要短。潮汐的不对称性是河口区域泥沙输运、盐度变化等环境因素变化的重要动力机制。在半日潮为主的海区，潮汐的不对称性可以通过分潮 M2 和 M4 振幅与相位的组合表示。分潮振幅之比 AM4/AM2 越大，代表潮汐不对称性越强，分潮相位差 $0° < 2\phi_{M2} - \phi_{M4} < 180°$ 时，代表涨潮时长落潮时长要短，反之则代表涨潮时长落潮时长要长。

3. 海平面变化

海平面上升抬高了珠江口整体的潮位，导致陆架浅海驻波变化及浅海潮汐动力的改变，随着相对海面的上升，平均潮差有显著增大的趋势，且潮差增大的速率与相对海面上升速率之间有密切的正相关关系。

6.2　潮汐动力及纳潮量变化特征

6.2.1　珠江河口潮汐动力概况

珠江河口是一个漏斗湾和三角洲网河并存的河口区。河汊纵横交错，水流相互沟通，入海口门多达八处。口门外岛屿星罗棋布。其河口潮汐复杂程度，居全国各大河的首位。珠江河口区潮汐主要是太平洋潮波经吕宋海峡，越过南海传入珠江河口后，受地形、径流、气象等因素的影响所形成。其主要特征仍与海洋潮汐一样受天文潮制约，但河口潮汐在高低潮位、高低潮间隙、潮历时、潮差等方面又与海洋潮汐不同。涨潮时，潮流由不同方向进入各个口门，扩散到各个大小河汊；退潮时，水又由各河汊汇集后，分经各个口门出海。当洪水季节，因洪潮顶托，壅高水位。随着水利工程的兴建，人类活动的影响和河床淤浅或河床的下切，原有的潮汐规律也都相应地发生新的变化。

6.2.1.1　潮汐类型和不等现象

潮汐是由地球、太阳及月球之间的万有引力造成的水位周期性涨落。潮汐的特征值主要分为两类：

第一类：$F_1 = (H_{K1} + H_{O1}) / (H_{M2} + H_{S2})$

第二类：$F_2 = (H_{K1} + H_{O1}) / H_{M2}$

其中，H_{K1}、H_{O1}、H_{M2}、H_{S2} 分别为分潮 K1、O1、M2、S2 的振幅。根据 F_1 或 F_2 值的大小将潮汐分为以下 4 种类型：

（1）规则半日潮（$0 < F_1 \leqslant 0.25$ 或 $0 < F_2 \leqslant 0.5$）：1 个太阴日（约 24 h 50 min）内发生 2 次高潮、2 次低潮，且相邻高潮（低潮）的潮高大致相等，涨潮落潮时间也很接近，如青岛验潮站。

（2）不规则半日潮（$0.25 < F_1 \leqslant 1.5$ 或 $0.5 < F_2 \leqslant 2$）：朔望（阴历初一和十五）前后多数天里 1 个太阴日有 2 次高潮、2 次低潮，但它们的潮高不等，潮时也不等。

（3）不规则全日潮（$1.5 < F_1 \leqslant 30$ 或 $2 < F_2 \leqslant 4$）：一个朔望月内出现 1 个太阴日内 1 次高潮和 1 次低潮的天数不到一半，多数天为 1 个太阴日内 2 次高潮、2 次低潮的不规则半日潮。

（4）规则全日潮（$F_1>30$ 或 $F_2>4$）：1 个太阴日内只有 1 次高潮、1 次低潮，且该现象在半个月内连续出现 7 d 以上，如北海验潮站。

我国沿海潮港潮汐性质的划分主要以 F_2 的值来判断。

在珠江河口区，分析表明 F_2 的值在 0.94~1.77，这说明整个珠江河口的潮汐均属于不规则半日潮混合潮。这种潮型在珠江河口区有如下特点：

（1）日潮不等现象显著。

珠江河口的潮汐属于不规则半日潮。对于日潮不等现象，总的是从外海向岸边、从西部沿海向东部沿海减少。这主要是由于月球赤纬的变化而引起的。当月球赤纬等于或接近于零的分点潮时，日潮不等较小；随着赤纬向南或向北逐渐增大，日潮不等亦逐渐增大。当月球赤纬达最大值后一两天的回归潮期间，日潮不等达最大值。

在珠江口外海（或者近口段）潮汐的日不等现象较大，越向内（或上游）越小。珠江口西部沿海比东部沿海的日不等现象更显著一些。

在珠江口外海岛屿（$H_{K1}+H_{O1}$）/H_{M2}比值一般为1.77；靠陆岸边（舢舨洲）的比值为1.15；西部沿海的比值，黄冲为1.36，西炮台为1.37；东部沿海的比值，赤湾为1.21，南沙为1.20。

（2）半月潮不等。

由于月球和太阳对地球的引潮力不同，其合成潮汐的大小与太阳、月球和地球三者的相对位置有直接关系。每逢朔（初一）、望（十五）的时候，太阳、月球、地球同位于一条直线上，太阳潮和太阴潮复合，形成半月中最高潮位，潮差最大的大潮期；朔、望以后，月球和太阳位置不断变化，到上弦（初七、初八）和下弦（廿二、廿三）的时候，地、月、日三者形成直角位置，太阳潮和太阴潮相互抵销，出现半月中潮位最低、潮差最小的小潮期。因此，本地区潮汐除上述日不等变化外，还按照朔、望，上弦、下弦变化。

（3）潮汐年变化。

地球绕太阳公转的轨道是椭圆形的，地、日之间的距离在一年中不断发生变化，特别在近日点和远日点的引潮力明显不同，使潮汐产生了年不等现象。但由于本区是一个三角洲网河区，河口地形复杂，上游来水量丰富，洪水期长，且受台风影响，因此，潮汐年内变化比较复杂。一般来说，在一年中，一、二月平均潮位最低，从五月开始明显提高，到六、七、八、九月这 4 个月平均潮位最高，以后又开始逐渐下降，到十二月又降到最低值。沿海的变化幅度较少，一般只有 0.20 m 左右；内河的年变幅较大，从河口上溯，越往上游，变幅越大。月均值的年变幅可在 2 m 以上。受洪水影响越大，其年月变幅越大。因此，在洪水季节，内河往往只有潮位涨落的潮流现象而没有往复流动的潮流现象，甚至潮汐现象消失。这种潮汐现象是河口地区特有的，它除受天文条件制约外，还要受上游来水多少和地形的影响。当上游洪水大量下泄时，潮流界往下移动；等上游洪水逐渐减少时，潮流界又逐渐上溯。

（4）潮汐的多年长周期变化。

月球轨道的平均离心率是 0.054 9。非圆形的轨道导致从地球上观察月球时，直径的大小和角速度上都有着明显的改变。对一位虚构的在质心上的观测者而言，月球每天的平均角位移量是向东 13.176 358°，轨道的指向在空间中并没有被固定住，而是随着时间不断地进动，其中一种是拱点线的进动：椭圆形的月球轨道慢慢的逆时针方向转动，完整的旋转一圈是 8.85 年（3 233 d）。另一种运动是轨道平面本身的轴垂直于黄道的顺时针进动。月球轨道与黄道的交点对时间的进动，完整的环绕一圈是 18.61 年（6 793 d）。

由于月球运行轨迹的长轴随着天体的运动不断变化，所以近地点不停地向东移动，其周期是 8.85 年。另外，黄道和白道的交点也在不断变化，其周期为 18.61 年。由于这些运动，使潮汐产生了如上的长周期变化。这些变化是细微的，而且只有受外界干扰比较小的地方才容易在其潮位过程线上显示出来。珠江口的潮汐受天体条件制约，大体遵循 8.85 年和 18.61 年的长周期变化，而且越靠外海的潮位站，例如赤湾、三灶因受上游来水干扰相对较少，其变化更趋正常。

6.2.1.2　潮差的分布和变化

潮差是潮汐特性的一项重要标志，潮差的大小直接反映出潮汐的强弱程度。

珠江河口为弱潮河口，潮汐属不规则半日潮型。平均潮差以磨刀门最小，为 0.86 m，东西两侧略大。伶仃洋湾头为 1.35 m，崖门为 1.24 m。潮差从河口湾的湾口向湾头增加，从各分流水道口门向上游递减。枯水期潮区界距口门 100~300 km，西江可达梧州—德庆，北江达芦苞—马房，东江达铁岗；洪水期潮区界距口门 40~70 km。潮流一般为往复流，枯水期潮流界距口门 60~160 km，西江达三榕峡，北江至马房，东江至石龙；洪水期潮流界一般在口门附近，唯虎门水道可达广州。口外海滨涨潮流向西北，落潮流向东南，流速为 0.5 m/s 左右，伶仃洋的涨落潮流轴线明显分异，落潮流路偏西，涨潮流路偏东。

各分流水道口门附近的盐淡水混合，一般为缓混合型，枯水期有强混合型，洪水期呈高度成层型，有明显的盐水楔现象。枯水期咸水沿虎门和崖门水道上溯较远，遇枯水年可达广州、中堂、新会等地。

河口淡水向外海扩散，存在着两个轴向：其一，垂直于海岸指向东南，夏季因受西南季风的影响向东北漂移，洪水时能扩展到远离香港百余公里之遥，冬春季节则明显地向岸收缩；其二，平行于海岸终年沿岸指向西南。洪水期，口外海滨表层冲淡水向外海扩散的同时，有外海的深层陆架水沿海底向陆作补偿运动。

在珠江口登陆的台风平均每年有 1 次，个别年份达 4~5 次。受台风和热带低压的影响，河口增水现象显著，最大增水值达 1.58 m（黄金站）。口外海滨，10 月至翌年 3 月以东北向风浪为主，5—8 月多南、西南向风浪，平均波高 0.9~1.9 m。香港横栏岛在台风期间实测最大波高达 10.4 m。 河槽发展的总趋势是缓慢淤积。近口段经历了汊道归并为单一水道后，冲淤变化不大。河口段由于水网交错，水流分散，洪水波展平，径流与潮流顶托、潮流会潮等，容易发生淤积，但一般有洪淤枯冲的规律。口门附近处于径流和潮流的消能带以及盐淡水混合带，泥沙沉积，形成了拦门沙坝等堆积地形。例如，西江磨刀门外的拦门沙发育规模很大，口门延伸速度也最快，每年可达 100 m 以上。口外海滨近百年来平均每年成陆面积近 6 km^2。

6.2.1.3　潮时的变化规律

本区潮汐的涨落潮历时均不相等，一般是落潮时间长于涨潮时间。外海及沿海近江口段，发生涨、落潮历时差，是由于浅海分潮高阶谐和项（淡海分潮 M4 和 M2）作用于原潮波的结果。当浅海分潮的调和常数的迟角 $2G_{M2}-G_{M4}$ 小于 180° 时，落潮历时大于涨潮历时；反之，则相反。除担杆列岛和外伶仃岛附进海区的迟角 $2G_{M2}-G_{M4}$ 大于 180°，因而涨潮历时略长于落潮历时外，其余海区及沿海近口门段，$2G_{M2}-G_{M4}$ 均小于 180°，所以涨潮历时均短于落潮历时。

在网河区，基本上落潮历时长于涨潮历时，落潮历时沿各口门均为 7 h，沿河上溯，逐渐递增，东江递增最快。到网河顶端的马口（西江）、三水（二）（北江）和石龙（东江），落潮历时长达 9 h。涨潮历时沿各口门均为 5.5 h，沿河上溯逐渐递减，以东江递减最快。到网河顶端的马口、三水（二）和石龙，分别递减为 4.5 h 和 4 h。这种变化规律的原因是明显的，当涨潮时，潮水从各口门涌入，沿河上溯，不断向网河扩散，河床糙率和河床坡降对波能的消耗及上游来水的顶托，使进潮量越往上游就越少，因而涨潮历时沿河上溯逐渐缩短。落潮时则相反，潮水首先从网河汇集，然后流经各个口门排出，由于掺入了上游来水，大大增加入海的排水量，越远离河口，受上游来水影响越大，因而落潮历时也就越长。

上述是一般状况。由于珠江三角洲网河交错，河道形状变化多端，因此，每一河段的涨、落潮历时比值也各有差异。特别是在洪水季节，当大量洪水下泄时，涨、落潮历时差异最大，甚至使涨潮流消失。在枯水季节，上游来水量减少，涨、落潮历时差别较小。

珠江口外一些岛屿、沿海岸和各口门的潮位站的平均高潮间隙，由外而内逐渐增大。外海的一些岛屿，例如担杆、外伶仃、大万山、上川岛的沙堤等，其平均高潮间隙为 9~9.5 h，沿海岸和各口门海段，其值逐渐增大，到磨刀门口的灯笼山是 10 h 41min，增大了 1 h，而到广州则是 14 h 14 min，增大了 5 h。这说明潮波是由外海逐渐向海岸和内河传播的。

当两支涨潮流（或落潮流）或一支涨潮流与另一支落潮流相遇，形成了会潮点，在珠江三角洲会潮点有30多处。在会潮点处，水流比较缓慢，潮流带来的泥沙大量沉积下来，使附近河床淤积。

6.2.2 潮流特征

珠江河口口门内各水道，潮流基本为随涨、落潮走向运动的往复流，口门外浅海区潮流流速、流向则随地形、水文等条件变化而发生变化。这里仅对珠江口外浅海区潮流特征作统计分析。

6.2.2.1 伶仃洋潮流特征

1. 流场

涨潮阶段伶仃洋水域内形成三股涨潮流上溯湾内。一股是由湾口进入大濠水道，再沿西槽上溯，汇入川鼻深槽，进入虎门及以上的狮子洋。另一股来自香港暗士顿水道，接矾石水道上溯。第三股是从三角岛至横琴岛间即伶仃洋湾口西侧水域，以近北方向上溯，上溯过程中受到上游径流的顶托，以面流为主，流路不甚明显。

在涨潮不同阶段，伶仃洋动力结构具有不同特征：

（1）初涨阶段，涨潮流率先从伶仃洋东部水域上溯，伶仃洋西部水域中上段为下泄流动力控制。

从系列卫星遥感影像图分析可知，初涨阶段，涨潮流以前述前两股涨潮流为主。此时，伶仃洋的上部和中、西部水域仍有落潮水流下泄。初涨阶段，伶仃洋东部水域主要为涨潮流动力控制，伶仃洋西部的中上段为下泄流动力控制。因伶仃洋中、上部下泄流动力和南面上溯潮流动力的相互作用，伶仃洋中部和西滩南部水域呈弱缓流状态。

（2）涨急阶段，伶仃洋西槽涨潮流势最强；洪季涨潮流在西三口门附近水域与下泄径流交汇形成滞留区，涨潮流主要经虎门上溯。涨急阶段潮流作用进一步加强，伶仃洋水域内涨潮流势明显，涨潮主流中以伶仃洋西槽涨潮流势最强。枯季，从伶仃洋东槽、西槽上溯的主潮流与中滩拦门沙北端汇合后汇入川鼻水道，前缘可达狮子洋以至于更远；洪季，无论涨潮动力如何强劲，受西部横门、洪奇门及蕉门下泄径流的约束，河口及上游河网区只有在东部虎门潮汐通道上才有涨潮流上溯，此时，在伶仃洋西侧口门附近水域出现上溯潮流与下泄径流交汇，并形成滞流和回流流态。

落潮时段，虎门落潮水流接纳凫洲水道落潮流进入川鼻深槽后，分为两股分别沿伶仃洋东槽、西槽下泄。从东槽下泄水流以东南向经矾石水道向外海输移，沿途受岛屿边界影响多次分流，水流流路清晰，但流势较弱；从西槽下泄水流受科氏力和珠江河口常年偏东风作用，水流流路自东南转南向，再偏转西南向外海输移，沿途汇入蕉门延伸段、洪奇门、横门等落潮水流，该股水流流势大，流路顺畅，为伶仃洋落潮主流。

伶仃洋的落潮流流势可概括为如下基本特征：

（1）中枯水期西部水域明显存在着水动力相对平衡带。

中枯水期落潮时，由于虎门的落潮流量远大于西侧蕉门、洪奇门及横门，虎门落潮流动力制约了西侧各口门下泄水流的流路，使西侧口门下泄流和西滩滩面下泄流大致被限制在西滩前缘 –5 m 等高线以内。水流流向变化是自上而下为东南、南及南偏西向，影像特征显示即为平常所说的珠江口西南沿岸流。而西部浅滩落潮流由于受各口门来水、浅滩地形及风浪的影响，水体含沙量相对较高，从蕉门延伸段出口至淇澳东一线，落潮流向基本为东南向，两种水流相互顶托，后者受到前者的制约，形成了两侧水体清浊分明的界面，称为水动力相对平衡线（或称带），实为西部浅滩与深槽之间水动力与泥沙的锋面。

在不同潮型和径流的组合条件下，这一分界线的位置及形态在一定范围内发生摆动。因此，虎门落潮主流控制着内伶仃洋中、西部水域，并制约着西部三个口门下泄水流的运移范围。

（2）洪季西部口门落潮流下泄的水沙影响到内伶仃洋中部水域。

鸡抱沙、孖沙围垦导致凫洲水道向东延伸，凫洲水道落潮下泄的水沙直接汇入虎门川鼻深槽，与虎门落潮流向西槽分出的一股水体相混后进入伶仃洋水道；另一股则向东槽分流经矾石水道汇入外海。从蕉门延伸段落潮下泄的水沙经南支出口后，主流从东南向转偏南向下泄，部分水流进入沙尾浅滩区。从洪奇沥水道和横门北支落潮下泄的水沙，大部分落潮水沙沿灯笼水道被淇澳岛挑流以东南方向汇入伶仃洋，一部分水沙沿西滩上的决口槽道向东南输移和扩散。整个西槽以西水域全被落潮下泄径流控制。西部口门部分落潮下泄水沙越过西槽中下段，进入内伶仃洋中滩部位。

总地来说，伶仃洋水动力过程的主要特征表现在，以潮流活动为主的东部水域和以径流活动为主的西部水域，径流和潮流的运动随着潮流往复而互相作用和互为消长。

2. 流速、流向基本特征

根据现有实测资料对浅海区平均流速、流向进行统计分析：①潮流基本呈稳定的往复流，主流大致为南—北向，西部浅海区（2# 测点）为西北—东南向。涨潮流向介于 324° ~359° ，落潮流向介于 155° ~195° 。②涨落流速总体差异不大，涨潮平均流速为 0.16~0.38 m/s，落潮平均流速为 0.17~0.36 m/s。③湾内受径流作用影响，落潮流速略大于涨潮流速，洪季流速略大于枯季流速。1# 测点全年涨潮平均流速为 0.27 m/s，落潮平均流速为 0.32 m/s；洪季涨潮流速为 0.3 m/s，枯季涨潮流速为 0.25 m/s；洪季落潮流速为 0.33 m/s，枯季落潮流速为 0.31 m/s。④湾口径潮相互作用，涨落流速基本相当，2#、3#、4# 测点涨落流速差异在 0.02 m/s 以内。枯季流速大于洪季，较洪季流速大 0~0.09 m/s。浅滩流速大于附近深槽流速，位于西部浅滩的 2# 测点流速达到 0.3 m/s 以上，靠近深槽的 3#、4# 测点流速不到 0.3 m/s。潮汐观测点分布见图 6.2–1。

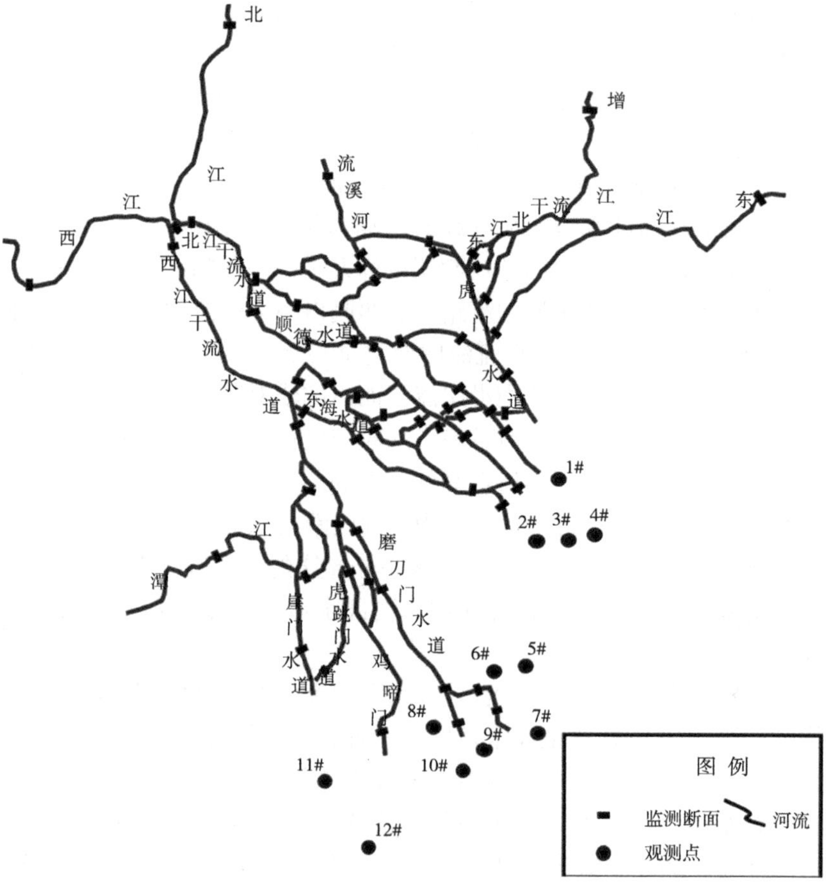

图 6.2–1　潮汐观测点分布

6.2.2.2　磨刀门潮流特征

1. 流场

磨刀门河口整体动力条件为径潮相互作用并叠加伶仃洋西岸落潮流形成西南向沿岸

流的影响。河口拦门沙内侧区域受径潮流的往复作用，呈中心拦门沙与东西槽道并存的动力格局，上游来流经磨刀门水道后分两股下泄，其中西槽为主流，东槽为支流；拦门沙以外沿岸流动力占优，枯季受风浪影响显著。整体来看，磨刀门水流运动复杂，表现出显著的季节性差异。结合特征时刻遥感影像及实测水文资料分析，磨刀门河口宏观流场主要有以下特征：

（1）河口拦门沙内侧区域受径潮流的往复作用，拦门沙以外沿岸流动力占优，流向多变且动力较为复杂。

基于 2015 年洪枯季大小潮全潮观测资料，分析洪枯季磨刀门河口流场变化。研究发现河口拦门沙区域流态呈现明显往复流特性，河道出口处涨潮流呈现显著的洪枯季差异，洪季由于受上游来流量影响较大，河口整体动力较强。出口处枯季水流动力明显减弱，对河槽的塑造作用同样减小。拦门沙外侧区域主要受沿岸流影响，动力条件较弱，且季节差异较不显著。洪季口外动力环境最为复杂，落潮时以沿等深线平行方向的沿岸流为主导，涨潮流流向变动较为频繁，10 m 等深线附近则呈椭圆流特征，无明显的涨落潮流向。枯季口外动力略微减弱，且动力条件较为简单，基本只受西南向沿岸流作用，流向与等深线基本平行。

（2）洪季 7—8 月在西南向季风的主导作用下，落潮流以偏东向向外海输移，扩散范围广；在局地东北风的作用下，落潮流流向西南。

落潮流在石栏洲口门外分为两股：一股沿西槽以正南向向外海输移，一股以东南向经东槽向外海输移。当上游径流量较大时，部分落潮流在拦门沙区冲出多个分汊通道向外海输运。落潮流在出东、西槽及拦门沙浅滩后，在西南向季风作用下流向偏东，较高含沙水体可扩散至 –10 m 以深的水域。洪季虽然整体上盛行偏南风，但其风场具有明显的局地特征，如在春夏之交的季风转换期间，仍然存在东北向风。在东北向风的作用下，磨刀门落潮流出东、西槽及拦门沙浅滩后流向转为西南。

（3）枯季受东北向季风作用明显，落潮流流向为西南向，向外海扩散范围有限。

枯季落潮流流路与洪季基本一致，但由于径流量较小，水流难以冲决拦门沙顶形成入海通道，因此流路基本固定在东、西两槽。落潮流出东、西槽后，受到伶仃洋西南向落潮流和东北向季风的同时作用，口外落潮流偏向西南。由于受到伶仃洋西南向落潮流的压制，落潮流向外海扩散范围有限，基本控制在 –7 m 以浅的水域。

以上分析表明，磨刀门河口潮流运动受季风作用明显，具有季节变化特征。在春、秋枯季受稳定的东北向季风作用，落潮流向偏向西南，洪季在东北风向作用下流向西南，在西南风向作用下流向东或东南。对珠江口外陆架区而言，西南季风驱动离岸 Ekman 输运使河羽变薄、变宽，因此在西南向季风作用下，落潮流扩散范围较大，但流势较弱；东北季风驱动向岸 Ekman 输运使得河羽峰变陡峭和河羽变厚、变窄和流速变快，因此在东北向季风作用下，落潮流扩散范围较小，流势较为集中。

2. 流速、流向基本特征

在磨刀门水域，磨刀门水道（8# 测点）潮流受河道边界约束，基本与河道走向一致，呈西北—东南向；拦门沙东槽（9# 测点）、西槽（10# 测点）涨、落潮流与深槽走向基本一致，东槽潮流为西北—东南向，西槽潮流接近南—北向。磨刀门河口为径流 – 波浪型河口，受径流作用，各测站落潮流速显著大于涨潮流速，8# 测点全年涨潮平均流速为 0.27 m/s，落潮平均流速为 0.51 m/s；9# 测点全年涨潮平均流速为 0.20 m/s，落潮平均流速为 0.29 m/s；10# 测点全年涨潮平均流速为 0.23 m/s，落潮平均流速为 0.43 m/s，磨刀门水道及西槽内落潮流速接近涨潮流速 2 倍，西槽落潮流速显著大于东槽。

（1）从东西槽动力对比来看，西槽是磨刀河口主槽，其落潮动力显著强于东槽；其涨潮动力略强于东槽。

选取 2019 年 6 月（洪季）和 2019 年 10 月（枯季）磨刀门河口东西槽的原型观测平台资料，研究磨刀门河口东、西槽的潮动力特征、大小潮及洪枯季的动力差异。

整体来看，西槽为磨刀门河口主槽，动力作用较强，以西南向落潮流为主导，小潮期基本无涨潮流，大潮期存在较弱的东北向涨潮流；东槽水深较浅，动力明显较弱，以东南向落潮动力为主导，大潮期涨潮动力增强，出现西北向涨潮流，枯季受沿岸流和大风浪的影响较大，涨落潮流向较为散乱。西槽洪季落潮平均流速为 0.39 m/s，枯季落潮平均流速为 0.36 m/s；东槽洪枯季落潮平均流速均约为 0.23 m/s，西槽落潮平均流速接近东槽的 2 倍。

（2）从涨落潮动力对比来看，无论东槽、西槽，洪季落潮动力均显著大于涨潮动力；枯季西槽仍以落潮动力为主导，显著大于涨潮动力，而东槽的涨潮动力明显增强。

磨刀门河口动力还存在显著的涨落潮差异和洪枯季差异。洪季落潮动力显著大于涨潮动力，从涨落急流速来看，其中西槽落急流速为 1.22 m/s，大于东槽的落急流速（0.82 m/s），而东、西槽的涨急流速较小，仅分别为 0.43 m/s 和 0.47 m/s。从潮平均流速和历时来看，东、西槽的落潮平均流速分别为 0.39 m/s 和 0.23 m/s，均超过各自涨潮平均流速的 2 倍，两者涨潮平均流速分别为 0.16 m/s 和 0.12 m/s。

对于枯季，磨刀门河口整体动力有所减弱，其中涨潮动力略有增强，落潮动力相应减弱。由于枯季西槽仍为主要的径流下泄通道，因此其洪枯季差异较不明显，涨潮动力相比洪季有所增强；东槽则存在显著的洪枯季差异，枯季涨潮动力显著增强。枯季东槽的涨潮平均流速增大至 0.17 m/s，超过西槽涨潮平均流速 0.16 m/s。东、西槽的涨急流速分别增大至 0.49 m/s 和 0.54 m/s。相应地，河口落潮动力相对减弱，东槽落潮动力显著降低，落急流速仅为 0.58 m/s，比洪季落急流速减少 0.24 m/s；西槽落潮动力也有所减弱，落急流速为 1.16 m/s。

（3）枯季河口呈现明显的东涨西落动力格局，洪季这一现象较不明显。

西槽枯季落潮流历时为 15.6 h，远超过涨潮流历时（9.2 h）；东槽则基本相反，其落潮流历时仅为 9.0 h，涨潮流历时为 15.8 h，表明枯季河口存在明显的东槽涨潮、西槽落潮的动力格局。这是由于枯季河道径流量较小，落潮时水流归槽，主要经由西槽下泄，东槽的落潮流明显减弱，使得涨潮动力及涨潮流历时明显加强，因此枯季形成了明显的东涨西落的动力结构。对于洪季，东、西槽的落潮流历时均超过 16 h，涨潮流历时均不足 8 h，东、西槽的涨落潮历时较为接近，东涨西落的现象较不明显。

6.2.2.3　黄茅海潮流特征

为统一成果表述，黄茅海下游出口水域槽道分为，大杧岛—三角山岛之间槽道为东槽，即崖门出海航道东航道所在水域；三角山以东至堤岸水域为东东槽，即东东航道所在水域，东东槽是人类干扰下形成的重要次生槽道；荷苞岛—大襟岛之间为西槽，大襟岛以西至堤岸为西西槽。

1. 流场

黄茅海涨潮流的基本特征可概括如下：

（1）涨潮流率先从东槽和西槽上溯，东槽涨潮流强于西槽。

初涨时刻，涨潮流率先从东槽和西槽上溯。涨急时刻，湾外陆架水形成了较强的涨潮流势，分别从东槽、西槽、西西槽上溯湾内；其中，东槽的涨潮流较为集中，沿东槽以近北西方向上溯，洪季时前端可达三虎附近，枯季时可经崖门深槽进入上游河道；从西槽上溯的涨潮流，流路流向为近北向，与东槽的涨潮主流流向形成交角，在河口湾中部拦门沙外坡相汇。从西西槽上溯的涨潮流，其流路流向为东北向，受地形影响，涨潮流路不明显。

（2）黄茅海湾中部靠西侧水域，上溯潮流与径流相汇，流态复杂，易形成高含沙缓流区。

洪季，上游下泄径流来量较大，涨急时段从东槽、西槽、西西槽上溯的涨潮水流，至中部拦门沙北侧后，与湾顶的下泄径流相汇，动力消减，流势减弱，在黄茅海中西部水域形成了径、潮相互作用的滞流高浑水区。枯季时，受地形影响，西部水域涨潮流以面流为主，悬沙含量明显高于东部水域。

（3）初涨或涨潮后期，湾口大杧岛—荷苞岛东西侧易形成顺时针环流。

在洪季大潮初涨或涨转落阶段，受偏东沿岸流影响，西槽、西西槽已有涨潮流循口门入侵湾内，此时，湾内下泄水流主要沿东部深槽往口外输排。当入侵湾内涨潮流上溯至大杧岛西北侧时，受落潮水流动力制约，再加上东、西横比降影响，涨潮流向东偏转，从大杧岛北部汇入东槽，最后经三角山—荷苞岛一线深槽排出外海，在黄茅海河口湾东部形成一个顺时针环流。这种情况易使径流来沙和中部浅滩泥沙进入高栏港区水域。

2. 流速、流向基本特征

根据观测点 11#、12# 实测资料统计黄茅海海域平均流速、流向特征：

（1）崖门深槽内潮流与深槽走向基本一致，呈西北—东南向，11# 测点涨潮流向介于 55° ~57° ，落潮流向介于 148° ~155° 。

（2）黄茅海湾口潮流受荷苞岛制约，呈显著的东北—西南向沿岸流特点，12# 测点涨潮流向介于 325° ~335° ，落潮流向介于 240° ~246° 。

（3）落潮流速大于涨潮流速。11# 测点全年涨潮平均流速为 0.26 m/s，落潮平均流速为 0.40 m/s；12# 测点全年涨潮平均流速为 0.12 m/s，落潮平均流速为 0.24 m/s。

（4）湾内流速大于湾外流速。11# 测点涨落潮流速接近 12# 测点流速的 2 倍。

6.2.3　潮汐动力特征

珠江三角洲河口区受上游径流来水和海洋潮汐共同影响，为摸清各口门潮汐影响需要分析潮汐动力，以下从潮汐要素、潮流量、山潮比等方面展开分析。

珠江八大口门分为东四口门和西四口门，东四口门由虎门、蕉门、洪奇门、横门组成，对应控制断面分别为大虎（二）、南沙、冯马庙（二）、横门。西四口门由磨刀门、鸡啼门、虎跳门、崖门组成，对应控制断面分别为挂定角（灯笼山）、黄金、西炮台、黄冲（官冲）。

本书收集了1999—2020年期间共30次珠江三角洲八大入海口同步水文测验数据进行统计分析，潮差、潮历时结合各口门2001—2020年潮位月年统计表资料统计多年特征值。

6.2.3.1 潮量

潮量又称纳潮量，是指水面由于潮汐涨落所造成的某一水域（如港池、海湾、河段）内水体体积的变化量。其大小和变化对该水域的泥沙运动和地貌变化，特别是港池、海湾口门附近的水流状态和泥沙运动有很大影响。

根据历次常规组合测验资料，统计八大口门洪、枯水期实测平均涨、落潮量，见表6.2–1，其中洪水期平均涨潮量为各年份洪水期组合的涨潮量算术平均值，枯水期平均涨潮量为各年份枯水期组合的涨潮量算术平均值，同理得到洪水期、枯水期平均落潮量。图6.2–2为八大口门平均潮量比值洪、枯对比图。

表6.2–1　八大口门洪、枯水期实测平均涨落潮量　　单位：万 m^3

口门	东四口门				西四口门			
	虎门	蕉门	洪奇门	横门	磨刀门	鸡啼门	虎跳门	崖门
洪水期平均涨潮量	26 508	3 104	1 080	929	2 527	678	749	6 759
枯水期平均涨潮量	30 042	6 108	2 357	2 132	5 806	1 185	1 237	7 328
洪水期平均落潮量	45 107	17 120	8 965	10 153	23 158	3 459	4 513	10 843
枯水期平均落潮量	33 870	8 772	4 438	4 601	10 706	1 862	2 229	8 700

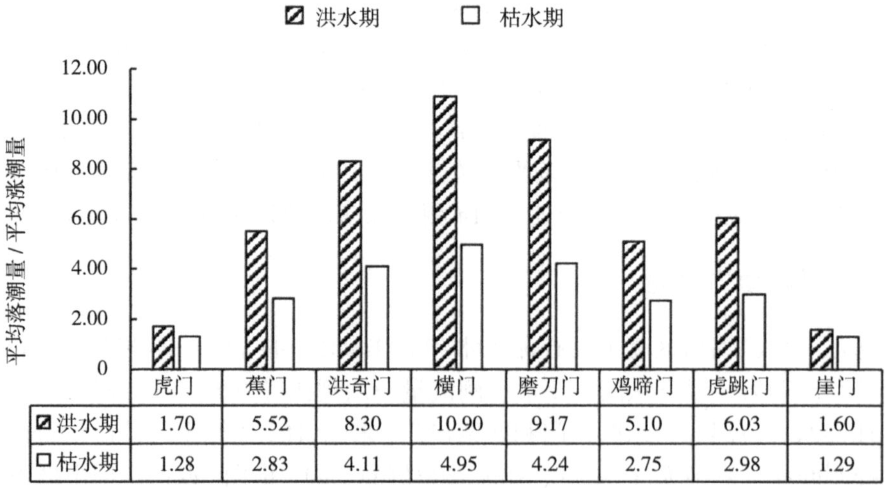

图6.2–2　八大口门平均潮量比值洪、枯对比

由表 6.2–1 可以看出，八大口门洪水期平均涨潮量小于枯水期，洪水期平均落潮量大于枯水期，因洪水期受径流影响明显，枯水期则受其影响减弱，潮汐影响增强。平均值反映总体趋势，考虑到测验时间的选取受上游来水情况影响，上游来水分流比不同可能会带来局部口门变化。

由图 6.2–2 可以直观地看出，无论洪水期、枯水期，平均落潮量均明显大于平均涨潮量，从量值上看，洪水期平均落潮量 / 平均涨潮量的比值范围为 1.60~10.9，枯水期的比值范围为 1.28~9.17，洪水期比值均大于枯水期。八大口门中横门、磨刀门、洪奇门的比值位居前三，平均落潮量达到平均涨潮量的 8 倍以上，接下来依次是虎跳门、蕉门、鸡啼门，比值达到 5 倍以上，最后是虎门和崖门，比值为 1.5 左右。

区分洪水期、枯水期，对八大口门平均涨潮量、落潮量分配比进行计算，其成果见表 6.2–2、图 6.2–3 和图 6.2–4。

表 6.2–2　八大口门潮量分配比洪、枯对比　　%

口门	东四口门				西四口门			
	虎门	蕉门	洪奇门	横门	磨刀门	鸡啼门	虎跳门	崖门
洪水期涨潮量分配比	54.7	6.4	2.2	1.9	5.2	1.4	1.5	13.9
枯水期涨潮量分配比	60.1	12.2	4.7	4.3	11.6	2.4	2.5	14.7
洪水期落潮量分配比	41.3	15.7	8.2	9.3	21.2	3.2	4.1	9.9
枯水期落潮量分配比	33.0	8.5	4.3	4.5	10.4	1.8	2.2	8.5

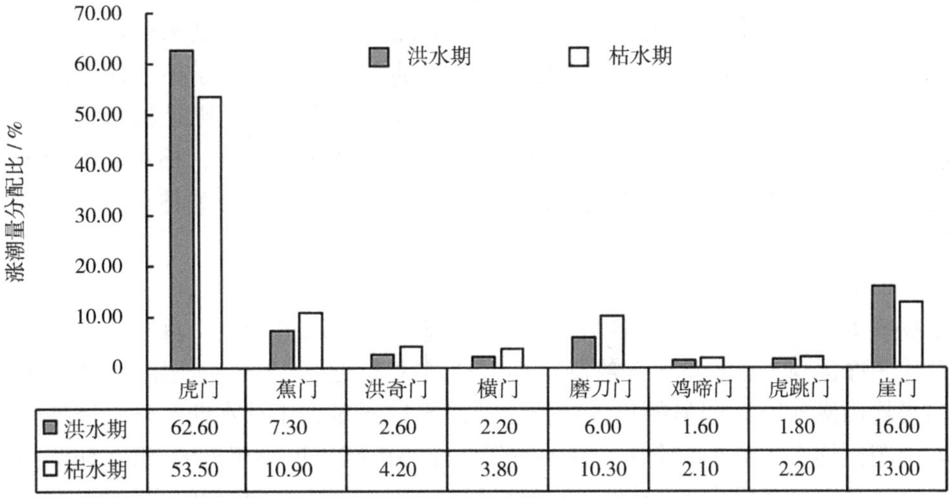

图 6.2–3　八大口门平均涨潮量分配比洪、枯对比

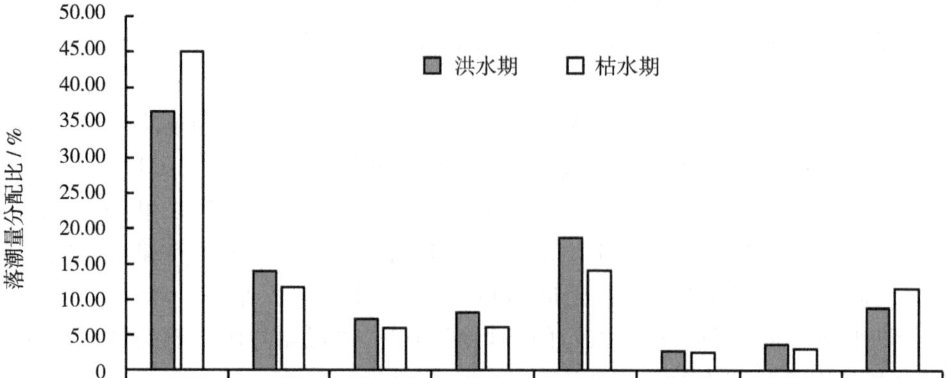

	虎门	蕉门	洪奇门	横门	磨刀门	鸡啼门	虎跳门	崖门
■ 洪水期	36.60	13.90	7.30	8.20	18.80	2.80	3.70	8.80
□ 枯水期	45.10	11.70	5.90	6.10	14.20	2.50	3.00	11.60

图 6.2–4　八大口门平均落潮量分配比洪、枯对比

由上述图表可以看出，洪水期珠江八大口门的平均涨潮量分配比从大到小依次为：虎门、崖门、蕉门、磨刀门、洪奇门、横门、虎跳门、鸡啼门，枯水期平均涨潮量分配比排序与洪水期一致，八大口门涨潮量分配比与洪水期、枯水期的相关关系不明显。洪水期平均落潮量分配比从大到小依次为虎门、磨刀门、蕉门、崖门、横门、洪奇门、虎跳门、鸡啼门，枯水期从大到小依次为虎门、磨刀门、蕉门、崖门、横门、洪奇门、虎跳门、鸡啼门，枯水期平均落潮量分配比排序也基本一致。此外，虎门、崖门洪水期平均落潮量分配比小于枯水期，中间六口门洪水期平均落潮量分配比则大于枯水期，说明中间六口门相对虎门、崖门洪水期受径流下泄影响更明显。

虎门水道是珠江各口门中最大的纳潮通道，其洪水期平均涨潮量占八大口门总平均涨潮量的 62.6%，枯水期占比 53.5%，洪水期的涨潮量占比大于枯水期。崖门水道洪水期平均涨潮量占比 16.0%，枯水期占比 13.0%，洪水期占比也大于枯水期。而对于其他 6 个口门——蕉门、洪奇门、横门、磨刀门、鸡啼门、虎跳门，则是枯水期涨潮量占比大于洪水期，可见洪水期八大口门涨潮量占比两极分化更为明显，枯水期则趋于缓和，对应虎门、崖门水道涨潮量占比减少，其他六口门相应增加，应为枯水期径流影响减小潮汐作用增强的结果。

6.2.3.2　山潮比

根据表 6.2–1 中八大口门各站的洪水期、枯水期实测平均涨、落潮量资料，计算平均山潮比（净泄量 / 涨潮量）并绘制其洪、枯对比（见图 6.2–5）。由图 6.2–5 可知，八大口门平均山潮比存在明显的年内变化，即洪水期明显大于枯水期。枯水期测验八大口门平均山潮比均在 1.0 上下浮动，其中虎门、崖门山潮比远小于 1.0，洪水期测验期间除虎门、崖门平均山潮比小于 1.0 外，其他口门山潮比均明显大于 1.0，其中磨刀门、横门、洪奇门山潮比均超过 5.0，横门山潮比甚至达到 10.0，从平均山潮比值对比可以看出，虎门、崖门主要受潮流动力控制，其他六口门受径流动力作用明显，与潮量分布特征相符。

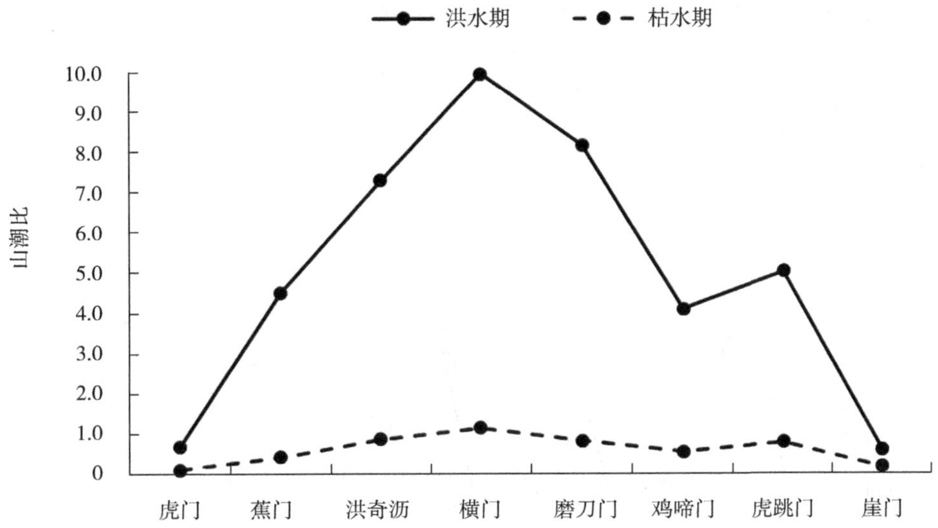

图 6.2–5　八大口门平均山潮比洪、枯对比

用实测资料计算八大口门山潮比并绘制其对比图（见图 6.2–6~ 图 6.2–8）。因各口门间山潮比值相差较大，为便于对比按山潮比量值等级分三组进行分析。

图 6.2–6 为虎门、崖门山潮比对比图，由图可知，虎门的山潮比变动范围为 –0.02~0.59，多年平均值仅为 0.27，崖门的山潮比变动范围为 –0.01~0.96，多年平均值仅为 0.30，年内存在微弱的季节性变化（洪季大、枯季小）。总体而言，无论洪季或枯季，虎门、崖门的净泄量均小于涨潮量（山潮比明显小于 1.0），表明虎门、崖门水道主要受潮流动力控制，并且近年来虎门、崖门山潮比有上升趋势。

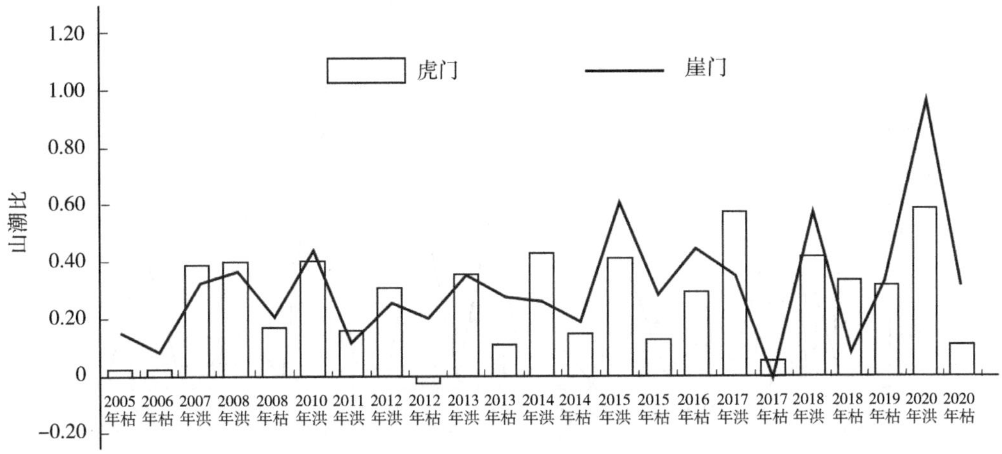

图 6.2–6　虎门、崖门山潮比对比

图 6.2–7 为蕉门、鸡啼门、虎跳门山潮比对比图，由图 6.2–7 知，蕉门的山潮比变动范围为 0.04~5.66，多年平均值为 1.62，鸡啼门的变动范围为 0.15~4.53，多年平均值为 1.63，虎跳门的变动范围为 0.20~4.69，多年平均值为 1.91。蕉门、鸡啼门、虎跳门山潮比多年平均值均明显大于 1.0，且季节性波动较为明显，表现为洪季大、枯季小，表明蕉门、鸡啼门、虎跳门受径流作用强于潮流动力作用，主要受径流动力影响，洪水期表现尤为明显。

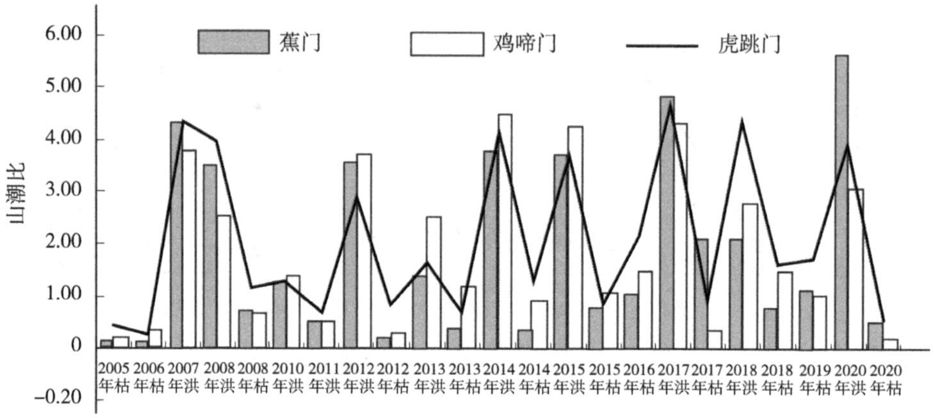

图 6.2–7　蕉门、鸡啼门、虎跳门山潮比对比

图 6.2–8 为磨刀门、洪奇门、横门山潮比对比图，由图 6.2–8 可知，横门的山潮比变动范围为 0.39~24.82，多年平均值为 5.70，磨刀门的山潮比变动范围为 0.34~14.67，多年平均值为 4.28，洪奇门的山潮比变动范围为 0.37~14.28，多年平均值为 3.31。与其他口门相比，磨刀门、洪奇门、横门三口门山潮比多年平均值远大于 1.0，且年内季节性波动特征（洪水期大、枯水期小）最为明显。尤其横门洪水期山潮比普遍大于 10，2017 年洪水期山潮比甚至高达 24.82。这表明横门、磨刀门、洪奇门的净泄能力非常强，受径流动力作用明显，在此情况下可视为河控型汊道。

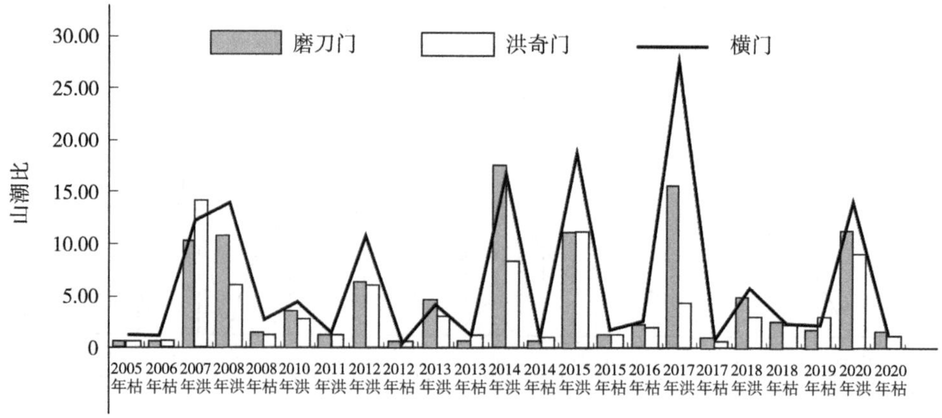

图 6.2–8　磨刀门、洪奇门、横门山潮比对比

6.2.3.3　潮差

潮差是反映潮汐强弱的标志，珠江河口属弱潮河口，涨落潮差较小，八大口门虎门潮差最大，黄埔（三）站最大涨潮潮差 3.86 m，最大落潮潮差 3.56 m，多年平均涨落潮潮差同是 1.64 m。涨落潮潮差最小的是磨刀门，灯笼山最大涨潮潮差 3.39 m，最大落潮潮差 3.18 m，多年平均涨落潮潮差同是 0.87 m，三灶站最大涨潮潮差 4.06 m，最大落潮潮差 4.07 m，多年平均涨落潮潮差同是 1.10 m。黄冲、西炮台、黄金、三灶、横门、南沙、万顷沙西（二）、黄埔（三）八大口门代表站多年平均涨落潮潮差基本相同。20 世纪 90 年代以来，除黄金外，其余口门潮差均增大；河网区除中大和石龙站外均呈现增大的趋势。

潮差变化受径流、地形、风力、风向的影响，径流的影响除使潮差产生年内变化外，还与地形共同作用，致使潮差越往上游越小。地形的自然变化，对潮差的影响不大，而人类活动所造成的河道地形变化，却明显导致潮差发生变化。如 1958 年实施的白藤堵海工程，由于涨潮正道被堵，致使鸡啼门水道在 20 世纪 60 年代的潮差急剧下降。1975 年实施河湖分家工程后，潮差比 60 年代增加了 19 cm。磨刀门整治工程实施后，潮汐作用的减弱使灯笼山站 80 年代的潮差有所降低。

根据历次常规组合测验资料统计，八大口门洪、枯水期实测平均涨落潮差见表 6.2–3，其中洪水期、枯水期平均涨潮差为各年份洪、枯组合的涨潮差算术平均值，同理得到洪水期、枯水期平均落潮差。实测平均涨落潮差洪、枯对比见图 6.2–9。

表 6.2–3　八大口门洪、枯水期实测平均涨落潮差　单位：m

口门	东四口门				西四口门			
	虎门	蕉门	洪奇门	横门	磨刀门	鸡啼门	虎跳门	崖门
洪水期涨潮差	1.67	1.40	1.20	1.20	0.91	0.96	1.26	1.28
枯水期涨潮差	1.49	1.36	1.23	1.20	0.96	0.97	1.15	1.16
洪水期落潮差	1.65	1.38	1.19	1.17	0.90	0.94	1.24	1.26
枯水期落潮差	1.50	1.37	1.23	1.20	0.96	0.98	1.15	1.17

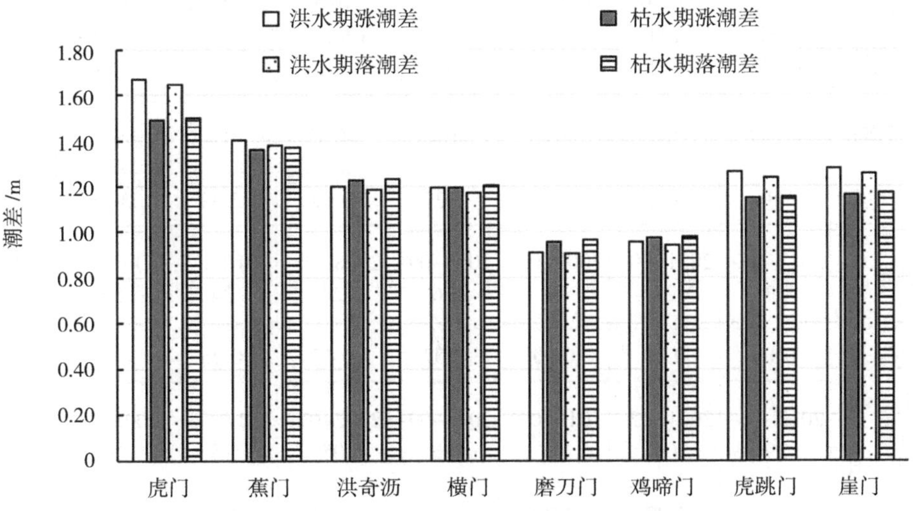

图 6.2–9　八大口门实测平均涨落潮差洪、枯对比

结合表 6.2–3 和图 6.2–9 可以看出，八大口门实测洪水期平均涨、落潮差之间，枯水期平均涨、落潮差之间基本无变化，而洪水期与枯水期平均涨、落潮差之间则相对变化明显。其中，虎门、蕉门、虎跳门、崖门表现为洪水期平均涨、落潮差大于枯水期平均涨、落潮差，洪奇门、横门、磨刀门、鸡啼门洪水期平均涨、落潮差小于枯水期平均涨、落潮差。实测所得洪、枯水期平均潮差值在 0.90~1.67 m。实测平均潮差从大到小依次是虎门、蕉门、崖门、虎跳门、洪奇门、横门、鸡啼门、磨刀门。

珠江河口属弱潮河口，多年平均潮差小于 2 m。利用八大口门潮位月年统计表资料统计潮位、涨落潮潮差特征值见表 6.2–4，由表 6.2–4 可见，八大口门近 20 年的平均高潮位 0.46~0.72 m，平均低潮位 –0.87~–0.41 m(潮位值采用珠江基面，下同)。平均潮差在 0.88 ~1.59 m，各口门平均涨、落潮差值基本一致，平均涨潮差从大到小依次是虎门、蕉门、崖门、虎跳门、洪奇门、横门、鸡啼门、磨刀门。以居首的虎门为例，多年平均涨潮潮差 1.59 m，最大 3.84 m，最小 0.14 m，多年平均落潮潮差 1.59 m，最大为 4.02 m，最小仅 0.01 m。最小的磨刀门平均涨潮潮差仅 0.88 m，平均落潮潮差 0.95 m。

表 6.2–4　八大口门潮位、涨落潮潮差特征值统计　　单位：m

口门		东四口门				西四口门			
		虎门	蕉门	洪奇门	横门	磨刀门	鸡啼门	虎跳门	崖门
高潮	最高潮位	3.12	3.20	3.15	3.29	2.85	2.98	2.95	2.84
	最高潮位时间年–月–日T时：分	2018–09–16T 18:00	2021–09–16T 17:50	2018–09–16T 18:20	2018–09–16T 17:55	2018–09–24T 02:55	2018–09–24T 02:55	2018–09–24T 04:50	2018–09–24T 05:20
	平均高潮位	0.72	0.74	0.74	0.72	0.46	0.58	0.65	0.62
低潮	最低潮位	–1.86	–1.53	–1.34	–1.30	–1.26	–1.27	–1.52	–1.67
	最低潮位时间年–月–日T时：分	2015–12–25T 06:35	2021–01–12T 08:25	2020–01–12T 08:30	2020–01–12T 08:15	2019–12–27T 06:10	2002–01–02T 08:55	2012–12–30T 07:50	2012–12–30T 08:05
	平均低潮位	–0.87	–0.63	–0.47	–0.48	–0.45	–0.41	–0.59	–0.62
涨潮	最大潮差	3.84	3.70	3.31	3.37	3.49	2.92	3.23	3.17
	最大潮差日期(年–月–日)	2017–08–23	2021–08–23	2009–09–24	2018–09–16	2008–09–24	2012–07–24	2008–09–24	2008–09–24
	最小潮差	0.14	0.01	0.10	0.07	0.07	0.06	0.03	0.06
	最小潮差日期(年–月–日)	2017–10–29	2001–12–08	2015–09–16	2014–09–16	2002–07–05	2015–01–15	2008–01–01	2008–01–02
	平均潮差	2.25	1.37	1.20	1.19	0.88	0.94	1.24	1.24

续表 6.2-4

口门		东四口门				西四口门			
		虎门	蕉门	洪奇门	横门	磨刀门	鸡啼门	虎跳门	崖门
落潮	最大潮差	6.35	3.76	2.95	3.08	3.27	3.32	3.29	3.20
	最大潮差日期（年－月－日）	2017-08-23	2021-08-23	2009-09-24	2008-09-24	2008-09-24	2009-09-15	2009-09-15	2008-09-24
	最小潮差	0.01	0.01	0.01	0.01	0.01	0.01	0.01	0.01
	最小潮差日期（年－月－日）	2004-05-09	2001-03-18	2001-10-24	2001-10-24	2001-03-19	2001-03-18	2001-09-24	2001-02-17
	平均潮差	1.59	1.37	1.20	1.19	0.95	0.94	1.24	1.24

6.2.3.4　潮历时

珠江口外滨海区外伶仃和万山群岛一线以东，涨潮平均历时大于落潮平均历时。由于径流、地形的影响，赤湾、大横琴、三灶、荷苞岛、沙堤一线及靠海岸一侧以内，落潮历时大于涨潮历时。珠江河口各口门站平均落潮历时约 7 h 9 min，平均涨潮历时约 5 h 23 min，各站多年平均落潮历时长于涨潮历时 1.75 h 左右。汛期 7 月涨潮历时最短，落潮历时最长。八大口门代表站中，黄金站的涨潮历时最长，最大涨潮历时 18 h 20 min（1996 年 2 月 28 日），多年平均涨潮历时 5 h 43 min；灯笼山站的落潮历时最长，最大落潮历时 13 h 25 min（2011 年 2 月 26 日），多年平均落潮历时 7.25 h。涨潮历时最短的是西炮台站，最大涨潮历时 17 h 35 min（2010 年 1 月 26 日），多年平均涨潮历时 5 h 10 min。落潮历时最短的是黄金站，最大落潮历时 15.75 h（1990 年 7 月 31 日），多年平均落潮历时 6 h 49 min。

根据历次常规组合测验资料统计八大口门洪、枯水期实测平均涨落潮历时见表 6.2-5，其中洪水期平均涨潮历时为各年份洪水期组合的涨潮历时算术平均值，枯水期平均涨潮历时为各年份枯水期组合的涨潮历时算术平均值，同理得到洪水期、枯水期平均落潮历时。平均涨落潮历时洪、枯对比见图 6.2-10（涨落潮历时单位换算为时分）。

表 6.2-5　八大口门洪、枯水期实测平均涨落潮历时　　单位：小时：分

口门	东四口门				西四口门			
	虎门	蕉门	洪奇门	横门	磨刀门	鸡啼门	虎跳门	崖门
洪水期涨潮历时	5:01	3:30	3:04	2:51	3:04	3:15	3:05	4:43
枯水期涨潮历时	5:49	5:34	4:57	4:52	5:32	5:08	4:50	6:00
洪水期落潮历时	7:20	9:24	9:56	10:52	10:31	9:37	9:45	7:36
枯水期落潮历时	6:36	7:04	7:46	7:55	7:34	7:28	7:57	6:32

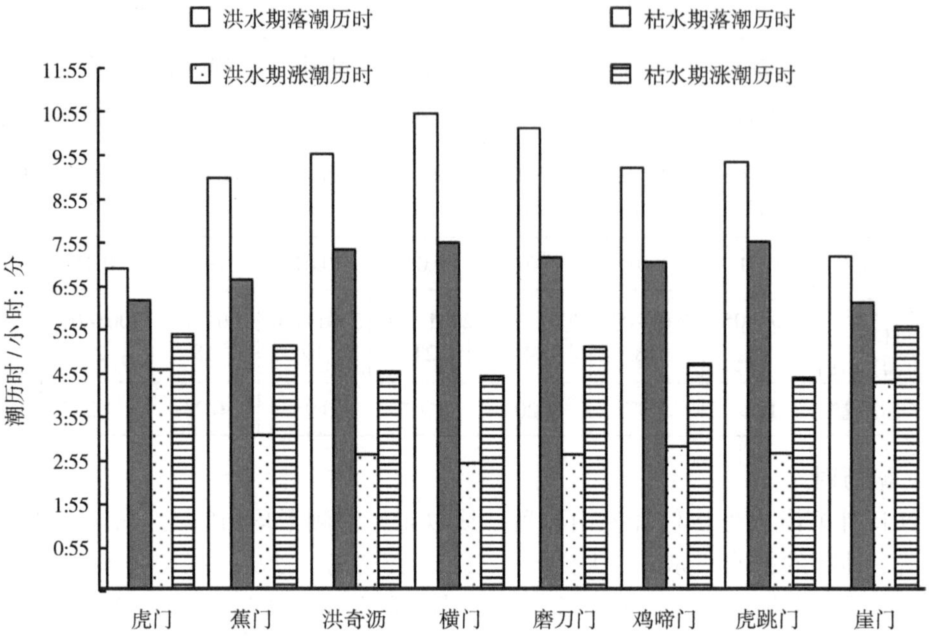

图 6.2-10　八大口门平均涨落潮历时洪、枯对比

由表 6.2-5 和图 6.2-10 可以看出，无论洪水期、枯水期，八大口门平均落潮历时大于平均涨潮历时，主要原因是潮波进入各河口后，前坡变陡后坡变缓，浅水分潮增加，造成涨潮历时缩短，落潮历时延长。历时统计资料表明，珠江口除外伶仃岛附近至担杆列岛一带涨潮历时大于落潮历时外，其余海区基本上是落潮历时大于涨潮历时。从量值对比上看，相比虎门、崖门两个口门，中间六口门平均落潮历时与平均涨潮历时差值更大，反映中间六口门较虎门、崖门潮波变形更明显，而虎门、蕉门则潮汐作用强。就落潮历时而言，洪水期平均值大于枯水期，涨潮历时反之，枯水期平均值大于洪水期平均值。反映出洪水期径流下泄潮波削弱，枯水期径流减少潮波增强的对比影响。

利用八大口门 2001—2020 年潮位月年统计表资料统计涨、落潮历时特征值见表 6.2-6。八大口门多年平均涨潮历时在 5 h 17 min~6 h 3 min，平均涨潮历时最长的是磨刀门，最短的是虎跳门；平均落潮历时在 6 h 41 min~7 h 11 min，平均落潮历时最长的是洪奇门、虎跳门，最短的是磨刀门。以虎门为例，平均落潮历时 6 h 43 min，平均涨潮历时仅 5 h 48 min，最大涨潮历时 17 h 55 min，最小涨潮历时 1 h 44 min，最大落潮历时 11 h 20 min，最小落潮历时仅 0.5 h。

表 6.2-6　八大口门潮历时特征值统计　　单位：小时：分

口门		东四口门				西四口门			
		虎门	蕉门	洪奇门	横门	磨刀门	鸡啼门	虎跳门	崖门
涨潮	最大历时	17:55	17:10	17:05	17:15	18:35	17:50	17:35	18:25
	最大历时日期（年－月－日）	2011-01-26	2010-01-26	2011-01-26	2019-11-05	2014-03-21	2009-01-20	2010-01-26	2014-03-10
	最小历时	1:40	0:45	1:00	0:25	1:20	1:40	0:55	0:45
	最小历时日期（年－月－日）	2015-09-16	2001-12-08	2015-09-16	2015-06-24	2015-09-16	2014-09-16	2014-09-16	2014-09-16
	平均历时	5:48	5:20	5:21	5:27	6:03	5:33	5:17	5:21
落潮	最大历时	11:20	12:35	13:40	13:20	13:20	13:15	14:45	14:15
	最大历时日期（年－月－日）	2006-09-27	2005-09-27	2009-09-24	2008-09-24	2008-09-24	2008-09-24	2012-07-24	2012-07-24
	最小历时	0:30	0:20	0:15	0:10	0:10	0:10	0:10	0:10
	最小历时日期（年－月－日）	2008-04-23	2007-04-24	2001-12-31	2002-04-05	2003-03-14	2001-10-24	2005-10-23	2005-10-23
	平均历时	6:43	7:09	7:11	7:03	6:41	6:58	7:11	7:08

6.2.4　年纳潮量计算

珠江河口属于不规则半日混合潮流类型，潮波向珠江河口传播时，具有前进波特征。由于东侧水深较深，潮波传播动力较强，而西侧浅滩水深较浅，引起能量损耗，潮流总体上呈东强西弱，且落潮历时长于涨潮历时。由于地形差异产生潮波传播变形、叠加，涨落潮流在各个口门不同河道之间有明显的非同步性。珠江河口受上游径流影响，其平均水位洪季高于枯季，潮差及各分潮波振幅与径流量大小呈反相关关系，即径流量越大、潮差越小。此外，潮波传播过程在洪季受地形浅水效应的影响比枯季小，且潮汐特征对上游流量变化的响应存在空间变异性，而挖砂引起的地形变化减小了以洪水为主导的潮汐不对称。20 世纪 80 年代以来，珠江三角洲河网区地形的变化（如采砂活动及土地围垦导致河口窄深化）使径潮动力发生显著异变。强烈的人类活动导致河床大幅下切和河道断面面积大幅增加，引起河网区和口门处水量的重新分配，河网区潮差普遍增大，潮汐动力显著增强。河网中、上游河段潮差明显增大，下游口门区受围垦影响，潮差减小，河网区潮动力增强，纳潮能力增强，且不同分潮种类的响应存在差异。

6.2.4.1　建立潮差与潮量关系

纳潮量是指一个潮周期（涨落潮）过程中，流进并流出某一河口和海湾的水体容积，实测潮量中单次涨潮量即对应此潮周期内的纳潮量。通常情况下，其计算公式（出自杨美卿. 河流与海岸动力学引论［M］. 北京：水利电力出版社，1993.）为

$$W = \frac{1}{2}(S_1 + S_2)H \tag{6.2-1}$$

式中 :W 为纳潮量；S_1 和 S_2 分别为高潮时和低潮时的水域面积；H 为潮差。

采用这种计算方法的难点在于获得不同潮位条件对应的水域面积，尤其河口地区上游为开放水域边界更是如此。可以注意到，在同等条件下，高潮、低潮时对应的水域面积分别取决于高潮水位和低潮水位，而高、低潮水位之差正对应潮差，因此 S_1、S_2 的平均值其实取决于高潮水位和潮差，进而可推得纳潮量与高潮水位和潮差二个变量密切相关。

参考《水文资料整编规范》（SL/T 247—2020）中潮流量整编全潮要素相关法，本书选取八大口门代表断面近 20 年组合测验实测数据，采用二元线性回归算法，区分洪、枯水期测验分别拟合各口门断面的潮差、高潮潮位和涨潮量的关系［（h，H）–W 关系］，并以此作为相应纳潮量（单次涨潮量）的代表关系，其中各口门断面枯水期组合测验（西江梧州水文站日均流量 1 500~4 920 m^3/s 条件下）有效样本量 199~218 个，洪水期组合测验（西江梧州水文站日均流量大于 10 000 m^3/s 条件下）有效样本量 140~266 个，对应关系式分别为

$$W_{洪}=a_1H+b_1h+c_1 \tag{6.2–2}$$

$$W_{枯}=a_2H+b_2h+c_2 \tag{6.2–3}$$

式中：$W_{洪}$、$W_{枯}$分别为洪、枯水期纳潮量；H 为涨潮潮差；h 为高潮潮位。

采用最小二乘法拟合的二元线性回归算法，得到各口门（h,H）–W 关系相关系数对比，见表 6.2–7。

表 6.2–7　八大口门（h，H）–W 关系相关系数对比

数据源	虎门	蕉门	洪奇门	横门	磨刀门	鸡啼门	虎跳门	崖门
枯水期组合测验	0.912	0.821	0.907	0.779	0.797	0.883	0.869	0.918
洪水期组合测验	0.816	0.644	0.696	0.513	0.680	0.787	0.540	0.869

经比较分析发现：

（1）枯水期组合测验期间（西江梧州水文站日均流量 1 500~4 920 m^3/s 条件下）能较好地建立（h，H）–W 关系。

（2）洪水期组合测验期间（西江梧州水文站日均流量大于 10 000 m^3/s 条件下）受径流影响，（h，H）–W 相关关系较弱。

由表 6.2–7 可见，枯水期组合测验期间（西江梧州水文站日均流量 1 500~4 920 m^3/s 条件下）建立的（h，H）–W 关系中以虎门大虎（二）断面、洪奇门冯马庙（二）断面、崖门黄冲断面关系较好。（h，H）–W 相关关系中涨潮量 W 为因变量，涨潮潮差 H、高潮潮位 h 为自变量，其公式形如 $W=aH+bh+c$，其中 a、b、c 为常数，在数学上是三维坐标系下的平面方程。本次研究为此专门开发了在三维坐标系下的“定面”工具（水位 – 流量关系、V_m–V_{cp} 关系在二维坐标系下称为定线，在三维坐标系下建立的平面关系称为“定面”），直观地展示建立的关系。

图 6.2–11~ 图 6.2–13 分别为大虎（二）断面、冯马庙（二）断面、黄冲断面枯水期（h,H）–W 相关图，图中 x 轴对应高潮潮位 h（单位：m），y 轴对应涨潮潮差 H（单位：m）， z 轴对应涨潮量 W（单位：万 m^3），黑色点为实测数据，灰色平面为拟合出的计算关系面。其中，大虎（二）断面 $W=9\,452.9h+12\,335.3H+4\,846.8$，相关系数 0.912，系统误差 0.4%；冯马庙（二）断面 $W=2\,362.1h+5\,210.2H-212.0$，相关系数 0.907，系统误差 0.7%；黄冲断面 $W=2\,024.2h+1\,306.1H-212.0-869.2$，相关系数 0.910，系统误差 0.6%。

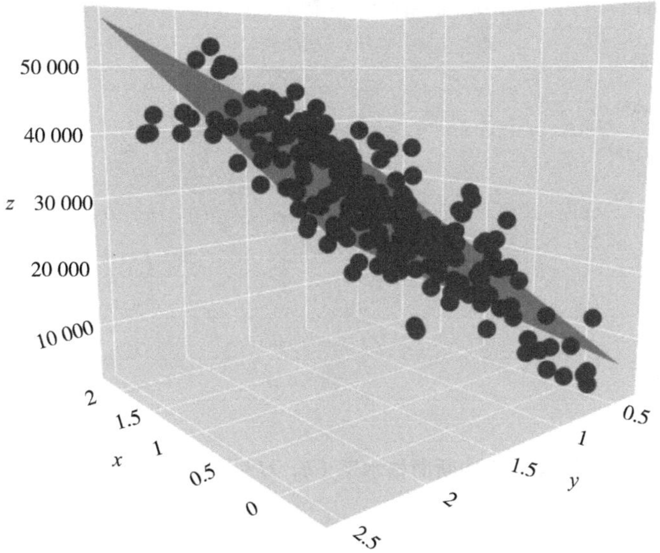

图 6.2-11　大虎（二）断面枯水期（h，H）-W 相关图

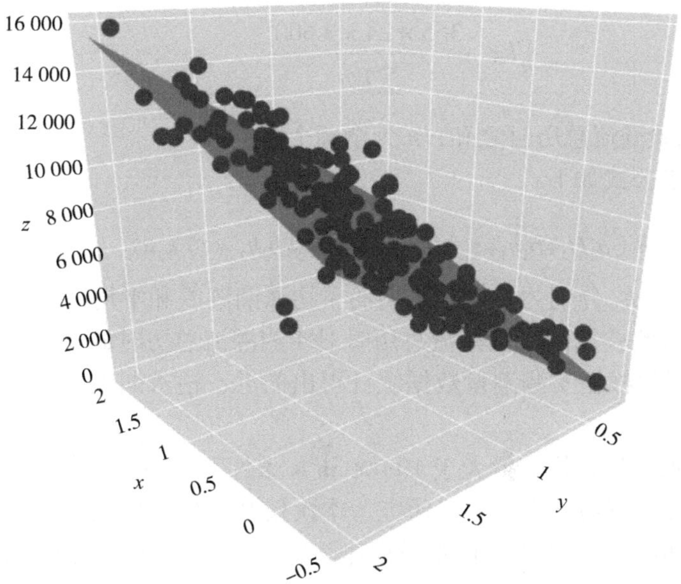

图 6.2-12　冯马庙（二）断面枯水期（h，H）-W 相关图

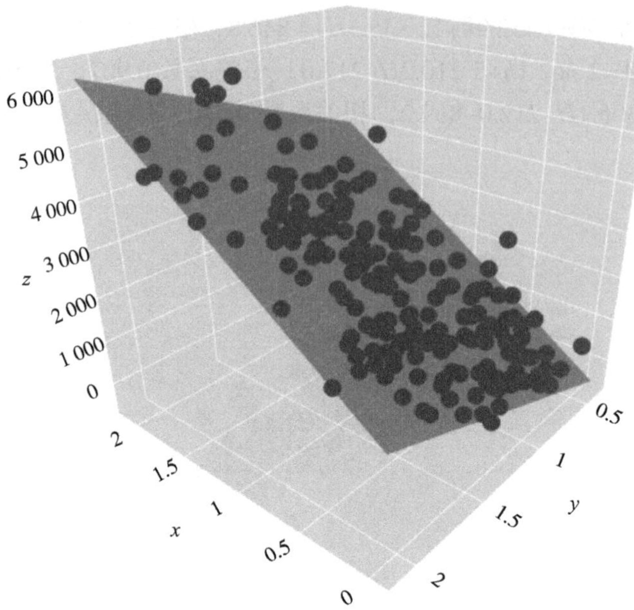

图 6.2–13　黄冲断面枯水期（h，H）– W 相关图

6.2.4.2　推求纳潮量

年纳潮量为全年历次涨潮量之和。理论上用建立的洪、枯水期纳潮量关系式计算单次涨潮量，分别乘以全年时间对洪、枯水期实测潮流平均涨落潮历时的比例，并加洪、枯权重求和计算可得。设全年时间对平均实测潮流总历时的比例为 k，则

$$k=\frac{365\times24\times3\,600}{\sum T/n} \tag{6.2–4}$$

式中：$\sum T$为组合测验潮流总历时之和；n 为全潮个数。

则年纳潮量推求公式如下：

$$W_{年}=(a_1\overline{H}_1+b_1\overline{h}_1+c_1)k_1w_1+(a_2\overline{H}_2+b_2\overline{h}_2+c_2)k_2w_2 \tag{6.2–5}$$

式中：$\overline{H}_1$、$\overline{H}_2$、$\overline{h}_1$、$\overline{h}_2$ 分别为洪、枯水期的平均涨潮潮差和平均高潮潮位；k_1、k_2 分别为洪、枯水期组合测验期间实测潮流总历时对实测潮流总历时的比例，根据公式计算得到；w_1、w_2 分别为根据实测潮量数据统计得出的洪、枯水期涨潮量权重，其取值见表 6.2–8。

因在西江梧州水文站日均流量大于 10 000 m^3/s 条件下，基于测验样本数据建立的洪水期（h，H）–W 关系较弱，需进一步研究，本次仅基于枯水期测验（西江梧州水文站日均流量 1 500~4 920 m^3/s 条件下）样本数据建立的（h，H）–W 关系推求枯水期纳潮量，推求公式简化为

$$W_{枯}=(a_2H_2+b_2h_2+c_2)k_2w_2 \tag{6.2–6}$$

逐年分别将各个口门枯水期平均涨潮潮差、平均高潮位等代入公式，推求得八大口门 2001—2020 年枯水期平均纳潮量及各口门占比见表 6.2–9。

表 6.2–8　八大口门洪、枯水期涨潮量权重

口门	东四口门				西四口门			
	虎门	蕉门	洪奇门	横门	磨刀门	鸡啼门	虎跳门	崖门
ω_1	0.47	0.34	0.31	0.30	0.30	0.36	0.38	0.48
ω_2	0.53	0.66	0.69	0.70	0.70	0.64	0.62	0.52

表 6.2–9　八大口门枯水期纳潮量对比　　单位：亿 m^3

年份	虎门	蕉门	洪奇门	横门	磨刀门	鸡啼门	虎跳门	崖门	总计
2001—2020 多年平均值	1 115	265	62	58	245	32	36	286	2 099
占比 / %	53.1	12.6	3.0	2.8	11.7	1.5	1.7	13.6	100.0

取上述计算所得冯马庙（二）站 2013—2020 年枯水期纳潮量（简称计算值）与使用该站在线流量监测数据统计的纳潮量（简称实测值）对比进行验证，结果见表 6.2–10。由表 6.2–10 可见，总体上计算值与实测值拟合较好，其中 2013 年、2017 年计算值与实测值接近，相对误差在 ±5% 以内，2016 年、2019 年相对误差超过 20%，其他年份相对误差控制在 ±15% 以内。

表 6.2–10　冯马庙（二）站枯水期纳潮量对比

年份	实测值 / 亿 m^3	计算值 / 亿 m^3	相对误差 / %
2013	64	67	4.3
2014	74	68	–8.7
2015	73	67	–8.5
2016	56	69	22.9
2017	69	71	2.6
2018	59	67	14.0
2019	55	68	23.1
2020	63	68	7.9

6.2.4.3　纳潮量变化特征

绘制出基于西江梧州水文站日均流量 1 500~4 920 m^3/s 条件下推求的八大口门枯水期总纳潮量变化和相应东四口门、西四口门的纳潮量变化情况图，如图 6.2–14~ 图 6.2–16 所示，根据纳潮量计算各口门相对八大口门的纳潮量占比，绘制得图 6.2–17 和图 6.2–18。

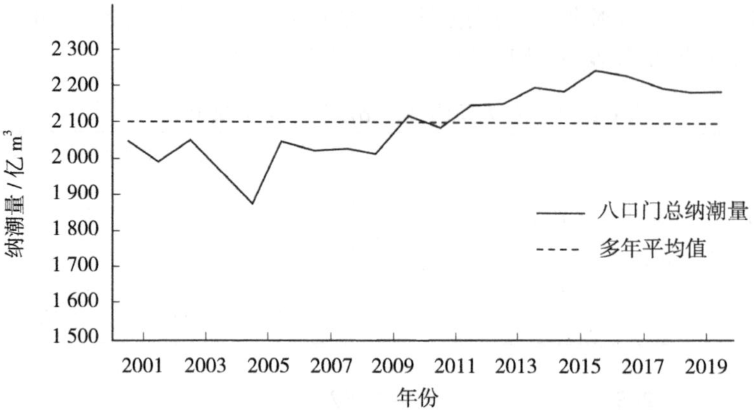

图 6.2-14　珠江八大口门枯水期总纳潮量

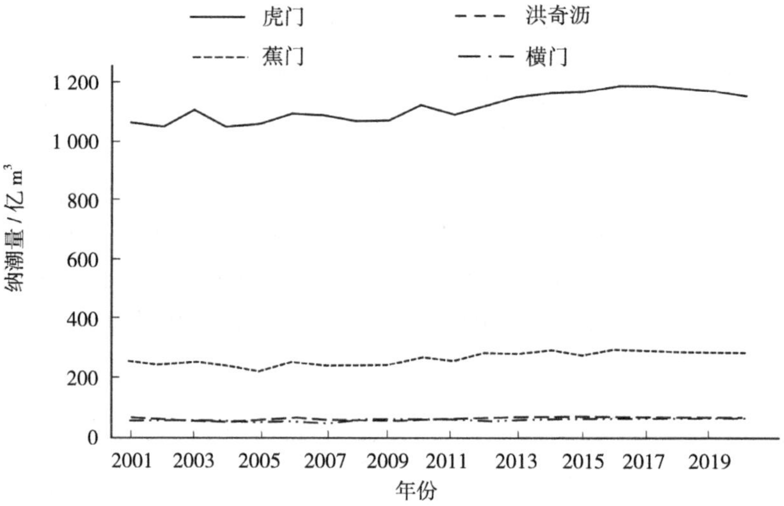

图 6.2-15　东四口门枯水期纳潮量变化

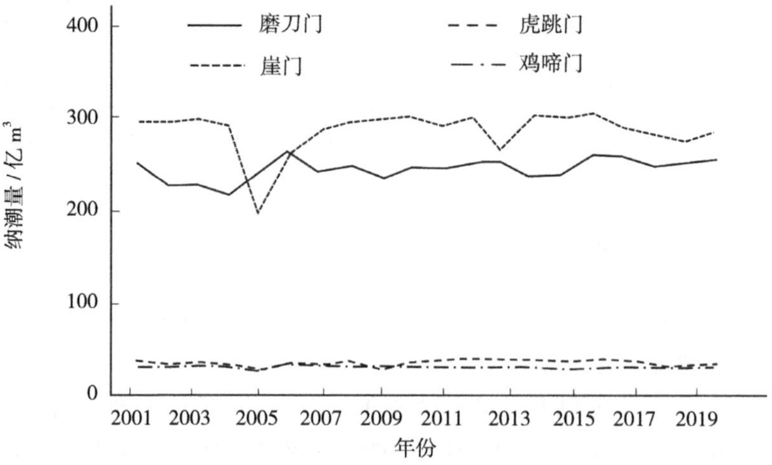

图 6.2-16　西四口门枯水期纳潮量变化

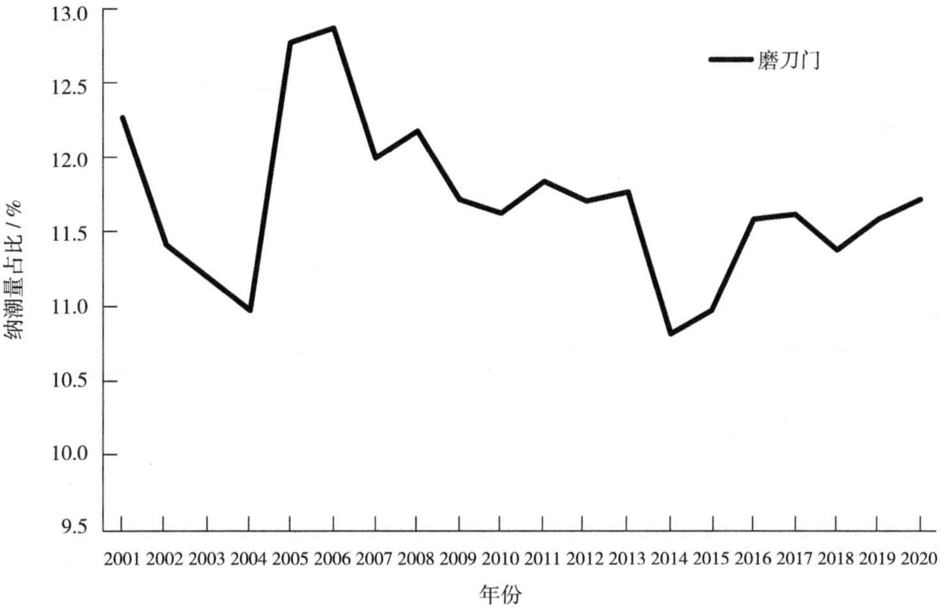

（a）

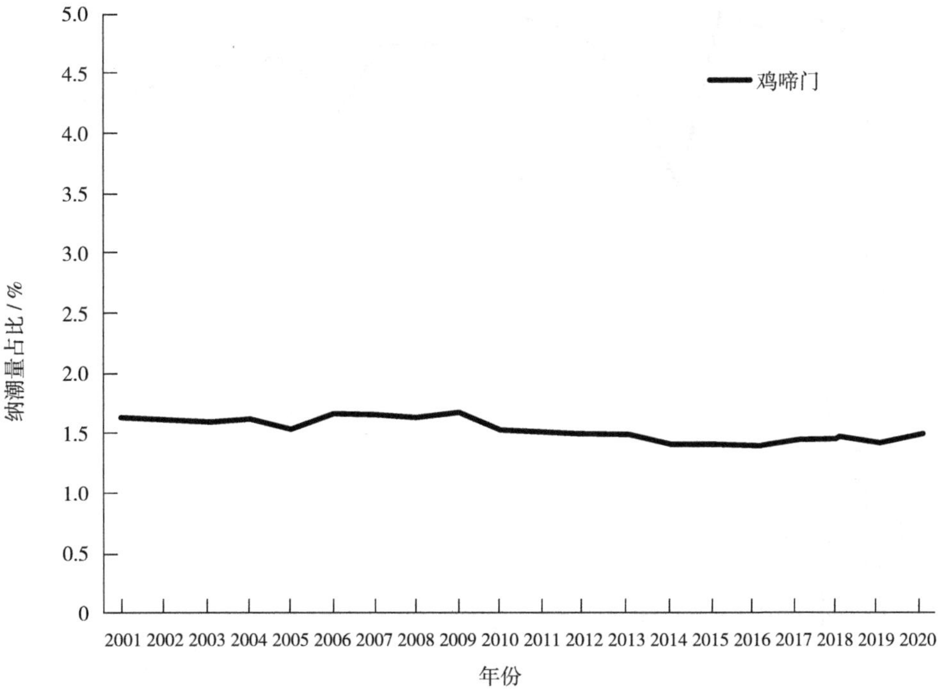

（b）

图 6.2–17　西四口门枯水期纳潮量占比

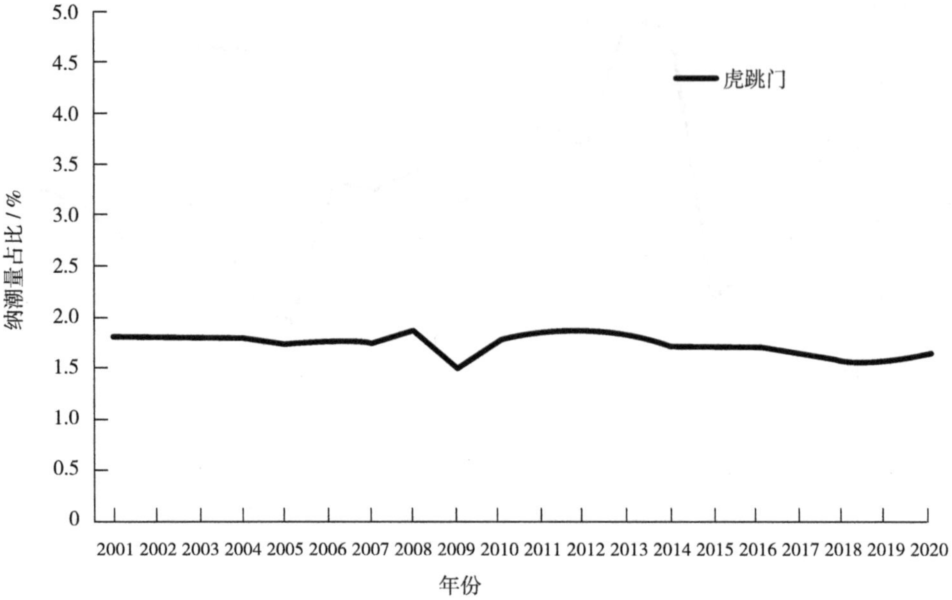
虎跳门
纳潮量占比 / %
5.0
4.5
4.0
3.5
3.0
2.5
2.0
1.5
1.0
0.5
0
2001 2002 2003 2004 2005 2006 2007 2008 2009 2010 2011 2012 2013 2014 2015 2016 2017 2018 2019 2020
年份

（c）

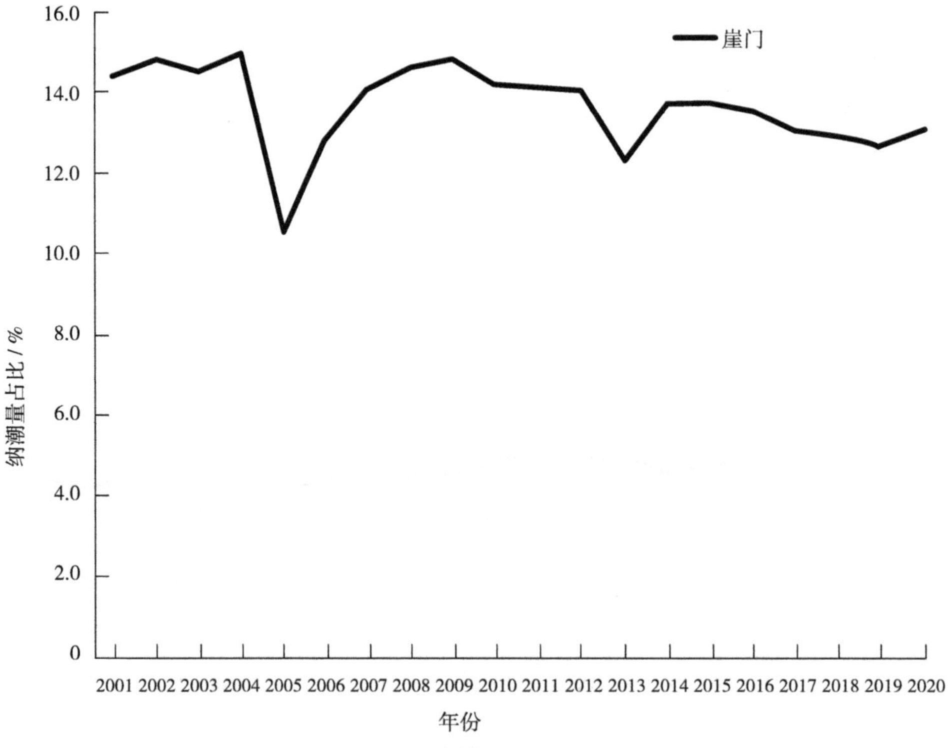
崖门
纳潮量占比 / %
16.0
14.0
12.0
10.0
8.0
6.0
4.0
2.0
0
2001 2002 2003 2004 2005 2006 2007 2008 2009 2010 2011 2012 2013 2014 2015 2016 2017 2018 2019 2020
年份

（d）

续图 6.2-17

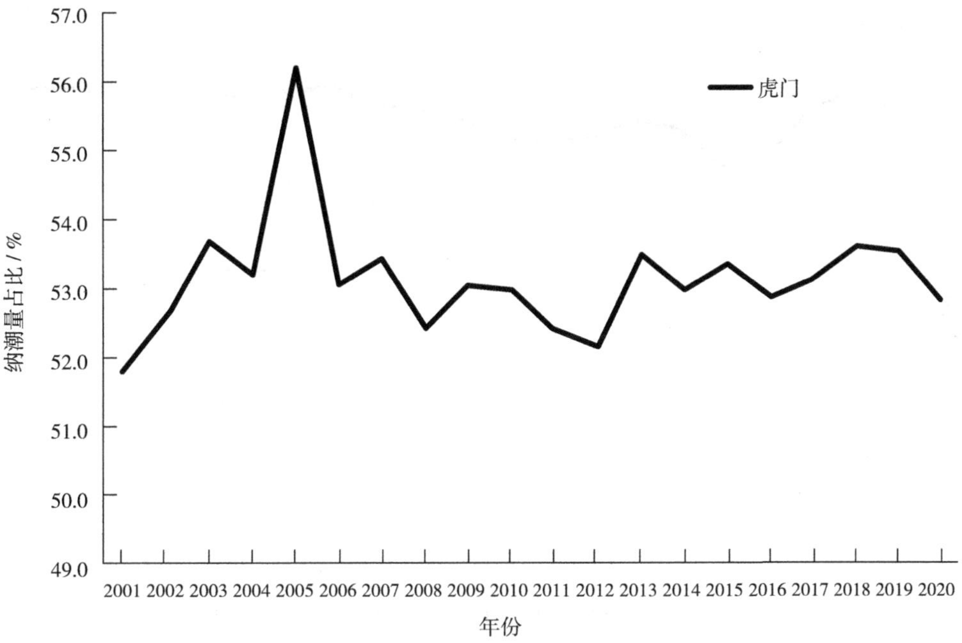

（a）

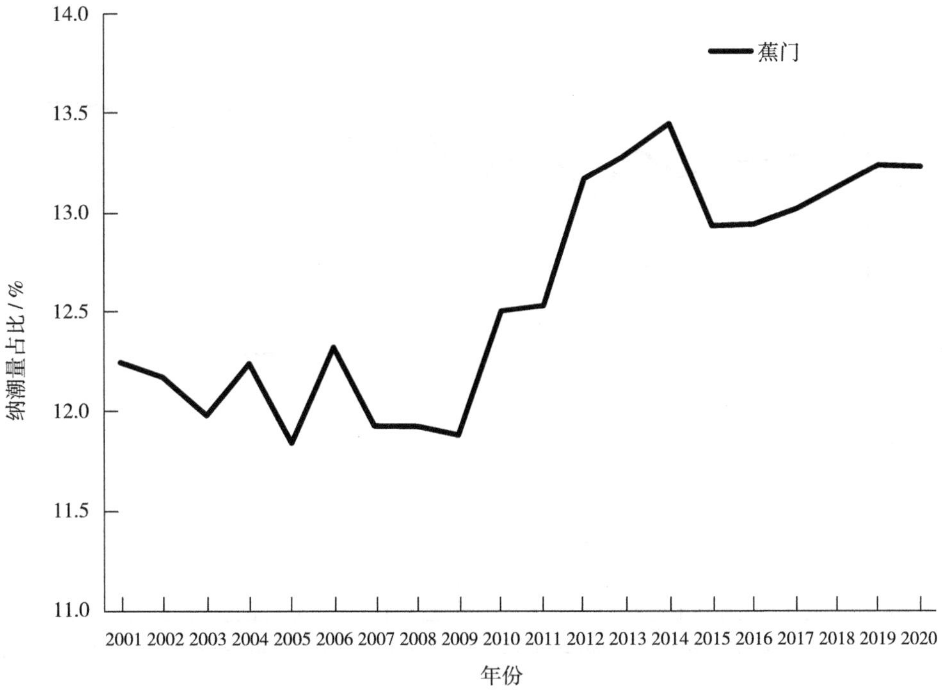

（b）

图 6.2-18　东四口门枯水期纳潮量占比

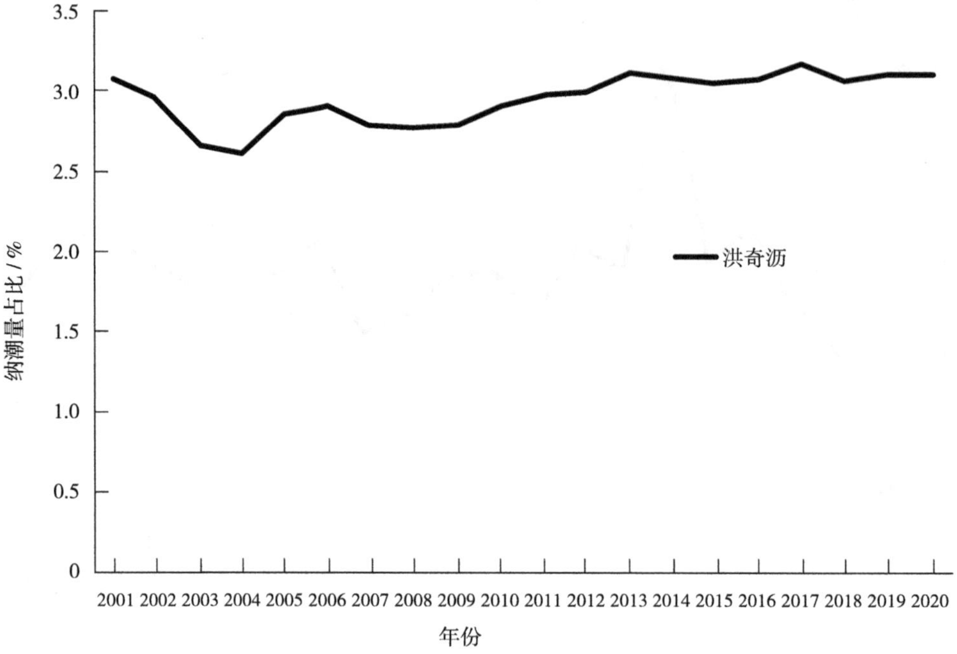
3.5
3.0
2.5
2.0
1.5
1.0
0.5
0
纳潮量占比 / %
洪奇沥
2001 2002 2003 2004 2005 2006 2007 2008 2009 2010 2011 2012 2013 2014 2015 2016 2017 2018 2019 2020
年份

（c）

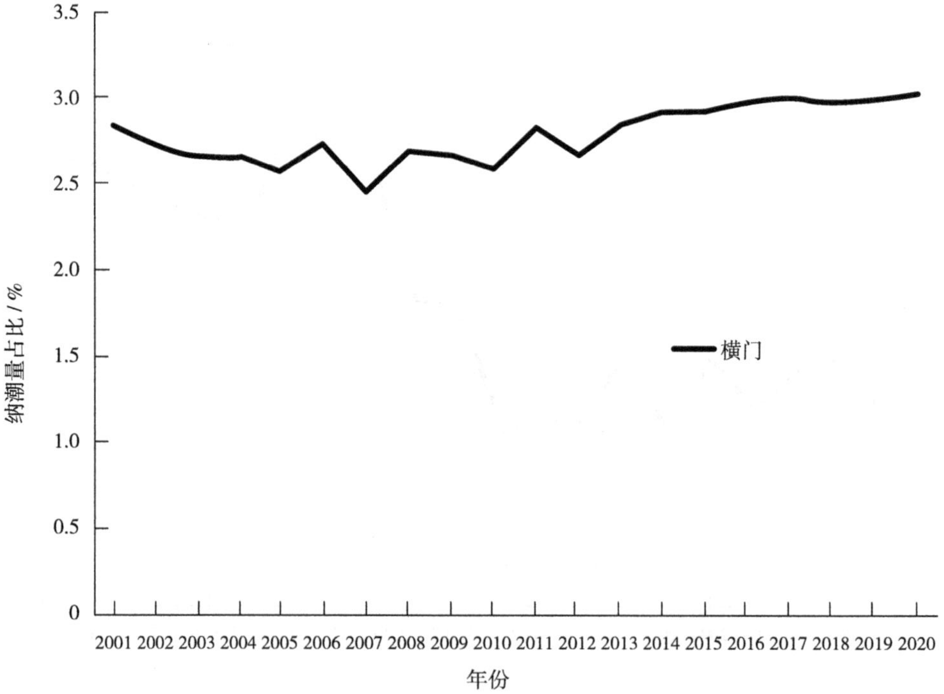
3.5
3.0
2.5
2.0
1.5
1.0
0.5
0
纳潮量占比 / %
横门
2001 2002 2003 2004 2005 2006 2007 2008 2009 2010 2011 2012 2013 2014 2015 2016 2017 2018 2019 2020
年份

（d）

续图 6.2-18

根据图 6.2-14 和图 6.2-15，可以得到：

（1）基于西江梧州水文站日均流量 1 500~4 920 m^3/s 条件下推求的珠江八大口门 2001—2020 年枯水期纳潮量均值为 2 099 亿 m^3，纳潮量整体呈上升趋势。

（2）八大口门中，各口门枯水期纳潮量占比值从大到小排序依次为虎门、崖门、蕉门、磨刀门、横门、洪奇门、虎跳门、鸡啼门。虎门的枯水期纳潮量总体呈上升趋势，占八大口门纳潮量的比例保持在 53% 左右；崖门的枯水期纳潮量在 290 亿 m^3 左右，占八大口门的纳潮量的比例在 14% 左右；蕉门的枯水期纳潮量在 260 亿 m^3 左右，占八大口门的纳潮量的比例在 13% 左右；磨刀门的枯水期纳潮量在 240 亿 m^3 左右，占八大口门的纳潮量的比例在 11% 左右；其余四口门的纳潮量相对较小，合占八大口门纳潮量的比例之和在 9% 左右。

6.2.4.4　影响因素分析

八大口门作为珠江河口入海水道，径流和潮汐相互作用明显，纳潮量影响因素相对复杂，本书结合推求纳潮量过程与纳潮量变化特征初步分析影响纳潮量的因素，主要有以下几方面。

1. 潮汐动力因素

通过建立使用潮位修正的潮差与潮量关系可以看出，除个别口门个别年份外，涨潮量与潮差、高潮位高度相关，反映纳潮量主要受潮差、高潮位等潮汐要素影响，可见海洋潮汐动力因素是最直接的影响因素。海平面上升作为背景因子，会增大河口潮汐动力，当上游径流量一定时，也将造成纳潮量的改变。

2. 河口及河道地形因素

岸线蚀退淤进、河道水下冲淤变化等河口及河道地形因素作为形态因子，首先直接导致纳潮空间变化，此外，间接造成水位（潮位）等潮汐要素和动力条件的改变，从而造成纳潮量变化。如网河水道下切、河口和口外浅海区深槽加深，河槽容积增大，致使潮汐通道更加通畅，有利于潮流的上溯，纳潮量增加；相反，水域面积缩小，浅滩发育，将导致纳潮量减小。

3. 径流动力因素

与半封闭海湾不同，口门水道是受潮汐和径流双重作用的区域，因而其纳潮量还受到径流动力的影响，主要体现为径流和潮汐动力相互作用。潮汐动力越强，纳潮量相应增加，反之径流作用越强，受径流顶托纳潮量将减少。不同年份受上游来水量和分流比变化影响，径流和潮汐对比作用改变，纳潮量相应变化。此外，洪水期、枯水期径流动力变化明显，其年内分配权重变化，也导致纳潮量发生改变。

4. 人类活动因素

河口潮汐 - 径流动力、河口及河道地形随着海岸演变和气候而变化，其自然变化是一个长期的、缓慢的平衡发展过程，但河道采砂、围填造陆、建港扩池、航道整治、水利工程调度等人类活动，可造成上述潮汐 - 径流动力因素、河口及河道地形因素短时间内发生变化，并间接引起纳潮量的改变。这种人为造成的改变往往是剧烈和不可逆的，将引发一系列环境问题，因而其开展须慎重。

6.3 小　结

本章分析研究了特征潮位的时间分布规律，结果表明：近几十年来，粤港澳大湾区河网地区潮水位基本呈现升高趋势，并且由于上游站点受到径流作用的影响较大，下游站点主要受到潮汐作用，潮水位上升速率表现出自上游向下游逐渐增加的趋势。另外，在不同年代内潮水位变化特征也表现不同，在20世纪80年代内各站点平均高潮位均呈现下降趋势，并且从90年代开始逐渐反弹上升，这与90年代粤港澳大湾区地区剧烈的采砂活动有关，剧烈的采砂活动导致河床下切严重、潮水上溯，进而使得潮水位明显抬升。造成粤港澳大湾区地区潮位上涨的主要原因还包括气温升高与海平面上升、粤港澳大湾区地形的变化，以及风暴潮的剧烈影响。

另外，根据已有站点潮位资料对特征潮位的空间分布进行了分析研究，高高潮位与低低潮位表现出的规律基本一致：东四口门及其上游区域内站点潮位高于磨刀门及其上游范围内站点潮位，并且潮位从口门处向上游沿程递增。根据计算所得的高高潮位设计值对极高潮位出现频次的空间分布进行了相应分析，分析结果表明：磨刀门口门处及其上游处各站点高潮位达到10年一遇的情况居多，少数出现达到20年一遇的情况，而东四口门及其上游各站点出现高潮位达到50年一遇及以上的情况居多，这与珠三角河口地区的特殊地形有关，其属于外口宽、里湾窄的喇叭形海湾，当遭遇风暴潮灾害时往往会导致潮水位的异常壅高。

从潮差变化情况上分析，西四口门年均潮差小于东四口门，2011—2020年与2001—2010年相比差距加大，这主要与地形有关，由于东四口门外伶仃洋区域为典型的漏斗型海湾，外口宽、里湾窄，水深较深，是潮波主要的传播通道，每当遭遇风暴潮灾害时，潮水大量汇入，能量不断在湾内积聚，会导致水位的进一步抬升，振幅较大；西侧水深较浅，能量被消耗，使得振幅减小。同时，网河区及八大口门代表站点月均潮差在年内存在一定的季节性变化，其中3月、9月和10月潮差较大，6月潮差较小，网河区代表站点月均潮差季节性变化较为明显，东四口门与西四口门月均潮差变化相似，季节性变化弱于网河区。

珠江河口的潮汐均属于不规则半日潮，具有日潮不等现象显著、半月潮不等、潮汐年变化、潮汐的多年长周期变化等特点，潮差随季节变化且各口门相异，涨落潮历时均不相等，一般是落潮历时长于涨潮历时，落潮历时从各口门沿河上溯，逐渐递增，涨潮历时从各口门沿河上溯逐渐缩短。随着水利工程的兴建，人类活动的影响和河床淤浅或河床的下切，原有的潮汐规律也都相应地跟着发生新的变化。

八大口门各站洪水期平均涨潮量小于枯水期，洪水期平均落潮量大于枯水期，平均落潮量/平均涨潮量的比值范围在1.28 ~ 10.9，虎门水道是珠江各口门中最大的纳潮通道，其洪水期平均涨潮量占八大口门总平均涨潮量的62.6%，枯水期占比53.5%，崖门水道次之，洪水期平均涨潮量占比16.0%，枯水期占比13.0%。八大口门各站平均山潮比存在明显的年内变化，即洪水期明显大于枯水期，枯水期各站平均山潮比均在1.0上下浮动，其中虎门、崖门山潮比远小于1.0，洪水期测验期间，除虎门、崖门平均山潮比小于 1.0 外，其他口门山潮比均明显大于 1.0，从平均山潮比值对比可以看出，虎门、崖门主要受潮流动力控制，其他六口门受径流动力作用明显，与潮量分布特征相符。各口门站多年平均潮差小于 2 m，各口门平均涨、落潮差值基本一致，平均涨潮差从大到小依次是虎门、蕉门、崖门、虎跳门、洪奇门、横门、鸡啼门、磨刀门。八大口门多年平均涨潮历时为 5 h 17 min 至 6 h 3 min，平均落潮历时在 6 h 41 min 至 7 h 11 min，各口门均表现为平均落潮历时长于平均涨潮历时。

通过建立潮差与潮量关系，进而推求纳潮量，得出基于西江梧州水文站日均流量 1 500~4 920 m^3/s 条件下的珠江八大口门 2001—2020 年枯水期纳潮量均值为 2 099 亿 m^3，纳潮量整体呈上升趋势，各口门枯水期纳潮量相对总纳潮量占比值从大到小排序依次为虎门、崖门、蕉门、磨刀门、横门、洪奇门、虎跳门、鸡啼门。纳潮量受潮汐动力及河道地形、上游径流作用和人类活动的共同影响，其中潮汐动力和地形变化是主因。洪水期受径流影响明显，（h，H）–W 相关关系较弱，需留待今后进一步研究。

为准确掌握口门纳潮量时空分布特征及变化规律，建议增加口门处流量监测，实现流量在线自动监测。

第 7 章　咸潮变化规律及治理措施

粤港澳大湾区的核心区域珠江三角洲河网区是我国经济和社会高速发展的地区，在我国经济建设中具有极其重要的战略地位。三角洲河口地区是河流与海洋交互作用地带，易受咸潮影响。咸潮上溯（或称盐水入侵）往往会造成上游河道水体变咸，发生各种物理、化学和生物变化，从而对淡水资源构成威胁，严重影响居民生活用水、工农业生产用水。因此，珠江河口区咸潮上溯直接影响珠江三角洲地区经济发展，甚至波及整个珠江流域经济的可持续性发展，研究珠江三角洲河口区咸潮变化规律及应对措施，对保障供水安全，促进粤港澳大湾区高质量发展具有重要保障意义。本章将从珠江河口的咸潮概况及影响因素、咸潮规律和危害、研究现状和治理情况等方面展开介绍。

7.1　咸潮相关概念

咸潮（又称咸潮上溯、盐水入侵），是一种天然水文现象，它是由太阳和月球（主要是月球）对地表海水的吸引力引起的。当淡水河流量不足时，海水倒灌，咸淡水混合造成上游河道水体变咸，即形成咸潮。

海洋系统的盐度比较稳定，海岸附近受陆地降水和沿岸流等影响，盐度会有季节性的波动，一般为 20~30 PSU（PSU：国际标准盐度单位，为无单位量纲，一般以‰表示，盐度为 0.5 时的含氯度约为 250 mg/L）。海水在潮汐驱动下进入河口后与河流下泄的淡水发生混合，盐度逐渐减小。河口盐度 S 为 0.5~30 PSU，当含盐度低于 0.5 PSU 时，已不影响农作物的生长，当盐度低于 0.25 PSU 时可以作为饮用水源，所以将盐度为 0.5 PSU 或 0.1 PSU 的地方作为咸水界（见图 7.1–1）。咸水界随着潮汐涨落和径流量变化在河口段一定范围内运动，当海洋大陆架高盐－水团随潮汐涨潮流沿着河口的潮汐通道向上推进，盐水扩散、咸淡水混合造成上游河道水体变咸，即形成咸潮。

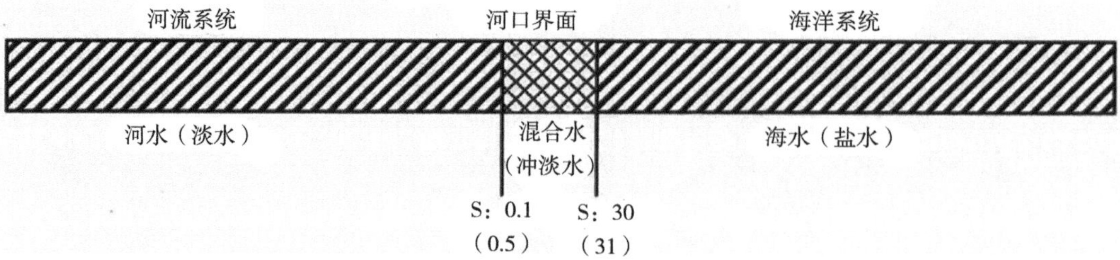

图 7.1–1　河口盐度划界

咸潮一般发生于冬季或干旱的季节，即每年 10 月至翌年 3 月出现于河海交汇处，例如长三角、珠三角周边地区。咸潮上溯是入注海洋河流的河口最主要的潮汐动力过程之一，是河口特有的自然现象，也是河口区的本质属性。

7.2　珠江河口咸潮概况及影响因素

7.2.1　珠江河口特点

珠江河口是珠江的尾闾，承担泄洪、纳潮、供水、生态、港口、航运、水产等重要任务。珠江河口是世界上最复杂的河口之一，具有“诸河汇流、八口入海、河网密布、整体互动”的特点，因其独特的河口湾自然地理禀赋，粤港澳大湾区美誉由此而生。该地区经济社会发达，河网纵横、人口密集、城镇集中，是中国乃至亚太地区最具活力的经济区之一（用占全国约 0.21% 的国土面积生产了约 20% 的 GDP，仅用 30 年的时间就完成了发达国家近百年的发展历程）。

7.2.1.1　珠江河口特点

珠江河口是世界上水系结构和动力特性最复杂、人类活动最显著的河口之一。主要特点如下：

（1）河网交错，水系结构复杂。西江、北江于思贤滘相汇后注入西北江三角洲，东江于石龙汇入东江三角洲，经由虎门、磨刀门等八大口门出海，其中东四口门（虎门、蕉门、洪奇门、横门）水沙注入伶仃洋河口湾，西四口门中磨刀门和鸡啼门直接注入南海，虎跳门和崖门注入黄茅海河口湾。珠江三角洲水系发达，水网密布、纵横交错，各类干支流河道 1.2 万多条，总长 3 万多 km，西北江三角洲和东江三角洲河网密度分别高达 0.81 km/km^2、0.88 km/km^2。

（2）多级分流，径潮动力复杂。珠江三角洲河网的水沙经多级分汊节点重新分配。近十年，西江马口站、北江三水（二）站的年平均分配比为 78.7%、21.3%；天河（二）站、南华站洪枯季场次平均分配比为 57.4%、42.6%；八大口门洪枯季场次平均分配比分别为虎门 20.7%、蕉门 15.0%、洪奇门 10.5%、横门 12.2%、磨刀门 26.8%、鸡啼门 3.9%、虎跳门 4.9%、崖门 6.0%。八大口门动力特性不尽相同，河优型与潮优型口门并存，磨刀门、横门、洪奇门、蕉门、鸡啼门、虎跳门为河优型口门，以径流作用为主；东、西两翼的虎门和崖门为潮优型口门，以潮汐作用为主。

（3）滩涂发育，人类活动剧烈。珠江河口口门区滩涂资源丰富，为河口地区经济社会发展提供了宝贵的土地资源。1978—2020 年间，珠江河口滩涂围垦总面积达 592 km^2，约占珠江河口水域面积的 13%，现状 –5.0 m 以上滩涂面积约 1 060 km^2。珠江河口交通航运发达，已经建成了以广州港、深圳港、珠海港为主要港口，东莞港、中山港和江门港等地区性重要港口的珠三角港口群。航道方面，已经形成了以珠江三角洲“三纵三横三线”高等级航道网为核心的内河航道和以广州港、深圳港等沿海港口进港航道为核心的沿海航道，总里程超过 3 000 km。

（4）物种丰富，生态系统多样。珠江河口呈现从河流到海洋逐渐过渡的特征，为河口生物多样性提供了生存和繁衍增殖的基础条件。珠江河口是广盐性河口，淡水鱼类、海水鱼类和洄游性鱼类在河口区均有出现。根据21世纪10年代调查资料，珠江河口共采集到鱼类285种，隶属于2纲20目88科195属。其中国家一级重点保护野生动物4种，分别为中华白海豚、中华鲟、黄唇鱼、鲥；国家二级重点保护野生动物3种，分别为花鳗鲡、斑鰶、印太江豚。河口区分布有两个国家级自然保护区，分别为内伶仃岛—福田自然保护区、珠江口中华白海豚自然保护区。红树林湿地面积约988 hm^2，主要分布于广州南沙、深圳、珠海、香港、澳门的近岸水域范围，呈带状或星点状分布。

7.2.1.2 珠江河口河势演变

珠江河口历史演变形成了中部以径流动力作用为主的河优型三角洲口门和东西两翼以潮汐动力作用为主的伶仃洋—虎门—狮子洋及黄茅海—崖门—银洲湖潮汐通道。合理的河口平面形态、口门延伸方向、主支汊分流是维持珠江河口泄洪、纳潮、输沙、航运通畅的重要保障。

1. 伶仃洋—虎门—狮子洋潮汐通道

伶仃洋—虎门—狮子洋潮汐通道由黄埔水道、狮子洋、虎门水道和伶仃洋河口湾组成。黄埔水道河宽1.1~2.5 km；狮子洋河宽1.9~2.6 km，呈两头宽、中间窄的形态；虎门水道上窄下宽，河宽2.2~3.6 km，水道内存在东、西两条槽道。伶仃洋河口湾呈喇叭形，水下地形存在“三滩两槽”格局，东槽为矾石水道，平均水深10 m；西槽为伶仃水道，平均水深约19 m，是广州港出海航道的主槽。东、西两槽将伶仃洋河口湾分割为东、中、西三滩。

21世纪以来，黄埔水道、狮子洋、虎门水道河势基本稳定，受航道疏浚影响，深槽加深扩宽。伶仃洋“三滩两槽”格局总体稳定，但在大规模人类活动影响下滩槽平面形态仍在不断的变化中。近期东槽中下段水深有所加大，–10 m深槽与中滩采砂深坑有连通的趋势；西槽由于广州出海航道等级提升，槽宽向两侧扩展，–19 m深槽全线贯通。东滩滩面不断减少，交椅湾 –7 m涨潮槽呈萎缩之势；中滩在大规模采砂影响下，逐渐分割成上部伶仃拦江沙、中部采砂深坑和下部矾石浅滩，东、西槽在中滩中部有贯通之势；西滩0~–3 m高滩冲刷，–3~–5 m低滩淤积，不断向东、向南延伸，金星门出口 –7 m槽道逐渐萎缩，–3~–5 m浅滩成片。

2. 蕉门—洪奇门—横门

北江三角洲下游水系交织、水沙互通，通过蕉门、洪奇门、横门汇入伶仃洋。目前，蕉门、横门均已形成较稳定的一主一支格局，其中蕉门以凫洲水道为主干，蕉门延伸段为支汊；横门以北汊为主干，南汊为支汊。洪奇门与横门汇合延伸段在万顷沙二十涌口以南发育有横向槽道，基本形成2.4 km宽、3~4 m深的支汊。

3. 磨刀门

磨刀门是西江径流的主要出海通道，其泄洪输沙量居八大口门之首。20世纪末，磨刀门经过整治后形成磨刀门水道为主、洪湾水道为支的一主一支格局，口门向外延伸16.5 km，直接面向南海。口外拦门沙呈扇形发育，2005年6月大洪水冲破横洲口拦门沙，形成东、西两汊。近十年来，由于口门采砂，拦门沙顶高程显著降低，磨刀门横洲口由21世纪初的东、西两汊与中心拦门沙并存格局，演变为拦门沙基本消失的单一槽道格局。

4. 鸡啼门

鸡啼门位于磨刀门西侧，为河优型口门。鸡啼门是 20 世纪 50 年代白藤堵海后形成的一个分流河口，在 20 世纪 90 年代以前，口门深槽呈放宽喇叭形与外海贯通，之后由于南水岛和高栏岛的连岛大堤建设，形成半封闭的浅水湾。近 30 年以来，鸡啼门两侧边滩不断淤积，出口段深槽不断缩窄，–3 m 以深深槽平均缩窄约 0.4 km。

5. 虎跳门

虎跳门是西江干流入海水道分支中的虎跳门水道的出海口门，虎跳门西侧紧邻崖门，位于黄茅海湾顶部，是一个河优型口门。虎跳门水道长 20.2 km，河宽 0.3~0.5 km，平均水深约 5 m，受航道疏浚影响，深槽略有拓宽加深，河势基本稳定。

6. 黄茅海—崖门—银洲湖潮汐通道

黄茅海—崖门—银洲湖潮汐通道由银洲湖和黄茅海河口湾组成。银洲湖承泄潭江和西江支流江门水道、虎坑水道的径流，石咀至崖门口长 51 km，平均宽度 1.5 km，平均水深约 7 m。黄茅海河口湾呈北—南走向的喇叭形，水下地形呈东、中、西三滩和东、西两槽的“三滩两槽”地貌格局。东槽平均水深约 10 m，为崖门出海航道主通道；西槽水深约 6 m。东滩上段基本上已被围垦，下段大海环浅滩水深小于 2 m；中滩平均水深约 3 m，宽度为 2.5~3.5 km；西滩水深小于 2 m。

21 世纪以来，黄茅海湾顶的崖门深槽扩宽加深，向下游延伸与东槽贯通；湾口西槽向东北偏移扩展并与崖门深槽连接；2003 年之前拦门沙浅滩向南淤积扩展，近期由于西槽向陆延伸，拦门沙浅滩与大杧岛北侧浅滩分离；西滩向东南淤积趋势变缓，北部滩面 –3 m 等高线向岸退缩，以冲刷为主；东滩以冲刷为主，东滩东侧由于高栏港航道建设出现新的深槽；大杧—荷苞岛间水域 –5 m 以浅浅滩向东西两侧发展，范围有所扩大。

7.2.2　珠江河口咸潮概况

受河流动力和海洋动力共同影响，珠江河口地区水流往复回荡，水动力及物质输运关系复杂。珠江河口咸潮活动主要受径流和潮流影响，当南海大陆架高盐水团涨潮流沿着珠江河口向河道上游推进，盐水扩散、咸淡水混合造成上游河道水体变咸，即形成咸潮上溯。河口地区咸潮上溯是入海河口特有的自然现象，也是河口区的本质属性。一般含盐度的最大值出现在涨憩附近时刻，最小值出现在落憩附近时刻。

在潮汐和径流共同作用下，河口区盐度变化过程具有明显的日、半月和季节周期性。一日内两次高潮所对应的两次最大含盐度及两次低潮所对应的两次最小含盐度各不相同。含盐度的半月变化主要与潮流半月周期有关，一般朔望大潮氯度较大，上下弦度较小。季节变化取决于雨汛的迟早、上游径流量的大小和台风等因素。汛期 4—9 月降水量多，上游来量大，咸界被压下移，大部分地区咸潮消失。

珠江三角洲的咸潮一般出现在 10 月至翌年 4 月。一般年份，南海大陆架高盐水团侵至伶仃洋内伶仃岛附近，磨刀门及鸡啼门外海区，黄茅海湾口。大旱年份咸水入侵到虎门黄埔以上，沙湾水道下段，小榄水道、磨刀门水道大鳌岛，崖门水道，咸潮线甚至可达西航道、东江北干流的新塘，东江南支流的东莞、沙湾水道的三善滘、鸡鸦水道及小榄水道中上部、西江干流的西海水道、潭江石咀等地。

河口咸潮受径流、潮汐、风、浪、河口形态、水下地形、海平面季节变化等诸多因素影响，再加上珠江河口“河网如织，八口入海”的复杂水系特征，其活动特性和动力机制相当复杂。现有研究结果显示，珠江河口各口门咸潮活动特性和动力机制不尽相同。

中华人民共和国成立以来，珠江三角洲地区发生较严重咸潮的年份有1955年、1960年、1963年、1970年、1977年、1993年、1999年、2004年、2005年、2006年、2007年、2009年、2010年、2011年、2019年、2020年、2022年和2023年。20世纪80年代以前，受咸潮危害最突出的是农业，如1960年和1963年的咸灾给三角洲的农作物生长带来巨大损失，广州番禺受咸面积达24万亩，新会受咸面积达15万亩。20世纪80年代以后，珠江三角洲地区城市化进程加快，农业用地大幅减少，受咸潮危害的主要对象为工业用水和城市生活用水。20世纪90年代以来，珠江三角洲地区咸潮上溯污染范围越来越大，持续时间越来越长，活动频率越来越强。如在西江磨刀门水道，1992年咸潮上溯至大涌口，1995年至神湾，1998年到南镇，1999年上溯至全禄水厂，2003年越过全禄水厂，2004年越过中山市东部大丰水厂，2005—2006年、2007—2008年、2009—2010年、2011—2012年、2019—2020年、2022—2023年枯水期咸潮均上溯至稔益水厂以上，2011—2012年枯水期最大咸界甚至到达古镇水厂，咸潮的不断加剧给珠江三角洲地区的城市供水安全带来巨大威胁。在西北江水道和广州市珠江水道，1993年3月，咸水进入前、后航道，广州市区黄埔水厂、员村水厂、石溪水厂、河南水厂、鹤洞水厂和西州水厂先后局部间歇性停产或全部停产。1999年春，广州虎门水道咸水线上移至白云区的老鸦岗，沙湾水道首次越过沙湾水厂取水点，横沥水道以南则全受咸潮影响；在东江北干流，2004年咸潮前锋已靠近新建的浏渥洲取水口，2005年12月15—29日，东莞第二水厂连续16 d停水避咸；其上游不到5 km的第三水厂，日产自来水110万m^3，取水口水中氯化物含量严重超过饮用水水质标准。

近年来，随着粤港澳大珠三角需水量的增加，珠江河口地区的咸潮对城镇供水影响就显得更加突出。珠江河口咸潮问题严重影响了珠三角1 500万群众正常的生产、生活秩序，妨碍了经济社会的可持续发展，恶化了水生态环境，咸潮问题已经成为珠江河口地区除洪、涝、台风外的另一类严重自然灾害。2005年春季，珠江水利委员会启动压咸补淡应急调水，对缓解咸潮危害起到了十分显著的作用。随后又连续实施卓有成效的珠江枯水期水量调度，至2023年春共实施了19次水量调度，保障了澳门、珠海等地枯水期供水安全。

7.2.3 咸潮影响因素

河口咸潮上溯是一个极其复杂的过程，受径流、潮汐、风等多种动力因素的耦合作用，同时与河口地形、人类活动密切相关。

7.2.3.1 径流对咸潮的影响

径流主要通过径流量的大小、季节变化、年际变化来影响盐水入侵。历史多年实测资料表明，径流量大小是影响咸潮上溯的直接因素，进入河口区的径流水量越大，咸潮上溯强度越低、上溯距离越小，咸潮影响越小。

珠江流域地处季风气候区，降水大多集中在夏季，冬季仅有少量雨雪，由于降水年内分配不均，径流量在一年内有明显的洪枯季变化，汛期（4—9 月）径流量约占全年的 78%；10 月至翌年 3 月为枯季，径流量约占全年的 22%。受径流季节变化影响，珠江河口盐度具有明显的洪、枯季变化特征。

从咸潮上溯强度看，珠江河口咸潮具有随年内径流季节变化"此涨彼消"的特点。汛期径流量大，咸潮上溯的强度小，水体盐度低甚至基本不含盐；枯水期径流量小，咸潮上溯强度大，水体盐度高。以 2009 年为例，汛期 4—9 月，上游径流量（梧州 + 石角）在 5 000~22 000 m^3/s，磨刀门水道平岗泵站水体盐度基本为零，没有受到咸潮的影响；进入枯水期后，随着流量逐渐减少，咸潮活动逐渐加剧，到 2009 年 11 月、12 月，上游平均流量减少到约 1 900 m^3/s，平岗泵站水体日平均盐度达到最大值 7.79，水厂连续不可取水时间超过历史，达到 223 h。之后随着上游流量逐渐增加，咸潮活动逐渐减弱，平岗泵站水体盐度逐渐降低，直至汛期消失。

从咸潮上溯距离看，珠江河口咸潮同样具有随年内径流季节变化的特点。汛期径流量大，咸潮上溯的距离短，枯水期径流量小，咸潮上溯的距离长。通过历史文献记载分析、同步水文测验分析、供水公司调查资料分析及实地踏勘与调查资料分析，不同流量条件下大潮期珠江三角洲 250 mg/L 含氯度（盐度约为 0.5）变化空间分布如图 7.2-1 所示。图中西江、北江三角洲咸潮线对应流量为进入三角洲的综合控制断面思贤滘流量［马口断面加三水（二）断面流量］，东江三角洲咸潮线对应流量为东江石龙断面加增江麒麟咀断面流量。

从图 7.2-1 中可以看出，当思贤滘流量为 1 000 m^3/s 时，西北江三角洲咸界上溯至佛山、顺德、江门附近，广州、中山、珠海基本全面位于咸界内，三角洲各取水口将受到全面影响，其中磨刀门咸潮（盐度 0.5）上溯距离约为 78 km（以刀门石栏洲为起点计算）；当流量为 2 500 m^3/s 时，咸潮基本不影响广州市石门、沙湾、南洲，佛山市桂州、容奇、容里水厂，中山市全禄、大丰水厂以及江门市牛筋、鑫源水厂，其中磨刀门咸潮上溯距离约为 48 km；当流量达到 5 500 m^3/s 时，咸界基本退至各取水口以下，其中磨刀门咸潮上溯距离约为 13 km。

受气候变化影响，珠江流域径流年际变化较大，最大年径流量与最小年径流量之比为 2.6~9.8 倍，其中北江变化比较大，西江变化较小。据统计分析，流域丰、枯水年组交替出现的周期约为 11 年。通常，丰水年，珠江入海径流大，河口咸潮上溯强度小，历时短；枯水年，珠江入海径流小，咸潮上溯强度大，历时长；平水年在两者之间；特枯年，珠江入海径流接近或达到历年最小值，咸潮上溯影响很大。图 7.2-2 给出了平水年与大旱年珠江河口咸潮上溯等值线，表 7.2-1 给出了相应的上溯距离。以盐度 0.5 计，珠江三角洲各区域咸潮上潮的上界，平水年在东莞吴屋洲、广州新塘东洲、黄埔鱼珠、番禺雁洲、灵山、横沥、中山东河口水闸下、灯笼山、珠海白蕉、江门新会官冲。大旱年在东莞万江、广州新塘沙角、老鸦岗、佛山平洲、伦教、容奇、中山南头、小榄、古镇、江门新会水口；以盐度 2 计，各区域咸潮上潮的上界，平水年在虎门大虎（二）、蕉门南沙、洪奇门万顷沙西（二）、横门横门东、磨刀门芒洲西、鸡啼门乾务、虎跳门西炮台上、崖门官冲下；大旱年在东莞厚街、广州南岗、番禺化龙、中山浪网、十三顷、江门新会双水。

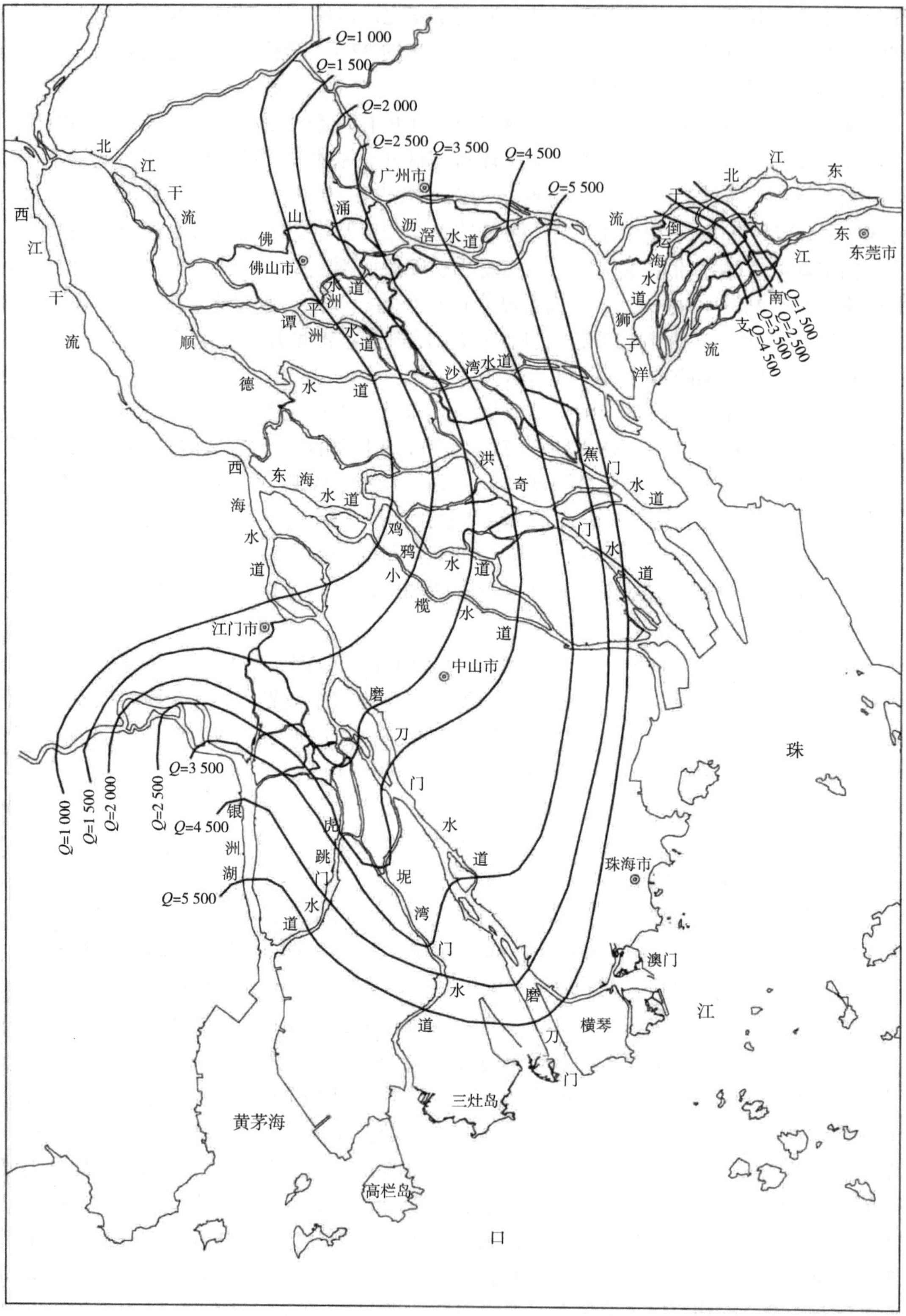

图 7.2–1　思贤滘不同来水条件下含氯度 250 mg/L 等值线　（单位：m^3/s）

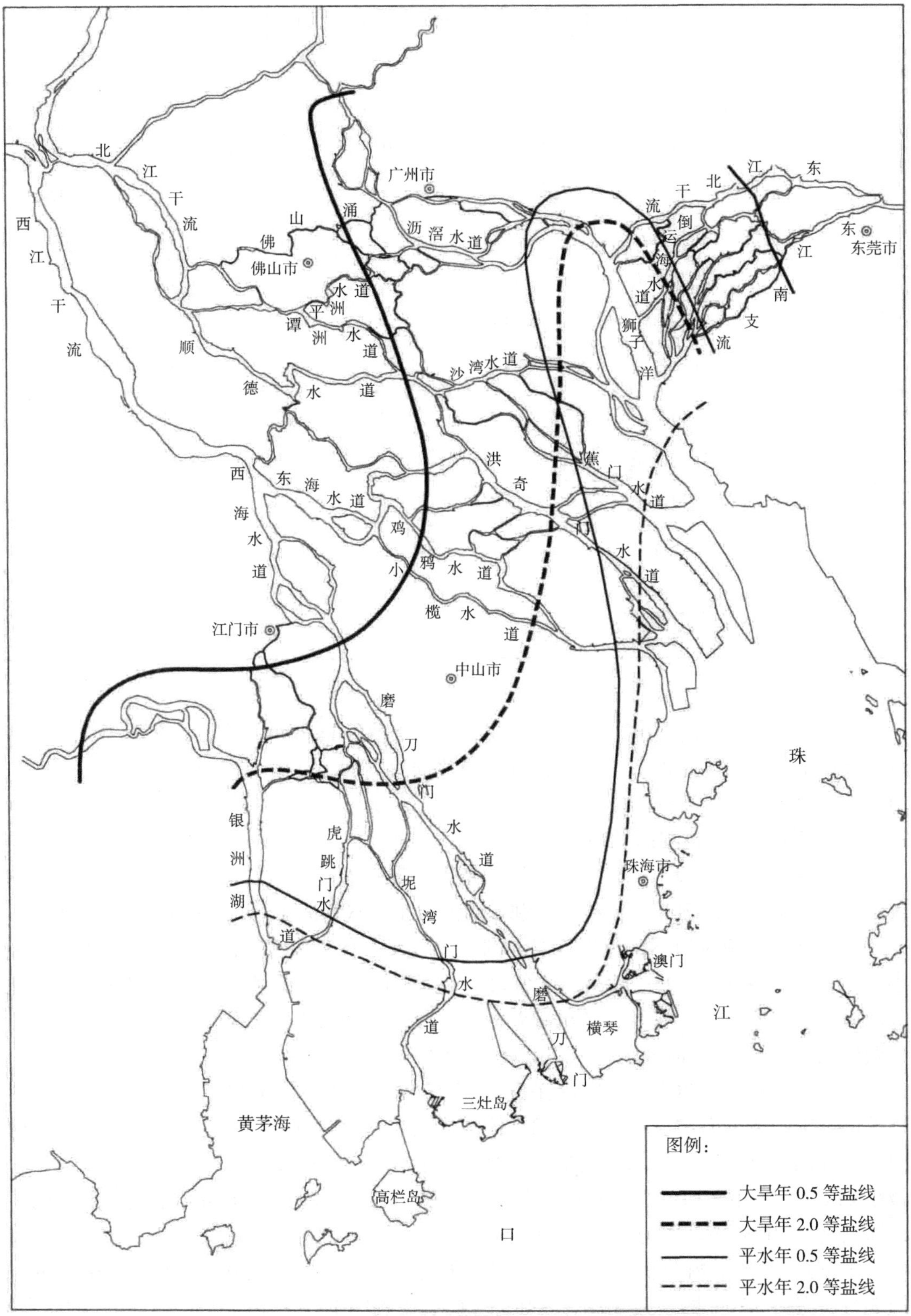

图 7.2–2　平水年及大旱年珠江河口咸潮上溯等值线

表 7.2–1　特征水文年珠江河口咸潮上溯距离

区域	水道名称	起测点	平水年 / km		大旱年 / km	
			盐度 2	盐度 0.5	盐度 2	盐度 0.5
北江三角洲	珠江 – 狮子洋	大虎（二）站	0	37	32	66
	沙湾水道	大虎（二）站	0	21	22	41
	蕉门水道	南沙站	0	15	16	40
	洪奇沥水道	万顷沙西(二)	2	17	18	38
	鸡鸦水道	横门站	0	8	14	36
	小榄水道	横门站	0	8	13	33
西江三角洲	磨刀门水道	石栏洲	15	22	50	72
	鸡啼门水道	高栏岛	31	36	63	—
	虎跳门水道	荷包岛	47	49	72	—
	崖门水道（潭江）	荷包岛	48	52	71	109
东江三角洲	东江北干流	大虎（二）站	0	37	34	49
	东江南支流	大虎（二）站	0	25	22	39

从图 7.2–2 中可以看出，珠江河口咸潮上溯等值线具有如下特点：在狮子洋和黄茅海所在以潮汐动力为主的口门区，盐度等值线向海内凹，在磨刀门以径流动力为主的口门区，盐度等值线向海外凸。

7.2.3.2　潮汐潮流对咸潮的影响

潮汐和潮流是盐淡水混合的动力源，是影响咸潮入侵距离的重要因素。它们对咸潮入侵的影响主要通过潮波传递特性、潮差潮流大小、涨落潮历时长度等指标来衡量。

珠江河口的潮汐为不正规半日混合潮型，一天中有两涨两落，半个月中有大潮汛和小潮汛，历时各 3 d。在一年中，夏潮大于冬潮，最高、最低潮位分别出现在春分和秋分前后，且潮差最大，夏至、冬至潮差最小。因受汛期洪水和风暴潮的影响，最高潮位一般出现在 6—9 月，最低潮位一般出现在 12 月至翌年 2 月。

珠江八大口门近20年平均潮差在0.88~1.59 m，属于弱潮河口。各口门平均涨、落潮差值基本一致，平均涨潮差从大到小依次是虎门、蕉门、崖门、虎跳门、洪奇门、横门、鸡啼门、磨刀门。以居首的虎门为例，多年平均涨潮潮差1.59 m，最大为3.84 m，最小0.14 m；多年平均落潮潮差1.59 m，最大为4.02 m，最小仅0.01 m。最小的磨刀门平均涨潮潮差仅0.88 m，平均落潮潮差0.95 m。

根据近 20 年资料分析，八大口门多年平均山潮比为：虎门 0.27、蕉门 1.62、洪奇门 3.31、横门 5.70、磨刀门 4.28、鸡啼门 1.63、虎跳门 1.91、崖门 0.30。口门外的赤湾、三灶、荷包岛站涨、落潮历时几乎相等，潮水过程呈对称型。口门以内，无论洪季还是枯季，落潮历时均大于涨潮历时，越往上游此现象越明显。枯季涨潮历时较洪季长，而落潮历时则相反。

珠江河口潮汐潮流对盐度的影响主要体现在咸潮水体盐度的日变化与半月变化上。珠江河口潮汐主要为非正规半日浅海潮，盐度的日变化与潮汐类似，一天之内有两高两低的变化，存在高盐峰—低盐谷—低盐峰—高盐谷的过程，如图 7.2–3 所示，而且也有明显的日不等现象，且大潮期日不等现象要比小潮期明显。

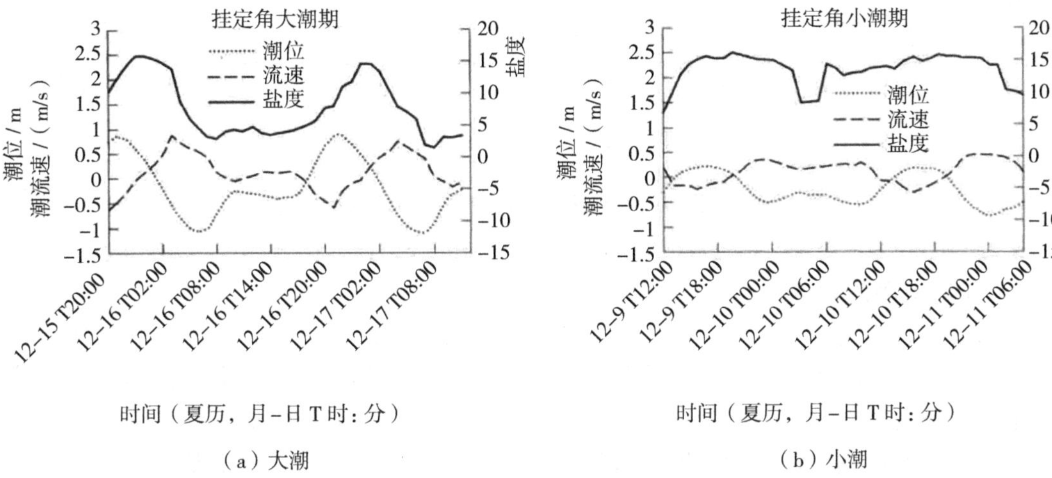

图 7.2–3　不同潮型下磨刀门挂定角站潮位、潮流速与盐度关系

从潮位看，盐度过程与潮位过程有一定的相位差，一般来说，盐度峰、谷值要滞后潮位高、低潮位。大潮期一日内，盐峰一般发生在高潮位后 2~3 h，盐谷一般发生在低潮位后 2~3 h。小潮期一日内盐度峰值变化与大潮期相同，盐度谷值变化与大潮期略有不同：小潮期低盐谷出现在低低潮位后 4 h，高盐谷出现在高低潮位前 2 h，其原因在于期间虽为潮位小落过程，但底层流速一直为涨潮流，导致盐谷提前。

从潮流速来看，一日内盐度峰值一般出现在涨憩时刻附近，盐度谷值一般出现在落憩附近。但由于流速结构不同，大潮与小潮期间的一日盐度峰谷形态有所不同。大潮期一日内盐度呈“W”形，但高盐峰明显大于低盐峰，一日内盐度变化较大，高盐尖峰特征明显，低盐谷—低盐峰—高盐谷的盐度数值差别较小。小潮期一日内盐度呈“凹”形，高盐峰区宽，持续时间长，且日内盐度峰、谷变化较大潮期要小。这显然与磨刀门水道大潮期涨、落憩出现盐淡水缓混合，而小潮期一直为高度分层的特点有关。

在半个月为周期的天文潮期中，由小潮转大潮期间珠江河口水体盐度逐渐增大，由大潮转小潮期间，水体盐度逐渐减小，盐度变化在相位上较天文潮提前 3 d 左右，如图 7.2–4 所示，最高盐度出现在小潮后中潮期，最低盐度出现在小潮前中潮期。

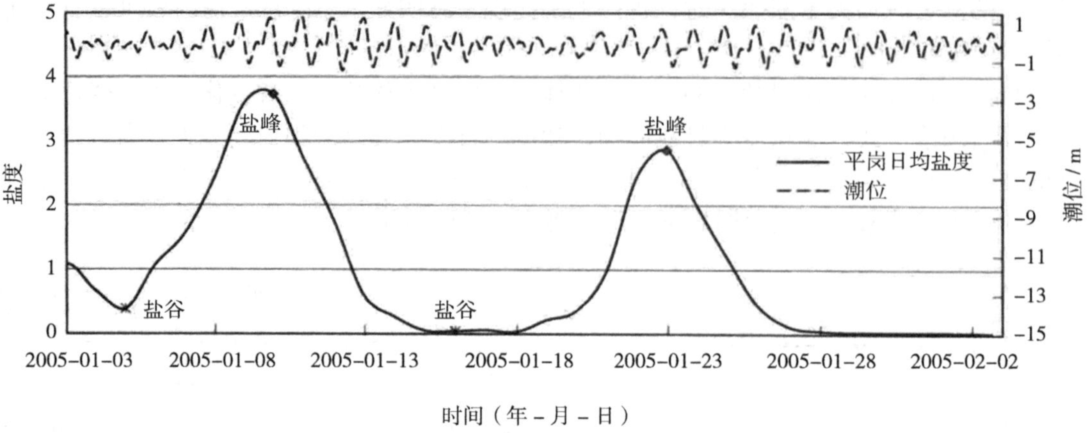

图 7.2-4　磨刀门平岗泵站月内潮位与日均盐度变化

7.2.3.3　风对咸潮的影响

在珠江口，古有“北风调咸潮”“东风水涨”的农谚，说明人们很早就认识到风对咸潮的影响。风是咸潮影响因子中比较活跃的一个。不同的风力和风向直接影响咸潮的推进速度，若风向与海潮的方向一致，可以加快咸潮的推进速度，加大影响范围。

风对咸潮的影响可以分为长时间尺度上的季风影响和短时间尺度上某次突发恶劣天气的影响。而具体的影响方式取决于风力、风向和河口地形。季风主要通过影响海流来改变河口口门附近水体的盐度，从而影响河口咸潮上溯距离。

在小时间尺度里，一次强劲的、持续几个小时或几天的大风天气可能在短时间内很大程度上影响口门附近的盐度。由于珠江河口的地形特点，当吹强劲的北风时，加快了表层海水向海洋方向的流动，底层高盐水作为补偿流向岸流动进入河口，使咸潮上溯加剧，即农谚“北风调咸潮”的道理。尤其是涨潮的时候，风进一步加剧了底表层环流的形成，促进盐水楔从底部进入河口。风在特定的地形条件下还可以形成局部水平环流，改变盐在河道内的传输路径，使盐度分布和盐量传输效率发生变化，使咸潮界的运动变得更加复杂。

关于风对珠江三角洲咸潮的影响，闻平等在分析磨刀门风力风向与平岗站含氯度资料的基础上，认为北风—东北风能够明显增强磨刀门咸潮上溯强度。通过图 7.2-5 的澳门九澳气象站（位于磨刀门口门北侧）的风向频率玫瑰图可以看出，磨刀门河口全年有 21.7% 的时间是吹北北东风，其最大风速为 45 km/h，平均风速为 16.1 km/h；其次是东风和南风，分别为 12.9% 和 11.5%，东风最大风速为 21 km/h，平均风速为 13.4 km/h，南风最大风速为 22 km/h，平均风速为 9.1 km/h；偏西风几乎没有。汛期时，偏南风顺应磨刀门水道西北—东南的走向，容易推动海水倒灌，使得交杯沙水道盐度升高；枯季时，则以北北东风和东风为主，至于北风增咸的原因，黄新华认为在吹偏北风时，加快了上游来水量在落潮时的宣泄，而涨潮时，上游来水量就相对减少，潮位相对降低，使得涨潮流更容易为上游推进，增加咸潮上溯的强度。具体风速数据见表 7.2-2。

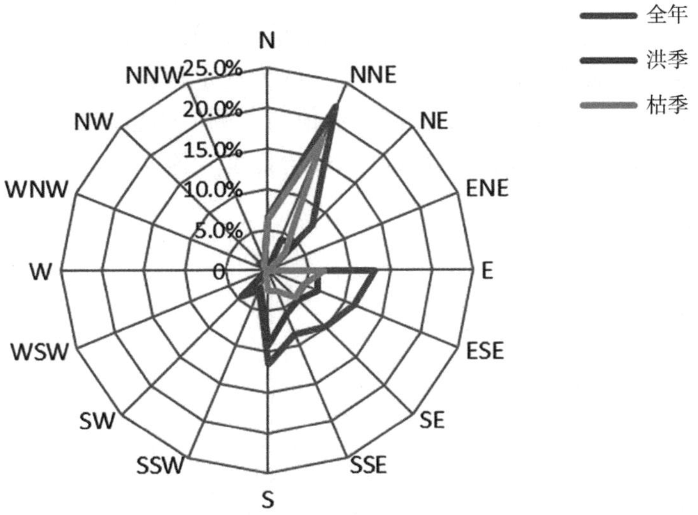

图 7.2-5　澳门站风向频率

表 7.2-2　2009 年澳门站风速统计　　单位：km/h

项目	N	NNE	NE	NEE	E	ESE	SE	SSE
平均风速	19.2	16.1	14.2	0	13.4	11.3	9.2	9.7
最大风速	31	45	36	0	21	16	17	28
项目	S	SSW	SW	WSW	W	NWW	NW	NNW
平均风速	9.1	8.3	6.7	7.0	0	0	9.2	16.0
最大风速	22	13	11	7	0	0	13	21

7.2.3.4　波浪对咸潮的影响

水质点振动运动的发生和传播称为波浪。它是自然界中普遍存在的一种现象。在河口水体和海洋中，波浪是水体运动的重要形式之一，它的产生及其波动运动十分复杂，但主要是风的作用。海洋中通常所说的波浪是指风浪、涌浪和近岸浪的总称。风浪是在风力直接作用下产生的波浪；涌浪是风停止、转向或离开风区后余下的波浪；风浪传到浅水区，由于受水深和地形变化的影响，出现波浪的折射、绕射和波面破碎而形成近岸浪。在河口和海洋中经常遇到的是风浪与涌浪叠加而成的混合浪。

相对于潮汐而言，波浪为高频的周期性波动现象，主要通过波动的混合作用来影响盐淡水的混合过程。

有关学者通过对 1998—2001 年挂定角盐度、梧州流量、磨刀口门波浪实测数据进行数理统计分析，对盐度取自然对数，建立了盐度与径流量和波浪因子之间的多元线性回归方程，采用双重检验逐步回归进行处理得出以下经验公式：

$$\mathrm{In}\,(S)=7.82-0.001\,2Q+2.096H \qquad (7.2\text{-}1)$$

式中：S 为含氯度，mg/L；Q 为流量，m^3/s；H 为波高，m；In 为自然对数符号。

从式（7.2–1）中可以看出，流量与含氯度存在负相关关系，即在波高一定的情况下，流量越大，盐度越小。波浪因子与含氯度呈正相关关系，在流量一定的情况下，波高越大，含氯度越大，咸潮上溯越剧烈。图 7.2–6 为挂定角含氯度回归模型计算值与实测值的对比，从图 7.2–6 中可以看出，模型计算值与实测值的总体变化趋势基本一致，可以认为，所采用的回归模型可以较好地反映水体含氯度 – 流量 – 波浪之间的多元相关关系。

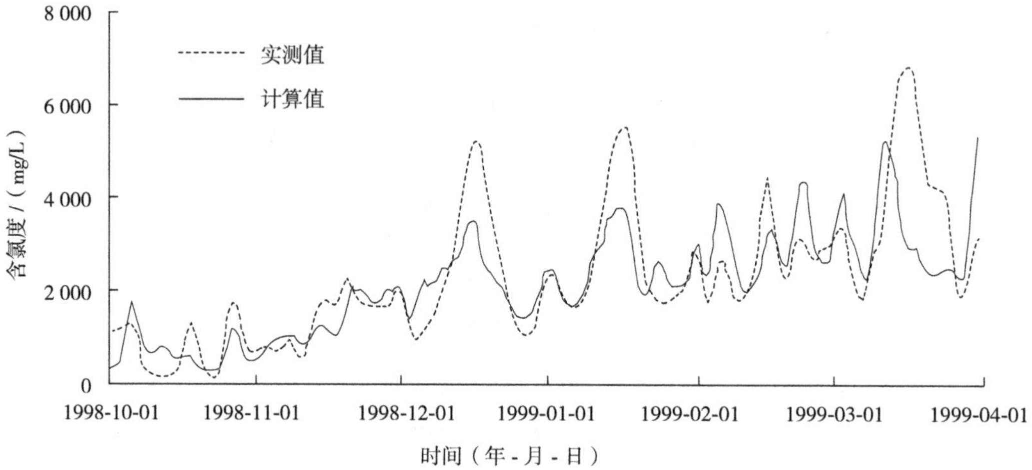

图 7.2–6　枯水期挂定角含氯度实测值与含氯度 – 流量 – 波浪回归模型计算值比较

7.2.3.5　地形对咸潮的影响

河口地形（包括河口河道几何形态、河道工程、水深条件、河道阻力等综合因素）也是决定咸潮上溯的关键因素。

如表 7.2–3 所示，因为八大口门具有不同的地形特点，使得它们形成了不同的动力条件和盐淡水掺混特征。以径流占优的河口由于潮汐动力弱，容易形成盐水楔，如西江、北江的入海主干磨刀门和蕉门在枯季都属于缓混合型河口。向陆凹入，呈喇叭形开口的河口，如崖门和虎门，容易成为“潮优”型河口，潮汐动力强，掺混较磨刀门和蕉门剧烈得多。

表 7.2–3　珠江三角洲各口门盐淡水掺混特征及相关因素基本情况

口门	主干支流	径流潮流对比	潮差 /m	盐淡水混合情况
虎门	流溪河：珠江正干	径弱潮强	1.63	强混合
蕉门	北江干流	径强潮弱	1.35	缓混合
洪奇门	北江干流	径强潮弱	1.2	缓混合
横门	西江东海水道	—	—	—
磨刀门	西江干流	径强潮弱	0.86	缓混合
鸡啼门	西江支流	—	—	—
虎跳门	西江支流	—	—	—
崖门	谭江	径弱潮强	1.5	强混合

郭振仁、袁丽蓉等用三维非稳态模型建立的地形数值模型做了大量的数值试验，通过数值试验研究了河口岸线变化和地形变化对河口流场和盐度场的影响。试验是针对珠江三角洲八大口门阴阳两类河口的地形特点设计的。分别用代表小扩展率的磨刀门和代表大扩展率的虎门口门附近取水口的盐度过程线来说明由于地形不同而表现出来的混合区域和混合方式的不同。取水口一般处于表层以下二三米的位置，代表的是中上层的盐度过程。比较虎门大虎（二）站和磨刀门灯笼山站的盐度，同是口门附近，虎门的表层盐度要大得多，而且时间变化过程迥然不同，虎门的最大盐度出现在大潮期间，潮差变小时盐度也逐渐变小，而磨刀门在大潮变小潮期间盐度最小，小潮期间盐度反而快速变大。结合虎门和磨刀门的潮差变化，分析认为这种不同是虎门和磨刀门的地形差异导致不同的潮汐传播特性。虎门外的伶仃洋是一个巨大的喇叭形口，潮汐能量在虎门口汇聚，盐淡水在小潮期间也可以混合比较均匀，一个大小潮期间咸潮入侵距离的差别主要取决于潮汐从涨憩到落憩水质点能够移动的距离以及河口的扩散能力。而磨刀门的河道近似于一个长窄型的棱柱体，潮汐以传输波的形式向内传播，沿程逐渐衰减。因此，磨刀门的掺混能力较虎门小，尤其在小潮期间，潮汐能力不足以使盐淡水掺混均匀，盐主要以垂向环流的形式向口门内部输运，越是小潮期间，进入河口的盐越多，形成了盐度在小潮期间逐渐增大的现象。

磨刀门和虎门口门附近不同深度位置上的盐度过程见图 7.2–7。

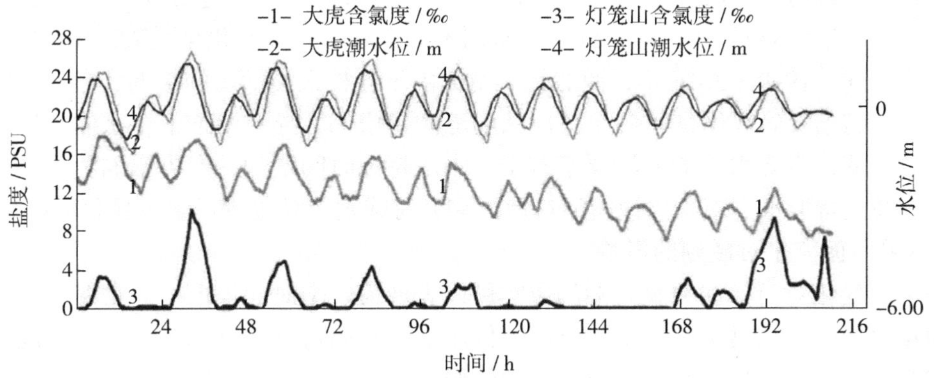

图 7.2–7　磨刀门和虎门口门附近不同深度位置上的盐度过程

除河口形态对咸潮运动产生较大影响外，水下地形的改变对咸潮活动的影响也非常显著。近 20 年来，珠江三角洲及港澳地区快速发展和大规模建设，导致珠江三角洲地区出现大规模的采砂活动，叠加珠江三角洲高等级航道建设，造成三角洲河床大规模下切，涨落潮阻力减小，涨潮空间增大，咸潮上溯距离增加。但由于河床下切不均衡，导致西江、北江水道的分流比发生变化，各口门压咸流量相应发生变化，进而造成咸潮上溯规律错综复杂。1999—2016 年，珠江三角洲河道容积共增加 70 129 万 m^3，其中西江片河道容积增加 40 504 万 m^3，河床平均下切 2.01 m，北江片河道容积增加 29 625 万 m^3，河床平均下切 1.06 m。

靳高阳等采用 1999 年和 2016 年不同年代水下地形，通过建立一维非恒定流含氯度数学模型，计算分析了河床变化及其与咸潮上溯关系。模型上边界按思贤滘流量

2 500 m^3/s［三水（二）+ 马口］控制，东江博罗站、增江麒麟咀站、流溪河老鸦岗（二）站和潭江石咀站采用 2019 年 12 月枯季实测的来流，模型下边界采用 2019 年 12 月枯季实测的水位，计算得到的低低潮位水面线沿程变化见图 7.2-8、图 7.2-9。由图可知，1999—2016 年，西北江三角洲主要河床一直处于下切状态，河道容积持续增大。北江河床（北江干流—顺德水道—沙湾水道）平均下切 1.51 m，西江河床（西江干流—西海水道—磨刀门水道）平均下切 2.44 m，西北江三角洲河床落潮顺畅，低潮位平均降低 0.09 m。利用模型模拟西北江三角洲不同年代地形、思贤滘不同流量情况下咸界变化规律，计算统计主要口门站涨潮量变化、主要水厂超标时间以及主要河道咸界上溯距离变化见表 7.2-4~ 表 7.2-6。

从表 7.2-4 可知，西北江三角洲口门站的涨潮量，随着上游径流量增加，径流动力增强，潮流动力相对减弱，涨潮量减少；且 2016 年地形相比 1999 年地形，由于三角洲河床下切，槽蓄容积增加，口门站的涨潮量增加，灯笼山涨潮量增加 16.65% ~ 19.40%，三沙口涨潮量增加 3.10%~18.93%；而由表 7.2-5 可知，由于口门的涨潮量增加，平岗泵站的超标时间平均增加 2.78 h，沙湾第一水厂超标时间平均增加 2.38 h，平岗泵站的取淡概率平均减少 5.33%，沙湾第一水厂取淡概率平均减少 5.14%，不断影响着城市居民的正常取水需求。表 7.2-6 则明确指出了一维非恒定流模型下 2016 年地形条件相比 1999 年的地形咸界变化情况：由于河道地形下切，口门涨潮量增加，咸界上移，磨刀门水道咸界平均上移 3 735 m，沙湾水道咸界平均上移 2 369 m，咸潮上溯情势日渐严峻。不同年代地形条件下思贤滘不同来流时咸界变化见图 7.2-10、图 7.2-11。

综上所述，1999—2016 年，西北江三角洲由于各种人类活动的影响，导致河床的持续下切，河道槽蓄容积增加，各个口门站的涨潮量增加，导致河道上游水体整体变咸，咸界不断上移，主要水厂的取淡概率减小、水质超标时间增加，严重影响河口地区的生态系统以及正常取水需求。这说明河口地形演变对咸潮上溯过程产生了显著的影响。

7.2.3.6 海平面变化对咸潮的影响

海平面变化对河口动力及咸潮的影响可以表现为两个时间尺度：一是海平面季节性变化的年内尺度；二是全球“温室效应”作用下海平面持续上升的多年累积尺度。根据赤湾和黄埔（三）站长期验潮站资料得到气候态的月均数据，研究珠江口附近海域海平面的季节变化得知，珠江口附近海域海平面具有显著的季节变化，其中赤湾站的年较差为 24 cm；黄埔（三）站有两个极大值点，季节变化明显，年较差约为 27 cm。赤湾站水位的最大值出现在 10 月，最小值出现在 4 月；黄埔（三）站水位受珠江径流的显著影响出现两个极大值，分别出现在 6 月和 10 月。根据相关研究成果，整个 21 世纪海平面将上升 30 cm，这只包括热比容因素的贡献，而没有考虑水体输入（陆地冰融化等），北大西洋的大部分海区热比容海平面上升较大，达 40 cm 以上。在一定径流量下，海平面上升将增大河口咸潮入侵的距离，沿程咸水强度增加，咸潮入侵的持续时间更长。当海平面上升 40~100 cm 时，珠江各口门含盐度 0.3‰的盐水入侵距离将增加 1~3 km，最大可增加 5 km。在海平面上升 1 m 的情况下，珠江东四口门高盐天数将明显增加，其中蕉门增加最多，可达 3 个多月。《中国海平面公报》显示，中国沿海海平面变化总体呈波动上升趋势。1980—2023 年，中国沿海海平面上升速率为 3.5 mm/a，其中 1993—2023

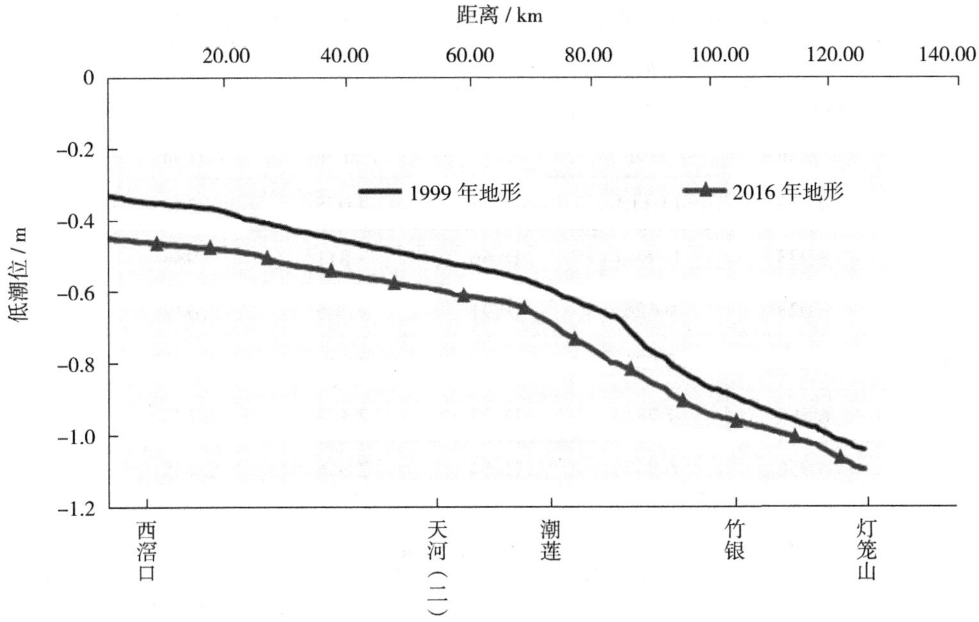

图 7.2–8　西江干流低低潮位水面线

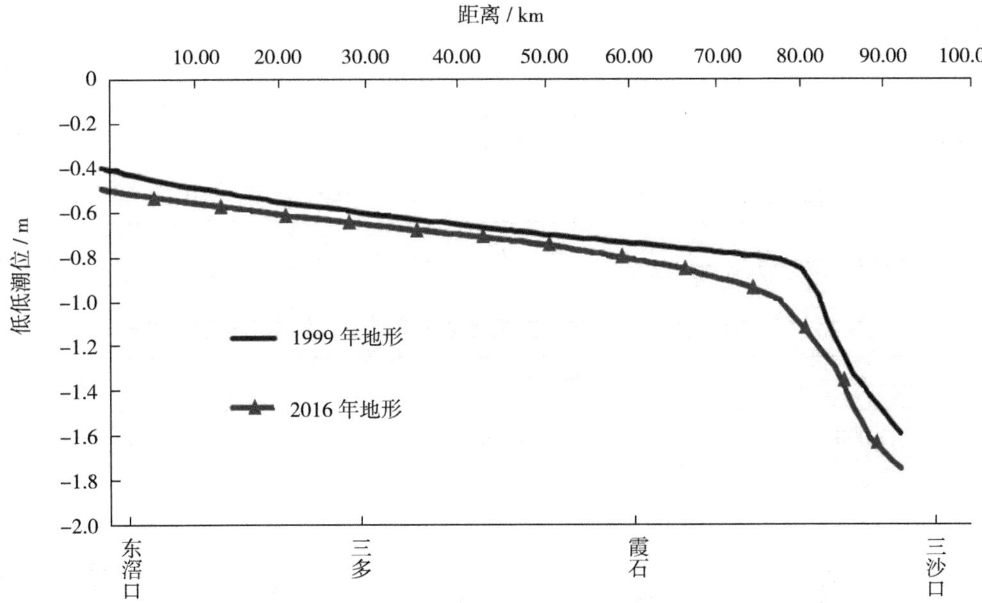

图 7.2–9　北江干流低低潮位水面线

表 7.2-4　不同地形条件、不同来流时主要口门站涨潮量变化统计

思贤滘径流 /（m^3/s）	灯笼山			三沙口		
	1999 地形 / 万 m^3	2016 地形 / 万 m^3	变化值 / %	1999 地形 / 万 m^3	2016 地形 / 万 m^3	变化值 / %
1 000	9 455	11 112	17.53	4 075	4 202	3.12
1 500	8 933	10 600	18.66	3 811	3 986	4.59
2 500	8 028	9 626	19.91	3 305	3 548	7.35
3 500	7 272	8 683	19.40	2 842	3 140	10.49
4 500	6 580	7 781	18.25	2 413	2 777	15.08
5 500	5 956	6 947	16.64	2 056	2 445	18.92

表 7.2-5　不同地形条件、不同来流时主要水厂超标时间变化统计

思贤滘径流 /（m^3/s）	平岗泵站			沙湾第一水厂		
	1999 地形 / h	2016 地形 / h	变化值 / h	1999 地形 / h	2016 地形 / h	变化值 / h
1 000	—	—	—	—	—	—
1 500	—	—	—	10.95	12.90	1.95
2 500	68.27	72.31	4.04	2.53	5.34	2.81
3 500	15.84	18.94	3.10	0	0	0
4 500	10.27	12.47	2.20	0	0	0
5 500	6.81	8.59	1.78	0	0	0

注：超标时间为 15 d 内含氯度连续大于 250 mg/L 的最长时间，下同；“—”代表 15 d 内不能取水。

表 7.2-6　不同地形条件、不同来流时主要河道咸界上溯距离变化统计

思贤滘径流 /（m^3/s）	磨刀门水道 / m	沙湾水道 / m
1 000	4 398	3 500
1 500	4 200	3 081
2 500	3 730	2 200
3 500	3 700	1 849
4 500	3 650	1 800
5 500	2 736	1 786

注：距离为正表示咸界上移。

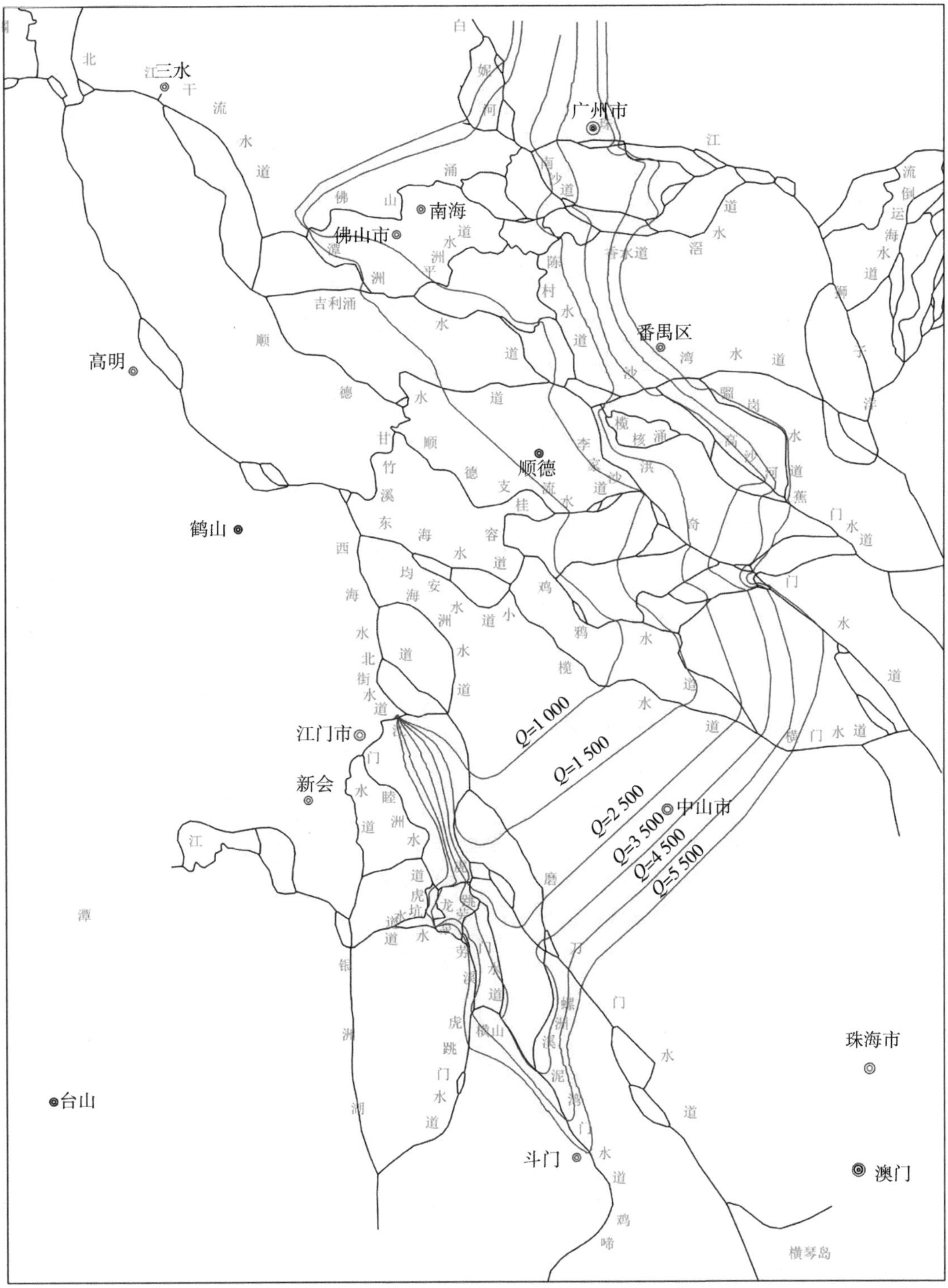

图 7.2-10 1999 年地形下思贤滘咸界变化

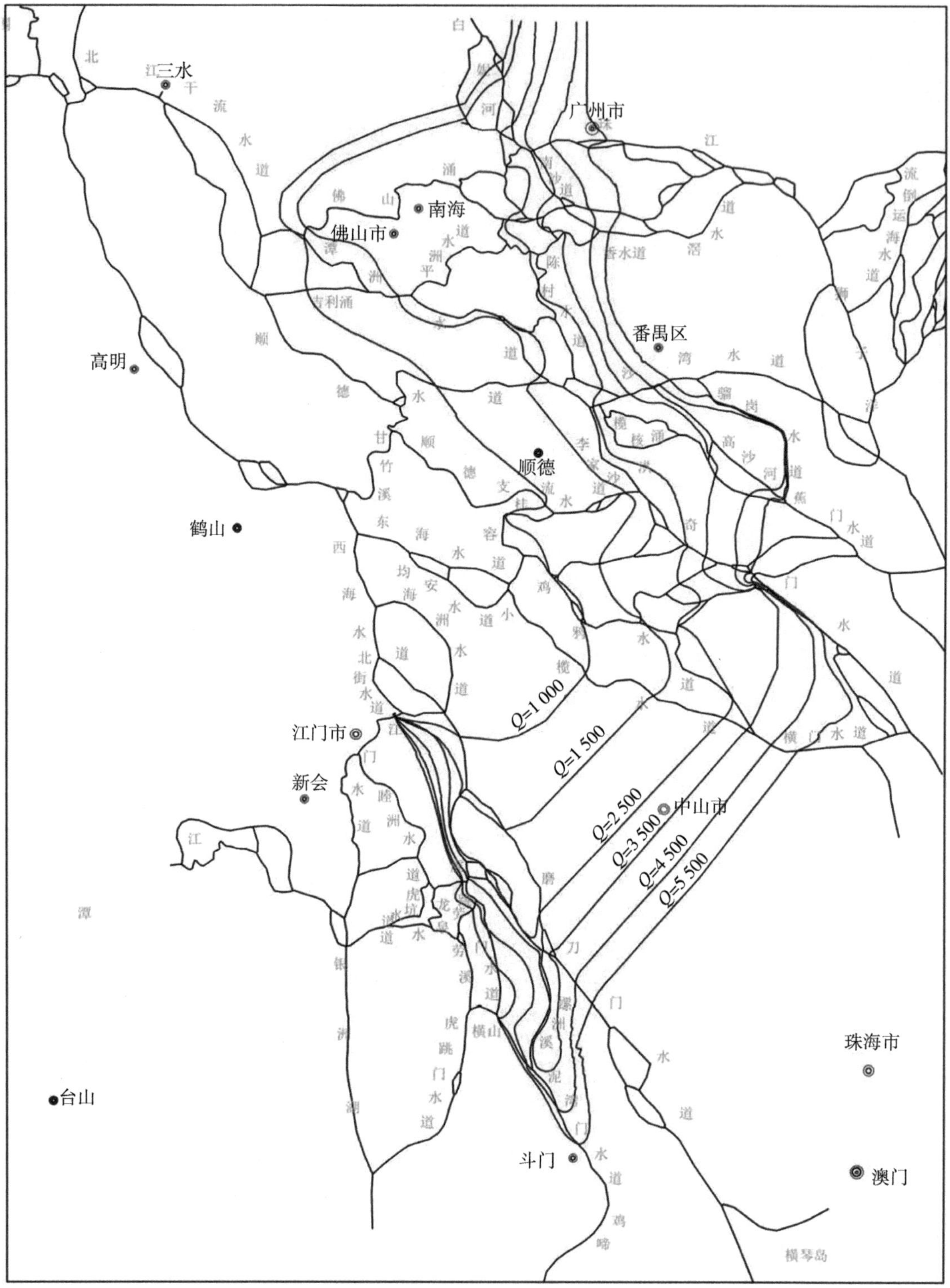

图 7.2–11　2016 年地形下思贤滘咸界变化

年上升速率为 4.0 mm/a，高于同时段全球 3.4 mm/a 的平均水平。过去十几年（2012—2023 年）中国沿海海平面均处于近 40 年来高位。预计未来 30 年中国沿海海平面将上升 70~176 mm。

海平面的年内季节性变化会对珠江口的潮波产生明显影响，进而对河口动力和咸潮上溯产生直接影响，是珠江河口咸潮上溯的一个重要影响因素。海平面上升是一个相对较为缓慢的长期累积过程，对河口咸潮上溯影响的表现同样也是一个较为缓慢的过程，短期内影响效果不明显。

7.2.3.7　人类活动对咸潮的影响

河口和近岸地区人类活动频繁，滩涂围垦、码头、建筑物挤占河道，同时在挖沙和航道开挖等影响下，河道缩窄变深，影响咸潮上溯。

1. 围垦和联围筑闸

滩涂围垦和堤围建设是直接干预网河河床边界的人类活动。珠江三角洲大规模的联围筑闸工程主要在 20 世纪 50—70 年代实施，基于“控支强干、联围并流”，简化河系、缩短防洪堤线的目的，将 2 万多个小围联成 1 022 个大围，联围筑闸使河道水位明显抬高，网河水沙分流比、河床格局等发生变化。

2. 水库建设

水库建设对下游河道的主要作用是调节径流和拦截泥沙，降低洪季的洪峰流量，增大枯季径流量，减小河流输沙量；对河道河床演变的影响主要是增强冲刷、减小淤积的作用。水库的调节作用将改变径流量的年内分布，从而影响咸潮上溯活动。2005 年以来，面对珠江河口日益严重的咸潮，珠江委连续 19 年实施了大规模、远距离跨省（区）调水压咸应急措施，通过上游水利水电枢纽的联合调度加大下泄径流量，经过 1 300 多 km 的调水线路到达珠江三角洲，以缓解灾情，这是人类活动影响咸潮的主要体现之一。

3. 航道建设

珠江三角洲网河区航道工程主要有西江下游出海航道、东平水道航道、广州港出海航道、白坭水道—陈村水道—洪奇沥水道航道、中山港进港航道等。航道工程措施有疏浚、炸礁、建丁坝、切滩、裁弯取直等，这些工程措施的实施使得河道水深加大、河道断面形态调整，航道的顺直布置和较大水深有利于盐水的形成和上溯。

4. 河床采砂

进入 20 世纪 90 年代后大规模河道采砂频繁发生，据统计，21 世纪前后 20 年间，网河区各水道年平均采砂总量为 6 500 万 ~7 000 万 m^3，河床采砂使河床向窄深和滩槽分异加大的方向发展，珠江三角洲网河水道大部分河床的平均水深增大、宽深比减小、滩槽高差增大，深泓高程降低，河床采砂增深并有逐渐贯通的趋向。

总之，河床采砂对河床演变的影响，在总量与速度方面明显超越了其他作用因素，成为最近数十年的主导影响因素，采砂使河床迅速下切成为三角洲网河演变最突出的特征。大量研究结果显示，采砂河床下切是近年来珠江河口咸潮上溯加剧的重要影响因素之一。

7.2.3.8　其他影响因素

其他影响因素还包括近岸海流、余流、风暴潮等，目前国内有关学者开展研究较少，有待今后作进一步的研究。

7.3 咸潮规律及危害

受上文提到的诸多因素影响，珠江河口咸潮运动表现出复杂的规律，并密切影响着大湾区地区的生产生活。以下从珠江河口咸潮活动的基本规律、不同年代咸潮活动特性及咸潮上溯造成的危害等方面展开介绍。

7.3.1 珠江河口咸潮活动基本规律

咸潮上溯有其基本规律，一般而言，在咸潮影响区域内，含氯度的日变化过程与潮位变化过程基本相应，最大、最小含氯度出现在涨、落流附近。在一个太阴日亦有两次高峰、两次低谷。由于珠江三角洲地区属于不规则半日潮，日潮不等现象比较显著。一日内两次高潮所对应的两次最大含氯度及两次低潮所对应的两次最小含氯度各不相同。在半月变化周期内，朔、望大潮含氯度大，上弦、下弦时含氯度小。其中，朔（望）至上弦（下弦）期间为半月不等周期的退波段，日月的引潮力不断减弱，但由于前期河道水体中的含氯度大，网河区含氯度最大值往往出现在这个阶段。从实测资料看，上游断面的最大含氯度往往出现在口门站出现最大含氯度的后一个或半个潮期，咸潮上溯能力最强也出现在这个阶段。

因受潮流和径流影响，珠江口盐度变化过程具有明显的日、半月、季节周期性。网河区咸潮上溯一般是从 9 月开始，翌年 3—4 月退出三角洲，具体影响时间的长短主要取决于上游汛期的迟早。12 月至翌年 2 月咸潮活动最为活跃。近年来，珠江三角洲地区咸潮活动出现了如下特点：咸潮活动越来越频繁，持续时间增加，上溯影响范围越来越大，强度趋势趋于严重。

7.3.1.1 珠江河口区含氯度的变化特征

在河口区，河道水流受海洋潮汐的涨落影响，产生周期性的往复循环运动，因而，含氯度的大小亦随潮汐的涨落规律而变化。实测资料表明，不管是咸区边界还是口门地带，其日变化过程与潮水位变化过程基本相应。在一个太阴日中，亦有两次高峰，两次低谷，因密度坡降的存在，含氯度峰谷出现时间要滞后潮峰谷 1~3 h，并且这个相位差越向上游越大。当潮位涨、退至高、低潮时，含氯度的变化会有一段持平现象，持平时间的长短则视具体河段和当时河段的实际水流及咸度情况而定。含氯度与潮位变化过程的相似性则越近口门越高。

一般地，含氯度的最大值出现在涨憩附近，最小值出现在落憩附近。由于本区内显著的日潮不等现象等因素的影响，一日内两次高潮所对应的两次最大含氯度及两次低潮所对应的两次最小含氯度各不相同。含氯度的日变化与上游集水大小关系极密切。在汛期，上游来水量大，含氯度日变化较小；反之在枯水期，潮汐影响占主导地位，含氯度日变幅则较大。含氯度的峰谷之差越向上游越小，越接近口门，其值越大。含氯度的月、季变化主要取决于雨汛的迟早、上游来水量的大小及台风增减水等因素。一般朔望大潮含氯度较大，上弦、下弦含氯度较小。汛期 4—9 月雨量多，上游来水量大，咸界被压下移，大部分地区咸潮消失。口门地区在秋季 7—9 月，时有台风侵扰致使暴潮涌入网河地区增大含氯度。冬季 10—12 月，因河水流量逐渐减退，出现咸潮，到春季 1—3 月，咸潮最为活跃。

7.3.1.2　伶仃洋水域盐度分布特征

（1）盐度自东南向西北递减。由于伶仃洋西北部为蕉门、洪奇门和横门的口门，其径流量大，强劲的径流自西北向东南下泄扩散，而南海潮流的潮波则由东向西传递，潮流挟带的高盐海水进入伶仃洋后，由于受西部浅滩的阻滞，传递速度变慢，潮流势弱，东部深槽传递速度较快，潮流流势强劲，致使上溯海水自东向西北递减。在南沙港区附近水域涨憩垂线年平均盐度为 1.8 左右，赤湾则为 23.85。

（2）盐度随季节的变化明显。在汛期 6—8 月，因径流量大，故盐度最低，南沙港区附近水域涨憩垂线平均盐度为 0.09，赤湾则为 9.60；在枯季 1—2 月，因径流量最小，故盐度最高南沙岗区附近水域为 1.91，赤湾为 16.89。

（3）盐度具有半日周期和半月周期变化特征。由于盐度随潮位的涨高而增大，又随潮位的退落而减小，其变化趋势和周期与潮位基本一致，因而盐度的变化与伶仃洋的潮位变化相应，亦具有半日周期和半月周期的变化特征。

（4）盐度的垂向变化深槽区大于浅滩区。由于伶仃洋深槽区潮流作用较大，盐度的垂向密度坡降大于水平向密度坡降，其垂向变化显著；西部浅滩区，其径流作用占优势，一般盐度的水平差异大于垂直差异。

7.3.1.3　珠江八大口门的盐水入侵

珠江注入伶仃洋的年平均流量约为 5 663 m^3/s，年径流总量 1 792.6 亿 m^3。由于珠江属于季风影响的河川，流量有明显的季节变化。洪季（4—9 月），径流量大（占年径流总量的 79.18%），潮流界下移，盐水一般仅入侵本区的中北部；枯季（10 月至翌年 3 月）径流量小（占年径流总量的 20.82%），潮流界上溯，咸水可侵入伶仃洋上游各口门以内。由于上游 4 个口门径流大小和潮流强弱不同，各口门咸水入侵存在很大的差异。

（1）虎门。位于伶仃洋之北部，为东江、流溪河、珠江正干及北江沙湾水道之出海口门。由于与伶仃洋喇叭口的深槽区直线相通，潮差较大，潮流强劲。涨潮量占上边界 4 个口门总量的 81.1%，而径流量仅占 23.6%，尤其枯季径流量小，潮流量大，咸水沿虎门上溯可达东江和北江三角洲下游各汊道。常年 8—9 月，虎门可出现盐水，并沿狮子洋上溯，进入东江南支流汊的泗盛围和北江沙湾水道的三沙口，11 月以后进入东江三角洲下游的厚街、朱平沙、大盛及沙湾水道的塘田，12 月以后到达广州的黄埔港。若以常年可出现咸水月份（月平均最大含氯度≥ 1‰）为咸季，则虎门咸季长达 10 个月（8 月至翌年 5 月），最大的月平均含氯度为 5.52‰，历年最大含氯度达 13.6‰。越往上游咸季越短，至黄埔港附近，咸季仍有 3~4 个月（12 月至翌年 2 月、3 月），最大的月平均含氯度在 1‰左右，历年最大含氯度在 5‰以上，黄埔以上的广州前后航道，最大的月平均含氯度在 1‰左右，常年不出现盐水。

（2）蕉门。位于伶仃洋西北端，为北江径流注入伶仃洋的主要通道，径流量大，蕉门口南沙断面径流水量占上边界 4 个口门总量的 35.6%，约为虎门的 1.5 倍。河道与伶仃洋深槽斜交，潮流作用远较虎门为弱。南沙站年平均潮差 1.34 m，平均涨潮量仅占上边界四口门的 12.7%。常年 10 月南沙即出现盐水，咸季长达 7 个月（10 月至翌年 4

月），全年最大的月平均含氯度为3‰。往上游由于径流冲淡，盐度迅速降低，至距河口18 km的灵山，月平均含氯度不及1‰，灵山以上常年不出现盐水，只是大旱年有一定的盐水影响。

（3）洪奇门。位于蕉门口以南，口门沥心沙、蓑衣沙等沙坝鱼贯，河床淤浅，由西北江流入洪奇沥水道的大部分径流经上、下横沥注入蕉门，河口段径流量大减。另外，口门沙堤、浅滩发育，槽沟两侧水深不足1 m，低潮滩脊出露水面，上溯潮流，其势大减。口门附近万倾沙西站年平均潮差仅有1.2 m，平均潮量仅占4个口门的3%。因此，常年咸季只有4个月（12月至翌年3月），最大的月平均含氯度为1.25‰，1955年大旱年盐水可达中山黄圃镇的横档乡，对沿河地区春播有很大影响。

（4）横门。位于伶仃洋西部，为西江东海水道的主要出口，径流量仅次于蕉门而大于虎门和洪奇门，加以出口河道呈东西走向，与伶仃洋深垂直相交，口外沙坝密布，潮流漫滩上溯，力量微弱。横门站年平均潮差仅1.08 m，平均涨潮量占四口门的3.2%。咸季虽有4个月（12月至翌年3月），但最大的月平均含氯度只有0.64‰，盐水入侵影响不大。横门上游的张家边和港口一带，已经无盐水入侵之患。

（5）磨刀门。位于西江干流，其径流量为八大口门之首，无论枯、汛期，咸淡水高度分层，咸水楔活动明显。枯期、高潮时，30的等盐度线在横州口（大横琴右侧）附近；2的等盐度线几乎越过灯笼山断面。大旱年，该断面最大含盐度为17（1965年2月25日）。汛期、涨潮时，除右侧龙屎窟口门（三灶岛左）含盐度接近5外，其余的内海区基本上受淡水径流控制。

（6）鸡啼门。鸡啼门水道口门由于临海最近，因而口门处含盐度较高。黄金站多年涨潮平均盐度为3左右，最大平均盐度为12，大旱年最大盐度超过30（1966年3月7日）。

（7）黄茅海（虎跳门、崖门）。黄茅海是珠江口门中崖门和虎跳门汇合口外的喇叭形海湾。枯季时，崖门水道和虎跳门水道入海径流量锐减，黄茅海河口湾由高盐水团占据，湾内盐度值普遍升高，水体平均盐度大于20，其分布趋势自湾顶向湾口递增；洪季时，因受径流增大的影响，冲淡水充填了河口湾，盐度为0.5的等值线向海后退，表、底层盐度分布趋势自湾顶向湾口呈舌状递增，到达三角山岛附近海区后往东南偏南延伸，前峰已接近大杧岛一带。海区内盐度横向变化是主槽高于两滩。汛期涨潮时，潮水沿深槽上溯，故底部等盐线向上游突出，主槽高于两滩；落潮时，径流从表层下泄入海，等盐度线沿主槽偏东南方向突向下游。枯季，径流骤减，潮流沿主槽上溯很快，而两侧浅滩阻滞咸潮上溯，故主槽盐度高于两滩情况更突出。

7.3.2 珠江河口不同年代咸潮活动特性

随着河口的自然延伸及水利工程的逐步实施，河网区径流、潮汐动力逐渐减弱。20世纪60—80年代，磨刀门、虎门、蕉门、洪奇门、横门的咸潮影响明显减弱，鸡啼门、虎跳门、崖门的咸潮影响略有减弱，咸界逐渐下移。这一时期珠江三角洲受咸潮危害最突出的是农业。珠江三角洲沿海经常受咸害的农田有68万亩，遇大旱年咸害更加严重，如1955年春旱，盐水上溯和内渗，滨海地带受咸面积达138万亩。位于鸡啼门的斗门县，常年受咸达7个多月，严重年份达9个月。

20 世纪 80 年代改革开放之后，随着经济发展和城镇化水平的提高，大幅度的采砂引起河床急剧变化，珠江三角洲纳潮量迅速增大，潮汐动力加强，这种趋势逐渐抵消并超过了由于水利工程和河口自然淤积延伸导致的潮汐动力减弱趋势，咸潮强度逐渐由减弱转为增强。同时，随着珠江三角洲城市化进程的加速发展，受咸潮影响的主要对象逐渐由农业转变为工业和饮水安全。

21 世纪之后，随着用水量的大幅提高，2002—2011 年连续 10 年枯季干旱和地形演变对潮汐动力增强的影响，枯季西北江分流比变化等多重因素影响，咸潮强度急剧增强，咸界明显上移，危害越来越大，其中以生活用水影响最大。珠江三角洲地区 2000 年以后接连发生严重咸潮，导致澳门、珠海、广州、中山等城市供水咸度超标。以磨刀门水道平岗泵站为例，2000—2005 年，平岗泵站咸潮显著增强，其中以 2002—2003 年枯季咸潮最弱，以后枯季咸潮逐渐增强，2005—2006 年枯季平岗泵站含氯度超标达到历史最高值 1 602 h。近年来，磨刀门水道咸潮发生频率进一步增加，严重咸潮入侵次数从 2005 年前的约每 7 年 1 次缩短至 2005 年后的约每 3 年 1 次，出现时间提前至后汛期，主要取水口取淡概率降低，咸界上移趋势明显，影响范围逐步扩大，如 2005—2006 年、2007—2008 年、2009—2010 年、2011—2012 年、2019—2020 年、2022—2023 年枯水期咸潮均上溯至稔益水厂以上，2011—2012 年枯水期甚至上溯至中山古镇水厂以上。

7.3.2.1　20 世纪 90 年代以前咸潮活动特性

珠江河口虎门水道黄埔、磨刀门水道灯笼山、鸡啼门水道黄金、崖门水道黄冲等站资料分析表明，20 世纪 60—80 年代，随着三角洲的联围筑闸和河口的自然延伸，磨刀门、虎门、蕉门、洪奇门、横门的咸潮影响明显减弱，鸡啼门、虎跳门、崖门的咸潮影响略有减弱。表 7.3–1 列出了 20 世纪 90 年代以前 4 个代表站不同时段的盐度，反映出涨潮、落潮的年平均盐度和年最大值除个别年份外都呈下降趋势。

表 7.3–1　20 世纪 90 年代前珠江三角洲口门代表站盐度变化　　单位：PSU

口门	站名	涨潮		落潮		资料年份
		年平均值	年最大值	年平均值	年最大值	
虎门	黄埔（三）	0.90	5.28	0.53	2.34	1959—1968
		0.60	5.77	0.31	2.27	1969—1978
		0.29	4.07	0.03	1.77	1979—1988
磨刀门	灯笼山	0.78	13.11	0.24	6.65	1960—1969
		0.60	14.45	0.06	3.49	1970—1979
		0.20	6.23	0.02	2.13	1980—1988
鸡啼门	黄金	5.08	25.81	1.26	10.83	1965—1974
		3.19	22.43	1.02	12.84	1975—1984
		2.44	20.32	0.86	9.94	1985—1988
崖门	黄冲	1.97	12.79	0.89	7.57	1959—1968
		1.36	12.43	0.42	5.84	1969—1978
		1.37	12.23	0.54	7.95	1979—1988

由表7.3-1可知，从新中国成立后至20世纪80年代，可以分成早、中、晚3个时间段，虎门的黄埔（三）站在90年代以前早期的盐度较大，中期其次，晚期最小，涨潮期间的盐度大于落潮，落潮期间的盐度值约为涨潮期间盐度值的2/3。磨刀门的灯笼山站在90年代以前早期的盐度较大，中期其次，晚期最小，涨潮期间的盐度大于落潮的，落潮期间的盐度值约为涨潮期间的盐度值的1/2。鸡啼门的黄金站在90年代前早期的盐度较大，中期其次，晚期最小，涨潮期间的盐度大于落潮的，落潮期间的盐度值约为涨潮期间的盐度值的2/5。崖门的黄金站在90年代前早期的盐度较大，中期其次，晚期最小，涨潮期间的盐度大于落潮的，落潮期间的盐度值约为涨潮期间的盐度值的3/5。

7.3.2.2　20世纪90年代以后咸潮变化态势

20世纪90年代前，咸潮呈减弱的趋势。20世纪90年代后的近30多年来，珠江三角洲地区咸潮活动出现如下特点：咸潮活动频繁，咸潮持续长，咸潮上溯影响范围大，强度趋于严重。1998—1999年、2003—2006年、2007—2008年、2009—2010年、2011—2012年、2019—2020年、2022—2023年均发生较严重的咸潮上溯。1999年春，虎门水道的咸水线上移到白云区的老鸦岗，农作物受灾严重，咸潮上溯也使得部分水厂的取水口被迫上移，如广州石溪、白鹤洞、西洲3个水厂曾被迫间歇性停产，1999年上溯至全禄水厂，2004年越过全禄水厂，2004年春广州番禺区沙湾水厂取水点咸潮强度及持续时间更是远远超过历年同期水平，横沥水道以南则全受咸潮影响。2005年以来，磨刀门水道严重咸潮频发，约每3年1次，如2005—2006年、2007—2008年、2009—2010年、2011—2012年、2019—2020年、2022—2023年枯水期咸潮均上溯至稔益水厂以上，2011—2012年枯水期最大咸界甚至到达古镇水厂（距口门石栏洲71 km），而平岗泵站的盐度超标时数更是高达1 800 h（5 d）。

根据平岗泵站和广昌泵站枯水期（一般为10月至翌年3月）逐日盐度、超标时段等资料进行统计，结果如表7.3-2~表7.3-4所示。数据显示，进入21世纪之后的磨刀门水道咸潮入侵情况十分突出，主要体现为持续时间长，盐度浓度高。上游平岗泵站自1988年有记录以来，仅有2002—2003年枯水期基本不受咸潮入侵影响，其他年份均存在不同程度的盐度超标过程，其中2005—2006年枯水期盐度超标最严重，整个枯水期超标跨度近5个月（9月末至翌年2月底），记录到1 582 h的超标时段，折合超标时间近60多d，将近2个月，2006年12月18日日均盐度达到4 612 mg/L，约为标准值的18倍。中游广昌泵站受咸潮入侵影响更为严重，自2001年有记录以来每年均出现超标时段，且超标时间几乎横跨整个枯水期，即使是咸潮入侵最轻的2002—2003年，广昌泵站记录超标时间跨度仍近4个月（11月中旬至翌年3月中旬），2006年12月17日日均盐度达7 200 mg/L，约为标准值的28倍。综合平岗、广昌泵站日均盐度序列数据情况可知，进入21世纪后，每逢枯水期，咸潮入侵范围几乎影响整个磨刀门水道，并且影响时间跨度大，整个枯水期大部分时间磨刀门广昌泵站以下均为咸潮控制区。如此大规模的盐水入侵严重影响了河道取水作业，使江门、中山、澳门等多个城市、地区面临长时间缺水的困境，对城市运行的潜在威胁巨大。

根据磨刀门水道平岗泵站2000—2012年10多年枯水期盐度超标时数统计数据（见表7.3-4），可以看出平岗泵站取水口受磨刀门咸潮影响的程度随年份呈显著增加之势，

2000—2002 年枯水期超标时数不超过 250 h（约 10 d），2003—2005 年超过 700 h（接近 30 d），2005—2006 年枯水期高达 1 500 h 以上（约 63 d），2009—2010 年及 2011—2012 年枯水期突破 1 800 h（75 d）。此外，磨刀门水道盐水入侵发生时间明显前移，由表 7.3-4 可以看出，2004 年以前平岗泵站枯水期超标时段主要集中在 12 月至翌年 3 月，此后超标时段明显前移，主要集中在 11 月至翌年 2 月，尤其是 2009—2010 年和 2011—2012 年枯水期超标时段前移最突出，仅在 10 月份就分别统计到超过 300 h 和 100 h 的超标历时，盐度超标时间提前将近 2 个月。

表 7.3-2　磨刀门水道平岗泵站盐度监测情况

年份	超标开始时间	超标结束时间	最大值出现时间	
			出现时间	最高值 /（mg/L）
1998—1999	12 月 12 日	4 月 11 日	3 月 14 日	3 155
1999—2000	1 月 30 日	3 月 4 日	2 月 2 日	2 179
2000—2001	12 月 7 日	2 月 18 日	1 月 6 日	571
2001—2002	1 月 23 日	1 月 28 日	1 月 25 日	1 201
2002—2003				
2003—2004	12 月 5 日	3 月 31 日	2 月 4 日	2 103
2004—2005	12 月 7 日	3 月 19 日	1 月 9 日	2 065
2005—2006	9 月 25 日	2 月 28 日	1 月 27 日	4 308
2006—2007	11 月 3 日	2 月 17 日	12 月 18 日	4 612
2007—2008	11 月 4 日	2 月 18 日	12 月 8 日	3 173
2008—2009	12 月 23 日	2 月 21 日	12 月 24 日	636
2009—2010	9 月 29 日	2 月 25 日	12 月 29 日	2 880
2010—2011	11 月 18 日	2 月 20 日	2 月 16 日	2 752

表 7.3–3 磨刀门水道广昌泵站盐度监测情况

年份	超标开始时间	超标结束时间	最大值出现时间	
			出现时间	最高值 /（mg/L）
2001—2002	12 月 12 日	4 月 11 日	3 月 14 日	3 155
2002—2003	1 月 30 日	3 月 4 日	2 月 2 日	2 179
2003—2004	12 月 7 日	2 月 18 日	1 月 6 日	571
2004—2005	1 月 23 日	1 月 28 日	1 月 25 日	1 201
2005—2006①				
2006—2007	12 月 5 日	3 月 31 日	2 月 4 日	2 103
2007—2008	12 月 7 日	3 月 19 日	1 月 9 日	2 065
2008—2009	9 月 25 日	2 月 28 日	1 月 27 日	4 308
2009—2010	11 月 3 日	2 月 17 日	12 月 18 日	4 612
2010—2011	11 月 4 日	2 月 18 日	12 月 8 日	3 173

注：①该枯水期本书收集到记录数据仅到 12 月。

表 7.3–4 磨刀门水道平岗泵站盐度超标时段情况

年份	超标总历时 / h	10 月	11 月	12 月	1 月	2 月	3 月
1998—1999	670	0	0	158	158	116	238
1999—2000	391	0	0	5	81	205	100
2000—2001	220	0	0	46	90	84	0
2001—2002	140	0	0	5	121	14	0
2002—2003	1	0	0	0	0	1	0
2003—2004	767	0	0	131	307	214	115
2004—2005	704	0	5	219	349	88	43
2005—2006	1 582	4	133	471	472	502	0
2006—2007	732	0	89	281	257	105	0
2007—2008	1 242	0	355	342	388	157	0
2008—2009	227	0	0	49	93	85	0
2009—2010	1 433	303	341	426	210	152	1
2010—2011	722	0	102	127	229	264	0
2011—2012	1 851	127	221	523	352	408	220

根据磨刀门水道 2000—2012 年咸潮上溯距离最小平均值、平均值、最大平均值和年最大值统计资料（见表 7.3–5 和图 7.3–1），发现近年来咸潮上溯距离呈现波动上升趋势。2000—2003 年，咸潮上溯距离有减小的趋势，并在 2002—2003 年期间上溯距离达到最小，年最大上溯距离仅为 20.2 km，几乎没有影响到河道取水。但此后，咸潮上溯距离有不断增加的趋势，在 2005 年，年最大上溯距离突破 60 km，咸界越过了中山市的稔益水厂，此后年最大咸潮上溯均超过 50 km，2009 年以来，上溯距离均超过 60 km，2011—2012 年咸潮上溯距离突破 70 km，最大咸界已达中山市的古镇水厂。

表 7.3–5　近年来磨刀门水道咸潮上溯距离变化特征

年份	咸潮上溯距离 / km			
	最小平均值	平均值	最大平均值	年最大值
2000—2001	18.5	20.9	23.3	43.5
2001—2002	17.5	18.1	19.1	42.3
2002—2003	14.7	15.7	17.0	20.2
2003—2004	23.3	25.7	29.8	52.7
2004—2005	24.5	27.2	32.0	55.5
2005—2006	30.3	34.9	42.7	61.2
2006—2007	23.1	29.0	34.1	54.3
2007—2008	28.0	33.6	41.0	56.5
2008—2009	19.3	22.8	25.4	50.2
2009—2010	30.6	35.6	43.8	62.7
2010—2011	23.3	29.0	34.7	64.6
2011—2012	30.3	36.3	44.3	72.3

图 7.3–2 为联石湾水闸、马角水闸、全禄水厂和稔益水厂 4 处取水口 2005 年以来的枯水期超标时数和取淡概率统计情况。由图 7.3–2 可知，2009—2010 年、2011—2012 年、2022—2023 年枯水期是 2005 年以来咸潮相对严重年份，各取水口出现氯化物含量超标时间早、时数长，取淡概率低。下游的联石湾水闸和马角水闸取水口咸潮规律基本一致，2022—2023 年枯水期为最严重年份，超标时数分别为 3 208 h、3 059 h，取淡概率分别为 11%、16%；2009—2010 年枯水期为第二严重年份，超标时数分别为 2 950 h、2 763 h，取淡概率分别为 19%、24%。中游的全禄水厂取水口 2022—2023 年枯水期为咸潮最严重年份，超标时数为 847 h，取淡概率为 77%；2011—2012 年枯水期为咸潮第二严重年份，超标时数为 695 h，取淡概率为 81%。下游的稔益水厂取水口 2011—2012 年枯水期为咸潮最严重年份，超标时数为 221 h，取淡概率为 94%；2022—2023 年枯水期为咸潮第二严重年份，超标时数为 119 h，取淡概率为 97%。受上游来水和下游潮汐等影响，磨刀

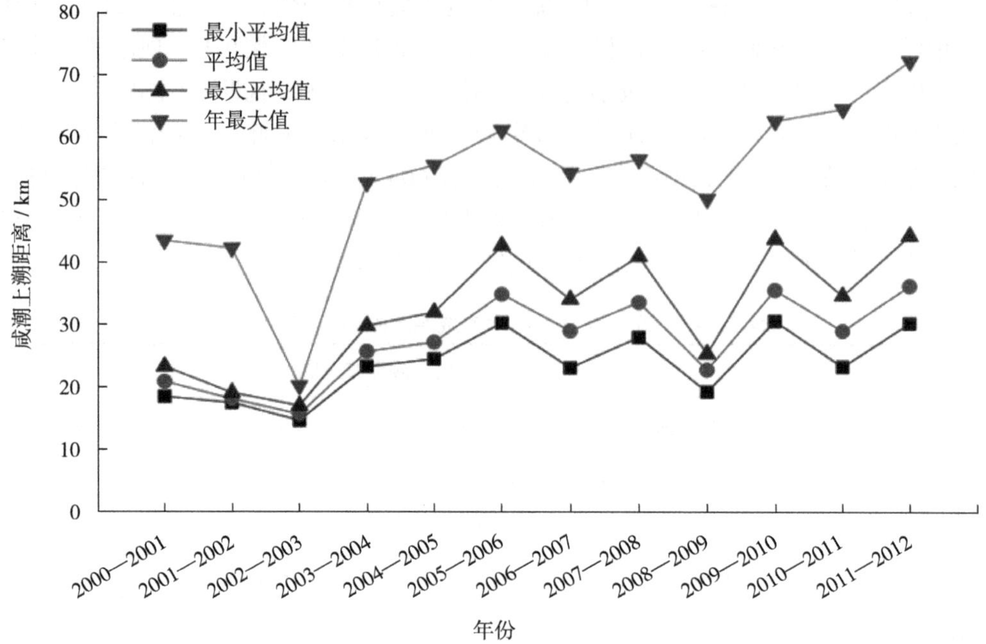

图 7.3-1　近年来磨刀门水道咸潮上溯距离分布

门水道咸潮在年际间有所不同，2005 年以来影响程度总体呈现波动上升到波动下降再到波动上升的规律，基本以 2011 年为由强转弱分界点，以 2018 年为由弱转强分界点。其中，2015—2016 年枯水期为 2005 年以来咸潮最弱年份。

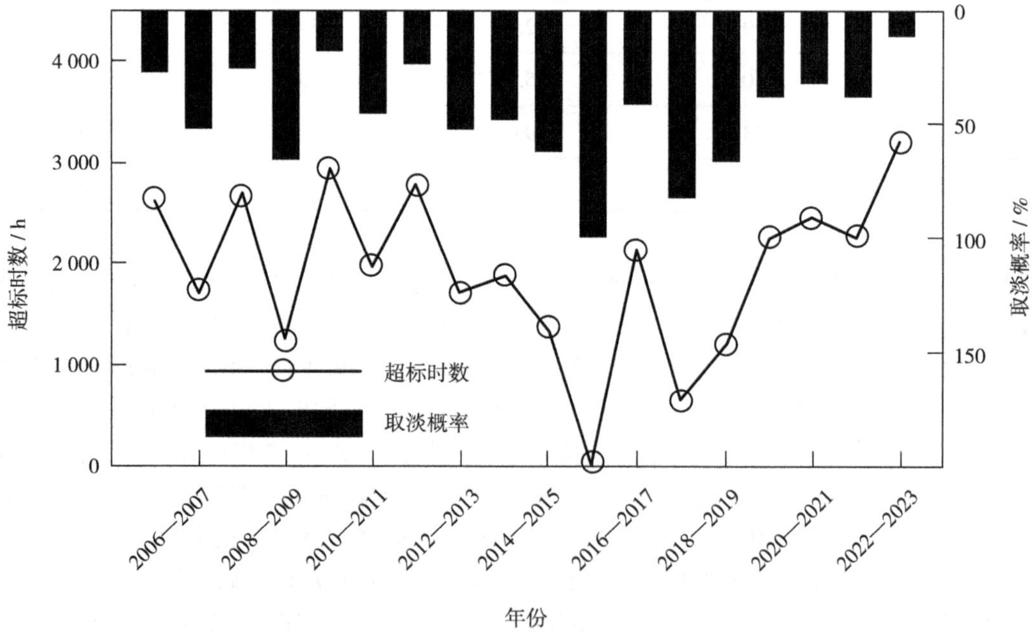

（a）联石湾水闸

图 7.3-2　历年氯化物含量超标情况及取淡概率

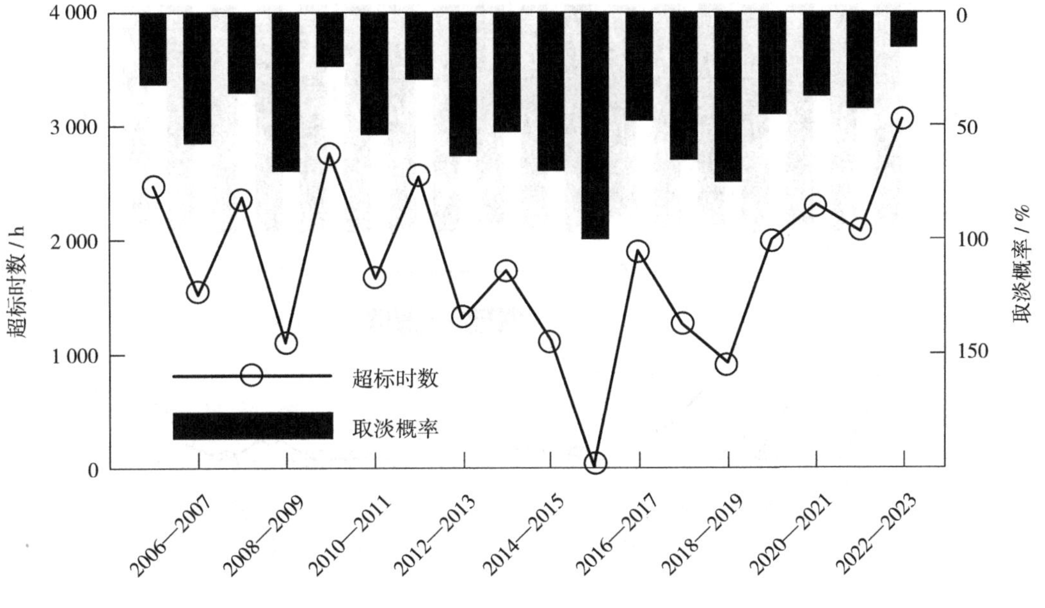

（b）马角水闸

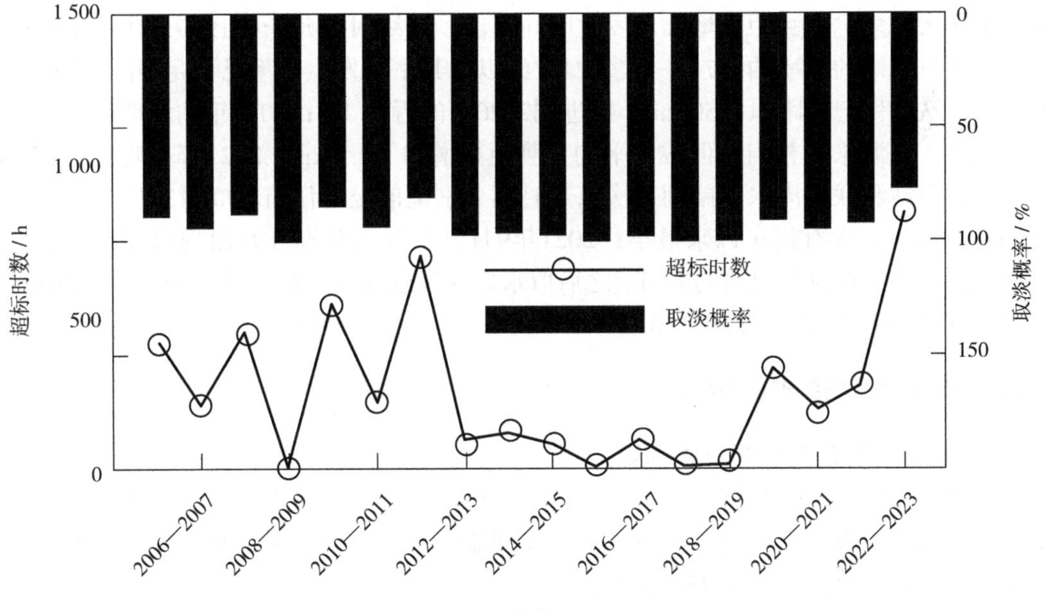

（c）全禄水厂

续图 7.3-2

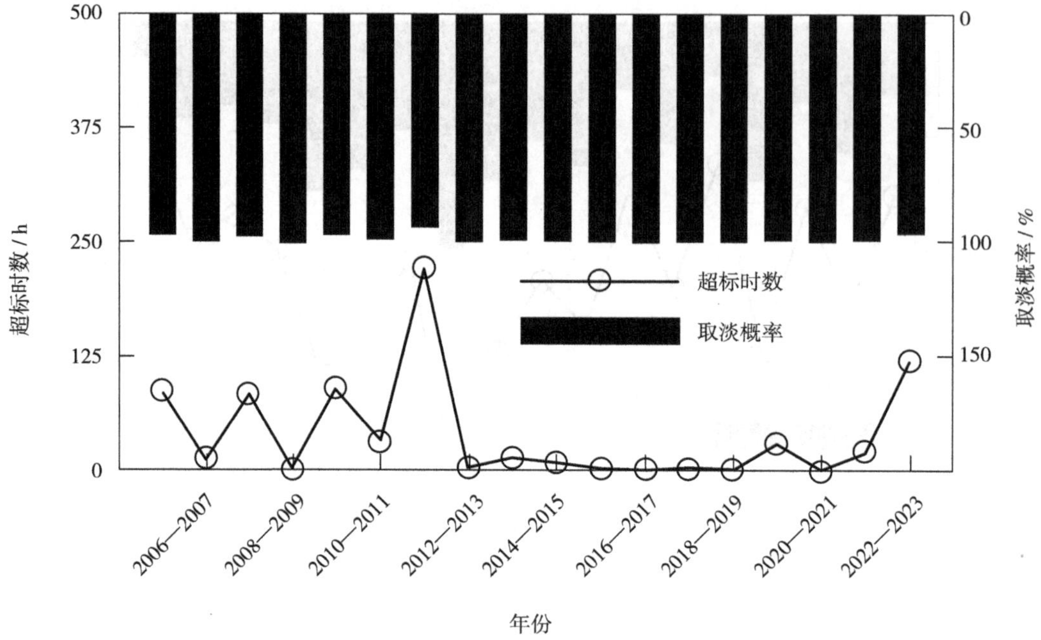

（d）稔益水厂

续图 7.3-2

近年来，珠江河口面临上游来水持续偏枯、河道长期处于下切态势、重要口门拦门沙严重萎缩、海平面持续上升等不利局面，珠江河口咸潮上溯呈增强趋势，珠江河口咸潮发生频次增多、上溯距离增加、发生时间提前、持续时间延长。1949—1999年珠江河口发生严重咸潮的频率约为7年一次，21世纪以来其平均发生频率已不足3年一次；咸潮上溯距离从20世纪的距口门50 km，推进到2020年的近70 km；2020年枯水期和2009年枯水期相比，上游来水相当，但咸潮平均上溯距离增加了4.5 km。2021年珠澳供水系统取水口广昌泵站和联石湾水闸咸潮首次出现时间分别提前至6月21日和8月3日（一般为9月或10月上旬），为有记录以来最早；2021年9月，东江三角洲开始出现咸潮，较有记录以来咸潮最早出现时间提前约90 d，之后取水口含氯度连续突破历史极值，直至2022年3月才有所缓解，持续时间接近180 d。

7.3.3 咸潮上溯造成的危害

7.3.3.1 咸潮对珠江三角洲供水的影响

咸潮是沿海地区一种特有的季候性自然现象。如果上游来水水量少，江河水位低，由此导致沿海地区海水通过河流或其他渠道倒流到内河就会引起咸潮，其主要指标是内河水体的含氯度达到或超过 250 mg/L。

根据《生活饮用水水源水质标准》（CJ/T 3020—1993），无论一级或二级生活饮用水，氯化物含量均应小于 250 mg/L。当河道水体含氯度超过 250 mg/L 时，就不能满足供水水质标准。因为饮用水中的盐度过高，就会对人体造成危害。含氯度超过 250 mg/L，老年人、高血压、心脏病、糖尿病等特殊人群不能饮用；盐度超过 400 mg/L，则不适合人类饮用。

近年来情况表明，咸潮影响强度越来越大，影响时段越来越长，其中对珠海的影响最为严重。1998 年 10 月—1999 年 4 月，珠海市居民有相当长时间用的是“带咸味”的自来水。1999 年春，虎门水道的咸水线上移到白云区的老鸦岗，农作物受灾严重，咸潮上溯也使得部分水厂的取水口被迫上移，如广州市的石溪、白鹤洞、西洲 3 水厂曾被迫间歇性停产，西洲水厂的取水口因此也上移至浏渥洲。自 2003 年 10 月以来，咸潮影响比以往更为严重。以磨刀门水道为水源的各水厂出水中的含氯度经常高达 800 mg/L。2004 年春，广州番禺区沙湾水厂取水点咸潮强度及持续时间更是远远超过历年同期水平，横沥水道以南全部受咸潮影响，在东江北干流，咸潮前锋（250 mg/L）已靠近新建的浏渥洲取水口，2004 年 10 月 28 日，浏渥洲含氯度已达 330 mg/L，咸潮比 2003 年同期提前 15 d 出现。珠海与澳门则长期受咸潮影响的困扰，特别是担负珠海、澳门主要供水任务的挂定角引水闸、洪湾泵站、广昌泵站等取水工程，因受咸潮影响，2004 年 2 月，珠海市主要泵站之一的广昌泵站泵机曾连续 29 d 无法开动，珠海市和澳门多数地区只能低压供水，且供水含氯度标准提高到 400 mg/L，澳门的个别时期含氯度甚至提高到 800 mg/L；三灶、横琴地区的供水水源主要靠平岗泵站、洪湾泵站及部分小型水库。虽供水自成体系，但自身调剂能力不足，横琴岛及三灶地区 40 多 d 无水供应。广州石溪水厂停产 225 h，影响水量 237 万 m^3，番禺沙湾水厂取水点咸潮强度及持续时间更是远超历年同期水平。

2004 年 12 月至 2005 年 1 月 27 日，珠海（包括澳门地区）连续 32 d 无法正常取水，珠海的蓄水水库仅存 1 500 万 m^3，而且其中 700 万 m^3 蓄水的含氯度高达 500 mg/L，超生活饮用水水质标准 1 倍；澳门地区个别时期甚至将供水水质的含氯度标准提到 800 mg/L，超生活饮用水水质标准 2.2 倍；珠海面临春节期间断水的威胁，严重影响澳门特别行政区和珠海市的居民生活与社会安定。

2005 年枯水期珠江流域上游来水继续偏少，咸潮相比之前活动更强，且比往年同期提前 15 d 出现。2005 年 1 月 9—12 日，正值大潮期间，咸潮上溯直抵广州西村水厂。2005 年 1 月 11 日，广州沙湾水道三沙口氯化物含量达 8 750 mg/L，是生活饮用水标准的 35 倍，造成部分地区间歇性停水，严重影响了正常的生产和生活秩序，部分群众已对咸潮感到恐慌。2005 年 11 月 26 日至 2006 年 1 月 15 日，珠海（澳门）已经累计无法正常取水达 48 d。12 月 30 日，磨刀门水道广昌泵站的含氯度达 10 000 mg/L、联石湾水闸含氯度达 7 130 mg/L，是国家标准的 40 倍、28.5 倍，成为有记录以来最严重的情况，春节期间珠海（澳门）将面临断水的威胁。

不断上移的咸界线对珠江三角洲供水产生严重影响。2005—2006 年枯水期，咸潮影响范围扩大到广州、东莞、中山的大部分地区，甚至佛山的南海区也受到影响，区域影响人口近 1 500 万人，并已严重影响澳门特别行政区和珠海市的市民生活与社会安定。为保障澳门、珠海及珠江三角洲地区供水安全，2005 年以后，珠江防总连续实施了流域枯水期水量调度。通过对西北江上游龙滩、百色、飞来峡等大型水库的精细调度，咸潮对供水影响得到有效缓解。但珠海、中山等地的供水还是受到一定程度咸潮的影响。如 2011—2012 年枯季，磨刀门水道主要取水口总体的超标时数、超标天数、连续不可取水天数等指标仍是 2004 年冬以来最大。2019—2020 年枯水期，中山市共遭遇 10 轮咸潮袭击，且咸潮形势为近 10 年以来最为严峻的，全市供水水厂 46% 的供水能力受到影响，威胁中山市供水安全。2020 年 12 月，西江梧州站和北江石角站平均流量之和为 3 580 m^3/s，咸界上溯至中山市的全禄水厂，平岗泵站连续 5 d 不可取水，平均取淡概率仅有 46%，比历史同等流量的取淡概率减小 20%。2021 年东江新丰江、枫树坝、白盆珠三大水库蓄水量比多年同期减少八成，博罗断面来水总量低于 1963 年的历史最枯值，东江三角洲发生严重咸潮，东莞市各主力水厂累计停止取水约 1 610 h，且各水厂含氯度日最大值屡创历史新高，约 400 万人口正常取用水受到严重威胁；广州东部水厂取水口含氯度超标，影响了增城、黄埔与天河等区域供水安全。

咸潮还会造成地下水和土壤内的盐度升高，给农业生产带来严重影响，危害当地的植物生存，我国规定在水稻育秧期，灌溉水中要求氯化物含量应低于 600 mg/L。受高含氯度水体的影响，广州市番禺区 2004 年全区旱稻面积计划完成 6.5 万亩，同比减少 2.1 万亩，近 1/3 的稻田无法下插；计划完成甘蔗面积 5.2 万亩，同比减少 0.1 万亩；计划完成常年蔬菜面积 11 万亩，同比减少 1.8 万亩。2009 年 2 月，咸潮导致江门 10 000 亩农田受损；2009 年 11 月，咸潮导致珠江河口地区农作物产量减半；2011 年 12 月，咸潮导致珠江河口地区农作物产量锐减。

7.3.3.2 咸潮对珠江河口地区生态环境的影响

咸潮上溯严重影响河口地区水体中营养盐的浓度与分布，间接影响该区域的生态环境。中国科学院南海海洋研究所等研究单位在 2005 年年初的咸潮期间，在广州市区河段至伶仃洋的珠江主航道上共设置了 17 个站进行取样分析。结果表明，咸潮上溯使入海河段的盐度大幅提升，下游河段的硝化过程被很大程度地抑制，硝酸盐、亚硝酸盐和铵盐含量仅表现为随入海方向逐步稀释，与历史资料相比差异明显。从营养盐含量来看，与 2004 年的数据对比显示无机氮和硅酸盐有较大程度的下降，磷酸盐含量则有一定程度的上升，N/P 值显著下降；N/Si 值则升高为原来的 2~4 倍，市区河段更高。水体中营养盐结构变化显著。溶解氧含量增加，表观耗氧量降低，其平衡点上移了 18 km；受输入减少及咸潮稀释等作用的影响，广州下游入海河段的 COD 含量有一定程度的下降，但严重污染的广州市区河段水体中的 COD 含量仍保持在很高的水平，存在明显的贫氧现象。

7.4 咸潮研究现状及治理

7.4.1 咸潮研究现状

珠江三角洲及河口地区人口密集，产业集中，是国家重要战略——粤港澳大湾区的重要载体，区域发展要求高，取水量大。近年来，咸潮入侵使珠江三角洲及河口咸界位置不断向上延伸，对中山、珠海、澳门等城市供水安全产生影响。严重的咸潮灾害极大地影响了河口地区正常的供水秩序，因此研究咸潮的变化规律及其成因，对咸潮的应对与预报有重要的现实意义。国内对河口的研究起步较晚，直到 20 世纪 80 年代才进入河口研究的兴盛时期，珠江河口咸潮上溯研究集中于近期。

受气候变化和人类活动影响双重胁迫，珠江咸潮上溯近年来呈现出新的特征。随着原型资料的不断积累、技术手段的不断完善，专家学者对咸潮的研究也不断地深入。本章通过搜集近几年的研究成果，从咸潮上溯变化趋势、影响因素、咸潮运动规律及其输运机理、预测预报、治理思路和方案等方面展开介绍，可为对咸潮近期变化规律的认识提供参考。

7.4.1.1　咸潮上溯变化趋势研究

随着原型观测资料的不断积累，用于分析咸潮的实测资料得以延长，专家学者通过统计分析等方法对近期珠江咸潮上溯的变化趋势开展了更进一步研究，相关研究成果显示，珠江咸潮的变化有了新的特征，主要表现为咸潮上溯形势更加严峻。

王艺霖等（2019）采用 1998—2015 年磨刀门水道资料统计发现，磨刀门水道枯水期咸潮上溯活动表现出两阶段的变化特征，以 2004—2005 年枯水期为分界点，第一阶段的咸度超标时数呈现出先下降后上升的“V”形变化特征，第二阶段则总体表现为下降趋势，咸潮高超标时数主要集中在每年 12 月至翌年 2 月，且变化趋势与年际变化趋势基本一致，引起第一阶段咸度超标时数“V”形变化的主要原因是自然因素（降水）的影响，而第二阶段咸度超标时数整体呈下降趋势的原因除自然因素外，还包括调水压咸等人为活动的干扰。

庞远宇（2021）利用磨刀门水道 2005—2020 年的资料研究了磨刀门水道近 15 年来的枯水期咸界线变化规律，发现 2009—2010 年枯水期是最近 15 年咸潮影响最大的一年，平均咸界上溯距离最远，为 24.18 km（距口门）；2015—2016 年枯水期是最近 15 年咸潮影响最小的一年，咸潮影响主要在河口附近，平均咸界为 0.31 km。通过对比 2005—2006 年、2011—2012 年枯期上游思贤滘断面径流、三水（二）与马口断面枯期分流比与咸界线对应关系发现，在来流量明显增加情况下，2011—2012 年磨刀门咸潮影响程度反而较 2005—2006 年大，说明珠江三角洲咸界有上移的趋势。

位帅等（2024）基于统计分析方法，分析了 2005 年以来至 2023 年的珠江河口磨刀门水道不同时间尺度咸潮演变规律及枯水期咸界发展趋势，并采用创新趋势分析法对咸界变化的主要影响因子发展趋势进行了检验。结果表明，近年来磨刀门水道咸潮发生频率增加，严重咸潮入侵次数从约每 7 年 1 次缩短至约每 3 年 1 次，出现时间提前至后汛期，主要取水口取淡概率降低，咸界上移趋势明显，影响范围逐步扩大。咸界变化主要影响因子马口分流比和海平面变化分别呈现超过 10% 的显著下降和上升趋势，思贤滘同等来水条件下，马口分流比变化趋势受枯水期影响较大。

受气候变化和人类活动双重影响，珠江河口咸潮上溯日趋严峻。珠江河口咸潮影响范围已由西江下游磨刀门水道拓展至东江三角洲，2021—2022 年枯水期东江三角洲发生历史上最严重咸潮灾害，影响东莞、广州两地约 800 万人的供水安全。近几年东江三角洲咸潮研究也涌现热潮。

7.4.1.2　咸潮上溯影响因素研究

咸潮上溯影响因素一直是专家学者研究的热点，以往针对单一或少数要素（潮汐、径流等）进行研究较为常见，近几年除单一要素研究不断深入外，不同因素混合影响及其归因分析研究也逐渐增多。

王艺霖等（2019）采用 Spearman 秩相关分析识别流量、海平面、平均潮差、最高潮位、最低潮位以及降水量等因素与咸度超标时数之间的相关性，利用主成分分析确定各因素对咸潮上溯活动变化的贡献程度，指出流量、海平面和最低潮位是影响磨刀门水道1998—2015年咸潮变化的主要因素，而平均潮差和最高潮位与咸潮变化的相关性较低，人为的调水压咸活动是导致海平面与咸度超标时数的相关关系（负相关）与理论结果不一致的原因。刘忠辉、宏波（2019）利用三维水动力模型EFDC对珠江河口及其邻近海域的水动力过程进行模拟，模拟结果发现，海平面上升会加剧珠江河口东四口门的盐水入侵，且不同口门对海平面上升的敏感度不同。海平面上升1.0 m时，虎门、蕉门、洪奇门、横门盐水入侵长度将分别增加21.37 km、9.64 km、9.75 km、4.82 km左右。通过把东四口门上游区域各主要支流在不同海平面上升幅度下的平均盐水入侵长度和对应海平面上升幅度进行线性回归，得到了可靠的线性回归直线。朱泽文、刘丙军（2021）利用实测水深、河流岸线数据及NOAA海岸线数据，构建了基于FVCOM磨刀门盐水入侵数值模型，研究了拦门沙河床演变对河口地区咸潮上溯的影响。模拟结果显示拦门沙每深1.5 m，距离河口15 km内平均含氯度约增加600 mg/L，上溯距离约增加1 km；距离河口23 km内平均含氯度约增加252 mg/L，上溯距离约增加500 m；对距离河口25 km以外地区影响较小，可忽略。

黄春华等（2023）利用EOF分析、相关性分析以及一元和多元线性回归分析等方法，研究了2004—2016年磨刀门河口枯季咸潮上溯变化特征及主控因素，量化各影响因素的作用大小。研究表明，对磨刀门咸潮上溯贡献最大的是潮差，其次是径流，两者分别能解释超标时间日变化的30%和28%，风的作用略大于平均海平面，两者对咸潮上溯的贡献分别为12%和11%，其中跨岸风作用略大于沿岸风作用。磨刀门咸潮峰值出现在小潮潮差最小后的3.2 d，而高要站流量增大，1.8 d后才能抑制磨刀门河口咸情。杨芳等（2023）基于2009—2022年东江三角洲各水厂含氯度数据，利用交叉小波和小波相干分析识别了咸潮上溯与径流、潮汐、外海含氯度及海平面波动等影响因素间的相位关系与共变周期，揭示了极端干旱条件下东江三角洲咸潮上溯的主控因素及含氯度峰值交替变化的原因。研究发现，2021—2022年枯水期东江三角洲咸潮上溯主要影响因素为潮汐与伶仃洋湾内含氯度，其次为外海海平面波动，三种因素对东江三角洲咸潮上溯影响的时间尺度相互交织。5~9 d的周期变化主要受外海海平面波动影响；14.8 d的周期变化主要由大小潮及伶仃洋湾内含氯度控制；28~32 d的周期变化主要影响因素为伶仃洋湾内含氯度。东江三角洲含氯度峰值交替变化的原因主要为伶仃洋湾内含氯度与潮汐间存在相位差，并叠加外海海平面波动上升的影响。

靳高阳等（2024）采用1999年和2016年水下地形资料，通过建立一维非恒定流含氯度数学模型，计算分析了河床变化及其与咸潮上溯关系。研究发现1999—2016年，西北江三角洲网河区河床处于不均匀下切状态，河道容积持续增大，导致河口涨落潮阻力减小，高盐水团沿河口上溯更为简单，咸潮上溯情势日益严峻；各口门站的涨潮量增加，咸界上移取淡概率降低，思贤滘不同来流条件下，磨刀门水道咸界平均上移3 735 m，平岗泵站的取淡概率平均减少5.33%，沙湾水道咸界平均上移2 369 m，沙湾第一水厂取淡概率平均减少5.14%，严重影响河口地区的生态系统以及正常取水需求。林中源等（2024）采用磨刀门拦门沙地形变化前后的2005年和2020年实测地形资料，通过

FVCOM 三维数值模型，对比分析了咸潮上溯对河口拦门沙地形变化的响应，并探讨了拦门沙萎缩对盐分输运的影响机制。研究发现，拦门沙萎缩后导致磨刀门水道各取水口表、底层盐度差增大，水体层化程度增强，下游至上游层化增强程度逐渐减小，广昌泵站势能异常最大值增大 25.2 J/m^3，马角水闸、平岗泵站、竹洲头泵站依次增大 8.3 J/m^3、2.9 J/m^3、0.2 J/m^3。拦门沙萎缩后未改变磨刀门水道咸潮上溯规律，半月潮周期盐度峰值依然出现在小潮后的中潮期。但拦门沙对咸潮上溯有较大阻碍作用，底层 15 PSU 等盐线最大上溯距离向陆推进 5.1 km，对于取水更为重要的表层 0.5 PSU 等盐线最大上溯距离向陆推进 2.9 km。稳定剪切盐通量显著增大是拦门沙萎缩后咸潮上溯加剧的主要原因，并叠加潮汐震荡盐通量增大的影响。

7.4.1.3　咸潮运动规律 / 输运机制研究

学者通过各类方法探究珠江河口咸潮上溯的现象和机制，并取得了大量有意义的研究成果，总体而言，伶仃洋及磨刀门两大区域为研究重点。

肖莞生等（2010）以河口区物质平衡原理为基础，应用物质输运机制对珠江三角洲河口区盐度净输运进行分析，对比各动力因子对盐度净输运贡献的大小。结果显示，珠江三角洲各河口盐淡水混合以缓混合型为主，分层系数均在 0.01~10；盐度净输运主要是由斯托克斯输运和平均流输运控制，潮抽吸作用也不容忽视，其中斯托克斯输运是导致咸潮上溯的最主要动力因素；珠江三角洲各口门径潮流情况及动力条件各有不同，除黄金站和挂定角 V6 站外，盐度输运以向上游为主，咸潮上溯明显。

包芸等（2011）的研究显示，通过珠江河口磨刀门水道中盐度和流速的垂向精细观测，第一次证实了磨刀门水道中盐水楔存在垂向间断和连续分布的典型结构，并发现盐水楔的结构与河口潮涨潮落的流动紧密相关联。小潮与大潮时的盐水都是高度成层的，但盐水楔垂向结构不同。小潮期间盐水楔长时间存在有垂向间断面的结构，流动基本上为两层流，出现较长时间的上层落、下层涨的流动现象，且盐水的上溯能力强。大潮期间盐水楔有明显的进退，但涨潮时和落潮时的盐水楔结构完全不同。涨潮时盐水楔呈现垂向盐度有间断面的结构，下层高盐水区涨潮流速大于上层流速；落潮转流出现时盐度的垂向间断面溃灭，盐水楔呈现垂向盐度连续变化的结构，对应落潮流速为表层流速大、底层流速小，流速的垂向变化是连续的。大潮盐水楔结构变化明显，但盐水上溯能力较弱。

胡溪等（2012）根据 2003—2008 年枯水期含氯度实测资料研究了珠江口磨刀门水道咸水入侵规律。研究显示，磨刀门水道含氯度变化周期为 15 d，主要由大、中、小潮组成的 15 d 潮汛周期所控制，而每个周期内含氯度变化幅度则受上游径流大小影响；提出咸潮入侵系数 K 的概念，它可反映周期内平均径流和平均含氯度响应关系，当 K 小于 0.2 时，表示咸潮入侵程度小，不影响取水口取水，当 K 大于 0.5 时，咸潮入侵严重，K 为 0.2 和 0.5，对应上游径流的临界流量分别为 2 450 m^3/s 和 1 930 m^3/s。方神光等（2015）采用 2009 年 12 月 10—25 日磨刀门水道上至竹银下至口门近半月的水文和盐度同步实测资料探讨了磨刀门水道近些年来咸潮的活动特性。结果表明，磨刀门水道盐度总体呈现向上游递减的趋势；口门位置表、底层平均盐度在不同潮型和涨落潮下相差较大，变化范围在 1.7%~2.4%，尤以枯季分层明显，通常落潮期表、底层盐度差异比涨潮期大；上游竹银位置不同潮型下的表、底层盐度相差较小，平均涨落潮盐度都在 0.1% 以内；

从磨刀门水道沿程表、底层盐度相差比例统计来看，大、中、小潮期间底层平均盐度比表层分别大 43.1%、53.4% 和 77.4%，且流速和盐度的垂向分布存在较好的对应关系，因此小潮期间，更容易出现异重流现象。近口门河段盐度随水深减小而直线递减，上游河段则呈指数递减规律；大潮时，两种分布规律的分界位置距口门 23 km 左右，中潮和小潮时距口门 17 km 左右。

高时友等（2016）以珠江河口磨刀门 2009 年 12 月 10—25 日盐度和流速观测资料为基础，采用盐度输运分解的计算方法对磨刀门盐度输运特征进行分析，对比各分解项动力成因和对盐度输运贡献的大小，分析磨刀门水道盐度分布特征和输运特征，结果显示，磨刀门水道盐度输运以由径流为主要作用的欧拉输运、潮流剪切输运和由河口密度梯度产生的垂向环流输运为主，其中欧拉输运方向向海，潮流剪切和重力环流输运向陆，两种不同方向的盐度输运在大、小潮期相对强弱的变化，导致了咸潮上溯的增强或者减弱。小潮期间，垂向环流和潮流剪切输运大于欧拉输运，净输运方向向陆导致咸潮上溯；大潮期间，垂向环流输运显著减小。净输运方向向海导致咸潮后退。洪湾水道盐度输运主要以欧拉输运为主，垂向环流输运很小，与磨刀门水道盐度输运具有显著的不同。彭石等（2018）通过引入淡水输运速度分析潮周期平均水流特征，改进环流强度与密度弗劳德数计算，研究垂向环流在磨刀门咸潮上溯过程中的作用，分析两者内在关联，探讨了径流量、垂向盐度分层和地形等动力因素影响垂向环流机制。结果显示，小潮期间垂向环流强于大潮期间，环流强度的增减与盐水头部（2‰等盐度线）的上移和回落同步；垂向环流形成的动力学条件为密度弗劳德数大于或等于 1；垂线平均淡水输运速度代表的惯性力及表底层盐度差和水深代表的密度梯度力，对磨刀门水道垂向环流结构起决定性作用；这两种作用力的相对优势转换是引起咸潮上溯周期变化的主要原因。

尹小玲等（2020）采用概化河口进行水动力三维数值模拟试验，探讨了半月周期咸水运动对径流量变化的响应，以及半月周期咸水上溯的演化过程和机制，由此掌握上游工程增流压咸的适当时机。结果表明：恒定径流量下，半月周期咸水逐日最大上溯距离表现为随潮差顺时针围绕准平衡态变化的绳套曲线，径流量越小，与准平衡态差距越大，且小潮后强烈上溯持续的时间更长，退落也更迅速；分层混合过程的时效性导致咸水运动半月周期非线性调整，在文中概化条件下，咸水状态普遍具有最大上溯发生在最小潮后 2~3 d 和最小上溯发生在最大潮后 1~2 d 的时间特征；根据咸水运动的规律确立工程措施中增流压咸时机，在小潮时增加上游径流量并持续 7 d 至大潮，然后利用半月周期咸水自然退落，可达到明显压咸效果，节约枯季上游淡水资源。陈晖等（2023）采用 SCHISM 三维数值模型分析了东江南支流咸潮上溯特征及盐度输运机制，发现东江咸潮上溯与潮位相位变化基本一致，在一个大、中、小潮周期内，盐度最大值出现在大潮期间；东江南支流总体处于盐度充分混合至部分混合状态，盐度垂向分布均匀；东江咸潮上溯主要是径流和潮流动力强弱对抗的结果，基本不存在垂向环流的输运，增大下泄径流量是减轻东江咸潮入侵的最有效措施。

7.4.1.4 咸潮预测预报研究

河口咸潮预测预报主要有两类方法：统计模型和数值模型。统计模型只能进行单点咸潮时间变化的预测，但方法相对简单、计算效率高，应用较为广泛；数值模型可再现咸淡水混合、扩散及盐度输移过程，但数值模型较为复杂，需要较多数据和大量工作来建立率定模型，且计算时间长，效率较为有限，其优势在于对整个河口区盐度时间和空间变化均可进行预测。

姜容等（2017）采用水动力学方法进行河道盐度的扩散演算，构建河网水质的数学模拟模型，用其模拟西江河口水流、盐度输运变化规律，结果显示，模拟计算曲线与实测曲线相对一致，模型具有适用性，可用来预报西江河口咸潮入侵的影响时间、影响范围，数值模拟咸潮上溯的环境影响，进而提出应对和控制咸潮上溯的对策措施。苏程佳等（2018）在候选预报因子的基础上，通过 Pearson 相关系数和重要度指数分别确定了主要预报因子及其滞后期，进而利用确定滞后期的预报因子建立基于随机森林的咸潮预报模型，并应用于磨刀门水道大涌口站的枯水期咸潮预报。结果发现：通过相关系数确定的主要预报因子与含氯度之间存在 1~3 d 不等的滞后期；考虑预报因子滞后作用的随机森林模型，其预报结果不仅能很好地满足咸潮预报的精度要求，而且明显优于未考虑预报因子滞后作用的随机森林模型。此外，与传统的马尔科夫链相比，随机森林模型的预报结果不仅精度更高，而且在中长期预报上更有优势。林中源等（2023）基于 2021—2022 年枯水期数据，采用多元非线性回归方法，建立了磨刀门水道平岗泵站日均含氯度及日超标时间的咸潮预报模型。结果发现平岗泵站日均含氯度时间变化与三灶站日最大潮差、梧州和石角径流间的时滞均为 3 d，且均呈负相关关系。该咸潮预报模型具有较高的精度，可为区域咸潮防控提供科学参考。

梁靖习等（2024）在解析对流扩散方程的基础上，结合数值模拟法，分析磨刀门咸潮上溯随上游径流变化规律，提出磨刀门咸潮上溯距离与径流响应模型，通过半经验模型的比较研究，探讨不同模型在磨刀门咸潮上溯距离预测中的差异性，确定磨刀门咸潮上溯的最优预测模型。研究显示，不同的流量动力组合下，珠江口咸界均呈现 S 形分布特征。咸潮上溯距离 L 与上游径流量 Q 在理论上呈现幂指函数关系，利用半经验模型预测磨刀门的咸潮上溯距离是可行的。Savenije 模型和 L–Q 响应模型较好地考虑了实际地形和动力特征的影响，并且模型的计算精度和效率高，可实现磨刀门咸潮上溯距离的快速预测。位帅等（2024）基于二维潮流咸潮数值模拟方法，在思贤滘流量 2 500 m^3/s 条件下，预测海平面上升、河道地形变化与上游水资源配置工程 3 种因素单独作用和综合作用下磨刀门水道咸界变化情况。结果显示，各因素单独作用下磨刀门水道咸界上移距离分别为 1.2 km、1.4 km 和 0.1 km，综合作用下咸界上移距离为 2.5 km，咸界上移距离受海平面上升和河道地形变化影响较为明显，综合作用较单因素作用对咸界上移距离产生的影响更大。

7.4.1.5　咸潮上溯应对思路 / 方案研究

针对河口咸潮防控，国内外学者开展了大量的相关理论研究和工程应用实践，主要分为水库调度补水压咸和河口工程阻咸两类措施。对于国内而言，则主要依赖上游压咸补淡措施抑制咸潮上溯，而工程阻咸措施的研究相对较少。关于珠江河口的抑制咸潮上溯的有效措施，管理部门提出了“调水压咸”措施，其中有关调水压咸流量和时机是研究人员关注和争论的焦点问题。

王青等（2018）基于MIKE3软件，论证水幕方法扰动底层盐水楔实现抑制咸潮入侵的可行性。结果表明，在磨刀门河道上游深槽设置水平喷水干扰盐水楔，可以有效减弱底层盐水浓度，在底部高盐水团附近喷水的抑咸效果优于其他断面，并且喷水流量存在最优值，当小于该值时，咸潮上溯距离随流量的减小逐渐增大，当大于该值时，咸潮上溯距离随流量的增大逐渐增大。研究发现磨刀门河口地区小潮期进行盐水楔扰动的效果最好，低盐度等值线（≤0.5‰）向外海退缩程度显著，有利于河口区取水。庞远宇（2021）在研究珠江三角洲及河口咸潮界线变化对供水安全的影响的基础上，从供水安全保障出发，科学谋划“流域–区域–本地”水网布局，初步探索了珠江三角洲及河口区的供水安全路径：①按照“水源集中上移–本地调蓄扩容–区域供水互联”总体水网布局路径；②可积极推进三角洲区域控制性调配工程的论证工作，进一步提高西北江三角洲河网区水资源调控能力。

水利部部长李国英在2021年10月首次明确提出构建梯次供水保障“三道防线”。通过加强流域水资源统一调度，精细化联合调控本地水库群，强化近地水库群接续调控和流域远端水库群水资源储备调度，统筹实施珠江流域“三道防线”应急补水调度，能够有效压制咸潮，确保供水安全。“三道防线”的布局：“第一道防线”当地水库群，需加强蓄水补库调度，“灌满门前水缸”；“第二道防线”近地水库，需提高蓄水位，做好实施应急调度准备；“第三道防线”流域远端水库群，需精细调度向下游补水，用好每一立方米的水。

2021年12月中旬，珠江委统筹组织珠江水利科学研究院、水文水资源局和中水珠江规划勘测设计有限公司优势技术力量，成功建成珠江流域抗旱“四预”平台，滚动优化调度方案，核准调度时机和压咸保供水目标流量，实现“三道防线”实时监测预警。通过精细调度，西江梧州站平均流量达到2 930 m^3/s，大于2 100 m^3/s的压咸流量；珠海主要取水口平岗、竹洲头泵站取淡概率提高至73%、89%，中山主要取水口全禄、大丰、稔益水厂取淡概率提高至96.3%、99.3%、99.8%，为珠海、中山等地抢淡蓄水创造了良好时机。

李彬等（2022）基于MIKE3研究扰动底层盐水楔实现抑制咸潮上溯的最优化方案。结果发现，在河道底部喷水扰动盐水楔可以有效减弱底层盐水浓度，且存在最优喷水流量与最优喷水点。当喷水流量小于该值时，咸潮上溯距离随流量的增大而减小，当大于该值时，咸潮上溯距离随流量的增大反而会增大；取得最优抑咸效果所需的喷水流量从小潮到大潮逐渐增加，且随着径流量的增大而减小。随着径流量的增大，取得最佳抑咸效果的最优喷水点位置逐渐向下游移动。盐水楔扰动的抑咸效果在小潮和中潮期间最好，在大潮期间相对较差。杨芳等（2023）在分析珠江河口咸情面临的新形势及主要问题的基础上，深入研究珠江河口咸潮运动机制，结合珠江河口地区水资源时空分布和水厂取水、蓄水、供水格局特点，统筹考虑上游补水压咸、中游取蓄水避咸、下游工程措施阻咸3个层面的对策措施，创建了粤港澳大湾区咸潮“上补–中蓄–下阻”综合防控体系，初步构建了粤港澳大湾区咸潮防控理论框架，可有效保障珠江河口特枯年份或连续枯水年份应急供水安全。陈如霞等（2023）以2021年东江北干流刘屋洲水源特大咸潮为背景，系统论述咸潮期间水质安全应对策略，提出“咸情研判–方案制定–全员合作–信息报送–应急队伍、物资筹备”咸潮期间水质安全保障措施。

汤海平等（2023）采用 SCHISM 模型模拟珠江河口的咸潮活动，以此研究东江河口三角洲网河区不同防咸围堰方案的防咸效果、水位变化、水质影响、突发污染事件和防洪影响。研究显示，堵住南北汊的方案能够有效地阻止咸潮上溯，改善上游水厂的取水水质，但同时会增加上游洪水位、下游潮位波动和突发污染事件的风险。因此，在实施该方案时，必须考虑各方面的影响，做好监测和应急预案，以保障东江三角洲网河区的水资源安全和生态环境保护。王凤恩等（2024）在总结 2022—2023 年珠江流域供水保障“三道防线”调度实践基础上，提出对压咸补淡应急补水调度工作的思考，从长远来看，必须从流域层面科学谋划水资源优化配置格局，以构建国家水网、加快抗旱“四预”能力建设、强化流域统一调度、完善体制机制法治建设为着力点，全面提升珠江流域供水安全保障能力，支撑流域经济社会高质量发展。

林中源等（2024）基于 2021—2022 年东江流域水情、工情、咸情数据，分析了东江水情特征和东江三角洲咸潮上溯规律，采用 FVCOM 数值模型开展了压咸调度预演，阐明了特枯水年下东江三角洲压咸流量、压咸时机等关键参数。研究发现，2021 年东江流域遭遇特枯水年，上游博罗断面年均流量较多年平均偏少 64.5%。东江三角洲咸潮峰值发生在大潮阶段，小潮时咸潮上溯减弱。因东莞市调蓄能力较弱，东江三角洲压咸调度策略应为大潮时期全时段压咸。特枯水年下，为了应对可能出现旱情持续的更不利局面，博罗日均流量按大潮期间不低于 280 m^3/s，其他时间不低于 212 m^3/s 管控，可基本保障东江三角洲供水安全。

总体而言，珠江河口咸潮研究主要区域集中在伶仃洋和磨刀门河口，研究主要方法为原型观测分析和数值模拟研究，研究主要问题包括咸潮入侵的时空变化规律、咸潮上溯的影响因素、咸潮入侵机制及抑制咸潮上溯的措施。

7.4.2　咸潮治理

随着珠江三角洲城市化的高速发展和人口的急剧增长，淡水资源需求量迅速增长，加上珠江三角洲及河口区的水体污染问题日益严重，水资源已成为制约该地区社会经济发展的瓶颈。枯水期咸潮上溯引起的水质性缺水问题，危及了珠江三角洲的生活用水、农业用水以及工业用水。近年来，咸潮影响强度越来越大，影响时段越来越长，对咸潮进行治理对珠江三角洲乃至大湾区的发展至关重要。

7.4.2.1　主要抑咸对策

为保证咸潮发生时期的淡水供应不受影响，根据国内有关学者研究进展和实践经验，珠江河口抑咸对策大致包含 6 个方面的内容：一是压咸补淡，二是抢淡避咸，三是蓄淡防咸，四是工程阻咸，五是新生水脱咸，六是抑咸政策保障措施。

（1）珠江河口压咸补淡对策是在现有水利工程布局维持不变的情况下，针对枯季河口区河道内淡水的不足，通过珠江流域内水资源的合理有效挪腾或者调度，补充关键河道的枯季流量和淡水总量，压缩咸潮上溯距离，消除河口区因咸潮对取水口的不利影响，保障取水口正常的取淡量和取淡时间。珠江河口补淡压咸对策由珠江委于 2005 年提出，并已经在全流域常态化实施。

（2）珠江河口抢淡避咸对策指在枯季咸潮发生期间，于咸界上游抢采淡水，保障河口供水安全，避免咸潮对供水的影响。抢淡避咸主要有3个实施方案：一是在现有水利工程布局不变的情况下，采用低成本的临时性工程措施，如船运水近距离抢淡避咸措施；二是取水口上移抢淡工程，即通过少量工程建设，将取水口上移至不受咸潮影响的河段，抢取上游淡水，避开咸潮影响，保证供水安全；三是抢采珠江河口西部的淡水资源，将其转移至受咸潮影响严重的东部城市，避免东部城市受咸潮影响的“西水东调工程”。

（3）珠江流域蓄淡防咸对策指在咸潮发生之前，蓄积大量淡水，作为咸潮期淡水流失量的补充，防止咸潮对淡水供应造成影响。蓄淡防咸也包含 3 个实施方案：一是新建山地水库蓄淡工程；二是三角洲网河区联通蓄淡调度工程；三是河口滨海浮式水窖蓄淡工程。

（4）珠江河口工程阻咸对策包含挡咸闸工程、挡咸坝工程及空气帷幕挡咸工程。

（5）珠江河口新生水脱咸对策主要有海水淡化及雨水污水重复利用的新生水脱咸这两种方法。

（6）珠江河口抑咸政策保障措施，主要针对以上的“压咸补淡”“抢淡避咸”“蓄淡防咸”“工程阻咸”及“新生水脱咸”等抑咸对策提供法律法规、制度政策等方面的保障，为这些对策提供启动或运行机制，为从根本上不惧怕咸潮，即使咸潮发生也不受咸潮影响提供政策保障。

工程措施往往涉及其效果的不确定性和对周围环境的影响，需要对其进行周密的论证和研究，一方面周期长、投资大；另一方面在技术和实施时间上也存在诸多制约因素，因此其上马实施的时间相对滞后。新生水工程则投资太大，产出较低，从投资效益上来说，投入产出比太低，现阶段暂时不会大规模实施。在无工程措施和新生水措施确保抑咸成功的前提下，仅利用珠江流域内现状条件，主要的抑咸措施是压咸补淡、抢淡避咸及蓄淡防咸，即珠江枯季水量调度、取水口上移和新建山地水库。

由于压咸补淡已实际实施了多年，也取得了诸多成功经验，是目前最主要的咸潮治理措施，以下重点介绍压咸补淡措施相关实践经验。

7.4.2.2 “压咸补淡”——珠江枯水期水量调度实践概况与总结

压咸补淡，顾名思义就是用淡水冲走咸潮或者稀释咸潮，用淡水力量压过咸潮上溯的力量，保证正常取水使用。

为了保障澳门及珠江三角洲地区供水安全，在水利部的统一指挥下，2005—2023 年期间，珠江委成功组织实施了 19 次珠江枯水期水量调度，有效抑制咸潮上溯，确保了澳门及珠江三角洲地区经济发展和社会稳定，同时兼顾了发电、航运、生态等用水需求，形成了多方共赢局面，为粤港澳大湾区经济社会高质量发展提供了坚实的水安全保障。

根据每年调度目标、调度思路的转变，调度主体的调整，重要文件的批复以及关键性工程建设完成的时间节点，2005—2023 年珠江枯水期水量调度的实践历程大致分为 3 个阶段。

1. 压咸补淡、应急调水阶段（2005—2006 年）

2000 年以来，珠江流域枯水期（10 月至翌年 3 月）连年来水偏枯、河道下切，珠江三角洲地区咸潮上溯影响严重，澳门、珠海等三角洲地区的供水安全受到严重威胁，部分地区出现间歇性断水、水质偏咸等现象，极大地影响了人民的饮水安全，导致一定程度的“水慌”，引起社会各界、新闻媒体的广泛关注。2004 年秋，珠江三角洲地区发生 1951 年以来同期最为严重的干旱，咸潮上溯十分严重，珠海和澳门将面临断水的严重局面。

抵御咸潮肆虐，解决咸潮上溯带来的不利影响，最好的办法是利用珠江上游的水库放水，加大河流径流以压制咸潮，澳门、珠海供水的泵站、引水闸因此获得足够的抽水、引水时间来补充淡水资源，以保障基本供水需求，也就是通过应急调水，达到压咸补淡的目的。珠江委根据咸潮活动规律，创造性地提出了千里调水的举措，克服诸多难点，连续两年成功实施了两次压咸补淡应急调水。调水路线横跨贵州、广西和广东 3 省（自治区），全程长达 1 300 多 km。2005 年和 2006 年两个春节前夕，通过两次成功实施压咸补淡应急调水，实现了抢淡蓄水、提高供水水质、保障供水的总目标，有力保障了澳门春节期间的供水安全，极大地缓解了澳门当时的供水紧张局面，解除了澳门用水的燃眉之急，受到了各方面的充分肯定和高度评价，取得了良好的社会效益。

本阶段应急水量调度以国家防汛抗旱总指挥部下达的《关于批准实施珠江压咸补淡应急调水的通知》为调度依据，在国家防汛抗旱总指挥部和水利部的领导下，由珠江水利委员会担任调度主体，实施压咸补淡应急调水，目的是保障澳门春节期间的供水安全。调度对象为西江干流上的骨干水库（电站），两次压咸补淡应急调度基本上都是采用单一水库补水调度的形式。

2. 主动应对、统筹兼顾阶段（2006—2011 年）

2005 年、2006 年两次实施应急调水是被动的，是迫不得已采取的应急措施，无法从根本上解决珠江河口咸潮上溯带来的饮水安全、水环境恶化问题，珠江三角洲人民饮水安全受到的威胁远未消除。

为从根本上解决澳门、珠海等地供水安全，珠江委按照国家防汛抗旱总指挥部和水利部的部署，2006 年 2 月主动协调有关省（自治区）和相关部门编制《保障澳门珠海供水安全专项规划》，规划提出了近期 2006—2010 年及远期 2011—2020 年保障珠江三角洲供水安全的相关措施，于 2008 年获得国务院批准同意。2006 年 7 月，国家防汛抗旱总指挥部正式批准成立珠江防汛抗旱总指挥部，使珠江骨干水库的统一管理有了一定的依据和基础，为珠江流域骨干水库的联合调度提供了有力的体制保障。

2006 年起，珠江枯水期水量调度从根本上转换了理念，一改前两次信息不灵、情况不清的被动应急调水为主动调水，是珠江水量调度的一个重要转折点。本阶段珠江枯水期水量调度以国家防汛抗旱总指挥部下达批准实施枯水期珠江水量调度工作的通知为调度依据，从2006年起，由珠江防汛抗旱总指挥部担任调度主体，实施珠江枯水期水量调度。调度思路从以往的被动应急方式转变为主动应对，调度目标由初始的调水压咸保障供水发展到供水、发电、施工、航运、生态统筹兼顾多赢并举，调度方式由单一的水库补水发展到多库群联合调度，形成了“前蓄后补”的水量分配方式、“月计划、旬调度、周调整、日跟踪”的水量调度方式、“避涨压退”“动态控制”“精细调度”“打头压尾”关键调度技术等一系列先进的流域水量调度成果，枯水期水雨情中长期预测预报精度越来越高，珠江三角洲咸潮入侵与预测预报模型、水量调度模型等研究都达到国内领先水平，开创了流域水资源统一管理新模式。

3. 珠江水量统一调度阶段（2011 年至今）

为进一步增强应对干旱、咸潮以及突发供水危机的能力，建立和完善水量调度工作机制，保障生活、生产和生态用水安全，珠江防汛抗旱总指挥部根据珠江流域水资源特点及竹银水库建成后水利工程调蓄能力的新变化，认真总结历次枯水期水量调度工作经验，充分考虑澳门、珠海等珠江三角洲地区经济社会发展用水需求，在征求珠江防汛抗旱总指挥部成员单位、相关省（自治区）以及电网、水电站和航运管理等部门和单位意见的基础上，编制完成了《珠江枯水期水量调度预案》。2011 年 6 月 30 日，国家防汛抗旱总指挥部正式批复了《珠江枯水期水量调度预案》并印发执行。

2011 年，《保障澳门、珠海供水安全专项规划》提出的近期工程——竹银水库、竹洲头泵站建成并投入使用，保障澳门、珠海供水安全的工程体系和非工程措施日臻完善。由 2005 年年初的应急调水逐渐变成了每年枯水期的常态化调水，调度工作步入规范化、制度化，珠江水量调度进入到珠江水量统一调度的阶段。

本阶段开始，珠江水量统一调度以《珠江枯水期水量调度预案》为依据，每年度编制枯水期水量调度实施方案，开展本年度枯水期水量调度工作。2006—2018 年，调度主体为珠江防汛抗旱总指挥部，共实施了 12 次枯水期水量调度，从 2018 年开始，由珠江水利委员会组织开展珠江枯水期水量调度工作，至目前实施了 6 次枯水期水量调度。调度对象主要为骨干水库（电站），采用“前蓄后补”和“总量控制”的流域水资源管理模式，按照“立足当地、重在前蓄；统筹兼顾、确保供水”的总体工作思路，充分发挥澳门、珠海当地供水系统取水、供水、蓄水能力，统筹兼顾发电、航运等多方需求，通过流域骨干水库的统一调度，实现保障珠江三角洲，特别是澳门、珠海等地供水安全的目标。珠江枯水期水量调度工程总体布局概化图如图 7.4–1 所示。

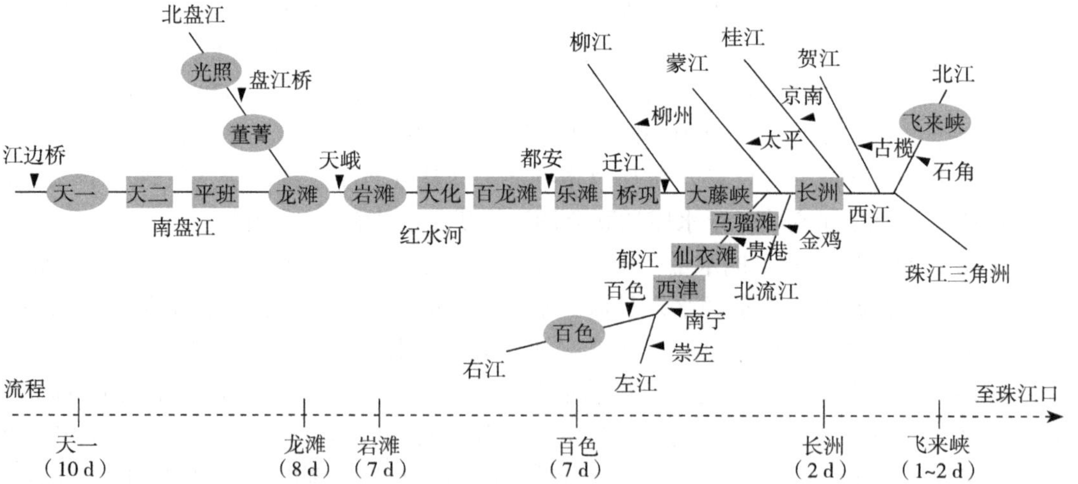

图 7.4–1　珠江枯水期水量调度工程总体布局概化图

2021 年，珠江流域东部地区发生自 1961 年以来最严重干旱，下游河口地区咸潮活跃，呈现“秋冬春连旱、旱上加咸”的不利局面。水利部部长李国英在 2021 年 10 月首次明确提出构建梯次供水保障“三道防线”。按照水利部的部署要求，珠江委立足于流域水资源自然禀赋、经济社会布局和水利工程体系变化，综合考虑上中下游用水需求，构建以受水区本地水库群为“第一道防线”，以 3 d 内水头能够到达受水区、能快速反应实施补水的近地水库为“第二道防线”，以流域远地的大型水库群为“第三道防线”的供水保障格局。针对 2021 年珠江流域 60 年最严重干旱，珠江委根据流域水情、旱情、咸情、工情变化情况，实施全流域水库群联合调度。“第一道防线”当地水库，抢抓时机抽蓄淡水，通过蓄水补库调度，实现“灌满门前水缸”，提升供水保障能力；“第二道防线”近地水库是关键，西江大藤峡、东江剑潭等中游水库保持高水位运行，在下游可能出现咸潮或无法正常抽取淡水时，考虑潮汐动力、径流条件和不利气象条件等因素，精准预演调度方案，精细实施压咸补淡应急补水调度，确保淡水按时、保质、保量到达下游取水口；“第三道防线”西江龙滩、东江新丰江等流域上游远地水库，作为全流域抗旱保供水的水源储备龙头，持续向“第二道防线”水库补充淡水，精打细算用好每一方水，维持整个供水保障系统的正常运行，形成全流域、大空间、长尺度、多层次的供水保障“三道防线”，发挥水源系统最大抗旱效益。供水保障“三道防线”的构建为珠江抗旱保供水工作开启了流域统一调度新篇章。在水利部的统一部署下，珠江委科学调度“三道防线”，先后 3 次启动压咸补淡应急补水，精准压制珠江三角洲咸潮，精准确保大江大河沿线城市有源源不断的淡水补充，有力保障了粤港澳大湾区供水安全，最大程度减少了灾害损失。

截至 2023 年，珠江流域已连续实施了 19 次枯水期水量调度，有效地保障了澳门、珠海等珠江三角洲地区的供水安全，取得了显著成效。经过十几年的水量调度实践，珠江流域“压咸补淡”水量统一调度已由初始的调水压咸发展到兼顾经营生产的多赢并举；调度方案也由单一的水库补水发展到多元化的水库联调，并产生了“前蓄后补”“避涨压退”“动态控制”“三道防线”等一套先进的流域调度理念，使珠江流域水量统一调度更具规模化、规范化，使压咸效果更精确化、合理化。现在通过流域统一调度已能够充分利用上游来水推移咸界下行，确保用水安全；利用径流动力改善河网内水体质量；统筹协调大型水利工程的拦、蓄水时机，保证航运、发电、用水安全等方面的多元共同发展。

但值得思考的是，尽管珠江枯水期水量调度取得了显著成效，但珠江流域水资源时空分布不均，与人口经济的发展布局极不协调的格局并未明显改变。随着珠江三角洲粤港澳大湾区的建设与迅速发展，供需矛盾只会愈加激化，资源型、水质型缺水的供水安全威胁将会长期存在，同时咸潮入侵形势也会更加严峻。珠江流域咸潮防控常年依靠珠江流域枯水期水量调度，基本保障了流域供水安全。但上游思贤滘控制断面 2 500 m^3/s 的压咸流量已较难满足近些年的压咸需求，压咸效果有所下降，但背后原因尚不明晰。

面对咸潮日益加剧的形势，需要进一步加强对粤港澳大湾区珠江河口咸潮上溯规律及治理体系的研究，从多角度提出并论证应对方案，如动态调整压咸流量，保障日后咸潮加剧背景下的供水安全，多措并举，探寻新的咸潮防控措施，以面对未来可能出现的极端干旱、上游水库无水可调的不利局面。

7.5 小 结

本章介绍了咸潮的有关概念、珠江河口咸潮概况及影响因素、咸潮规律及危害，以及咸潮研究现状及治理。

随着粤港澳大湾区的社会经济发展，上游用水量的增加，同时人类活动对珠江三角洲地区河道形态的影响日益加剧，珠江河口咸潮上溯越来越频繁，影响越来越大，这对珠江三角洲地区乃至粤港澳大湾区的饮水安全问题构成了十分严峻的胁迫和考验。珠江三角洲属于典型的多汊河口河网区，该地区的饮水安全保障技术研究是涉及多项科学问题的复杂课题。近十几年珠江枯水期水量调度，有效地保障了澳门、珠海等珠江三角洲地区的供水安全，社会反响强烈，也积累了不少成功的经验，但枯水期水量调度面临的一些难点问题依然存在。未来需进一步加强对粤港澳大湾区珠江河口咸潮上溯规律及治理体系的研究，以提出更加科学有效、经济可行、多方效益协调的抑咸对策。

第 8 章　泥沙变化分析

8.1　上游来沙情况变化分析

近年来，受水土保持、水利工程拦沙等因素的综合影响，上游来沙量减少，同时受河道采砂、航道建设影响，河道河床整体以冲刷下切为主，近期有减缓的趋势。在采砂等大规模、无序的人类活动未受到控制之前，无章法的人类开发违反了河道演变自然规律，破坏了河道原已形成的动态平衡以及人与自然和谐相处的环境，如采砂活动使河床形态发生急剧的变化，河床严重下切，改变流势和河势，滩地消失，深槽迫岸；汊道、网河区水道的不均衡采砂，导致分流比发生改变，水量分配失调破坏已有的防洪供水格局，影响大湾区的水安全。因此，对上游来沙的变化规律进行分析对于上游泥沙的研究，流域的合理开发、治理和保护提供重要的依据。

珠江三角洲网河区上游水系主要包括西江、北江和东江，水系特点在第 2 章已有相关介绍，距离网河区最近的上游控制站分别为西江的高要站、北江的石角站和东江的博罗（二）站，本次搜集以上各站长系列泥沙资料进行上游来沙情况的变化分析，并结合上游来沙量变化情况和人类活动影响等因素综合分析上游河道演变特点及趋势。

8.1.1　上游来沙量变化特征

8.1.1.1　上游来沙量

1. 上游多年平均来沙量

以珠江三角洲上游的西江高要站、北江石角站、东江博罗（二）站长系列泥沙资料统计［高要站资料统计年限为1957—2019年，石角站和博罗（二）站资料统计年限为1954—2019年］，得到各站的多年平均年输沙量分别为5 960 万t、538 万t和226 万t，则进入珠江三角洲的多年平均年输沙量总计为6 724 万t，高要、石角、博罗（二）各站分别占88.6%、8.0%、3.4%，表明珠江三角洲来沙量主要来源于西江；高要、石角、博罗（二）各站多年平均输沙模数分别为170 t/(a · km^2)、140 t/(a · km^2)、89.3 t/(a · km^2)，则表明单位面积产沙量以西江最高，北江次之，东江最少。

高要、石角、博罗（二）各站多年平均年输沙量见表 8.1–1。

表 8.1–1　高要、石角、博罗（二）各站多年平均年输沙量

河流	水文站	面积 / 万 km^2	年输沙量		输沙模数 / [t/(a · km^2)]
			多年平均 / 万 t	比重 /%	
西江	高要	35.15	5 960	88.6	170
北江	石角	3.84	538	8.0	140
东江	博罗（二）	2.53	226	3.4	89.3
合计		41.52	6 724	100	162

2. 上游近 10 年平均来沙量

以珠江三角洲上游的西江高要站、北江石角站、东江博罗（二）站近 10 年（2010—2019 年）泥沙资料统计，得到各站近 10 年的年输沙量分别为 1 724 万 t、496 万 t 和 97.1 万 t，与多年平均比较分别偏小 71.1%、7.8%、57.0%；各站输沙量之和，即可得到进入珠江三角洲的近 10 年平均年输沙量总计为 2 320 万 t，与多年平均比较偏小 65.5%。近 10 年，高要、石角、博罗（二）各站平均年输沙量占珠江三角洲总输沙量的比例分别为 74.3%、21.4%、4.2%，表明珠江三角洲近 10 年的来沙量主要还是来源于西江，但与多年平均比较占比下降明显，北江占比上升明显，东江占比略有上升。进入珠江三角洲近 10 年平均泥沙及与多年平均比较情况见表 8.1–2、表 8.1–3。

表 8.1–2　进入珠江三角洲近 10 年平均泥沙情况

河流	水文站	面积 / 万 km^2	年输沙量		输沙模数 / [t/(a · km^2)]
			近 10 年平均 / 万 t	比重 /%	
西江	高要	35.15	1 724	74.4	49.0
北江	石角	3.84	496	21.4	129
东江	博罗（二）	2.53	97.1	4.2	38.4
合计		41.52	2 317.1	100	55.9

表 8.1–3　进入珠江三角洲近 10 年平均泥沙与多年平均比较情况

河流	水文站	年输沙量			
		多年平均 / 万 t	近 10 年平均 / 万 t	近 10 年变化 / 万 t	近 10 年变化率 / %
西江	高要	5 960	1 724	–4 236	–71.1
北江	石角	538	496	–42	–7.8
东江	博罗（二）	226	97.1	–128.9	–57.0
合计		6 724	2 317.1	–4 406.9	–65.5

8.1.1.2　上游来沙年际变化

1. 极值及极值比特征

极值，数学函数的一种稳定值，即一个极大值或一个极小值。极值比是指在一个数据集中最大值与最小值之间的比例关系，它反映了数据集中数值的分布范围和变化幅度。

高要、石角、博罗（二）各站的年含沙量极大值分别为 0.53 kg/m^3、0.31 kg/m^3 和 0.17 kg/m^3，极小值分别为 0.04 kg/m^3、0.04 kg/m^3 和 0.02 kg/m^3。上游各站中，西江的高要站含沙量年际变化最大，最大与最小年含沙量的比值为 13.3；其次为东江的博罗（二）站，年含沙量极值比为 8.5；北江的石角站年含沙量极值比最小，为 7.8。

高要、石角、博罗（二）各站的年输沙量极大值分别为 13 100 万 t、1 400 万 t 和 580 万 t，极小值分别为 805 万 t、86.9 万 t 和 23.3 万 t。上游各站中，东江的博罗（二）站输沙量年际变化最大，最大与最小年输沙量的比值为 24.9；其次为西江的高要站，年输沙量极值比为 16.3；北江的石角站年输沙量极值比最小，为 16.1。

上游各水文控制站含沙量、输沙量极值和极值比情况分别见表 8.1–4 和表 8.1–5。

表 8.1–4　上游各水文控制站含沙量极值及极值比

河流	水文站	极大值 /（kg/m^3）	发生年份	极小值 /（kg/m^3）	发生年份	极值比
西江	高要	0.53	1991	0.04	2018	13.3
北江	石角	0.31	1982	0.04	2004	7.8
东江	博罗（二）	0.17	1957	0.02	2009	8.5

表 8.1–5　上游各站输沙量极值及极值比

河流	水文站	极大值 / 万 t	发生年份	极小值 / 万 t	发生年份	极值比
西江	高要	13 100	1983	805	2018	16.3
北江	石角	1 400	1982	86.9	2004	16.1
东江	博罗（二）	580	1959	23.3	2009	24.9

2. 离差系数的变化

河流输沙量的年际变化，主要是指年输沙量序列的变化幅度，反映的是序列跳跃或变化的大小，通常用变差系数 C_v 值来表示，C_v 值越大，说明各年间量值变化越大，反之则越小。将珠江三角洲上游控制站高要、石角、博罗（二）等 3 处水文控制站历年输沙量、含沙量均值各组成年序列，用数理统计方法计算变差系数 C_v，列于表 8.1–6。

各主要水文控制站中，含沙量 C_v 值的变幅在 0.34~0.46，高要站最大，博罗（二）其次，石角站最小；输沙量的 C_v 值普遍比含沙量大，变幅在 0.47~0.58，博罗（二）站最大，高要站其次，石角站最小。

上游各水文控制站历年输沙量、含沙量均值和 C_v 值见表 8.1–6。

表 8.1–6 上游各水文控制站历年输沙量、含沙量均值和 C_v 值

站名	输沙量		含沙量	
	均值 / 万 t	C_v	均值 /（kg/m³）	C_v
高要	5 959	0.52	0.274	0.46
石角	538	0.47	0.129	0.34
博罗（二）	226	0.58	0.098	0.43

3. 10 年平均值比较

根据上述各水文控制站的泥沙资料系列，选取 1960 年之后资料较完备的年份，分为 1960—1969 年、1970—1979 年、1980—1989 年、1990—1999 年、2000—2009 年、2010—2019 年共计 6 个时段，进行 10 年平均计算，见表 8.1–7，并作相应泥沙过程线图，见图 8.1–1 ～图 8.1–3。

表 8.1–7 上游各水文控制站各年段 10 年平均泥沙特征均值

河流	水文站	时段	平均年输沙量 / 万 t	平均含沙量 /（kg/m³）
西江	高要	1960—1969 年	6 780	0.319
		1970—1979 年	7 520	0.319
		1980—1989 年	7 770	0.382
		1990—1999 年	7 080	0.295
		2000—2009 年	3 080	0.150
		2010—2019 年	1 720	0.079
北江	石角	1960—1969 年	538	0.142
		1970—1979 年	565	0.124
		1980—1989 年	673	0.165
		1990—1999 年	563	0.125
		2000—2009 年	370	0.094
		2010—2019 年	496	0.115
东江	博罗（二）	1960—1969 年	303	0.140
		1970—1979 年	257	0.105
		1980—1989 年	264	0.106
		1990—1999 年	161	0.068
		2000—2009 年	165	0.072
		2010—2019 年	97.1	0.042

各站输沙量与含沙量变化趋势基本一致。各时段 10 年年平均输沙量和含沙量，总体上呈显著下降趋势。西江高要站前 3 个时段（1960—1969 年、1970—1979 年、1980—1989 年）平均值呈上升趋势，从第 4 个时段（1990—1999 年）开始明显呈下降趋势，特别是第 5 个时段平均值（2000—2009 年）与第 4 个时段（1990—1999 年）平均值比较，下降幅度极大；北江石角站前 3 个时段（1960—1969 年、1970—1979 年、1980—1989 年）的平均值呈上升趋势，第 4 个与第 5 个时段（1990—1999 年、2000—2009 年）平均值显著下降，第 6 个时段（2010—2019 年）平均值略有上升；东江博罗（二）站呈阶梯式下降，第 2 个与第 3 个时段（1970—1979 年、1980—1989 年）、第 4 个与第 5 个时段（1990—1999 年、2000—2009 年）平均值基本持平，但总体上下降明显。

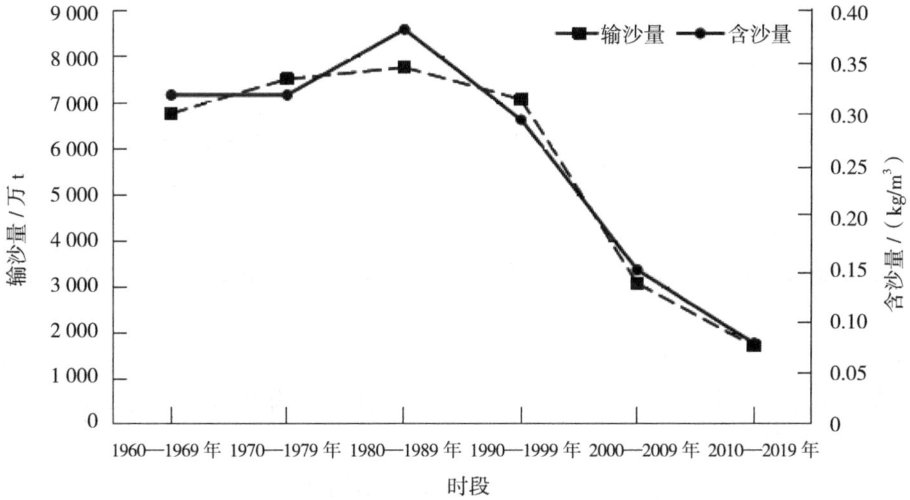

图 8.1-1　西江高要站 10 年平均输沙量与含沙量变化

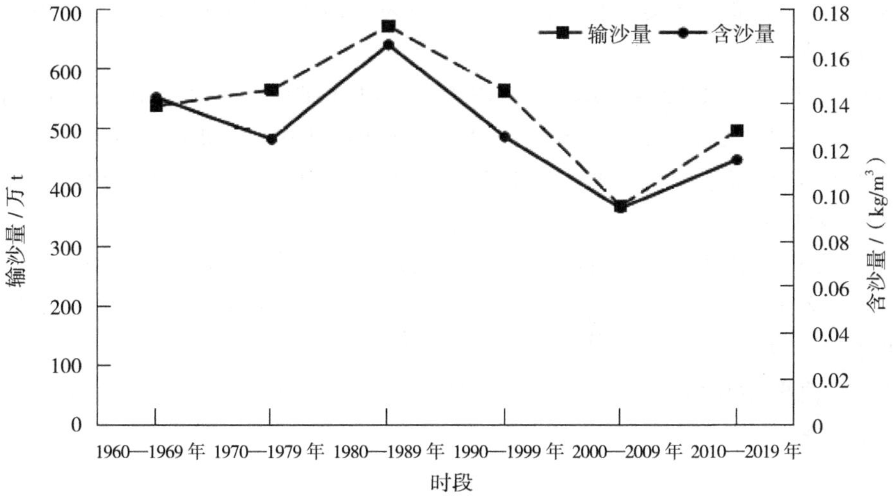

图 8.1-2　北江石角站 10 年平均输沙量与含沙量变化

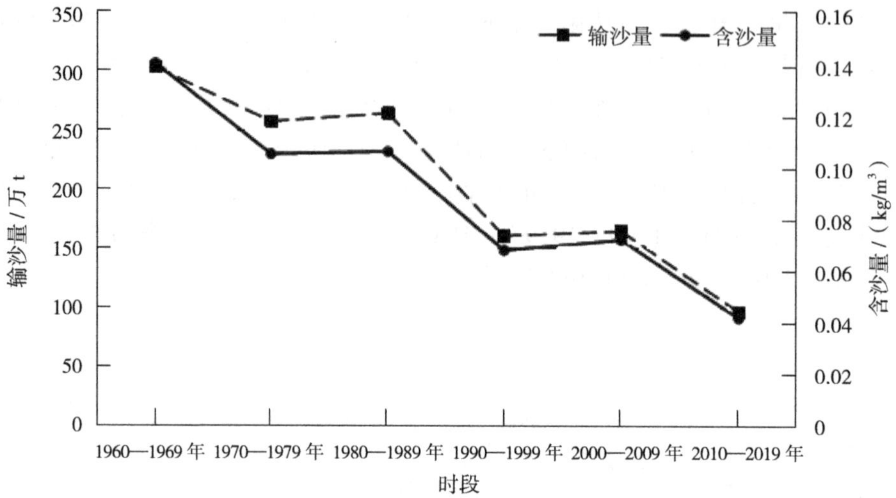

图 8.1-3　东江博罗（二）站 10 年平均输沙量与含沙量变化

4. 差积曲线分析

差积曲线能较好地反映资料系列代表性以及水文要素丰枯变化情况，差积曲线以下列公式表达：

$$A_i=\sum(a_i-\bar{a}) \tag{8.1-1}$$

式中：A_i 为一个系列中第 i 年差积值；a_i 为一个系列中第 i 年的年输沙量；$\bar{a}$ 为一个系列中的多年平均年输沙量。

以上游水文控制站高要、石角、博罗（二）各站历年实测输沙量计算逐年差积值，并作图，见图 8.1-4 ~ 图 8.1-6。

如图所示，高要站输沙量差积曲线大体上可以 1998 年为界划分为 2 个时段，1957—1998 年时段曲线波动上行，总体上表现为多沙期，1999—2019 年基本上是直线下降，表现为少沙期。

石角站输沙量差积曲线波动较大，1970—1973 年缺测无资料，1973 年以前规律不明显，1974 年以后大体可以划分为 1974—1976 年、1980—1984 年、1992—1998 年、2010—2016 年 4 个多沙时段，1977—1979 年、1985—1991 年、1999—2009 年、2017—2019 年 4 个少沙时段。

博罗（二）站输沙量差积曲线大体上可以 1987 年为界划分为 2 个时段，1954—1987 年时段曲线小幅波动上行，总体上表现为多沙期，1987—2019 年曲线小幅波动下行，表现为少沙期。

总体上，高要站与博罗（二）站多沙期与少沙期规律明显，石角站输沙量波动较大，变化规律不显著。

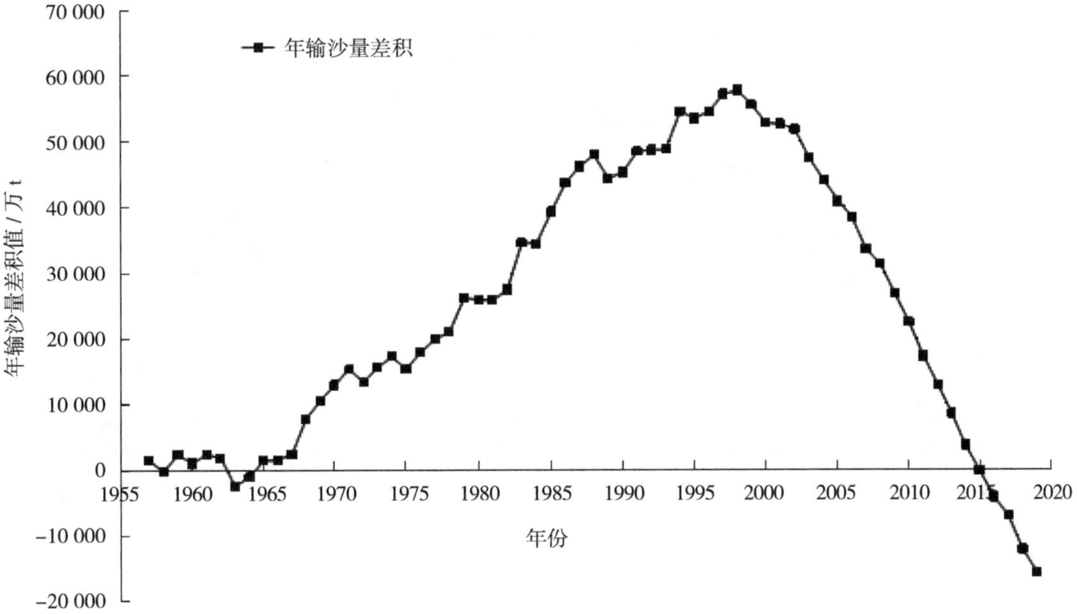

图 8.1-4　高要水文站年输沙量差积曲线

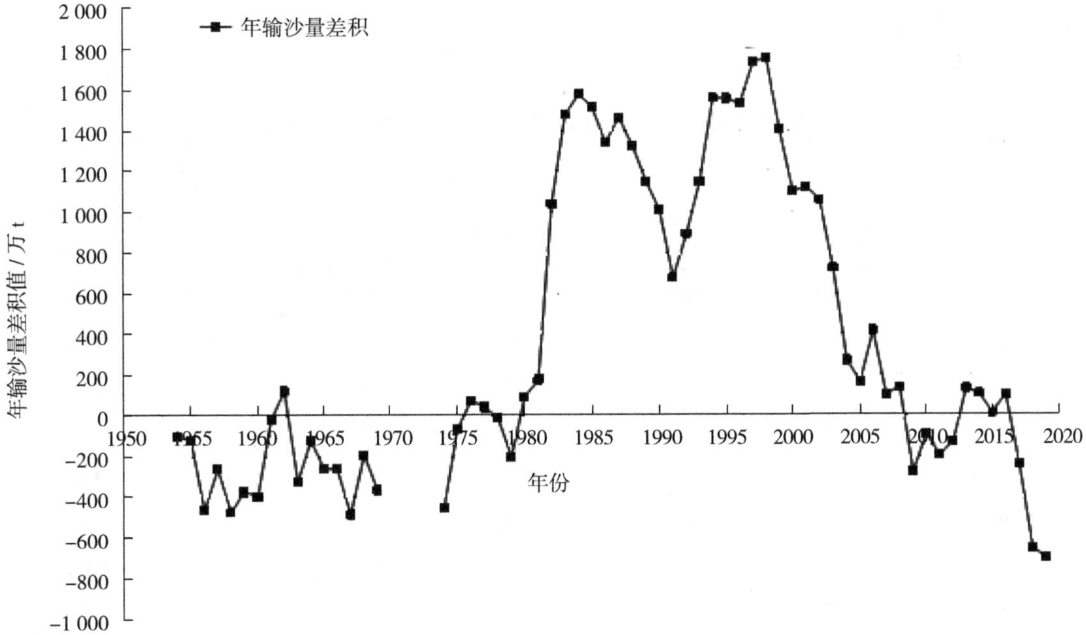

图 8.1-5　石角水文站年输沙量差积曲线

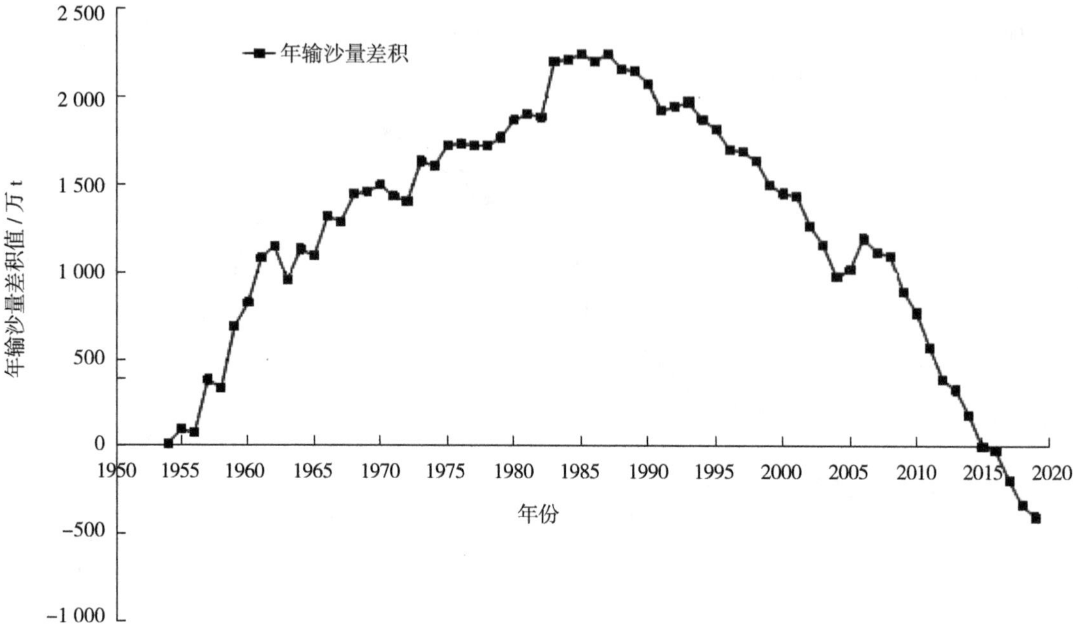

图 8.1–6　博罗（二）水文站年输沙量差积曲线

8.1.1.3　上游来沙年内分配

含沙量的季节变化与降水量及暴雨强度有关，含沙量在汛期与非汛期悬殊，珠江片大陆地区水文控制站多年月平均含沙量最大值出现在 5—8 月，其中以 6 月居多。珠江片主要河流输沙量年内分布不均，汛期 6 个月来沙普遍超过 8 成。对珠江三角洲上游 3 处水文控制站近 20 年的逐月输沙量、含沙量进行平均，成果见表 8.1–8。高要站、博罗（二）站月最大输沙量、含沙量均出现在 6 月，石角站最大输沙量、含沙量出现在 5 月。

表 8.1–8　主要水文控制站近 20 年逐月平均输沙量与含沙量分配

站名	高要		石角		博罗（二）	
项目	输沙量 / 万 t	含沙量 /（kg/m^3）	输沙量 / 万 t	含沙量 /（kg/m^3）	输沙量 / 万 t	含沙量 /（kg/m^3）
1 月	10.3	0.011	8.27	0.049	3.19	0.025
2 月	6.32	0.009	3.32	0.022	1.9	0.018
3 月	18.9	0.018	38.8	0.119	3.9	0.027
4 月	70.5	0.046	31.7	0.076	7.8	0.041
5 月	221	0.084	184	0.221	15.4	0.054
6 月	499	0.141	110	0.149	23.1	0.068
7 月	464	0.14	20	0.048	6.8	0.029
8 月	215	0.085	46.5	0.134	13.6	0.058
9 月	88.6	0.046	9.37	0.037	6.89	0.037
10 月	53.9	0.042	4.89	0.028	4.45	0.033

续表 8.1–8

站名	高要		石角		博罗（二）	
项目	输沙量 / 万 t	含沙量 /（kg/m³）	输沙量 / 万 t	含沙量 /（kg/m³）	输沙量 / 万 t	含沙量 /（kg/m³）
11 月	38.9	0.035	1.99	0.013	1.84	0.017
12 月	14.2	0.015	2.67	0.016	1.45	0.013
最大值	499	0.141	184	0.221	23.1	0.07
最大值出现月份	6	6	5	5	6	6

受降水时空分布不均和水利工程运行调节影响，时段最大输沙量出现时间略有不同，其中，最大 3 个月输沙量高要站、博罗（二）站均出现在 5—7 月，分别占全年的 70%、50%；石角站出现在 4—6 月，占全年的 70%。

主要水文控制站时段输沙量占全年比重见表 8.1–9，逐月输沙量变化见图 8.1–7~图 8.1–9。

表 8.1–9　主要水文控制站时段输沙量占全年比重

河流	站名	项目	最大 3 个月（5—7 月）占全年比例 /%	最大 6 个月（4—9 月）占全年比例 /%
西江	高要	输沙量	70	92
河流	站名	项目	最大 3 个月（4—6 月）占全年比例 /%	最大 6 个月（3—8 月）占全年比例 /%
北江	石角	输沙量	70	93
河流	站名	项目	最大 3 个月（5—7 月）占全年比例 /%	最大 6 个月（4—9 月）占全年比例 /%
东江	博罗（二）	输沙量	50	82

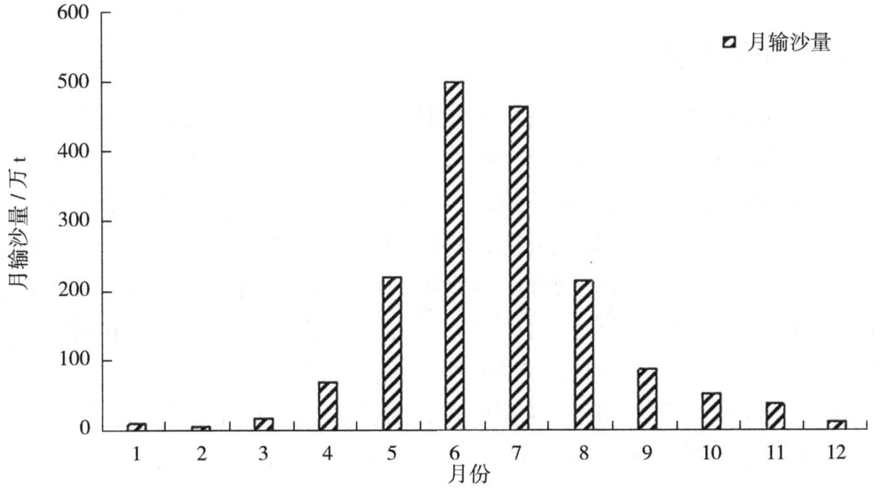

图 8.1–7　西江高要站多年平均逐月输沙量变化

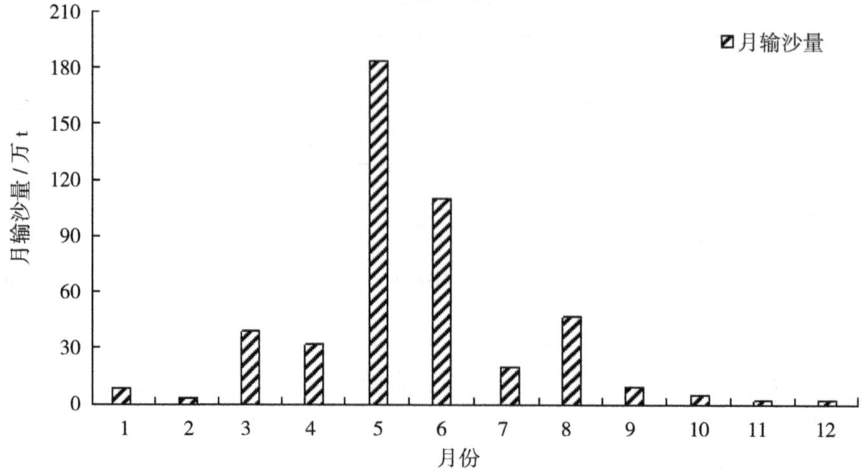

图 8.1–8　北江石角站多年平均逐月输沙量变化

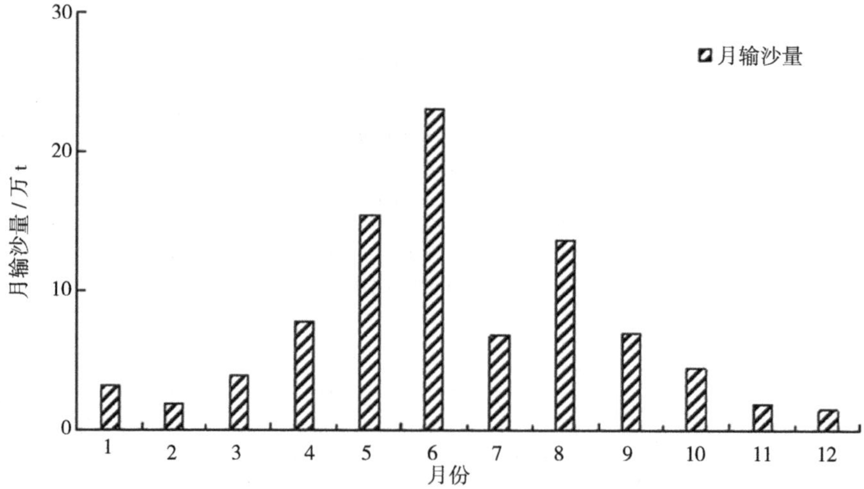

图 8.1–9　东江博罗（二）站多年平均逐月输沙量变化

8.1.2　上游水沙相关关系分析

通常对一特定流域，河流泥沙与流域水量具有一定的正相关关系：径流量越大，年输沙量也越大；反之，年水量（径流量）越小，年输沙量也越小。但由于下垫面变化、人为建库拦沙会造成两者之间变化的不一致，下垫面变化如植被增加利于水土保持，减少泥沙的产生，植被的减少不利于水土保持，将增加泥沙的产生，流域内工程的施工也引起水土流失，这些影响相对而言是渐变的，而水坝的建设和运行将急剧地影响河道内泥沙。

为了解珠江主要河流控制站水沙对应关系，并分析其变化趋势，选取西江高要站、北江石角站、东江博罗（二）站的长历时水沙资料，以对照分析各江河主要控制站水沙变化情况，见图 8.1–10 ~ 图 8.1–12。从图中可以看出，各站径流量和输沙量的变化大体上是相应的，但总体上表现为同一量级径流量情况下泥沙的逐年减少。

高要站是西江下游控制站，其径流量的趋势线基本是持平的，但输沙量的趋势线是显著下降的，水沙对应关系大约在 1993 年发生明显改变，1993 年之前表现为水沙较稳定的关系，1993 年之后，虽然表现为泥沙随水量增减而增减，但趋势明显下降。从相关资料分析，可以推测 20 世纪 80 年代西江输沙量高可能与当时多座水库的施工产沙有关，而 90 年代输沙量明显下降应归因于 1992 年建成的红水河岩滩水库、2003 年截流的龙滩水库拦沙。

北江石角站是北江的控制站，其水量年际变化较大，总体趋势为上升，沙量总体趋势为下降，近年沙量减少较多，主要是植被越来越好，水土流失相对减少，飞来峡水库的建成，拦沙作用明显。1982 年以前水沙关系基本成线性，1982—1991 年时段是多沙期，1991—2000 年水沙关系稳定，2000 年飞来峡水库蓄水后年输沙量大大减少。

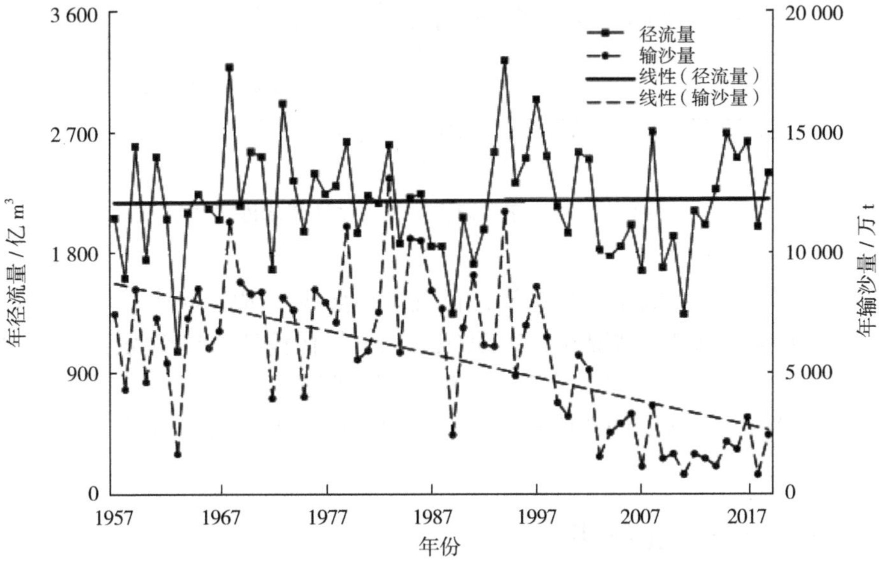

图 8.1-10　西江高要站历年水沙过程线

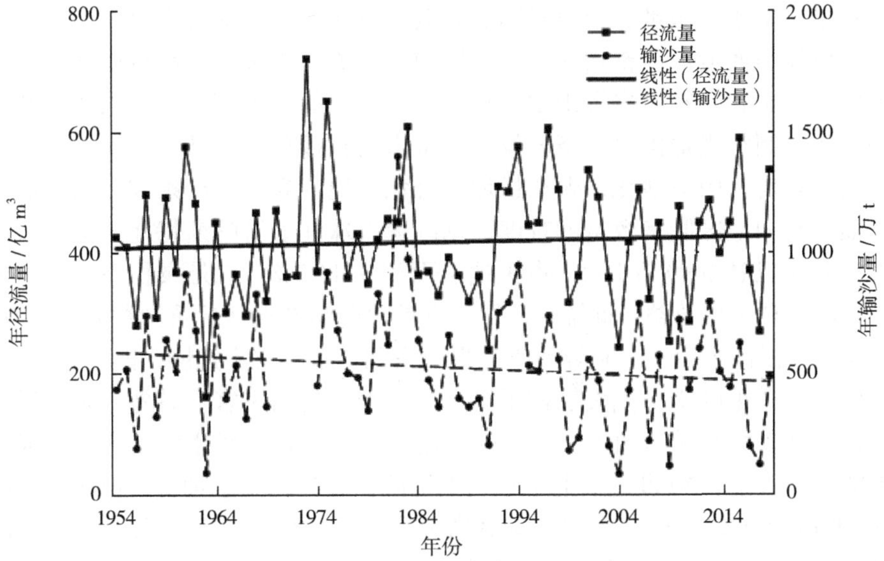

图 8.1-11　北江石角站历年水沙过程线

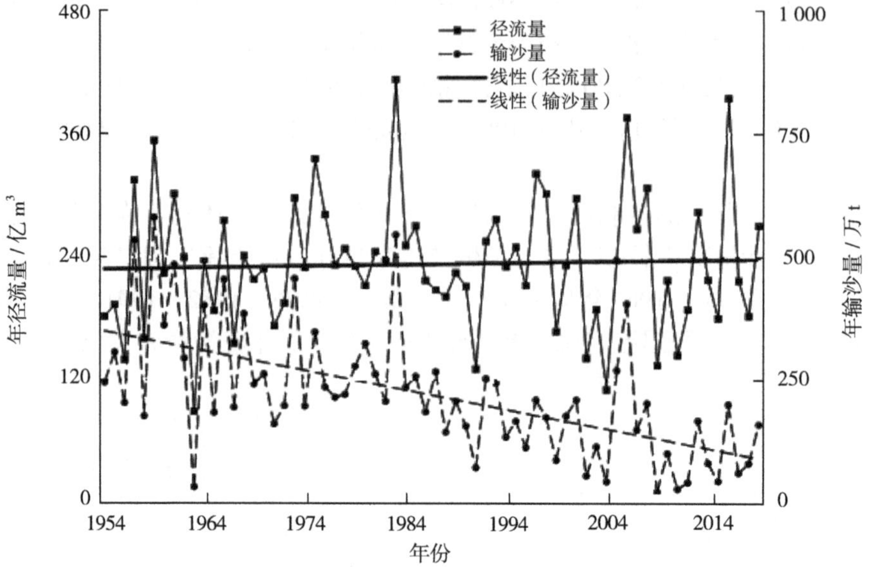

图 8.1-12　东江博罗（二）站历年水沙过程线

博罗（二）站是东江的主要控制站，径流量趋势线表现略为上升，输沙量趋势线性为显著下降。从水沙相对应情况看，20 世纪五六十年代输沙量与年径流量是一种相关关系，七八十年代起是另一种相关关系，输沙量明显降低。这一变化应该与 70 年代枫树坝水库、80 年代白盆珠水库的建成有关，水库的建成蓄水和拦沙作用，减少了下游河道输沙量。

8.1.3　上游来沙变化成因分析

8.1.3.1　下垫面变化分析

流域水量、土壤、植被、季节等因素影响河流泥沙的形成与大小，人类活动如水利工程建设等更加与河流泥沙密切相关，区域内水土流失大多发生在难风化、土层薄的石灰岩地区以及砂页岩、花岗岩等山地、丘陵区。严重的水土流失影响农业生产，加剧生态环境的恶化，制约当地国民经济的发展，带来的直接危害包括：一是土地石化问题日趋严重，山上石化、山下沙化，毁坏耕地，恶化当地的农业生产条件，威胁群众的生存基础，增加了贫困地区脱贫致富的难度，据统计，珠江上游喀斯特地区土地石漠化面积（含半石漠化）已达 3.99 万 km^2，占土地总面积的 16.3%；二是淤积塘、库、渠道，抬高河床，降低水利工程效益，据统计，贵州省黔西南州被泥沙严重淤积的水库有 54 座，其中有 6 座水库淤满报废；三是导致生态平衡失调，水旱灾害加剧；四是破坏城市环境，影响城市发展。严重的水土流失加剧了洪、旱、涝等自然灾害。另外，人类活动也造成水土流失，煤和矿的开采与加工，山区民众在大于 25° 的山坡上种植，是造成泥石流和水土流失的重要因素。20 世纪六七十年代大量砍伐森林，开垦种植，植被受到破坏，据统计，20 世纪 80 年代初期，贵州省森林覆盖率只有 12.6%，六盘水市森林覆盖率一度只有 7.55%，广东省、广西省森林覆盖率也不过 25% 左右。但农村改革执行分田到户后，特别是落实退耕还林保护森林资源，大力植树造林绿化荒山，流域内森林面积大幅度增加，广东省森林覆盖率达 55.9%，广西省森林覆盖率已经从新中国成立初期的 23.2% 提高到 54.2%，贵州省森林覆盖率达到 39.93%，区域内各代表站观测结果表明，水土流失大为减少，河流含沙量呈下降趋势。

新中国成立以后，随着人口的增加和社会经济的发展，珠江流域的水土流失面积也迅速增加，如广西壮族自治区的水土流失面积从 20 世纪五六十年代的 12 000 km^2 增加到了 80 年代的 30 600 km^2，增加了 1.55 倍，而同期广东省水土流失面积则从 7 444 km^2 增加到 17 070 km^2，增加了 1.3 倍。20 世纪 80 年代开始，随着各种水土保持措施的实施，珠江流域的水土流失面积逐渐减少，广西壮族自治区和广东省 20 世纪 90 年代的水土流失面积分别为 28 100 km^2 和 8 650 km^2，比 80 年代分别下降了 8.2% 和 49%，与珠江流域水土流失面积变化的过程相对应，珠江流域的输沙量也经历了一个先增加后下降的过程。

8.1.3.2　水利工程影响分析

1995 年全国第二次遥感调查统计，珠江流域水土流失面积为 62 700 km^2，而据《珠江流域 2004 年水土保持监测公报》，2004 年珠江流域水土流失面积 62 730 km^2，而 1995—2004 年珠江流域实际的水土流失面积基本未变，这一时期的珠江平均入海泥沙量却比前一时期（1985—1994 年）下降了 30%，显然这 10 年来珠江泥沙的减少与流域的水土保持关系不大，主要与电站有关，干流各梯级电站相继建设后，电站拦截河道泥沙作用明显。

各时期泥沙的减少，不完全是由水利工程建成后所引起的，但水库的泥沙拦蓄作用是非常大的。以岩滩水库为例加以分析。岩滩库区入库控制站有天峨水文站，它距岩滩坝址 150 km，该站作为红水河中游的一个基本站，从 1970 年就开始了泥沙分析工作，观测项目齐全、资料可靠。据 1994—2002 年水沙资料分析，该站多年含沙量较为稳定，输沙量与径流量相关较好，且大多具有“大水大沙、中水中沙、小水小沙”的特点。其多年平均流量为 1 620 m^3/s（1954—2002 年），径流量为 510.8 亿 m^3，输沙量为 6 090 万 t，多年平均含沙量为 0.45 kg/m^3，其中的最大值为 0.71 kg/m^3。来沙量与来水量相对应，在年内分配都极不均匀，汛期来沙量约占全年的 95% 以上。距岩滩坝下约 800 m 处，设有一出库站，该站从 1994 年开始观测，观测项目有水位、流量、泥沙等，资料真实可靠。据 1994—2002 年流量资料分析，其多年平均流量为 1 940 m^3/s，径流量为 611.4 亿 m^3，由于泥沙在水库沉淀，非泄洪期河水基本上不含泥沙，该站的多年平均输沙量为 1 940 万 t，平均含沙量为 0.29 kg/m^3，其中的最大值为 0.66 kg/m^3。水库蓄水初期，泥沙淤积较多，含沙量和输沙量明显较入库站小，1998 年后水库淤积达到了一个相对平衡的阶段，水库淤积量和淤积速度显著减缓。

岩滩坝址至天峨水文站之间，流域区间集水面积为 8 080 km^2，约占岩滩流域面积的 8%，其产流量也基本符合这一比例，岩滩的入库沙量也应包括库区产输沙量。但库区植被比上游较好，因此其产沙率和侵蚀模数均应略低于上游流域，为了便于计算岩滩水库的淤积量，初拟定为 5%。经计算，岩滩库区泥沙淤积量见表 8.1–10。

表 8.1-10　岩滩库区泥沙淤积量

年份	天峨站			出库站			岩滩水库淤积量 / 万 t
	径流量 / 亿 m^3	含沙量 / (kg/m^3)	输沙量 / 万 t	径流量 / 亿 m^3	含沙量 / (kg/m^3)	输沙量 / 万 t	
1992	359.5	1.39	5 020	435.2	0.12	522	4 498
1993	460.4	1.56	7 180	583.4	0.13	758	6 422
1994	639.4	1.15	7 350	695	0.11	783	6 567
1995	612.2	0.98	6 000	665.4	0.26	1 780	4 220
1996	552.0	0.9	4 960	600.1	0.1	1 810	3 150
1997	668.8	1.18	7 890	727.5	0.66	4 780	3 110
1998	462.8	0.86	3 980	503.1	0.27	1 360	2 620
1999	539.1	1.24	6 680	586.1	0.32	1 850	4 830
2000	536.7	1.06	5 680	613.1	0.19	1 140	4 540
2001	551.1	0.96	5 290	661.6	0.31	2 060	3 230
2002	502.2	1.17	5 870	542.4	0.45	2 440	3 430
平均 / 累计	552.4	1.12	5 991	611.4	0.30	1 753	46 617

对上游主要水文控制站点绘径流量 - 输沙量关系曲线，见图 8.1-13~ 图 8.1-15，发现关系点据往往出现 2 条或 2 条以上的带状分布。

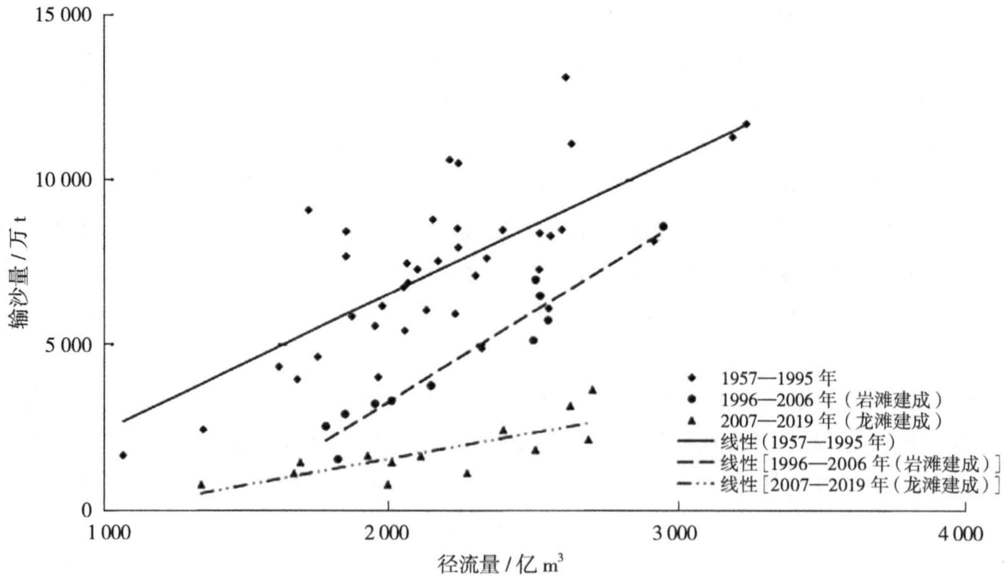

图 8.1-13　高要站年径流量与年输沙量相关关系

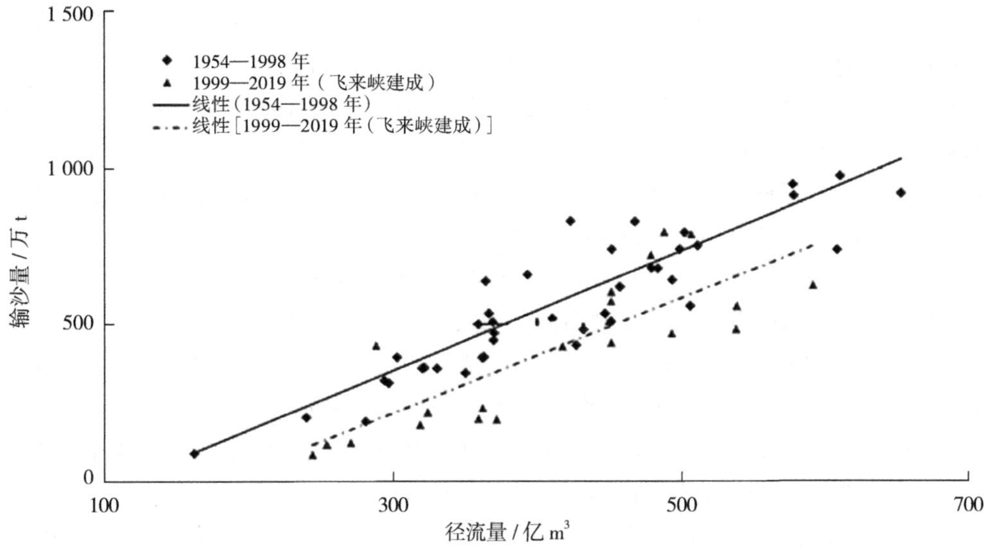

图 8.1-14　石角站年径流量与年输沙量相关关系

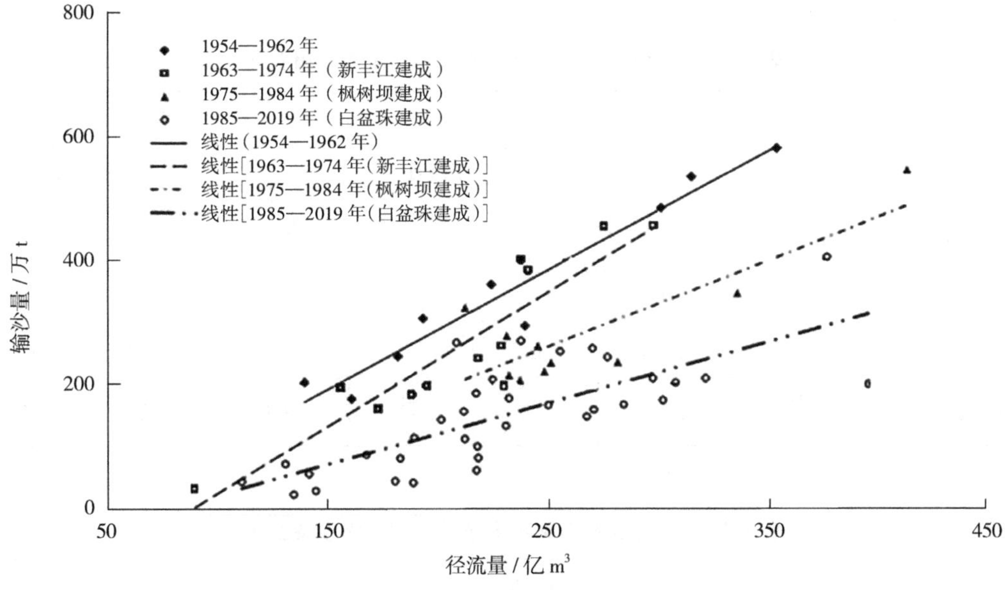

图 8.1-15　石角站年径流量与年输沙量相关关系

西江高要站以 1995 年为分界，1995 年以前的点据成一带状，1996—2006 年的点据成另一带状分布，且明显低于上一年段的点据，2007—2019 年的点据又成另一带状分布，其趋势线的斜率比上一年段的减小更为明显。岩滩水电站于 1995 年 6 月开始运行，从第二年开始明显影响下游河道的水沙关系，龙滩水电站于 2006 年 11 月蓄水，长洲水电站于 2007 年开始并网发电，水电站的运行进一步影响下游河道水沙关系，在相同量级的年径流量条件下年输沙量大幅度减小。

北江石角站以 1998 年为分界，1998 年以前的点据成一带状，1998 年以后的点据成另一带状分布，且明显低于上一年段的点据。飞来峡水电站于 1999 年 3 月开始蓄水，因为是在汛期之前蓄水，从当年开始即影响下游河道的水沙关系。

东江博罗（二）站大体分为 4 条带状，分别对应 1954—1962 年、1963—1974 年、1975—1984 年、1985—2019 年的点据，其趋势线逐步往右移，反映出在相同量级的年径流量条件下年输沙量逐步减小。第一条带状对应是东江三大水库未建前较天然的状态，第二条带状对应的是建成了新丰江水库（1962 年竣工）情形，第三条带状对应的是建成了枫树坝水库(1974 年 11 月正式发电)状况，第四条带状对应的是建成了白盆珠水库(1984 年 9 月蓄水)，三大水库联合运行后的结果，每建成一座水库后，出现新的一条分布带。

由此可见，水库的运行对输沙量的影响明显，每建成一座水库，均不同程度地影响下游河道的水沙关系，表现为相同量级的年径流量条件下年输沙量的减小。

以水库运行为节点，分不同年段统计平均年径流量、平均年输沙量，见表 8.1-11~表 8.1-13。由表所见，西江高要站、北江石角站平均年径流量变化很小，与第一个年段比，均小于 5%，而平均年输沙量却大幅减小，其中高要站第三个年段比第一个年段小 75%，石角站第二个年段比第一个年段小 28%。博罗（二）站不同年段平均年径流量变化稍大一些，第四年段与第一年段比，仅减小 1%，而平均年输沙量减小 57%。

表 8.1-11　西江高要站不同年段平均年输沙量变化

年段	水库运行	径流量			输沙量		
		平均 / 亿 m^3	与第一年段比		平均 / 万 t	与第一年段比	
			差值 / 亿 m^3	比重 / %		差值 / 万 t	比重 / %
1957—1995 年		2 186			7 330		
1996—2006 年	岩滩水库	2 234	48	2	4 583	−2 747	−37
2007—2019 年	岩滩、龙滩、长洲	2 149	−37	−2	1 810	−5 520	−75

表 8.1-12　北江石角站不同年段平均年输沙量变化

年段	水库运行	径流量			输沙量		
		平均 / 亿 m^3	与第一年段比		平均 / 万 t	与第一年段比	
			差值 / 亿 m^3	比重 / %		差值 / 万 t	比重 / %
1954—1998 年		423.1			581		
1999—2019 年	飞来峡	409.1	−14	−3	421	−160	−28

表 8.1-13　东江博罗（二）站不同年段平均年输沙量变化

年段	水库运行	径流量			输沙量		
		平均 / 亿 m^3	与第一年段比		平均 / 万 t	与第一年段比	
			差值 / 亿 m^3	比重 / %		差值 / 万 t	比重 / /%
1954—1962 年		234.0			354		
1963—1974 年	新丰江	210.5	−23.5	−10	264	−90	−25
1975—1984 年	新丰江、枫树坝	268.6	34.6	15	287	−67	−19
1985—2019 年	新丰江、枫树坝、白盆珠	230.5	−3.5	−1	151	−203	−57

8.1.4　上游来沙变化与河道演变趋势分析

通过多期地形资料和遥感影像对比，分析河道的平面形态以及河床冲淤变化特征，对于地形资料缺乏的河段，通过遥感影像对比，分析河道平面形态变化。本次主要分析西江、北江和东江下游河段河道演变情况。

河道来沙量变化是河道演变的重要影响因素，与径流量、河道采砂、航道建设等共同影响着河道的形态和变化趋势。

8.1.4.1　西江下游河段（梧州—思贤滘）

通过对比西江下游河段（梧州—思贤滘）1999 年 6 月、2004 年 6 月、2014 年 7—11 月地形资料（比例尺为 1∶5 000~1∶10 000）和 1999 年、2005 年、2016 年遥感影像资料（分辨率为 2~15 m），从河道平面形态变化来看，西江下游大部分河道平面形态基本保持稳定，两岸抗冲击能力较强，局部河段存在不稳定因素，如云浮市郁南县都城大堤、罗旁镇建城河、云安县城；肇庆市封开县车地，德庆县六水、回龙镇政府、德庆县城、马圩河、悦城镇，高要区上围村、大湾镇、金渡镇，鼎湖区广利镇、永安镇、青歧镇河段及佛山市南海区九江镇附近河段都存在不同程度的水流顶冲、深槽迫岸、堤脚冲刷、基础不稳、河岸崩塌等现象。1999 年以来，西江下游河段累计冲刷量达 73 292.1 万 m^3，年均冲刷量 4 580.8 万 m^3，其中 1999—2004 年间冲刷量为 9 218.8 万 m^3，仅封川—罗旁河段出现淤积；2004 年后河道冲刷量为 64 073.1 万 m^3，淤积河段位于高要—石咀电排站段，见表 8.1-14。从河床深泓高程变化来看，1999 年以来河道深泓高程普遍下切，局部河段深泓有所淤浅，见图 8.1-16。

表 8.1-14　西江下游河段（梧州—思贤滘）河道冲淤量统计

分段	上下段分界点	河道冲淤量 / 万 m^3			冲淤强度 / [万 m^3/(a·km)]	
		分段	1999—2004 年	2004—2014 年	1999—2004 年	2004—2014 年
梧州—罗旁	封川	上段	-301.6	-8 301.2	-1.9	-28
		下段	1 973.5	-4 942.3	11.5	-15.8
罗旁—悦城	南江口	上段	-345.5	-4 046.4	-2.1	-13.6
		下段	-1 367.7	-8 538.1	-6.3	-21.5
悦城—高要	笋围	上段	-1 512.6	-9 518.2	-8.9	-30.5
		下段	-808.9	-4 735.3	-5.6	-17.9
高要—思贤滘	石咀电排站	上段	-2 507.4	1 236.5	-21.3	5.7
		下段	-4 348.6	-25 228.1	-31.8	-100.6
合计			-73 292.1		-22.1	

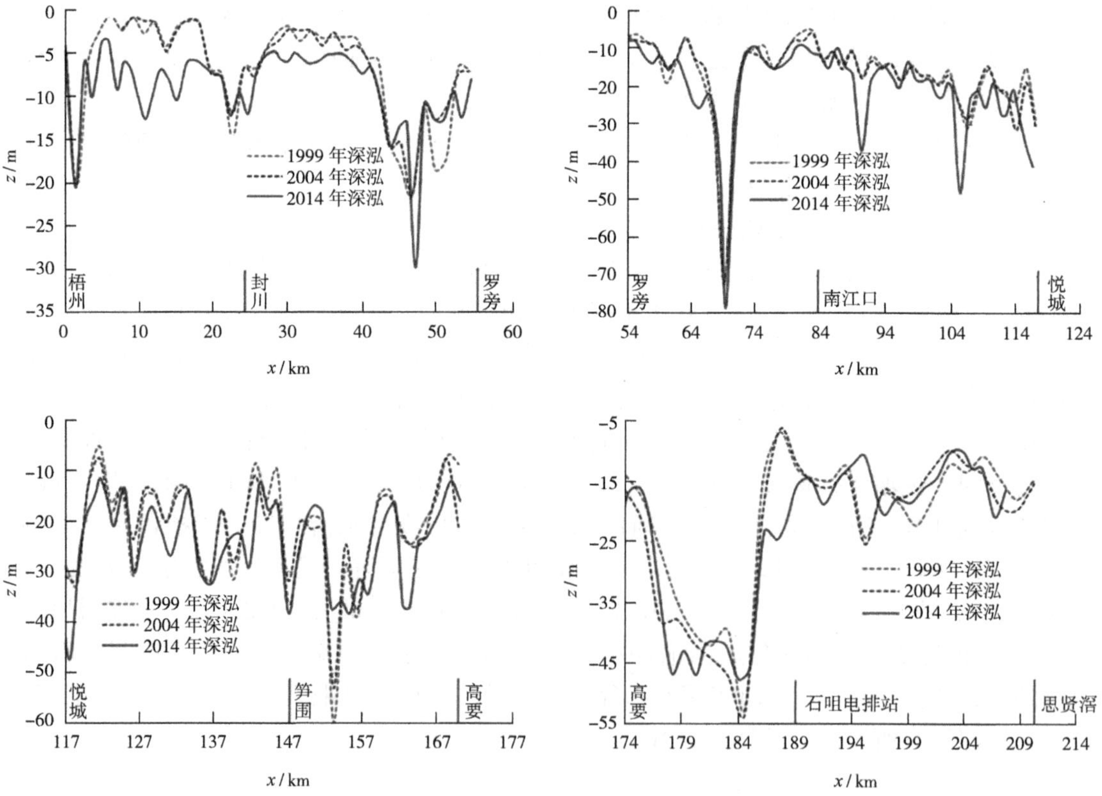

图 8.1-16　西江下游河段（梧州—思贤滘）河道深泓高程沿程变化

西江下游河段冲淤变化特征与人类活动关系密切，近几年由于大规模河道采砂普遍集中于悦城以下河段，其下游河段河床下切明显；上游红水河、郁江、浔江上多项大、中型水库的建设，减少了下游泥沙的供给，梧州站从 20 世纪 90 年代以来输沙量呈下降趋势；随着西江干流成为航运的黄金水道，大量航道整治工程正在实施，西江下游干流河道将向窄深发展。

综上所述，西江下游大部分河道平面形态基本保持稳定，两岸抗冲击能力较强，局部河段存在不同程度的水流顶冲、深槽迫岸、堤脚冲刷、基础不稳、河岸崩塌等现象。在河道冲淤方面，西江干流下游河道在 2004 年前河床整体以下切为主，2004 年后冲刷强度有所减缓，局部河段由冲刷转为淤积，由于采砂活动主要集中于悦城以下河段，下游河床下切幅度大于上游，河床向窄深趋势演变。未来西江下游淤积河段主要位于梧州城区—郁南县城的丁坝坝田区，砚洲、金鱼沙、石九村及其上游等河宽突然展宽河段，云浮大河等河湾凸岸及下游河段，砂源区分布与上述淤积河段基本一致；冲刷河段主要位于德庆至高要城区的峡谷河段和羚羊峡河段，见图 8.1-17。

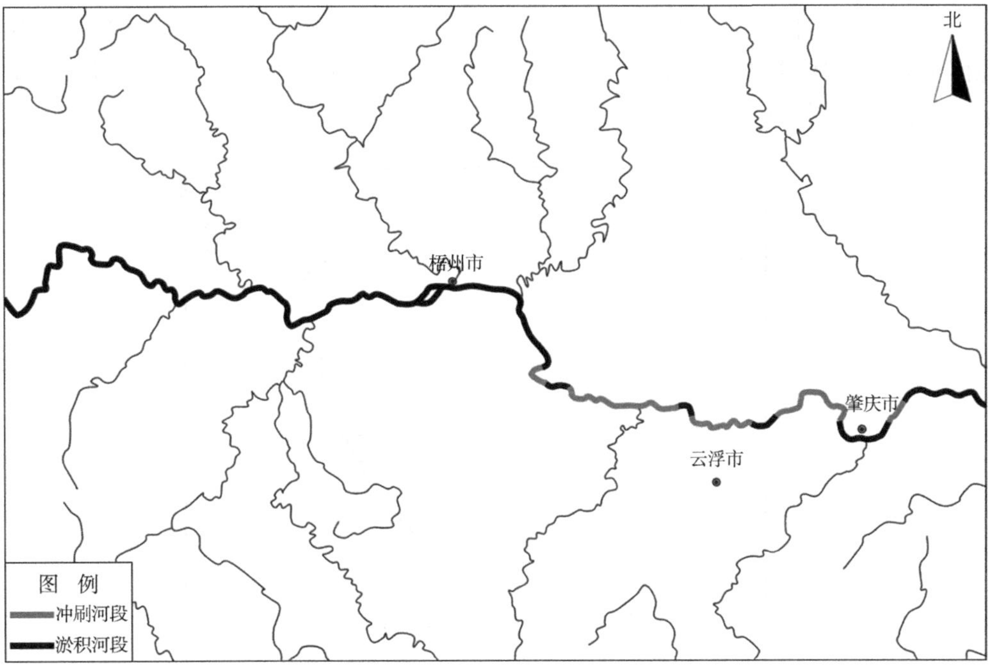

图 8.1-17　西江主要淤积区、冲刷区示意图

8.1.4.2　北江下游河段（清远白庙—思贤滘）

北江下游河段（清远白庙—思贤滘）分析资料包括 2001 年 7—8 月、2011 年 8 月至 2012 年 2 月、2020 年 4—9 月地形资料（比例尺为 1:5 000~1:10 000）和 1999 年、2005 年、2016 年遥感影像资料（分辨率为 2~15 m）。

清城区清远大桥附近河段，石角镇附近弯道河段，新丰、高岗、芦苞镇、黄塘村河段不同程度存在水流顶冲、深槽迫岸、基础不稳、堤脚冲刷等现象。2001—2011 年间地形资料对比显示，清远以上河段河槽变深，深槽变得连贯，淤积主要发生在河道两侧边滩，特别是北江大桥与凤城大桥之间的左岸沙洲区域及伦洲岛。受北江航道整治的影响，清远—伦洲段航槽被疏浚贯通，原来水深良好的下游及边滩有所回淤。2011—2020 年间，清远水利枢纽至思贤滘河段整体以冲刷为主，河床容积增加 501.4 万 m^3，清远水利枢纽上下游约 17 km 范围河道深泓下切显著，其余河段深泓呈冲淤交替。

从演变趋势来看，清远以上河段在清远水利枢纽建设前，演变较为复杂，上游受伦洲岛分汊河道影响，下游受无序采砂活动影响。目前，本河段无序采砂现象已经基本得到控制，随着清远水利枢纽的建成运行，库区河段水流缓慢，泥沙淤积，下切趋势将终止并转向淤积，而在枢纽下游受清水下泄影响，冲刷将有所增强。

综上所述，水库建设对白庙以上河段演变影响较大，整体呈现库区淤积、坝下河段冲刷的特征。2011 年前，韶关—清远白庙河段在库区淤积，坝下冲刷，白庙以下河段深槽下切，局部浅滩淤积；2011 年后，濛里水电站以上河段仍以淤积为主，由于采砂影响，濛里水电站以下河段以冲刷下切为主。白庙以下河段在清远水利枢纽附近深泓下切显著，其余河段深泓呈冲淤交替特征。未来北江下游淤积河段主要位于清远水利枢纽——白庙段，邓塘洲、芦苞洲、界牌洲等河宽突然展宽河段，石角—邓塘洲丁坝密集河段的坝田区，砂源区分布与上述淤积河段基本一致；冲刷区域主要位于主航道和清远水利枢纽大坝下游附近河段，见图 8.1-18。

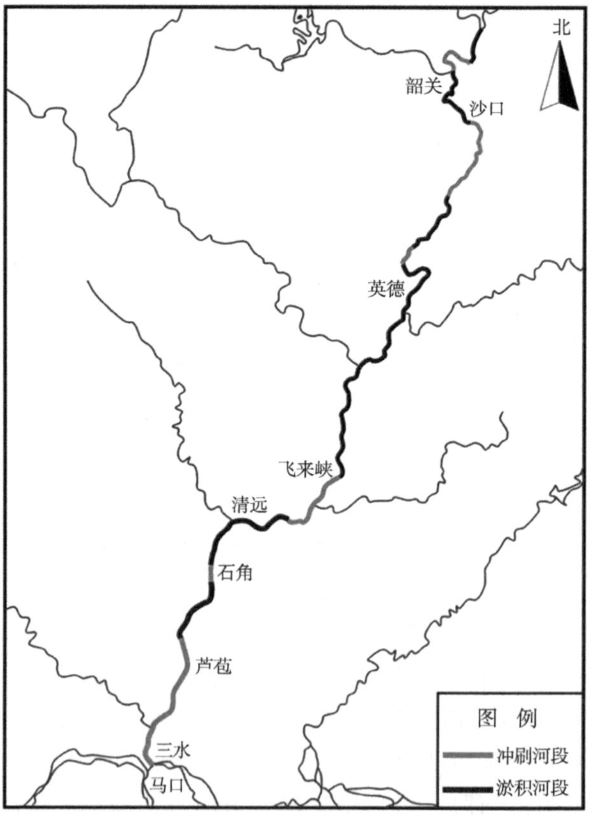

图 8.1-18　北江主要淤积区、冲刷区示意图

8.1.4.3　东江下游河段（观音阁—石龙）

东江下游河段（观音阁—石龙）分析资料包括 2002 年 5 月至 2003 年 4 月、2009 年 8—9 月、2011 年 11 月至 2012 年 1 月、2015 年 9 月至 2016 年 12 月地形资料（比例尺为 1∶5 000~1∶10 000）和 1990 年、2012 年、2014 年遥感影像资料（分辨率为 2~15 m）。

惠州市惠城区东园村、仍图镇区、横沥镇区、上马寮村、惠州疏港大桥上游、黄村、新屋仔等河段，博罗县白莲湖、黄屋、龙叫河段；东莞市东平东江大桥下游左岸、赤坎、鲤鱼洲左岸河段均有不同程度的深槽迫岸、堤脚冲刷等现象。2002—2016 年间地形资料对比显示，观音阁—石龙段河道宽度整体保持平稳，水深整体上呈下切变深趋势，宽深比相应减小，2009—2016 年中部河段下切明显，断面面积整体增大。从冲淤量变化来看，2003—2009 年间，河段整体呈冲刷状态，冲刷量为 18 844.13 万 m^3，冲淤变化主要集中在中下段，中段紫金村段河道淤积明显，镰刀沥稍有淤积，下段冲刷显著；2009—2016 年间，河道整体呈冲刷状态，冲刷量为 638 万 m^3，河道下切幅度较 2009 年前显著减缓，见图 8.1-19。

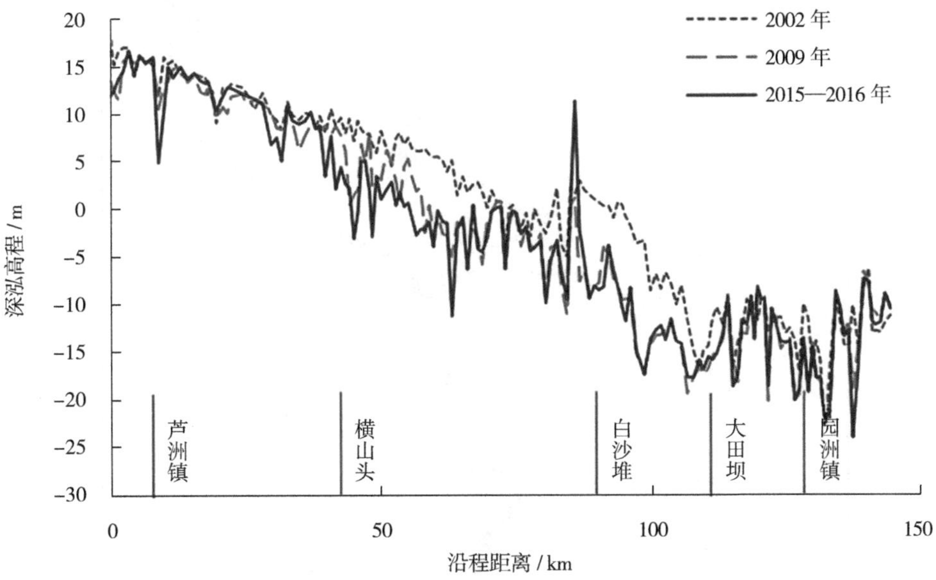

图 8.1-19　东江下游河段（观音阁—石龙）河道深泓高程沿程变化

从演变趋势来看，枫树坝—河源河段的梯级水电站和丁坝工程建设对河床冲淤有一定影响，但影响程度有限，河道基本处于自然演变状态，河床冲淤交替，表现为轻微淤积。水电站坝下局部河段受水库清水下泄影响将保持冲刷。

河源以下河段受自然节点和堤防的控制，河道岸线及平面形态将基本保持稳定，平面形态的演变主要表现为边滩及江心洲的交替，河势不会出现重大变化。上游三大水库（新丰江、枫树坝、白盆珠）的建设，使得下游河道来沙量呈减少的态势，输沙率减少幅度远大于径流的变化率。在径流量基本保持不变的情况下，输沙量的减少使得水体挟沙力增加，河床呈冲刷状态。

综上所述，东江河床平面形态基本稳定，局部河段存在深槽迫岸、堤脚冲刷现象。河道冲淤方面，由于受采砂活动影响较小，东江枫树坝至河源河段以淤积为主；河源至观音阁河段在2012年后由冲刷转为淤积，但淤积强度不大；由于上游来沙量的减少，观音阁至石龙河段在2009年后仍以冲刷下切为主，但幅度显著减缓，目前河床处于采砂后的恢复期。未来东江枫树坝—河源段库区河段将以淤积为主；河源以下的潮沙洲、钳头岭、鹅塘洲、合竹洲、鲤鱼洲等河宽突然展宽处河段，观音阁、横沥等河湾凸岸及下游河段，沥口水电站—横沥丁坝密集河段的坝田区也将以淤积为主。河段砂源区分布与上述淤积河段基本一致，冲刷区主要位于枫树坝、黄田、木京、剑潭、沥口、风光等水电站坝下河段和河宽突然束窄河段，见图8.1-20。

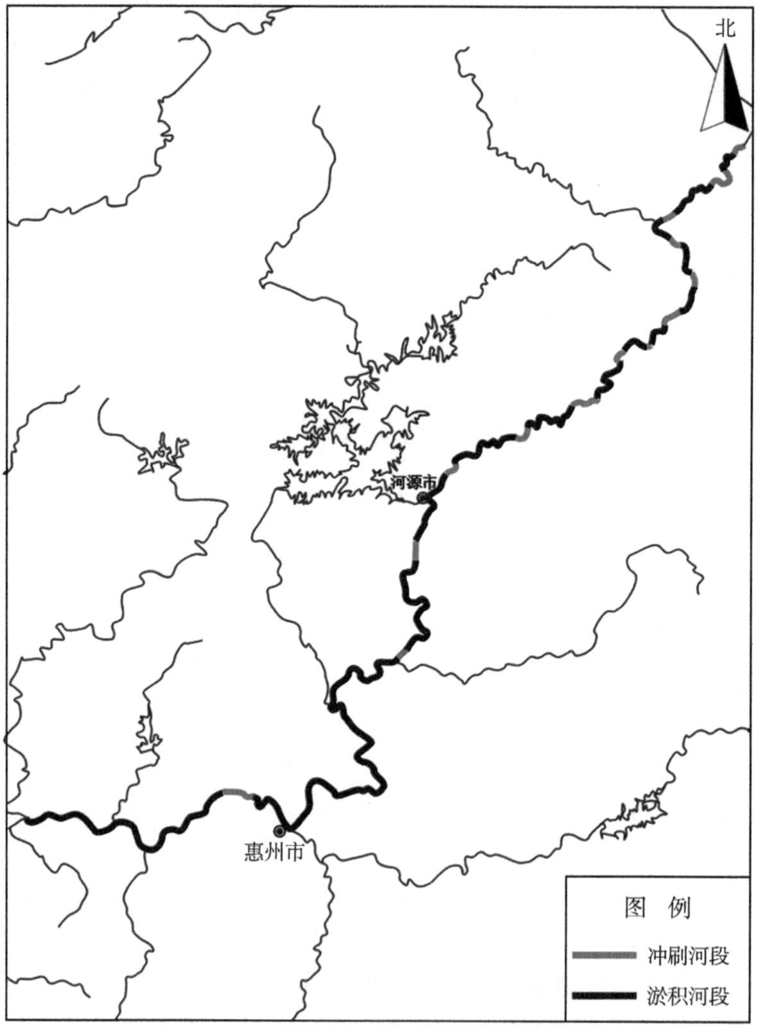

图8.1-20　东江主要淤积区、冲刷区示意图

上述分析所得出的河道演变特征，是河道来水来沙量变化、河道采砂、航道疏浚等自然因素和人为因素共同作用的结果。

8.2　网河区泥沙特征及时空分布规律

珠江三角洲是典型的网河水道，由多个河汊汇合形成，水道如织，其水沙特征变化也十分复杂。20世纪八九十年代以来，受人类活动和上游来水来沙条件改变的影响，西北江三角洲网河河道发生了显著的变化，由此导致部分水道的输沙量、分沙比等与20世纪80年代末期以前有较大的差异。主要表现在分汊口、八大口门分流分沙比，以及含沙量、输沙量等水文要素出现剧变等现象。除受自然条件的影响外，珠江三角洲地区的联围筑闸、河道采砂、修筑桥梁、滩涂围垦、港航建设等人类活动，加速改变了网河区河道及八大入海口门的水沙运动规律和分配，从而导致河道水下地形也随之发生变化。

珠江三角洲地区水文变异导致基于历史水文资料的水文预报成果与现状成果偏离加大。因此，对泥沙时空分布特征及发展规律的分析和研究，以及与地形相互演变关系的探索将为网河区相关开发利用规划的制定、自然灾害抵御、综合治理等方面都有着重要意义。本章基于目前泥沙观测资料对网河区泥沙时空分布与变化特征及与地形演变的关系和变化趋势进行分析。

8.2.1　网河区水系特点

珠江河口由河网三角洲及口门河口湾两部分组成。三角洲由西、北江思贤滘以下，东江石龙以下河网水系和入注三角洲的诸河组成，集水面积 26 820 km^2，其中河网区面积 9 750 km^2。入注三角洲的中小河流主要有潭江、流溪河、增江、沙河、高明河、深圳河等。

三角洲河网区内河道纵横交错，其中西江、北江水道互相贯通，形成西北江三角洲，集雨面积 8 370 km^2，占三角洲河网区面积的 85.8%，主要水道近百条，总长约 1 600 km，河网密度为 0.81 km/km^2，思贤滘及东海与西海水道的分汊点是西北江三角洲河网区重要的分流分沙节点，其水沙分配变化将对河网区水文情势产生重大的影响；东江三角洲隔狮子洋与西北江三角洲相望，基本上自成一体，集雨面积 1 380 km^2，仅占三角洲河网区面积的 14.2%，主要水道 5 条，总长约 138 km，河网密度为 0.88 km/km^2。

珠江河口及河网水系见图 8.2–1。

西江的主流从思贤滘西滘口起，向南偏东流至新会区天河，长 57.5 km，称西江干流水道；天河至新会区百顷头，长 27.5 km，称西海水道；从百顷头至珠海市洪湾企人石流入南海，长 54 km，称磨刀门水道。主流在甘竹滩附近向北分汊经甘竹溪与顺德水道贯通；在天河附近向东南分出东海水道，东海水道在海尾附近又分出容桂水道和小榄水道，分别流向洪奇门和横门出海；主流西海水道在太平墟附近分出古镇水道，至古镇附近又流回西海水道；在北街附近向西南分出江门水道流向银洲湖；在百顷头分出石板沙水道，该水道又分出荷麻溪、劳劳溪与虎跳门水道、鸡啼门水道连通；至竹洲头又分出螺洲溪流向坭湾门水道，并经鸡啼门水道出海。

北江主流自思贤滘北滘口至南海紫洞，河长 25 km，称北江干流水道；紫洞至顺德张松上河，长 48 km，称顺德水道；从张松上河至番禺小虎山淹尾，长 32 km，称沙湾水道，

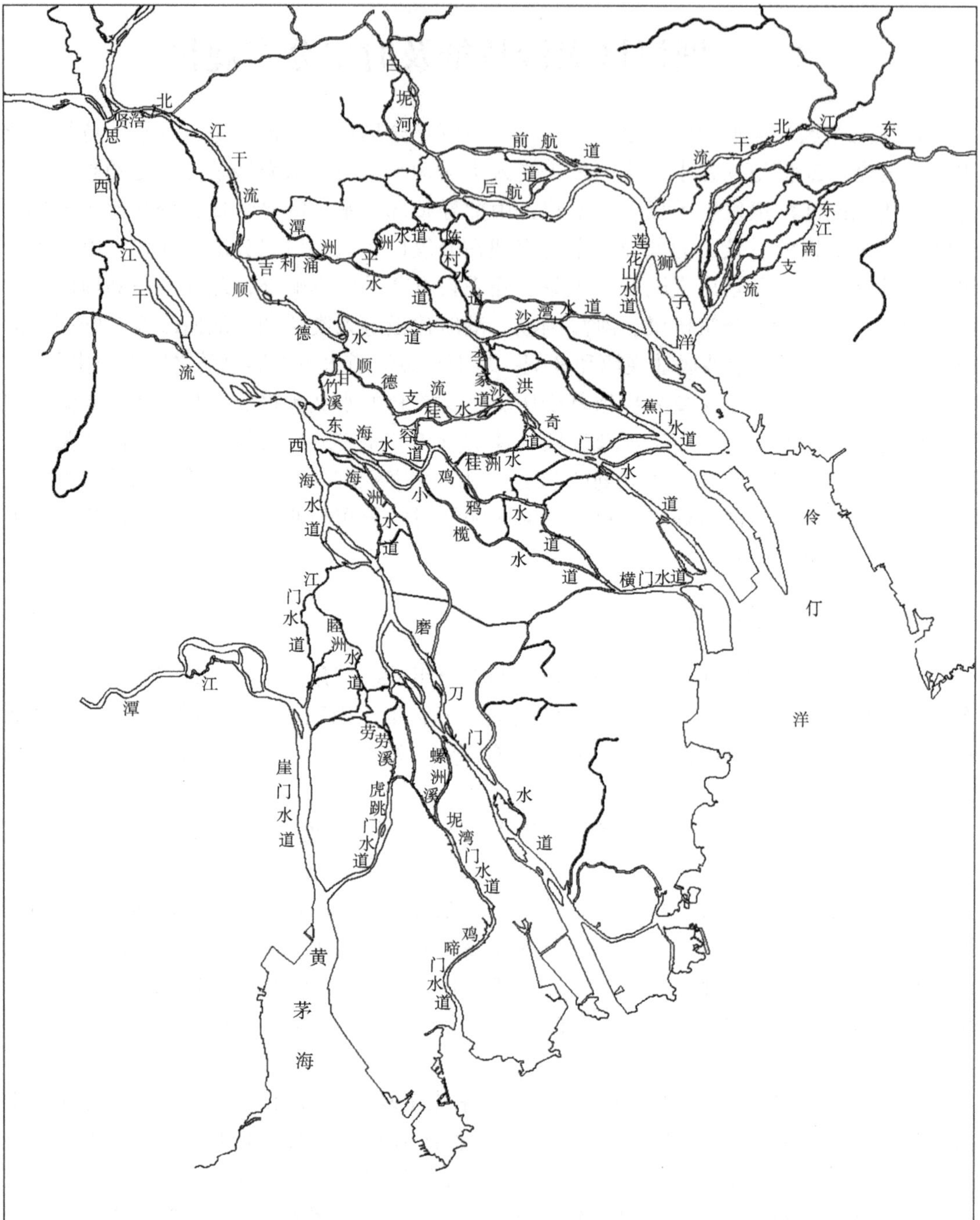

图 8.2–1　珠江河口及河网水系

然后入狮子洋经虎门出海。北江主流分汊很多：在三水市西南分出西南涌与芦苞涌汇合后再与流溪河汇合流入广州水道，至白鹅潭又分为南北两支，北支为前航道，南支为后航道，后航道与佛山水道、陈村水道等互相贯通，前后航道在剑草围附近汇合后向东注入狮子洋；在南海紫洞向东分出潭洲水道，该水道又于南海沙口分出佛山水道，在顺德登洲分出平洲水道，并在顺德沙亭又汇入顺德水道；顺德水道在顺德勒流分出顺德支流水道，与甘竹溪连通，在容奇与容桂水道相汇后入洪奇门出海；在顺德水道下段分出李家沙水道和沙湾水道，李家沙水道在顺德板沙尾与容桂水道汇合后进入洪奇门出海；沙湾水道在番禺磨碟头分出榄核涌、西樵分出西樵水道、基石分出骝岗水道，均汇入蕉门水道。

东江流至石龙以下分为两支，主流东江北干经石龙北向西流至新家埔纳增江，至白鹤洲转向西南，最后在增城番禺东联围流入狮子洋，全长 42 km；另一支为东江南支流，从石龙以南向西南流经石碣、东莞，在大王洲接东莞水道，最后在东莞洲仔围流入狮子洋。东江北干流在东莞乌草墩分出潢涌，在东莞斗朗又分出倒运海水道，在东莞湛沙围分出麻涌河；倒运海水道在大王洲横向分出中堂水道，此水道在芦村汇潢涌，在四围汇东江南支流；中堂水道又分出纵向的大汾北水道和洪屋涡水道，这些纵向水道均流入狮子洋经虎门出海。

西江、北江、东江水沙流入三角洲后经八大口门出海，珠江河口八大口门按地理分布情况分为东、西两部分，东四口门为虎门、蕉门、洪奇门和横门，其水沙注入伶仃洋河口湾；西四口门为磨刀门、鸡啼门、虎跳门和崖门，其中磨刀门直接注入南海，鸡啼门注入三灶岛与高栏岛之间的水域，虎跳门和崖门注入黄茅海河口湾。八大口门动力特性不尽相同，泄洪纳潮情况不一，磨刀门、横门、洪奇门、蕉门、鸡啼门、虎跳门为河优型河口，以河流作用为主，其中磨刀门泄洪量居八大口门之首；位于东、西两侧的虎门和崖门属于潮优型河口，以潮汐作用为主，其中虎门的潮汐吞吐量排在八大口门首位。

8.2.2 时间分布与变化特征

珠江三角洲网河区具有长系列泥沙观测资料的站点只有三水（二）站、马口站（本次采用系列 1960—2020 年），因此针对这 2 个站点进行长系列泥沙变化特征分析。

西江水道、北江水道是珠江的两条主要河流，在思贤滘短暂交汇，水量重新分配后经马口、三水（二）站分别进入西江干流水道和北江干流水道。马口站、三水（二）站是西、北江上游泥沙进入西、北江干流水道的控制站。

8.2.2.1 三水（二）、马口站泥沙年际变化特征

1. 含沙量年际变化特征

三水（二）、马口站多年平均含沙量分别为 0.16 kg/m³、0.25 kg/m³（见表 8.2-1），马口站多年平均含沙量约是三水（二）站的 1.6 倍，相差不大。三水（二）、马口站含沙量年际变化相对较大，三水（二）、马口站最大年含沙量与最小年含沙量的比值分别为 11.3 和 12.0（见表 8.2-2）。

表 8.2-1 三水（二）、马口站 1960—2020 年含沙量特征值

站名	多年平均含沙量 /（kg/m³）	含沙量 /（kg/m³）					参数值
		20%	50%	75%	90%	95%	
三水（二）	0.16	0.24	0.17	0.12	0.09	0.07	C_v=0.45 C_s/C_v=2
马口	0.25	0.35	0.23	0.15	0.1	0.08	C_v=0.53 C_s/C_v=2

表 8.2-2　三水（二）、马口站 1960—2020 年含沙量极值及极值比

站名	所在河道	极大值 /（kg/m³）	发生年份	极小值 /（kg/m³）	发生年份	极值比
三水（二）	西江干流水道	0.34	1991	0.03	2018	11.3
马口	北江干流水道	0.60	1991	0.05	2011	12.0

从三水（二）、马口站逐年含沙量过程线可看出，三水（二）、马口站含沙量呈现波动变化，且年际波动幅度较大，受上游拦蓄工程等人类活动影响，20 世纪 90 年代之后均出现明显下降趋势，见图 8.2-2、图 8.2-3。1990 年之前三水（二）、马口站多年平均含沙量分别为 0.22 kg/m^3、0.33 kg/m^3，1990 年之后分别为 0.13 kg/m^3、0.17 kg/m^3，分别减少 0.09 kg/m^3、0.16 kg/m^3，减少幅度分别为 40.9%、48.5%，减少幅度较大，见表 8.2-3。

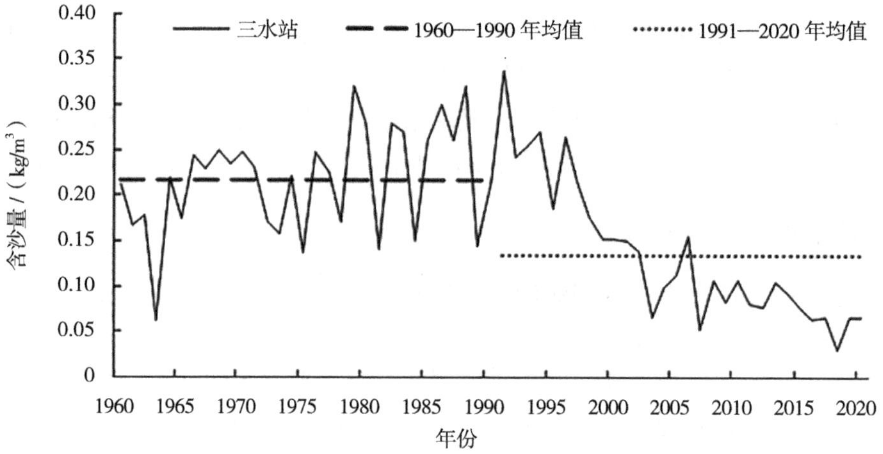

图 8.2-2　三水（二）站 1960—2020 年含沙量过程线

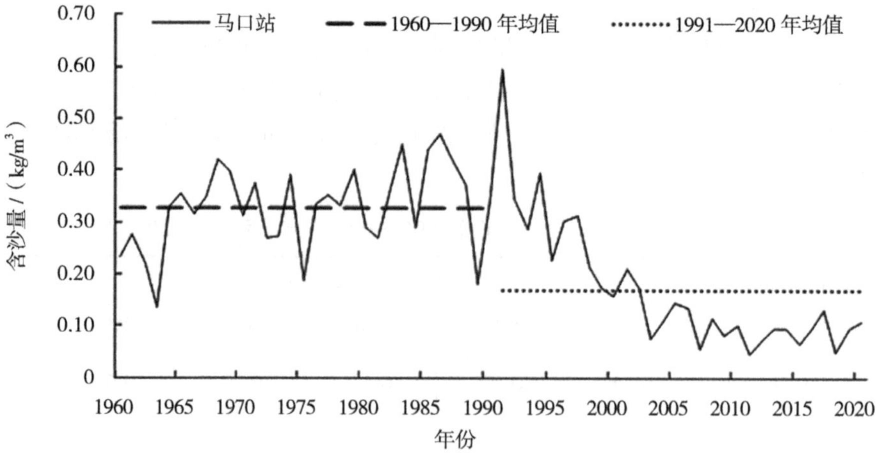

图 8.2-3　马口站 1960—2020 年含沙量过程线

表 8.2–3　三水（二）、马口站 1990 年前后多年平均含沙量对比

站名	多年平均含沙量 /（kg/m³）			减少幅度 / %
	1990 年之前	1990 年之后	减少	
三水（二）	0.22	0.13	0.09	40.9
马口	0.33	0.17	0.16	48.5

2. 输沙量年际变化特征

三水（二）、马口站多年平均输沙量分别为 808 万 t、5 641 万 t（见表 8.2–4），三水（二）站和马口站（以下简称“马 + 三”站）多年平均输沙量总和为 6 445 万 t。马口站多年平均年输沙量约为三水（二）站的 7.0 倍，马口站输沙能力远大于三水（二）站，表明来自西、北江的泥沙主要通过西江干流水道进入珠江三角洲网河区。

三水（二）、马口、“马 + 三”站输沙量年际变化较大。三水（二）、马口、“马 + 三”站最大年输沙量与最小年输沙量的比值分别为 32.16、20.58 和 15.81，见表 8.2–5。

表 8.2–4　三水（二）、马口、“马 + 三”站 1960—2020 年输沙量特征值

站名	多年平均输沙量 / 万 t	年输沙量 / 万 t					参数值
		20%	50%	75%	90%	95%	
三水（二）	808	1 118	738	505	345	268	C_v=0.51 C_s/C_v=2
马口	5 641	8 019	5 042	3 278	2 107	1 572	C_v=0.57 C_s/C_v=2
“马 + 三”	6 445	9 089	5 809	3 843	2 520	1 907	C_v=0.55 C_s/C_v=2

表 8.2–5　三水（二）、马口、“马 + 三”站 1960—2020 年输沙量极值及极值比情况

站名	所在河道	极大值 / 万 t	发生年份	极小值 / 万 t	发生年份	极值比
三水（二）	西江干流水道	1 833	1994	57	1963	32.16
马口	北江干流水道	13 235	1968	643	2011	20.58
“马 + 三”	思贤滘	14 785	1968	935	2011	15.81

从三水（二）、马口、“马 + 三”站年输沙量过程线（见图 8.2–4~ 图 8.2–6）可以看出，三水（二）、马口、“马 + 三”站年输沙量呈现波动变化，且年际波动幅度较大，受上游拦蓄工程等人类活动的影响，20 世纪 90 年代之后呈明显下降趋势。1990 年之前三水（二）、马口、“马 + 三”站多年平均输沙量分别为 855 万 t、7 730 万 t、8 585 万 t，1990 年之后分别为 757 万 t、3 478 万 t、4 235 万 t，分别减少 98 万 t、4 252 万 t、4 350

万 t，减少幅度分别为 11.5%、55.0%、50.7%，除三水（二）站减少幅度略小外，其余减少幅度较大，见表 8.2-6。

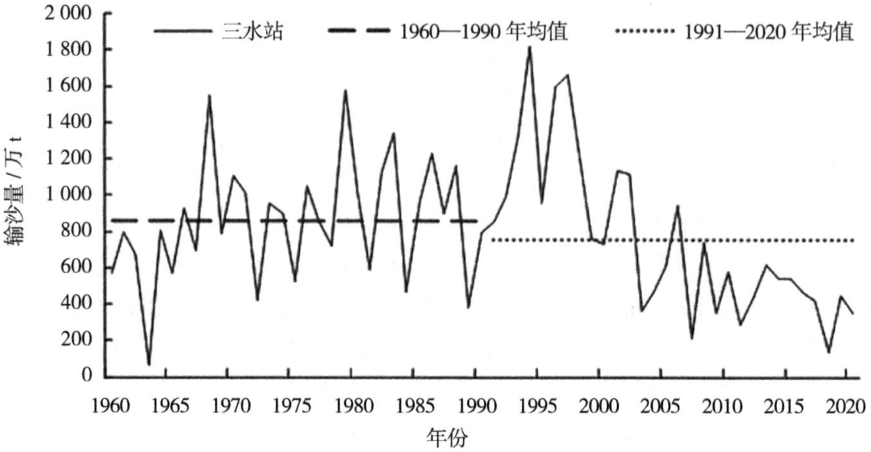

图 8.2-4 三水（二）站 1960—2020 年输沙量过程线

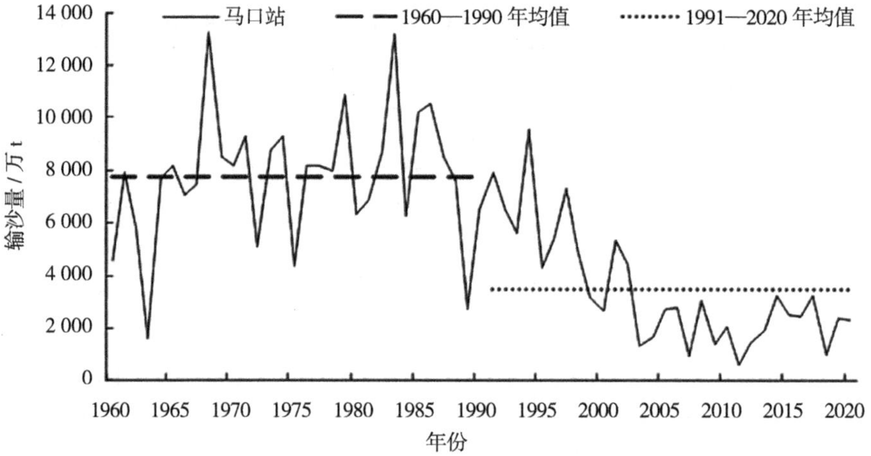

图 8.2-5 马口站 1960—2020 年输沙量过程线

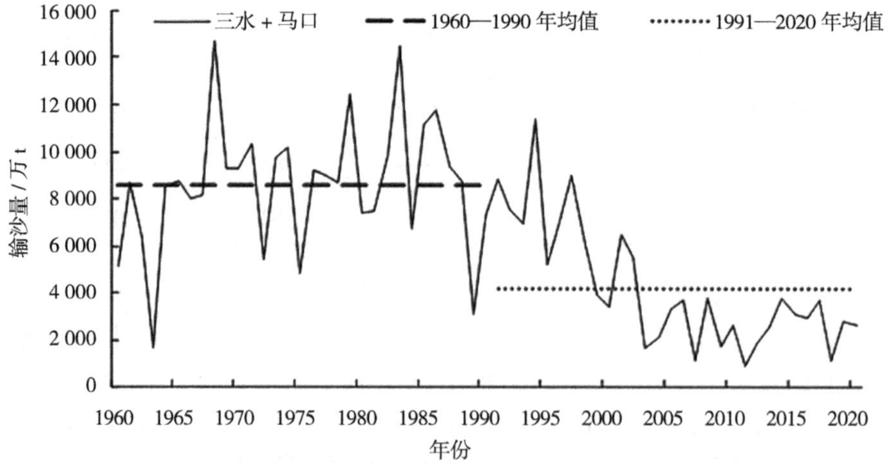

图 8.2-6 "马 + 三"站（思贤滘）1960—2020 年输沙量过程线

表 8.2–6　三水（二）、马口、“马 + 三”站 1990 年前后多年平均年输沙量对比

站名	多年平均输沙量 / 万 t			减少幅度 /%
	1990 年之前	1990 年之后	减少	
三水（二）	855	757	98	11.5
马口	7 730	3 478	4 252	55.0
“马 + 三”	8 585	4 235	4 350	50.7

3. 输沙量年际变化与径流量和含沙量关系分析

1）与径流量关系

绘制三水（二）、马口站历年输沙量与径流量过程线，如图 8.2–7 和图 8.2–8 所示，从图中可看出，三水（二）、马口站历年输沙量变化趋势与径流量变化趋势基本一致，具有同增同减的相互关系，表明输沙量变化跟径流变化联系密切，只不过在整个系列中，20 世纪 90 年代前，输沙量与径流量整体变化幅度相近，90 年代后泥沙整体下降幅度更大。三水（二）站输沙量和径流量在 90 年代初期都先经过急剧上升时期，之后都呈波动下降趋势，泥沙相对于径流下降幅度更大；马口站输沙量 90 年代后呈波动下降趋势直至 21 世纪 10 年代有趋于平稳趋势，而径流量则在整个系列中没有太过明显的上下走势，总体较为平稳。

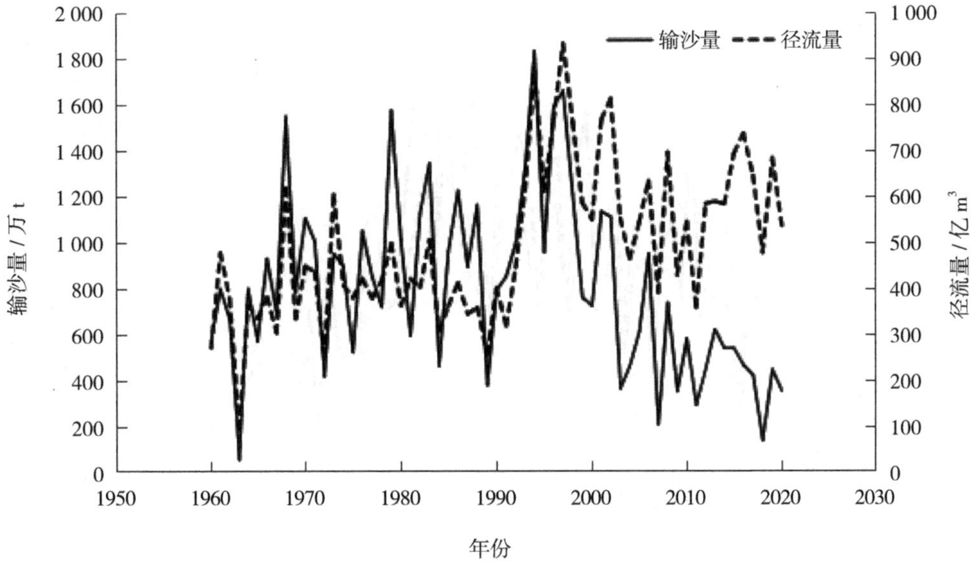

图 8.2–7　三水（二）站输沙量与径流量过程线

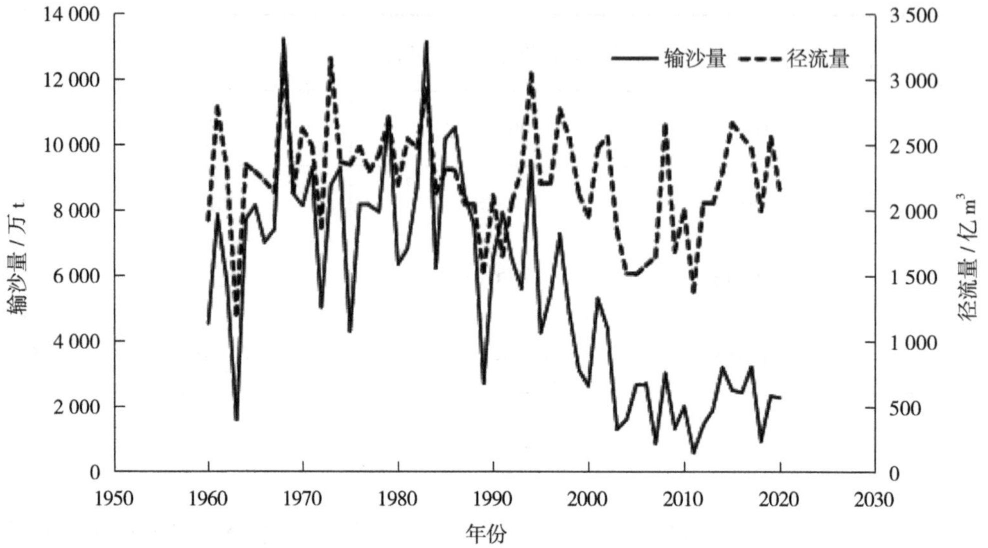

图 8.2-8　马口站输沙量与径流量过程线

2）与含沙量关系

绘制三水（二）、马口站历年输沙量与含沙量过程线，如图 8.2-9 和图 8.2-10 所示，从图中可看出，三水（二）、马口站输沙量变化趋势与含沙量变化趋势基本相同。

对三水（二）、马口站输沙量与含沙量进行相关分析，绘制相关关系图，见图 8.2-11 和图 8.2-12，分析结果如表 8.2-7 所示，三水（二）、马口站均通过相关关系显著性检验。

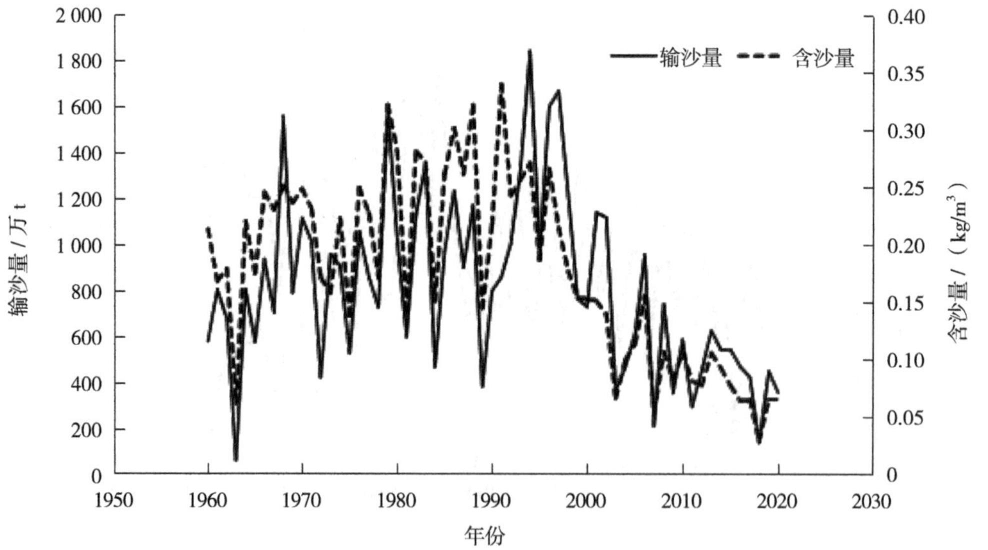

图 8.2-9　三水（二）站输沙量与含沙量过程线

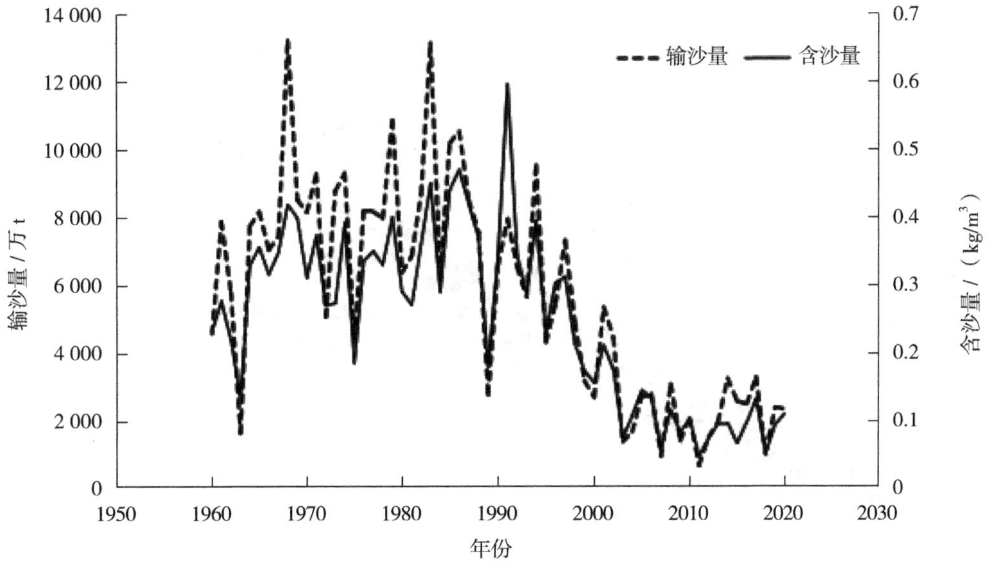

图 8.2-10　马口站输沙量与含沙量过程线

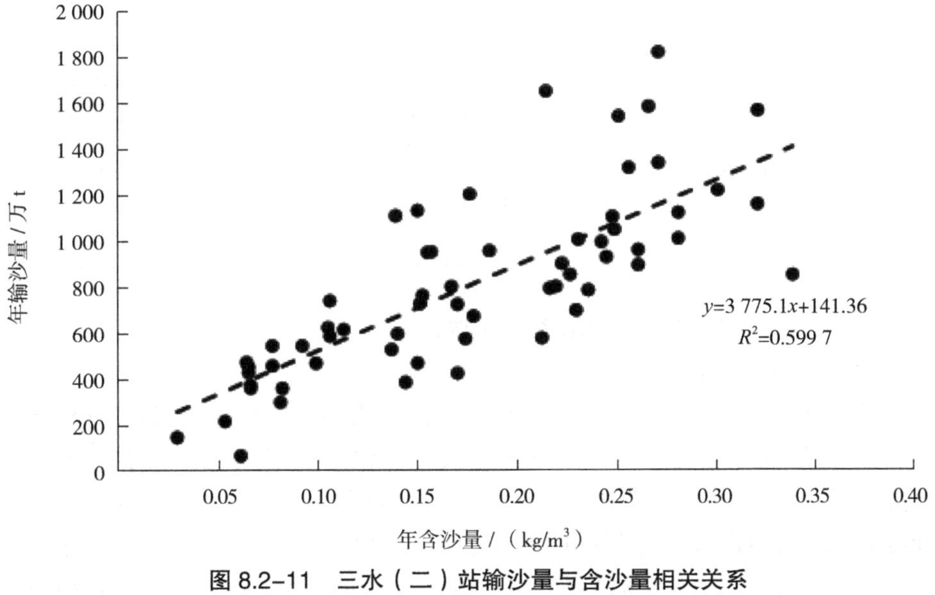

图 8.2-11　三水（二）站输沙量与含沙量相关关系

3）趋势分析

综合以上分析可知，三水（二）、马口站输沙量变化主要受径流量变化和含沙量变化综合影响，而受含沙量影响更大。从三水（二）、马口站含沙量、径流量变化趋势看，近年来两站含沙量呈逐渐降低趋势，随着上游人类活动大规模开发利用的减少，含沙量走势将逐渐趋于平稳，径流量由于上游梯级水库的调蓄作用，径流未来趋势预测也不会发生较大突变，受含沙量和径流影响，预测三水（二）、马口站输沙量下降速度会变缓并逐渐趋于稳定状态。

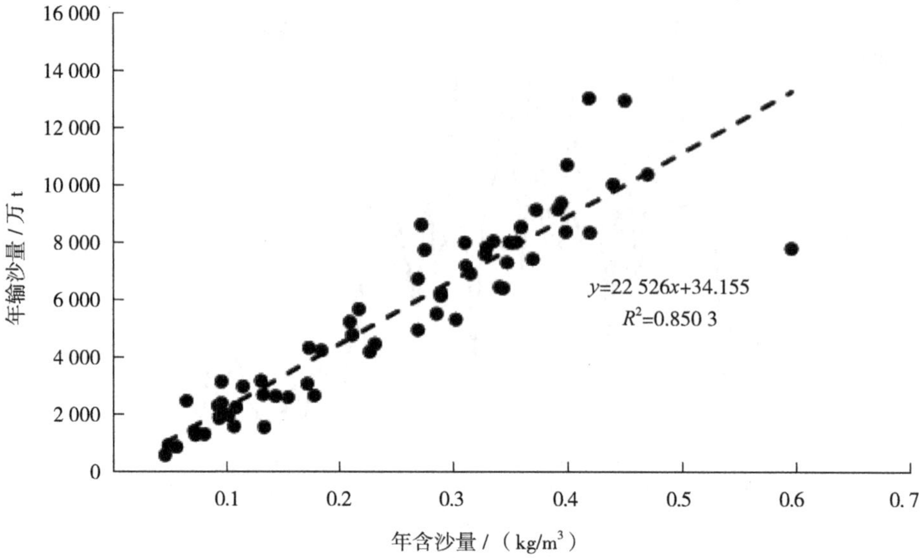

图 8.2–12　马口站输沙量与含沙量相关关系

表 8.2–7　三水（二）、马口站输沙量与含沙量相关分析结果

站名	r	r_α（n=50，α=0.05）	是否满足显著性检验
三水（二）站	0.774	0.273 2	满足
马口站	0.922		满足

8.2.2.2　三水（二）、马口站泥沙年内分配特征

1. 含沙量年内分配特征

珠江三角洲网河区汛期为每年 4—9 月，非汛期为 10 月至翌年 3 月。西江干流的马口站、北江干流的三水（二）站含沙量汛期大于非汛期。三水（二）站 1960—2020 年多年平均含沙量 0.16 kg/m^3，其中汛期多年平均含沙量 0.19 kg/m^3，非汛期多年平均含沙量 0.06 kg/m^3，汛期含沙量为非汛期的 3.2 倍。马口站 1960—2020 年多年平均含沙量 0.25 kg/m^3，其中汛期多年平均含沙量 0.31 kg/m^3，非汛期多年平均含沙量 0.06 kg/m^3，汛期含沙量为非汛期的 5.2 倍。

三水（二）、马口站汛期、非汛期输沙量占比情况见图 8.2–13。

从两站含沙量年内月分配来看，三水（二）站 1960—2020 年 61 年间，月最大含沙量主要发生在 6 月和 7 月；月最小含沙量主要发生在 1 月和 2 月。马口站月最大含沙量主要发生在 6 月和 7 月；月最小含沙量主要发生在 1 月、2 月和 12 月。

从两站多年平均含沙量情况看，三水（二）站 7 月含沙量最大，为 0.24 kg/m^3，12 月含沙量最小，为 0.02 kg/m^3。马口站 7 月含沙量最大，为 0.45 kg/m^3；1 月、12 月含沙量最小，为 0.02 kg/m^3。

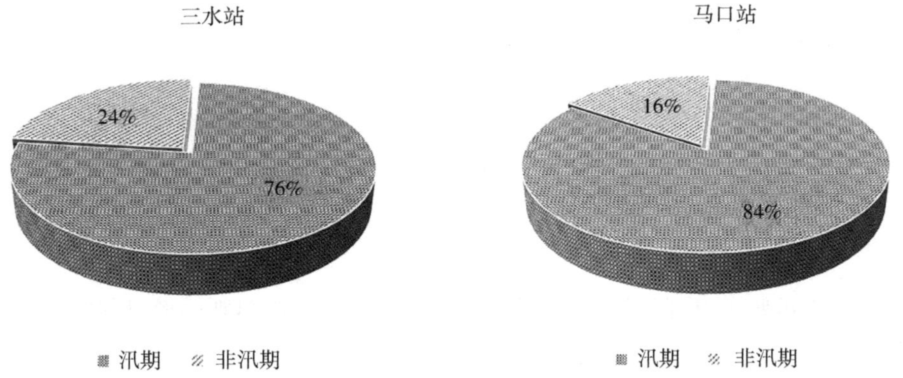

图 8.2-13　三水（二）、马口站 1960—2020 年多年平均汛期、非汛期含沙量占比

三水（二）、马口站 1960—2020 年多年平均含沙量年内分配见表 8.2-8。

表 8.2-8　三水（二）、马口站 1960—2020 年多年平均含沙量年内分配

站名	多年平均月含沙量 / (kg/m³)												
	1月	2月	3月	4月	5月	6月	7月	8月	9月	10月	11月	12月	全年
三水（二）	0.03	0.04	0.11	0.14	0.18	0.18	0.24	0.18	0.13	0.06	0.05	0.02	0.16
马口	0.02	0.03	0.06	0.12	0.22	0.37	0.45	0.32	0.23	0.12	0.06	0.02	0.25

2. 输沙量年内分配特征

受径流影响，西江干流的马口站、北江干流的三水（二）站，以及思贤滘“马 + 三”两站之和年输沙量汛期明显大于非汛期。三水（二）站 1960—2020 年多年平均输沙量 808 万 t，其中汛期、非汛期多年平均输沙量分别为 757 万 t、51 万 t，占多年平均年总输沙量的比例分别为 93.7% 和 6.3%，汛期为非汛期的 14.8 倍；马口站多年平均输沙量 5 641 万 t，其中汛期、非汛期多年平均输沙量分别为 5 318 万 t、323 万 t，占多年平均年总输沙量的比例分别为 94.3% 和 5.7%，汛期约为非汛期的 16.5 倍；“马 + 三”站多年平均输沙量 6 445 万 t，其中汛期、非汛期多年平均输沙量分别为 6 073 万 t、372 万 t，占多年平均年总输沙量的比例分别为 94.2% 和 5.8%，汛期约为非汛期的 16.3 倍。

三水（二）站、马口站、“马 + 三”站汛期、非汛期输沙量占比情况见图 8.2-14。

从三站输沙量年内月分配来看，三水（二）站 1960—2020 年 61 年间，月最大输沙量主要发生在 6 月和 7 月，月最小输沙量主要发生在 1 月和 12 月；马口站月最大输沙量主要发生在 6 月和 7 月，月最小输沙量主要发生在 1 月和 2 月；“马 + 三”站月最大输沙量主要发生在 6 月和 7 月，月最小输沙量主要发生在 1 月、2 月和 12 月。

从三站多年平均输沙量情况看，三水（二）站 6 月、7 月输沙量最多，占全年输沙量的 49.9%；1 月、12 月输沙量最少，占全年输沙量的 0.7%。马口站 6 月、7 月输沙量

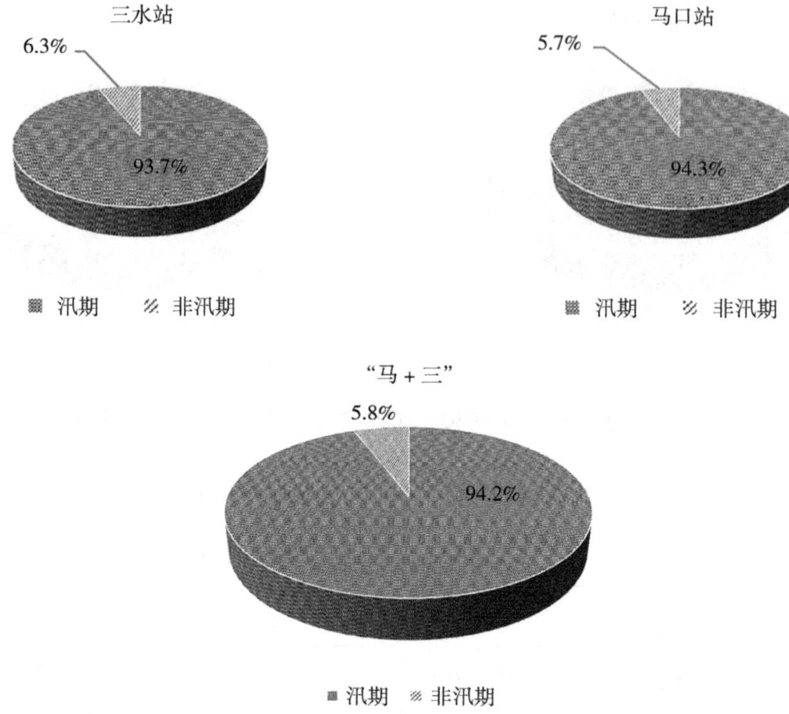

图 8.2–14　三水（二）站、马口站、“马 + 三”站 1960—2020 年多年平均汛期、非汛期输沙量占比

最多，占全年输沙量的 53.7%；1 月、2 月、12 月输沙量最少，占全年输沙量的 0.8%。“马 + 三”站 6 月、7 月输沙量最多，占全年输沙量的 53.3%；1 月、12 月输沙量最少，占全年输沙量的 0.5%。

三水（二）站、马口站、“马 + 三”站 1960—2020 年多年平均输沙量年内分配见表 8.2–9、图 8.2–15~ 图 8.2–17。

表 8.2–9　三水（二）站、马口站、“马 + 三”站 1960—2020 年多年平均输沙量年内分配

站名	数值及占比	多年平均月输沙量												全年
		1 月	2 月	3 月	4 月	5 月	6 月	7 月	8 月	9 月	10 月	11 月	12 月	
三水（二）	输沙量 / 万 t	3	4	20	49	115	177	226	132	58	13	8	3	808
	占比 / %	0.4	0.5	2.5	6.1	14.3	21.9	28.0	16.3	7.1	1.6	1.0	0.3	100
马口	输沙量 / 万 t	15	17	58	195	596	1 380	1 649	996	502	160	59	14	5 641
	占比 / %	0.3	0.3	1.0	3.5	10.6	24.5	29.2	17.7	8.9	2.8	1.0	0.2	100
“马 + 三”	输沙量 / 万 t	18	21	77	243	711	1 557	1 875	1 127	560	173	67	16	6 445
	占比 / %	0.3	0.3	1.2	3.8	11.0	24.2	29.1	17.5	8.7	2.7	1.0	0.2	100

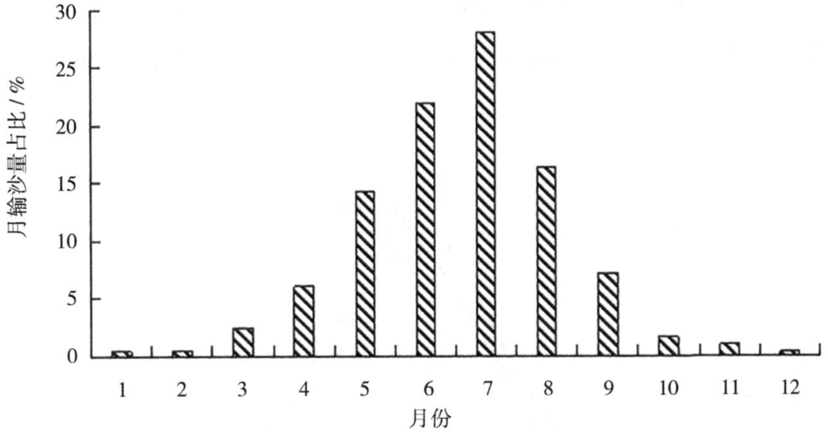

图 8.2-15　三水（二）站多年平均月输沙量年内分配

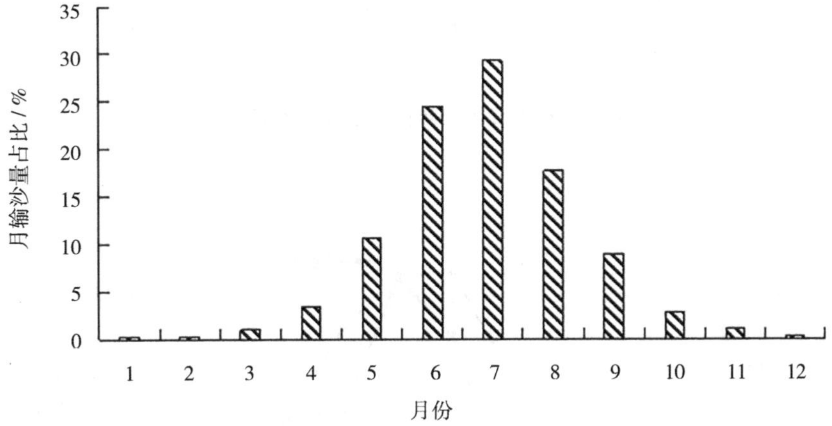

图 8.2-16　马口站多年平均月输沙量年内分配

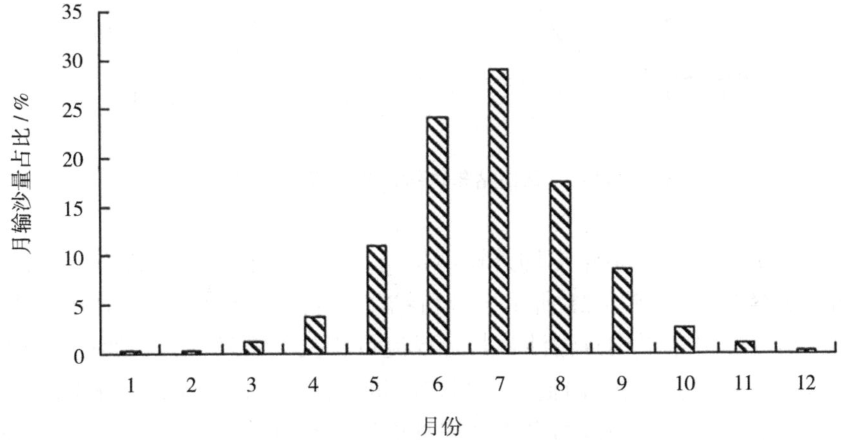

图 8.2-17　“马 + 三”站多年平均月输沙量年内分配

3. 输沙量年内变化与径流量和含沙量关系分析

绘制三水（二）、马口站年内输沙量与径流量过程线，如图 8.2-18 和图 8.2-19 所示，从图中可看出，三水（二）、马口站多年平均月径流量与月输沙量变化趋势基本相同。

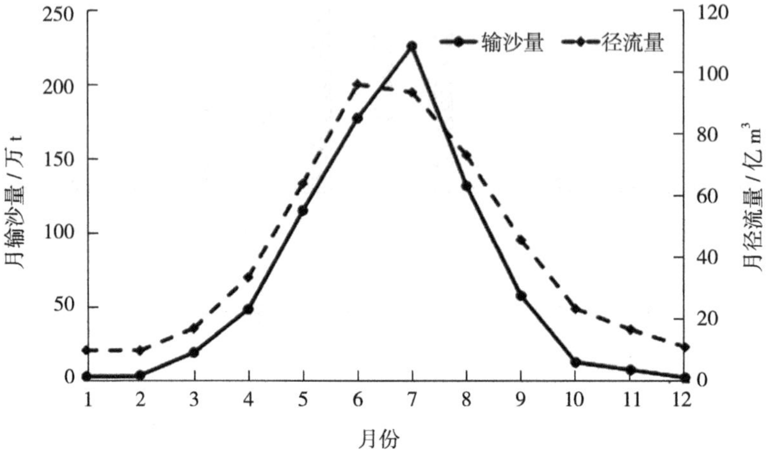

图 8.2-18　三水（二）站年内输沙量与径流量过程线

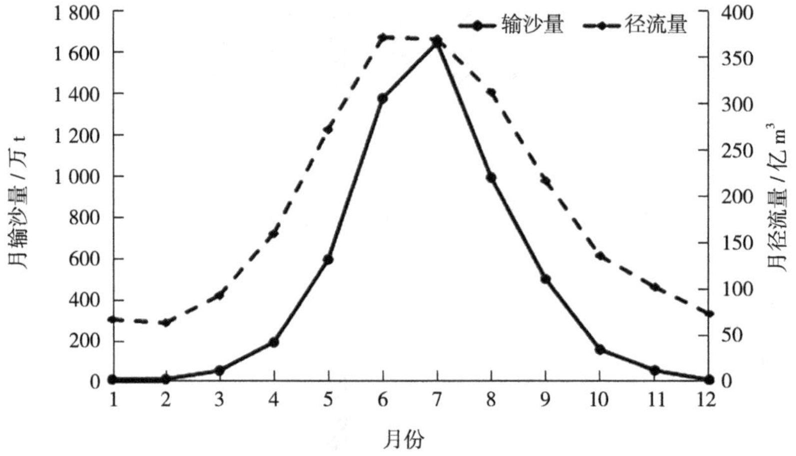

图 8.2-19　马口站年内输沙量与径流量过程线

对三水（二）、马口站多年平均月输沙量与月径流量相关关系进行分析，绘制相关关系图，如图 8.2-20 和图 8.2-21 所示，分析结果如表 8.2-10 所示。由分析结果可知，三水（二）、马口站多年平均月输沙量与月径流量相关关系较强，均通过显著性检验。

绘制三水（二）、马口站年内输沙量与含沙量过程线，如图 8.2-22 和图 8.2-23 所示，从图中可看出三水（二）、马口站多年平均月输沙量与月含沙量变化趋势基本相同。

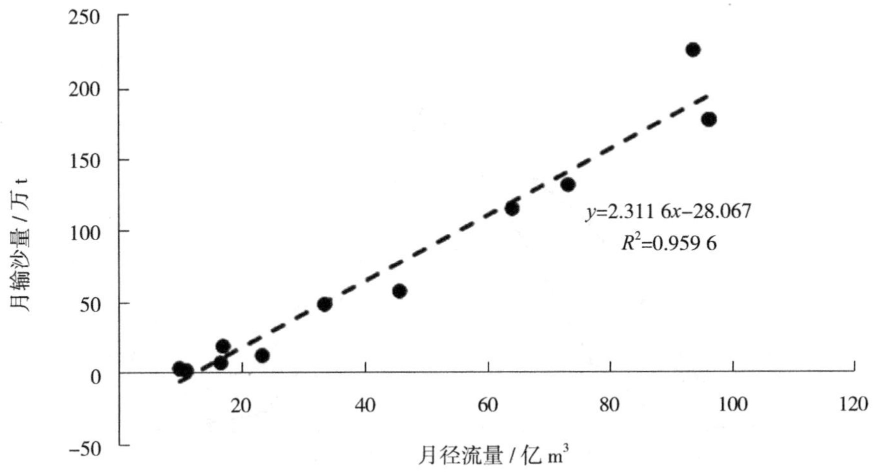

图 8.2-20　三水（二）站多年平均月输沙量与月径流量相关关系

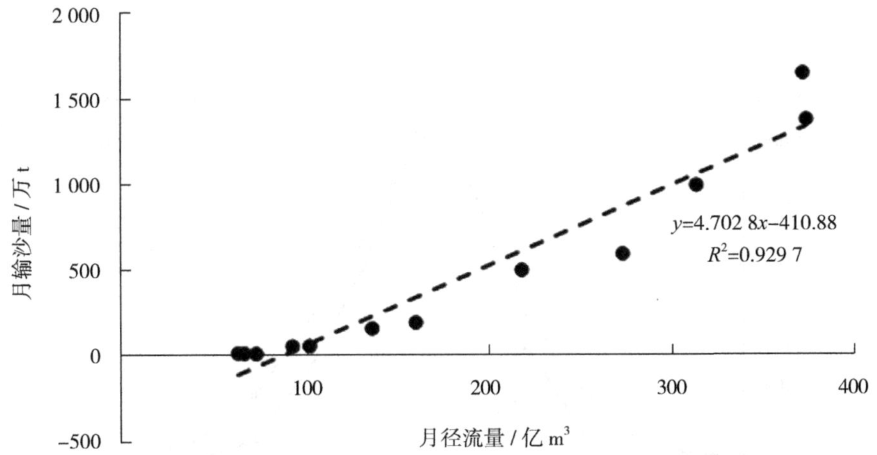

图 8.2-21　马口站多年平均月输沙量与月径流量相关关系

表 8.2-10　三水（二）、马口站多年平均月输沙量与月径流量相关分析结果

站名	r	r_α（n=12，α=0.05）	是否满足显著性检验
三水（二）	0.980	0.576	满足
马口	0.964		满足

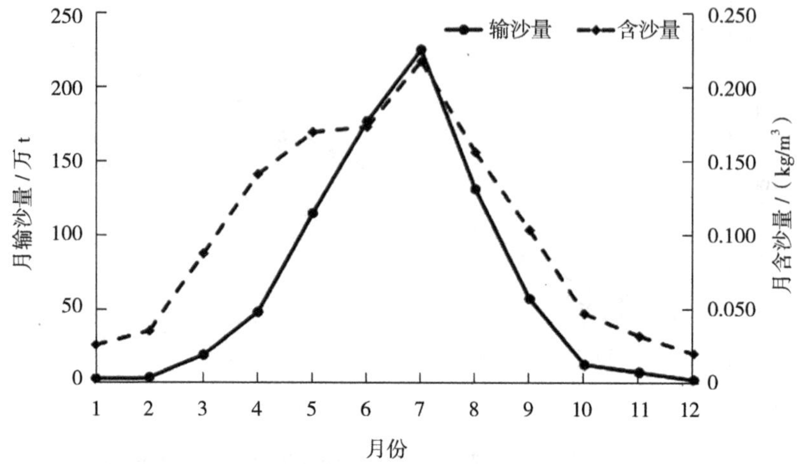

图 8.2-22　三水（二）站年内输沙量与含沙量过程线

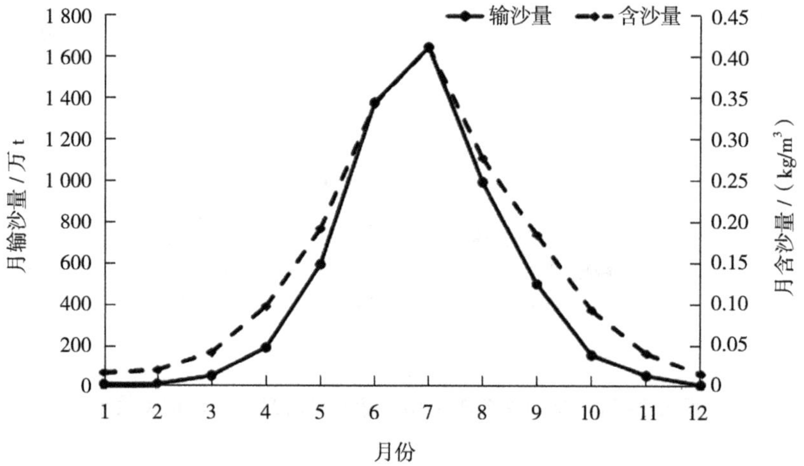

图 8.2-23　马口站年内输沙量与含沙量过程线

对三水（二）、马口站多年平均月输沙量与月含沙量相关关系进行分析，绘制相关关系图，如图 8.2-24 和图 8.2-25 所示，分析结果如表 8.2-11 所示。由分析结果可知，三水（二）、马口站多年平均月输沙量与月含沙量相关关系较强，均通过显著性检验。

综合以上分析，三水（二）、马口站输沙量年内分配受年内径流量和年内含沙量综合影响。

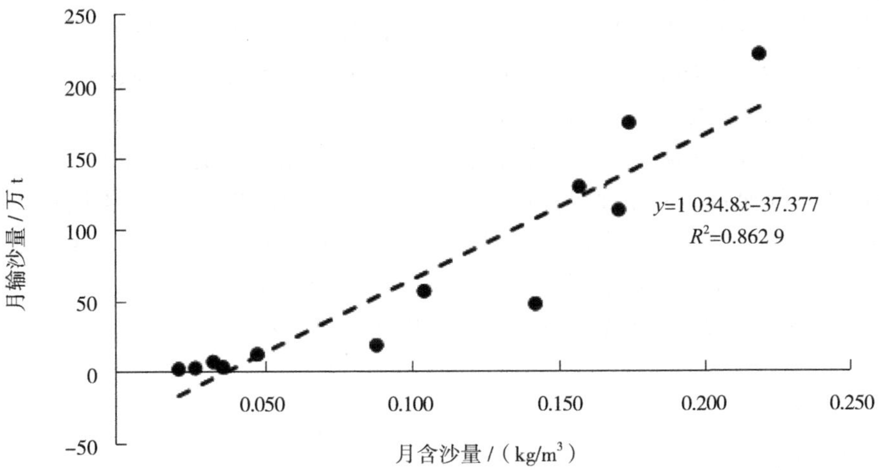

图 8.2-24　三水（二）站多年平均月输沙量与月含沙量相关关系

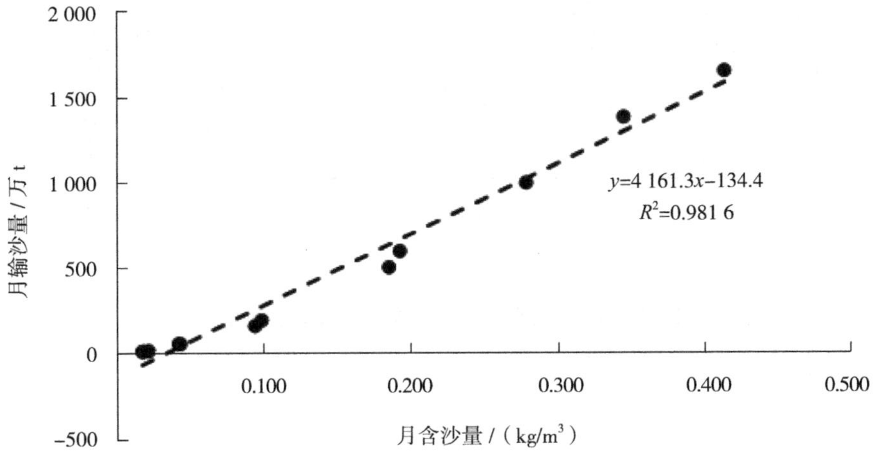

图 8.2-25　马口站多年平均月输沙量与月含沙量相关关系

表 8.2-11　三水（二）、马口站多年平均月输沙量与月含沙量相关分析结果

站名	r	r_α（n=12，α=0.05）	是否满足显著性检验
三水（二）	0.929	0.576	满足
马口	0.991		满足

8.2.2.3　三水（二）、马口站泥沙年代变化特征

绘制三水（二）、马口站各年代年均输沙量直方图，如图 8.2-26 和图 8.2-27 所示，从图中可看出，三水（二）站从 20 世纪 60 年代到 21 世纪 10 年代，输沙量呈现小幅度上升—基本稳定—上升—连续下降的变化趋势，尤其 20 世纪 90 年代后，年输沙量减少

幅度较大；从相邻年代输沙量变化绝对值看，20 世纪 90 年代到 21 世纪 00 年代变化幅度最大，年均输沙量由 1 198 万 t 减少到 666 万 t，共减少 532 万 t，减小幅度为 44.4%；从各年代年均输沙量平均值来看，20 世纪 90 年代输沙量最大，年均输沙量 1 198 万 t，21 世纪 10 年代输沙量最小，年均输沙量 441 万 t。

马口站输沙量呈现小幅度上升—基本稳定—连续下降的变化趋势，20 世纪 80 年代后，年均输沙量逐年代递减；从相邻年代输沙量变化绝对值看，20 世纪 90 年代到 21 世纪 00 年代变化幅度最大，年均输沙量由 6 129 万 t 减少到 2 630 万 t，共减少 3 499 万 t，减小幅度为 57.1%；从各年代年均输沙量平均值来看，20 世纪 80 年代输沙量最大，年均输沙量 8 090 万 t，21 世纪 10 年代输沙量最小，年均输沙量 2 121 万 t。

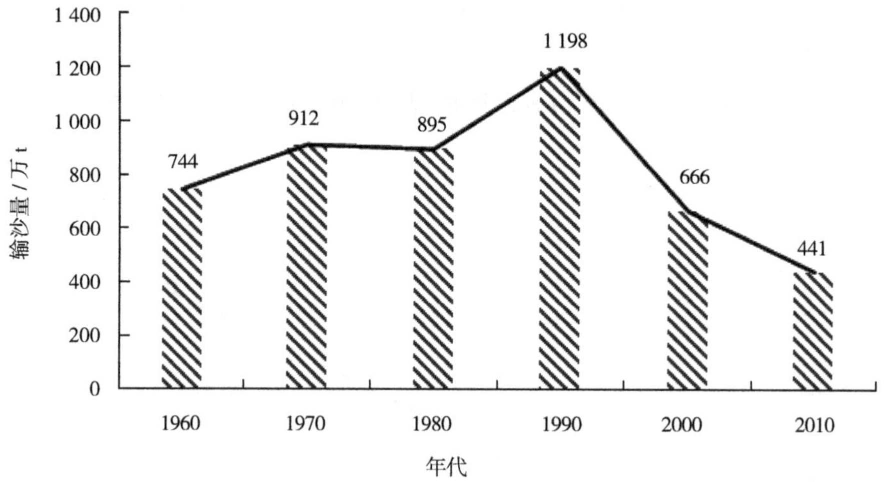

图 8.2-26　三水（二）站各年代年均输沙量

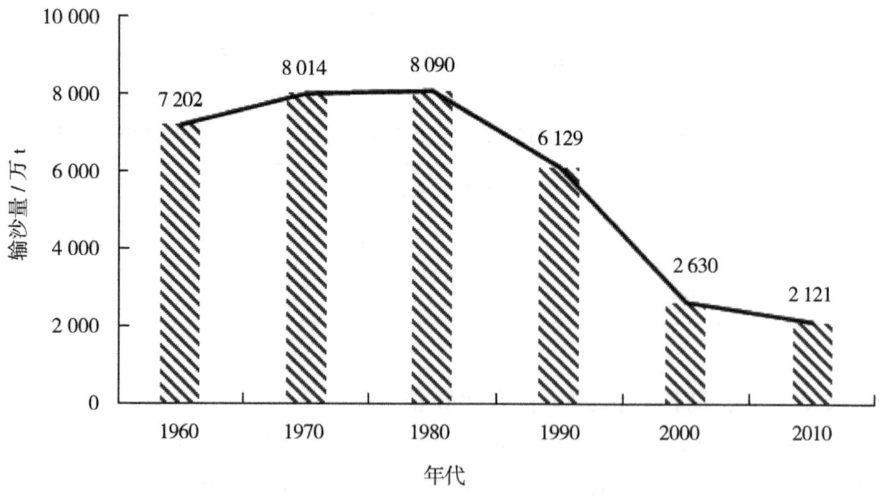

图 8.2-27　马口站各年代年均输沙量

8.2.3　空间分布与变化特征

8.2.3.1　西江、北江干流水道

西江、北江上游泥沙在思贤滘短暂交汇，经天然平衡和分配后，通过北江、西江分汊河道进入珠江三角洲网河区，三水（二）、马口站位于思贤滘下游，是北江、西江泥沙进入网河区的控制站。通过计算北江、西江输沙量占思贤滘（“马 + 三”站）多年平均来沙量的比例（输沙量分配比），分析三水（二）、马口站输送泥沙的能力。

1. 三水（二）、马口站历年输沙分配比

三水（二）、马口站 1960—2020 年多年平均输沙量分配比分别为 12.5% 和 87.5%，马口站是三水（二）站的 7 倍，表明由西江干流水道进入珠江三角洲网河区的泥沙量远大于由北江干流进入珠江三角洲网河区的泥沙量。三水（二）站输沙量分配比最高的为 2011 年的 31.2%，最低为 1963 年的 3.4%；马口站与其相对，输沙量分配比最高为 1963 年的 96.6%，最低为 2011 年的 68.8%。三水（二）站输沙量分配比年际变化相对较大，极值比为 9.2，马口站输沙量分配比年际变化相对较小，极值比为 1.4。

从图 8.2-28 可以看出，马口站输沙量分配比变化过程大致可分为三个阶段：1960—1990 年为基本稳定阶段，年均输沙量分配比为 90.2%；1991—2010 年为缓慢下降阶段，年均输沙量分配比为 80.8%；2011—2020 年为缓慢上升阶段，年均输沙量分配比为 82.1%；三水（二）站输沙量分配比变化过程与马口站呈轴对称分布。

从图 8.2-29 可以看出，马口站输沙量分配比 1960—1990 年大于 1991—2020 年，1960—1990 年输沙量分配比为 90.2%，1991—2020 年为 81.2%，减少 9.0%，变化幅度为 9.9%，影响程度相对较小；三水（二）站 1991—2020 年输沙量分配比相对 1960—1990 年相应增加 9.0%，分配比变化幅度超过 90%，对三水（二）站影响程度较大。

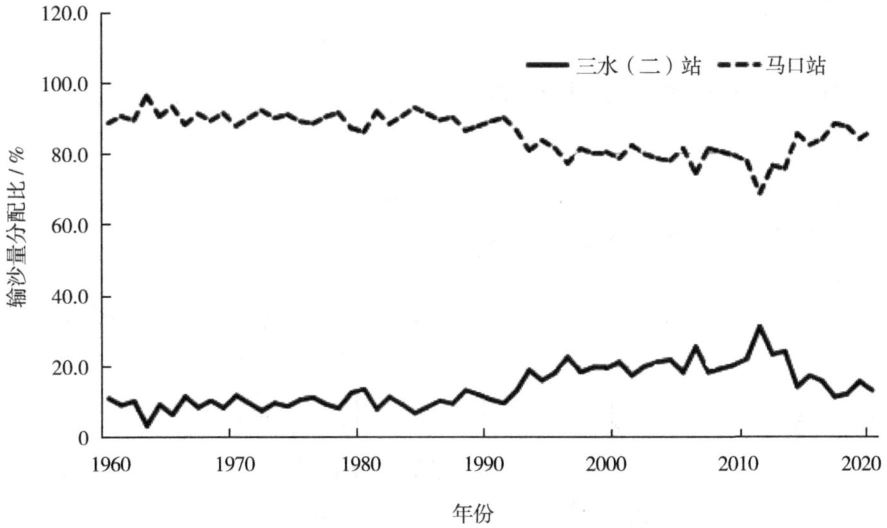

图 8.2-28　三水（二）、马口站历年输沙量分配比过程线

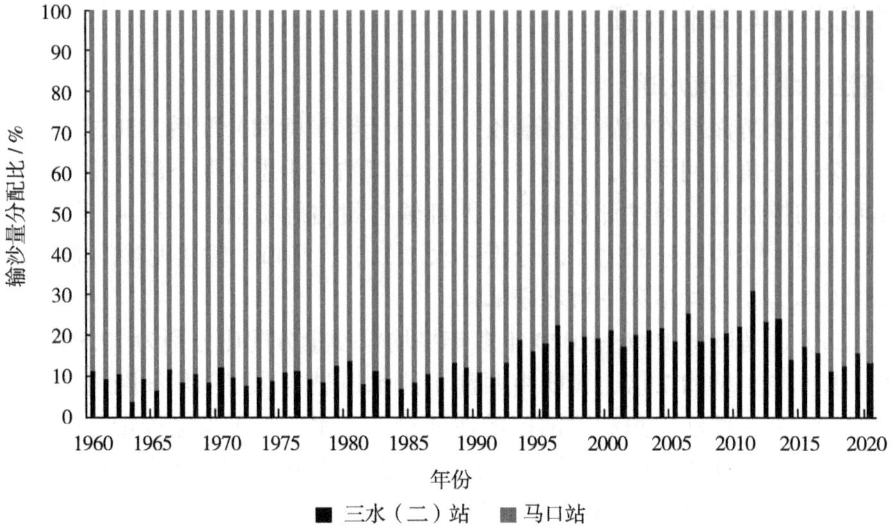

图 8.2-29　三水（二）、马口站历年输沙量分配对比

2. 三水（二）、马口站历年枯水期输沙分配比

三水（二）、马口站 1960—2020 年多年平均枯水期输沙量分配比分别为 13.7% 和 86.3%，马口站是三水（二）站的 6.3 倍，表明枯水期通过西江干流进入珠江三角洲网河区的泥沙量远大于通过北江干流进入珠江三角洲网河区的泥沙量。三水（二）站枯水期输沙量分配比最高的为 2005 年的 56.9%，最低为 1971 年的 2.9%；马口站与其相对，输沙量分配比最高的为 1971 年的 97.1%，最低为 2005 年的 43.1%。三水（二）站枯水期输沙量分配比年际变化相对较大，极值比为 19.6，马口站枯水期输沙量分配比年际变化相对较小，极值比为 2.2。

从图 8.2-30 可看出，马口站枯水期输沙量分配比变化过程大致可分为两个阶段：1960—1990 年为基本稳定阶段；1991—2020 年为波动下降阶段，且波动幅度较大；三水（二）站枯水期输沙量分配比变化趋势与马口站呈轴对称分布，2005 年三水（二）站枯水期输沙量分配比为 56.9%，系列中输沙量分配比首次超过马口站。

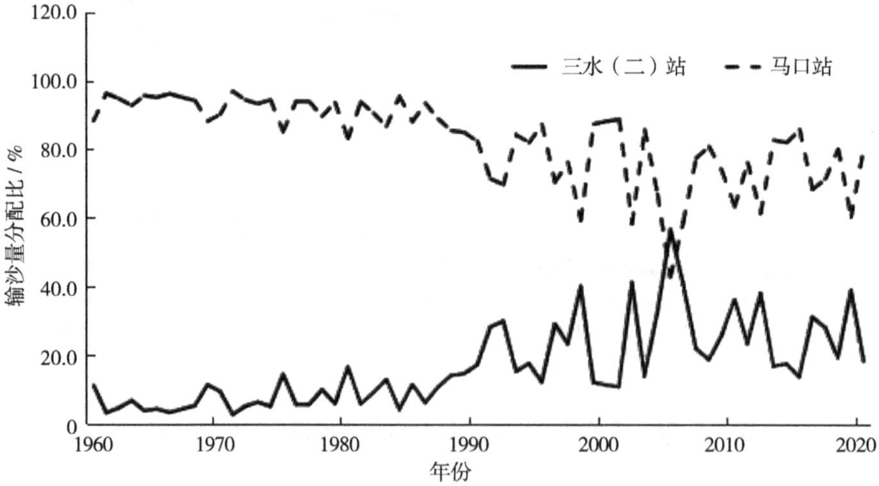

图 8.2-30　三水（二）、马口站历年枯水期输沙量分配比过程线

从图 8.2-31 可以看出，马口站枯水期输沙量分配比 1960—1990 年大于 1991—2020 年，1960—1990 年输沙量分配比为 91.7%，1991—2020 年为 74.4%，减少 17.3%，分配比变幅为 18.9%，影响相对较小；三水（二）站 1991—2020 年枯水输沙量分配比相对 1960—1990 年相应增加 17.3%，分配比变化幅度为 210.2%，对三水（二）站影响程度较大。

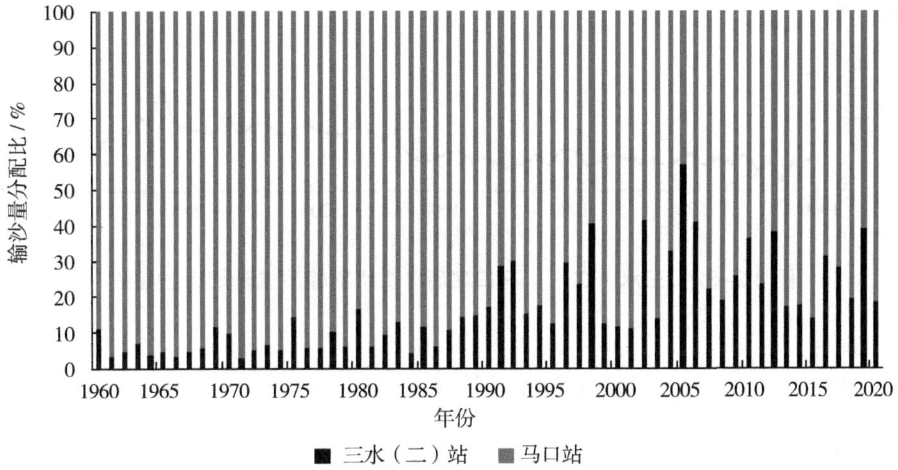

图 8.2-31　三水（二）、马口站历年枯水期输沙量分配对比

3. 三水（二）、马口站历年洪水期输沙分配比

三水（二）、马口站 1960—2020 年多年平均洪水期输沙量分配比分别为 12.4% 和 87.6%，马口站是三水（二）站的 7.1 倍，表明洪水期通过西江干流进入珠江三角洲网河区的泥沙量远大于通过北江干流进入珠江三角洲网河区的泥沙量。三水（二）站洪水期输沙量分配比最高的为 2011 年的 33.7%，最低为 1963 年的 3.2%；马口站与其相对，输沙量分配比最高的为 1963 年的 96.8%，最低为 2011 年的 66.3%。三水（二）站洪水期输沙量分配比年际变化相对较大，极值比为 10.5，马口站枯水期输沙量分配比年际变化相对较小，极值比为 1.5。

从图 8.2-32 可以看出，马口站洪水期输沙量分配比变化过程大致可分为三个阶段：1960—1990 年为基本稳定阶段，年均输沙量分配比为 90.1%；1991—2011 年为缓慢下降阶段，年均输沙量分配比为 80.3%；2012—2020 年为缓慢上升阶段，年均输沙量分配比为 84.2%；三水（二）站洪水期输沙量分配比变化趋势与马口站呈轴对称分布。

从图 8.2-33 可以看出，马口站洪水期输沙量分配比 1960—1990 年大于 1991—2020 年，1960—1990 年洪水期输沙量分配比为 90.1%，1991—2020 年为 81.5%，减少 8.6%，变化幅度为 9.5%，影响程度较小；三水（二）站 1991—2020 年洪水期输沙量分配比相对 1960—1990 年相应增加 8.6%，分配比变化幅度超过 85%，对三水（二）站影响程度较大。

4. 三水（二）、马口站多年平均洪、枯水期输沙分配对比

将三水（二）、马口站多年平均洪、枯水期输沙量分配比进行对比，从图 8.2-34 可以看出，三水（二）站枯水期输沙量分配比略大于洪水期，马口站洪水期输沙量分配比

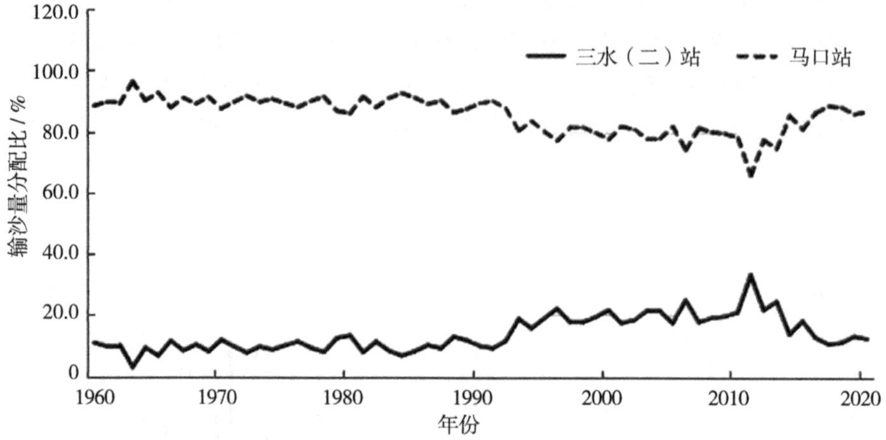

图 8.2-32　三水（二）、马口站历年洪水期输沙量分配比过程线

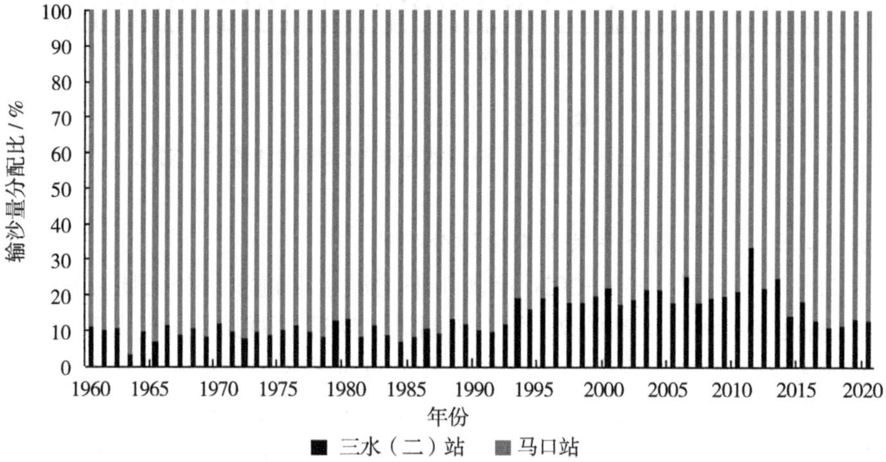

图 8.2-33　三水（二）、马口站历年洪水期输沙量分配对比

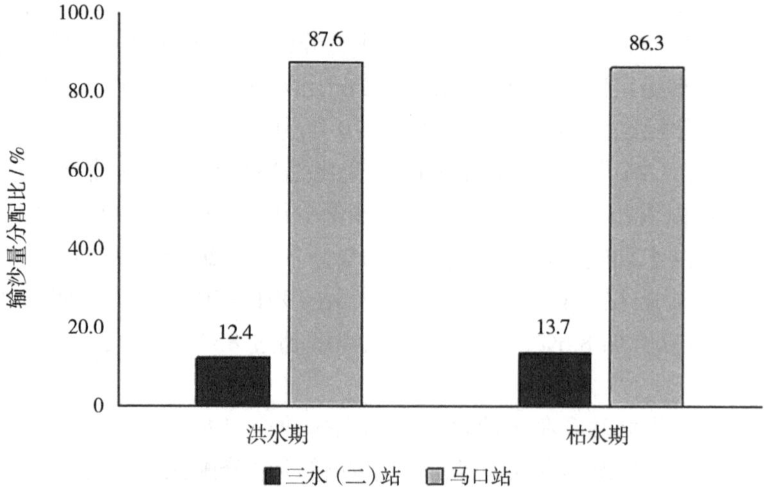

图 8.2-34　三水（二）、马口站多年平均洪、枯水期输沙量分配比对比

略大于枯水期；马口站洪、枯水期输沙量分配比均大幅度高于三水（二）站，说明西、北江多年平均来沙量通过马口站进入珠江三角洲网河区的沙量要远大于通过三水（二）站进入珠江三角洲网河区的沙量。

8.2.3.2　东、西海水道

西江干流水道泥沙主要通过天河（二）、南华站分别进入西海水道和东海水道，通过计算天河（二）、南华站输沙占比［占天河（二）、南华站输沙总和之比］来分析泥沙在东、西海两河道分配运输情况。

1. 天河（二）、南华站历年同步枯水期输沙分配比

天河（二）、南华站在 2004 年、2006 年、2011—2019 年均有枯水期的同步泥沙测验资料，因此以这些年份的泥沙资料为基础研究二者的枯水期输沙分配比情况，统计结果见表 8.2-12。

表 8.2-12　天河（二）、南华站历年枯水期输沙分配比　　%

年份	天河（二）站	南华站
2004	69.4	30.6
2006	28.8	71.2
2011	65.7	34.3
2012	58.2	41.8
2013	58.5	41.5
2014	55.8	44.2
2015	53.5	46.5
2016	56.7	43.3
2017	53.1	46.9
2018	49.9	50.1
2019	66.1	33.9
多年平均	56.0	44.0

天河（二）、南华站多年平均枯水期输沙分配比分别为 56.0%、44.0%，天河（二）站略高于南华站。天河（二）站枯水期输沙分配比最高为 2004 年的 69.4%，最低为 2006 年的 28.8%；南华站与其相对，枯水期输沙分配比最高为 2006 年的 71.2%，最低为 2004 年的 30.6%。

从图 8.2-35 可以看出，天河（二）、南华站除个别年份（2006 年、2019 年）枯水期输沙分配比出现较大波动外，其余年份变化幅度较小。天河（二）站 2011—2018 年枯水期输沙分配比呈现下降趋势，2018 年天河（二）站、南华站枯水期输沙分配比基本持平。从图 8.2-36 可以看出，天河（二）站枯水期输沙分配比整体大于南华站，但在 2006 年、2018 年个别年份小于南华站。

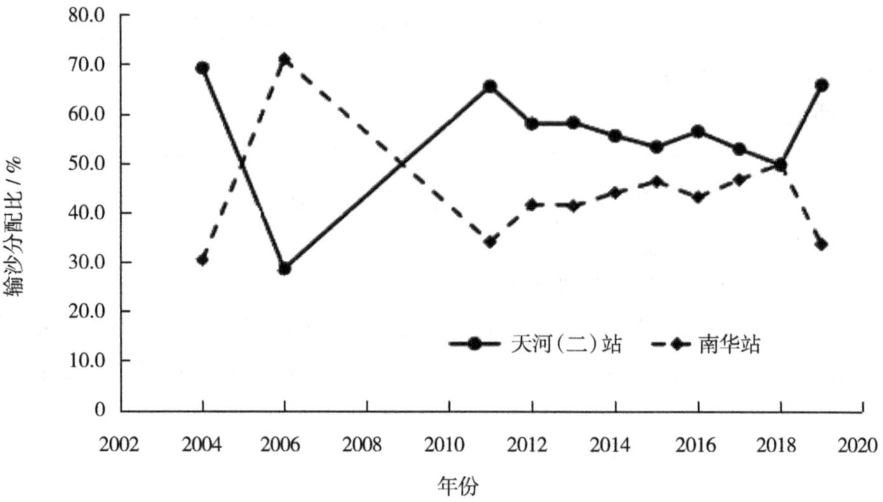

图 8.2-35　天河（二）、南华站历年枯水期输沙分配比过程线

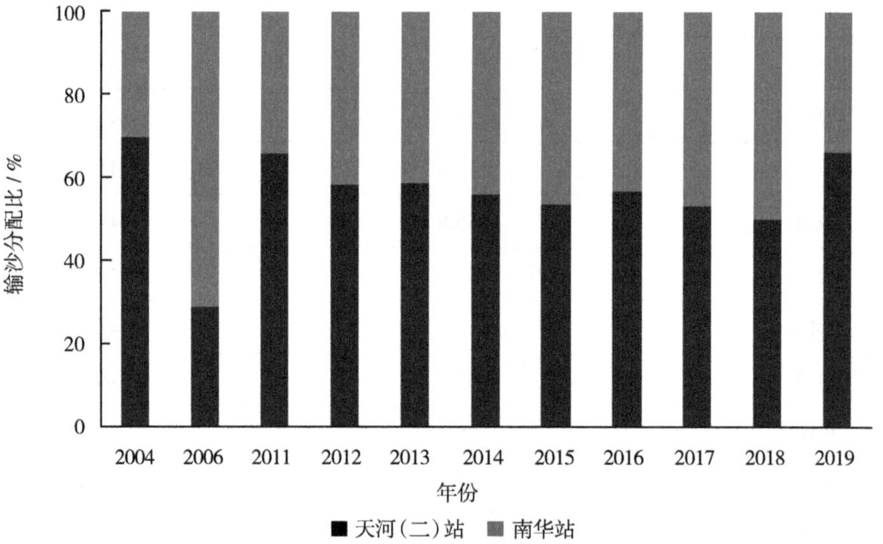

图 8.2-36　天河（二）、南华站历年枯水期输沙分配比对比

2. 天河（二）、南华站历年同步洪水期输沙分配比

天河（二）、南华站在 2006—2013 年、2020 年均有洪水期的同步泥沙测验资料，因此以这些年份的泥沙资料为基础研究二者的洪水期输沙分配比情况，统计结果见表 8.2-13。

天河（二）、南华站多年平均洪水期输沙分配比分别为 54.4%、45.6%，天河（二）站略高于南华站。天河（二）站洪水期输沙分配比最高为 2011 年的 63.1%，最低为 2009 年的 41.7%；南华站与其相对，洪水期输沙分配比最高为 2009 年的 58.3%，最低为 2011 年的 36.9%。

从图8.2–37可以看出，天河（二）、南华站洪水期输沙分配比变化过程可分为两个阶段：2006—2010年，两站洪水期输沙分配比均在50%上下波动变化，互有高低；2010年后，天河（二）站输沙分配比呈缓慢下降趋势，且2010年后的输沙分配比均大于南华站，南华站则与其相反。从图8.2–38可以看出，依据目前的测验资料，天河（二）站2010年之后的洪水期输沙分配比均高于2010年之前的洪水期输沙分配比，南华站则与其相反。

表 8.2–13　天河（二）、南华站历年洪水期输沙分配比　　%

年份	天河（二）站	南华站
2006	44.9	55.1
2007	48.7	51.3
2008	51.9	48.1
2009	41.7	58.3
2010	62.8	37.2
2011	63.1	36.9
2012	60.8	39.2
2013	61.9	38.1
2020	53.6	46.4
多年平均	54.4	45.6

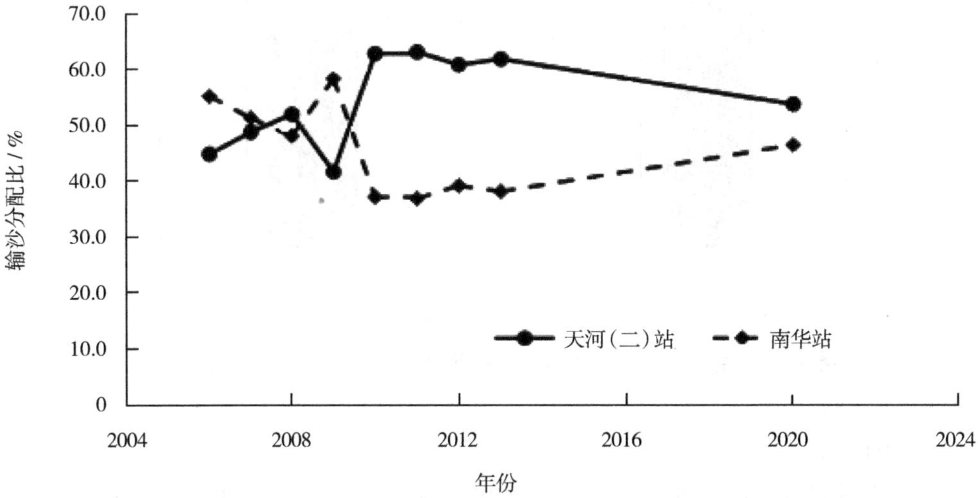

图 8.2–37　天河（二）、南华站历年洪水期输沙分配比过程线

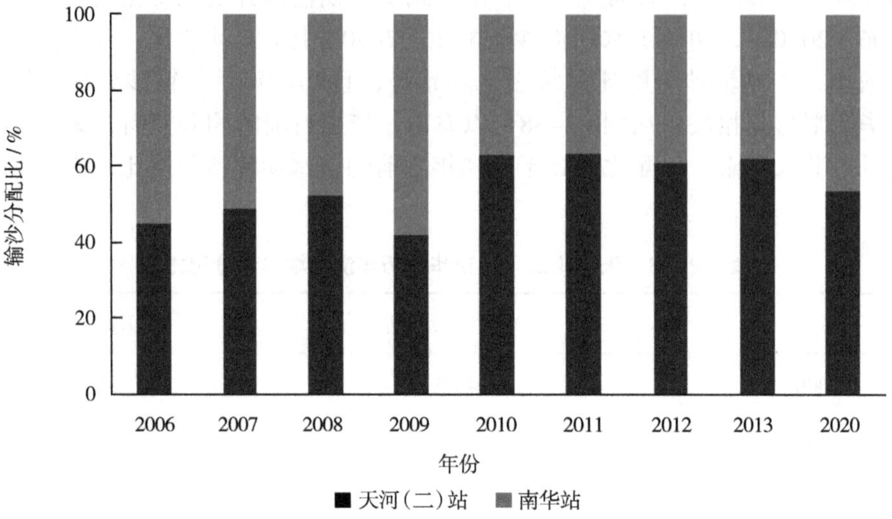

图 8.2–38　天河（二）、南华站历年洪水期输沙分配对比

3. 天河（二）、南华站历年同步平均洪、枯水期输沙分配对比

将天河（二）、南华站多年平均洪、枯水期输沙分配比进行对比，从图 8.2–39 可以看出，天河（二）站多年平均枯水期输沙分配比略大于洪水期，南华站多年平均洪水期输沙分配比略大于枯水期；天河（二）站多年平均枯水期和洪水期的输沙分配比均大于南华站，说明西江干流多年平均来沙量通过天河（二）站进入西海水道的沙量要大于通过南华站进入东海水道的沙量。

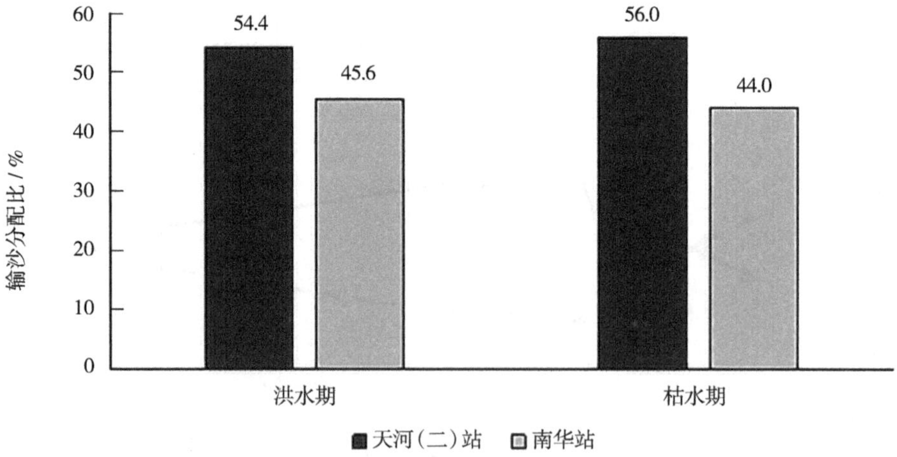

图 8.2–39　天河（二）、南华站多年平均洪、枯水期输沙分配比对比

8.2.3.3　八大口门

珠江三角洲网河区泥沙通过八大口门入海，通过计算东、西四口门及其控制站输沙占比（占八大口门输沙总和之比），分析东、西四口门及其控制站输沙能力大小及其变

化情况。

1. 八大口门各控制站历年同步枯水期输沙分配比

为便于枯水期输沙分配比分析，选用各控制站都有同步观测资料的年份，即选用的同步测验资料时间序列为 2012—2019 年。

1）八大口门各控制站枯水期输沙分配比

东四口门各控制站即大虎（二）站、南沙站、冯马庙（二）站、横门站 2012—2019 年多年平均枯水期输沙分配比分别为 31.4%、11.4%、10.5%、8.0%。东四口门各控制站历年枯水期输沙分配比中，大虎（二）站最大为 2017 年的 70.6%，最小为 2015 年的 0.01%；南沙站最大为 2019 年的 18.8%，最小为 2012 年的 4.8%；冯马庙（二）站最大为 2019 年的 15.4%，最小为 2017 年的 2.6%；横门站最大为 2013 年的 11.6%，最小为 2012 年和 2017 年的 3.0%，见表 8.2-14。东四口门中大虎（二）站枯水期输沙分配比极值比最大，高达 7 060（2015 年枯水期同步测验期间大虎（二）站涨、落潮量几乎相当，因此该年枯水期同步测验输沙值量级很小，相较于其他年份相差较大，因此测算的该站极值比也较大），其余三站相对较小，都不足 6，表明大虎（二）站枯水期输沙分配比年际变化较大，其余站年际变化相对较小。

西四口门各控制站即挂定角站、黄金站、西炮台站、黄冲站 2012—2019 年多年平均枯水期输沙分配比分别为 22.1%、4.8%、4.2%、7.7%。西四口门各控制站历年枯水期

表 8.2-14　八大口门各控制站历年枯水期输沙分配比　　%

年份	东四口门					西四口门				
	虎门	蕉门	洪奇门	横门	东四口门合计	磨刀门	鸡啼门	虎跳门	崖门	西四口门合计
	大虎（二）	南沙	冯马庙（二）	横门		挂定角	黄金	西炮台	黄冲	
2012	65.0	4.8	6.3	3.0	79.1	8.9	2.8	2.9	6.2	20.8
2013	45.8	5.4	8.1	11.6	70.9	11.3	8.6	1.1	8.2	29.2
2014	42.8	7.8	11.2	8.5	70.3	11.6	5.9	4.3	8.0	29.8
2015	0.01	13.3	14.7	11.0	39.1	48.5	6.8	2.9	2.7	60.9
2016	1.3	18.3	11.6	10.2	41.4	29.6	3.9	6.1	18.9	58.5
2017	70.6	6.5	2.6	3.0	82.7	9.4	1.8	2.2	3.9	17.3
2018	19.7	16.2	13.9	6.7	56.5	34.4	3.8	3.8	1.5	43.5
2019	5.9	18.8	15.4	9.6	49.7	22.7	5.0	10.3	12.3	50.3
最大值	70.6	18.8	15.4	11.6	82.7	48.5	8.6	10.3	18.9	60.9
最小值	0.01	4.8	2.6	3.0	39.0	8.9	1.8	1.1	1.5	17.3
多年平均	31.4	11.4	10.5	8.0	61.2	22.1	4.8	4.2	7.7	38.8
极值比	7 060	3.9	5.9	3.9	2.1	5.4	4.8	9.4	12.6	3.5

输沙分配比中，挂定角站最大为 2015 年的 48.5%，最小为 2012 年的 8.9%；黄金站最大为 2013 年的 8.6%，最小为 2017 年的 1.8%；西炮台站最大为 2019 年的 10.3%，最小为 2013 年的 1.1%；黄冲站最大为 2016 年的 18.9%，最小为 2018 年的 1.5%。西四口门中黄冲站和西炮台站枯水期输沙分配比极值比相对较大，分别为 12.6 和 9.4，其余两站相对较小，都不足 5.5，表明黄冲站和西炮台站枯水期输沙分配比年际变化略大，其余两站年际变化相对较小。

从图 8.2–40 和图 8.2–41 可以看出，各口门控制站 2012—2019 年枯水期输沙分配比均呈现波动变化，其中大虎（二）站波动变化幅度最大，输沙分配比在 0.01%~70% 变化，其次为挂定角站，输沙分配比在 8.9%~50% 变化，其他各站相对波动幅度较小，输沙分

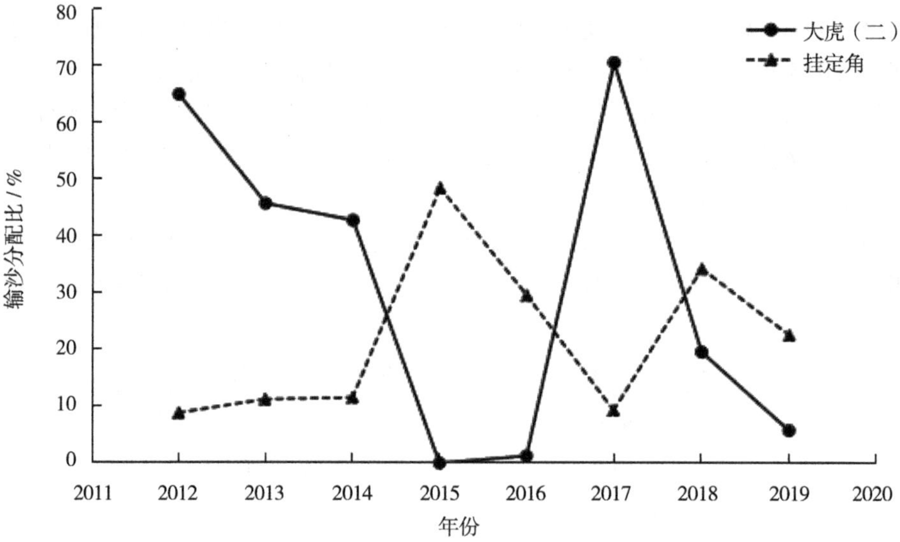

图 8.2–40　八大口门各控制站历年枯水期输沙分配比过程线（1）

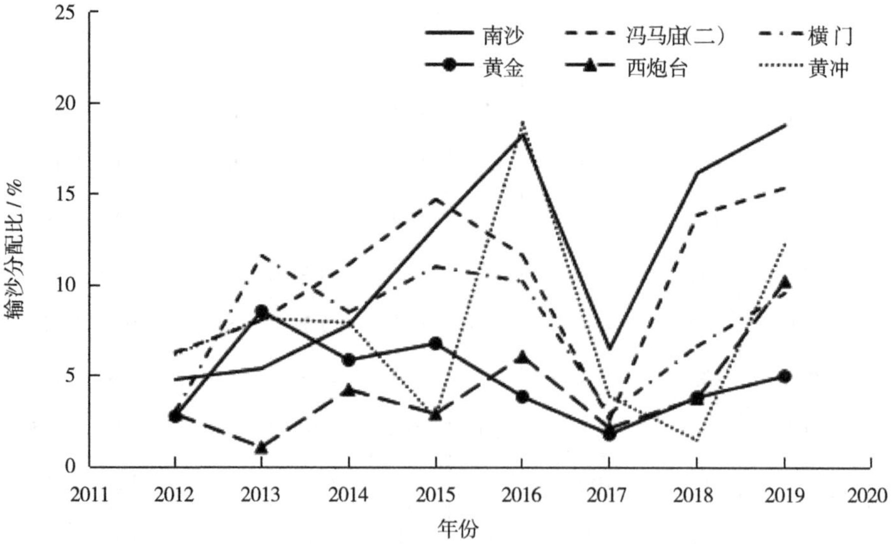

图 8.2–41　八大口门各控制站历年枯水期输沙分配比过程线（2）

配比基本都在 20% 以内变化，相对较为稳定。八大口门各控制站历年枯水期输沙分配对比见图 8.2–42。由于自然涨落潮以及采砂、河道整治等人类活动叠加影响，八大口门枯水期输沙分配比变化较为复杂，从目前测验资料反映情况来看，南沙、冯马庙（二）、横门、西炮台输沙分配比近几年呈现略上升走势，黄金和黄冲输沙分配比基本比较稳定，尚未能呈现明显上升或下降趋势，大虎（二）和挂定角输沙分配比变化较大，也尚看不出明显规律走势。

从图 8.2–43 可以看出，大虎（二）站、挂定角站、南沙站多年平均枯水期输沙分配占比相对较高，表明枯水期珠江三角洲网河区泥沙由虎门、蕉门、磨刀门入海量大于其他口门。

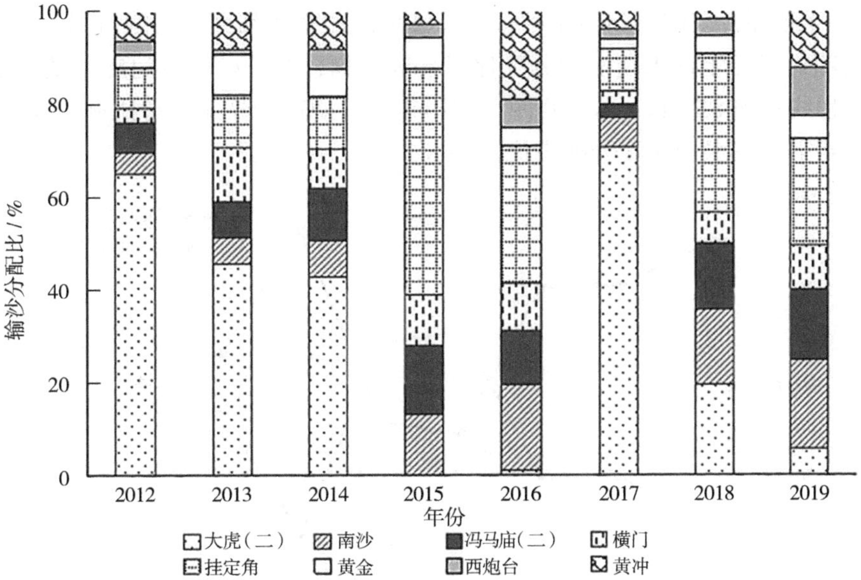

图 8.2–42　八大口门各控制站历年枯水期输沙分配比对比

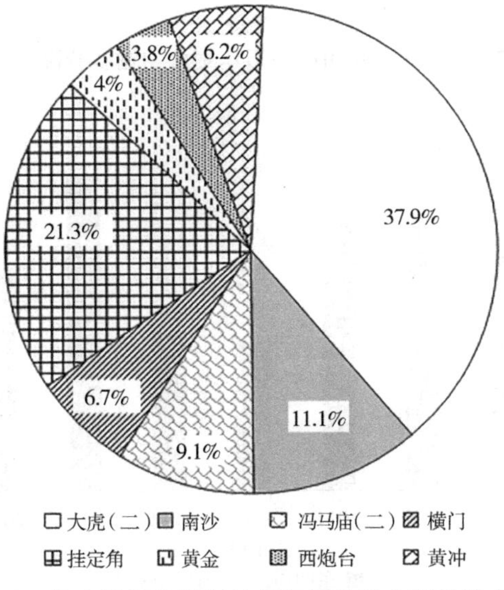

图 8.2–43　八大口门各控制站多年平均枯水期输沙分配占比

2）东、西四口门枯水期输沙分配比

东、西四口门 2012—2019 年多年平均枯水期输沙分配比分别为 64.8% 和 35.2%，表明网河区泥沙由东四口门入海量大于西四口门。东四口门历年枯水期输沙分配比最大为 2017 年的 82.7%，最小为 2015 年的 39.1%；西四口门与其相对，最大为 2015 年的 60.9%，最小为 2015 年的 17.3%。东、西四口门枯水期输沙分配比年际变化相对都较小，极值比都不足 4.0。

从图 8.2-44 可以看出，东、西四口门历年枯水期输沙分配比呈轴对称变化，2015 年之前，东四口门基本呈现下降趋势，西四口门基本呈现上升趋势，2015 年之后，东四口门先经历了上升又下降的趋势，西四口门则相反。从图 8.2-45 可以看出，除 2015 年、2016 年、2019 年外，东四口门历年枯水期输沙分配比整体都高于西四口门。

东、西四口门历年枯水期输沙分配比见表 8.2-14，东、西四口门历年枯水期输沙分配比变化过程线见图 8.2-44，东、西四口门历年枯水期输沙分配比对比见图 8.2-45，东、西四口门多年平均枯水期输沙分配占比见图 8.2-46。

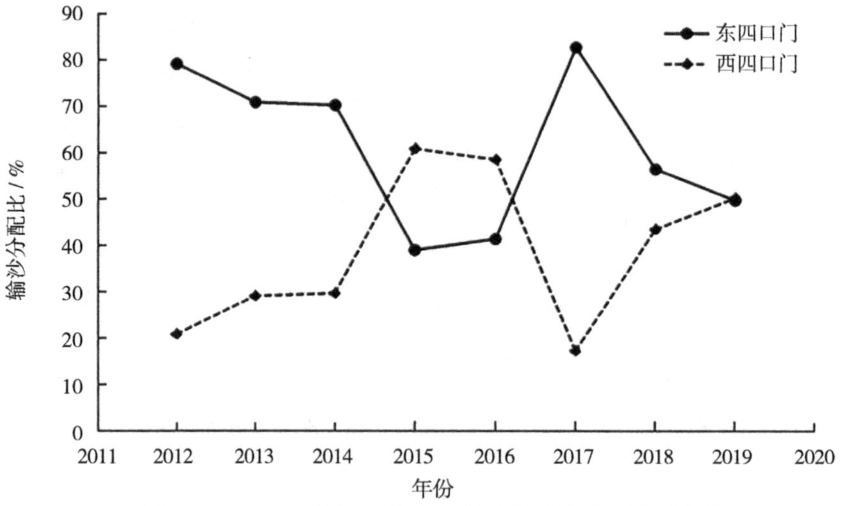

图 8.2-44 东、西四口门历年枯水期输沙分配比过程线

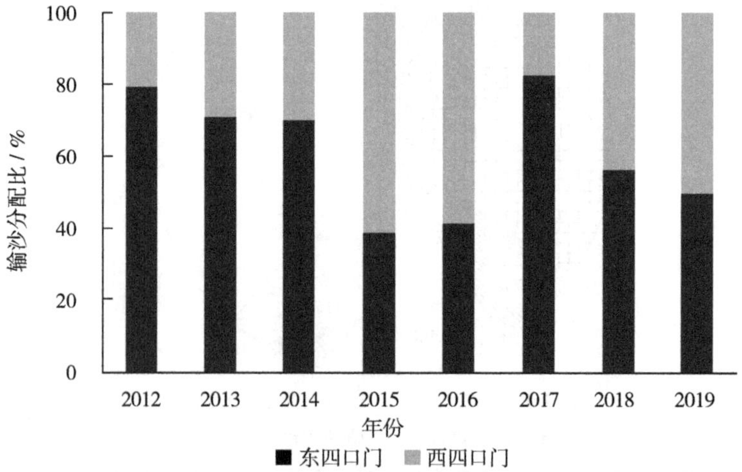

图 8.2-45 东、西四口门历年枯水期输沙分配比对比

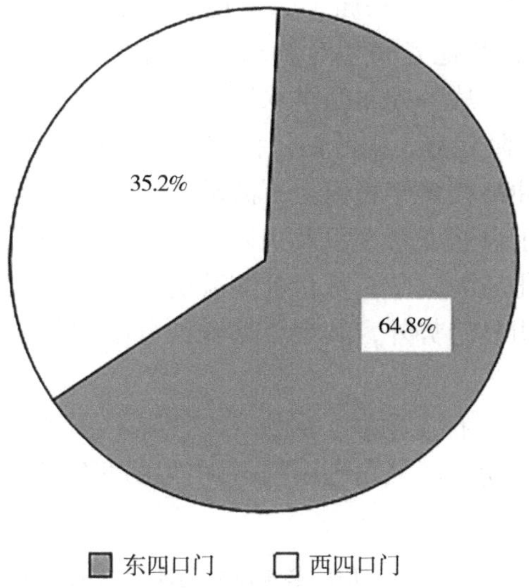

图 8.2-46　东、西四口门多年平均枯水期输沙分配占比

2. 八大口门各控制站历年同步洪水期输沙分配比

东、西四口门及其控制站进行洪水期输沙分配比分析选用的同步测验资料时间序列为 2006—2019 年。

1）八大口门各控制站洪水期输沙分配比

东四口门各控制站即大虎（二）站、南沙站、冯马庙（二）站、横门站 2012—2019 年多年平均洪水期输沙分配比分别为 21.1%、15.0%、6.9%、10.1%。东四口门各控制站历年洪水期输沙分配比中，大虎（二）站最大为 2010 年和 2013 年的 44.3%，最小为 2009 年的 6.7%；南沙站最大为 2017 年的 18.2%，最小为 2010 年的 7.3%；冯马庙（二）站最大为 2006 年的 24.1%，最小为 2010 年的 3.4%；横门站最大为 2009 年的 15.1%，最小为 2013 年的 5.5%。东四口门中冯马庙（二）站和大虎（二）站洪水期输沙分配比极值比其他两站略大，分别为 7.1 和 6.6，其余两站都不足 3.0，相对较小，表明冯马庙（二）站和大虎（二）站洪水期输沙分配比年际变化略大，其余两站年际变化相对较小。

西四口门各控制站即挂定角站、黄金站、西炮台站、黄冲站 2006—2019 年多年平均洪水期输沙分配比分别为 34.1%、3.7%、4.4%、4.7%。西四口门各控制站历年洪水期输沙分配比中，挂定角站最大为 2009 年的 40.8%，最小为 2010 年的 17.0%；黄金站最大为 2007 年的 5.8%，最小为 2016 年的 2.9%；西炮台站最大为 2011 年的 11.8%，最小为 2010 年的 3.1%；黄冲站最大为 2011 年的 18.4%，最小为 2014 年的 0.3%。西四口门中黄冲站洪水期输沙分配比极值比相对较大，极值比为 14.2，其余三站都不足 4.0，表明黄冲站洪水期输沙分配比年际变化较大，其余三站年际变化都相对较小。

八大口门各控制站历年洪水期输沙分配比见表 8.2-15。

从图 8.2-47 可以看出，各口门控制站 2006—2019 年洪水期输沙分配比均呈现波动变化，其中大虎（二）站变化幅度最大，输沙分配比在 7%~45% 变化，其次为挂定角站，输沙分配比在 17%~40% 变化，冯马庙（二）站输沙分配比除个别年份超 20% 外，其余都基本在 10% 以下波动，其他各站相对波动变化幅度较小，输沙分配比基本都在 20% 以内变化，相对较为稳定。从各控制站洪水期输沙分配比波动变化趋势看，横门站、冯马庙（二）站呈现波动下降趋势，南沙站、挂定角站呈现波动上升趋势，大虎（二）站、黄金站、西炮台站、黄冲站在多年均值上下波动。八大口门各控制站历年洪水期输沙分配对比见图 8.2–48。由于自然涨落潮以及采砂、河道整治等人类活动叠加影响，八大口门洪水期输沙分配比变化较为复杂，从目前测验资料反映情况来看，除大虎（二）站输沙分配变化幅度较大无明显趋势外，其余各站输沙分配比都基本较稳定，近几年没有明显高低走势。

从图 8.2–49 可以看出，挂定角站、大虎（二）站、南沙站多年平均洪水期输沙分配占比相对较高，表明洪水期珠江三角洲网河区泥沙由磨刀门、虎门、蕉门入海量大于其他口门。

表 8.2–15　八大口门各控制站历年洪水期输沙分配比　　%

年份	东四口门					西四口门				
	虎门	蕉门	洪奇门	横门	东四口门合计	磨刀门	鸡啼门	虎跳门	崖门	西四口门合计
	大虎（二）	南沙	冯马庙（二）	横门		挂定角	黄金	西炮台	黄冲	
最大值	44.3	18.2	24.1	15.1	65.6	40.8	5.8	11.8	18.4	73.5
最小值	6.7	7.3	3.4	5.5	26.5	17.0	2.9	3.1	0.3	34.4
多年平均	21.1	15.0	6.9	10.1	53.2	34.1	3.7	4.4	4.7	46.8
极值比	6.6	2.5	7.1	2.7	2.5	2.4	2.0	3.8	61.3	2.1

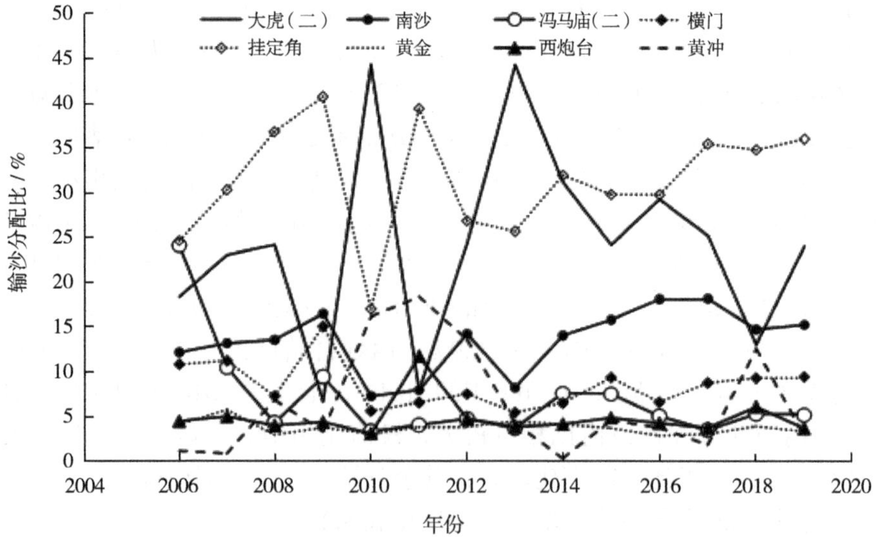

图 8.2–47　八大口门各控制站历年洪水期输沙分配比过程线

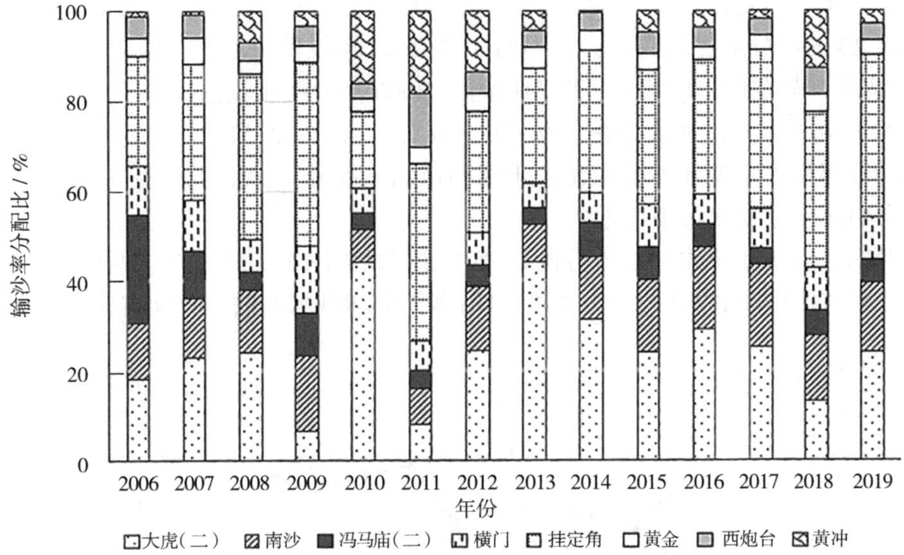

图 8.2-48　八大口门各控制站历年洪水期输沙分配对比

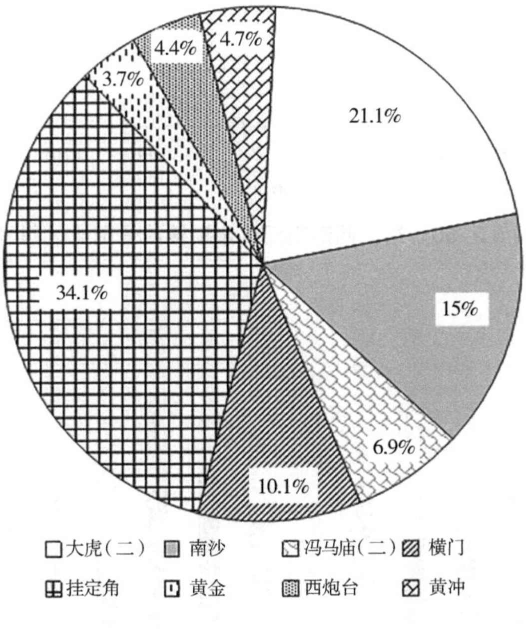

图 8.2-49　八大口门各控制站多年平均洪水期输沙分配占比

2）东、西四口门枯水期输沙分配比

东、西四口门 2006—2019 年多年平均洪水期输沙分配比分别为 53.2% 和 46.8%，洪水期东、西四口门输沙能力相差不大。东四口门洪水期输沙分配比最大为 2006 年的 65.6%，最小为 2011 年的 26.5%；西四口门与其相对，最大为 2011 年的 73.5%，最小为

2006年的34.4%。东、西四口门洪水期输沙分配比年际变化相对都较小，极值比都不足3.0。

从图8.2-50可以看出，东、西四口门2006—2019年洪水期输沙分配比呈轴对称变化，东西口门除2006年分配比较高（大于60%）和2011年较低（小于30%）外，其余都在40%~60%波动，与东四口门相对，西四口门除2006年分配比较低（小于40%）和2011年较高（大于70%）外，其余都在40%~60%波动。从图8.2-51、图8.2-52可以看出，东四口门部分年份洪水期输沙分配比大于西四口门，部分年份小于西四口门，整体与西四口门洪水期输沙分配比大小接近。

东、西四口门历年洪水期输沙分配比变化过程线见图8.2-50，东、西四口门历年洪水期输沙分配对比见图8.2-51，东、西四口门多年平均洪水期输沙分配占比见图8.2-52。

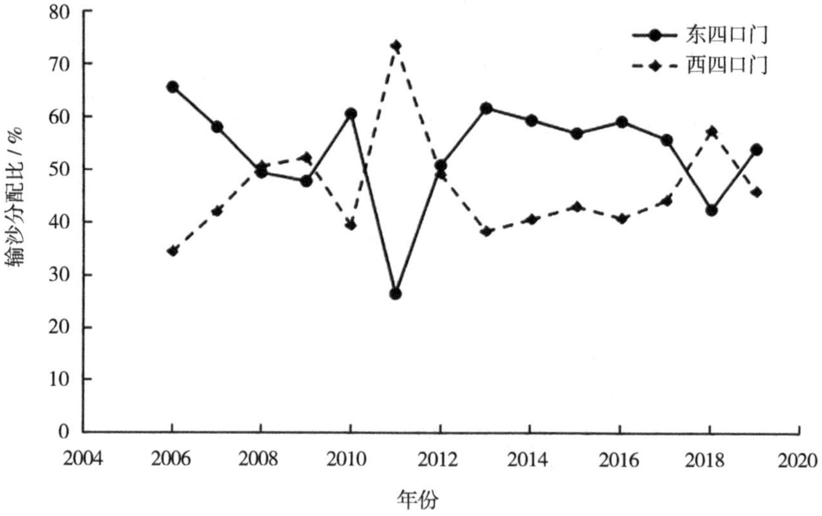

图8.2-50　东、西四口门洪水期输沙分配比过程线

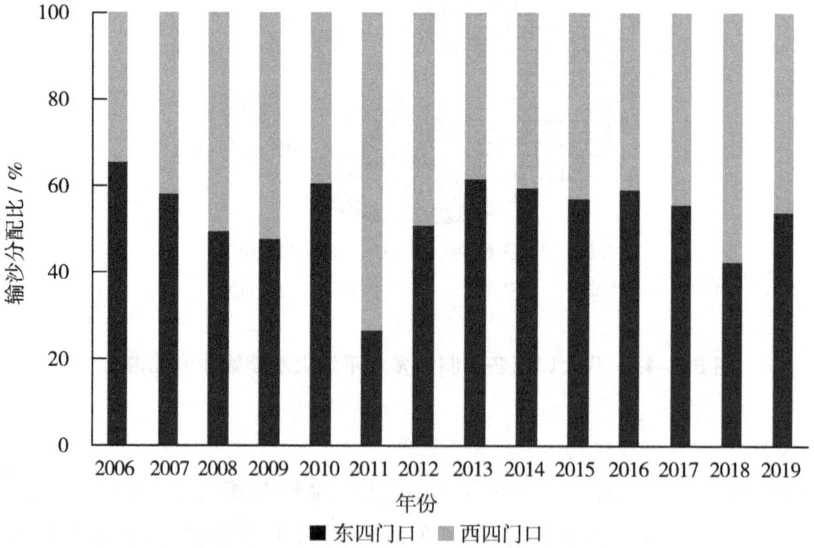

图8.2-51　东、西四口门历年洪水期输沙分配比对比

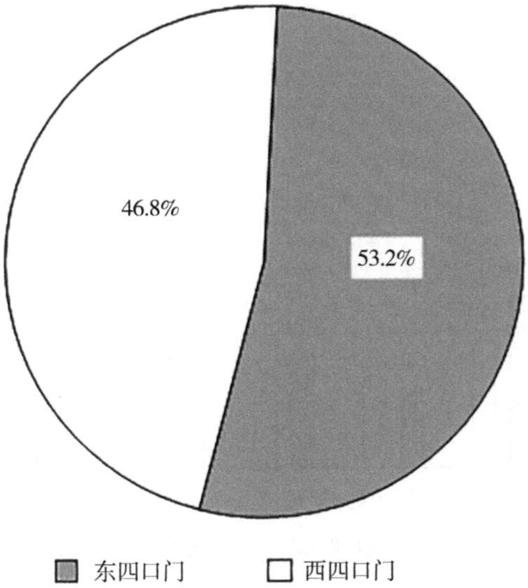

图 8.2-52　东、西四口门多年平均洪水期输沙分配占比

3. 八大口门各控制站历年同步平均洪、枯水期输沙分配对比

绘制八大口门各控制站及东、西四口门多年平均洪、枯水期输沙分配比对比图，如图 8.2-53、图 8.2-54 所示。从图 8.2-53 可以看出，大虎（二）站、冯马庙（二）站、黄金站、黄冲站枯水期输沙分配比大于丰水期；南沙站、横门站、挂定角站、西炮台站丰水期输沙分配比大于枯水期；多年平均枯水期输沙分配比最大的是大虎（二）站 37.9%，其次为挂定角站 21.3%，占比在 10% 以上的还有南沙站 11.1%，最小的为西炮台站 3.8%，说明多年平均枯水期三角洲网河区的泥沙主要通过大虎（二）站、挂定角站和南沙站入海，其他口门泥沙入海量相对较少；多年平均洪水期输沙分配比最大的是挂定角站 34.1%，其次为大虎（二）站 21.1%，占比在 10% 以上的还有南沙站 15.0%、横门站 10.1%，最小的为黄金站 3.87%，说明多年平均洪水期三角洲网河区的泥沙主要通过挂定角站、大虎（二）站、南沙站和横门站入海，其他口门泥沙入海量相对较少。从图 8.2-54 可以看出，东四口门多年平均枯水期输沙分配比大于洪水期，西四口门多年平均洪水期输沙分配比大于枯水期，无论是枯水期还是洪水期，东西口门多年平均输沙分配比均大于西四口门，说明三角洲网河区的泥沙主要通过东四口门入海，西四口门相对较少，除枯水期相差 29.6% 较大外，洪水期相差 6.4% 相对较小。

8.2.4　网河区泥沙变化成因分析

珠三角网河区输沙量在时间分布上的变化主要受上游来水来沙影响。根据上述章节分析，20 世纪 90 年代以来，三水（二）、马口站输沙量呈持续波动下降趋势，这与上游水库工程的建设及水土流失治理工程有关，由于水库的拦蓄作用及对河流水量的调节和随着水土流失的减少，从而上游来沙也跟着逐渐减少，进而通过三水（二）、马口站进入网河区的泥沙也相应减少。随着近年来人类开发利用活动逐渐减弱，预计未来三

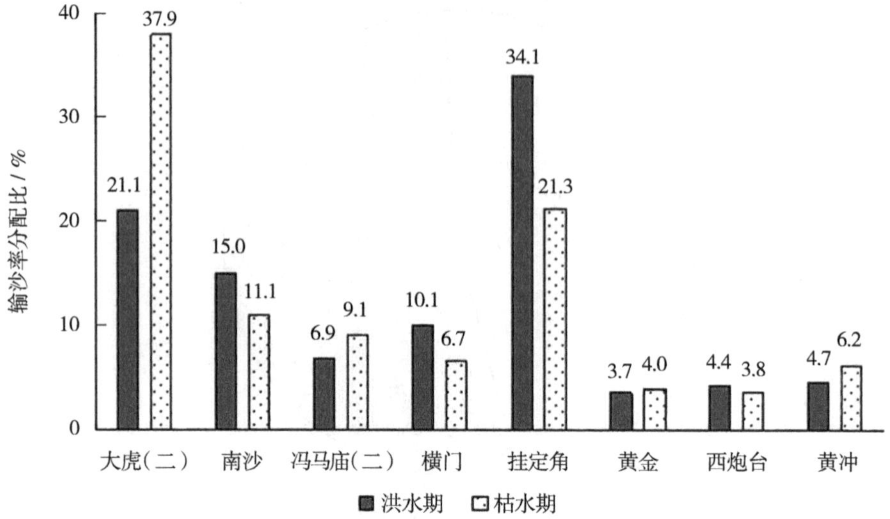

图 8.2–53　八大口门各控制站多年平均洪、枯水期输沙分配比对比

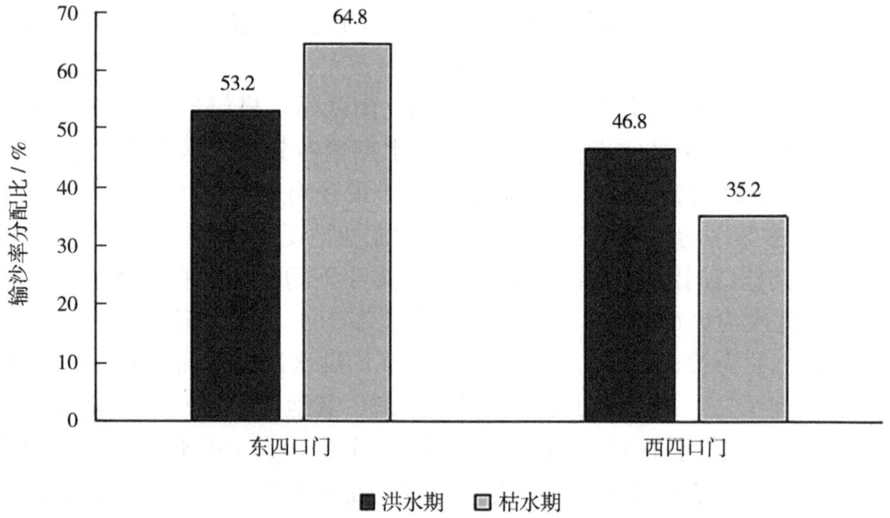

图 8.2–54　东、西四口门多年平均洪、枯水期输沙分配比对比

水（二）、马口站总的输沙量下降缓慢并逐渐趋于稳定状态。

输沙量在空间上的分布主要受人类活动的影响。人类活动对河道地形的改变会导致河道分流比发生变化，受径流影响，泥沙的输送也会相应调整，进而影响网河区各河道的输沙分配比。

20 世纪 90 年代以来，珠江三角洲及港澳地区快速发展和大规模建设，对砂的需求量剧增，导致珠江三角洲地区出现大规模的采砂活动，叠加珠江三角洲高等级航道建设、航道疏浚，造成三角洲河床大规模下切，但由于河床下切不均衡，西、北江水道的分流比发生变化，各口门涨落潮流量相应发生变化，受径流和潮流变化影响，进而造成泥沙输送规律错综复杂。

20 世纪 90 年代后，马口站输沙量呈下降趋势，21 世纪 10 年代后又呈上升趋势，三水（二）站则与其相反，这是由于 20 世纪 90 年代后，西江干流下切程度总体较北江干流大，21 世纪 10 年代后则相反。根据相关地形研究资料，通过比较 1999 年和 2016 年西北江干流河道地形，1999—2016 年，北江河道（北江干流—顺德水道—沙湾水道）平均下切 1.51 m，西江河道（西江干流—西海水道—磨刀门水道）平均下切 2.44 m，西江河道下切较北江大，从而导致北江三水（二）站不同来流条件下平均分流比从 2000 年的 21.62% 减少至 2016 年的 18.66%，减少 2.96%，致使西江分流比增大，北江分流比减小。受分流比变化影响，此时期以马口站为代表站的西江河道输沙量上升趋势明显，输沙分配比增大，而以三水（二）站为代表站的北江河道输沙量变化趋势正好相反，呈下降趋势，输沙分配比相应减小。

根据上述对东、西海水道空间分布和变化特征分析内容可知，天河（二）站 2011—2018 年枯水期输沙分配比呈现下降趋势，而洪水期同步测验资料显示，2010 年后，天河（二）站洪水期输沙分配比也呈缓慢下降趋势，且东、西海水道所处位置同时受径流和潮流影响均较明显，因此两河道输沙分配比的变化不但受河道地形变化的影响，同时受到潮流动力的影响。通过比较 1999 年和 2016 年东、西海水道河道地形，1999—2016 年，东海水道至出海口河道（东海水道—鸡鸦水道—横门）平均下切 0.70 m，西海水道至磨刀门河道（西海水道—磨刀门水道）平均下切 1.81 m，西海水道至磨刀门河道下切较东海水道至横门河道大，但受磨刀门潮动力增强，而天河（二）站的分流比相对减少，天河（二）站不同来流条件下平均分流比从 2000 年的 46.02%［占天河（二）+ 南华］减少至 2021 年的 45.11%［占天河（二）+ 南华］，减少了 0.91%，致使西海水道分流比减小，受分流比变化影响，此时期以天河（二）站为代表站的西海水道输沙量下降趋势明显，输沙分配比减小，而以南华站为代表站的东海水道输沙量变化趋势正好相反，呈上升趋势，输沙分配比相应增大。

八大口门输沙量变化相对于上游河道来说更为复杂，由于处于出海口门处，受潮动力影响更加明显，其输沙量及分配比的变化要综合上游径流条件（特别是大洪水的影响）、由外海上溯的潮汐因素（特别是风暴潮的影响）、海域的风浪、海流、盐水楔异重流，以及人类活动影响因素（如水土保持的破坏、围垦造陆、填海造地、海域的整治工程、航道的开挖、港口码头的兴建、桥梁的建筑、无序的采砂等），有待于结合更多潮流、工程开发建设等资料进行更深一步的研究。

8.2.5　网河区泥沙变化与河道演变趋势分析

通过多期地形和遥感影像资料，对网河区河道演变特点进行分析。径流量、河道采砂、航道疏浚等影响泥沙的变化，同时与泥沙因素一起共同影响着网河区河道的演变趋势。

8.2.5.1　西江水系主要河道

1999—2014 年间地形资料对比显示，西江河网主干（西江干流水道、西海水道、磨刀门水道）断面面积增加而宽深比减小。具体来看，1999—2005 年间，三条水道断面面积分别增加 18%、10%、1%；2005—2014 年间，三条水道过水断面依然呈增加的趋势，但西江干流水道、西海水道增幅显著减小。1999—2005 年间，三条水道宽深比减幅分别为 12%、7%、17%；2005 年后三条水道宽深比依然呈减小趋势。1999—2005 年间河床下切幅度较大，整个西江主干平均下切 1.2 m；2005 年后河道仍以下切为主，平均下切 1.0 m。从冲淤量变化来看，1999 年以来西江河网主干河道以冲刷为主，共计冲刷 33 083 万 m^3，2005 年后冲淤强度较 2005 年前有所减小。

西江河网除思贤滘西滘口—磨刀门段的主干水道外，还包括主干流以西至银洲湖崖门水道之间的各条水道。20 世纪 80 年代及 90 年代末地形资料对比显示，八宝水道、虎坑水道、赤粉水道、螺洲溪均有一定淤积，淤积幅度在 10%~20%；泥湾门水道略有淤积，但变化很小；劳劳溪、横坑水道、虎跳门水道、石板沙水道略有冲刷，冲刷幅度不到 4%；荷麻溪冲刷幅度相对较大，河道容积增加 12.56%。整体来看，西江河网主干流以西的水道冲刷幅度小或略有淤积。河网主干以东的水道中，1999 年后除东海水道平均下切深度超过 0.5 m 外，其余次级支流冲淤幅度均不超过 0.5 m。

8.2.5.2 北江水系主要河道

1999—2014 年间地形资料对比显示，1999 年以来北江河网主干（北江干流水道、顺德水道、沙湾水道）过水断面面积均有所增加，断面宽深比均有所减小。2005 年前河床下切幅度较大，北江主干平均下切 0.6 m；2005 年后北江干流水道上游河段淤积，下游仍以下切为主，平均下切 0.1 m，见图 8.2–55。从冲淤量变化来看，1999 年以来，北江河网主干河道以冲刷为主，共计冲刷 5 060 万 m^3。

北江河网除思贤滘北滘口至沙湾水道的主干流外，还有东、西两侧多条水道。20 世纪 80 年代及 90 年代末地形资料对比显示，北江河网主干流以东的水道冲刷幅度相对较大，河道容积平均增加 38.38%，共增加 10 725.4 万 m^3；主干流以西河道容积平均增加 11.23%，共增加约 2 623.1 万 m^3。1999 年后，顺德支流，陈村水道，沥滘水道，前、后航道呈微淤趋势，后航道淤积幅度最大，平均淤积 0.72 m。

8.2.5.3 东江水系主要河道

2002—2015 年间地形资料对比显示，东江北干流河势整体保持稳定，受河道两岸堤防束缚，河道宽度变化较小。局部河段水深、宽深比、断面面积在 2002—2009 年间波动较为明显，河道下切变深、宽深比减小、断面面积增大；2009—2015 年间整体保持平稳。从冲淤量变化来看，河道沿程冲淤交替变化，整体呈现冲淤平衡状态。2002—2009 年间冲淤变化较为明显，整体呈淤积状态，总淤积量为 34.70 万 m^3；2009—2015 年间冲淤交替变化，整体表现为冲刷，总冲刷量为 39.11 万 m^3，如图 8.2–55 所示。

20 世纪 80 年代及 90 年代末地形资料对比显示，东江河网中堂水道河道容积增加 87.81%，东江南支流增加 47.26%，倒运海水道增加 37.85%；从河底高程来看，中堂水道平均降低 2.18 m，东江南支流平均降低 1.58 m，倒运海水道平均降低 1.94 m。此外，宽深比也有不同程度减小，中堂水道、东江南支流、倒运海水道分别减小 1.43、1.94、2.66，表明各河道均向窄深趋势发展。

8.2.5.4 伶仃洋

伶仃洋在 1985 年前以自然演变为主，呈现“滩淤槽冲”特征，近期受人类活动干

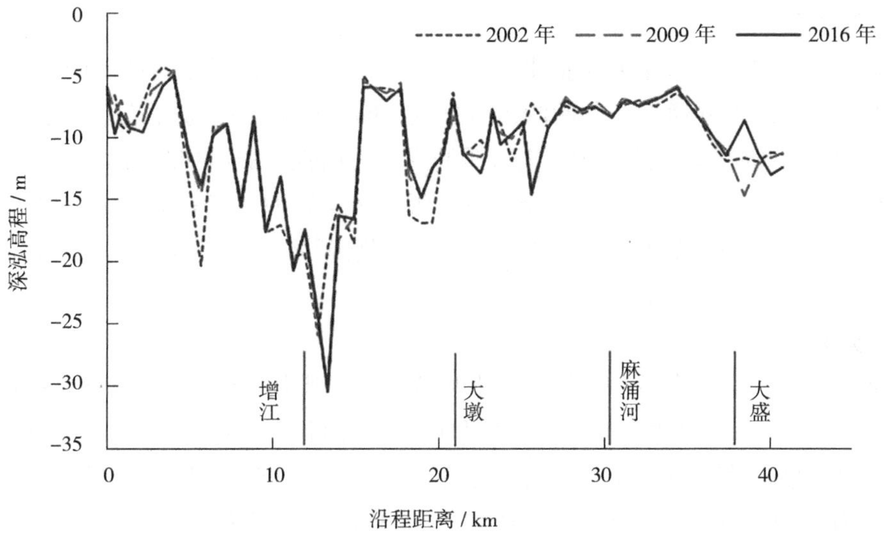

图 8.2–55　东江北干流河道深泓高程沿程变化

扰明显，主要呈现“深槽下切，浅滩减少”特征，中滩受采砂影响北部出现深槽，拦江沙浅滩和内伶仃岛浅滩分离。从整体来看，伶仃洋“三滩两槽”结构基本保持不变，深槽通畅、稳定，为河口泄洪排沙提供了有利条件。

分地貌单元来看，西滩在自然演变状态下呈现“滩淤槽冲”特征。近期受人为活动干预频繁，西滩局部浅滩被冲刷，浅滩向东扩淤速率减缓，北部浅滩面积逐渐减少，南部浅滩面积逐渐增多，沉积中心向南部发生转移。中滩东侧淤积西侧冲刷，浅滩总体向东淤长放缓；近期出现新分化，发育出中槽，中部出现多处深坑。东滩前期保持冲淤相对平衡状态，滩面面积逐渐减少。西槽位置基本稳定，槽宽向两侧扩展，处于下切加深状态。东槽有冲有淤，平面上基本无大变化，川鼻深槽向东南延伸。

8.2.5.5　磨刀门

近几十年来，受人类活动影响、上游来水来沙变化及海洋动力作用，磨刀门拦门沙表现出不同的演变特点，总的趋势是拦门沙不断向外海推移。1984 年以前，拦门沙区尚未分汊，上游主槽呈西北 – 东南向直接入海，主槽水深在 –4 m 左右。1984—1994 年间东汊开始发育，至 1994 年东汊初步形成，2000 年形成一主一支的格局，经“05・6”大洪水冲刷，东、西汊向海推进显著，至 2011 年，东、西汊进一步拓宽。

目前，磨刀门口外滩槽体系主要包括东汊和西汊，以及位于东汊东侧的横琴岛南浅滩，西汊西侧的交杯沙浅滩，东、西汊之间的拦门沙浅滩。东、西汊指水深大于 3 m 的深槽，是磨刀门主要泄洪通道；横琴岛南浅滩、交杯沙浅滩、拦门沙浅滩水深一般小于 3 m，是泥沙的主要淤积区域。20 世纪 90 年代以来地形资料对比显示，磨刀门在整治工程实施后，拦门沙顶和西侧拦门沙以淤积为主，最大淤积速率分别为 0.03 m/a、0.07 m/a；其余各区均呈冲刷状态，西汊、东汊最大冲刷速率分别达 0.2 m/a、0.31 m/a，主要与“05・6”

大洪水的冲刷作用有关。近年来，磨刀门口外采砂活动较强，口门外中心拦门沙规模显著减小。

8.2.5.6 鸡啼门

鸡啼门水下滩槽体系主要包括水深大于 3 m 的深槽及深槽东西两侧的浅滩。深槽是鸡啼门泄洪纳潮的主要通道，其两侧边滩是泥沙的淤积区。连岛大堤建成之后的 1990—2000 年间，由于下泄水流流势集中，出口深槽水动力增强，河口区呈现出滩淤槽冲的特征，此期间出口深槽平均冲刷速率在 0.05 m/a，西滩平均淤积速率在 0.05 m/a 以上。2000—2012 年间出口深槽冲刷范围进一步扩大，并向东侧偏移，深槽冲刷速率在 0.1 m/a 以上，两侧浅滩淤积范围相应减小。

8.2.5.7 黄茅海

目前，黄茅海地形格局总体是“三滩两槽”，三滩指西滩、东滩和湾口拦门沙浅滩，水深一般小于 5 m；两槽为东槽和大襟岛和荷苞岛之间的中口深槽，水深一般大于 5 m。东槽和中口深槽是黄茅海主要泄洪纳潮通道，浅滩区尤其西滩是泥沙的落淤区域。

黄茅海 1989 年前以淤积为主，1989—2003 年滩淤槽冲，2003 年后以冲刷为主。黄茅海各地貌单元冲淤演变主要呈现如下特征：崖门深槽向南发展，深槽宽度有所增加；东槽由淤转冲，且与崖门深槽上下贯通，东槽东侧出现新的深槽；2003 年之前拦门沙浅滩向南淤积扩展，近期出现冲刷；西滩向东南向趋势变缓，局部滩面 3 m 等深线向岸退缩。

从演变趋势来看，目前珠江三角洲河网区河床处于停止采砂后的自我调整期，此期间由于河流溯源侵蚀作用河道仍呈现冲刷状态，调整期后大部分河道将由冲转淤或冲淤基本平衡。随着伶仃洋喇叭形河口形态的确立及东西槽南北贯通，主槽向深海输沙能力增强，河口湾上部淤积趋于减少，中下部淤积强度将有所增加，但“三滩两槽”总体格局不变；磨刀门在目前水沙条件下，口门内河道滩槽分异将进一步加剧，河道向冲积河流方向发展；鸡啼门出口深槽今后将向下游延伸，并向两侧扩宽，两侧浅滩仍以淤积为主，口门区东边涨潮流控制、西边落潮流控制的水动力分区将进一步强化；黄茅海今后西滩向东南发展趋缓，拦门沙向海推进发展，深槽继续保持稳定发展的态势，总体上仍将保持“三滩两槽”格局。

综上所述，河网区在全面禁止采砂后，西江干流下切幅度显著减缓；北江干流水道上游河段淤积，下游仍以下切为主。河口湾区主要呈现滩淤槽冲的特征，受采砂影响，伶仃洋中滩出现多个采砂深坑，东、西槽有贯通的趋势；磨刀门口外拦门沙规模显著减小。未来一段时间内预计西江河网主干仍将以冲刷为主，上游冲刷强度小于下游，淤积区主要位于平沙岛、潮连洲、大鳌沙等局部河宽突然展宽河段；北江河网主干顺德水道及以上河段将继续淤积，以下河段保持冲刷；东江北干流将保持冲淤平衡的态势。河口湾淤积区主要位于−5 m等深线以内的浅滩区，冲刷区主要位于深槽和主航道内，见图8.2−56。

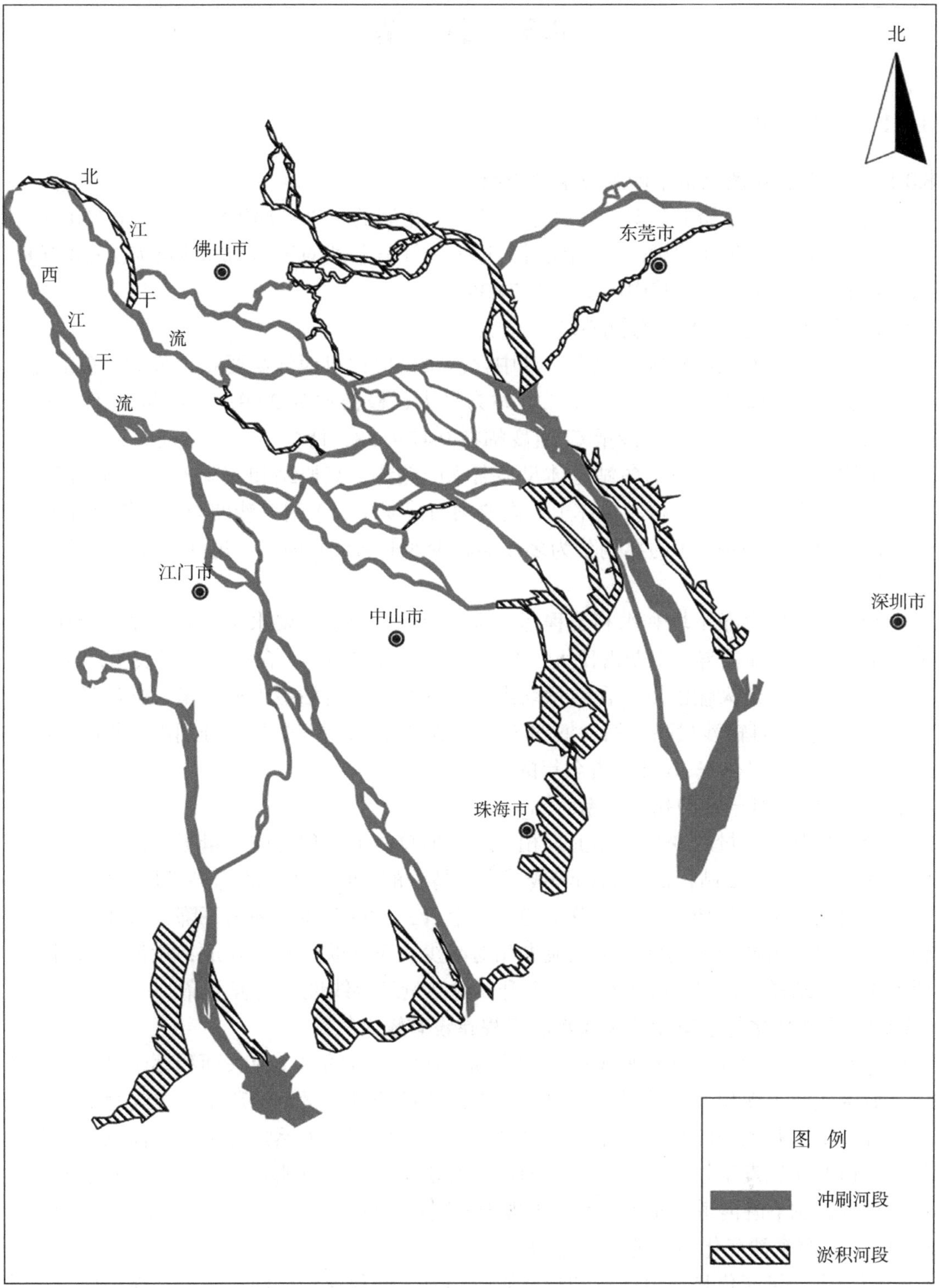

图 8.2–56　珠江三角洲及河口主要淤积区、冲刷区示意图

8.3 小 结

8.3.1 上游来沙

8.3.1.1 珠江三角洲上游来沙主要来源于西江

根据长系列泥沙资料统计，上游进入珠江三角洲的多年平均年输沙量为 6 720 万 t，高要站占 88.6%。近 10 年泥沙资料统计，进入珠江三角洲的年平均输沙量为 2 320 万 t，比多年平均偏小 65.5%，其中高要站占 74.3%。

8.3.1.2 年际变化大，年内分配不均

上游各控制站泥沙年际变化大，其中含沙量极值比以西江高要站为最大，极值比为 13.1，输沙量极值比以东江博罗（二）站为最大，极值比为 24.9；含沙量 C_v 值变幅在 0.34~0.46，高要站最大，输沙量 C_v 值变幅在 0.47~0.58，博罗（二）站最大；各时段 10 年年平均输沙量和含沙量，各站总体呈显著下降趋势，高要站和博罗（二）站下降幅度较大；从差积曲线规律分析，总体上，高要站与博罗（二）站多沙期与少沙期规律明显，分别以 1998 年和 1987 年为界划分为多沙期和少沙期两个时段，石角站输沙量波动较大，变化规律不显著。

受降水时空分布不均和水利工程运行调节影响，上游主要水文控制站输沙量在汛期和枯水期具有明显差异，汛期占比大。近 20 年的逐月输沙量、含沙量资料表明，高要站、博罗（二）站月最大输沙量、含沙量均出现在 6 月，石角站最大输沙量、含沙量出现在 5 月。最大 3 个月输沙量高要站、博罗（二）站均出现在 5—7 月，分别占全年的 70%、50%；石角站出现在 4—6 月，占全年的 70%。

8.3.1.3 水沙具有一定的相关关系

径流量和输沙量的变化大体上是相应的，但总体上表现为同一量级径流量情况下泥沙的逐年减少。高要站径流量的趋势线基本是持平的，但输沙量的趋势线是显著下降的；北江石角站水量年际变化较大，总体趋势为上升，沙量总体趋势为下降，近年沙量减少较多，主要是植被越来越好，水土流失相对减少，飞来峡水库的建成，拦沙作用明显。博罗（二）站径流量趋势线表现略为上升，输沙量趋势线性为显著下降。

8.3.1.4 水沙变化与下垫面条件及水利工程建设有较大关系

受水土流失治理及绿化覆盖面积的增加，珠江流域的水土流失面积逐渐减少，与珠江流域水土流失面积变化的过程相对应，珠江流域的输沙量也经历了一个先增加后下降的过程。受水利工程的拦蓄作用及蓄洪补枯的调蓄作用，天然情况下的径流及泥沙分配与实际情况相比发生较大变化。水库的运行对输沙量的影响明显，每建成一座水库，均不同程度影响下游河道的水沙关系，表现为相同量级的年径流量条件下年输沙量的减小。

8.3.1.5 上游来沙变化与河道演变趋势

河道来沙量变化是河道演变的重要影响因素，同径流量、河道采砂、航道建设等共同影响着河道的形态和变化趋势。

通过对比不同时期地形资料和遥感影像，西江下游大部分河道平面形态基本保持稳

定，2004 年前河床整体以下切为主，2004 年后冲刷强度有所减缓，局部河段由冲刷转为淤积，未来西江下游淤积河段主要位于梧州城区—郁南县城的丁坝坝田区，砚洲、金鱼沙、石九村及其上游等河宽突然展宽河段，云浮大河等河湾凸岸及下游河段，冲刷河段主要位于德庆至高要城区的峡谷河段和羚羊峡河段；北江下游河段受清远水利枢纽影响较大，整体呈现库区淤积、坝下河段冲刷的特征，未来北江下游淤积河段主要位于清远水利枢纽—白庙段，邓塘洲、芦苞洲、界牌洲等河宽突然展宽河段，石角—邓塘洲丁坝密集河段的坝田区，冲刷区域主要位于主航道和清远水利枢纽大坝下游附近河段；东江下游河段河床平面形态基本稳定，沿程淤积与冲刷交替出现，未来东江枫树坝—河源段库区河段将以淤积为主，河源以下的潮沙洲、钳头岭、鹅塘洲、合竹洲、鲤鱼洲等河宽突然展宽处河段，观音阁、横沥等河湾凸岸及下游河段，沥口水电站—横沥丁坝密集河段的坝田区也将以淤积为主，冲刷区主要位于枫树坝、黄田、木京、剑潭、沥口、风光等水电站坝下河段和河宽突然束窄河段。

8.3.2　网河区泥沙

8.3.2.1　时间分布与变化特征

对西江、北江干流水道上的马口、三水（二）站的长系列泥沙观测资料分析可知，其年际、年内变化均较大，汛期含沙量和输沙量均大于非汛期。受上游拦蓄工程、水土流失治理等人类活动的影响，三水（二）、马口站含沙量及输沙量在 20 世纪 90 年代之后出现明显下降趋势，多年平均含沙量和输沙量均出现了较大幅度的减少。分析还表明，三水（二）、马口站输沙量变化主要受径流量变化和含沙量变化综合影响，具有与其类似的变化趋势，且受含沙量影响更大。随着上游人类活动的减弱，径流和含沙量走势都将趋于平稳，受含沙量和径流影响，预测三水（二）、马口站输沙量下降速度会变缓并逐渐趋于稳定状态。

8.3.2.2　空间分布与变化特征

在空间分布上，对主要河汊及出海口门进行了分析，包括西江、北江干流水道，东、西海水道及八大口门。三水（二）、马口站分别是北江、西江干流泥沙进入网河区的控制站，马口站多年平均输沙量是三水（二）站的 7 倍，说明西、北江多年平均来沙量通过马口站进入珠江三角洲网河区的沙量要远大于通过三水（二）站进入珠江三角洲网河区的沙量；受河道地形变化的影响，马口站输沙分配比在 20 世纪 90 年代后呈下降趋势，直到 21 世纪 10 年代后才呈上升趋势，三水（二）站则与其相对变化，洪、枯期变化特征基本与多年平均情况类似。西江干流水道泥沙主要通过天河（二）、南华站分别进入西海水道和东海水道，天河（二）、南华站多年平均枯水期和洪水期的输沙分配比均相差不大，天河（二）站略高于南华站；从目前同步测站资料分析，21 世纪 10 年代后无论是枯水期还是洪水期天河（二）站输沙分配比都有缓慢下降趋势，南华站与其相对变化。珠江三角洲网河区泥沙最终通过八大口门入海，多年平均枯水期输沙分配比较大的站点主要是大虎（二）站、挂定角站和南沙站，说明三角洲网河区的泥沙主要通过虎门、磨刀门和蕉门入海，其他口门泥沙入海量相对较少；东西口门多年平均输沙分配比整体大于西四口门，说明三角洲网河区的泥沙主要通过东四口门入海，西四口门相对较少。

8.3.2.3 网河区泥沙与上游来水来沙和人类活动有较大关系

珠江三角洲网河区输沙量在时间分布上的变化主要受上游来水来沙影响。20 世纪 90 年代以来，随着上游来水来沙的减少，通过三水（二）、马口站进入网河区的泥沙也相应减少，近年来，随着上游人类开发利用活动的逐渐减弱，预计未来三水（二）、马口站总的输沙量下降缓慢并逐渐趋于稳定状态。

人类活动主要影响输沙量在网河区空间上的分布。受采砂活动和航道整治等影响，三角洲河床大规模下切，但由于河床下切不均衡，西、北江水道分流比发生变化从而影响输沙分配比。而靠近入海口的东、西海河道除受地形影响外，也受潮流动力影响明显。八大口门输沙量变化相对于上游河道来说更为复杂，由于处于出海口门处，受潮动力影响更加明显，其输沙量及分配比的变化要综合上游径流、外海上溯的潮汐因素、人类活动等多种因素进行考虑。

8.3.2.4 网河区泥沙变化与河道演变趋势

上游来水来沙等自然因素和河道采砂、航道疏浚等人类活动因素共同影响着网河区的泥沙变化，同时上述各类因素与泥沙因素一起共同影响着网河区河道的演变趋势。

通过对比不同时期地形资料和遥感影像，西江河网主干（西江干流水道、西海水道、磨刀门水道）断面面积增加而宽深比减小，1999 年以来西江河网主干河道以冲刷为主，2005 年后冲淤强度较 2005 年前有所减小；北江河网主干（北江干流水道、顺德水道、沙湾水道）1999 年以来断面过水面积均有所增加，断面宽深比均有所减小，2005 年前河床下切幅度较大，2005 年后上游河段淤积，下游仍以下切为主，1999 年以来北江河网主干河道以冲刷为主；东江北干流河势整体保持稳定，受河道两岸堤防束缚，河道宽度变化较小，河道沿程冲淤交替变化，整体呈现冲淤平衡状态；伶仃洋从整体来看“三滩两槽”结构基本保持不变，深槽通畅、稳定，为河口泄洪排沙提供了有利条件；磨刀门受人类活动影响、上游来水来沙变化及海洋动力作用，拦门沙表现出不同的演变特点，总的趋势是拦门沙不断向外海推移；鸡啼门水下滩槽体系在连岛大堤建成之后的 1990—2000 年间，河口区呈现出滩淤槽冲的特征，2000 年之后出口深槽冲刷范围进一步扩大，并向东侧偏移，两侧浅滩淤积范围相应减小；黄茅海 1989 年前以淤积为主，1989—2003 年滩淤槽冲，2003 年后以冲刷为主。

从演变趋势来看，目前珠江三角洲河网区河床处于停止采砂后的自我调整期，此期间由于河流溯源侵蚀作用河道仍呈现冲刷状态，调整期后大部分河道将由冲转淤或冲淤基本平衡。

第 9 章　区域水安全保障

9.1　水安全保障目标及任务

粤港澳大湾区位于珠江流域下游，江海相联、水系贯通、河网密布，为世界四大湾区之一，同时也是我国开放程度最高、经济活力最强的区域之一，在国家发展大局中占有重要地位。推进粤港澳大湾区建设，是以习近平同志为核心的党中央作出的重大决策部署。水是粤港澳大湾区发展的重要支撑和联结纽带，事关区域防洪（潮）安全、供水安全、生态安全和经济安全。粤港澳大湾区建设重大国家战略实施，对保障区域水安全、协同推进水治理提出了更高要求。2018 年 7 月，中共中央、国务院印发《粤港澳大湾区发展规划纲要》，明确了粤港澳大湾区发展的总体思路、战略定位、发展目标、空间布局、重点任务，为推进粤港澳大湾区建设指明了方向。2020 年 12 月，珠江委编制了《粤港澳大湾区水安全保障规划》，从保障区域水安全、率先实现水利现代化的目标出发，统筹谋划水安全保障的总体思路、发展目标、总体布局和主要任务，为粤港澳大湾区建设提供坚实的水利支撑和保障。

9.1.1　水安全现状、形势与挑战

9.1.1.1　水安全现状

新中国成立以来，特别是党的十八大以来，以习近平同志为核心的党中央对保障水安全作出一系列重大部署。粤港澳大湾区各地持续治水兴水管水，水安全保障各项工作成效明显，有力支撑和保障了经济社会持续健康发展。

1. 城乡供用水体系初步形成

珠三角 9 市已建大中型水库 128 宗，大中型引提水工程 110 宗，西江大藤峡水利枢纽、珠江三角洲水资源配置工程等一批流域性重大水资源配置工程开工建设，初步形成河道引提水、当地蓄水、外调水、地下水以及其他水源工程构成的供水体系，城乡供水保障能力显著提高。城市已全面实现自来水供给，城市供水保证率达到 95%，农村集中供水覆盖率达到 88.9%，农田有效灌溉面积超过 700 万亩。随着大湾区节水型社会建设稳步推进和经济结构调整，用水总量稳中有降，用水结构发生变化，水资源利用效率和节水水平不断提升。2018 年珠三角 9 市总用水量 188.1 亿 m^3（不含火核电用水），比 2010 年下降 6.8%。其中，农业用水、工业用水占比分别由 2010 年的 39.2%、29.3% 下降到 2018 年的 37.5%、24.5%，居民生活用水、城镇公共用水占比分别由 2010 年的 19.5%、8.9%

上升至 22.8%、13.1%。2010—2018 年，万元 GDP 用水量和万元工业增加值用水量分别下降 56%、59%，在国内南方地区属于先进水平。港澳供水高度依赖内地水源，2018 年香港饮用水用水量 10.13 亿 m^3，其中来自东江水 7.36 亿 m^3；澳门用水量 1.01 亿 m^3，主要依靠珠海供水系统供给。

2. 防洪减灾体系基本建立

流域防洪骨干水库西江龙滩、北江飞来峡以及东江枫树坝、新丰江、白盆珠等已建成，大藤峡水利枢纽已于2023年9月实现主体完工；大湾区内已建3级及以上江、海堤防达4 140 km，防洪减灾体系基本形成。大湾区中心城市广州市防洪（潮）能力达到50~200年一遇；深圳市防洪（潮）能力达到50~200年一遇；香港市区设计防洪标准排水干渠系统达到200年一遇，排水支渠系统50年一遇；澳门新城区达到100~200年一遇，老城区大部分为20~100年一遇。大湾区重要节点城市佛山、珠海、东莞、江门、中山、肇庆、惠州市的中心区防洪（潮）能力达到50~100年一遇。珠三角9市由河涌、水闸、泵站、滞涝湖泊等综合措施相结合的治涝工程体系基本建立，城市排涝能力10~20年一遇。防洪非工程措施方面，初步形成监测预警、洪水预报、指挥调度、综合决策、应急处置的防汛抗旱信息保障体系，编制完成了《珠江洪水调度方案》。

3. 水生态环境状况持续改善

珠三角 9 市水环境质量持续向好。2018 年，西、北、东江等主干河道水质优良；监测的 51 个市级以上集中式饮用水水源地中全年水质均达标的水源地 49 个，达标率 96%；磨刀门、鸡啼门、崖门河口段水质达到Ⅱ类。河湖治理工作稳步推进。按照国家生态文明建设要求，广东省大力推进“让广东河更美”大行动、河湖“清四乱”专项行动、水污染防治行动，黑臭河涌逐步得到集中治理。水生生物保护得到加强。珠江委在西江干流针对四大家鱼和广东鲂开展了鱼类繁殖期生态调度试验工作，取得了良好成效。

4. 水治理管理能力不断提高

大湾区初步形成水雨情、水资源、水环境、水生态、水工程运行等监测体系，信息采集初具规模；通信网络、计算和存储资源、视频会商等水利信息化基础设施建设持续加强；电子政务、防汛抗旱、水资源管理等业务应用逐步深入，信息化对水利业务的支撑能力得到加强。流域与区域相结合的水管理制度与机制建设逐步加强。规划管理体系逐步完善，珠三角 9 市基本建立流域大江大河用水管控指标体系，最严格水资源管理制度层层落实，河长制湖长制全面建立。与香港、澳门合作协商机制逐步完善。水利部与澳门特区政府签订《关于澳门附近水域水利事务管理的合作安排》，广东省与香港、澳门通过粤港、粤澳合作联席会议机制开展水利合作。

9.1.1.2 形势与挑战

《粤港澳大湾区发展规划纲要》提出将大湾区建设成为充满活力的世界级城市群、具有全球影响力的国际科技创新中心、“一带一路”建设的重要支撑、内地与港澳深度合作示范区、宜居宜业宜游的优质生活圈等战略定位和建设国际一流湾区，打造高质量发展典范的目标，这对大湾区水安全保障提出了新的更高要求。大湾区地处珠江流域下游，水问题十分复杂，加上全球气候变化带来的海平面上升，短历时强降雨、流域干旱、台风暴潮等极端天气的增加，以及人类活动引起的咸潮上溯、洪水归槽、污染加重、生态损害等影响，决定了大湾区水安全保障任务繁重。目前，大湾区水安全仍存在不少突出短板，与大湾区五大战略定位和发展目标所要求的水安全保障水平不相适应。

1. 水安全保障能力与建设充满活力的世界级城市群的要求不相适应

《粤港澳大湾区发展规划纲要》提出，全面建成富有活力和国际竞争力的一流湾区和世界级城市群。这势必要求提供更加可靠的水安全保障能力，以支撑大湾区高质量发展，提高人民群众的获得感、幸福感、安全感。但目前大湾区的供水与防洪减灾保安全能力还存在一定差距。一是水资源节约水平和利用效率有待提高。珠三角 9 市用水浪费现象仍较突出，农田灌溉水有效利用系数低于全国平均水平，城镇居民人均生活用水量、万元 GDP 用水量分别为 195 L /（人 · d）、25 m^3/ 万元，与世界先进水平和世界其他湾区相比尚有差距。二是城乡供水抗风险保安全能力不足。城市供水水源以河道取水为主（占 70.4%），当地水库调蓄能力和城市应急备用水源不足，存在流域季节性干旱、河口咸潮、水污染等风险，保供水的能力存在短板。供水格局以保障珠江东岸城市群为重点，对珠江西岸城市考虑不足。三是防洪（潮）标准不高。以深港界河深圳河为例，在深圳河治理工程第四期于 2017 年完成后，与其相连的深圳及香港地区洪（潮）风险已大幅改善，但相关标准仍未达到世界前列，未来仍有进一步加强的空间。四是防洪减灾设施依然存在短板。西、北、东江等大江大河堤防存在险工险段，潖江蓄滞洪区分洪措施与安全设施尚不完善，三角洲河网区重要节点缺乏调控措施。珠三角 9 市堤防（海堤）达标率仅 78%，加之受气候变化影响，海平面持续上升，珠江河口最高潮位屡创新高，部分达标堤防已难以满足防御要求，沿海区域防潮形势严峻。城市地势低洼，加之排涝工程建设相对滞后，内涝问题突出。流域干支流水库群尚未完全实现统一调度，河湖行蓄空间管控有待加强，流域防洪减灾预报预警与联防联控能力不足。

2. 水生态环境与建设宜居宜业宜游的优质生活圈的要求不相适应

《粤港澳大湾区发展规划纲要》提出，全面建成宜居宜业宜游的优质生活圈，打造高质量发展和高品质生活的典范，增强人民群众的幸福感。这势必要求提供优质的水资源、健康的水生态、宜居的水环境。但目前大湾区的水生态环境质量与优质生活圈和人民群众期盼相比还有不小差距。一是水环境污染问题仍然突出。珠三角 9 市废污水年排放量较 20 世纪 80 年代末增加 3 倍以上，广东省 72% 的废污水排放量集中在珠三角 9 市，加上污水收集与处理设施建设滞后，处理能力和标准不高，雨污分流不完善。二是大湾区内河涌水动力条件弱。河道比降平缓，潮差小，围内河涌水流动力不足，与外江水体交换能力弱，易造成污染物回荡。三是水生态损害问题突出。人类活动挤占河湖水域岸线空间，局部水生生境遭受侵占和破坏。水生态系统退化，现状珠江河口红树林面积不到 20 世纪 80 年代的 2/5。四是水库蓝藻水华等富营养化现象时有发生。在全球气候变化大环境下，受城镇化快速进程中的工业污染、农业污染以及农业现代化的面源污染影响，珠三角 9 市水库水体富营养化加剧，2018 年广州、珠海、佛山、江门等市共 12 座水库发生了蓝藻水华。

3. 水治理管理体系和能力与构建经济高质量发展的体制机制创新要求不相适应

《粤港澳大湾区发展规划纲要》提出，继续深化改革、扩大开放，在构建经济高质量发展的体制机制方面走在全国前列、发挥示范引领作用。打造内地与港澳深度合作示范区，推动公共服务合作共享，引领带动粤港澳全面合作。这势必要求健全更高效的水治理管理体制机制，提升水行业监管能力。但目前大湾区的水管理制度体系和水治理能力仍存在一定差距：一是法治体系不健全，对大湾区水安全保障有着重要作用的珠江水量调度缺乏法制保障；二是水管理体制机制创新不足，粤港澳三地协同机制还需在现有合作的基础上进一步深化，同时，流域上下游、珠三角 9 市间、相关部门间协同协调需进一步加强，水资源刚性约束机制尚未形成；三是水利工程运行和管理投入不足，“重建轻管”局面依然没有彻底改变；四是水利现代化水平不高，水利科技支撑能力、水利信息化短板等与水利现代化建设要求尚有差距。

9.1.2　水安全保障的主要目标

按照《粤港澳大湾区发展规划纲要》的总体战略部署，对照中央有关要求和对标国际先进水平，立足湾情水情，聚焦薄弱环节和关键短板，明确大湾区水安全保障的主要目标是：到 2025 年，大湾区水安全保障能力进一步增强，珠三角 9 市初步建成与社会主义现代化进程相适应的水利现代化体系，水安全保障能力达到国内领先水平，率先打造成为全国“水利工程补短板、水利行业强监管”示范区。深圳水利基础设施和水生态环境质量达到国内领先水平。

优质水资源得到可靠保障。全面落实国家节水行动，全社会节水意识明显增强，用水效率和效益显著提高，万元地区生产总值用水量、万元工业增加值用水量较 2017 年分别下降 30% 和 25%，城市公共供水管网漏损率控制在 10% 以内，农田灌溉水有效利用系数提高到 0.57。供水网络体系更加完善，城乡供水保障能力和应急供水水平进一步提高，城市供水保证率达到 97% 以上，农村集中供水覆盖率达到 95% 以上，多水源城镇供水人口覆盖率达到 80% 以上，集中式饮用水水源地水质达标率达到 98% 以上。

（1）防洪（潮）减灾保安全能力得到有效增强。防洪（潮）重点薄弱环节基本消除，形成较为完善的防洪（潮）减灾体系，进一步提高抵御洪（潮）水和防范应对超标洪水风险的能力。广州、深圳城市中心区防洪（潮）能力不低于200年一遇、治涝标准不低于20年一遇，珠三角其他7市城市中心区防洪（潮）能力不低于100年一遇、治涝标准不低于10年一遇；中小河流防洪能力进一步提升，特色城镇防洪标准不低于20年一遇。

（2）健康水生态和宜居水环境初见成效。西、北、东江三江生态廊道格局基本形成，重要河湖生态流量得到有效保障，水污染得到有效控制，水环境质量稳步提升，主要水体的水生态系统得到有效修复与保护；国家重要水功能区达标率达到 90% 以上，非汛期生态流量月满足程度达到 90% 以上，水土流失面积比例控制在 8% 以内；江海堤防生态化程度大幅提升。

（3）水安全监管服务水平大幅提高。水安全监管和水治理能力快速提升，大中型水利工程及重点小型工程安全监测覆盖率达到 80% 以上，水安全数据共享率达到 85% 以上，水管理制度进一步完善，水利科技支撑能力明显增强，制度与能力建设达到全国领先水平。

（4）对港澳供水保障能力进一步增强。内地对港澳水资源供给保障安全可靠（满足对香港供水能力达到 11 亿 m^3，对澳门供水能力达到 1.46 亿 m^3 的需求），原水水质稳定保持地表水环境质量Ⅲ类标准以上，内地与港澳水事合作全面加强。

到 2035 年，大湾区水安全保障能力跃升，水资源节约和循环利用水平显著提升，水生态环境状况全面改善，防范化解水安全风险能力明显增强，防洪保安全、优质水资源、健康水生态和宜居水环境目标全面实现，水安全保障能力和智慧化水平达到国际先进水平，具有浓郁岭南特色的水文化得到弘扬和发展。深圳成为全国水利高质量发展和水利现代化的典范。内地对港澳水资源供给保障更加安全可靠，与港澳水资源、水文化、水科技、防灾减灾，以及界河综合治理等全面协同协作迈上更高水平。

9.1.3　水安全保障的总体任务与布局

大湾区水安全保障体系的总体任务与布局以“四网”建设为主要内容：以水资源节约集约利用为前提，以供水水源互联互通和供水工程挖潜提升为基础，打造一体化高质量的供水保障网；以加强防洪（潮）治涝薄弱环节建设和联防联控为重点，构筑安全可靠的防洪减灾网；以涉水空间管控和水环境系统治理为抓手，构建全区域绿色生态水网；以水利信息化建设和监管机制及服务创新为突破口，构建现代化的智慧监管服务网。全面增强大湾区水安全保障能力。

9.1.3.1　打造一体化高质量的供水保障网

根据大湾区城乡发展空间布局和流域区域水资源分布特点，加强水资源节约集约利用，推进供水水源互联互通和供水工程挖潜提升，优化流域水资源联合调配，完善大湾区供水网络，提高城乡供水能力和水平，形成“集约高效、格局合理、多源互补、丰枯调剂”的供水保障网，为大湾区经济社会发展提供优质可靠的水资源保障。

（1）加强资源节约集约利用。把节水作为解决水资源供需矛盾的根本之策，坚持节水优先，以水而定，量水而行，强化水资源刚性约束，坚决抑制不合理用水需求，强化农业节水增效，推进工业节水减排，加强城镇节水降损，加大非常规水利用，加强水资源保护，落实国家节水行动，推动用水方式由粗放向节约集约转变，全面建设节水型社会。

（2）优化流域水资源联合调配格局。坚持以流域为单元，空间均衡、系统治理，全面提升流域水资源统筹调配能力，强化流域水资源统一调度，切实增强流域对大湾区水资源供给调配能力。

（3）完善大湾区供水网络格局。加强珠江三角洲三江连通，合理调控思贤滘与天河南华节点水资源，优化大湾区取排水格局，推进区域水源连通互济，构建湾区互联互通的供水网络，筑牢供水安全保障基础。

（4）保障港澳供水安全。继续加大对港澳供水基础设施建设与水资源保护力度，优化对港澳供水运行管理与水资源保护协作机制。加强流域水资源统一调度，提升对港澳供水工程智慧化管理水平，保障港澳供水安全。

（5）提高城乡供水能力和水平。根据大湾区城市定位和经济布局，完善珠三角 9 市城镇供水系统，提升乡村供水水平，大力改善供水水质，逐步推进分质供水，增强应急备用供水能力，提高城乡供水保障能力和水平。

9.1.3.2 构筑安全可靠的防洪减灾网

对标国际一流湾区，加快建设堤库结合、以泄为主、蓄泄兼施的防洪工程体系，堤闸结合的防潮工程体系及截蓄排渗的排涝工程体系，统筹城市防洪和排涝，完善以防为主的防洪非工程措施，形成流域区域联防联控、安全可靠的防洪减灾网，全面实现防洪保安全。

（1）完善防洪工程特性。针对粤港澳大湾区主要受上游西江、北江和东江洪水威胁的特点，以提升防御流域大洪水能力为目标，按照“堤库结合，以泄为主、泄蓄兼施”的流域防洪方针，抓紧完善防洪工程体系，加快骨干水库与潖江蓄滞洪区建设，积极推进大江大河治理，强化珠江河口综合治理与保护，持续推进病险水库、水闸除险加固，加强中小河流治理与山洪灾害防治，协同拟定界河治理策略，确保大湾区中心城市广州与深圳防洪能力不低于 200 年一遇，重要节点城市佛山、东莞、惠州、中山、珠海、江门与肇庆防洪能力不低于 100 年一遇。

（2）建设防潮工程体系。针对大湾区现状海堤防潮标准低的问题，加快大湾区海堤达标加固，建设一批海堤生态化示范工程。适时在河网区有条件的水道建设挡潮闸工程，协商共建粤澳跨界水域防潮工程，按防御特大风暴潮，并考虑海平面上升的趋势，完善防潮工程体系，实现大湾区沿海城市中心区防潮能力不低于 200 年一遇、特色城镇防潮能力不低于 100 年一遇的目标。

（3）筑牢排涝工程体系。针对珠三角 9 市部分区域地势低洼、降雨强度大和城镇化程度高的特点，加强海绵城市建设，改造城市内部排水系统，实施城市排涝通道建设以及城乡重点涝区治理，筑牢截蓄排渗综合排涝工程体系，使中心城市排涝能力不低于 50 年一遇，重要节点城市排涝能力不低于 30 年一遇，特色城镇排涝能力达到 10~20 年一遇的目标。

（4）完善防洪减灾非工程措施。实施流域水工程统一调度，强化行蓄空间管控，加强监测预报预警和防洪风险管控、深化大湾区防洪减灾合作与交流等措施，完善防洪减灾非工程措施，进一步提高大湾区防洪减灾抗风险能力。

（5）提升粤港澳跨界水域防洪（潮）能力。协同推进粤港界河深圳河的治理，支持澳门开展湾仔水道和十字门水道防洪排涝治理，提升粤港、粤澳跨界水域防洪（潮）能力。深化流域与粤港澳防洪减灾合作与交流，提高粤港澳大湾区防洪减灾应急能力。

9.1.3.3 构建全区域绿色生态水网

坚持山水林田湖草系统治理，以西江、北江、东江干流为主干，以重要支流、珠江三角洲河道为次支，以重要水库、湖泊、湿地等为节点，加强涉水空间管控和保护，建设绿色生态廊道，构筑绿色生态屏障，保障河流生态流量，系统治理大湾区核心区域三角洲水生态环境，建设大湾区碧道，形成全区域绿色生态水网，全面实现健康水生态和宜居水环境，大力弘扬和发展岭南特色水文化，让大湾区河流成为人民的幸福河。

（1）加强涉水空间保护。依据国土空间规划，科学确定涉水空间范围，推进重点河道、水库、湖泊、水源地等涉水空间划定，加强河湖水域岸线保护，建立涉水空间管控制度，强化涉水空间管控与保护。

（2）建设绿色生态廊道。按照建设宜居宜业宜游优质生活圈对优质水资源、健康水生态、宜居水环境的要求，对串联大湾区和流域中上游的西江（源头至磨刀门出海口）、北江（源头至沙湾水道三沙口）、东江（源头至东江北干流大盛），通过保护与修复重要生境、岸线保护与利用等，打造成为流域三江生态廊道（鱼类产卵场、洄游通道及野生动植物自然栖息地）。对大湾区西江干流（高要至磨刀门出海口）、北江干流（石角至沙湾水道三沙口）、东江干流（博罗至大盛）、容桂水道、小榄水道、东江南支流、西枝江、增江、流溪河、潭江等取水口相对集中的 10 条重要河道，通过控制和规范河道两岸的经济活动，严控入河污染物排放，加强入河排污口综合整治等，建设大湾区 10 条清水通道，保障大湾区河道取水安全。

（3）建设绿色生态屏障。通过加强西、北部山丘水土流失防治，推进生态清洁小流域建设，实施河口生态保护修复，推进红树林生态系统恢复，严格保护河口滩涂等，建设大湾区西、北部山丘区水源涵养屏障和南部河口水域岸线保护带。

（4）系统治理珠江三角洲河网。通过水污染治理、河网水动力改善、河湖水生态修复以及跨界河流水环境综合治理等措施，打造水清、水活、岸绿、景美的三角洲河网，全面实现健康水生态和宜居水环境。

（5）弘扬和发展先进水文化。大力弘扬和发展岭南特色水文化，提升大湾区水文化内涵和品位，加强水文化传播与共享，满足人民精神文化追求。

9.1.3.4　构建现代化的智慧监管服务网

提高水安全监管信息化能力，强化四大监管制度实施，提升水安全公共服务水平，加强水安全科技创新和基础研究，防范化解重大水安全风险，构建全方位的现代化智慧监管服务网，提升大湾区水安全监管和服务水平。

（1）提高水安全保障信息化能力。在水利部智慧水利总体方案和广东省数字政府改革建设方案框架下，大力推进物联网、云计算、移动互联网、大数据、人工智能、遥感、遥测无人机、BIM 等新技术与大湾区水利业务的深度融合，建设智慧珠江工程，为大湾区建设及流域水安全提供全面有效的信息化支撑。

（2）强化水安全监管制度实施。按照水利行业强监管的要求，打造升级版河长制、湖长制，贯彻落实最严格水资源管理制度，健全水工程建设运行管理，完善水土保持监管，不断强化水行政执法、加大监督管理力度，构建全方位监管体系，提升社会服务水平。

（3）提升水安全公共服务水平。整合涉水政务服务，实现公众服务“一网通办”，建立预报预警公共服务体系，提供精准化、“一图全搜”的水信息服务，全面提升粤港澳大湾区水安全公共服务水平。

（4）加强水安全科技创新。健全流域水利科技创新体系，建设科技创新平台，加强粤港澳水利科技合作交流，注重水文、河湖演变等基础性资料整理分析以及调度、监测预警等关键技术的科学研究，提升水利科技创新能力，为大湾区水安全保障提供科技支撑。

（5）着力防范化解重大水安全风险。提高政治站位，强化政治意识，制订完善应急预案，建立健全应急处置机制，着力防范化解重大水安全风险，避免造成重大的公共安全事件，维护社会稳定。

9.2 保障措施及成效

粤港澳大湾区水安全保障体系建设，是以习近平新时代中国特色社会主义思想为指导，深入贯彻习近平总书记关于粤港澳大湾区建设重要讲话指示批示精神，认真落实党中央、国务院关于粤港澳大湾区建设的决策部署及《粤港澳大湾区发展规划纲要》有关要求，完整、准确、全面贯彻新发展理念，坚持习近平总书记“节水优先、空间均衡、系统治理、两手发力”治水思路，坚定不移推动新阶段水利高质量发展，为大湾区高质量发展提供了坚实的水安全保障。

9.2.1 坚持人民至上，努力保障江河安澜

统筹发展和安全，深入践行“两个坚持、三个转变”防灾减灾救灾新理念，以流域为单元，加快完善堤库结合、以泄为主、蓄泄兼施的防洪工程体系，以及堤闸结合的防潮工程体系、截蓄排渗的排涝工程体系，强化水利工程统一调度，有力保障了大湾区人民群众生命财产安全。

9.2.1.1 加快推进重大水利工程建设

加快推进大藤峡水利枢纽、广东西江干流治理、潖江蓄滞洪区建设与管理、海堤达标加固等重大工程建设。其中，流域防洪控制性工程大藤峡水利枢纽 2022 年已通过二期蓄水验收，主体工程已于 2023 年 9 月完工；广东西江干流治理完成 52 km 堤段和 50 座水闸重建（加固）；潖江蓄滞洪区完成 37 km 堤围达标加固和 38 座水闸重建；完成海堤达标加固及新建 227 km。此外，指导广东省加快推进大湾区堤防巩固提升、东江干流治理、珠江三角洲及河口整治等重大工程前期工作。

9.2.1.2 持续推进防洪薄弱环节建设

指导广东省开展水旱灾害风险普查，全面摸底调查水库、水闸、堤防、河流等洪水灾害隐患，完成水旱灾害风险区划与防治区划，掌握各类防洪工程基本属性、防汛隐患和水旱灾害风险底数。指导加快推进潭江、西枝江等支流治理，“十四五”以来，中央财政水利发展资金支持珠三角 9 市累计完成流域面积 200~3 000 km^2 中小河流治理河长 400 多 km。实施杨梅、大沙河、白盆珠等 17 座大中型病险水库除险加固，完成 257 座小型水库除险加固。组织编制完成《珠江河口综合治理规划（2021—2035 年）》，目前规划正在征求相关部委意见。

9.2.1.3 完善城市防洪（潮）排涝体系

深圳市批复《防洪（潮）及内涝防治规划（2021—2035）》并推进实施；广州市、珠海市、中山市结合新一轮流域防洪规划修编，正在编制《城市防洪（潮）排涝规划》。稳步推进广州市南沙区蕉东联围、中山市西河泵站、珠海市石角咀水闸、东莞市立沙联围等重点防洪（潮）排涝工程建设，大湾区城市防洪（潮）排涝体系更加完善。

9.2.1.4 加强基础监测和智慧水利建设

组织完成珠江三角洲及河口同步水文测验、粤港澳大湾区（河口区）水下地形测量等工作，为保障江河安澜提供基础数据支撑。组织开展水文基础设施建设，优化完善水

文站网体系，提升水文监测能力。大力推进数字孪生珠江建设先行先试，加快构建具有预报、预警、预演、预案“四预”功能的智慧水利体系，初步建成具有交互式预报、智能预警、多维度预演、比选优化预案功能的珠江防汛平台，在 2022 年珠江流域西江第 4 号洪水防御中成功应用，防洪防潮减灾应急能力持续提升。

9.2.1.5　科学精细调度水利工程，确保防洪安全

5 年来，珠江流域累计科学调度大中型水库 2 816 座（次），拦蓄洪水 1 228.9 亿 m^3，充分发挥了水利工程防洪减灾作用，成功防御多次编号洪水和“山竹”“天鸽”“妮妲”等强台风，成功实现人员不伤亡、水库不垮坝、重要堤防不决口、重要基础设施不受冲击“四不”目标。特别是 2022 年 6 月中下旬，西江、北江同时发生编号洪水，北江 2 号洪水发展成为 1915 年以来最大洪水，水利部科学组织实施西江、北江水利工程联合调度，避免了西江、北江洪水遭遇，成功确保西江、北江干堤和大湾区城市群防洪安全。

9.2.2　完善水网格局，助力高质量发展

坚持节水优先，按照国家水网建设的总体要求，立足流域整体和水资源空间均衡配置，着力打造一体化高质量的供水保障网，持续提升水资源节约集约利用和统筹调配能力，为大湾区经济社会高质量发展提供优质可靠的水资源保障。

9.2.2.1　深入实施节水控水行动

坚持节水优先，指导广东省制定印发节水行动实施方案，强化农业节水增效、工业节水减排、城镇节水降损，大湾区广州、深圳、珠海、东莞等 4 座城市成功创建国家节水型城市，广州市黄埔区、深圳市、东莞市入选全国再生水利用配置试点，珠三角 9 市 30 个县（区）通过县域节水型社会达标建设认定。强化水资源管理，严格实行流域区域用水总量和强度双控，指导广东省印发“十四五”用水总量和强度管控方案。严格水资源论证和取水许可审批，中型以上灌区全部纳入取水许可管理。强化取用水监管，创新实施 40 家重点监控用水单位“监控—预警—核查—通报”全链条监管。组织开展最严格水资源管理监督检查，大湾区有关存量问题全部清零。2022 年，珠三角 9 市用水总量 217.8 亿 m^3，基本保持稳定；万元地区生产总值用水量和万元工业增加值用水量分别为 20.8 m^3 和 15.7 m^3，较 2017 年分别下降 16.8% 和 1.9%。

9.2.2.2　优化区域水资源配置格局

指导广东省加快推进省级水网先导区建设，持续优化水资源配置体系，不断完善大湾区水网建设总体布局。加快珠江三角洲水资源配置、广州北江引水、惠东县稔平半岛供水、深圳公明—清林径水库连通、牛路水库等工程建设，加快推进深汕合作区供水、澳门珠海水资源保障等工程前期工作，“三江连通”的供水网络格局逐步形成。其中，珠江三角洲水资源配置工程输水隧洞已全线贯通，并于 2024 年 1 月 30 日正式通水，实现了从西江水系向珠三角东部引水，将解决广州、深圳、东莞等地生活生产缺水问题，进一步保障粤港澳大湾区供水安全和生态安全。

9.2.2.3　加强重要饮用水水源保护

初步建立大湾区 296 个重要水源地名录。指导地方加快推动水源地保护治理与风险防控工程建设，组织开展大湾区 35 个全国重要饮用水水源地安全保障达标建设评估，2021

年以来，除3个因供水功能调整不参评水源地外，其余32个水源地综合评估结果均为优。采用人工定点监测、无人机巡航、遥感监测相结合的手段，加强重要水源地水质监测。建立大湾区水质遥感反演模型，建立联合协作机制督促水源地问题整改，有效防范化解水源安全风险。截至2022年，大湾区集中式饮用水水源地水质达标率持续稳定在100%。

9.2.2.4 严格珠江水资源统一调度管理

全力推进珠江水量调度条例立法工作，目前已完成前期论证和初稿起草工作。连续19年成功组织实施珠江枯水期水量调度，有力确保了大湾区城市群特别是对港澳的供水安全。2021年，珠江流域主要江河来水偏少，东江流域遭遇60年来最严重旱情，珠江委滚动实施“四预”机制，筑牢当地、近地、远地供水保障“三道防线”，精准科学实施西江、北江、东江水库群联合应急压咸补水调度，全力压制珠江口咸潮，确保了大湾区城市群供水安全。

9.2.3 坚持系统治理，改善河湖生态面貌

坚持山水林田湖草沙一体化保护和系统治理，大力推进水生态修复和水环境保护，努力构建秀水长清的碧道网，打造健康水生态和宜居水环境，扩大优质水生态产品供给，建设造福人民的幸福河湖。

9.2.3.1 加强河湖水域岸线管理

指导广东省全面建立河湖长制，珠三角9市共明确1.9万名省市县镇村五级河湖长；建立河长制工作述职机制、省市县镇四级河湖警长体系；建立珠江流域省级河湖长联席会议机制、“珠江委＋流域片省级河长办”协作机制。编制完成涉及大湾区主要河道的岸线保护与利用规划，科学合理划定岸线功能分区，严格用途管制，强化大湾区河湖水域岸线空间管控。批复实施《珠江流域重要河段河道采砂管理规划（2021—2025年）》，加强河道非法采砂监管，开展专项整治行动，指导督促地方严厉打击非法采砂行为。纵深推进河湖“清四乱”（乱占、乱采、乱堆、乱建）常态化、规范化，2018年以来，累计整改销号“四乱”问题1.2万余个，大湾区河湖面貌持续改善。

9.2.3.2 加强河湖水生态保护修复

加强河湖水生态健康现状调查，提出河湖健康重要指标与修复技术清单，构建适宜大湾区重点河湖的水生态保护修复关键技术体系。强化河道生态流量管理，落实在线监测要求，将大湾区西江高要、北江石角、东江博罗等主要控制断面最小下泄流量纳入动态监控，及时发布最小下泄流量日报、周报及水资源调度预警信息。近年来，西江、北江和东江流域主要控制断面下泄流量及水量均满足考核要求。

9.2.3.3 加快万里碧道和幸福河湖建设

指导广东省制定《广东万里碧道总体规划（2020—2035年）》，截至2022年底，珠三角9市累计建成碧道2 900多km，河湖防洪能力、水环境状况和水生态宜居程度明显提升。大力推进广州南岗河“幸福河湖”建设。

9.2.3.4 加强水土流失综合治理

以“天地一体化”遥感监管为抓手，全面强化对珠江三角洲水资源配置工程等重大建设项目水土保持动态跟踪监管，督促各级水行政主管部门全面履行生产建设项目水土

保持监管责任；指导广东省开展生态清洁小流域建设，打造生态清洁小流域 29 条。截至 2022 年底，珠三角 9 市水土流失面积 4 794 km^2，水土流失面积比由 2018 年的 9.4% 降至 8.7%。

9.2.4　加大支持协作，保障港澳繁荣稳定

紧紧围绕保持香港、澳门长期繁荣稳定这一目标，完善水安全保障措施，优化科学调度，加强协调会商，创新交流合作，有力保障香港、澳门供水和防洪安全。

9.2.4.1　支持加快完善工程体系

对澳门第四供水管道工程建成通水，对澳门供水能力从 50 万 m^3 每天提高至 70 万 m^3。珠澳共用的大型调水工程平岗—广昌原水供应保障工程建成通水，原水供水能力从每天 100 万 m^3 提升至 200 万 m^3，与一期原水管构成“双保险”管线，大幅降低单管运行风险。指导广东省加快推进东深供水智慧水利项目、深圳沙湾河截排工程建设，保障对港供水安全。指导支持澳门加快推进内港挡潮闸工程前期工作，目前已编制完成可研及初设报告。按照水利部与澳门特别行政区签订的《关于澳门附近水域水利事务管理的合作安排》，支持并及时出具澳门路环西侧防洪（潮）排涝工程、澳门国际机场扩建等 10 余项大中型项目的有关技术意见。

9.2.4.2　科学调度保障供水安全

指导广东省与香港签订供水新协议，考虑新型冠状病毒感染对香港经济的影响，2021 年水价实施优惠政策，并协调建立日均 206 万 ~268 万 m^3 的对港供水临时水量调节机制，确保对港供水安全，有力支持香港经济纾困。通过编制年度珠江枯水期水量调度实施方案，密切监视流域雨水情和咸情变化，滚动预测预报和会商研判，优化实时调度方案，科学有序做好珠江枯水期水量调度工作，确保对澳供水安全。5 年来，累计对港供水 48.49 亿 m^3，对澳供水 6.15 亿 m^3，水质均保持在Ⅱ类水以上。2021 年东深供水工程建设者群体被中宣部授予“时代楷模”荣誉称号，得到香港、澳门特别行政区政府和社会公众的普遍认同。

9.2.4.3　加强粤港澳水资源合作交流

认真落实水利部与澳门特别行政区政府《关于澳门附近水域水利事务管理的合作安排》；指导珠江委加强与香港、澳门有关部门会商，定期召开对港对澳供水防洪技术小组会议；指导部属单位与港澳科研机构加强科研合作，联合申请并获批国家重点研发计划项目、国家野外科学观测研究站，建立粤港澳大湾区水安全保障协同创新平台，共同筹建水利部粤港澳大湾区水安全保障重点实验室，成立粤港澳大湾区涉水事务标准协同研究中心。指导广东省成立“广东省粤港澳大湾区水安全保障工程技术研究中心”“粤港水安全保障联合实验室”等基础研究平台。水利粤港澳合作科研基础条件不断改善，综合科研能力得到有效提升，创新平台的引领和带动作用得到有效发挥。

9.3　小　结

水是粤港澳大湾区发展的重要支撑和连接纽带，事关区域防洪（潮）安全、供水安全、

生态安全和经济安全。粤港澳大湾区建设重大国家战略实施，对保障区域水安全、协同推进水治理提出了更高要求。当前，粤港澳大湾区初步形成了城乡供用水体系，基本建立了防洪减灾体系，且区域水生态环境状况持续改善，水治理管理能力不断提高；但同样也面临着水安全保障能力与建设充满活力的世界级城市群的要求不相适应、水生态环境与建设宜居宜业宜游的优质生活圈的要求不相适应、水治理管理体系和能力与构建经济高质量发展的体制机制创新要求不相适应三大挑战。

针对大湾区水安全保障的现状与挑战，珠江委编制了《粤港澳大湾区水安全保障规划》，并提出到 2025 年，大湾区水安全保障能力要进一步增强，2035 年，大湾区水安全保障能力跃升；同时，对大湾区水安全保障体系建设作出了总体布局：以“四网”建设为主要内容，从打造一体化高质量的供水保障网、构筑安全可靠的防洪减灾网、构建全区域绿色生态水网、构建现代化的智慧监管服务网 4 个方面入手落实，全面增强大湾区水安全保障能力。

经过精细规划与切实行动，粤港澳大湾区的水安全保障得到极大提升，并取得了一定的成效。在防洪减灾方面，坚持人民至上理念，统筹发展与安全，以流域为单元，加快完善堤库结合、以泄为主、蓄泄兼施的防洪工程体系，以及堤闸结合的防潮工程体系、截蓄排渗的排涝工程体系，强化水工程统一调度，有力保障了大湾区人民群众生命财产安全；在水网建设方面，坚持节水优先，着力打造一体化高质量的供水保障网，持续提高水资源节约利用和统筹调配能力，助力大湾区高质量发展；在水生态治理方面，坚持系统治理，大力推进水生态修复和水环境保护，打造宜居的水生态和水环境，建设造福人民的幸福河湖；在与港澳协作方面，紧紧围绕保持香港、澳门长期繁荣稳定这一目标，完善水安全保障措施，加强创新交流合作，有力地保障了香港、澳门供水和防洪安全。

第 10 章　结　语

10.1　结　论

水资源是生命、生产和生态的基石，支撑着经济的可持续发展。粤港澳大湾区作为我国沿海开放前沿，人口密集、经济活跃，但同时区域水情复杂，水安全问题突出。因此，处理好大湾区社会经济与水资源之间的协调关系，对提高水安全保障和社会经济可持续发展有着重要意义。随着《粤港澳大湾区发展规划纲要》的深入实施，社会经济发展对水安全的要求不断提升，亟须有效应对水资源面临的多重挑战。

目前，大湾区水安全仍存在不少突出短板，主要存在的一些问题如下：首先，水沙变化频繁复杂，水情独特。大湾区地处珠江流域下游，水文情势复杂多变，其河流系统由西江、北江、东江三江汇流而成，水沙变化受多种因素影响，导致水资源的供给和质量波动。受季风气候影响，粤港澳大湾区的年均降水量达到 1 800 mm，但水资源的时空分布不均，汛期来水占全年水量的 3/4，而枯水期河口区域受咸潮上溯影响严重，香港和澳门地区的水资源保障更是依赖于内地的支持。其次，城乡供水抗风险能力不足。大湾区的城市供水主要依赖河道取水，水库调蓄能力和应急备用水源不足，存在流域季节性干旱、河口咸潮、水污染等风险，保供水的能力存在短板。供水格局以保障珠江东岸城市群为重点，对珠江西岸城市的考虑不足，导致部分地区在水资源保障上面临更大的压力。再次，防洪（潮）标准不高。以深港界河深圳河为例，尽管治理工程已显著改善洪潮风险，但相关标准仍未达到国际先进水平，未来仍有进一步加强的空间。最后，区域的防洪减灾设施的短板也不容忽视，西、北、东江等大江大河的堤防存在险工险段，蓄滞洪区的分洪措施与安全设施尚不完善，导致在极端天气下，区域内的防洪能力受到挑战。同时，气候变化带来的海平面上升和极端天气事件的增加，使得大湾区的水安全保障任务愈加繁重。城市地势低洼，加之排涝工程建设相对滞后，内涝问题突出，严重影响了居民的生活和经济活动。

总之，粤港澳大湾区在水资源管理方面仍然面临着复杂的挑战。通过深入研究区域水文情势变化，能够揭示洪潮、咸潮和水沙等现象的规律，为水行政主管部门提供科学的数据支持和技术保障。本书旨在为提升区域水安全保障能力提供切实可行的建议和解决方案，以应对未来可能出现的水资源挑战，确保大湾区的可持续发展，主要围绕大湾区内水资源开发利用、径流变化、重要节点及口门水量分配、潮水位、咸潮和泥沙变化分析及区域保障等几个方面开展了研究。

10.1.1 区域水资源开发利用现状

粤港澳大湾区整体水资源量充足，但时空分布不均，导致部分地区在不同季节面临水资源紧张的问题。就广东省而言，其多年平均降水量达到 1 777 mm，降水丰沛，但受到季节性降水和地理因素的影响，水资源分配不均，丰水期和枯水期的差异较大，实际可利用的水资源量不足，全省人均水资源量不足 1 700 m^3，低于全国平均水平的约 2 100 m^3。广东省降水的季节性特征明显，大部分降水集中在每年的 4—9 月，这段时间的降水量占年降水总量的 70%~80%。然而，这些降水大多迅速流入海洋，因而未能有效蓄存，造成了水资源的浪费。同时，强降水容易引发洪水，对水质造成影响，并对沿岸水利设施造成破坏，进而影响到居民的生活和生产安全。此外，大湾区东部地区面积有限，河流流程短而入海口近，造成雨季降水难以有效储存，枯水期面临咸潮入侵的威胁，加剧了水资源短缺的问题，并且粤港澳大湾区内水资源的供给还受到区域内水利工程对水资源的调配能力的影响。因而，粤港澳大湾区的水资源管理仍需应对时空分布的不均问题，优化水资源调配策略，以平衡区域内水资源的供需关系。这将有助于提升水资源的利用效率，更好地满足经济发展和民生需求。

10.1.2 区域内径流变化情况

粤港澳大湾区的径流变化情况呈现出复杂、差异化的特征：首先，区域的年均水资源总量为 587.5 亿 m^3，其中地表水占据了 99% 以上的比例；各地的水资源产量差异显著，珠海市的产水模数最高，达到 130.4 万 m^3/km^2，而佛山市则为最低，仅 77.9 万 m^3/km^2；这一差异反映了大湾区内不同城市在水资源利用和管理上的差异。从水源构成来看，西江的水资源对大湾区的支持作用尤为关键，根据长期的径流数据，西江提供了大湾区 77% 的年均水量，显示了其在区域水资源供应中的主导地位；相对而言，北江和东江的流域面积较小，合计仅提供了 23% 的水量。在水量的时空分布上，受降水时空分布不均和水利工程调节的影响，大湾区的年内水量分布极为不均，具有明显的汛期和枯水期特征；汛期的径流量通常占全年的 70%~80%，而连续最大 4 个月的径流量占全年的 60%~70%。在网河区的径流量变化方面，分析结果显示径流量受降水和上游来水的影响，年内分布也不均匀；具体而言，径流量的月均最大值通常出现在 6—7 月，而最小值则在 1—2 月；年际变化表现出明显的丰枯交替现象，这表明不同年份间的水量波动性较大，需要灵活应对水资源的年度变化。在空间分布上，东四口门的年均流量普遍高于西四口门，尤其在不同的来水条件下，八大口门的年均流量存在较大差异，东四口门的流量占比较高，西四口门则相对较低，这种分布规律显示了上游水源对不同入海口门的水量影响。因此，区域内的水资源管理需综合考虑不同口门的水量特征，以确保水资源的有效利用和调节。

10.1.3 重要节点及口门水量分配比演变规律

近年来，通过对枯水期和洪水期的同步测验，发现粤港澳大湾区各口门的水量分配比大致与历史数据相符，尽管个别断面存在差异，但总体变化不大。枯水期测得的八大口门水量分配比变化较大，但近年来趋于稳定；而洪水期的水量分配比则保持相对稳定。在水量分配上，东四口门的占比始终大于西四口门。洪水期时，西四口门平均分配比为 42.73%，东四口门为 57.27%；枯水期，西四口门分配比为 46.81%，东四口门为 53.19%。西四口门的水量主要通过磨刀门出海，而东四口门的水量则主要通过蕉门水道和横门水道出海。此外，三水（二）和马口断面的水量分配比受地形变化及上游来水的影响较大。1993 年之前，思贤滘的过滘流量以北过西为主；1993 年之后，由于北江干流河床下切，过滘流量转为西过北，导致马口断面的分配比减少，三水（二）断面的分配比增加。这些变化反映了大湾区水量分配在不同地形条件下的演变规律，对区域水资源管理具有重要参考价值。

10.1.4　区域内潮水位变化分析

通过对粤港澳大湾区潮水位的变化分析发现，近几十年来，区域内的潮水位总体呈现上升趋势。上游地区的潮水位受径流影响较大，而下游则主要受潮汐作用影响，导致潮水位的上升速率从上游向下游逐渐增加。不同年代潮水位的变化特征各异：20 世纪 80 年代，潮位呈下降趋势，但从 90 年代开始，潮水位逐渐回升。这一回升与 90 年代的大规模采砂活动有关，采砂导致河床下切严重，从而使潮水上溯并抬升潮位。此外，气温升高、海平面上升、地形变化和风暴潮的影响也加剧了潮水位的上涨。

在空间分布方面，高高潮位和低低潮位的规律基本一致：东四口门及其上游区域的潮位普遍高于磨刀门及其上游区域。根据高高潮设计值的空间分布分析，磨刀门及其上游的潮位大多达到 10 年一遇，而东四口门及其上游则出现 50 年一遇及以上的情况，这与珠江三角洲河口地区特殊的地形有关，该区域是外口宽、内湾窄的喇叭形海湾，风暴潮灾害时容易导致潮水位异常上升。

潮差的变化情况也显示出地形对潮位的影响。2011—2020 年与 2001—2010 年相比，东四口门的年均潮差大于西四口门。这是因为东四口门所在的漏斗形海湾能量更容易积聚，风暴潮时水位抬升幅度较大。而西四口门由于水深较浅，能量被消耗，潮差较小。网河区及八大口门的月均潮差在年内存在季节性变化，通常 3 月、9 月和 10 月潮差较大，6 月潮差较小。东四口门和西四口门的月均潮差变化类似，但季节性变化较弱。

珠江河口的潮汐属于不规则半日潮，表现出日潮不等、半月潮不等及长周期变化等特点。涨潮和落潮时间的差异也显示出各口门间的潮汐规律差异。洪水期的平均涨潮量通常小于枯水期，且洪水期的平均落潮量大于枯水期。虎门水道的洪水期平均涨潮量占八大口门总平均涨潮量的 62.6%，而枯水期为 53.5%；崖门水道在洪水期和枯水期分别占比 16.0% 和 13.0%。

潮差与潮量的关系分析表明，珠江八大口门在 2001—2020 年的枯水期纳潮量均值为 2 099 亿 m^3，整体呈上升趋势。各口门的纳潮量受潮汐动力、河道地形、上游径流及人类活动的影响，其中潮汐动力和地形变化是主要因素。洪水期受径流影响较大，需要进一步研究（h，H）-W 相关关系。为了更准确地掌握口门纳潮量的时空分布特征和变化规律，建议增加流量监测，实施在线自动监测系统。

10.1.5　区域内咸潮变化规律及治理措施

粤港澳大湾区地处珠江三角洲核心区域，是典型的多汊河口区域，其咸潮问题尤为复杂。由于该地区的降水和水量调度受自然条件和人类活动的双重影响，珠江河口的咸潮上溯现象日益严重。特别是在枯水期，水量不足使得海水倒灌现象更加严重，从而影响了珠江三角洲地区的水质和供水安全。

过去十几年中，通过对枯水期水量的调度，珠江三角洲区域的供水安全得到了有效保障，澳门、珠海等地的用水问题有所缓解。这些成功经验表明，合理的水量调度是缓解咸潮问题的重要手段。但是枯水期水量的调度仍面临诸多难点，例如如何平衡不同区域的用水需求，以及如何提高调度的灵活性和有效性。

为应对日益严重的咸潮问题，未来需要进一步加强对珠江河口咸潮上溯规律的深入研究，探索和完善治理体系。研究应着重于提出科学有效、经济可行、协调一致的抑制咸潮措施，以保障粤港澳大湾区的饮水安全和区域可持续发展。这包括对现有治理措施的评估与优化，结合先进技术和管理方法，提升对咸潮的预测与控制能力，以应对未来可能面临的更复杂的水资源管理挑战。

10.1.6　区域内泥沙变化分析

10.1.6.1　上游泥沙来源和变化

粤港澳大湾区的泥沙主要来源于西江。根据长系列泥沙资料统计，上游进入珠江三角洲的年均输沙量为 6 720 万 t，其中高要站贡献了 88.6%。近年来，年均输沙量降至 2 320 万 t，比多年平均值减少了 65.5%，高要站的占比为 74.3%。这一变化反映出上游泥沙输入量显著下降。泥沙量的年际变化大，各控制站的含沙量和输沙量的极值表现出显著差异。尤其是在汛期，上游泥沙输送量大幅增加，汛期的泥沙量通常占全年总量的 70%~80%。受降水时空分布不均和水利工程调节影响，上游泥沙在年内分配不均，表现为汛期泥沙量显著高于枯水期。径流量和泥沙量通常有一定相关性，但在相同径流条件下，泥沙输送量的显著下降反映了水土保持措施和水库建设的影响。水库的建成和运行对泥沙输送有重要作用，每建成一座水库都会不同程度地影响下游的泥沙输送量。

10.1.6.2　网河区泥沙特征

在网河区，泥沙的年际和年内变化较大，汛期的含沙量和输沙量通常高于非汛期。20 世纪 90 年代后，由于上游泥沙量减少，网河区的泥沙量也显著下降。空间分布方面，网河区的泥沙通过八大口门入海，东、西海水道和八大口门的泥沙输送量受地形和潮流影响显著。主要泥沙通道包括虎门、磨刀门和蕉门。具体而言，八大口门的泥沙输送量受潮汐和地形变化的共同影响，东四口门和西四口门的泥沙输送量存在差异，东四口门通常承载更多的泥沙。

10.1.6.3　河道演变趋势

上游泥沙变化对河道演变有显著影响。西江、北江和东江的主要河段经历了冲刷与淤积的交替过程。例如，西江下游的河道平面形态大体保持稳定，2004 年前主要表现为河床下切，2004 年后冲刷强度减缓，局部河段开始淤积。北江下游河段受清远水利枢纽影响较大，呈现出库区淤积、坝下河段冲刷的特征。东江下游河段河床形态稳定，冲淤交替。伶仃洋的“三滩两槽”结构保持稳定，磨刀门则表现出拦门沙向外海推移的趋势。鸡啼门水下滩槽体系在 1990—2000 年间表现为滩淤槽冲的特征，2000 年后，深槽冲刷范围扩大并向东偏移。黄茅海则 1989 年前以淤积为主，1989—2003 年间为滩淤槽冲，2003 年后以冲刷为主。

总体来看，珠江三角洲河网区的河床目前正处于停止采砂后的自我调整期。由于水流的侵蚀作用，河道仍呈现冲刷状态。预计在调整期后，大部分河道将趋于冲淤平衡。未来河道的演变将继续受到上游水文条件、泥沙变化、人类活动等多重因素的综合影响。

10.1.7　区域水安全保障

粤港澳大湾区的发展离不开水资源的支撑，水安全保障对区域防洪、供水、生态及经济安全至关重要。尽管大湾区在水安全保障上已初步形成城乡供水体系和防洪减灾体系，且水生态环境不断改善，但仍面临水安全能力与世界级城市群需求不匹配、水生态环境与宜居生活圈要求不匹配、水治理体系与经济高质量发展创新要求不匹配的三大挑战。

为应对这些挑战，珠江委制定了《粤港澳大湾区水安全保障规划》。该规划目标是到 2025 年进一步增强水安全保障能力，到 2035 年实现能力跃升。总体布局包括“四网”建设：一体化高质量的供水保障网、安全可靠的防洪减灾网、全区域绿色生态水网和现代化智慧监管服务网。这一布局旨在全面提升大湾区的水安全保障能力。

规划实施后，粤港澳大湾区在水安全保障方面取得了显著成效：①在防灾减灾方面，坚持人民至上的理念，统筹发展与安全，完善了以堤库结合、泄洪为主、蓄泄兼施的防洪工程体系，以及堤闸结合的防潮工程体系和截蓄排渗的排涝工程体系。这些措施强化了水工程的统一调度，有效保障了人民的生命财产安全。②在水网建设方面，坚持节水优先，着力打造高质量的供水保障网，提高了水资源的节约利用和统筹调配能力，支持了大湾区的高质量发展。③在水生态治理方面，推动系统治理，强化水生态修复和水环境保护，致力于创建宜居水环境和幸福河湖，提升了人民的生活质量。④在港澳协作方面，围绕香港、澳门长期繁荣稳定目标，完善水安全保障措施，加强创新交流合作，确保了香港、澳门的供水和防洪安全。

总体来看，通过精细规划与实施，大湾区的水安全保障能力得到了显著提升，有力支持了区域的可持续发展和社会稳定。未来粤港澳大湾区水安全保障建设仍需要持续发力，需重点提升综合水资源管理、防洪减灾能力、生态水网建设和供水保障体系。应推动智能化供水系统，强化防洪体系，并加强生态修复与绿色水网建设。跨区域协作和公众参与也需进一步深化，确保水资源可持续利用。更新完善法律法规，建立全面的水安全管理机制，提升区域水安全保障能力，以应对未来发展挑战，支持大湾区的可持续发展。

10.2　展　望

水文情势分析对于粤港澳大湾区内水资源管理利用、防灾减灾、区域一体化建设及可持续发展等方面都具有重要意义。首先，粤港澳大湾区作为我国经济最活跃的区域之一，承载着巨大的经济发展潜力和人口密度，水资源的合理利用和管理显得尤为重要；水文情势分析能够为区域水资源的配置提供科学依据，帮助决策者识别和应对水资源短缺、过度开发等潜在问题，保障经济持续发展所需的水安全。其次，随着气候变化加剧及城市化进程加快，极端天气事件的频发使得洪水、干旱等水文灾害的风险增加；深入分析区域的水文情势变化，能够及时预测和评估潜在的水文灾害风险，进而制定有效的应急预案和防护措施，提高区域对自然灾害的抵御能力，保护居民的生命财产安全。再次，大湾区内的水生态系统承载着丰富的生物多样性，水文情势的变化可能对生态环境造成影响；通过科学的水文情势分析，能够评估水质变化、咸潮入侵、泥沙运输等对生态环境的影响，从而为生态保护和水资源的可持续利用提供决策支持，推动绿色发展。最后，在粤港澳大湾区的合作与发展过程中，各城市之间需要共享水资源和环境数据，以实现资源的高效利用；水文情势分析能够为各城市之间的水资源协调管理提供科学依据，促进区域协同治理。

水文情势分析依赖于准确的水文数据，包括降水、流量、水位、水质等信息，没有准确客观的数据，水文情势分析将无从考据，而水文数据的客观准确，有赖于水文系统的有力支撑。水文系统是集理念、资源、技术、机制于一体的综合系统，主要包括水文监测体系、水文数据分析系统、综合应用服务平台、水文业务管理体系、水文支撑保障体系等。当前，粤港澳大湾区水文系统建设已经取得了显著成效，水文站网密度、水文测报质量和水文预报精度大幅提升，水情信息采集、传输、处理、分析、服务一体化的业务体系基本建成，为粤港澳大湾区的建设和发展战略提供了坚实的支撑。

具体来说，粤港澳大湾区的系统建设包括：①基本建成了布局合理的水文测报站网，实现了珠江干流及主要支流、有防洪任务的中小河流水文监测全面覆盖，初步构建了水文应急监测体系；②基本上实现了水情信息采集自动化，雨量、蒸发、墒情等逐步实现自动监测，流量、泥沙等自动监测仪器得到广泛应用，区域的水情信息监测能力和采集自动化水平不断提高，水文基础设施建设力度不断加大，水文自动测报水平得到显著提升；③基本实现了水情信息传输网络化，得益于通信传输技术的快速发展，水情信息实现了中央、流域、省、市 4 级水文数据的全面、高效、准确、交换，信息时效性有了显著提高；④基本实现了水情信息处理标准化，随着计算机技术的发展及水情情报自动测报系统的建设，水情信息处理逐步向自动化、标准化的方向发展，逐步提高了水文情报的工作效率；⑤初步实现了水情信息服务多样化，水情信息服务逐步实现了“三个转变”，即从以防汛抗旱为主向多领域服务转变、从偏重提供实时原始数据向注重水文数据深加工转变、从以产定需向以需定产转变，强化为各级政府的决策服务、优化为社会公众的生活服务、深化为经济发展的专业服务、扩展为重点工程的建管服务，加强了信息服务的针对性，丰富信息服务的产品种类，完善信息发布的渠道和方式，逐步提高水情信息的科技含量、服务质量和水平；⑥基本实现水情管理规范化，根据计算技术发展和水情规范管理的要求，区域的水文部门建立了相应的水情技术标准体系和水情工作管理办法，制定了流域性洪水技术规定，明确了流域性、区域性和局部性洪水定义、量化指标以及重现期确定方法等；⑦全面建设水情队伍知识化，为适应粤港澳大湾区发展与改革的需求，“水情队伍知识化”不断推进，水文相关部门大力加强水情部门人才队伍建设，提高水情工作人员的专业技术水平和综合能力素质。

尽管粤港澳大湾区的水文系统建设已经取得了显著成效，但作为我国经济最为活跃的区域之一，同时也是我国水情最为复杂的区域之一，粤港澳大湾区内水文系统在实际运作中仍面临一些挑战和不足：

（1）水文站网布局与功能不完善，大湾区内部分大江大河及其支流水文站网功能不完善，中小河流水文站网体系尚未全面形成，部分中小水库没有建设水文监测预警设施，不能满足防洪预警需要；省界河流水文监测尚未达到全覆盖，地市界、区县界河流水文监测覆盖率较低，不能满足水资源开发管理的需要；区域内土壤墒情监测站点少，布局不合理，难以满足抗旱工作需要；部分重要生态敏感区域的水生态监测断面尚未布设，无法满足水生态管理要求；服务于城市涉水事务管理的水文站点不足，不能满足粤港澳大湾区内各城市经济社会发展对水文信息日益增长的需求。

（2）水文监测能力与水利监管需求差距较大，区域内部分水文基础设施建设标准低，设备更新慢且老化严重，不能满足防洪和安全生产的要求；先进仪器设备和新技术在水文测报中的推广应用有待加强，水文监测自动化水平、智能化水平不高；新一代信息技术在数据采集、传输、处理等水文监测体系中应用较少，水文监测手段和技术水平前瞻性不够。地下水监测能力弱于地表水监测能力，抗旱服务能力弱于防洪服务能力，水质监测能力弱于水量监测能力，水生态监测亟待加强。水文巡测中心、水质监测中心布局不合理，设备配置不完善，对突发性水事件的应急处置存在隐患。

（3）水文信息服务能力与高质量发展要求存在差距，区域的水文信息处理服务整体水平与高质量发展要求存在较大差距。区域部分水情中心硬件及环境建设落后；尚未建成标准统一的区域水文数据库，各地分散建设的水文数据库未实现互联互通，严重制约了水文信息的共享和应用。人工智能、云计算、大数据等新技术应用滞后，尚未形成高性能计算能力，应对突发及极端灾害水文监测预报信息化反应能力和措施不足。水文数据深加工不够，信息产品单一，服务范围、内容和质量有待提高。各类业务应用系统整合不足，尚未建设面向多用户、涵盖全要素的区域水文综合信息服务共享平台，难以满足数字城市、政府决策、经济社会发展和社会公众对水文数据查询和使用的需求。

（4）水文管理体系距现代化要求差距大，由于机构改革进程不一，区域内水文管理体制尚不完善，部分地区机构建制不规范，人员编制不能满足日益增加的工作任务的需要。同时，水文的投入与水文承担的任务不相适应。近年来，水文投入稳中有增，但从水文发展的需求与承担的任务来看，投入差距还比较大。由于粤港澳大湾区内水文战线点多、面广、管理分散，工作任务繁重，资金投入渠道少、各地投入不平衡、总体不足，水文事业经费标准较低，运行维护经费短缺。

当前我国的治水矛盾已经从人民群众对除水害兴水利的需求与水利工程能力不足的矛盾，转变为人民群众对水资源水生态水环境的需求与水利行业监管能力不足的矛盾。而伴随着新时期治水矛盾的转变，在粤港澳大湾区经济社会快速发展的背景下，对区域的水文工作也提出了更高的要求。现阶段水文工作的主要矛盾是新时代水利和经济社会发展对水文服务的需求与水文基础支撑能力不足之间的矛盾，必须通过深化改革和技术创新，全面推进水文现代化来加以解决。

（1）统筹规划，完善区域水文站网布局和功能。填补大江大河主要支流、有防洪任务的中小河流和中小水库水文监测设施空白；实现省级行政区界水文监测全覆盖，充实地市界和区县界水文监测站网；加强供水水源地、入海河口等水量、水质、水生态监测站点；补充重点城市防洪排涝水文监测设施；进一步加大降水、蒸发站网密度；加密地下水超采区监测站点，实现对重点区域地下水动态全面有效监控；充实墒情监测站网，满足防汛抗旱、水资源管理对土壤墒情监测的需要；提升水文试验手段和水平，建成满足流域和区域水文基础理论和应用技术研究需要的试验研究体系。

（2）提升装备水平，建设现代化水文监测体系。充分利用卫星遥感、无人机、地面巡测等手段，推进建立“空天地”一体化水文监测体系。加快推进现代化雨水情监测预报体系建设，实现“延长洪水预见期与提高洪水预报精准度”，构建雨水情监测预报“三道防线”。全面推动水位、雨量、流量、泥沙等水文要素的自动化监测，大幅提升水文监测自动化水平。新建水文站点原则上按自动站建设，实现无人值守和自动测报，现有水文站进行现代化改造和提档升级。国家重要饮用水水源水质自动在线监测全覆盖，实现土壤墒情和河道洪水演进等遥感监测常态化。加强水文巡测基地、水质监测能力建设，增配先进的巡测和应急监测装备，提升应急处置快速决策水文支撑能力。

（3）应用高新技术，全面提升水文信息化建设水平。全面提升水文信息服务智能化、标准化、多样化水平。建成标准统一的水文数据基础数据库；进一步丰富数据来源，建设面向政府部门、水利行业、社会公众的水文综合信息服务平台；加快大数据、云计算、人工智能等高新技术与水文业务融合，建成涵盖水文、水资源、水质、水生态及综合管理等全方面业务，集数据处理、预测预报和分析评价等功能于一体的智能化水文业务应用系统；对各级水情中心软硬件及会商环境进行全面升级。全面加强流域水工程联合调度的水文分析和预测预报。强化预报、预警、预演、预案“四预”措施，建设河湖水文映射工程，初步实现对重要河湖洪水过程的模拟推演和数字流场映射，实现水文预报预警自动化、预报调度一体化。

（4）加强保障能力建设，支撑水文运行管理与维护。深化水文管理体制改革，完善水文机构设置，创新水文业务管理模式，加快水文测验方式改革。推进政府购买服务，培育水文设施设备运行维护市场；加强水文人才队伍建设，健全人才培养机制；提高经费保障，建立多层次、多渠道的水文投入机制，确保水文事业良性发展。

水文现代化建设是推进粤港澳大湾区水文事业发展的重要保障。围绕新发展阶段高质量发展要求，必须通过优化调整水文站网、推进水文监测自动化、提升水文信息化建设水平、强化水文保障能力等方面推动水文现代化建设。在新时代新征程的大背景下，伴随着粤港澳大湾区一体化融合建设与发展，水文现代化建设必将为区域经济社会发展和水利行业监管提供更有力的基础支撑。

参 考 文 献

[1] 姜付仁，刘树坤，陆吉康 . 流域可持续发展的基本内涵 [J]. 中国水利，2002(4):20-21.

[2]Richter B D,Baumgartner J V,Powell J, et al. A method for assessing hydrologic alteration within ecosystems[J]. Conservation Biology, 1996, 10(4) ： 1163-1174.

[3] Shiau J T, Wufc.A histogram matching approach for assessment offlow regime alteration : application to environmental flow optimization[J]. River Research and Applications, 2008, 24(7): 914-928.

[4] Richter B D,Baumgartner J V,Braun D P, et al. A spatialassessment of hydrologic alteration within a river network[J]. Regulated Rivers ： Rescarch & Management, 1998, 14(4): 329-340.

[5] Shiau J T, Wu F C. Feasible diversion and instream flow release using range of variability approach[J]. Journal of Water Resources Planning and Management, 2004,130(5): 395-404.

[6] 吕永军. 基于 IHA–RVA 法的水利工程对倭肯河流域生态水文情势影响研究 [J]. 水利科学与寒区工程，2024, 7(7): 57-61.

[7] 韩忠青，刘招，肖瑜，等. 未来气候情景下引汉济渭工程水源区水文情势演变规律研究 [J]. 水利水电技术 (中英文).

[8] 肖洋，刘扬扬，王中敏，等. 引调水工程对汉江中下游水文情势累积影响研究 [J/OL]. 水资源保护，https: // link. cnki. net/urlid/32. 1356.tv.20240704. 1754. D25.

[9] 米国新，王丽，路嘉，等. 基于改进 RVA 法的长江上游干流水文情势变化研究 [J]. 水利水电快报，2025,46(2):14-21.

[10] 叶周兵，杨肖丽，吴凡，等. 气候变化与人类活动对鄱阳湖水文情势的影响研究 [J]. 人民长江，2024,55(11):119-126.

[11] 朱迪，崔福宁，卜慧，等 . 三峡水库蓄水 20 年以来宜昌水文站水文情势改变分析 [J]. 长江科学院院报，2024，41(6):193-199,206.

[12] 罗志发，黄本胜，邱静，等 . 粤港澳大湾区风暴潮时空分布特征及影响因素 [J]. 水资源保护 ,2022，38(5):72-79.

[13] 李姗姗，林文坛 . 基于夜光遥感的粤港澳大湾区人口空间分布及特征研究 [J]. 热带地理，2023,43(3):384-394.

[14] 王垚，史海匀. 粤港澳大湾区极端降雨的时空变化及其潜在驱动因素探究 [J]. 水资源保护 .

[15] 杨芳，陈文龙，卢陈，等 . 粤港澳大湾区咸潮综合防控体系研究 [J]. 水资源保护 , 2023,39(1):32-41.

[16] 范俊健 . 黄河流域水文情势变化及其驱动因素 [D]. 北京 : 中国科学院大学 , 2023.

[17] 王森，王霞雨，贾文豪，等 . 基于 IHA–RVA 法的西江流域干支流水文情势变化分析 [C] // 中国水利学会 .2023 中国水利学术大会论文集 . 2023:252–257.

[18] 范英琦 . 基于 SWAT 模型的东江流域水文情势改变研究 [D]. 东莞 : 东莞理工学院 ,2023.

[19] 王生鑫，张华，张海涛，等 . 基于多时间尺度的宁夏河流水文情势研究 [J]. 水文，2023,43(5):

252-257.
[20] 毕明丽 . 基于生态足迹的粤港澳大湾区生态安全测度及预警研究 [D]. 北京 : 首都经济贸易大学 ,2023.
[21] 赵良杰，王莹，栾崧，等. 近 40 年粤港澳大湾区水资源演变与生态环境格局变化 [J]. 中国地质 ,2025, 52(1):215-229.
[22] 刘斌，闻平，刘丽诗，等 . 近几十年来珠江三角洲主要水文站设计洪潮水位变化原因分析 [J]. 人民珠江 , 2018, 39(4):5-11.
[23] 黄婷 . 两次厄尔尼诺事件对珠江三角洲流域水文情势的影响初探 [J]. 甘肃水利水电技术，2018, 54(12):9-12.
[24] 王鑫，黄剑威，徐辉荣 . 思贤滘近期水文情势分析 [J]. 广东水利水电，2015(11):26-30.
[25] 李政道 . 粤港澳大湾区海陆经济一体化发展研究 [D]. 辽宁 : 辽宁大学 , 2018.
[26] 霍祎黎 . 粤港澳大湾区经济集聚 – 扩散对区域协调发展的影响研究 [D]. 长春 : 东北师范大学，2023.
[27] 刘超群 , 扶卿华 . 粤港澳大湾区水安全要素“天 – 空 – 地 – 水”立体观测体系建设探讨 [J]. 中国水利，2024(9):56-60.
[28] 陈娟 , 王森 , 杨建涛 , 等 . 粤港澳大湾区水资源 – 社会经济耦合协调评价及障碍因子分析 [J]. 人民珠江 ,2023,44(11) :85-90.
[29] 温志谦 , 刘丽诗 , 邓伟铸 , 等 . 珠江三角洲不同年代分流节点动力环境变化研究 [J]. 人民珠江 , 2023, 44(增刊):17-21.
[30] 粤港澳大湾区水安全保障规划 [R]. 水利部粤港澳大湾区建设领导小组办公室文件 , 2020.
[31] 珠江流域重要河段河道采砂管理规划 (2021—2025 年)[R]. 广州：水利部珠江水利委员会 , 2021.
[32] 广东省主要河道水域岸线保护与利用规划 [R]. 广州：水利部珠江水利委员会 , 2021.
[33] 澳门内港海旁区防洪（潮）排涝规划总体方案报告 [R]. 广州：珠江水利委员会珠江水利科学研究院 , 中水珠江规划勘测设计有限公司 , 2018.
[34] 广东省流域综合规划 (2013—2030 年)[R]. 广州：广东省水利厅 , 2015.
[35] 水资源保护：粤港澳大湾区水源保护 [R]. 广州：水利部珠江水利委员会水文局 , 2020.
[36] 珠江流域防洪规划 (2020—2035 年)[R]. 广州：水利部珠江水利委员会 , 2024.
[37] 珠江中下游重要河道规划治导线报告 [R]. 广州：水利部珠江水利委员会 , 2021.
[38] 大湾区堤防巩固提升工程可研阶段防洪（潮）标准专题论证报告 [R]. 中水东北勘测设计研究有限责任公司 , 2022.
[39] 广东省主要河道采砂规划 (2021—2025 年)[R]. 广州：广东省水利厅 , 2022.
[40] 珠江河口综合治理规划 (2021—2035 年)[R]. 广州：水利部珠江水利委员会 , 2023.
[41] 粤港澳大湾区水平衡分析和资源优化配置研究报告 [R]. 中国地质科学院岩溶地质研究所 , 2022.
[42] 梁家志，王俊 . 水文情报预报技术手册 [M]. 北京 : 中国水利水电出版社 , 2010.
[43] 陆桂华，吴志勇，何海 . 水文循环过程及定量预报 [M]. 北京 : 科学出版社 , 2010.
[44] 李纬华 . 代表垂线平均流速与断面平均流速关系分析 [J]. 南水北调与水利科技 , 2011,9(2): 88-90.
[45] 水文学发展简史 [DB]. 水利家园：https://www.sohu.com/a/192490900_651611, 2017.09.
[46] 孟俊良，张健强 .【水利史】从有史以来到新中国成立以前的中国水文 [DB]. 水利部发展研究中心微信公众号，2017–05–12.
[47] 叶守泽，詹道江 . 工程水文学 [M]. 北京 : 中国水利水电出版社 , 2000.

[48] 水文效应 [DB]. 科普中国・科学百科：https://baike.baidu.com/item/%E6%B0%B4%E6%96%87%E6%95%88%E5%BA%94/4490496?fr=ge_ala.

[49] 水文情势研究现状 [DB]. 百度文库：https://wenku.baidu.com/view/598f78487c192279168884868762caaedc33ba74.html.

[50] 珠江水利委员会水文局 . 珠江三角洲主要河道水量分配初步分析 [R]. 广州：珠江水利委员会水文局，2007.

[51] 中水珠江规划勘测设计有限公司 . 珠江中下游重要河道演变规律分析报告 [R]. 广州： 中水珠江规划勘测设计有限公司 , 2021.

[52] 胡方西 , 谷国传 . 中国沿岸海域月平均潮差变化规律 [J]. 海洋与湖沼，1989(5): 401-411.

[53] 罗志发，黄本胜，邱静，等 . 粤港澳大湾区风暴潮时空分布特征及影响因素 [J]. 水资源保护 , 2022, 38(3): 72-79.

[54] 吴俊彦，肖京国，成俊，等 . 中国沿海潮汐类型分布特点 [C] // 中国科学技术协会，河南省人民政府 . 第十届中国科协年会论文集（一）. 2008:471-475.

[55] 郭振仁 , 袁丽蓉 . 河口咸潮活动及其环境影响——珠江口咸潮上溯问题与对策 [M]. 北京 : 中国环境科学出版社 , 2012.

[56] 赖荣康 . 珠海地区咸潮影响因子统计与分析 [D]. 青岛：中国海洋大学，2011.

[57] 胡家昱 . 基于小波神经网络模型的河口区盐水入侵预测研究 [D]. 广州：中山大学，2019.

[58] 靳高阳 , 朱三华 , 曹一豪 . 西北江三角洲河床变化对咸潮上溯影响的数值模拟研究 [J]. 人民珠江 , 2024, 45(3): 89-98.

[59] 王琳 , 余顺超 , 刘诚 , 等 . 珠江河口咸潮上溯规律及抑咸对策研究 [M]. 北京 : 中国环境出版集团 , 2019.

[60] 邹华志 , 万东辉 , 刘晋 , 等 . 珠江河口咸潮上溯规律及水库 – 闸泵群抑咸调度 [M]. 北京 : 中国环境出版集团 , 2018.

[61] 苏波 , 何用 , 卢陈 , 等 . 磨刀门咸潮入侵与抑咸技术 [M]. 北京 : 中国水利水电出版社 , 2013.

[62] 叶荣辉 , 何用 , 余顺超 , 等 . 珠江河口咸潮模拟及预报 [M]. 北京 : 海洋出版社 , 2017.

[63] 杨裕桂 . 基于水槽实验的磨刀门水道盐度与盐通量演变特征研究 [D]. 广州 : 中山大学 , 2015.

[64] 杨芳 , 何颖清 , 卢陈 , 等 . 珠江河口咸情变化形势及抑咸对策探讨 [J]. 中国水利 , 2021(5)：21-23.

[65] 于福江 , 朱建荣 , 王培涛 , 等 . 珠江口咸潮及其预报技术 [M]. 北京 : 海洋出版社 , 2019.

[66] 位帅，黄宇铭，林凯荣，等 . 磨刀门水道咸潮演变规律及咸界变化分析 [J]. 中国农村水利水电，2025(2):88-96.

[67] 严淑兰 . 磨刀门水道盐通量时程演变特征研究 [D]. 广州 : 中山大学，2015.

[68] 严恒恒 . 河道地形变化对磨刀门水道盐水入侵的影响 [D]. 广州 : 中山大学 , 2016.

[69] 刘培 , 苏波 . 珠江河口综合治理规划实施评估及修编建议 [J]. 中国水利 , 2023(13):9-13.

[70] 王艺霖 , 苏程佳 , 陈晓宏 , 等 . 磨刀门水道枯水期咸潮变化趋势及成因 [J]. 水资源保护 , 2019, 35(2): 37-43.

[71] 庞远宇 . 珠江三角洲及河口咸潮界线变化对供水安全的影响 [J]. 东北水利水电 , 2021(10): 34-36.

[72] 刘忠辉 , 宏波 . 海平面上升对珠江河口东四口门盐水入侵的影响 [J]. 人民珠江 ,2019,40(5): 43-49, 81.

[73] 朱泽文 , 刘丙军 . 珠江河口拦门沙演变对咸潮上溯的影响 [J]. 水电能源科学 , 2021, 39(11): 48-51.

[74] 黄春华 , 林中源 , 邹华志 , 等 . 磨刀门枯季咸潮上溯归因分析与响应规律研究 [J]. 人民珠江 , 2023,

44(9): 33-39.
[75] 杨芳，林中源，邹华志，等 . 极端干旱条件下珠江口东江三角洲咸潮上溯响应规律研究 [J]. 海洋通报，2023, 42(5): 496-506.
[76] 靳高阳，朱三华，曹一豪 . 西北江三角洲河床变化对咸潮上溯影响的数值模拟研究 [J]. 人民珠江，2024, 45(3): 89-98.
[77] 林中源，胡晓张，邹华志，等. 磨刀门咸潮上溯对河口拦门沙地形变化的响应研究 [J]. 水资源保护，2024,40(5):104-111.
[78] 肖莞生，陈子燊 . 珠江河口区枯季咸潮入侵与盐度输运机理分析 [J]. 水文，2010，30(3)：10-14.
[79] 包芸，黄宇铭，阮波 . 磨刀门水道具有垂向间断和连续结构的盐水楔 [J]. 中国科学：物理学 力学 天文学，2011, 41(10):1216-1223.
[80] 胡溪，毛献忠 . 珠江口磨刀门水道咸潮入侵规律研究 [J]. 水利学报，2012，43(5)：529-535.
[81] 方神光，崔丽琴 . 磨刀门水道枯季咸潮入侵特性及规律 [J]. 水利水电科技进展，2015, 35(4)：14-18.
[82] 高时友，陈子燊 . 珠江口磨刀门水道枯季咸潮上溯与盐度输运机理分析 [J]. 海洋通报，2016, 35(6)：625-630.
[83] 彭石，何用，刘诚，等 . 咸潮上溯期磨刀门河口垂向环流动力机制 [J]. 水动力学研究与进展 A 辑，2018，33(5)：650-657.
[84] 尹小玲，赵雪峰，黄舒琴，等 . 分层型河口咸水上溯对径流潮汐共同作用的基本响应 [J]. 水资源保护，2020，36(4)：68-73.
[85] 陈晖，黄广灵，谭超，等 . 东江咸潮上溯特征及盐度输运机理浅析 [J]. 水资源保护，2023，39(6): 195-202.
[86] 姜容，李光炽 . 西江河口成潮入侵的输运机理研究 [J]. 人民珠江，2017，38(9)：6-9.
[87] 苏程佳，陈莎，陈晓宏 . 基于随机森林模型的咸潮预报 [J]. 热带地理，2018，38(8)：432-439.
[88] 林中源，黄鹏飞，吕超寅，等 . 珠江河口磨刀门水道枯季咸潮预报模型研究 [J]. 中国防汛抗旱，2023，33(6)：20-24.
[89] 梁靖习，徐龑文，张蔚，等. 西北江径流量变化对感潮河口咸潮上溯的影响 [J]. 科学技术与工程，2024，24(7)：2893-2900.
[90] 王青，吕紫君，孙杰，等 . 基于水幕方法的珠江河口抑成对策 [J]. 水资源保护，2018, 34(5):50-55.
[91] 滕红真 . 制胜咸潮：一场“四预”的胜利 [N]. 中国水利报，2022-02-22(001).
[92] 李彬，孔俊，叶荣辉，等 . 基于底层盐水楔扰动的磨刀门咸潮上溯 [J]. 水文，2022，42(1)：67-74.
[93] 陈如霞，董玉莲，黄东龙 . 东江流域咸潮期间水质安全应对策略 [J]. 中国高新科技，2023(20)：95-97.
[94] 汤海平，黄广灵，陈晖 . 东江河口三角洲临时防咸围堰的综合影响分析 [J]. 吉林水利，2023(11)：53-57.
[95] 王凤恩，谢旭和 . 2022—2023 年枯水期珠江流域供水保障“三道防线”调度与思考 [J]. 防汛抗旱，2024，34(2)：32-35.
[96] 林中源，唐琦，王凤恩，等 . 特枯水年珠江流域东江三角洲压咸调度预演与策略［J］. 人民珠江，2024，45(7)：58-66.
[97] 本报评论员 . 坚决打赢珠江流域压咸补淡保供水硬仗 [N]. 中国水利报，2022-02-15(001).

[98] 李娟，李兴拼，李蔡明 . 珠江枯水期水量调度实践与思考 [J]. 中国防汛抗旱，2021，31(11)：68-72.
[99] 广东省水利厅 . 广东省主要河道采砂规划总报告 (2021—2025 年)[R]. 广州：广东省水利厅，2021.
[100] 珠江水利委员会珠江水利科学研究院 . 珠江河口潮汐动力变化特征及河口演变趋势分析报告 [R]. 广州：珠江水利委员会珠江水利科学研究院，2022.
[101] 朱三华 , 靳高阳 , 陈飞 , 等 . 河床变化及其与咸潮上溯关系分析报告 [R]. 广州：中水珠江规划勘测设计有限公司，2021.
[102] 娄利华 . 我国水文现代化建设现状及对策探讨 [J]. 地下水 , 2018, 40(3): 224-225.
[103] 刘玉晶 . 海河流域水文发展现状及现代化建设探讨 [J]. 海河水利 , 2021(5): 74-77 , 95.
[104] 李敏欣 , 鲁祥 . 新模式下水文监测技术的现状及未来发展趋势 [J]. 黑龙江水利科技 , 2020, 48(2): 257-260.
[105] 李雅琴 , 刘忠新 . 现代水文行业的变化和重点综述 [J]. 区域治理 , 2019(50): 190-192.
[106] 许弟兵 . “智慧水文”构建初探 [J]. 中国水利 , 2017(19): 15-18.